숨겨진 우주

WARPED PASSAGES
by Lisa Randall

Copyright ⓒ 2005 by Lisa Randall
All rights reserved.
Korean Translation Copyright ⓒ 2008 by ScienceBooks Co., Ltd.
Korean translation edition is published by arrangement with
Lisa Randall c/o Brockman, Inc..

이 책의 한국어판 저작권은 Lisa Randall c/o Brockman, Inc.와 독점 계약한
(주)사이언스북스에 있습니다.
저작권법에 의해 한국 내에서 보호를 받는 저작물이므로 무단 전재와 무단 복제를 금합니다.

사이언스 클래식 11

WARPED PASSAGES
숨겨진 우주

비틀린 5차원 시공간과
여분 차원의 비밀을 찾아서

리사 랜들
김연중·이민재 옮김

책을 시작하며

어린 시절, 나는 『이상한 나라의 앨리스(*Alice in Wonderland*)』 같은 책과 수학 문제에 나오는 놀이나 지적인 게임을 좋아했다. 책읽기를 무척 즐겼지만, 과학 책들은 잘 읽지 않았고, 흥미를 끌지도 못했다. 나는 과학 세계에 푹 빠져들거나 도전하려는 의욕을 느껴보지 못했다. 과학 분야의 책은 지나치게 과학자를 치켜세우거나 독자를 얕보는 것 같았고, 그렇지 않은 책들은 따분할 뿐이었다. 그런 책은 과학 발전의 결과를 신비롭게 포장하거나 발견자를 칭송하느라 여념이 없었다. 저자들은 과학 자체, 과학자들이 탐구를 통해 결론에 도달한 과정을 설명하는 데에는 관심을 두지 않았다. 사실 그것이야말로 내가 정말 알고 싶은 내용이었다.

과학을 배울수록 과학을 향한 나의 사랑은 더 깊어졌다. 나는 내가 물리학자가 된다는 것을 전혀 상상하지 못했으며, 심지어 내 주변에 과학을 공부하는 사람도 전혀 없었다. 하지만 미지의 세계에 빠져드는 것은 얼마나 흥분되는 일인가! 과학을 공부하면서 겉보기에 별개로 보이는 현상들이 어떻게 얽혀 있는지, 우리 앞에 놓인 문제를 풀고 우리가 사는 세계의 놀라운 모습을 예측하는 일이 얼마나 가슴 두근거리는 일인지 알게 되었다. 한 사람의 물리학자로서 말하건대 과학은 진전을 거듭하는 살아 있는 분야이다. 과학은 해답일 뿐만 아니라 게임이고 수수께끼이며, 참여함으로써 더욱 흥미진진해진다.

이 책을 펴내기로 마음먹었을 때, 나는 과학을 따분하게 설명하기보다는 연구자로서 느꼈던 짜릿함을 함께 나누는 책을 꿈꾸었다. 내용을 그저 쉽게 간추려서 독자를 기만하고 싶지 않았으며, 과학을 불변하는 진리나 칭송해야 할 기념비적 완성품으로 그리고 싶지 않았다. 나는 이론 물리학의 매력을 독자들에게 전달하고 싶었다. 물리학은 사람들이 생각하는 것보다 훨씬 더 창조적이고 재미있는 학문이다. 이 책을 통해 사람들이 지금껏 알지 못했던 물리학의 즐거움을 나와 함께 나눌 수 있기를 바란다.

세계를 바라보는 새로운 관점이 우리에게 다가오고 있다. '여분 차원'이 바로 그것이다. 물리학자들이 우주를 바라보는 방식은 이제 바뀌고 있다. 이미 확고한 물리학의 여러 생각을 서로 엮어 준다는 점에서, 여분 차원은 우주에 대한 여러 분명한 사실을 새롭게 조명하는 흥미로운 창이 될 것이다.

이 책에 쓰인 생각 중 일부는 추상적이고 추론적이지만, 호기심 많은 사람들이라면 충분히 이해할 만한 것들이다. 나는 이 책에서 이론 물리학의 매력이 스스로 드러나도록 노력할 것이며, 이론 물리학의 역사나 과학자 개인을 과도하게 강조하지 않을 것이다. 모든 물리학자들이 단 하나의 원형으로 상징화된다거나 어떤 특정한 유형의 사람들만이 물리학에 흥미를 느낀다는 식의 잘못된 인상을 주고 싶지 않다. 나 자신의 경험 그리고 사람들과 나눈 대화에 비춰 볼 때, 나는 실제 세계를 알고자 하는 흥미와 관심으로 가득 찬, 열린 눈을 가진 총기 있는 독자가 무척 많다는 사실을 분명 확신한다.

나는 이 책에 첨단 물리학 이론에서 다루는 흥미로운 생각들을 대부분 담고자 했으며, 또한 그 내용을 이 책 안에서 이해할 수 있도록 노력했다. 또한 주요 이론의 성과와 이를 적용한 물리 현상, 두 가지를 모두 담고자 했다. 각 장은 독자가 자신의 관심과 지식에 따라 책을 읽을 수 있도록 나누어 보았다. 이해를 돕고자, 말미에 요점을 정리해 두고('기억해야 할 것'이라는 제목으로 수록되었다.), 여분 차원에 대한 최근의 이론을 설명할 때 이를 인용했다. 또 여분 차원 우주를 다루는 다양한 이론들이 서로 어떻게 구별되는지를 명확히 하기 위해서 여분 차원을 설명한 장의 말미에서도 요점을 정리했다.

여분 차원에 대한 생각은 아마 많은 독자들에게 무척 새롭게 다가올 것이다. 책의 처음 몇 장에서는 사용하는 용어의 의미가 무엇인지 그리고 볼 수도 만질 수도 없는 여분 차원이 어떻게 존재할 수 있는지를 설명했다. 그리고 나서 입자 물리학자들이 연구를 할 때 취하는 이론적 접근법의 윤곽을 그려 보았는데, 이를 통해 과학자들이 상당히 추론적이고 추측에 가까운 이론을 어떻게 사고하는지 그 사고 과정을 볼 수 있을 것이다.

최근 진행된 여분 차원에 대한 연구는, 질문하는 방식이나 탐구하는 방법 면에서, 더 전통적인 이론 물리학의 개념과 더 현대적인 이론 물리학 모두에게 빚을 지고 있다. 나는 여분 차원에 대한 연구가 왜 필요한지 설명하기 위해 먼저 20세기 물리학을 폭넓게 다루어 보았다. 이 부분은 대강 훑고 넘어가도 좋지만, 그럴 경우 꽤 흥미로운 내용을 놓칠지도 모른다!

20세기 물리학을 다루는 부분은 일반 상대성 이론과 양자 역학에서 시작하여 입자 물리학 및 입자 물리학자들이 현재 사용하는 가장 중요한 개념들로 채울 것이다. 나는 너무 추상적이어서 쉽게 지나쳐 버리게 되는 생각들을 제시했다. 현재 이런 개념들은 실험을 통해 확실히 인정받고 있으며, 현재 우리가 진행하는 연구와 밀접하게 연결된다. 이 책에서 제시하는 모든 내용이 여분 차원을 이해하는 데 꼭 필요한 것은 아니지만, 나는 많은 독자들이 세계에 대한 좀 더 완성된 그림을 얻게 되어 기뻐할 것이리라 믿는다.

그 다음은 좀 더 새로운, 최근 30년간 연구된 더 추론적인 개념들인 초대칭과 끈 이론을 다루었다. 물리학은 전통적으로 이론과 실험의 상호 관계를 통해 발전해 왔다. 초대칭성 이론은 기존의 입자 물리학 개념의 확장이며 실험을 통해 검증할 순간이 얼마 남지 않았다. 그러나 끈 이론은 조금 다르다. 끈 이론은 이론적인 질문과 생각에 온전히 기대고 있으며, 아직 수학적으로 분명하게 정식화되지도 않았다. 그래서 우리는 끈 이론의 예측이 확실한지 아직 잘 모른다. 나는 끈 이론에 대해서는 불가지론자의 입장을 취하고 있다. 이 이론이 궁극적으로 어떤 형태를 띨지, 또 양자 역학과 중력에 대한 질문에 답을 내놓을 수 있을지 잘 모른다. 하지만 끈 이론은 새로운 생각을 위한 풍부한 자료를 갖고 있으며, 나는 그중 일부를 여분 차원에 대한 연구에 끌어들여 사용하고 있다. 여분 차원에 대한 생각은 끈 이론과 독립적으로 존재하지만, 끈 이론은 여분 차원 이론이 근거하고 있는 몇몇 가정이 옳다고 생각할 만한 충분한 근거를 제시한다.

책을 마무리하면서, 나는 최종적으로 여분 차원에 대한 흥미로운 새로운 성과들에 집중할 것이다. 놀라운 사실들이 이야기될 것이다. 무한히 크지만 여전히 보이지 않는 여분의 차원이 있다거나 우리가 더 높은 차원의 우주에 있는 3차원 수챗구멍에 사는 것일 수도 있다는 내용이다. 또한 우리 세계와 매우 다른 성질을 지닌 또 다른 세계가 어떻게 우리 눈에 띄지 않은 채 평행하게 존재할 수 있는지도 살펴볼 것이다.

나는 이 책에서 수식을 쓰지 않고 물리학의 개념을 설명했다. 하지만 수학적인 세부 내용이 궁금한 사람을 위해 '수학 노트'를 만들었다. 책에서 나는 과학 개념을 쉽게 설명하려고 노력했다. 사람들이 보통 사용하는 상당수의 묘사적인 어휘는 공간적인 비유에서 온 것인데, 이것들로는 기본 입자(소립자)의 극미한 영역 그리고 시각화하기 어려운 여분 차원을 설명하기에 역부족인 경우가 많다. 나는 오히려 잘 사용되지 않던 비유들, 예를 들어 예술, 음식, 인간 관계에 대한 비유가 추상적인 생각을 설명하는 데에 더 적합하다고 보았다.

  새로운 생각으로 나아가기 위해 나는 각 장을 짤막한 이야기로 시작했다. 중요한 개념을 부각시켜 주는 이 이야기들은 친근한 비유와 장면으로 구성되어 있다. 나는 이 이야기들이 무척 재미있었다. 그 장을 다 읽은 후 다시 돌아와서 앞부분의 이야기를 읽어 보는 것도 좋을 것이다. 여러분은 이 이야기들을 장 전체를 통과해 '아래로' 내려가고, 책을 '수평으로' 가로지르는 2차원 이야기라고 생각해도 좋다. 또는 이 이야기들을, 당신이 각 장에 서술된 생각들을 얼마나 이해했는지 그 정도를 평가해 주는 유쾌한 숙제로 여겨도 좋을 것이다.

  많은 친구들과 동료들이 나를 도와주었기에 이 책이 세상에 나올 수 있었다. 무슨 일을 해야 할지 알았을 때조차 언제 이 일을 마칠 수 있을지 자신이 없었다. 내게 시간을 주고 용기를 북돋아 주었으며 내가 하고자 했던 이야기에 열정적인 호기심을 보인 많은 이들에게 깊이 감사한다.

  이 책을 집필하는 동안 소중한 지적을 해 준 재능 있는 친구들에게 각별한 고마움을 전한다. 뛰어난 작가인 애너 크리스티나 버크먼(Anna Christina Buchmann)이 물리학은 물론 다른 내용이 포함된 이야기들이 책으로 마무리되도록 도와주었다. 그녀는 여러 가지 글쓰기 요령을 알려 주었고 기운을 내게 해 주었다. 재주꾼인 폴리 슐먼(Polly Shulman)은 각 장을 꼼꼼히 읽고 의견을 전해 주었다. 그녀의 유쾌함과 분명한 논리는 내게 큰 행운이었다. 뛰어난 물리학자이자 헌신적인 과학 커뮤니케이터인 루보스 모틀(Lubos Motl)은 난삽한 초고를 비롯해 모든 것을 읽어 주었고 너무나도 좋은 제안을 해 주었으며 매번 용기를 주었다. 톰 르웬슨(Tom Lewenson)은 유능한 과학 저술가만이 할 수 있는 몇 가지 무척 중요한 의견과 충고를 해 주었다. 마이클 고딘(Michael Gordin)은 내 책에서 필요한 과학사가의 감식안을 열어 주었다. 제이미 로빈스(Jamie Robins)는 여러 가지 판본이 있었던 초고에 대해 번뜩이는 충고를 건넸다. 에스더 치아오(Esther Chiao)는 원고를 읽은 후 과학 바깥의 여러 사항에 관심 있는 영리한 독자가 말할 수 있는 무척 유용한 지적을 해 주었다. 또 책의 마무리 단계에서 값진 충고와 용기를 준 코맥 매카시(Cormack McCarthy)를 만나게 되어 너무나 기뻤다.

여러 사람들이 전해 준 흥미로운 이야기는 책을 쓰기 시작할 때 내게 큰 도움이 되었다. 마시모 포라티(Massimo Porrati)는 환상적인 이야기보따리를 풀어 주었고 그중 몇 가지는 이 책에 담겨 있다. 20세기 초반 물리학에 대한 제럴드 홀턴(Gerald Holton)의 관점은 양자 역학과 상대성 이론에 대한 내 생각을 풍부하게 해 주었다. 소헨 브록스(Jochen Brocks)는 그가 좋아하는 과학 저술 방식을 알려 주어 그로부터 글쓰기에 관한 몇 가지 아이디어를 생각해 냈다. 크리스 해켓(Chris Haskett)과 앤디 싱글턴(Andy Singleton)은 물리학을 전공하지 않은 사람들이 무엇을 궁금해 하는지 알려 주었다. 앨비언 로런스(Albion Lawrence)는 몇몇 어려운 장의 내용을 정리하는 데 도움을 주었다. 존 스웨인(John Swain)는 내용을 멋지게 제시하는 몇 가지 방법을 알려 주었다.

　여러 동료 연구자들이 값진 제안과 충고가 이 책에 너무나도 큰 도움이 되었다. 특히 밥 칸(Bob Cahn), 차바(Csaba), 수산나 사키(Zsusanna Csaki), 파올라 크레미넬리(Paola Creminelli), 조슈아 에리치(Joshua Erlich), 아미 카츠(Ami Katz), 닐 웨이너(Neil Weiner)는 책의 상당 부분을 읽고 귀중한 의견을 주었다. 앨런 애덤스(Allan Adams), 니마 아르카니 하메드(Nima Arkani-Hamed), 마틴 그렘(Martin Gremm), 조너선 플린(Jonathan Flynn), 멜리사 프랭클린(Melissa Franklin), 데이비드 카플란(David Kaplan), 조 릭켄(Joe Lykken), 피터 루(Peter Lu), 앤 넬슨(Ann Nelson), 아만다 피트(Amanda Peet), 리카르도 라타치(Riccardo Rattazzi), 단 슈라그(Dan Shrag), 리 스몰린(Lee Smolin), 다리언 우드(Darien Wood)의 좋은 제안에도 고마움을 표시한다. 하워드 조자이(Howard Georgi)의 충고와 위의 여러 물리학자들의 유효 이론에 대한 생각이 이 책에 담겨 있다. 또한 유용한 비판과 제언 및 용기를 준 페터 보하첵(Peter Bohacek), 웬디 천(Wendy Chun), 엔리케 로드리게스(Enrique Rodriguez), 폴 그레이엄(Paul Graham), 빅토리아 그레이(Victoria Gray), 폴 무어하우스(Paul Moorhouse), 커트 맥뮬런(Curt McMullen), 리암 머피(Liam Murphy), 제프 므루간(Jeff Mrugan), 세샤 프레탑(Sesha Pretap), 주디스 서키스(Judith Surkis)에게도 감사를 전한다. 마조리 카롱(Marjorie Caron), 토니 카롱(Tony Caron), 배리 에즈라스키(Barry Ezrasky), 조시 펠드먼(Josh Feldman), 마샤 로젠버그(Marsha Rosenberg) 그리고 나의 독자들을 더 잘 이해하게 만들어 준 다른 사람들에게도 고개 숙여 감사한다.

　그레그 엘리엇(Greg Elliot)과 조너선 플린(Jonathan Flynn)이 여기 실린 아름다운 그림을 그려 주었기에 각별한 감사를 표한다. 로브 메이어(Rob Meyer)와 라우라 반 윅(Laura Van Wyk)은 수많은 인용문을 이 책에 사용할 수 있도록 저작권 허락을 받는 일을 맡아 주었다. 나는 이 책에 사용한 자료들을 정당하게 사용하기 위해 적절한 출처를 알기 위해 무척 노력했다. 만약 이 책에 사용된 자료 중 양해를 구하지 못한 게 있다면 내게 알려 주기 바란다.

나와 함께 연구를 하는 동료들 특히 멋진 공동 연구자인 라만 선드럼(Raman Sundrum)과 안드레아스 카치(Andreas Karch)에게 이 자리를 빌려 각별한 고마움을 전한다. 이 책에 담긴 내용은 물론이고 그와 연관된 아이디어들 또 책에 담기지 않은 내용들을 탐구했던 많은 물리학자들의 공헌을 높이 사고 싶다.

이 책을 출간해 준 에코 프레스의 담당 편집자인 댄 핼펀(Dan Halpern), 펭귄 출판사의 편집자인 스테판 맥그래스(Stefan McGrath)와 윌 굿러드(Will Goodlad), 미국과 영국의 교정자인 라이먼 라이언스(Lyman Lyons)와 존 우드러프(John Woodruff)가 책이 나오기까지 고생해 준 것에 대해 마음 깊이 감사한다. 또 나의 저작권 대행인인 존 브록만(John Brockman), 카팅카 매트슨(Katinka Matson)의 중요한 조언으로 집필이 시작된 데에 깊은 고마움을 느낀다. 하버드 대학교와 래드클리프 예비 학교가 이 책을 쓸 시간을 허락해 주었으며 메사추세츠 공과 대학, 프린스턴 대학교, 하버드 대학교, 미국 국립 과학 재단, 미국 에너지성, 알프레드 피 슬로언 재단이 내 연구를 후원해 준 데 감사를 드린다.

마지막으로 내 가족들에게 따뜻한 감사의 마음을 전한다. 이 모든 일이 나의 부모님 리처드 랜들(Richard Randall)과 그래디스 랜들(Gladys Randall), 나의 자매 바버라 랜들(Barbara Randall)과 데이나 랜들(Dana Randall)이 수년간 과학자로서 나의 삶을 후원해 주고 함께 웃고 생각을 나누고 용기를 준 덕분이다. 나와 함께하며 나를 지지해 주고 멋진 충고와 제안을 해 준 린 페스타(Lynn Festa), 베스 라이먼(Beth Lyman), 젠느 라이먼(Gene Lyman), 젠 색스(Jen Sacks)도 고마울 따름이다. 그리고 스튜어트 홀(Stuart Hall), 그의 통찰력 있는 관점과 유용한 조언 몸을 사리지 않는 지원이야말로 내게 든든한 버팀목이었다.

    모두에게 마음속 깊이 감사를 전하며 여러분의 수고가 보상받기를 바랄 뿐이다.

2005년 4월

케임브리지에서

리사 랜들

차례

책을 시작하며 5

1 차원이란 무엇인가

서문 19

1장 — 들어가는 경로 : 차원의 신비 풀기 35

2장 — 제한된 경로 : 말려 있는 여분 차원 63

3장 — 폐쇄적 경로 : 막, 막 세계, 벌크 89

4장 — 이론 물리학에 다가서기 109

2 20세기 물리학 혁명

5장 — 상대성 이론 : 아인슈타인 중력 이론의 진화 141

6장 — 양자 역학 : 불확정성 원리 183

3 기본 입자들의 물리학

7장 — 입자 물리학의 표준 모형 : 물질의 가장 기본적인 구조 233

8장 — 간주 : 실험 273

9장 — 대칭성 : 근본적인 조직화 원리 289

10장 — 기본 입자의 질량 :
        자발적 대칭성 깨짐과 힉스 메커니즘 307

11장 — 규모 조정과 대통일 :
        서로 다른 길이와 에너지에서의 상호 작용 연결 333

12장 — 계층성 문제 : 단 하나의 효과적인 통화 침투 이론 359

13장 — 초대칭성 : 표준 모형을 넘어서는 도약 381

4 끈 이론과 막

14장 — 알레그로 : 끈을 위한 경로 **413**

15장 — 조연에서 주연으로 가는 경로 : 막의 발전 **449**

16장 — 떠들썩한 경로 : 막 세계 **475**

5 여분 차원의 물리학

17장 — 흩어진 경로 : 다중 우주와 격리 **495**

18장 — 비밀이 누설되는 경로 : 여분 차원의 지문 **519**

19장 — 거대한 경로 : 커다란 여분 차원 **535**

20장 — 비틀린 경로 : 계층성 문제에 대한 해답 **565**

21장 — 앨리스에 붙이는 비틀린 주석 **603**

22장 — 심원한 경로 : 무한한 여분 차원 **611**

23장 — 반사적이고 팽창적인 경로 **633**

6 차원 여행을 마치며

24장 — 여분 차원 : 당신은 안에 있는가, 밖에 있는가 **655**

25장 — 결론 : 그러나 여행은 끝나지 않았다 **669**

리사 랜들 인터뷰 :

과학은 세계를 흥미진진한 곳으로 만들 것이다 **677**

용어 해설 **693**

수학 노트 **710**

옮긴이 후기 1 **723**

옮긴이 후기 2 **726**

인용 출처 **731**

찾아보기 **734**

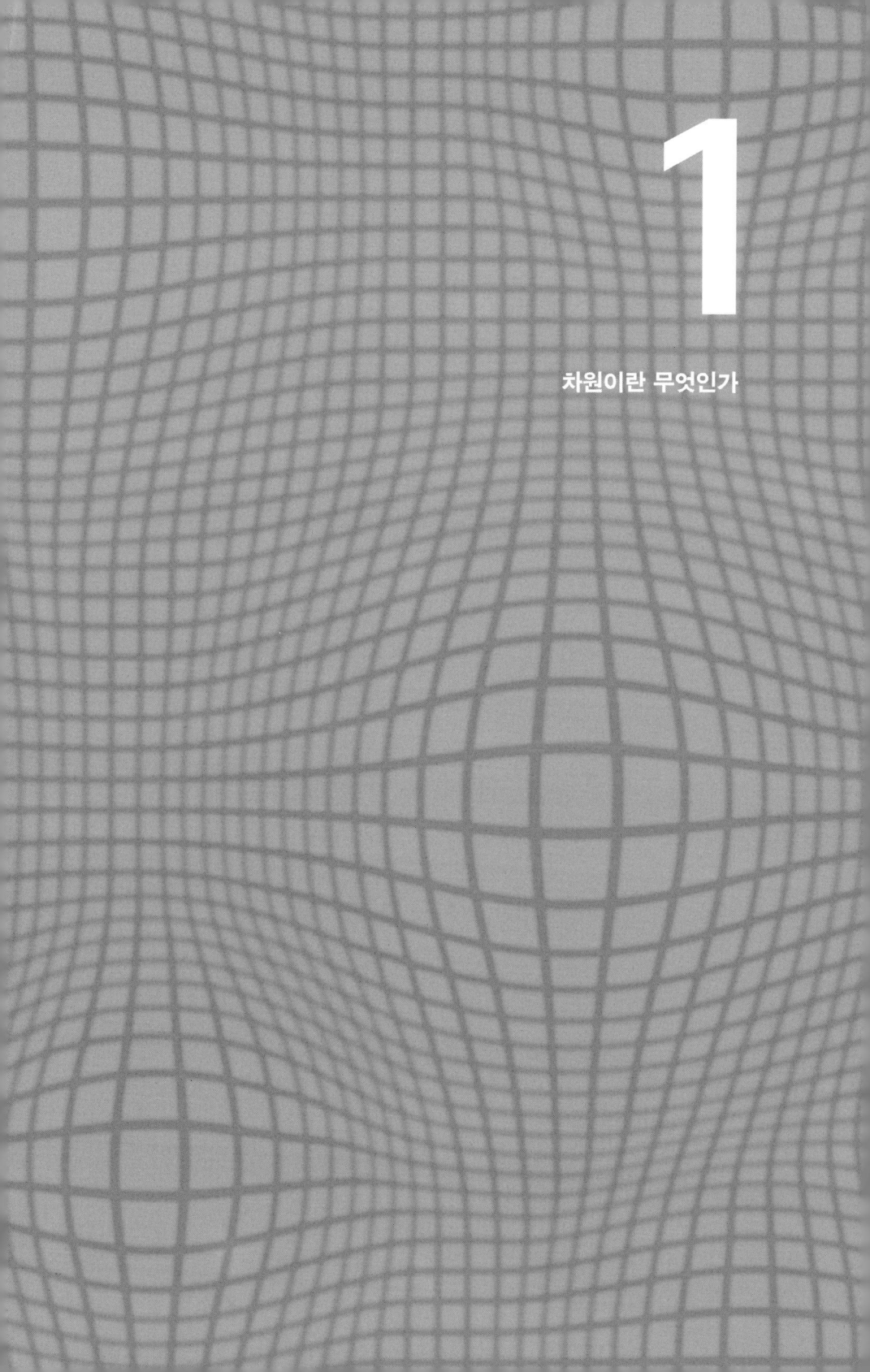

1

차원이란 무엇인가

서문

잘생기고 봐야 해.
그를 만나기는 정말 어렵기 때문이야.
— 비틀스

● 비틀즈(The Beatles)의 노래 「함께(Come Together)」에서. ─옮긴이

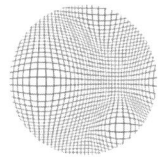

우주는 비밀을 감추고 있다. 여분 차원이 그 비밀 중 하나일지 모른다. 만일 그것이 사실이라면, 우주가 여분 차원을 숨기고, 보호하고, 눈에 띄지 않게 감싸 온 것이다. 언뜻 보아서는 결코 여분의 차원을 눈치 채지 못할 것이다.

여러분에게 허위 정보를 주는 작전은 당신이 처음으로 3차원을 알게 된 아기 침대에서부터 시작한다. 아기 침대에는 이리저리 기어 다닐 수 있는 2차원과 기어오르면 밖으로 나갈 수 있는 또 하나의 차원이 존재한다. 이때 이후로 상식을 비롯한 모든 물리 법칙은 그 너머에 다른 차원이 있을지 모른다는 당신의 모든 의심을 잠재우고 3차원에 대한 믿음을 지지해 주었다.

하지만 시공간(spacetime)은 당신의 상상과는 확연히 다르다. 우리가 아는 물리학 이론 중에 3차원 공간만이 존재해야 한다고 주장하는 이론은 하나도 없다. 여분 차원의 존재를 고려하기도 전에 그 존재 가능성을 아예 제거해 버리는 것은 너무나 섣부른 짓이다. '위-아래'가 '왼쪽-오른쪽'이나 '앞-뒤'와 다른 것처럼 전적으로 다른 새로운 차원이 우리 우주에 존재할 수 있다. 우리가 그것을 눈으로 볼 수 없고 손으로 만질 수 없어도, 3차원을 넘어서는 부가적인 공간 차원은 논리적으로 충분히 존재할 수 있다.

그림 1
3차원 세계의 아기.

눈에 띄지 않지만 있을지도 모를 이 새로운 차원은 아직 이름을 갖고 있지 않다. 하지만 이 새로운 차원이 존재한다면, 그 차원이 펼쳐진 방향으로 물체가 이동할 수 있다. 여분 차원을 위한 이름이 필요할 때, 나는 그것을 '경로(passage)'라고 부를 것이다(이 책의 어떤 장 제목에 '경로'가 들어가 있다면, 그 장에서 여분 차원에 대한 논의를 볼 수 있을 것이다.).

이 경로들은 우리가 아는 익숙한 차원처럼 평평할 수 있다. 또는 유령의 집에 있는 그림자처럼 비틀려 있을 수 있다. 최근까지도 여분 차원을 믿는 사람들은 이 경로들이 원자보다 훨씬 작은 미소한 것이라고 가정했다. 하지만 새로운 연구는 여분 차원이, 여전히 볼 수는 없지만, 무척 크거나 무한히 클 수 있다고 주장한다. 우리의 감각은 오로지 커다란 3차원만 경험할 수 있기 때문에, 무한한 여분 차원은 믿기가 어렵다. 하지만 보이지 않는 무한한 차원은 우주에 존재할 수 있는 수많은 기이한 가능성 중 하나이며, 왜 그러한지를 앞으로 이 책에서 보게 될 것이다.

여분 차원에 대한 연구는 평행 우주, '비틀린 기하', '3차원 구멍'처럼 SF 애호가의 판타지를 만족시킬 만한 다른 중요한 개념도 이끌어 냈다. 나는 이런 개념들이 실제 과학 탐구가 아니라 소설가나 정신 이상자의 이야기처럼 보일까 걱정스럽다. 무척 기이해 보이겠지만, 이 개념들은 여분 차원의 세계에서 일어날 수 있는 순전한 과학 시나리오이다(이 용어나 생각이 낯설다고 해서 미리 걱정할 필요는 없다. 앞으로 소개하고 밝혀 나갈 것이다.).

왜 보이지 않는 차원을 생각해야 할까?

여분 차원의 물리학이 이렇게 난감한 시나리오를 제시하는 데도 불구하고 왜 관측 가능한 현상을 예견하는 데에 관심 있는 물리학자들이 여분의 차원을 진지하게 받아들이려고 하는지 궁금할 것이다. 그 질문에 대한 답은 여분 차원 자체에 대한 생각만큼이나 극적이다. 최근 연구에 따르면, 여분 차원은 아직까지 경험되지도 않았고 온전히 이해된 적이 없음에도 불구하고, 우주의 가장 기본적인 미스터리를 해결할 열쇠를 쥐고 있다. 여분 차원은 우리가 3차원 공간에서 놓치고 있는 연관 관계를 드러내어 마침내 우리 눈앞에 펼쳐진 이 세계의 깊은 의미를 밝혀 줄지도 모른다.

시간이라는 차원을 고려하지 않으면, 이누이트 족(에스키모)과 중국인이 왜 비슷한 신체적 특징을 갖는지 이해하지 못할 수 있다. 시간 차원을 통해 우리는 그들이 공통 조상에서 유래되었음을 안다. 마찬가지로 부가적인 공간 차원을 고려함으로써 별개인 사항들을 서로 연결한다면 입자 물리학의 혼란이 명쾌하게 해결되고 수십 년간 해결되지 않은 오랜 수수께끼가 풀릴 것이다. 3차원에 한정된 공간에서는 절대 풀리지 않는 입자와 힘 사이의 관계도 더 많은 차원을 가진 세계 안에서는 우아하게 함께 맞물리는 것으로 보인다.

그렇다면 나는 여분 차원의 존재를 믿는가? 단언하건대 그렇다. 과거의 나는 관측 범위를 넘어서는 물리학적 추론들에 매력을 느끼면서도 의심의 눈초리를 거두지 않았다. 그 덕분에 관측 범위 밖의 아이디어에 흥미를 유지하면서도 이를 편견 없이 바라볼 수 있었다. 하지만 그처럼 흥미로운 생각도 진실의 단초를 품고 있을 때가 있다. 5년 전 어느 날 나는 출근길에 찰스 강을 건너고 있었다(이 책이 미국에서 출간된 것은 2005년이고, 리사 랜들이 여분 차원에 대한 논문을 발표한 것은 1999년이다.—옮긴이). 그 순간 나는 어떠한 형태로든 여분 차원이 존재해야만 한다는 사실을 내가 정말로 믿고 있음을 문득 깨달았다. 나는 주변을 돌아보면서 보이지 않는 차원에 대해 곰곰이 생각했다. 뉴욕 토박이인 내가 뉴욕 양키스와 보스턴 레드삭스의 플레이오프에서(전통적으로 이 두 팀은 쟁쟁한 라이벌이다.—옮긴이) 레드 삭스를 응원하고 있는 것 같은 느낌, 즉 결코 꿈꿔 보지 않은 일을 하고 있는 나 자신을 발견한 것과 마찬가지의 충격을 받았다.

여분 차원을 더 잘 알게 될수록 그 존재에 대한 믿음은 더욱 커져 갔다. 여분 차원에 대한 반론들은 수긍하기에 너무 많은 허점을 갖고 있었으며, 여분 차원이 없는 물리학 이론은 답 없는 질문을 너무 많이 만들어 냈다. 나아가 최근 몇 년간 여분 차원 연구를 통해, 그저 빙산의 일각이 드러났을 뿐인데도, 우리 우주와 비슷한 우주까지 여분 차원 모형의 범위가 확장되었다. 실제 여분 차원의 모습은 내가 제시하는 상과 정확히 맞지 않을 수도 있다. 하지만 어떤 형태로든 매우 비슷할 것이며, 그 의미는 매우 충격적일 것이다.

여분 차원의 흔적이 여러분 집 부엌 찬장 속에 숨어 있다고 한다면 여러분 귀가 솔깃할지도 모르겠다. 그것이 바로 '준결정(quasicrystal)' 물질로 코팅을 한 눌어붙지 않는 프라이팬이다. 준결정은 여분 차원을 통해서만 격자 규칙이 드러나는 매혹적인 결정체다. 보통의 결정은 원자와 분자가 고도로 대칭적인 격자를 이루면서 하나의 기본 패턴이 수없이 반복되는 구조를 갖고 있다. 우리는 3차원에서 가능한 결정의 구조와 패턴을 알고 있다. 하지만 준결정에서 원자와 분자의

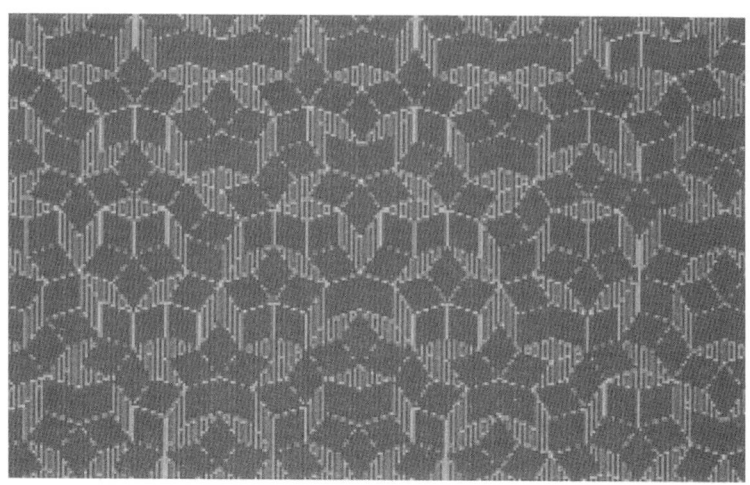

그림 2
5차원의 결정 구조를 2차원에 사영한 '펜로즈 타일.'

배열은 우리가 알고 있는 어떤 패턴과도 맞지 않는다.

그림 2는 준결정 패턴의 한 예이다. 제대로 된 결정은 그래프 용지의 눈금같이 정확한 규칙성을 갖는 반면, 준결정은 그러한 정확성이 결여되어 있다. 하지만 준결정은 3차원 이상의 높은 차원에서 형성된 결정 구조가 3차원에 사영(projection)된 것(3차원 그림자를 만든다고 상상하자.)이라고 간주하면 아주 우아하게 설명할 수 있다. 3차원에서 설명하기 어려운 준결정은 더 높은 차원의 구조가 지닌 질서를 담고 있는 것이다. 준결정 물질로 코팅을 한 눌어붙지 않는 프라이팬은 고차원 결정의 3차원 사영과 보통 음식이 갖는 일반적인 3차원 구조 사이의 차이를 이용한 조리 기구인 셈이다. 원자 배열이 이렇게 완전히 다르기 때문에 서로 결합하지 않고, 그 결과 눌어붙지 않는 것이다. 이것은 여분 차원이 실제로 존재하며, 여분 차원을 통해 우리가 관측할 수 있는 몇몇 물리 현상을 설명할 수도 있음을 애절하게 호소하고 있다.

이 책의 개요

여분 차원을 통해 준결정의 난해한 원자 배열을 이해할 수 있듯이, 현재 물리학자들은 3차원만으로는 설명할 수 없는 입자 물리학과 우주론 사이의 연관을 여분 차원 이론을 통해 풀 수 있다고 추측하고 있다.

물리학자들은 지난 30년간 기본 입자의 상호 작용으로 물질과 힘의 기본 성질을 설명하는 입자 물리학의 표준 모형(Standard model)[*]에 의존해 연구를 진행해 왔다. 물리학자들은 우주 탄생 초기 몇 초 동안만 존재하고 지금껏 존재하지 않은 새로운 입자들을 생성하여 표준 모형을 검증해 왔으며, 표준 모형이 이 입자들의 성질을 매우 잘 설명해 준다는 것을 밝혔다. 하지만 표준 모형은 아직 몇 가지 근본적인 질문에 답하지 못한다. 이 질문은 너무나 근본적인 것이어서 그 질문에 답하기 위해서는 우리 세계와 그 상호 작용을 설명하는 가장 기본적인 원리에 대한 새로운 통찰이 필요하다.

이 책은 나를 포함한 연구자들이 표준 모형의 풀리지 않는 수수께끼에 어떻게 도전해 왔는지, 또 어떻게 여분 차원에서 해결책을 발견했는지를 설명할 것이다. 여분 차원에 대한 새로운 연구 성과가 책의 중심 주제이지만, 그에 앞서 20세기 물리학의 혁명적 진보라는 조연을 먼저 소개하고자 한다. 후반부에서 논의하게 될 최근의 생각들은 이 엄청난 약진에 기초한 것이다.

앞으로 살펴볼 주제는 대략 세 가지 범주로 나눌 수 있는데 20세기 초반의 물리학, 입자 물리학, 끈 이론이 그것이다. 우리는 상대성 이론과 양자 역학의 기본 아이디어가 무엇인지 그리고 입자 물리학의 현재 상태와 여분 차원이 제기하는 문제가 무엇인지 살펴볼 것이다. 또한 여러 물리학자들이 양자 역학과 중력을 통합할 유망한 이론으로 평가하는 끈 이론의 기초 개념을 고찰할 것이다. 끈 이론은 자연의 가장 기본적인 단위가 입자가 아니라 진동하는 끈이라고 주장한다. 그런데 끈 이론은 3차원 이상의 공간을 필요로 하기 때문에, 여분 차원에 대한 연구의 동력이 상당 부분 끈 이론에서 나오게 되었다. 덧붙여서 끈 이론에 필수불가결한 막(brane, 끈 이론에 나오는 얇은 막과 같은 물체로 끈 이론에서 끈만큼 중요하다. '브레인'이라고도 한다.)에 대해서도 설

● 표준 모형에 대해서는 7장에서 좀 더 논의하기로 한다.

명할 것이다. 우리는 이 이론들의 성과와 그것이 남긴 물음이 무엇인지 살펴볼 것이다. 이러한 물음들이 바로 현재의 연구를 이끄는 원동력이기 때문이다.

가장 중요한 문제 중 하나는 왜 중력이 우리가 아는 다른 힘에 비해 그토록 약한가 하는 문제이다. 산을 오르는 사람은 중력이 결코 약하게 느껴지지 않을 것이다. 이는 지구 전체가 당신을 끌어당기기 때문이다. 하지만 지구 전체가 작은 클립을 아래로 당기고 있어도, 아주 작은 자석 하나만 있으면 그 클립을 들어올릴 수 있다. 어째서 중력은 작은 자석보다도 약한 것일까? 표준적인 3차원 입자 물리학에서 중력의 미약함은 커다란 골칫거리이다. 하지만 여분 차원이 그 해답을 줄지도 모른다. 1998년 나는 동료인 라만 선드럼과 이에 관한 근거 한 가지를 제시했다.

우리의 논의는 아인슈타인의 일반 상대성 이론에서 유래한 비틀린 기하에 기초하고 있다. 그에 따르면 공간과 시간은 씨줄과 날줄처럼 하나의 시공간 구조(spacetime fabric)로 얽혀 있으며, 이 시공간은 질량과 에너지에 의해서 비틀리거나 왜곡된다. 선드럼과 나는 이 이론을 여분 차원에 새롭게 적용해 보았다. 이를 통해 우리는 대부분의 공간에서 중력이 약하다고 해도 시공간이 심하게 비틀린 일부 영역에서는 중력이 매우 강할 수 있음을 밝혀냈다.

우리는 더욱 놀라운 사실도 찾아냈다. 지난 80년 동안 물리학자들은 여분 차원을 볼 수 없는 이유로 여분 차원의 크기가 매우 작다는 가정을 제시했다. 하지만 1999년 라만과 나는 중력의 미약함을 비틀린 공간으로 설명했을 뿐만 아니라, 그에 더해서 여분 차원이 휘어진 시공간 안에서 적절히 비틀린다면 여분 차원이 무한한 크기로 펼쳐질 수 있음을 밝혀냈다. 즉 여분 차원이 숨겨져 있어서 볼 수 없다고 해도 그 크기만큼은 무한할 수 있는 것이다(모든 물리학자가 우리의 논의를 즉각 받아들인 것은 아니다. 하지만 물리학자가 아닌 내 친구들은 내가 뭔가를 해 냈음을 더 빨리 알아차렸다. 그것은 그들이 물리학을 온전히 이해해서가 아니라 연구 발표 후 열린 연회에서 스티븐 호킹(Stephen Hawking)이 내 자리를 맡아 주었기 때문이었다.).

이 책에서는 우리를 비롯한 다른 연구자들의 이론적 성과의 바탕이 되는 물리 법칙을 설명할 것이며 또한 이를 가능하게 한 새로운 공간 개념을 소개할 것이다. 그리고 나서 여분 차원에 대한 발표 1년 후 안드레아스 카치와 내가 밝혀낸 몹시 기이한 내용, 즉 고차원의 우주 안에 있는 주머니처럼 생긴 3차원 공간에 우리가 살고 있을지도 모른다는 가능성을 소개할 것이다. 이러한 생각은 시공간 구조가 각각 다른 차원으로 보이는 여러 영역들로 구성되어 있을지도 모른다는 새로운 가능성을 열어 주었다. 500년 전 니콜라우스 코페르니쿠스(Nicolaus Copernicus)가 지구가 우주의 중심이 아니라고 발표하여 세계를 충격에 빠트린 것처럼, 우리가 고차원 세계의 일부에 불과한 3차원에 갇혀 있다는 사실이 세계를 놀라게 만들지도 모른다.

새로운 연구 주제인 막이라는 물체는 풍요로운 고차원 풍경의 중요한 구성물이다. 여분 차원이 물리학자의 놀이터라면, '막 세계(brane worlds, 막 세계를 이루는 막들 중 한 장의 막 위에 우리가 살고 있을지도 모른다.)'는 그 안에 놓인 흥미로운 다층 다면의 정글짐이다. 이 책은 당신을, 말려 있거나 뒤틀려 있는 크거나 무한한 차원에 펼쳐진 막 세계와 여러 우주의 세계로 안내할 것이다. 어딘가에는 하나의 막이 있을 것이고, 또 다른 곳에는 보이지 않는 세계들을 품고 있는 다중의 막이 있을 것이다. 이 모두가 다 가능한 일이다.

미지의 세계에 대한 흥분

현재 제안된 막 세계는 상당한 이론적인 도약과 추측을 포함하고 있다. 위험을 무릅쓴 모험은 실패할 수도 있지만 더 큰 보상을 받을 수도 있다. 주식 시장도 그렇지 않은가.

폭풍이 지나고 햇살이 처음 비치는 날, 스키 리프트를 타고 올라가는데 당신 발 아래 스키장을 내려다보았다고 상상해 보라. 아무런 흔적도 없는 하얀 눈밭이 당신을 유혹할 것이다. 그리고 당신은 흰 눈에 발을 딛는 순간 멋진 날을 예감할 것이다. 어떤 코스는 무척 경사가 급하거나 눈 더미가 울퉁불퉁 쌓여 있을 것이며, 어떤 코스는 안락한 크루저를 탄 느낌을 선사할 것이다. 또 어떨 때는 나무 사이로 힘겹게 요리조리 빠져나가야 할 수도 있다. 때로 방향 전환에서 실수가 있더라도, 그날 하루는 실수를 덮기에 충분할 멋진 시간들로 채워질 것이다.

나는 모형 구축(model building, 물리학자들은 관측 결과의 근거가 될 수 있는 이론을 만드는 것을 모형 구축이라고 한다.)을 할 때 이와 비슷한 거부할 수 없는 유혹을 느낀다. 모형 구축은 개념과 생각 사이로 떠나는 모험이다. 새로운 생각이 명쾌하게 드러날 때도 있지만, 어떤 때는 그것을 찾거나 서로 조정하는 일이 곤혹스럽기도 하다. 하지만 모형 구축은 종착점을 알 수 없을 때조차도 그 자체로 흥미진진하며 누구의 손길도 닿지 않은 미지의 낯선 곳을 탐험하는 멋진 경험을 선사한다.

우리가 살고 있는 우주에 대한 올바른 이론이 어느 것인지 지금 당장 알 수는 없다. 이론 중 어떤 것은 그것이 옳은지 그른지 결코 알 수 없을지도 모른다. 하지만 놀랍게도 어떤 여분 차원 이론은 옳고 그름의 여부를 알 수 있다. 중력의 미약함을 설명해 주는 여분 차원 이론에서 가장 흥미로운 점은 그 이론이 옳다면 증거가 곧 드러나리라는 사실이다. 5년 내에 제네바 근교에 있는 고에너지 입자 충돌형 가속기의 일종인 '대형 강입자 충돌기(Large Hadron Collider, LHC)'가 가동되면, 엄청나게 높은 에너지 수준에서 소립자를 연구하는 실험을 할 있고, 그것을 통해 여분 차원의 존재와 그 이론적 제안에 대한 증거가 발견될 것이다(원래 2007년 가동될 예정이었지만 몇 가지 문제 때문에 2008년 5월로 시험 가동이 연기되었다.──옮긴이).

2007년 가동 예정인 이 가속기는 엄청나게 높은 에너지의 입자들을 충돌시켜 전에는 결코 볼 수 없었던 새로운 유형의 물질을 생성할 것이다. 여분 차원 이론 중 맞는 게 있다면 그것은 LHC에 가시적인 흔적을 남길 것이다. 아마도 여분 차원에서 움직이는 '칼루차-클라인 모드(Kaluza-Klein mode)'가 이곳 3차원에 흔적을 남기게 될 것이다. 그렇다면 칼루차-클라인 모드는 여분 차원이 3차원 세계에 남긴 지문이 될 것이다. 게다가 운이 따라 준다면, 고차원 블랙홀과 같은 또 다른 실마리를 얻을 수 있을지 모른다.

이러한 입자들이 기록될 검출기는 놀랄 만큼 거대한데, 여기서 일하는 사람들에게는 하니스(harness, 등반 로프와 몸을 연결해 주는 고리를 부착한 멜빵 같은 것.──옮긴이)나 헬멧과 같은 등산 장비가 필요할 것이다. 사실 일전에 나는 LHC가 자리 잡을 예정인 유럽 핵물리학 연구소(CERN, Conseil Européen pour la Recherche Nucléarie)와 인접해 있는 스위스에서 빙벽 등반을 할 때 이런 장비의 도움을 받았다. 이 거대한 검출기들이 새로운 미지의 입자들의 특징을 기록한다면, 물리학자들은 이 기록을 바탕으로 무엇이 이 검출기를 지나갔는지 밝혀낼 수 있을 것이다.

여분 차원에 대한 증거는 분명 간접적일 수밖에 없으며, 다양한 실마리들을 이리저리 짜 맞추어야 비로소 드러날 것이다. 하지만 최근 이루어진 거의 모든 물리학 발견의 실상도 이런 식이다. 20세기에 이뤄진 발전을 통해 물리학은 육안으로 관측 가능한 것에 대한 직접적인 탐구에서, 이론적인 논리와 밀접하게 맞물려 있는 실험의 측정을 통해서만 비로소 '보이는' 무엇에 대한 탐구로 이동해 왔다. 예를 들면 고등학교 물리 교과서에 자주 나오는 양성자나 중성자의 구성 입자인 쿼크(quark)는 결코 그 자체로 나타나지 않는다. 다시 말해 양성자나 중성자가 다른 입자에 영향을 주었을 때 그것이 남긴 증거를 추적해야만 비로소 쿼크의 존재를 알아낼 수 있다. 우리의 호기심을 끄는 암흑 에너지(dark energy)나 암흑 물질(dark matter)도 마찬가지다. 우리는 우주의 질량 대부분이 어디에서 유래하는지 또는 우주에 있는 물질의 본성이 무엇인지 모르고 있다. 하지만 우리는 암흑 물질과 암흑 에너지가 우주에 존재한다고 본다. 이는 직접 그것을 탐지해서가 아니라 암흑 물질과 에너지가 주변의 다른 물질에 우리가 알아차릴 수 있는 영향을 미치기 때문이다. 간접적으로만 그 존재를 알 수 있는 쿼크, 암흑 물질, 암흑 에너지와 마찬가지로, 여분 차원도 우리에게 직접 드러나지 않을 것이다. 그러나 그 흔적이 아무리 간접적이라 할지라도, 여분 차원은 결국 자신의 존재를 알리게 될 것이다.

새로운 생각들이 모두 옳다고 판명될 것은 아니며, 많은 물리학자들이 새로운 이론에 대해 회의적이라는 것을 먼저 밝혀 두고 싶다. 내가 여기서 제시하는 이론들도 예외는 아니다. 하지만 추측과 추론이 우리의 이해를 진전시키는 유일한 방법이다. 현실과 세세하게 부합하지 않는다 해도, 새로운 이론은 우주에 대한 참된 이론에 포함된 물리 법칙을 조명해 줄 것이다. 나는 이 책에서 소개할 여분 차원이 진실의 단초 그 이상이라고 정말로 확신한다.

미지의 세계에 뛰어들어 추측에 가까운 이론을 연구하는 동안 나는, 근본 구조의 발견이 항상 충격과 함께 회의와 저항에 맞닥뜨렸다는 점을 위안으로 여겼다. 기이한 일이지만, 처음에는 일반 대중이 아니라 근본적인 구조를 제안했던 바로 그 사람들이, 종종 그러한 제안을 거부했다.

예를 들면 고전 전자기 이론을 발전시켰던 제임스 클러크 맥스웰(James Clerk Maxwell)은 전자와 같은 기초적인 전하 단위의 존재를 믿지 않았다. 19세기 말 기초적인 전하 단위로서 전자를 제안했던 조지 스토니(George Stoney)는 과학자들이 원자로부터 전자를 떼어 낼 수 있으리라고 믿지 않았다(전자를 떼어 내려면 열을 가하거나 전기장을 걸어 주기만 해도 된다.). 주기율표의 창안자인 드미트리 멘델레예프(Dmitri Mendeleev)는 주기율표 자체에 담겨 있는 원자가(valence) 개념에 반발했다. 빛이 수송하는 에너지가 불연속적이라는 이론을 제안했던 막스 플랑크(Max Planck)는 광양자(light quantum)의 존재를 믿지 않았는데, 이것은 그의 아이디어에 암시되어 있었던 사실이었다(플랑크는 빛의 에너지가 $nh\upsilon$의 불연속적인 값을 가진다고 생각했지, $nh\upsilon$라는 에너지가 $h\upsilon$의 에너지를 갖는 n개의 빛 양자가 모인 것이라고 생각하지 않았다. —옮긴이). 이 광양자를 제안했던 알베르트 아인슈타인(Albert Einstein)은 광양자의 역학적 속성이 입자와 같으리라고는 결코 생각하지 못했다. 우리가 광자(photon)라고 부르는 것이 바로 입자의 성질을 띠는 빛이다. 하지만 모든 이들이 더 정확한 새로운 생각을 부정하지는 않았다. 사람들이 믿었건 의심했건, 많은 생각들이 결국 진실로 밝혀졌다.

앞으로 밝혀질 것이 더 있을까? 나는 뛰어난 핵물리학자이자 과학 대중화에 공헌한 조지 가모브(George Gamow)가 했던, 이제는 거의 묻혀 버린 말로 이 물음에 대한 답을 대신하고자 한다. 1945년 그는 이렇게 썼다. "고전 물리학에 나오는 꽤나 많은 수의 '더 이상 나눌 수 없는 원자들' 대신에, 우리는 이제 세 가지의 근본적으로 다른 실체, 즉 핵자(nucleon), 전자(electron), 중성미자(neutrino)를 가지게 되었다.……물질을 구성하는 가장 근본적인 요소에 대한 탐색에서 우리는 사실 가장 밑바닥까지 내려온 것 같다." 가모브는 이 글을 쓰면서 핵자가 쿼크로 이루어져 있으리라고는 상상도 하지 못했을 것이다. 하지만 그가 이 말을 한 지 채 30년이 되지 않아 쿼크가 발견되었다.

그렇다면 더 근본적인 구조에 대한 탐색에서 우리가 아무런 결실도 거두지 못할 최초의 사람이 된다는 것은 정말 이상한 일이 아닐까? 우리가 발견할 수 있는 가장 근본적인 요소는 쿼크가 마지막인 것일까? 지금 통용되는 이론들의 불일치가 우리에게 말해 주고 있는 것은 그것이 최후의 말씀이 아니라는 것이다. 선배 물리학자들은 이 책이 서술하는 여분 차원을 파헤치려는 동기도, 그것을 가능하게 해줄 도구도 갖고 있지 않았다. 하지만 이제 상황이 달라졌다. 여분 차원 혹은 입자 물리학의 표준 모형을 근본적으로 설명해 줄 무언가는 엄청나게 중요한 발견이 될 것이다.

여분 차원이 우리에게 가까이 온다면, 탐험의 길을 떠나는 것 외에 다른 선택이 있을까?

1장
들어가는 경로 : 차원의 신비 풀기

너는 너의 길을 갈 수 있어.
너만의 길을 가야 해.[*]
— 플리트우드 맥

● 영국 록 밴드 플리트우드 맥(Fleetwood Mac)의 노래 「너만의 길을 가야 해(Go Your Own Way)」에서. ──옮긴이

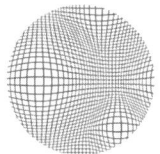

"아이크 오빠, 지금 쓰고 있는 이야기 때문에 고민이야. 차원을 좀 더 늘려 볼까 생각 중이야. 어떨까?"

"아테나, 난 줄거리 고치는 일은 잘 몰라. 하지만 차원을 새로 더하면 이야기가 더 근사해지겠지. 그러니까 새로운 인물을 넣거나 기존 인물에 살을 좀 더 붙여 보겠다는 거지?"

"둘 다 아니야. 그건 내가 원하는 게 아니거든. 난 새로운 차원을 소개할 계획이야. 새로운 공간 차원 같은 거."

"농담이지, 그렇지? 사람들이 영적인 경험을 하는 장소나 죽었을 때나 임사 체험을 했을 때 가는 곳 같은 현실 세계와는 전혀 다른 곳에 대한 이야기를 쓰려는 거야?● 난 네가 그런 걸 경험했는 줄은 몰랐는데."

"아니야, 아이크, 그게 아니라니까. 난 영적으로 다른 세계가 아니라 공간의 다른 차원(dimension)에 대해 말하는 거야!"

"하지만 차원이 달라진다고 해서 바뀌는 것은 뭔데? 종이 치수가 달라진다고 해서, 바뀌는 건 없잖아? A4 용지 대신 B4 용지를 써도 별 차이가 없다고 (dimensions은 차원이라는 의미 외에 치수, 크기라는 뜻도 가진다. —옮긴이)."

"그만 들볶아. 그런 말을 하고 싶은 게 아냐. 난 정말로 새로운 공간 차원에 대

● 나는 실제로 이런 질문을 받았다.

해서 글을 쓸 계획이야. 우리가 보는 차원과 같지만, 전적으로 새로운 방향을 따라 펼쳐지는 차원 말이야."

"우리가 보지 못하는 차원? 난 3차원이 전부라고 생각해."

"잘 들어봐, 아이크. 우린 곧 그걸 보게 될 거야."

공간에 대한 용어 또는 그 안에서 일어나는 운동에 대한 용어는 무척이나 많고 의미 또한 다양하다. 그중 '차원(dimension)'이라는 말도 무척 다양한 의미로 사용된다. 우리는 보통 공간을 배경으로 사물을 본다. 그리고 시간이나 사유를 비롯한 다른 많은 개념을 공간적인 용어로 표현하기 때문에 공간을 설명하는 많은 용어들이 중의적으로 쓰이고 있다. 따라서 이 용어들을 정확한 의미로 사용하려고 해도, 일상적인 다른 용법으로 인해 혼란을 겪을 수 있다.

특히 '여분 차원(extra dimensions)'은 난해한 표현이다. 여분 차원은 공간을 설명하는 말이지만, 우리가 그 공간을 감각을 통해 파악할 수 없기 때문이다. 시각화되기 어려운 사물은 설명하기가 쉽지 않다. 인간은 생리학적으로 3차원보다 높은 공간을 지각하도록 설계되어 있지 않으며, 빛이나 중력은 물론이고 세계를 파악하기 위한 모든 관측 도구들은 오로지 3차원 공간만이 있는 것처럼 보여 줄 뿐이다.

여분 차원을 직접 느낄 수 없으므로, 어떤 사람들은 설령 여분 차원이 존재한다고 해도 그것을 생각하다 보면 머리가 이상해질지도 모른다며 두려워한다. 실제로 이 말은 나와 인터뷰했던 BBC 뉴스 진행자가 한 말이다. 하지만 사실 우리를 혼란에 빠트리는 것은 여분 차원을 생각해 보는 것이 아니라 그것을 시각적으로 묘사하려는 시도이다. 고차원 세계를 시각적으로 묘사하려는 노력은 우리를 곤혹스럽게 만든다.

하지만 여분 차원을 생각해 보는 것은 전적으로 다른 일이다. 여분 차원을 생각하는 것은 완벽하게 가능하다. 나와 동료들이 '차원'이나 '여분 차원'이라는 말을 쓸 때는 그 의미를 정확하게 파악하고 있다. 차원에 대한 새로운 생각들을 기존의 우주관에 적용하기에 앞서, 나는 먼저 '차원'과 '여분 차원'에 대해 설명하고 또 나중에 이 용어를 어떤 의미로 사용할 것인지 살펴보겠다.

3차원보다 높은 고차원을 설명할 때, 용어들(그리고 수식들)은 1,000장의 그림만큼이나 가치가 있다는 것을 이 책을 읽으면 이해하게 될 것이다.

차원이란 무엇인가?

많은 사람들이 의식하지 못하지만, 실제로 다차원 공간 연구는 모든 사람들이 매일 하는 일이다. 집을 사는 경우처럼, 중요한 결정을 내릴 때 고려하는 차원을 전부 떠올려 보자. 집의 크기, 학교와의 거리, 관심거리가 있는 장소와의 거리, 건축 구조, 소음 정도 등의 목록이 죽 이어질 것이다. 당신은 필요한 사항을 모두 고려한 다차원 목록에서 가장 적합한 결정을 내려야 한다.

차원의 수는 공간 내에 정확하게 점을 찍기 위해서 알아야 하는 양이 몇 개인가를 뜻한다. 다차원 공간은 집을 살 때 고려해야 하는 사항들의 공간처럼 추상적일 수도 있고, 곧 살펴볼 실제 물리 공간처럼 구체적일 수도 있다. 집을 살 때에는 몇 차원을 고려할까? 데이터베이스에 기록해야 할 목록의 수, 즉 당신이 검토할 양이 몇 개인가가

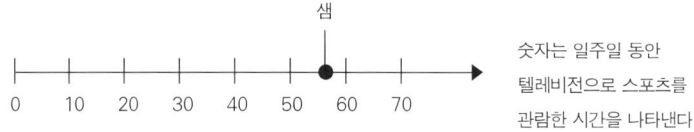

그림 3
1차원으로 표시된 샘.

바로 집을 살 때 고려하는 차원의 수이다.

차원을 쉽게 설명하기 위해 사람을 예로 들어 보자. 어떤 사람을 보고 1차원적인 인간이라고 표현했다고 해 보자. 당신은 그 사람의 관심사가 하나밖에 없다는 이야기를 하고 싶은 것이다. 집에 처박혀 앉아 스포츠만 관람하는 샘을 예로 들어 보자. 그는 오로지 스포츠라는 하나의 정보로 기술된다. 이 말이 좀 심하다는 생각이 든다면, 샘의 정보를 직선 위에 점을 찍은 1차원 그래프로 나타낼 수 있다. 그리고 이 그래프에 '샘의 스포츠 관람 성향'이라는 제목을 달면 된다. 그래프를 그리려면 우선 직선 축 위의 거리가 무엇을 뜻하는지 다른 사람이 알아볼 수 있도록 단위를 지정해야 한다. 그림 3은 샘을 수평축 위의 한 점으로 표시한 그림이다. 이 그림은 샘이 일주일 동안 텔레비전으로 스포츠를 관람하는 시간을 나타낸다(운 좋게도 샘은 이 때문에 욕을 먹지는 않는다. 이 책의 독자처럼 다차원에 속하지 않으니 말이다.).

이 생각을 좀 더 확장해 보자. 보스턴에 사는 가공의 인물 이카루스 러시모어 3세(Icarus Rushmore III, 앞의 이야기에서 아이크라는 애칭으로 등장한 인물이다.)는 보다 복잡한 인물이다. 사실 그는 3차원적이다. 즉 아이크는 21세이며, 스포츠카를 몰고, 개 경주 경기장이 있는 보스턴 근교의 마을 원더랜드에서 돈을 잃고는 한다. 그림 4는 아이크에 대한 그래프이다. 2차원 종이 위에 그렸지만, 세 축은 아이크가 분명 3차

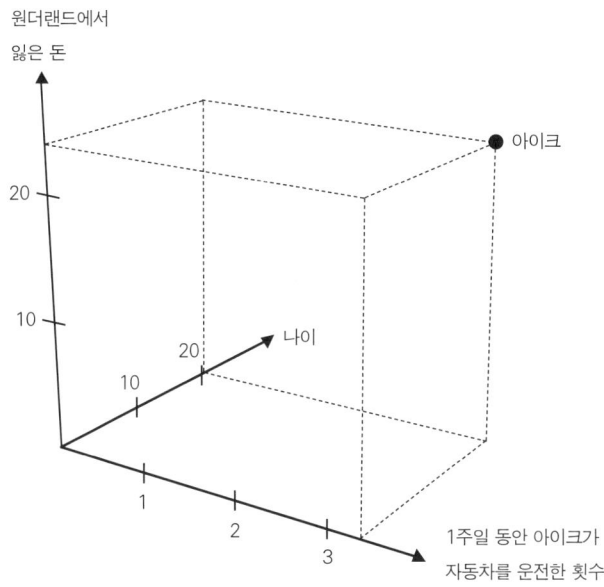

그림 4
아이크의 3차원 그래프. 진하게 표시된 실선은 3차원 그래프의 좌표축이다. 아이크라고 표시된 점은 그가 21세 청년이고 원더랜드에서 매달 24달러를 잃으며 자신의 스포츠카를 (평균적으로) 1주일 동안 3.3회 운전함을 나타낸다.

원에 있음을 뜻한다.*

우리가 대부분의 사람을 설명할 때 필요한 특징은 보통 하나 이상이며 심지어 세 가지 이상이 될 때도 있다. 아이크의 여동생인 아테나는 11세이며, 책에 푹 빠져 살고, 시대 변화에 민감하며, 올빼미를 애완 동물로 기르고 있다. 꼭 그럴지는 장담 못하지만 당신은 아마 아테나의 그래프도 그려 보고 싶을 것이다. 아테나의 경우 그녀가 몇

- 당신이 좀 까다로운 인물이라면, 샘도 나이를 먹었으니 다른 차원(아이크처럼 나이의 차원—옮긴이)이 있어야 한다고 반박할지 모른다. 하지만 나는 샘의 생활 방식이 수년 동안 똑같았기 때문에 나이는 중요하지 않다고 생각한다.

살인지, 1주일 동안 몇 권의 책을 읽는지, 수학 점수는 평균 얼마인지, 하루에 몇 분 동안 신문을 보는지, 올빼미는 몇 마리나 기르는지를 알면 이 다섯 가지에 해당하는 축으로 이루어진 5차원 공간의 점으로 그래프를 그릴 수 있다. 하지만 아테나의 그래프는 그리기 어렵다. 5차원 공간은 그리기가 곤란하기 때문이다. 컴퓨터도 3D 그래픽 프로그램밖에 없지 않은가.

그럼에도 불구하고, 추상적으로 보면 5개 수의 조합으로 표현되는 5차원 공간은 존재한다. 예를 들어 (11, 3, 100, 45, 4)으로 표현된 5차원 공간의 점은 아테나가 11세이고, 일주일 동안 3권의 책을 읽고, 수학 시험에서는 틀린 적이 없고, 매일 45분씩 신문을 읽으며, 4마리의 올빼미를 키운다는 것을 말해 준다. 나는 이 다섯 가지의 수로 아테나를 설명했다. 당신이 그녀를 알고 있다면, 5차원에 찍힌 이 점으로 그녀를 찾아낼 수 있을 것이다.

앞에서 설명한 각기 다른 세 사람을 나타낸 차원의 수는 내가 그 사람들을 설명하기 위해 부여한 특징의 수이다. 샘은 한 가지, 아이크는 세 가지, 아테나는 다섯 가지. 물론 실제 세계에서 한 인물을 설명하려면 훨씬 더 많은 정보가 필요할 것이다.

다음 장에서는 차원으로 사람이 아닌 공간 그 자체를 탐색할 것이다. 여기서는 '공간(space)'을 물체가 존재하며 물리적 과정이 일어나는 영역을 의미하는 용어로 사용하겠다. '특정 차원의 공간'은 한 점을 표시하기 위해 특정한 수의 양이 필요한 공간이다. 1차원은 x축 하나로 이루어진 그래프상에 표시한 점, 2차원은 x축과 y축으로 구성된 그래프상의 점, 3차원은 x축, y축, z축으로 구성된 그래프상의 점이라고 생각하면 된다.[1] 그림 5는 이러한 축을 나타낸다.

3차원 공간에서 당신의 정확한 위치를 정할 때에는 3개의 숫자만

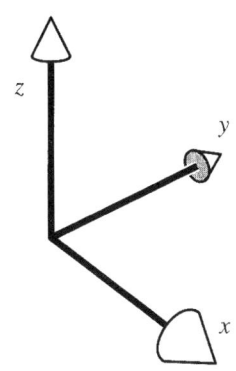

그림 5
3차원 공간을 나타내기 위해 필요한 3개의 좌표축.

있으면 된다. 당신의 위치를 나타내는 세 숫자는 위도, 경도, 고도이거나 가로, 세로, 높이이며 또는 다른 식으로 세 숫자를 선택할 수도 있다. 어쨌든 3차원에서 위치를 나타내기 위해서는 3개의 숫자가 필요하다는 점이 중요하다. 2차원 공간에서는 2개의 숫자가 필요하며, 더 높은 차원에서는 더 많은 수의 숫자가 필요하다.

차원이 늘어난다는 것은 완전히 다른(서로 독립적인—옮긴이) 방향으로 움직일 수 있는 자유가 생긴다는 의미이다. 4차원 공간의 점은 3차원 공간에 1개의 축만 더하면 된다. 역시 이번에도 그리기는 어렵지만 그것을 상상하기는 그리 어렵지 않다. 이제 단어와 수학 용어로 생각해 보자.

끈 이론은 4차원보다 훨씬 더 높은 차원을 제안한다. 여분의 공간 차원이 6개나 7개라고 가정한다. 이는 점을 그래프에 나타내기 위해서는 6개나 7개의 축이 더 필요함을 의미한다. 극히 최근의 끈 이론

• 숫자로 표시된 주는 「수학 노트」를 참조하라.

연구는 그보다도 더 많은 차원이 가능하다고 이야기한다. 이 책에서 나는 마음을 열고 여분 차원이 몇 개가 되든 그 가능성을 만끽해 볼 것이다. 우주에 실제로 얼마나 많은 차원이 있는지 이야기하기에는 너무 이르다. 내가 설명할 여분 차원에 대한 개념들은 여분 차원이 몇 차원이든 적용할 수 있다. 극히 드물지만 적용할 수 없는 경우가 나타난다면 따로 언급할 것이다.

하지만 물리 공간은 점을 정의하는 것만으로 모두 기술할 수 있는 것이 아니다. 두 점 사이의 물리적 거리를 측정할 때 사용하는 척도를 결정해 주는 계량(metric)을 정해 두어야 한다. 이는 그래프의 축에 눈금을 표시하는 것과 같다. 17이 17센티미터인지, 17킬로미터인지, 17광년인지 모른다면, 점 사이의 거리가 17이라는 것을 알아도 소용이 없다. 우리는 계량이 있어야만 거리를 어떻게 측정했는지 알 수 있다. 왜냐하면 그래프 위 두 점 사이의 거리가, 그래프가 표현하는 세계의 무엇에 대응하는지 알 수 있기 때문이다. 계량이 제공하는 눈금 덕분에 어떤 단위로 척도를 삼았는지 명확해진다. 1센티미터가 1킬로미터를 나타낸다는 식의 지도상의 축척 표시나 미터법에서 모두가 사용하는 미터자가 그 예일 것이다.

계량으로 알 수 있는 것이 이것이 다가 아니다. 어떤 공간이 구부러진 공간인지 공처럼 부푼 풍선의 둥글게 휘어 있는 공간인지도 계량으로 알아낼 수 있다. 즉 계량은 공간이 어떤 모양인가에 관한 정보를 모두 담고 있다. 휘어진 공간을 나타내는 계량은 거리와 각도가 얼마인지를 말해 준다. 1센티미터가 여러 가지 거리를 나타낼 수 있는 것과 마찬가지로, 각의 크기 역시 다양한 모양을 나타낼 수 있다. 이에 대해서는 비틀린 공간과 중력의 관계를 탐구할 때 좀 더 자세히 설명하겠다. 지금은 구의 표면이 납작한 종이의 표면과 다르다는 정도만 알면 충분하다. 즉 한쪽에서 삼각형으로 보이는 것이 다른 쪽에서는 그렇게 보이지 않으며, 이 두 2차원 공간의 차이는 계량으로 표현된다.[2]

물리학의 발전에 따라 계량에 포함되는 정보도 늘어났다. 상대성이론을 발전시킨 아인슈타인은 시간이라는 네 번째 차원을 3차원 공간과 분리할 수 없다는 사실을 알아챘다. 시간에도 3차원 공간과 마찬가지로 척도를 부여할 필요가 있었기에 아인슈타인은 중력을 형식화할 때 3차원 공간에 시간 차원을 추가하여 4차원 시공간을 나타내는 계량을 사용했다.

최근의 물리학에서는 공간 차원이 더 존재할 수 있다고 주장한다. 그럴 경우 진정한 시공간을 나타내는 계량은 3차원 이상의 공간 차원을 포함할 것이다. 다차원 공간은 공간 차원의 수 그리고 그 공간의 계량으로 기술된다. 계량 그리고 다차원 공간 계량으로 논의를 진행하기 전에, '다차원 공간(multidimensional space)'이라는 용어의 의미를 좀 더 생각해 보기로 하자.

여분 차원을 가로지르는 흥미로운 경로들

로알드 달(Roald Dahl)의 소설 『찰리와 초콜릿 공장(*Charlie and the Chocolate Factory*)』에 등장하는 윌리 웡카(Willy Wonka)는 방문객에게 그의 '웡카베이터(Wonkavator)'를 소개한다. "엘리베이터는 그저 오르락내리락 할 뿐이지만, 웡카베이터는 옆으로도 가고, 미끄러져서도 가고, 길게도 가고, 뒤로도 가고, 앞으로도 가고, 네모로도 가고 그리고 당신이 생각하는 어떤 식으로든 가지요." 실제로 웡카베이터는 우리가 아는 모든 방향, 즉 3차원에 존재하는 모든 방향으로 움직일 수 있다. 참으로 훌륭하고 기발한 생각이다.

하지만 윙카베이터가 실제로 '당신이 생각하는' 모든 방향으로 가지는 않는다. 윌리 윙카는 부주의하게도 여분 차원을 따라가는 경로를 빠트렸다. 여분 차원은 완전히 다른 방향이며 설명하기 무척 어렵다. 좀 더 쉽게 설명하기 위해 비유를 들어 보자.

1884년, 여분 차원을 설명하기 위해, 영국의 수학자 에드윈 애벗(Edwin A. Abbott)은 『플랫 랜드 이야기(*Flatland*)』라는 소설을 썼다.* 이 소설은 플랫 랜드라는 제목에서 드러나듯 2차원 존재(다양한 기하학적 형태를 가진 삼각형, 사각형, 오각형 등.—옮긴이)가 사는 가상의 2차원 우주에서 벌어지는 일을 그리고 있다. 애벗은 책상 위와 같은 2차원 세상이 전부인 플랫 랜드의 거주자가 왜 3차원을 보고 어리둥절해 하는지 보여 주었는데, 이는 3차원에 사는 우리가 4차원을 보는 시선이기도 하다.

우리에게는 4차원 이상의 세계가 낯설지만, 플랫 랜드의 사람들에게는 3차원이 그들의 이해 범위를 벗어나 있다. 우리 세계의 대부분의 사람들이 3차원을 고집하듯 플랫 랜드 거주자들도 우주는 분명 자신이 지각하는 2차원이 전부라고 확신한다.

책 속의 화자, A. 스퀘어 씨(Mr. A. Square. A. 스퀘어 씨는 2차원 정사각형이다. 그리고 A^2인 이 이름은 저자의 이름에 A가 2개 있는 것과도 관련이 있다.)는 어느 날 갑자기 3차원 존재를 맞닥뜨린다. 플랫 랜드를 벗어날 수 없는 A. 스퀘어 씨는 3차원 구가 자기가 사는 2차원을 관통하여 수직으로 움직이는 것을 보게 된다. A. 스퀘어 씨는 플랫 랜드를 벗어날 수 없기

---

* 원제는 *Flatland: A Romance of Many Dimensions*이다(우리나라에는 『플랫랜드 이야기』(윤태일 옮김, 늘봄, 1998)의 제목으로 번역 출간되었다. — 옮긴이).

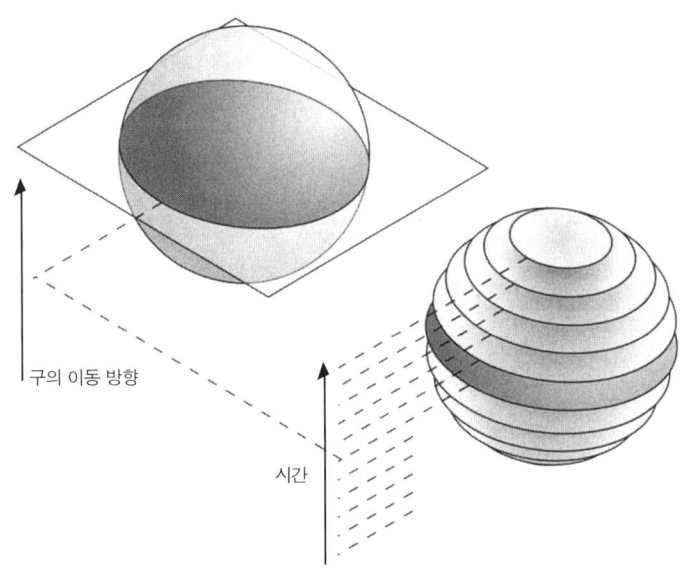

그림 6
구가 평면을 통과할 때, 2차원 관측자에게는 커졌다 작아지는 원반으로 보인다. 관측자가 시간의 경과에 따라 보게 되는 원반을 차례로 모으면 구가 만들어진다.

때문에, 그는 크기가 커졌다가 이내 작아지는 원반들, 즉 3차원 구가 A. 스퀘어 씨가 거주하는 평면을 통과하면서 만들어 내는 구의 단면을 보게 된다(그림 6).

   2차원을 넘는 세계가 무엇인지 알지 못하고 구와 같은 3차원 물체는 더더구나 생각해 본 적이 없는, 2차원에 거주하는 화자가 3차원 구를 처음 보면 엄청난 혼란을 느낄 것이다. A. 스퀘어 씨는 플랫랜드를 빠져나와서 플랫랜드를 둘러싼 3차원 세계로 들어가기 전에는 결코 구를 제대로 상상할 수 없다. 일단 이렇게 3차원 세계에 들어가고 나면, 그는 구가 자신이 목격한 2차원 슬라이스들을 겹쳐 놓은 형상임을 깨닫게 된다. 2차원에 있다고 하더라도, A. 스퀘어 씨는 그가 관측한 원반들을 시간의 함수로 그려 구를 상상할 수 있다(그림 6). 하지만 그의 눈을 번쩍 뜨게 해 줄 3차원으로 여행하기 전까지, 그는 구와 3차원 공간을 온전히 이해하지는 못한다.

마찬가지로 '초구(hypersphere, 4차원 공간의 구)'가 우리 우주를 통과하는 것은 우리에게 시간의 흐름에 따라 3차원 구의 크기가 커졌다가 작아지는 것처럼 보일 것이다.[3] 안타까운 일이지만 우리에게는 여분의 차원으로 여행할 기회가 주어지지 않을 것이다. 따라서 우리는 결코 초구를 온전한 상태로 볼 수 없다. 하지만 여분 차원을 직접 볼 수는 없어도, 그곳에서 물체가 어떻게 보이는지를 추론해 볼 수는 있다. 우리가 3차원 공간을 통과하는 초구를 3차원 구의 연속적인 배열로 지각하리라는 추론은 꽤 설득력이 있다.

다른 예로 '초정육면체(hypercube, 고차원 정육면체)'를 상상해 보자. 두 점을 1차원 직선으로 이어 주면 1차원 선분이 만들어진다. 이를 2차원으로 확장하려면, 1차원 선분 위에 또 하나의 1차원 선분을 올려놓고 이 둘을 2개의 선분으로 연결하여 2차원 사각형을 만들면 된다.

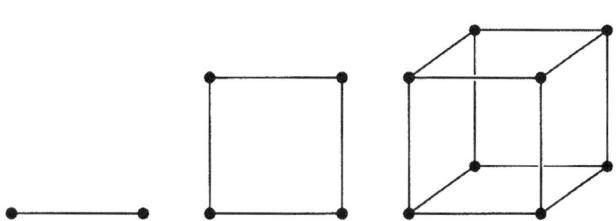

그림 7
이 그림은 낮은 차원 도형을 합쳐 높은 차원의 도형을 만드는 방법을 보여 준다. 선분을 만들려면 두 점을 연결해야 하고, 정사각형을 만들려면 두 선을 연결해야 하고, 정육면체를 만들려면 두 정사각형을 연결해야 한다. 그리고 (그림으로 표현하기가 너무 어려워서 그리지 않았지만) 초정육면체는 두 정육면체를 연결하여 만들 수 있다.

또 3차원으로 나아가려면, 2차원 사각형 위에 또 하나의 2차원 사각형을 올려놓고, 원래 사각형의 모서리마다 4개의 사각형을 덧댄 후에 이 두 사각형을 연결하면 3차원 정육면체가 모습을 드러낸다(그림 7).

우리는 일반화를 통해 4차원 초정육면체를 생각해 보았으며, 아직 이름 붙이지는 않았지만 5차원의 무언가도 생각해 볼 수 있다. 3차원에서 태어나고 죽는 우리는 4차원 초정육면체와 5차원 도형을 한 번도 직접 본 적이 없지만, 더 낮은 차원에서 했던 과정을 일반화해 이들의 생김새를 유추할 수는 있다. 초정육면체(4차원 정육면체(tesseract)라고 하기도 한다.)를 만들기 위해서는, 정육면체 위에 다른 정육면체를 놓은 후, 두 정육면체의 각 면을 6개의 정육면체로 서로 연결해야 한다. 이는 추상적인 과정이며 그림으로 표현하기가 어렵다. 하지만 그렇다고 해서 초정다면체의 현실성이 떨어지는 것은 아니다.

고등학교 시절, 나는 수학 캠프(여러분이 생각하는 것보다 훨씬 더 즐거웠다.)에서 여름을 보냈다. 거기서 우리는 영화 「플랫랜드」*를 감상했다. A. 스퀘어 씨는 쾌활한 영국식 억양으로 "위로 가야 해, 북쪽이 아니야."라고 외치면서, 도무지 이해가 가지 않는 3차원을 플랫랜드 거주자에게 설명하려고 안간힘을 썼다. 불행히도 다른 경로, 즉 네 번째 공간 차원을 설명하려면 우리도 똑같은 어려움에 처한다.

하지만 애벗의 소설에서 플랫랜드 거주자가 볼 수도 통과할 수도 없는 3차원이 존재했듯이, 우리가 볼 수 없다는 이유로 다른 차원의 존재를 무시해서는 안 된다. 우리가 아직까지 관측한 적도 없고, 그런 차원을 통과해 보지도 않았지만, 이 책 『숨겨진 우주(Warped Passages)』의 전반에 흐

---

* 이 애니메이션은 에릭 마틴(Eric Martin)이 감독을 했고, 더들리 무어(Dudley Moore)를 비롯하여 영국 코미디 극단인 '언저리를 넘어서(Beyond the Fringe)' 배우들의 목소리로 더빙되었다. 정말 재미있었다.

르는 메시지는 바로 "북쪽이 아니야, 경로를 따라서 위로 가야 해!"라는 것이다. 지금껏 보지 못한 무엇이 존재하는지를 누가 안단 말인가?

둘에서 셋으로

이 장의 남은 부분에서 나는 3차원 이상의 공간을 기술하기보다는, 우리의 제한된 시각적 능력으로 어떻게 2차원 이미지를 가지고 3차원을 생각하고 그릴 수 있는지 말하고자 한다. 우리가 어떻게 2차원 이미지로 3차원 실체를 생각할 수 있는가를 이해하는 것은 나중에 높은 차원의 세계를 그린 낮은 차원의 그림들을 해석할 때 유용할 것이다. 지금부터 이야기하는 부분들은 여러분의 머릿속에 여분 차원이라는 개념을 들여놓기 위한 준비 운동이 될 것이다. 우리가 일상생활에서 언제나 차원을 고려한다는 사실을 기억한다면 도움이 될 것이다. 절대 낯선 일이 아니다.

우리는 한 사물의 표면 중 어느 부분, 그저 감싸고 있는 바깥 부분만을 볼 수 있다. 그 바깥 표면은 3차원 공간에서 구부러져 있기는 해도 2차원이다. 왜냐하면 표면의 한 점의 위치를 나타내는 데 2개의 숫자로 충분하기 때문이다. 또 표면은 두께가 없다는 점에서 3차원이 아니라고 추론할 수도 있다.

회화나 영화 또는 컴퓨터 화면이나 이 책의 그림을 볼 때, 우리는 3차원이 아니라 2차원 대상을 보고 있는 것이다. 하지만 우리는 2차원 이미지가 나타내고자 하는 3차원 현실을 미루어 짐작할 수 있다.

우리는 2차원 정보를 이용하여 3차원을 구성할 수 있다. 이런 경우 2차원 정보는 3차원 대상을 원래의 형태로 재구성하는 데 꼭 필요한

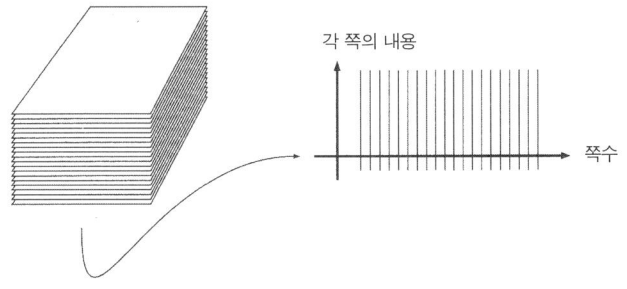

그림 8
3차원 책은 2차원 쪽들로 이루어진다.

정보를 어느 정도는 가지고 있지만 충분히 담고 있지 않다. 2차원 표현을 위해 원래 정보를 압축했기 때문이다. 이제 높은 차원의 물체를 더 낮은 차원으로 변환할 때 자주 쓰는 단면 자르기, 사영, 홀로그래피, 차원 무시하기 등의 방법과, 어떻게 2차원 정보에서 3차원 대상을 거꾸로 추론해 내는지를 살펴보자.

둘러싸인 표면을 뚫고 그 안을 바라보는 가장 단순한 방법은 단면을 잘라 보는 것이다. 각 단면은 2차원이지만, 단면을 조합하면 3차원 대상이 만들어진다. 예를 들면 식당에서 햄을 주문하면 곧바로 3차원 햄 덩어리가 수많은 2차원 슬라이스 햄으로 바뀐다.* 이 슬라이스 햄을 차곡차곡 겹치면 온전한 3차원 형상이 다시 나타난다.

이 책은 3차원 물체이다. 하지만 각 쪽은 2차원으로 볼 수 있고, 그것을 하나로 모으면 3차원 책이 된다.** 이를 그림으로 나타내는 방법은 여러 가지인데, 그림 8은 그중 하나로 책을 옆에서 본 모습이다. 이 그림도 차원을 조작한 것이다. 왜냐하면 각각의 선이 각각의 쪽을 나타내기 때문이다. 우리는 이 1차원 선들이 2차원인 쪽을 나타낸다

그림 9
사영에서는 원래 물체보다 차원이 낮아지면서 정보가 손실된다.

는 것을 알고 있기 때문에 우리는 이 그림의 의미를 분명하게 이해할 수 있다. 이런 식의 생략법은 나중에 다차원 세계의 물체를 설명할 때 꽤 쓸모 있다.

단면을 잘라 보는 것은 높은 차원을 낮은 차원으로 바꾸는 방법들 중 하나일 뿐이다. 사영도 그 방법 중 하나이다. 기하학 용어인 사영은 단면 자르기와는 약간 다르게 대상을 낮은 차원에 재현한다. 벽에

- 슬라이스 햄은 약간의 두께를 가지므로 얇기는 해도 실제로는 3차원이다. 이 여분의 차원, 즉 세 번째 차원은 크기가 아주 작기 때문에 슬라이스 햄을 2차원 대상이라고 간주할 수 있지만, 그것을 모아 겹치면 3차원 물체가 된다고 상상할 수 있다.
- ●● 다시 각 페이지가 온전히 2차원이라면 3차원상의 두께가 전혀 없도록 무한히 얇아야 할 것이다. 하지만 여기서는 이 책 한 장 한 장을 2차원으로 어림잡을 수 있을 만큼 얇다고 보자.

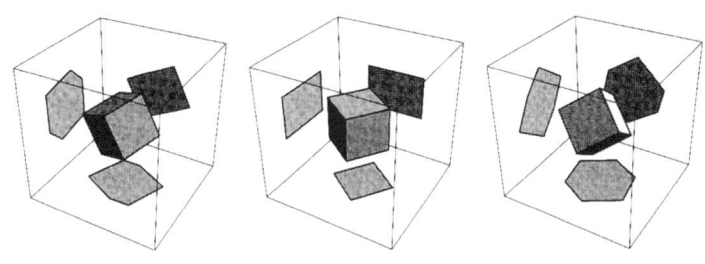

그림 10
정다면체의 사영. 정육면체를 사영하면 가운데 그림처럼 정사각형이 될 수도 있지만 다른 모양을 취할 수도 있음을 눈여겨 보라.

비친 그림자는 3차원 물체를 2차원에 사영한 예이다. 그림 9는 사영을 하면 정보가 어떻게 손실되는지를 보여 준다. 그림자 위의 점은 스크린의 왼쪽-오른쪽 그리고 위-아래라는 좌표축으로 위치를 정할 수 있다. 하지만 사영된 물체는 2개의 그림자가 가지고 있지 않은 3차원 공간을 갖고 있다.

가장 간단한 사영 방법은 차원을 하나 아예 무시하는 것이다. 예를 들면 그림 10은 3차원 정육면체가 2차원으로 사영된 모습이다. 정육면체의 사영된 상은 여러 모양이 될 수 있는데, 그중 가장 단순한 것이 정사각형이다.

앞에서 예로 든 아이크와 아테나의 그래프로 돌아가 보자. 우리는 아이크가 자동차 운전을 한다는 것을 무시하고 아이크의 2차원 그래프를 만들 수 있다. 또 아테나가 키우는 올빼미 수를 알고 싶지 않다면, 5차원이 아닌 4차원 그래프를 만들 수도 있다. 이처럼 아테나의 올빼미 수를 무시하는 것이 사영이다.

사영은 차원이 높은 원래 대상으로부터 정보를 삭감한다(그림 9). 그러나 우리가 사영을 이용해 대상보다 낮은 차원의 그림을 그릴 때 손실된 부분을 되살릴 수 있는 정보를 부가하기도 한다. 사진이나 그림에서 볼 수 있는 음영이나 색이 그러한 부가 정보이다. 또 지형도에 쓰인 높이를 알려 주는 숫자처럼 숫자가 부가 정보일 수 있다. 또는 어떤 표시도 남아 있지 않아서 2차원 묘사가 그저 정보의 손실로 끝날 수도 있다.

사람이 시각 정보를 이용하여 3차원을 재구성하려면 2개의 눈이 꼭 필요하며, 그렇지 않다면 우리의 시각은 사영에 그치고 만다. 한 눈을 감으면 깊이를 지각하기 곤란해진다. 한 눈으로는 3차원 물체를 사영한 2차원 이미지만 볼 수 있을 뿐이다. 3차원을 재현하려면 두 눈이 필수적이다.

나는 한쪽은 근시이고 다른 한쪽은 원시인 희귀한 경우로, 안경 없이는 이미지를 제대로 조합하지 못한다. 원근을 느끼지 못하기 때문에 3차원 영상을 구성하기 어려워야 하지만 나는 그다지 어려움을 느끼지 않는다. 내 눈에는 사물들이 3차원으로 보인다. 그것은 아마도 내가 3차원 이미지를 만들 때 음영법과 원근법에 기대기 때문일 것이다(그런 세상에 내가 친숙해 있기 때문이기도 하다.).

한번은 사막에 갔을 때, 함께 간 친구와 나는 좀 멀리 떨어진 곳에 있는 벼랑에 가 보기로 했다. 친구는 계속해서 똑바로 가면 목표하는 벼랑에 닿을 수 있다고 말했다. 그러나 나는 바위가 가로막고 있는데 어떻게 똑바로 갈 수 있는지 그의 말을 이해할 수 없었다. 나는 벼랑에서 튀어나온 바위가 길을 막고 있다고 생각했다. 그러나 실제 상황은 바위가 벼랑 앞에 그리고 우리와 무척 가까이에 있었던 것이다. 게다가 벼랑과 이어져 있어서 길을 가로막고 있다고 생각했던 그 바위는 실제로는 벼랑에 달라붙어 있지도 않았다. 내가 그릇된 판단을 내렸던 것은 그때가 그림자가 없는 정오 즈음이라, 한 줄로 선 바위와 벼랑 사이의 거리를 3차원으로 정확히 재구성할 수 없었기 때문이었다. 내가 평소 사물을 볼 때 음영법과 원근법이라는 보충적인 전략을 취하고 있음을 깨닫는 것은 바로 그러한 실패의 순간이다.

회화 작업을 할 때 예술가는 자신이 본 것을 사영 이미지로 환원시켜야 한다. 중세 미술은 이를 아주 간단하게 해 냈다. 그림 11은 2차원에 사영된 도시를 나타낸 모자이크화이다. 이 모자이크화는 3차원에 대해서는 아무 말도 하지 않는다. 3차원이 존재한다는 어떤 표시도 없다.

중세 이후, 화가들은 회화에서 발생하는 이러한 차원의 손실을 보충하는 사영법을 개발해 왔다. 공간을 납작하게 만드는 중세의 방법과 대비되는 또 하나의 접근법을 개발한 것은 20세기의 입체파이다. 입체파 회화(그림 12 파블로 피카소(Pablo Picasso)의 「도라 마르의 초상」)이 그 예이

그림 11
2차원적인 중세 모자이크화.

그림 12

피카소가 그린 입체파 회화, 「도라 마르의 초상」.

그림 13

달리가 그린 「십자가에 못 박힌 예수」.

다.)는 각기 다른 각도에서 본 몇 가지 사영을 한데 겹쳐서 보여 줌으로써 화가가 3차원에 있음을 드러낸다.

하지만 르네상스 이후 대부분의 서양 화가들은 원근법과 음영법을 사용하여 2차원 평면 위에 3차원 환영을 만들어 냈다. 서양 회화에서 가장 중요한 기술은 3차원 세계를 2차원으로 표현하는 것이다. 이것이 잘 되면 관람자들이 그 과정을 거꾸로 되밟아서 원래의 3차원 물체나 장면을 재구성할 수 있다. 회화 속에 3차원에 대한 정보가 온전히 남아 있지 않다고 해도, 우리는 문화적 학습을 통해 이미지를 해독하는 방법을 알고 있다.

예술가들은 심지어 3차원보다 더 높은 차원의 물체를 2차원 표면에 재현하려고 노력해 왔다. 그 한 예가 살바도르 달리(Salvador Dali)의 「십자가에 못 박힌 예수: 초정육면체적 시체(Crucifixion : *Corpus Hypercubus*)」(그림 13)이다. 달리는 이 그림에서 초정육면체의 전개도로 십자가를 표현했다. 초정육면체는 4차원 공간에서 8개의 정육면체가 결합한 것이다. 그림 14는 몇 가지 방식으로 초정육면체를 사영한 것이다.

나는 앞에서 준결정이라는 물리적 예를 소개했다. 준결정은 고차원 결정을 우리가 사는 3차원으로 사영한 것처럼 보인다. 사영은 예

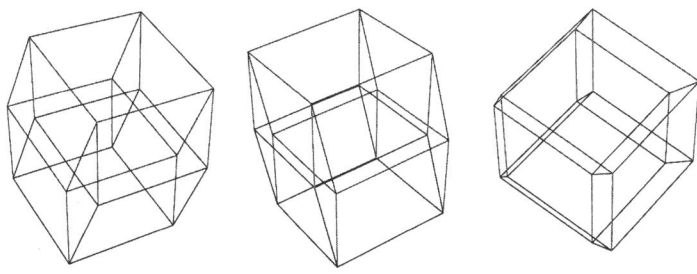

그림 14
초정육면체의 사영.

술적 목적뿐만 아니라, 실용적 목적으로 응용될 수 있다. 의학 분야에는 3차원 대상을 2차원에 사영한 많은 예들이 있다. 엑스선은 언제나 2차원 사영 이미지만을 기록한다. CAT(computerized axial tomography, 컴퓨터 엑스선 단층 촬영)는 여러 장의 엑스선 이미지를 조합하여 더 알기 쉬운 3차원 영상을 다시 만들어 낸다. 다양한 각도에서 찍은 엑스선 사진이 충분하다면, 사진들을 내삽(內揷, interpolation)하여 온전한 3차원 이미지를 만들 수 있다. 한편 MRI(magnetic resonance imaging, 자기 공명 영상법) 촬영은 단층상을 통해 3차원 물체를 재구성하여 보여 준다.

홀로그래피는 3차원을 2차원 표면에 기록하는 또 다른 방법이다. 한 차원 낮은 표면에 기록된 이미지이기는 해도, 실제 홀로그래피 기술로 만든 이미지는 원래의 고차원 공간에 관한 모든 정보를 담고 있다. 당신의 지갑 속에도 이 기술이 들어 있다. 신용카드에서도 홀로그램으로 만들어진 3차원 이미지를 볼 수 있다.

홀로그램은 각기 다른 장소에서 입사된 빛 사이의 관계를 기록해 놓은 것이라서, 고차원 이미지를 온전하게 재생할 수 있다. 여기에 적용된 원리는 녹음되었을 때 각 악기의 위치에서 음이 들리는 것처럼 느끼게 해 주는 스트레오 음향 기술과 매우 비슷하다. 홀로그램에 저장된 정보를 통해, 우리의 눈은 2차원 이미지로부터 3차원 영상을 실제로 다시 만들어 낼 수 있다.

앞에서 제시한 여러 가지 방법은 낮은 차원의 이미지에서 어떻게 더 많은 정보를 얻을 수 있는지 보여 준다. 하지만 우리에게 꼭 필요한 것은 더 적은 정보이리라. 우리는 대체로 3차원이 제공하는 정보 모두에 신경을 쓰지는 않는다. 예를 들어 세 번째 차원이 굉장히 얇은 물체라면, 그 방향에서 일어나는 일에 아무런 관심이 가지 않을 것이다. 이 책의 이쪽에 인쇄된 잉크도 실제로는 3차원이지만, 그것을 2차원으로 여긴다고 해서 잃을 것은 아무것도 없다. 이 책을 현미경으로 보지 않는 한 잉크에 두께가 있음을 느끼지 못할 것이다. 전선도 멀리서 보면 1차원처럼 보이지만 가까이 살펴보면 2차원 단면이 드러나고 결국에는 3차원 물체임이 드러난다.

유효 이론

너무나도 작고 게다가 드러나지도 않는 여분 차원을 무시하는 것이 잘못된 일은 아니다. 시각적, 물리적 효과가 매우 작아서 지각하기 어렵다면 대부분 이를 무시할 수 있다. 과학자들은 이론을 정식화하거나 계산할 때, 너무 작아서 측정 불가능한 물리 과정은 평균값을 취하거나, 무시하는 경우가 종종 있다(대개는 의식하지 못한다.). 뉴턴의 운동 법칙은 발표 당시 관측 가능한 거리와 속도의 한계 안에서 잘 맞아떨어졌다. 당시 뉴턴은 일반 상대성 이론 같은 정밀한 이론을 알지 못해도 성공적인 예측들을 내놓을 수 있었다. 이는 세포 생물학자가 양성자 속의 쿼크를 알 필요가 없는 것과 마찬가지다.

중요한 정보를 취하고 세부를 무시하는 것은 사람들이 일상에서 언제나 행하는, 일종의 실용적인 데이터 조작으로 많은 양의 정보를 다루는 방식일 뿐이다. 우리는 보고, 듣고, 맛보고, 냄새 맡고, 만지는 거의 모든 것에 대해 세밀하게 철저히 파고들지, 아니면 다른 것에 우선 순위를 두고 '큰 그림'을 그릴지 선택해야 한다. 그림을 응시할 때나 포도주를 음미할 때, 또는 철학책을 읽거나 여행 계획을 세울 때에도, 관심 분야(크기나 맛 또는 생각)와 관심이 가지 않는 분야로 자동적으로 생각을 분류한다. 세부를 적당히 무시해야만 비본질적인 자잘한 것을 덮고 관심 분야에 집중할 수 있다.

세부 정보를 무시하는 개념적 단순화는 사실 사람들이 항상 하고 있는 익숙한 일이다. 뉴욕 거주자, 즉 뉴요커를 예로 들어 보자. 그들은 뉴욕의 가장 북적거리는 중심인 맨해튼의 구석구석을 세세히 안다. 그들이 보기에 다운타운은 퀴퀴하고 오래되었고 좁고 구불구불한 거리지만, 업타운은 사람들이 실제로 생활하기 좋도록 설계된 곳이며 센트럴 파크나 여러 박물관이 인접해 있다(뉴욕 맨해튼 섬의 최남단 배터리 공원에서 14번가까지를 다운타운이라고 하고, 59번가에서 맨해튼 섬 북쪽 끝까지를 업타운이라고 한다.—옮긴이). 멀리서 보면 이러한 구분이 명확하지 않겠지만, 뉴요커에게는 매우 실제적인 구분이다.

이제 사람들이 뉴욕을 멀리서 볼 때 어떻게 보이는지 생각해 보자. 그들에게 뉴욕은 지도 위의 한 점이다. 아마 중요하게 표시된 눈에 띄는 점일 것이다. 그렇다고 해도 뉴욕 바깥에서 보면 뉴욕은 점에 불과하다. 예를 들어 뉴요커들이 아무리 제각각이라고 해도 미국의 중서부 사람이나 카자흐스탄 사람의 눈에는 모두 한 무리로 보일 뿐이다. 이 비유를 뉴욕의 다운타운(정확하게는 웨스트 빌리지)에 사는 내 사촌에게 이야기하자, 그는 업타운과 다운타운에 사는 사람들을 뭉뚱그려서 뉴요커로 묶는다는 생각에 선뜻 동의하지 않았다. 그의 이러한 행동은 오히려 내 생각을 더 확고하게 해 주었다. 어쨌든 거의 모든 비(非)뉴요커의 생각처럼, 그곳에 살지 않는 사람에게 두 구역의 차이는 매우 사소하며 결코 중요하지 않다.

이러한 통찰을 적용하여 물리적 상황을 적절한 거리 단위나 에너지 단위로 정식화하는 것은 물리학에서는 흔한 일이다. 물리학자들은 이를 '유효 이론(effective theory)'이라고 부른다. 유효 이론은 과학자가 관심을 두는 거리 범위에서 '유효한 의미'를 갖는 입자들과 힘들에 초점을 맞추는 이론이다. 유효 이론은 초고에너지 상태를 기술하는 관측 불가능한 변수를 도입하여 입자나 그들의 상호 작용을 설명하기보다는, 관측 규모에서 중요한 변수들로 관측 결과를 정식화하는 이론이다. 어느 특정 길이 규모에 적용되는 유효 이론은 그보다 짧은 길이에서 일어나는 물리 현상은 자세하게 다루지 않는다. 즉 유효 이론은 당신이 측정하거나 보고 싶어 하는 것만을 다룰 뿐이다. 당신이 다루는 규모의 분해능을 넘어서는 무언가가 있더라도, 그러한 세부 사항까지 고려할 필요는 없는 것이다. 이는 과학적 기만이 아니라 넘쳐나는 정보의 홍수를 무시하기 위한 하나의 방법이다. 이 방법은 정확한 답을 효율적으로 얻는 '유효한' 방법이다.

더 높은 차원의 세부 사항이 우리의 분해능을 넘어설 때, 물리학자뿐만 아니라 그 누구라도 행복하게 3차원 우주로 되돌아갈 수 있다. 물리학자는 전선이 마치 1차원 물체인 것처럼 취급한다. 마찬가지로 여분 차원이 너무 작아서 세부 사항이 그렇게 중요하지 않다면, 더 높은 차원의 이 우주를 낮은 차원으로 기술할 것이다. 이러한 저차원 기술은 여분 차원이 너무 작아서 보이지 않는다고 말한 여러 고차원 이론들의 관측 가능한 효과들을 요약하고 있을 것이다. 차원을 낮춰 현상을 기술하는 방법은 여분 차원의 수나 크기, 모양에 무관하기 때문에, 과학자들은 여러 가지 목적에 저차원 기술법을 적절히 사용하고 있다.

낮은 차원으로 변환된 물리량은 근본적인 설명을 제공하지 못하더라도, 관측이나 예측을 정리하는 데에는 편리하게 이용된다. 만약 어떤 이론이 짧은 길이에서 일어나는 일을 어떻게 기술·설명하는지 상세하게 안다면, 거기에서 저에너지 기술에서 나오는 물리량들을 유도할 수 있을 것이다. 그렇지 않다면 그 물리량들은 실험적으로 결정되어야 하는 미지수에 불과할 것이다.

  2장에서는 이러한 생각을 정교하게 다듬어 보고 미세하게 말려 있는 여분 차원을 살펴볼 것이다. 지금부터 우리가 살펴볼 차원은 너무 작아서 눈에 보이는 어떤 차이도 전혀 만들지 못한다. 나중에 다시 여분 차원을 생각할 때에는, 최근 여분 차원에 관한 이론을 급격하게 바꾸어 놓은 무한히 큰 규모의 여분 차원을 탐구할 것이다.

2장
제한된 경로 : 말려 있는 여분 차원

출구는 없어.
어디에도 없어.
— 제퍼슨 스타십

● 미국의 록 밴드 제퍼슨 스타십(Jefferson Starship)이 부른 「출구는 없어(No Way Out)」에서.──옮긴이

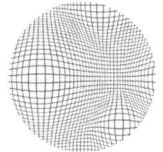

아테나는 깜짝 놀라 깨어났다. 잠들기 전 그녀는 차원에 대한 영감을 얻기 위해 『이상한 나라의 앨리스』와 『플랫랜드』를 읽다 잠들었다. 그날 밤 기이한 꿈을 꾸었고 깨어나서 정신을 차리자 그 꿈이 잠들기 전 읽었던 두 권의 책 때문임을 알아차렸다.•

아테나는 꿈에서 앨리스가 되어 토끼굴로 미끄러져 들어갔으며 그곳에서 흰 토끼를 만났다. 흰 토끼는 아테나를 낯선 세계로 밀어 넣었다. 그녀는 손님을 맞는 태도가 너무 무례하다는 생각을 하면서도, 이상한 나라에서 펼쳐질 모험에 대한 기대로 가슴이 부풀었다.

하지만 아테나는 이내 실망에 빠졌다. 말장난을 좋아하는 흰 토끼가 그녀를 '일상한 나라(OneDLand, 이상한 나라(Wonderland)와 1차원 나라(one-dimensional land)를 합쳐 만든 표현이다.—옮긴이)'로 보내 버렸기 때문이다. 그곳은 그다지 놀랍지는 않아도 꽤 이상한 1차원 세계였다. 아테나는 주위를 둘러보고(주위라고 해도 좌우뿐이다.) 그녀가 볼 수 있는 것이라고는 점 2개가 전부라는 걸 알아차렸다. 하나는 그녀의 왼쪽에, 다른 하나는 오른쪽에 있었다(하지만 점의 색은 예쁘다고 생각했다.).

일상한 나라에서는, 가진 것이라고는 1차원뿐인 1차원 인간들이 실을 따라 줄

• 그게 아니라면 이 이야기는 퀸스 거리의 루이스 캐럴 학교라는 수상한 이름의 학교에서 내 어린 시절의 배움이 시작된 까닭이다.

줄이 매달린 얇은 비즈(구슬)처럼 이 단순한 차원을 따라 길게 늘어서 있었다. 시야가 좁기는 해도, 일상한 나라에는 분명 그녀가 보지 못하는 무엇인가가 더 있다는 걸 알아차렸다. 그녀가 들은 굉장한 소음 때문이었다. 붉은 여왕(Red Queen)은 점 뒤에 감쪽같이 숨어 있었지만, 아테나는 귀에 거슬리는 그녀의 고함 소리를 놓치지 않았다. "이렇게 우스꽝스러운 체스 게임은 본 적이 없어! 성(장기말 중 하나―옮긴이)은 고사하고 아무것도 움직일 수가 없잖아!" 아테나는 자신이 1차원 존재이기 때문에 붉은 여왕의 분노를 피할 수 있었음을 알아차리자 마음이 놓였다.

하지만 편안한 우주는 오래가지 않았다. 일상한 나라의 틈 사이로 미끄러지자, 그녀는 꿈속의 토끼굴로 돌아왔고, 그곳에서 가상의 우주, 다른 차원의 우주를 향한 엘리베이터를 탔다. 타자마자 토끼는 "다음 정류장은 둘상한 나라(TwoDLand), 2차원 세계입니다."라고 안내했다. 아테나는 둘상한 나라가 그다지 멋진 이름은 아니라고 생각했지만, 그래도 조심조심 그 안으로 들어갔다.

그녀는 그렇게 머뭇거릴 필요가 없었다. 둘상한 나라는 일상한 나라와 거의 비슷해 보였기 때문이다. 이내 그녀는 한 가지 다른 점을 발견했는데, 그것은 "나를 마셔 봐."라고 적혀 있는 물약병이었다. 1차원이 지루해진 아테나는 흔쾌히 그 말을 따랐다. 그녀는 재빨리 아주 작게 줄어들었고, 이내 두 번째 차원이 보이기 시작했다. 두 번째 차원은 그다지 크지 않았는데, 원형으로 무척 작게 감겨 있었다. 주변은 이제 엄청나게 긴 튜브의 표면처럼 보였다. 도도새가 원형인 두 번째 차원을 따라 달리고 있었는데, 사실 도도새는 멈춰 서고 싶었다. 그래서 약간 허기져 보이는 아테나에게 친절하게 케이크를 건넸다.

도도새의 크림 케이크 한 조각을 먹자 이번에는 그녀의 몸이 커지기 시작했다. 겨우 몇 조각만 먹었는데도 (케이크를 먹고 나서도 배가 고팠기 때문에 그녀는 몇 조각밖에 먹지 않았다고 확신했다.), 케이크는 아주 작은 빵부스러기처럼 작아졌고 거의 사라진 것이나 다름없었다. 아테나는 여전히 거기에 빵 조각이 있다고 생각했지만, 가늘게 눈을 뜨지 않고서는 볼 수도 없었다. 시야에서 사라진 것은 케이크만이 아니었다.

아테나가 원래 크기로 돌아오자 두 번째 차원이 전부 사라져 버렸다.

그녀는 "둘상한 나라는 정말 이상해. 이젠 집에나 가야겠다."라고 속으로 중얼거렸다. 집으로 돌아오는 길에 모험이 없었던 것은 아니다. 하지만 그 이야기는 다음 기회에 하기로 하자.

우리는 3차원 공간이 '왜' 특별한지는 모르지만, '어떻게' 특별한지는 물어볼 수 있다. 시공간이 근본적으로 3차원 이상이라면, 어째서 우주는 3차원으로만 보이는 것일까? 2차원에 있는 아테나는 왜 하나의 차원만 자주 보게 되는 걸까? 끈 이론이 자연을 정확히 설명하고 있고 그래서 9차원 공간(여기에 시간 차원 하나를 더해야 한다.)이 존재한다면, 나머지 6개의 차원은 어디로 간 것일까? 왜 보이지 않을까? 우리가 보고 있는 이 세계에 우리가 감지할 수 있는 영향을 미치지는 않을까?

마지막 세 질문이 이 책의 핵심이다. 하지만 첫 번째로 할 일은 여분 차원에 대한 증거가 어떻게 숨겨질 수 있는지, 즉 아테나가 2차원 세계를 1차원으로 보거나, 여분 차원을 가진 우주를 우리가 익숙하게 여기는 3차원 우주로 보도록 여분 차원의 증거가 어떻게 감춰질 수 있는지를 알아내는 일이다. 여분 차원에 대한 생각을 받아들인다면, 이론적 근거가 무엇이든, 그 이론은 우리가 아직까지 여분 차원에 대한 미미한 흔적조차 감지해 내지 못한 이유가 무엇인지를 분명히 설명해 주어야 한다.

이 장은 극히 미소하게 '압축'되었거나 말려 있는 차원을 다룰 것이다. 이 차원은 익숙한 3차원처럼 주욱 펼쳐져 있지 않으며, 그보다는 실이 빽빽하게 감긴 실패처럼 돌돌 말려 있다. 압축된 차원에서 두 물체 사이의 거리는 그다지 멀지 않다. 두 물체를 멀리 떼어 놓으려는 시도는 실패할 뿐이며 대신 원형 경기장의 도도새처럼(『이상한 나라의 앨리스』에서 도도새는 앨리스에게 코커스 경주를 소개한다. 동그란 트랙 안에서 아무렇게나 뛰는 경기이며 경기의 시작도 끝도 없고 누구나 승자가 된다.—옮긴이) 계속 빙글거리며 맴돌게 될 것이다. 이 압축된 차원은 너무나 작아서 존재한다고 해도 알아보기 어려울 것이다. 아주 작게 말려 있는 차원이 실제로 존재한다고 해도, 그것을 검출·발견하는 것은 정말로 어려운 일일 것이다.

말려 있는 차원에 대한 물리학

양자 역학과 중력을 통합할 가장 유력한 후보로 꼽히는 끈 이론은 여분 차원을 고려해야 하는 구체적인 이유를 제시한다. 정합적인 끈 이론은 모두 다 여분 차원이라는 놀라운 토대 위에 세워져 있기 때문이다. 여분 차원은 끈 이론의 부상과 더불어 주목받게 되었지만, 여분 차원에 대한 생각이 시작된 것은 끈 이론보다 훨씬 전으로 거슬러 올라간다.

이제 20세기 초반으로 가 보자. 아인슈타인은 상대성 이론을 통해 여분 차원의 가능성을 열어 주었다. 그의 상대성 이론은 중력을 기술하고 있지만 왜 우리가 지금과 같은 중력을 경험하는지 알려 주지는 않는다. 아인슈타인의 이론이 특정 차원의 공간을 더 선호하지는 않기 때문이다. 그의 이론은 3차원, 4차원, 또는 10차원에서도 똑같이 잘 설명된다. 그렇다면 도대체 왜 공간이 3차원으로 보이는 것일까?

아인슈타인의 일반 상대성 이론(1915년 완성)이 나온 직후인 1919년,

독일 수학자 테오도르 칼루차(Theodor Kaluza)는 아인슈타인의 이론에서 여분 차원이 존재할 수 있다는 것을 알아차리고 대담하게도 보이지 않는 새로운 공간 차원인 네 번째 공간 차원이 있다는 제안을 했다.* 칼루차는 여분 차원을 무한한 크기를 갖는 3차원의 공간과는 다소 다르다고 생각했지만 그것이 어떻게 다른지를 구체적으로 설명하지는 않았다. 그가 여분 차원에서 목적했던 바는 중력과 전자기력을 통합하는 것이었다. 통합 시도는 실패했고 그가 제안했던 세부 사항은 이제 적절치 않지만, 그가 대담하게 제안했던 여분 차원이라는 개념은 실로 매우 타당한 것이었다.

칼루차는 1919년에 이 논문을 썼는데, 과학 학술지의 심사 위원이었던 아인슈타인은 이 논문에 대한 평가를 망설였다. 그는 칼루차의 논문 출판을 2년 동안이나 미루었지만, 결국 그 독창성을 인정하고 말았다. 하지만 아인슈타인은 네 번째 차원이 도대체 무엇인지 알고 싶어 했다. 그것이 어디에 있는 것일까? 왜 다른 것일까? 얼마나 멀리까지 펼쳐져 있을까?

아마 여러분도 고민하는 질문이겠지만, 이것은 당연히 던져야 하는 질문들이다. 1926년 스웨덴 출신의 수학자 오스카르 클라인(Oskar Klein)이 이 의문을 해결할 때까지, 아인슈타인에게 해답을 준 사람은 아무도 없었다. 클라인은 여분 차원이 원형으로 말려 있을 것이라는 제안을 했다. 그리고 그 크기는 극히 작아서, 10^{-33}센티미터, 즉 1센티미터의 1조분의 1조분의 100만분의 1,000분의 1센티미터에 불과할 것이라고 생각했다. 이처럼 극소하게 말려 있는 차원이 어디에나 있

---

* 이 장과 다음 장에서는 차원을 공간에 한정해서 쓰고자 하며, 시공간으로 전환할 때에는 시간 차원을 더해서 생각할 것이다.

으며, 다시 말해 공간상의 모든 점이 각각 10^{-33}센티미터 크기의 작은 원형 공간을 가지고 있다는 것이었다.

이 작은 크기는 플랑크 길이(Plank length)로 나중에 중력에 대해 더 자세히 살펴볼 때 중요한 양이다. 클라인이 플랑크 길이를 지목한 것은, 그것이 양자 중력 이론에서 자연스럽게 도출되는 유일한 길이라는 점과, 중력과 공간의 형태가 밀접하게 관련된다는 점 때문이었다. 지금 당신이 플랑크 길이에 대해서 알아둘 것은 플랑크 길이가 헤아릴 수 없을 만큼 극도로 작은 양이어서 그동안 측정한 어떤 값보다도 훨씬 작다는 사실이다. 원자보다 약 10^{24}배, 양성자보다 10^{19}배 작다. 그처럼 작다면 누구든 쉽게 무시할 수 있을 것이다.

우리에게 친숙한 세 차원 중 하나가 알아보기 어려울 정도로 작아지는 경우는 일상생활에서도 찾아볼 수 있다. 벽에 칠한 페인트나 멀리서 바라본 빨랫줄은 3차원보다 낮은 차원으로 보인다. 우리는 페인트가 칠해진 두께나 빨랫줄의 굵기를 무시한다. 실제로는 그 둘 모두가 3차원을 갖지만, 대충 바라보면 벽에 칠한 페인트는 2차원으로, 빨랫줄은 1차원으로 보일 뿐이다. 이러한 사물의 3차원을 정확히 보기 위해서는 분해능을 충분히 높여서 바라보거나, 매우 가까이에서 보는 방법뿐이다. 그림 15처럼 헬리콥터에서 내려다본 축구장의 호스는 1차원이지만, 가까이 다가가면 호스 표면을 이루는 2차원과 호스가 감싸고 있는 3차원 공간이 드러난다.

하지만 클라인에게 감지할 수 없이 작은 것은 물체의 두께가 아니라 바로 차원 그 자체였다. 차원이 작다는 것은 무슨 의미일까? 말려 있는 차원을 가진 우주는 그 안의 사람들에게 어떻게 보일까? 한 번 더 말하지만, 이에 대한 답은 전적으로 말려 있는 차원의 크기에 달려 있다. 말려 있는 여분 차원보다 작은 존재가 세계를 보는 경우와

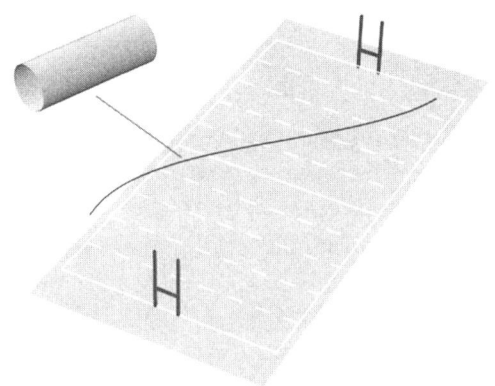

그림 15
축구장을 가로지르는 호스를 공중에서 내려다보면, 1차원으로 보일 것이다. 하지만 가까이에서 관찰하면 호스의 2차원 표면과 3차원 부피를 볼 수 있다.

큰 존재가 세계를 바라보는 경우를 생각해 보자. 4차원 또는 그 이상의 공간 차원을 시각적으로 묘사하는 것은 불가능하기 때문에, 먼저 2차원 우주를 예로 들어 압축된 작은 차원을 지닌 우주를 설명해 보겠다. 이 우주에서 하나의 차원은 아주 작은 크기로 동그랗게 말려 있다(그림 16).

풀밭에 놓여 있는 호스를 한 번 더 떠올려 보자. 호스는 긴 고무판이 튜브처럼 말려 있는 것으로 그 단면은 작은 원이다. 이제 호스를 우주 안의 물체가 아니라 우주 전체라고 생각해 보자.* 우주가 풀밭에 놓여 있는 호스처럼 생겼다면, 그것은 길이가 매우 긴 차원 하나(호스의 길이 방향)와 아주 작게 말려 있는 또 다른 차원(호스의 원둘레 방향, 바로 우리가 원하는 것)으로 되어 있을 것이다.

풀밭 호스 우주에 사는 아주 작은 생물, 예를 들어 넓적노린재에게는 우주가 2차원으로 보일 것이다(이 시나리오에서는 벌레가 호스 표면에 딱

2장 제한된 경로 71

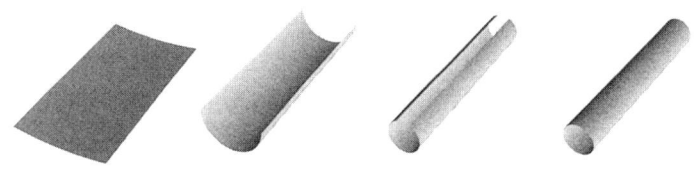

그림 16
하나의 차원이 말려 있으면, 2차원 우주는 1차원으로 보인다.

달라붙어서 움직이기 때문에 3차원에 해당하는 내부가 없다.). 넓적노린재는 두 방향, 즉 호스의 길게 뻗어 있는 길이 방향이나 호스의 둥근 원둘레 방향으로 기어 다닌다. 2차원 우주에서 뱅글뱅글 도는 도도새처럼, 넓적노린재가 호스의 원둘레 방향을 택한다면 어디서 출발하든지 결국 출발점으로 돌아오게 된다. 호스를 도는 두 번째 차원이 너무 작아서 넓적노린재는 출발점으로 되돌아올 때까지 그렇게 멀리 움직이지도 못한다.

호스 위의 벌레들이 중력이나 전기력 같은 힘을 느끼는 경우, 이 힘들은 호스 표면의 어느 방향으로든 벌레를 끌어당기거나 밀어낼 수 있다. 벌레들은 호스의 길이 방향이나 원둘레 방향을 따라 서로 떨어져 있을 수 있으며, 호스에 존재하는 힘을 느낄 수도 있다. 호스의 지름과 같은 작은 길이를 구별할 수 있을 정도의 충분한 분해능을

- 풀밭의 호스는 말려 있는 차원을 설명하는 비유를 들 때 인기가 높다. 나는 그것을 고등학교 수학 캠프에서 배웠는데, 최근에는 브라이언 그린(Brian Greene)의 책 『엘러건트 유니버스(The Elegant Universe)』에서도 볼 수 있었다(그린과 랜들은 고등학교 동창이다.—옮긴이). 풀밭의 호스가 좋은 비유이기도 하거니와 다음 절에서는 여분 차원에서 중력이 어떻게 작용하는지를 설명하기 위해 스프링클러라는 비유를 사용할 것이기 때문에 나 역시 호스를 예로 들어 설명하는 것이다.

갖추면, 힘이나 물체를 통해 드러나는 2개의 차원을 모두 알아볼 수 있다.

하지만 자신의 주변을 관찰하는 벌레에게는 그 두 차원이 무척 다르게 느껴질 것이다. 호스의 길이 차원은 매우 커서 무한하게 보이는 반면에, 둥근 표면의 다른 차원은 매우 작게 보일 것이다. 호스를 도는 차원에서는 두 벌레는 결코 멀리 떨어질 수 없다. 벌레 한 마리가 원둘레 방향으로 머나먼 여행을 떠나고자 해도 결국 금방 출발점으로 되돌아오고 말 것이다. 산책하기 좋아하는 사려 깊은 벌레라면 자신의 우주가 2차원이며, 그중 한 차원은 매우 길고 나머지 한 차원은 원둘레 방향으로 말려 있는 매우 작은 규모임을 알아차릴 것이다.

그러나 벌레의 시각과, 여분 차원이 극도로 미세한 10^{-33}센티미터의 크기로 말려 있는 클라인의 우주를 바라보는 인간 같은 생물의 시각은 전혀 다르다. 벌레와 달리 인간은 극소한 차원을 여행할 수 있기는커녕 극소한 차원을 감지하기에도 너무 크다.

호스의 예를 좀 더 생각해 보자. 이번에는 작은 물체나 구조를 볼 수 없는 낮은 분해능의 눈을 가진, 벌레보다 덩치가 큰 무언가가 풀밭 호스 우주에 산다고 해 보자. 이 커다란 생물이 이 우주를 볼 때 사용하는 렌즈는 호스의 지름처럼 작은 것들을 희미하게 보여 주기 때문에, 이 생물의 입장에서 여분 차원은 보이지 않는다. 그가 보는 세계는 그저 1차원뿐이다. 풀밭 호스 우주가 1차원 이상임을 파악하고 싶다면, 호스의 폭 같은 작은 대상을 알아볼 수 있는 충분히 예민한 시각이 꼭 필요하다. 그 정도도 알아보지 못할 흐릿한 눈으로 볼 수 있는 것은 선뿐이다.

더욱이 물리 효과도 여분 차원의 존재를 드러내 주지 않을 것이다. 풀밭 호스 우주의 덩치 큰 존재는 두 번째의 작은 차원을 간과하여 다른 차원이 있다는 사실을 결코 알아차리지 못할 수도 있다. 구조는 물론, 물질이나 에너지의 진동이나 구불거림처럼 여분 차원을 따라 일어나는 변화를 감지할 수 없다면, 결코 여분 차원을 알 수 없다. 당신이 종이 두께가 원자 단위로 변화할 때 알아차릴 수 없는 것처럼 두 번째 차원에서 일어나는 변화는 모두 무시된다.

아테나가 꿈에서 본 2차원 세계는 풀밭 호스 우주와 매우 흡사하다. 아테나는 둘상한 나라보다 더 크거나 더 작은 크기로 변할 기회를 모두 가졌기 때문에, 두 번째 차원보다 더 큰 사람의 관점과 더 작은 사람의 관점을 모두 취할 수 있었다. 거대한 아테나에게는, 둘상한 나라와 일상한 나라가 여러 측면에서 비슷해 보였다. 오로지 작은 아테나만이 그 차이를 느낄 수 있었다. 풀밭 호스 우주에서도 비슷하게 여분의 공간 차원을 알아볼 만큼 몸집이 작은 존재가 아니라면, 그처럼 작은 차원은 무시될 것이다.

우리가 잘 아는 3차원 공간에 보이지 않는 여분 차원이 더해진 우주, 즉 칼루차-클라인의 우주를 생각해 보자. 그림 16을 한 번 더 살펴보자. 이상적으로는 4개의 공간 차원을 그리고 싶지만, 불행히도 이는 불가능하다(책을 펼치면 그림이 튀어나오는 입체 그림책도 마찬가지다.). 하지만 3차원 공간에서 3개의 무한한 차원이 질적으로 동일하므로, 이를 하나의 차원으로 나타내도 된다. 그렇게 하면 남는 차원 하나로 우리가 알고 있는 3차원과는 근본적으로 다른 말려 있는 여분 차원을 표시할 수 있다.

2차원 풀밭 호스 우주와 마찬가지로 4차원 칼루차-클라인 우주에도 극소하게 말려 있는 차원이 하나 더 있지만, 실제로는 원래보다 한 차원 낮게 보일 것이다. 작은 규모의 구조에 대한 증거를 감지하지 못하면 부가적인 차원을 알 수 없으므로, 칼루차-클라인 우주는

3차원으로 보일 것이다. 말려 있거나 압축된 여분 차원이 충분히 작다면 결코 이를 발견할 수 없다. 나중에 우리는 플랑크 길이가 '얼마나' 작은지 알아볼 것이다. 하지만 지금은 그것이 측정의 한계보다 한참 아래에 있다는 점만 지적하기로 하자.

삶에서 그리고 물리학에서 우리는 정말로 우리에게 의미 있는 것만을 본다. 관측 불가능한 미세 구조는 없는 것이나 마찬가지다. 물리학에서 국소적인 세부 사항을 무시하는 것에 대해서는 1장의 유효 이론을 다룬 절에서 설명했다. 유효 이론에서 다루는 물질은 모두 우리가 실제로 지각할 수 있는 것뿐이다. 앞의 예에서 우리는 여분 차원에 대한 정보를 무시한 3차원 유효 이론을 사용했다.

칼루차-클라인이 제시한 말려 있는 차원이 바로 옆에 있다고 해도, 너무나 작은 차원이기 때문에 그 안에서 일어나는 변화를 감지하기는 어렵다. 뉴요커들의 차이가 비뉴요커에게 그리 대단하지 않은 것처럼 여분 차원의 구조가 아무리 다채로운 세부 사항을 가지고 있다고 해도 그것이 너무나 작으면 역시 우리의 관심을 끌기에는 역부족이다. 우리가 일상에서 파악하는 것보다 더 많은 차원이 있다고 밝혀지더라도, 볼 수 있는 것들은 모두 여전히 우리가 관측하는 차원만으로 기술할 수 있다. 극도로 작은 여분 차원은 세계를 보는 방식이나 대부분의 물리학적 계산을 전혀 바꾸지 못할 것이다. 부가적인 차원이 존재하더라도, 그것을 볼 수도 경험할 수도 없다면, 그것을 무시해도 여전히 관측한 것들을 정확히 기술할 수 있다. 하지만 이 설명은 항상 참이 아니라 몇 가지 추가적인 가정을 필요로 하기 때문에 나중에 이에 대한 보완 설명을 할 것이다.

말려 있는 차원에서 좀 더 중요한 사항을 그림 17을 통해 이해해 보자. 이 그림은 둥글게 말려 있는 호스 또는 한 차원이 둥글게 말려

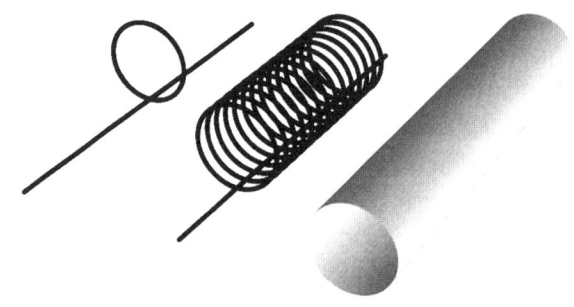

그림 17
2차원 우주에서 하나의 차원이 말려 있으면, 무한하게 뻗은 공간 차원상의 모든 점에 원형 차원이 놓인다.

있는 우주를 나타낸다. 무한하게 뻗어 있는 차원상의 한 점에 주목해 보자. 어떤 점을 취하든 그곳에는 완전히 압축된 공간, 즉 원이 놓일 수 있음을 명심하자. 이 원들이 1장에서 말한 구의 단면인 원반들처럼 한데 모여서 호스를 이루고 있다.

그림 18은 다른 예를 보여 준다. 여기서는 하나가 아니라 두 방향으로 놓인 무한한 차원 위에 원형으로 말려 있는 차원이 하나 추가된 그림이다. 이 경우 2차원 공간상의 모든 점에 원이 놓인다. 그리고 만약 3개의 무한한 차원이 있다면, 3차원 공간상의 모든 점에 말려 있는 여분 차원이 존재할 것이다. 여분 차원이 놓인 각 점은 당신의 몸을 구성하는 세포에 비유할 수 있는데, 이 세포들은 각각 전부 다 온전한 DNA 서열을 갖는다. 마찬가지로 우리가 사는 3차원 공간상의 각 점은 압축된 원형 차원을 온전히 갖고 있다.

이제까지 우리는 둥글게 말려 있는 하나의 여분 차원만 생각했다. 하지만 지금껏 우리가 이야기한 것들은 말려 있는 차원의 모양이 달라도(어떤 모양이라도 좋다.) 참이다. 그리고 이것은 임의의 모양으로 작게 말려 있는 여분 차원이 2개 또는 그 이상이 되더라도 참이다. 어쨌든 차원의 크기가 충분히 작다면 얼마나 많든, 어떻게 생겼든 우리는 그것을 전혀 알아볼 수 없다.

말려 있는 차원이 2개인 경우를 생각해 보자. 2개의 차원이 말려 있는 모양은 여러 가지지만, 여기서는 2개의 차원이 동시에 동그랗게 말려 있는 도넛 모양의 '토러스(torus, 원환면이라고도 한다.)'를 예로 들어 보자. 그림 19가 이것을 나타낸 그림이다. 2개의 원형 차원, 즉 도넛 구멍 둘레를 따라 둥글게 말려 있는 차원과 도넛 자체를 따라 둥글게 말려 있는 차원이 모두 충분히 작다면, 말려 있는 이 두 여분 차원은 결코 보이지 않을 것이다.

하지만 이것은 여러 예들 중 하나일 뿐이다. 더 많은 여분 차원을 갖는 압축 공간(말려 있는 공간)을 엄청나게 많이 생각할 수 있다. 이들은 각 차원이 어떻게 말려 있는가로 정확히 구분된다. 끈 이론에서 중요한 압축 공간으로는 칼라비-야우 다양체(Calabi-Yau manifold)가

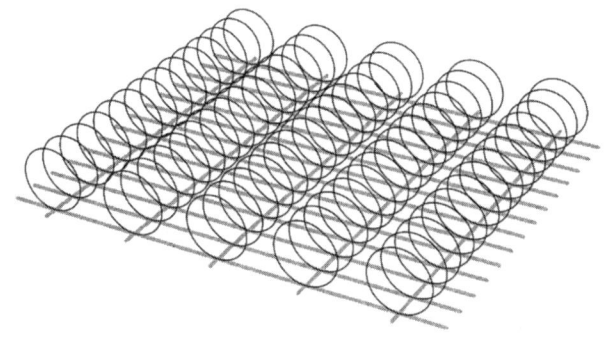

그림 18
3차원 우주에서 하나의 차원이 말려 있으면, 2차원 평면상의 모든 점에는 원이 놓이게 된다.

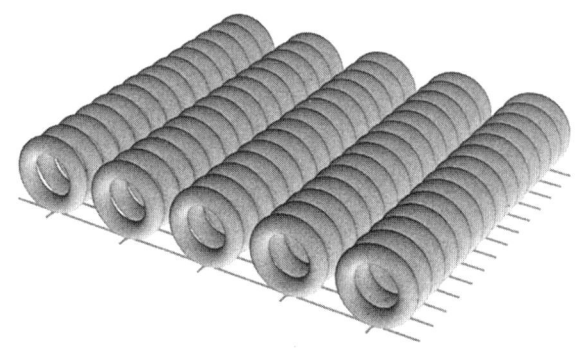

그림 19
4개의 차원 중 2개가 도넛 모양으로 말려 있으면, 당신은 공간상의 모든 점에서 도넛 모양의 차원을 갖게 된다.

있다. 이 다양체의 이름은 그 특이한 형태를 처음으로 제안한 이탈리아의 수학자 에우제니오 칼라비(Eugenio Calabi)와, 이 공간이 수학적으로 가능하다는 것을 보여 준 하버드 대학교의 중국 출신 수학자 야우 싱퉁(丘成桐)의 이름에서 따왔다. 이 다양체의 기하학적인 형태는 복잡한 여분 차원이 매우 특별한 방식으로 한데 감겨서 말려 있는 모양을 하고 있다. 여기서 차원들은 다른 압축화된 차원들과 마찬가지로 작은 크기로 말려 있지만, 얽혀 있는 방식이 매우 복잡해 그림으로 표현하기가 무척 어렵다.[4]

말려 있는 여분 차원이 어떤 모양이든, 또 무한히 많은 차원상의 각 점에 놓인 여분 차원의 수가 얼마이든, 말려 있는 차원을 가지는 작은 압축 공간은 존재할 수 있다. 만약 끈 이론이 옳다면, 우리 눈이 볼 수 있는 곳이라면 어디나, 예를 들어 당신의 코끝이나 금성의 북극점 또는 당신이 마지막 서브를 한 테니스장의 한 점 위 어디라도 너무 작아서 보이지 않는 6차원 칼라비-야우 다양체가 존재한다. 공간의 모든 점에 고차원 기하 공간이 존재할 것이다.

클라인과 마찬가지로 끈 이론가들은 대체로 말려 있는 차원이 플랑크 길이인 10^{-33}센티미터 정도로 작다고 생각한다. 플랑크 길이 정도의 압축 차원은 굉장히 잘 숨어 있으며, 우리는 그처럼 작은 것을 감지할 방법이 거의 없다. 플랑크 길이 정도인 여분 차원이 자신의 흔적을 드러내지 않을 가능성은 매우 높다. 그러므로 플랑크 길이 정도의 여분 차원이 있는 우주에 우리가 살고 있어도, 우리는 여전히 우리에게 익숙한 3차원 공간만을 감지할 뿐이다. 우주에 그처럼 작은 차원이 무수히 많다고 해도 우리는 결코 그것을 찾아내지 못할 것이다.

뉴턴의 중력 법칙과 여분 차원

여분 차원이 눈에 보이지 않는 이유를 그것이 아주 작은 크기로 말려 있거나 조밀하게 압축되어 있기 때문이라고 시각적 그림으로 설명할 수 있다는 것은 좋은 일이다. 하지만 이 직관이 물리 법칙에 얼마나 부합하는지를 확인해 보는 것도 좋은 방법이다.

뉴턴의 중력 법칙을 살펴보자. 17세기에 뉴턴이 제안한 중력 법칙은 매우 체계적인 법칙이다. 뉴턴의 중력 법칙은 중력이 질량을 가진 두 물체 사이에서 거리에 따라 어떻게 변화하는지를 보여 준다.* 이 법칙은 중력의 세기가 두 물체 사이의 거리의 제곱에 반비례하는 역

● 이 책에서 'massive'는 질량을 가진 물체를 뜻한다. 질량을 가진 물체는 질량이 0이며 빛의 속도로 움직이는 '질량 없는(massless)' 물체와 구별된다.

제곱의 법칙이다. 예를 들어 두 물체 사이의 거리가 두 배로 멀어지면 중력의 세기는 4분의 1로 감소하고, 거리가 세 배로 멀어지면 중력의 세기는 9분의 1로 줄어든다. 중력의 역제곱 법칙은 물리학에서 가장 오래되고 가장 중요한 법칙 중 하나이다. 특히 이 법칙은 행성의 궤도가 지금과 같은 모습을 갖춘 이유를 밝혀 준다. 타당한 중력 이론은 뉴턴의 역제곱 법칙을 유도할 수 있어야 한다. 그렇지 않은 이론은 잘못된 것이다.

뉴턴의 중력 법칙은 거리 제곱에 반비례한다. 이는 공간이 몇 차원인지와 밀접하게 관련이 있다. 중력이 얼마나 빠르게 공간에 퍼져 나가는가를 공간 차원의 수가 결정하기 때문이다.

이 둘 사이의 연관을 좀 더 고찰해 보자. 이는 나중에 여분 차원을 다룰 때 매우 중요하다. 호스나 스프링클러를 통해 꽃밭에 물을 주는 경우를 상상해 보자. 호스나 스프링클러를 흐르는 물의 양이 동일하고, 호스와 스프링클러로 정원에 있는 어떤 꽃 한 송이에 물을 준다고 생각해 보자(그림 20). 호스가 꽃 앞까지 이어져 있으면, 공급된 물은 모두 꽃을 적시는 데 사용된다. 호스가 연결된 수도꼭지에서 물이 나오는 호스의 주둥이까지의 거리는 고려하지 않아도 좋다. 왜냐하면 호스가 길든 짧든 물은 전부 꽃을 적시게 되기 때문이다.

이번에는 같은 양의 물이 많은 꽃을 동시에 적시는 스프링클러를 통해 분사된다고 가정해 보자. 즉 물이 원형으로 분사되어 특정한 거리에 있는 모든 꽃에 도달하게 된다고 하자. 물이 같은 거리에 있는 모든 곳으로 퍼지기 때문에 꽃은 호스로 주었을 때와 동일한 양의 물을 흡수하지 못한다. 게다가 꽃이 스프링클러에서 더 멀리 떨어져 있으면 있을수록, 즉 스프링클러가 물을 주어야 하는 꽃은 더 많아지고 물은 더 넓은 면적으로 분사될 것이다(그림 21). 이는 원의 둘레가 3미터

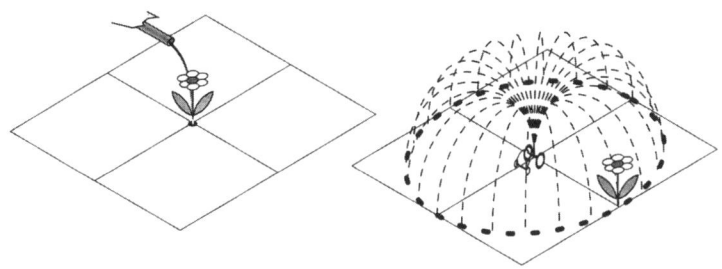

그림 20
스프링클러가 원형으로 물을 분사할 때 꽃에 도달하는 물의 양은 호스가 직접 뿌리는 물의 양보다 적다.

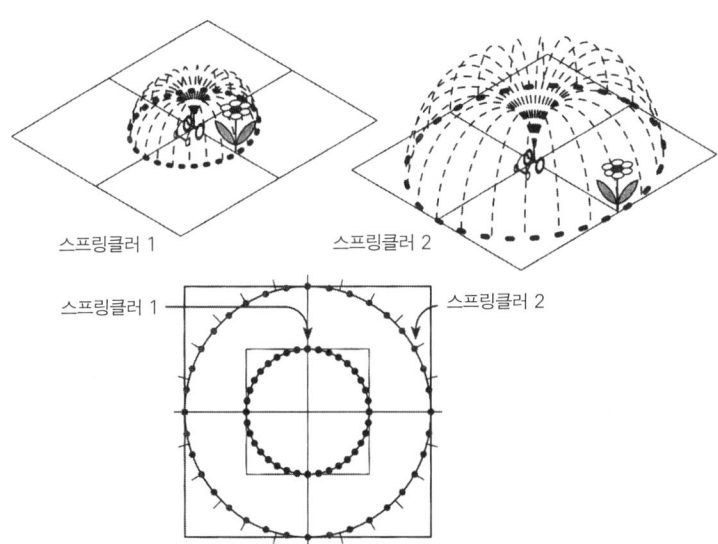

그림 21
스프링클러가 더 큰 반지름의 원을 향해 물을 분사하면, 물은 더 멀리 퍼져 나가고 한 꽃에 도달하는 물의 양은 줄어든다.

라면 1미터일 때보다 더 많은 식물을 심을 수 있기 때문이다. 따라서 물이 더 넓게 분사되기 때문에, 더 멀리 있는 꽃에는 더 적은 양의 물이 도달하게 된다.

마찬가지로 2차원 이상 방향으로 균일하게 퍼져 나가는 것은, 꽃이든 앞으로 보게 될 중력이 작용하는 물체든 더 멀리 떨어진 것에는 더 작은 영향력을 미치게 된다. 물과 마찬가지로 중력도 거리가 멀어질수록 더 넓게 분산된다.

앞의 예를 통해 물이나 중력이 퍼져 나가는 정도가 공간 차원의 수에 좌우되는 이유를 알 수 있다. 물이 퍼져 나가지 않는 1차원 호스와 달리 2차원 스프링클러에서 나온 물은 거리에 따라 더 넓게 퍼져 나간다. 이번에는 원형이 아니라 구형으로 물을 분사하는 스프링클러를 떠올려 보자(이 스프링클러는 민들레꽃씨처럼 보일 것이다.). 이때 거리가 멀어지면 물이 확산되는 속도는 훨씬 빠를 것이다.

이제 이러한 논리를 중력에 적용하여 3차원에서 중력의 거리 의존도가 어떤지 정확히 따져 보자. 뉴턴의 중력 법칙은 두 가지의 전제를 따른다. 즉 중력은 모든 방향으로 동등하게 작용하며 공간은 3차원이다. 행성과 그 주변의 물체를 떠올려 보자. 중력이 모든 방향으로 동등하게 작용하기 때문에, 질량을 가진 다른 물체, 예를 들면 달에 작용하는 중력의 세기는 방향과 무관하며 오로지 그들 사이의 거리에 의해 정해진다.

그림 22의 왼쪽 그림은 스프링클러에서 분사되는 물과 유사하게 중력의 세기를 행성의 중심에서 뻗어 나가는 방사형의 선으로 나타낸 것이다. 선의 촘촘한 정도가 물체에 작용하는 중력의 세기를 나타낸다. 물체를 통과하는 선이 더 많으면 더 센 중력이 작용하는 것을 뜻하며, 물체를 통과하는 선이 더 적으면 더 작은 중력이 작용하는

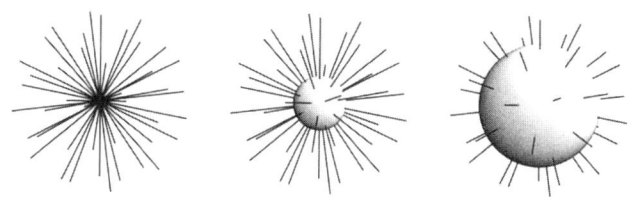

그림 22
행성처럼 질량을 가진 물체에서 중력을 나타내는 선이 방출된다. 구의 반지름이 어떻든 같은 수의 선이 구를 통과한다. 따라서 당신이 중심에 있는 질량을 가진 물체로부터 멀어질수록 중력선은 더 분산되고 중력은 더 약해지는 것이다.

것을 의미한다.

구의 표면이 중심과 얼마나 떨어져 있든지(그림 22의 중간 그림과 오른쪽 그림), 구의 표면을 통과하는 역선(力線)의 수가 같다는 점을 명심하라. 역선의 수는 결코 변하지 않는다. 하지만 구의 표면에 있는 모든 점으로 역선이 퍼져 나가기 때문에, 거리가 멀어질수록 힘은 필연적으로 약해진다. 힘의 크기가 약해지는 정도는 정확하게 주어진 거리에서 역선이 분포하는 면적에 따라 결정된다.

질량을 가진 물체로부터의 거리가 얼마이든지 간에, 구의 표면을 통과해 퍼져 나가는 역선의 수는 같다. 그런데 구의 표면적은 반지름의 제곱에 비례한다(반지름 r인 구의 표면적은 $4\pi r^2$이다.―옮긴이). 일정량의 역선이 구의 표면을 따라 퍼져 나가기 때문에, 중력의 세기는 반지름의 제곱에 따라 감소해야만 한다. 이렇게 중력장이 퍼져 나가는 것이 바로 역제곱 법칙의 기원이다.

압축 차원과 뉴턴의 중력 법칙

이제 우리는 공간이 3차원이라면 중력이 역제곱의 법칙을 따라야만 한다는 점을 알았다. 이 논증의 핵심 요소가 공간이 3차원이라는 점을 명심해야 한다. 만약 공간이 2차원이라면 중력은 원형으로 분산되기 때문에, 거리가 멀어짐에 따라 더 천천히 감소해야 한다. 만약 공간이 3차원 이상이라면, 초구의 표면적이 행성과 그 위성 사이의 거리가 증가함에 따라 훨씬 빠르게 증가하므로 중력은 거리가 증가함에 따라 훨씬 빠르게 약해져야 한다. 오직 3차원 공간에서만 중력이 역제곱의 법칙을 따라 감소한다. 그렇다면 왜 여분 차원을 다루는 중력 이론들에서 뉴턴의 역제곱 법칙이 유도되어 나오는 것일까?

압축 차원은 이러한 모순을 아주 멋지게 해결한다. 이 모순을 해결하는 논리의 핵심은 압축 차원이 한정된 작은 크기이기 때문에 역선이 압축 차원을 따라서는 계속해서 퍼져 나갈 수 없다는 것이다. 처음에는 역선이 모든 차원으로 퍼져 나가지만 여분 차원의 크기를 넘어서고 나면 역선은 무한한 크기를 가진 차원으로만 확산된다.

호스를 예로 들어 한 번 더 설명해 보자. 호스의 마개에 뚫린 작은

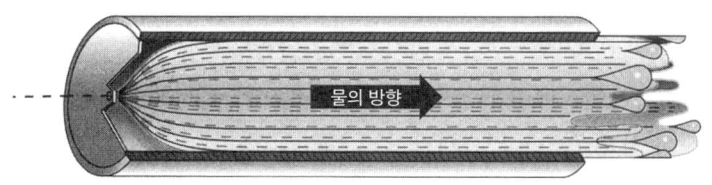

그림 23
물이 왼쪽 끝의 작은 구멍을 통해 호스로 들어가면, 처음에는 3차원으로 분사되지만 나중에는 호스의 길이 방향으로 길게 뻗은 차원, 즉 하나의 차원을 따라 나아간다.

구멍으로 물이 들어간다고 하자(그림 23). 구멍으로 유입된 물은 곧바로 호스의 길이 방향으로 흐르지 않고, 처음에는 호스의 단면 방향으로 넓게 퍼져 나갈 것이다. 하지만 만약 당신이 호스의 다른 끝으로 꽃에 물을 주고 있다면, 물이 호스에 어떻게 유입되는가는 아무런 영향을 미치지 못한다. 처음에는 한 방향이 아니라 여러 방향으로 물이 분사되겠지만, 호스의 안쪽 면에 즉각 물이 도달하게 되면, 그 후부터는 마치 한 방향으로 분사된 것처럼 물이 흐를 것이다. 압축된 작은 차원에서 중력을 나타내는 역선 또한 본질적으로 이와 유사한 과정을 겪는다.

앞에서 우리는 질량을 가진 구에서 일정한 수의 역선이 퍼져 나오는 경우를 생각해 보았다. 여분 차원의 크기보다 더 작은 거리에서는 역선이 가능한 모든 방향을 따라 동등하게 퍼져 나갈 것이다. 이처럼 작은 거리에서 중력을 측정하면 아마도 3차원이 넘는 더 높은 차원의 중력을 측정하게 될 것이다. 작은 구멍으로 투입된 물이 호스의 내부로 퍼져 나간 것처럼 역선도 퍼져 나갈 것이다.

그러나 여분 차원의 크기보다 더 큰 거리에서라면, 역선은 무한하게 뻗은 차원을 따라서만 퍼져 나간다(그림 24). 작은 압축 차원에서 역선은 곧 공간의 끝에 도달하며, 그래서 그쪽 방향으로는 더 이상 퍼져 나갈 수 없다. 역선은 구부려져야만 하며 커다란 차원 방향을 따라가야만 한다. 따라서 여분 차원의 크기보다 더 큰 거리에서 보면, 여분 차원이 없는 것처럼 보이게 되고 힘의 법칙 또한 우리가 관측하는 뉴턴의 역제곱 법칙으로 되돌아가게 된다. 이는 정량적으로 보더라도, 말려 있는 차원의 크기보다 더 멀리 떨어진 물체들 사이에 작용하는 중력을 측정하는 것으로는 여분 차원의 존재를 파악할 수 없음을 의미한다. 오로지 압축 공간의 극소한 영역 안에서만 거리에 따

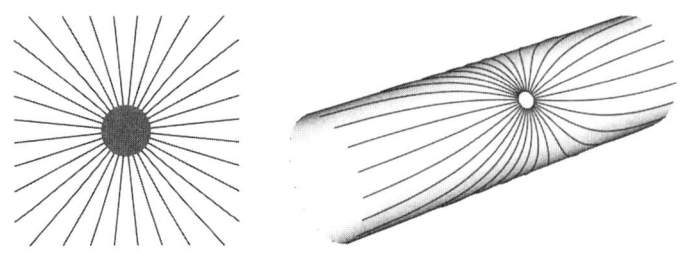

그림 24
한 차원이 말려 있는 경우 질량을 가진 물체로부터 중력을 나타내는 역선이 퍼져 나가는 모습. 역선은 짧은 거리에서는 방사상으로 퍼져 나가지만, 거리가 멀어지면 무한한 차원을 따라서만 뻗어 나가게 된다.

른 중력의 변화를 통해 여분 차원을 확인할 수 있다.

차원에 경계가 있을까?

지금까지 우리는 여분 차원이 충분히 작다면 이를 볼 수 없으며 또한 관측 가능한 범위에서 그에 관한 어떤 흔적도 찾을 수 없다는 점을 정리해 보았다. 끈 이론 연구자들은 오랫동안 여분 차원이 플랑크 길이 정도로 작다고 가정했다. 그러나 최근 일부에서 이러한 가정에 의문을 제기하고 있다.

여분 차원의 크기에 대해 명확하게 언급할 만큼 잘 아는 사람은 아무도 없다. 여분 차원이 플랑크 길이 정도의 크기일 수도 있겠지만, 너무 작아서 관측하기 어렵기만 하면 아무 길이나 가능하다. 플랑크 길이는 너무 작아서, 말려 있는 차원의 크기가 그보다 커진다고 해도 우리가 그것을 알아보기는 힘들 것이다. 아직 여분 차원을 보지 못했다면 여분 차원 연구에서 중요한 질문은 '여분 차원이 얼마나 클 수 있는가?'이다.

우리가 이 책에서 제기할 질문은 바로 이것이다. 여분 차원은 얼마나 클까? 여분 차원이 기본 입자에 식별할 수 있는 흔적을 남길 것인가? 실험으로 어떻게 이를 증명할 것인가? 앞으로는 여분 차원의 존재가 입자 물리학의 기초 법칙들을 엄청나게 바꿔 놓을 수 있으며, 그중 어떤 것은 실험적으로 관측할 수 있는 결과를 만들어 내리라는 점을 살펴보고자 한다.

앞으로 던져야 할 더 급진적인 질문은 여분 차원의 크기가 꼭 작아야 하는가 하는 점이다. 우리는 아직 극히 작은 차원을 본 적이 없다. 하지만 비가시적인 차원은 꼭 작아야 할까? 우리가 그것을 보지는 못해도, 여분 차원이 더 커질 수는 없는 것일까? 만약 그렇다면 여분 차원은 지금 우리가 보고 있는 차원과는 무척이나 다를 것이다. 지금까지 나는 가장 단순한 가능성만을 제시했다. 여분 차원이 우리에게 친근한 3차원과 확연히 다르다면, 무한한 크기를 가진 여분 차원이 존재한다는 극단적인 가능성을 배제할 수 없을 것이다. 앞으로 그 이유를 살펴보도록 하자.

하지만 다음 장에서는 여러분이 생각했을 법한 다른 의문을 다루어 보겠다. 작은 여분 차원이 어떤 구간일 수도 있지 않을까? 즉 여분 차원이 공처럼 말려 있는 것이 아니라 두 '벽' 사이에 갇혀 있을 수도 있지 않을까? 어떤 사람들은 이 가능성을 터무니없는 것으로 생각할 것이다. 왜냐하면 공간의 끝을 상상한다면 그곳에서 무슨 일이 일어나는지 알아야 하기 때문이다. 과거, 지구가 접시처럼 평평하다고 생각했을 때 지구 모형에서 세상의 끝에 도달한 사물들이 그랬던 것처럼 공간의 끝에서도 사물들이 떨어질까? 아니면 사물들이 다시 튕겨져 나올까? 또는 사물들은 결코 거기에 도달하지 못하는 걸까? 그 끝에서 무슨 일이 일어나는지 알고 싶다면 과학자들이 '경계 조건(boundary conditions)'이라 부르는 것을 알아야 한다. 만일 공간에 끝이 있다면, 공간은 과연 어디에서 끝나고 또 어떤 상황을 끝이라고 할 수 있을까?

막(고차원 공간에 있는 막과 같은 대상)은 세계의 '끝(end)'에 필수적인 경계 조건이 된다. 다음 장에서는 막이 세계(또는 세계들)를 이전과 다르게 만드는 것을 살펴볼 것이다.

3장
폐쇄적 경로 : 막, 막 세계, 벌크

난 딱 달라붙어 있을 거야, 붙어야 해.
당신에게 매여 있기 때문이야.
— 엘비스 프레슬리

● 엘비스 프레슬리(Elvis Presley)의 「당신에게 매여 있어(Stuck on You)」라는 노래의 가사.
　──옮긴이

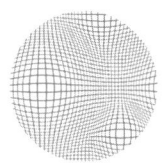

학구파인 아테나와 달리 아이크는 책을 거의 읽지 않는다. 그는 게임이나 기계 조작 또는 자동차를 더 좋아한다. 하지만 아이크는 보스턴에서 운전하는 것을 무척 싫어한다. 무모한 운전자들, 엉망인 도로 표지, 죄다 공사 중인 고속도로 때문이다. 아이크의 운전은 결국 차가 꽉 막혀서 옴짝달싹 못하는 것으로 끝난다. 그때 머리 위로 지나가는 텅 빈 고가 도로는 특히나 그를 절망에 빠트린다. 텅 빈 고가 도로에 마음이 끌리지만, 아이크가 그곳에 도달할 방법은 없다. 아테나의 올빼미처럼 날 수 없기 때문이다. 보스턴에서 아이크는 느려 터진 도로에 발목이 잡혀 있기 때문에 3차원이란 아무짝에도 쓸모가 없다.

아주 최근까지도, 과학자 중 여분 차원이 연구할 가치가 있다고 생각한 이는 극히 드물었다. 여분 차원은 너무 추상적일 뿐만 아니라 매우 낯선 영역이어서 그에 대해 정확히 말할 수 있는 사람은 아무도 없었다. 하지만 몇 년 사이에 여분 차원은 급부상하는 분야가 되었다. 모두가 회피하는 탐탁지 않은 불청객에서 인기 몰이를 하는 활기찬 분야로 급성장했다. 여분 차원은 막이라는 매혹적인 대상과 막이 가져다준 새로운 이론적인 가능성 덕분에 이와 같은 관심을 받게 되었다.

샌타바버라의 카블리 이론 물리학 연구소(Kavli Institute of Theoretical Physics, KITP)의 물리학자 조 폴친스키(Joe Polchinski)가 끈 이론에 필수적인 막을 입증함으로써, 1995년 물리학계는 폭풍에 휩싸였다. 그 이전까지는 막과 유사한 것이 제안된 정도에 불과했다. 예를 들면 p 막(p-brane, 'p-layful(놀기 좋아하는)'과 'p-hysicists(물리학자)'에서 유래했다고 한다.)이 있다. p 막은 몇 개의 차원이 무한히 멀리 확장된 막 같은 물체로, 아인슈타인의 일반 상대성 이론에서 수학적으로 유도되었다. 입자 물리학자들도 막과 유사한 표면에 입자가 속박되는 메커니즘을 제안했다. 하지만 끈 이론은 입자뿐만 아니라 힘을 포함하는 막을 최초로 제안했다. 힘과 입자를 속박한다는 사실이 막을 흥미롭게 하는 이유임을 곧 살펴볼 것이다. 3차원의 아이크가 2차원 도로에 매여 있듯이 우주에 탐험의 손길을 기다리는 다른 차원이 가득하더라도, 입자와 힘은 막이라는 저차원의 표면에 사로잡혀 있을 수 있다. 만약 끈 이론이 우리 세계를 정확하게 설명한다면, 물리학자들은 막의 존재를 인정할 수밖에 없다.

막들로 이루어진 세계는 흥분을 불러일으키는 새로운 풍경을 펼쳐 놓았고, 그로 인해 중력, 입자 물리학, 우주론의 생각들이 혁명적으로 바뀌고 있다. 정말로 이 우주에 막들이 존재하고, 우리가 그중 한 곳에 사는지도 모른다. 막은 우리 우주의 물리적 특성을 결정하고 궁극적으로 우리가 관측한 현상을 설명할 때 막중한 역할을 할 것이다. 그렇게 된다면, 막과 여분 차원은 바로 이곳에 존재할 것이다.

단면 같은 막

1장에서 2차원 플랫랜드를 생각해 보는 한 가지 방법을 제시했었다. 그것은 바로 플랫랜드를 3차원 공간의 2차원 단면으로 보는 것이다. 애벗의 소설에서 A. 스퀘어 씨는 2차원 플랫랜드 너머 3차원으로 여행했으며 이를 통해 플랫랜드가 더 큰 3차원 세계의 단면에 불과하다는 사실을 알아차렸다.

여행에서 돌아오는 길에 A. 스퀘어 씨는 그가 보았던 3차원 세계 또한 더 높은 차원의 단면일 수 있다는 의견을 제시했는데 이는 충분히 논리적으로 가능한 일이다. 물론 '단면'은 2차원 막처럼 얇은 종잇장이 아니라 2차원 막을 논리적으로 확장한 일반화된 막이 될 것이다. 당신은 A. 스퀘어 씨가 제시한 것처럼 4차원 공간 속의 3차원 덩어리를 3차원 단면으로 생각하면 된다.

하지만 A. 스퀘어 씨의 3차원 안내자는 곧바로 3차원 단면에 대한 그의 생각을 가로막았다. 대부분의 사람들처럼 상상력이 빈곤한 3차원 거주자는 자신이 보는 3차원 세계만을 믿었으며 4차원에 대해서는 생각조차 할 수 없었다.

막은 수학 개념이 물리학에 도입된 경우로, 이미 한 세기 전에 『플랫랜드 이야기』에서 비슷한 설명이 시도되었다. 이제 물리학자들은 우리가 사는 3차원 세계가 고차원의 세계의 3차원 단면일 수 있다는, 『플랫랜드 이야기』에서 A. 스퀘어 씨가 말한 바로 그 생각으로 되돌아왔다. 막은 공간의 특정 방향(아마도 하나가 아니라 여러 방향)으로만 펼쳐져 있는 시공의 특별한 영역이다. '막(brane)'은 '막(membrane)'에서 유래한 용어인데, 이는 막이 한 물체를 가로지르거나 그것을 감싸는 층(layers)과 비슷하기 때문이다. 어떤 막은 공간 내부에 있는 '슬라이스'이고, 또 어떤 막은 샌드위치 양끝에 있는 빵처럼 공간의 경계가 되는 '슬라이스'이다.

어느 쪽이든 막은 그것을 둘러싸고 있거나 그것이 경계를 이루고 있는 고차원 공간보다는 더 낮은 차원의 영역이다.[5] 일상 생활에서 보는 실제 막(membrane)의 차원은 둘이지만 막(brane)의 차원은 여럿일 수도 있다는 점을 기억하자. 우리에게 중요한 막은 3차원이지만, 이 책에서 '막'이라는 단어는 셋 이상의 차원을 가진 '슬라이스'를 가리킨다. 즉 어떤 차원이어도 무방하다. 어떤 막은 3차원이지만, 다른 막은 더 많은(또는 적은) 차원을 갖는다.[6] 3 막은 3차원 막을 4 막은 4차원 막을 의미하며 앞으로는 다른 차원의 막 또한 이런 식으로 나타낼 것이다.

경계 막과 비경계 막

1장에서는 왜 우리가 여분 차원을 볼 수 없는지에 대해 설명했다. 여분 차원을 볼 수 없는 것은 그것이 너무 작은 크기로 말려 있어서 그 증거를 포착하기가 결코 쉽지 않기 때문이다. 중요한 것은 여분 차원이 매우 작다는 점이다. 단지 차원이 말려 있기 때문에 여분 차원이 보이지 않는 것이 아니다.

이로부터 다른 가능성, 즉 차원이 말려 있지 않고 유한한 거리에서 끝날 가능성이 제기된다. 그런데 어떤 차원이 사라져 버린다는 가정은 극히 위험한 상황을 초래하므로(당신은 우주가 갑자기 끝나 버리기를 바라지는 않을 것이다.) 그 유한한 크기의 차원이 어디에서 그리고 어떻게 끝나는지 말해 주는 경계가 존재해야 한다. 자, 질문을 정리해 보자. 이 경계에 도달한 입자와 에너지는 도대체 어떻게 되는 것일까?

해답은 입자들과 에너지들이 막을 만난다는 것이다. 4차원 이상의 고차원 세계에서는 공간 전체를 '벌크(bulk, 원래 부피, 크기 같은 뜻을 가지고 있다.—옮긴이)'라고 부르며, 막은 벌크의 경계가 된다. 막과 달리 벌크는 모든 방향으로 뻗어 나가며, 막 위의 차원과 막을 벗어난 차원, 즉 모든 차원을 포함한다(그림 25). 그래서 벌크는 글자 그대로 '부피가 크다.' 이와 달리 막은 어떤 차원에 대해서는 빈대떡처럼 평평하다. 막이 벌크의 특정한 방향을 따라 경계를 이루고 있다면, 벌크의 어떤 방향은 막과 나란하고, 벌크의 다른 방향은 막으로부터 벗어나게 된다. 만약 어떤 막이 벌크의 경계라면 막 밖에 있는 차원들은 경계 안쪽으로만 뻗어 나간다.

막에서 끝나는 유한한 차원의 본질을 이해하기 위해 매우 길고 얇

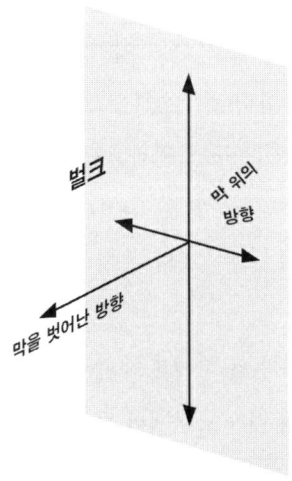

그림 25
막은 일종의 표면으로 차원이 벌크보다 낮다. 막의 표면에 놓인 방향이 있고, 막에서 벗어나 더 높은 차원의 벌크로 향하는 방향이 있다.

은 파이프를 떠올려 보자. 파이프에는 3개의 차원이 있는데 하나는 길고 나머지 둘은 짧다. 평평한 막과 바로 비교하기 위해 파이프의 단면이 정사각형이라고 생각해 보자. 무한히 긴 이 파이프는 무한히 긴 벽 4개로 이루어져 있다. 파이프가 하나의 고유한 우주라면 3개의 차원을 갖게 된다. 둘은 벽으로 막혀 있고 하나는 무한히 멀리 뻗은 3차원 파이프 우주.

우리는 가늘고 긴 파이프가, 앞 장에서 예로 든 풀밭 호스 우주처럼, 아득히 먼 곳에서(또는 낮은 분해능로) 바라보면 1차원으로 보인다는 사실을 알고 있다. 하지만 우리는 2장의 풀밭 호스 우주에서 그랬던 것처럼, 파이프와 그 내부로 이루어진 3차원 파이프 우주에 사는 의식을 가진 존재가 자신의 우주를 어떻게 바라볼까 하는 질문을 던져 볼 수 있다.

질문의 답은 그 존재가 얼마나 좋은 '눈'을 갖고 있느냐에 달려 있다. 네모난 파이프 속을 돌아다니는 작은 파리는 파이프를 3차원으로 느낄 것이다. 2차원 풀밭 호스의 예와 달리 파리는 파이프의 표면뿐만 아니라 내부도 돌아다닐 수 있다. 그렇지만 풀밭 호스의 경우처럼, 파리는 긴 차원을 다른 두 차원과 다르게 느낀다. 파리는 한 방향으로는 원하는 만큼 멀리 갈 수 있지만(파이프가 매우 길거나 무한하다고 하자.), 다른 두 방향으로는 파이프의 폭에 해당하는 짧은 거리밖에 갈 수 없다.

하지만 풀밭 호스 우주와 파이프 우주에는 차원의 수 말고도 다른 차이점이 있다. 앞 장의 넓적노린재와 달리, 파이프 속의 파리는 파이프 안을 돌아다닐 수 있다. 그래서 파리는 때때로 벽과 마주치게 된다. 파리는 앞뒤 또는 위아래로 움직이다가 경계에 부딪히게 된다. 그와 달리 호스 표면의 넓적노린재는 결코 이런 경계를 만날 수 없다.

넓적노린재는 호스 표면을 계속해서 빙빙 돌 뿐이다.

파리가 파이프 우주의 경계에 도달했을 때, 그 파리가 어떤 식으로 움직일지를 규정하는 규칙이 있을 것이다. 파이프의 벽이 파리의 행동을 규정한다. 파리는 벽에 철퍼덕 부딪혀 납작해지거나 아니면 파이프에서 튕겨져 나올 것이다. 만약 이 파이프가 막으로 둘러싸인 진짜 우주라면, 막(2차원일 것이다.)은 입자나 에너지를 갖는 무언가가 막에 도달했을 때 어떤 일이 벌어질지를 결정할 것이다.

이처럼 경계 막에 도착한 무언가는 거울에 반사되는 빛이나 당구대 모서리에 부딪히고 튕겨나오는 당구공처럼 다시 튀어 나오게 된다. 이것이 바로 물리학자들이 '반사 경계 조건(reflective boundary condition)'이라고 부르는 것이다. 어떤 것이 막에서 반사되어 나온다면, 에너지 손실을 없다. 에너지는 막으로 흡수되거나 약해지지 않는다. 막 너머로는 어떤 것도 갈 수 없다. 경계 막은 '세계의 끝'이다.

앞의 예처럼 다차원 우주에서 파이프 우주의 경계 벽 역할을 맡는 것은 막이다. 벽과 마찬가지로 이 막은 전체 공간보다 낮은 차원을 가진다. 경계는 그것이 경계짓는 대상보다 언제나 낮은 차원을 갖는다. 3차원 빵 덩어리의 경계가 2차원 빵 껍질인 것처럼 당신이 살고 있는 방보다 방을 둘러싼 벽이 한 차원 낮은 것처럼 말이다. 방은 3차원이고 각각의 벽은(두께는 무시하자.) 단지 두 방향으로만 펼쳐져 있다.

어쨌든 이 절에서 나는 경계를 이루는 막에 초점을 맞추었지만, 막이 항상 벌크의 경계에 있는 것은 아니다. 막은 공간의 어디에나 있을 수 있다. 특히 막은 경계에서 떨어진 곳, 즉 공간의 내부에 있을 수도 있다. 경계 막이 빵 덩어리의 겉껍질과 유사하다면, 이러한 비경계 막은 빵 덩어리 내부의 얇은 슬라이스 빵 조각과 같다. 비경계 막도 벌크보다 낮은 차원을 갖는다. 경계 막은 한쪽 면만 벌크와 인접하지만, 비경계 막은 양면이 벌크와 인접해 있다.

다음 절에서 우리는 벌크나 막이 몇 차원인지와 상관없이, 또 막이 공간의 내부에 있는지 또는 경계에 있는지와 무관하게, 막이 그 위의 입자들과 힘들을 속박한다는 점을 살펴보고자 한다. 이 점이 막이 존재하는 공간을 매우 특별하게 만든다.

막에 사로잡히다

우리가 갈 수 있는 모든 공간을 다 탐험하는 것은 불가능한 일일 것이다. 가고 싶다고 해도 결코 갈 수 없는 곳, 예를 들어 깊은 바닷속이나 외계 우주가 있게 마련이다. 우리는 그곳에 가 보지는 못했지만, 원칙적으로 그곳에 갈 수는 있다. 그곳에 가지 못하게 만드는 물리법칙은 존재하지 않는다.

그러나 만일 당신이 블랙홀의 거주자라면 여행에는 무척 까다로운 조건이 따라붙게 되고 당신은 아마 사우디아라비아의 여성보다도 여행하는 데 더 많은 제한을 받게 될 것이다. 블랙홀은 소멸할 때까지 당신을 잡아 둘 것이다. 당신은 블랙홀 안에 잠쳐서 결코 탈출하지 못할 것이다.

실제로 갈 수 없는 곳이 있기 때문에 자유로운 이동이 불가능한 경우를 많이 볼 수 있다. 전선 속의 전하나 주판 속의 주판알은 3차원 세계에 있지만 오직 한 방향으로만 움직일 수 있다. 또한 2차원 표면에 구속되어 있는 일상의 사물들도 있다. 샤워 커튼 위의 물방울은 오직 커튼의 2차원 표면을 따라서만 움직일 수 있다(그림 26). 현미경의 프레파라트 위에 놓인 박테리아는 2차원 운동만을 경험한다. 다

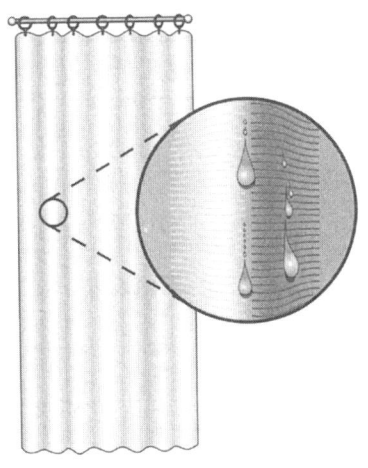

그림 26
물방울은 3차원 공간에 있는 2차원 샤워 커튼에 붙잡혀 있다.

른 예로는 샘 로이드(Sam Loyd)의 '15 퍼즐'이 있다. 15 퍼즐은 글자가 쓰인 플라스틱 조각을 이리저리 밀어 움직여서 LOOK/YOUF/INIS/HED(봐, 당신이 끝냈어.)처럼 무언가를 의미하도록 정확하게 배열하는 귀찮은 게임이다(그림 27). 당신이 규칙을 어기지 않는 한 글자들은 플라스틱 판을 벗어나지 못하며, 결코 세 번째 차원으로는 이동할 수 없다.

막은 무언가를 샤워 커튼이나 로이드의 15 퍼즐처럼 낮은 차원의 표면에 붙잡아 둔다. 이는 부가적인 차원이 있는 세계에서 모든 물질이 어디로나 움직일 수 있는 건 아니라는 것을 시사한다. 2차원 샤워 커튼 표면에 붙잡힌 물방울처럼, 입자들이나 끈들은 4차원 이상의 세계 내부에 존재하는 3차원 막에 잡혀 있을 수 있다. 하지만 커튼 위의 물방울과 달리, 입자나 끈은 정말로 붙잡혀 있다. 15 퍼즐의 글자

그림 27
샘 로이드의 '15 퍼즐'.

판과 달리 막은 임의로 주어지는 게 아니다. 막은 고차원 우주에서 자연스럽게 등장한다.

막에 구속된 입자들은 물리 법칙에 따라 정말로 붙잡혀 있다. 막에 속박된 대상은 결코 막 바깥으로 뻗어 있는 여분 차원으로 모험을 떠날 수 없다. 하지만 모든 입자들이 막에 잡혀 있는 것은 아니다. 일부 입자는 벌크를 자유롭게 움직일 수 있다. 하지만 막 이론을 막이 없는 다차원 이론과 구별해 주는 것은 바로 막 위의 입자이다. 막 위의 입자들은 움직일 수 있는 방향이 제한되어 있다.

원칙적으로 막이 벌크보다 차원이 낮기만 하다면 막과 벌크는 어떤 수의 차원이든지 가질 수 있다. '막의 차원'은 막에 속박된 입자들이 움직일 수 있는 차원의 수를 의미한다. 막이 가질 수 있는 차원은 여러 가지이지만, 우리가 앞으로 관심을 기울일 막은 3차원 막이다. 우리는 왜 3차원이 그토록 특별한지 알지 못한다. 하지만 3차원 막은 우리가 알고 있는 3차원 공간과 평행하게 퍼져 나갈 수도 있기 때문에 우리가 사는 세계와 관계를 맺을 수도 있다. 3차원 막은 4차원, 5차원 또는 그 이상의 차원을 가진 벌크에서 나타날 것이다.

우주가 더 많은 차원을 가지고 있어도, 우리가 잘 아는 입자와 힘이 세 방향으로 뻗은 막에 속박되어 있다면, 그 입자와 힘은 마치 3차원에 있는 것처럼 움직일 것이다. 막에 속박된 입자들은 막을 따라서 움직일 수밖에 없다. 그리고 빛이 막에 잡혀 있다면, 빛 또한 막을 따라서만 나아갈 수 있다. 3차원 막 위의 빛은 정말로 3차원 우주에 있는 것처럼 움직일 것이다.

더 나아가 막에 속박된 힘들은 동일한 막에 구속된 입자들에만 영향을 줄 수 있다. 핵이나 전자처럼 우리를 구성하는 입자들 그리고 이 기본 입자들 사이에서 상호 작용하는 전기력과 같은 힘은 3차원 막에 갇혀 있다. 막에 구속된 힘은 오직 그 막에서만 퍼져 나가며, 막에 구속된 입자들은 오직 그 막 위의 차원을 따라서만 이동할 수 있고 서로 교환될 수 있다.

만약 당신이 3차원 막에 산다면, 3차원 내에서는 자유롭게 움직일 수 있다. 이는 당신이 지금 경험하는 일이다. 어떤 것이 3차원 막에 속박된 채 움직인다면, 그 운동은 실제 3차원 공간상의 운동과 똑같을 것이다. 막에 인접한 다른 차원이 있겠지만, 3차원 막에 속박된 사물은 결코 더 높은 차원의 벌크로 갈 수 없다.

힘이나 물질이 한 막에 잡혀 있을 수는 있지만, 모든 것이 한 막에 속박되어 있지는 않다. 이 사실이 막 세계를 흥미진진하게 만든다. 예를 들어 중력은 결코 한 막에 갇혀 있지 않다. 일반 상대성 이론에 따르면, 중력은 시간과 공간 구조 자체에 엮여 있다. 이것은 중력이 모든 차원의 공간에 작용함을 의미한다. 만약 중력이 한 막에 갇혀 있다면, 우리는 일반 상대성 이론을 폐기해야 한다.

다행스럽게도 중력은 한 막에 갇혀 있지 않다. 막이 존재하더라도 중력은 막에서나 막을 벗어난 곳 어디에나 존재한다. 이 점이 무척 중요하다. 왜냐하면 오로지 중력이라는 수단뿐이지만, 어쨌든 막 세계가 벌크와 상호 작용할 수 있기 때문이다. 중력은 벌크로 뻗어 나가고 또 모든 것은 중력으로 상호 작용하기 때문에, 막 세계는 여분 차원과 연결된다. 막 세계는 고립된 섬이 아니라 막 세계들이 서로 상호 작용하는 더 큰 전체의 한 부분이다. 벌크에는 중력 이외의 다른 입자나 힘이 존재할 수 있다. 만일 그렇다면 이런 입자들은 막에 속박된 입자나 힘과 상호 작용해 막 위의 입자를 더 높은 차원의 벌크와 연결해 줄 것이다.

나중에 우리가 간략하게 살펴볼 끈 이론의 막은 앞에서 언급한 내용 외에도 몇 가지 특징을 더 가지고 있다. 예를 들어 막은 특정한 전하를 가질 수 있으며, 무언가가 막을 밀면 특정한 방식으로 반응한다. 그러나 뒤에서 막에 대해 말할 때에는 이러한 세부적인 특징은 거의 이야기하지 않을 것이다. 막에 대해서는 이 장에서 소개한 내용 정도면 충분하다. 요약하면 막은 힘과 입자를 가두고 있는 (전체 공간보다) 차원이 낮은 표면이며, 그보다 높은 차원을 가진 공간의 경계이다.

막 세계 : 막 정글짐을 위한 청사진

막은 대부분의 힘과 입자를 가둘 수 있기 때문에, 우리가 사는 우주는 여분 차원의 바다에 떠다니는 3차원 막에 수용(收容)되어 있을지도 모른다. 중력은 여분 차원으로 퍼져 나갈 수 있지만, 별들, 행성들, 사람들 그리고 감각할 수 있는 다른 모든 것들이 3차원 막에 속박되어 있을 것이다. 그렇다면 우리는 막에 살고 있는 셈이다. 막은 우리의 집이다. 막 세계에 대한 생각은 이러한 가정에서 시작한다(그림 28).

4차원 이상의 시공간에 막이 하나 존재할 수 있다면, 다른 막들이 존재할 가능성을 부정할 수 없다. 막 세계 시나리오들은 대체로 둘 이상의 막이 있다고 가정한다. 우리 우주에 존재할 수 있는 막이 몇 개인지, 어떤 막이 존재하는지 아직 모른다. '다중 우주(multiverse)'는 둘 이상의 막이 있다고 가정하는 이론에서 나온 용어이다(그림 29). 다중 우주는 종종 서로 상호 작용하지 않거나 매우 약하게 상호 작용을 하는 막들로 구성된 우주를 가리키는 데 사용된다.

'우주(universe)'라는 단어가 보통 각 부분이 하나로 통합된 세계 전체를 의미하기 때문에 나는 세계 전체가 여러 개 있다는 인상을 주는 '다중 우주'라는 말이 좀 어색하다고 생각했다. 하지만 너무 멀리 떨

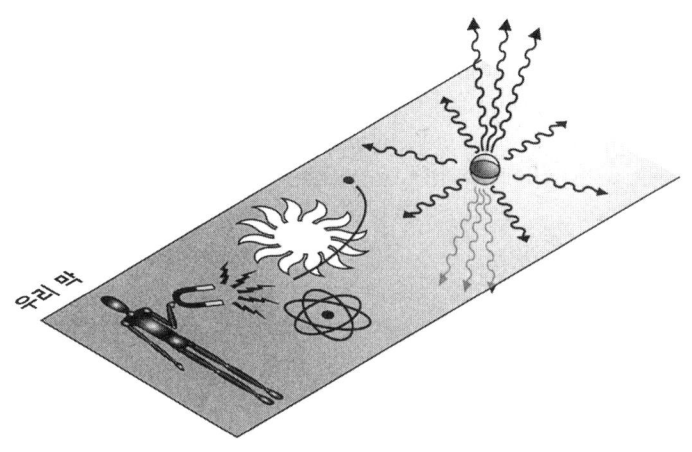

그림 28
우리는 막에 산다. 우리 몸을 이루고 있는 물질이나 빛, 표준 모형의 입자들이 모두 이 막에 있다는 의미다. 하지만 중력은 그림의 구불구불한 선처럼 막이든 벌크든 어디에나 영향을 미칠 수 있다.

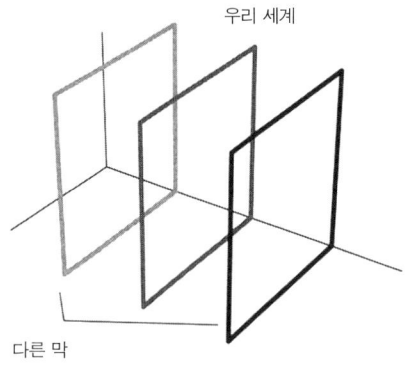

그림 29
우주에는 여러 개의 막이 있을 수 있다. 이들은 중력을 통해서만 상호 작용하거나 거의 상호 작용하지 않는다. 이런 우주를 다중 우주라고 부르기도 한다.

어져 있어서 서로 교류하지 않거나 그들 사이를 오가는 중개 입자에 의해 약하게만 교류하는 서로 다른 막들이 존재할 것이라는 가능성은 생각할 수 있다. 그럴 경우 서로 다른 막에 있는 입자들은 전적으로 다른 힘을 따를 것이고, 한 막에 구속된 입자는 다른 막에 구속된 입자와 결코 직접적으로 상호 작용하지 않을 것이다. 나는 앞으로 중력 외에는 다른 힘을 공유하지 않는 막이 둘 이상 있을 때 이들을 포함하는 우주를 다중 우주라고 부를 것이다.

막에 대해 생각할수록 우리가 몸담고 사는 공간에 대해 아는 것이 거의 없다는 사실을 깨닫게 된다. 우주는 서로 떨어진 막들이 얽혀 있는 거대한 구조물일지도 모른다. 우리가 막이 둘 이상 존재하는 다중 우주의 기본적인 구성 요소들을 알고 있더라도 공간의 기하를 설명하는 시나리오들은 무수히 많이 존재할 수 있다. 그리고 그 공간에서 우리가 아는 입자와 모르는 입자가 분포하는 방식은 극단적으로 다양할 수 있다. 단 한 벌의 카드로도 여러 가지 다른 패를 만들어 낼 수 있듯이 엄청나게 다양한 가능성이 우리 앞에 있는 것이다.

우리가 살고 있는 막과 평행한 막이 존재해서 평행 우주를 내포하고 있을지 모른다. 하지만 그것과는 다른 막 세계가 잔뜩 존재할 수도 있다. 막이 서로 교차할 수도 있고 막이 교차하는 곳에 입자가 속박되어 있을 수도 있다. 차원의 수가 다른 막이 서로 공존할 수도 있으며 휜 막이나 움직이는 막도 있을 수 있다. 보이지 않는 차원들이 말려 있는 막도 있을 것이다. 맘껏 상상해도 좋다. 그리고 싶은 대로 그려 보기 바란다. 우주에 그러한 기하가 존재하지 말라는 법은 없다.

막이 그보다 높은 차원의 벌크에 파묻혀 있는 세계에서는 어떤 입자들은 벌크를 돌아다니고 또 어떤 입자들은 막에 묶여 있을 수 있다. 벌크가 두 막을 서로 떼어 놓고 있다면, 어떤 입자들은 한쪽 막에 또 어떤 입자들은 다른 쪽 막에, 그리고 일부는 두 막 사이에 있을 수 있다. 서로 다른 막과 벌크 사이에서 입자와 힘이 분포하는 방법은 이론적으로 여러 가지가 있다. 막 개념을 처음 유도해 낸 끈 이론에서도 입자와 힘이 특정한 방식으로만 분포할 이유는 없다. 막 세계가 제안하는 새로운 물리학 시나리오는 두 세계, 즉 우리가 아는 세계와 보이지 않는 차원에 있는 미지의 막 세계 모두를 기술하는 것이 될지도 모른다.

우리가 알지 못하는 새로운 힘이 우리 막과는 떨어져 있는 막에 구속된 채 존재할 수 있다. 우리가 결코 직접 상호 작용할 수 없는 새로운 입자들이 그러한 막 위에서 움직이고 있을 수 있다. 암흑 물질과 암흑 에너지(중력 효과로 인해 그 존재를 예측하고 있는 물질과 에너지로 그 실체는 아직 알려져 있지 않다.)를 설명해 줄 또 다른 물질이 다른 막에 분포하고 있을 수도 있고, 그러한 새로운 물질이 벌크와 다른 막에 동시에 존재할 수도 있다. 그리고 중력조차도 한 막에서 다른 막으로 건너가면 입자들에게 영향을 미치는 방식이 달라질 수도 있다.

만약 다른 막에 생명체가 있다고 해도, 그들은 우리와 전적으로 다른 환경에 갇혀 있는 존재이기 때문에 아마도 전적으로 다른 힘을 경험하고 있을 것이며, 우리와 다른 감각을 통해 그 힘을 느낄 것이다. 우리의 감각은 우리를 둘러싼 소리, 빛, 화학 반응에 맞추어 조정되어 있다. 근본적인 힘과 입자가 다를 것이기 때문에 다른 막에 존재하는 생명체는 우리 막의 생명체와는 공통점이 별로 없을 것이다. 우리 막과는 무척 다를 다른 막에서 공통으로 느낄 수 있는 유일한 힘이 중력이지만, 중력이 영향을 미치는 방식조차 다를 수 있다.

막 세계가 어떤 모습으로 펼쳐져 있을지는 막이 몇 개인지, 어떤 유형인지, 어디에 위치하는지에 따라 달라질 것이다. 호기심 많은 이들에게는 안타까운 일이지만, 우리와 떨어진 막에 갇혀 있는 입자와 힘은 우리에게 그다지 영향을 주지 않는다. 이들은 벌크 내에서 움직이는 것의 경계 조건을 결정할 뿐이며, 결코 우리에게 도달할 수 없는 미약한 신호만을 내보내고 있을 것이다. 따라서 생각할 수 있는 막 세계 시나리오가 여럿 있다고 해도 그것을 감지하기는 무척 어려울 것이다. 결국 우리 막의 물질과 다른 막의 물질이 공유하고 있다고 확실하게 말할 수 있는 상호 작용은 중력뿐이며, 그 힘은 극히 미약하다. 직접적인 증거가 나오지 않는다면, 다른 막들은 그저 이론과 추측의 영역에 머물고 말 것이다.

하지만 앞으로 내가 제시할 몇몇 막 세계의 신호는 우리가 발견할 수 있을지도 모른다. 관측 가능한 막 세계는 우리 세계의 물리적 특징과 깊은 관련을 맺고 있을 것이다. 막 세계의 존재 가능성이 급속히 높아지는 것은 일면 혼란스럽기도 하겠지만, 정말로 가슴 떨리는 일이기도 하다. 막은 오랫동안 풀지 못했던 입자 물리학의 난제를 해결하는 데 도움을 줄 것이다. 또 운이 좋아서 앞으로 내가 설명할 시나리오 중 하나가 맞아 떨어진다면 가까운 시간 안에 입자 물리학 실험을 통해 그 증거가 드러날 것이다. 우리는 실제로 막 위에 살고 있는지도 모른다. 그리고 우리는 10년 안에 막이 무엇인지 정말로 알게 될지도 모른다.

다양한 우주상(宇宙像) 중 어느 것이 참인지 현재로서는 알 수 없다. 따라서 나는 모든 가능성을 활짝 열어 두어 흥미로운 가능성을 빠트리는 과오를 범하지 않을 것이다. 어떤 시나리오가 우리 세계를 제대로 기술하는 이론이 될지 모르지만, 내가 앞으로 설명할 시나리오들은 누구도 생각해 보지 못했던 새롭고 매혹적인 아이디어들을 이야기해 줄 것이다.

4장
이론 물리학에 다가서기

그녀는 모델이야. 그녀는 너무 멋있어.*
— 크라프트베르크

● 독일의 일렉트로닉 밴드 크라프트베르크(Kraftwerk)의 「모델(The Model)」이라는 곡의 일부이다. 여기서 모델은 우리가 이야기하는 모형(model)과 같은 단어를 쓰고 있다. ──옮긴이

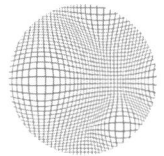

"이봐, 아테나, 지금 보고 있는 게 「카사블랑카」 맞아?"
"맞아, 바로 그거야. 같이 볼래? 지금이 가장 멋진 장면이야."

이것만은 꼭 기억해요.

키스는 그저 키스이고

한숨은 그저 한숨일 뿐이죠.

근본적인 것은 시간의 흐름에 따라 달라지지요.

(「카사블랑카」의 주제가 「시간의 흐름에 따라(As time goes by)」― 옮긴이)

"그런데 아이크 마지막 구절이 좀 이상하지 않아? 낭만적이어야 하는데, 마치 물리학의 이야기 같아."
"아테나, 그게 이상하게 들린다면, 영화에서는 생략된 원곡의 도입부를 들어 보도록 해."

지금 우리가 사는 시대를 이해하려면

속도와 새로운 발명품

그리고 4차원을 알아야 해요.

하지만 아인슈타인 씨의 이론은

골치가 아파요.

"아이크 오빠, 내가 그걸 진짜로 믿을 거라고 생각하는 거야? 그 다음엔 나한테 영화 주인공 릭과 일자가 7차원으로 달아난다고 말할 거지! 내가 전에 말했던 건 잊어버리고 그냥 의자에 푹 파묻혀서 영화나 보는 게 어때?"

알베르트 아인슈타인은 20세기 초반에 일반 상대성 이론을 창안했고 1931년 루디 발리(Rudy Vallee)는 아이크가 말한 허먼 허펠드(Herman Hupfeld)의 원곡을 음반으로 취입했다. 하지만 영화 속 피아니스트 샘이 「시간의 흐름에 따라」를 연주할 때에는 생략된 가사는 시공간의 과학과 마찬가지로 대중문화에서 거의 잊혀 있었고, 시공간의 과학도 마찬가지였다(「카사블랑카」는 1942년 영화이다.—옮긴이). 테오도르 칼루차가 여분 차원을 제안한 것은 1919년으로 거슬러 올라가지만,* 물리학자들은 극히 최근까지도 그것을 진지하게 고려하지 않았다.

지금까지 우리는 차원이 '무엇'인지 그리고 차원이 '어떻게' 우리의 지각에서 벗어나 있는지를 살펴보았다. 이제 여분 차원에 대한 새로운 관심을 불러일으키는 것이 무엇인가 하는 질문을 던질 때가 다가왔다. '왜' 물리학자들은 여분 차원이 실제 물리 세계에 존재할 가능성을 믿어야만 할까? 이를 이해하려면 지난 세기에 눈부시게 발전

---

* 그보다 1년 전에 보스턴 레드 삭스 야구팀은 월드 시리즈에서 마지막 우승컵을 쥐었고, 그 후 2004년까지 한 번도 우승하지 못했다.(레드 삭스는 전설적인 야구 영웅인 베이브 루스를 1919년 재정난으로 뉴욕 양키스에 트레이드한 후 월드 시리즈에서 우승하지 못했다. 이 징크스를 두고 '밤비노(베이브 루스의 애칭)의 저주'라고 부른다. 랜들은 물리학계에서 그동안 주목받지 못했던 여분 차원과 레드 삭스를 연결시키고 있다.—옮긴이)

해 온 물리학에 대한 좀 더 복잡한 설명이 필요하다. 여분 차원 우주를 설명하기에 앞서, 다음 몇 장에서는 20세기 물리학의 성과를 간단히 정리하고, 그러한 성과가 어떻게 최근 이론과 연계되는지를 살펴볼 것이다. 20세기 초반의 주요한 패러다임의 변화(양자 역학, 일반 상대성 이론)를 둘러본 후, 오늘날 입자 물리학의 핵심(표준 모형, 대칭성, 대칭성 깨짐, 계층성 문제)을 살펴보고, 현재 풀어야 할 문제들에 다가서기 위해 새로운 생각들(초대칭, 끈 이론, 여분 차원, 막)을 검토하고자 한다.

이 주제들을 다루기에 앞서, 이 장에서는 물리학의 여러 층위를 가늠하기 위해 물질 안으로 가벼운 여행을 떠나 보자. 또한 우리의 관심사를 이해하기 위해서는 현재 이론가들이 생각하고 이해하는 방식과 친숙해져야 하므로, 최근의 물리학 발전에서 중요한 역할을 하는 이론적 접근법도 다룰 것이다.

처음에는 "근본적인 것은 달라지지요."라는 노래 가사를 인용하기로 한 것은 탁월한 선택이라고 생각했다. 하지만 좀 더 생각하자 이 구절이 너무나 물리학 용어 같아서 나는 내 기억이 틀릴지도 모른다는 걱정이 들었고 다시 검토하기로 마음먹었다. 머릿속에서는 확실하더라도 종종 노래 가사를 잘못 기억하는 일이 있기 때문이다. 그 과정에서 나는 이 노래가 전에 생각했던 것보다 훨씬 더 물리학과 관계가 깊다는 사실을 알고 꽤 놀라기도 했고 즐겁기도 했다. 나는 "흘러가는 시간"이 네 번째 차원이라는 사실을 전혀 깨닫지 못했다!

물리적인 통찰은 이처럼 작은 실마리가 간혹 예기치 않은 연관을 드러내는 식으로 다가온다. 운이 따른다면, 기대 이상의 것을 찾을 수 있다. 물론 적절한 지점에서 연구한다는 전제가 있어야 할 것이다. 물리학에서는 보잘 것 없는 단서라고 해도 그로부터 어떤 연관성을 발견하게 되면, 우리가 최선이라 생각하는 방식으로 의미를 찾아내야만 한다. 그 실마리는 경험에서 나온 추측일 수도 있고, 당신이 신뢰하는 이론으로부터 연역해 낸 수학 계산일 수도 있다.

지금부터는 실마리를 찾아나가는 현대적인 방법 두 가지, 즉 나의 특기인 모형 구축과 새로운 고에너지 물리학인 끈 이론을 살펴볼 것이다. 끈 이론은 특정한 이론에서 보편적인 예측을 이끌어 내려고 하는 반면, 모형 구축은 특정한 물리학 문제의 해법을 먼저 찾고 그로부터 이론을 세우려고 한다. 모형 구축 연구자든 끈 이론 연구자든 모두 더 훌륭한 설명을 해 줄 수 있는 포괄적인 이론을 찾고 있다는 공통점이 있다. 이 두 방법은 동일한 문제에 대한 답을 찾고 있지만, 접근하는 방식이 다르다. 물리학자들은 어떤 경우에는 모형 구축처럼 경험에서 나온 추측을 기반으로 연구를 하기도 하고, 또 어떤 경우에는 끈 이론처럼 자신이 확신하는 궁극 이론으로부터 논리적인 결과물을 연역하기도 한다. 우리는 여분 차원에 대한 최근의 연구가 이 두 방법을 어떻게 성공적으로 결합시켰는지 살펴볼 것이다.

모형 구축

내가 처음 수학과 과학에 빠져든 것은 확실성 때문이었다. 하지만 지금의 나는 답이 나오지 않은 질문과 예기치 않은 연관 관계에 똑같은 매혹을 느낀다. 양자 역학, 상대성 이론 및 표준 모형에 포함되어 있는 원리들도 우리의 상상력을 자극하지만, 오늘날의 물리학자들을 사로잡고 있는 첨단의 생각에 비하자면 겉핥기 수준에 머물고 있다. 기존 이론의 결함은 우리에게 새로운 무언가가 필요하다는 것을 일깨워 주었다. 기존 이론의 결함은 더 정확한 실험으로 분명한 모습을 드러낼 새로운 물리 현상의 전조이다.

입자 물리학자들은 기본 입자들이 어떻게 움직이는지를 설명해 주는 자연 법칙을 찾기 위해 노력한다. 물리학자들이 생각하는 '이론(theory)'은 기본 입자와 기본 입자를 규정하는 물리 법칙으로 이루어진다. 즉 이론의 한 축은 이러저러한 기본 요소들이고, 다른 한 축은 이 기본 요소들의 상호 작용을 예측하는 식과 규칙으로 된 법칙이다. 이 책에서 이론이라는 용어는 이러한 의미로 사용될 것이며, 일상적으로 쓰이는 '다듬어지지 않은 추측'을 뜻하지 않는다.

물리학자의 간절한 바람은 모든 관측을 설명해 주는 이론, 그것도 가능한 한 최소의 규칙과 근본 요소를 포함하는 이론이다. 그리고 어떤 물리학자들의 궁극 목표는 바로 단순하면서도 우아한 '통일 이론(unifying theory)'이다. 그러한 통일 이론은 모든 입자 물리학 실험에 대해 예측치를 내놓을 수 있을 것이다.

통일 이론에 대한 탐색은 원대한 지적 과제다. 어떤 사람은 무모한 시도라고 생각할 것이다. 하지만 어떤 면에서 통일 이론은 오래전에 시작된 단순성에 대한 탐색의 연장이다. 고대 그리스의 플라톤은 기하학적 형태 같은 완전한 형상과 이상적인 존재를 상상했으며, 지상의 존재는 그저 이상적인 존재의 반영에 불과하다고 보았다. 아리스토텔레스도 이상적인 형상을 믿었지만, 그는 현실적인 대상의 관측을 통해서만 그것이 반영하는 이상적인 형상을 찾을 수 있다고 생각했다. 많은 종교들도 현실과는 다른 존재이지만 현실과 어떤 의미로든 연결되어 있는 더 완전하고 통일된 상태를 상정한다. 인간의 타락이 에덴에서 시작되었다는 이야기는 타락 이전의 이상적인 세계가 있었다는 생각을 암시한다. 현대 물리학의 질문과 접근법이 이전과 무척 다르기는 해도, 물리학자들은 예나 지금이나 더 단순한 우주상을 추구한다. 다만 과학자들은 철학이나 종교적 의미가 아니라 바로 우리가 발 딛고 있는 세계를 구성하는 근본적인 구성 요소 속에서 그 단순한 우주상을 발견할 수 있을 것이라고 본다.

그러나 세계를 설명하는 우아한 이론의 탐색에는 분명 장애물이 있다. 우리 주위를 둘러보면 우아한 이론이 보여 주는 단순성은 거의 찾아보기 어렵다. 세계는 복잡하다. 단순하고 간소한 공식으로 복잡한 현실을 설명하는 데에는 지난한 작업이 필요하다. 통일 이론은 단순하고 우아해야 하지만, 관측 결과와 부합되는 구조를 꼭 갖춰야만 한다. 우리는 모든 것이 우아하게 보이며 예측할 수 있는 관점이 있다고 믿고 싶다. 하지만 우주는 우리가 바라는 이론만큼 순수하거나 단순하지 않으며 또 질서정연하지도 않다.

입자 물리학자들은 두 가지 대조되는 방법으로 이론과 관측을 결합하고자 노력한다. 일부 이론가들은 '하향식(top-down) 접근법'을 취한다. 이들은 정확하다고 믿는 이론에 근거하여(예를 들면, 끈 이론가들은 끈 이론에서 시작한다.) 관측 결과를 유추함으로써 이론을 우리가 관측하는 더 무질서한 세계와 연관시킨다. 반면 모형 구축자들은 '상향식(bottom-up) 접근법'을 취한다. 이들은 관측된 기본 입자와 그 상호 작용을 연결함으로써 그 밑에 놓인 이론을 이끌어 내고자 노력한다. 즉 실제 물리 현상에서 실마리를 찾고자 한다. 이들은 이론적 모형을 만들어 내지만, 이것은 옳고 그른지 나중에 밝혀지는 시론일 뿐이다. 두 접근법 모두 장단점이 있으며, 어느 방법이 물리학 발전을 위한 최선의 길이라고 딱 잘라 말할 수 없다.

두 접근법의 대립이 흥미로운 까닭은 이를 통해 매우 다른 두 과학 연구 방식이 드러나기 때문이다. 이러한 차이는 오래전부터 과학 논쟁의 발단이 되어 왔다. 당신은 더 근본적인 진실로부터 통찰을 얻으려는 플라톤적 방법을 따를 것인가, 아니면 경험적 관측에 뿌리를 둔 아리스토텔레스적 방법을 따를 것인가? 하향식 접근을 취할 것인가, 아니면 상향식 접근을 취할 것인가?

　이 선택은 아마도 '젊은 아인슈타인 대 늙은 아인슈타인'에 비유할 법하다. 청년 시절, 아인슈타인은 실험과 물리적 현실성에 근거를 둔 연구를 진행했다. 그의 사고 실험조차도 물리 상황에 근거하고 있었다. 일반 상대성 이론을 개발할 때 수학의 가치를 배운 후 아인슈타인은 연구 방식을 바꾸었다. 그는 자신의 이론을 완성하기 위해서는 수학적 접근이 필수라고 생각했다. 이후 아인슈타인은 더 이론적인 방법을 사용하게 되었다. 하지만 아인슈타인의 예는 두 접근법 중에 어느 것을 선택할 것인가 하는 문제를 해결하는 데에 그다지 도움이 되지 않는다. 분명, 아인슈타인은 일반 상대성 이론에 수학을 적용해 성공을 거두었지만, 통일 이론을 찾아내기 위한 인생 후반기의 수학적 접근은 열매를 맺지 못했다.

　아인슈타인의 연구에서 드러나듯, 과학적 진실의 유형도 다르고 그것을 찾아내기 위한 길도 다르다. 하나는 퀘이사와 펄사의 연구처럼 관측에 기반을 둔 방법이다. 다른 하나는 카를 슈바르츠실트(Karl Schwarzschild)가 일반 상대성 이론의 수학적 귀결로서 처음 도출한 블랙홀에 관한 연구처럼 추상적 법칙과 논리에 기반을 둔 방법이다. 궁극적으로는 이 둘이 조화를 이루어야 하지만(현재 블랙홀이 순수한 이론과 관측의 수학적 기술 모두에서 도출되는 것처럼), 탐구의 첫 단계에서 두 연구의 접근 방법이 같은 결과를 내놓는 경우는 매우 드물 것이다. 끈 이론의 경우, 법칙과 방정식이 일반 상대성 이론처럼 깔끔하게 전개되지 않아서 결과를 유도하는 것이 더욱 어렵다(일반 상대성 이론의 경우 기본 법칙이 있고 그로부터 공리 체계처럼 모든 방정식이 얻어진다. 하지만 끈 이론은 일반 상대성 이론처럼 공리화가 되어 있지 못하고 개별적인 현상들을 계산을 통해 밝혀 가고 있다.—옮긴이).

끈 이론이 처음 두각을 나타내기 시작했을 때, 입자 물리학계는 뚜렷이 양분되었다. 나는 '끈 이론 혁명'이 처음 입자 물리학계를 양분했던 1980년대 중반 대학원생이었다. 그 당시 일군의 물리학자들은 끈 이론의 영묘한 수학적 세계에 전신전령을 다해 헌신하기로 결정했다.

끈 이론은 자연의 가장 근본적인 요소가 입자가 아니라 끈이라는 가정에서 출발한다. 결국 우리가 관측하는 여러 입자는 진동하는 끈의 결과물이 된다. 진동하는 바이올린 현 하나가 여러 가지 음을 만들듯이, 끈도 다양한 진동 방식(모드)을 통해 여러 입자를 만들어 낸다. 끈 이론이 지지를 받은 것은, 물리학자들이 양자 역학과 일반 상대성 이론을 하나로 통합하며, 거리가 아주 짧은 규모의 세계를 기술할 수 있는 이론을 찾고 있었기 때문이었다. 많은 사람들이 보기에 끈 이론은 양자 역학과 일반 상대성 이론을 통합할 수 있는 가장 유망한 이론이었다.

하지만 모든 물리학자들이 끈 이론 연구에 뛰어든 것은 아니었다. 다른 물리학자 집단은 실험적 접근이 가능한 상대적으로 낮은 에너지 영역에 머물기로 결정했다. 내가 하버드 대학교에 있을 때, 그곳의 입자 물리학자들, 훌륭한 모형 구축자인 하워드 조자이와 셸던 글래쇼(Sheldon Glashow) 그리고 뛰어난 박사 후 연구원들과 학생들은 강한 신념을 갖고 모형 구축 접근법을 고수했다.

당초, 서로 다른 관점을 갖는 끈 이론과 모형 구축은 저마다의 장점을 주장하며 격렬하게 대립했다. 이들은 자신들의 방법이 진실에 이르는 길에 더 가까이 있다고 주장했다. 모형 구축자들은 끈 이론을 수학적 몽상이라고 몰아붙였고, 끈 이론가들은 모형 구축자들이 진실을 무시하고 시간을 낭비한다고 생각했다.

입자 물리학의 세계로 처음 들어섰을 때 나는 모형 구축 진영에 자리를 잡았다. 하버드 대학교에는 뛰어난 모형 구축자들이 포진하고 있었으며, 나 또한 모형 구축의 도전이 즐거웠기 때문이다. 당시 벌써 끈 이론은 대단히 멋진 이론이고, 이미 심오한 수학적, 물리적 통찰을 이끌어 내고 있으며, 그것이 결국 자연을 정확히 기술하리라는 추측이 나돌았다. 하지만 끈 이론과 실제 세계를 연결하는 일은 쉽지 않았다. 문제는 끈 이론이 다루는 에너지 범위가 현재 우리가 실험 가능한 수준의 1조 배의 1000만 배에 이른다는 점이다. 그러나 우리는 아직까지도 입자 가속기의 에너지가 현재보다 10배만 증가해도 어떤 결과가 나올지 전혀 예측할 수 없다.

지금 우리는 끈 이론에서 세계를 기술하는 데 필요한 예측값을 유도해 내는 것을 가로막는 거대한 이론적 장벽에 부딪혀 있다. 끈 이론이 기술하는 대상은 극도로 작고 극단적으로 높은 고에너지 상태에서 존재하는 까닭에 가능한 기술을 총동원해 어떤 검출기를 만들더라도 그것을 관측하기는 힘들어 보인다. 끈 이론의 결과물과 예측값을 얻어내는 것도 수학적으로 어마어마하게 어려운 문제이지만, 끈 이론의 구성 요소들을 어떻게 구성할지, 어떤 수학적 문제를 풀어야 할지도 분명하지 않다. 끈 이론의 수풀 속에서 길을 잃어버리기는 너무나도 쉽다.

끈 이론은 우리가 실제로 보는 거리 영역에서는 너무나 많은 예측을 내놓는다. 끈 이론의 기본 요소를 어떻게 배열해야 할지 아직 확정되어 있지 않기 때문에 이 배열에 따라 예측되는 입자 또한 달라지기 때문이다. 몇 가지 추측에 가까운 가정이 없다면, 끈 이론은 우리가 실제 관측하는 것보다 훨씬 많은 입자와 힘 그리고 차원을 내놓게 된다. 이렇게 되면 이 여분의 입자, 힘, 차원이 보이지 않는 이유가 무엇인지 알아야 한다. 하지만 우리는 끈 이론의 특정한 배열을 선호하는 물리적 특성이 어떤 것인지도 모르고 있으며, 심지어 우리 세계에 부합하는 단 하나의 끈 이론을 어떻게 찾아야 하는지조차 모르고 있다. 우리가 우리 눈에 보이는 세계와 합치하는 예측을 내놓는 끈 이론의 기반이 되는 물리 법칙을 추출해 내려면 아마 무척 큰 행운이 따라야 할 것이다.

좀 더 구체적으로 설명해 보자. 끈 이론이 제시하는 비가시적인 여분 차원은 우리가 보는 3차원과는 달라야 한다. 끈 이론의 중력은 우리 주위의 중력(뉴턴의 머리 위로 사과를 떨어뜨린 힘)보다 훨씬 복잡하다. 뉴턴의 중력과 달리 끈 이론의 중력은 여분 차원이 6개나 7개 있는 공간 차원에서 작용한다. 끈 이론은 매혹적이고 뛰어나지만, 여분 차원과 같은 난해한 요소 때문에 가시적 세계와 연결하기는 어렵다. 여분 차원은 가시적인 차원과 무엇이 다를까? 왜 그 둘은 같지를 않을까? 끈 이론에서 여분 차원이 어떻게 그리고 왜 숨겨져 있는지 가능한 모든 방법을 동원해 탐구하는 것은 도전해 볼 만한 일이다. 그리고 그 답을 찾아내는 것은 정말 대단한 성과가 될 것이다.

하지만 아직까지는 끈 이론을 현실에 맞추려는 이런저런 시도는 성형 수술과 비슷했다. 끈 이론의 예측값을 현실 세계에 부합시키기 위해 이론가들은 입자를 없애거나 차원을 접어 감추면서 불필요한 조각을 잘라내야 했다. 이런 과정을 거쳐서 어떤 입자들을 가까스로 현실에 가깝게 기술할 수 있게 되었지만, 그렇다 해도 딱 들어맞는 것은 아니다. 우아함은 이론의 옳음을 보증해 주지만, 그 이론과 관련된 모든 것을 제대로 이해하기 전까지는 그 이론이 아름답다고 판단할 수 없다. 끈 이론은 매력적이지만 아직 해결해야 할 근본 문제를 잔뜩 안고 있다.

지도 한 장 없이 산을 탐험하는 경우, 목적지로 가는 최단 코스를 처음부터 쉽게 찾을 수는 없다. 사고의 세계에서도 복잡한 지형에서 탐험을 하는 것처럼 최선의 경로가 처음부터 항상 선명하게 드러나지는 않는다. 끈 이론이 궁극적으로 우리가 아는 모든 힘과 입자를 통합하더라도, 그것이 특정한 입자와 힘 그리고 상호 작용으로 이뤄진 하나의 봉우리인지, 아니면 다양한 가능성을 품은 복잡한 지형인지 아직 모르고 있다. 길이 순탄하고 도로 표지가 잘 되어 있다면 길 찾기가 쉽겠지만, 그런 경우는 극히 드물다.

이러한 상황에서 표준 모형을 넘어서는 더 나은 방법이 바로 지금부터 설명할 모형 구축이다. '모형(model)'이라는 말에서 어떤 사람은 어린 시절 조립해 보았던 작은 전투함이나 성을 떠올릴 것이다. 아니면 인구 증가와 파도의 움직임 같은 현상의 동적 변화를 재현해 주는 컴퓨터 수치 해석 시뮬레이션을 떠올릴 수도 있다. 하지만 입자 물리학에서 말하는 모형 구축은 이 두 가지와는 다르다. 오히려 잡지나 패션쇼에서 사용하는 모델(model)과 그 용법이 약간 비슷하다. 패션쇼 무대든 물리학이든 둘 모두 상상력이 풍부한 작품을 보여 주며 다양한 모양과 형식으로 나타난다. 또 아름다운 모델과 모형은 어느 쪽에서든 시선을 사로잡는다.

두말할 필요 없이, 유사점은 그것으로 끝이다. 입자 물리학에서 말하는 모형은 표준 모형의 기초가 되는 대안적 물리학 이론을 뜻한다. 산의 정상을 통일 이론이라고 하면, 모형 구축자는 잘 알려진 탄탄한 물리학 이론으로 구성된 산기슭과 새로운 아이디어들이 모두 통합되어 있는 통일 이론이라는 높은 산봉우리 사이를 연결하는 길을 만드는 개척자이다. 끈 이론의 매력과 참된 이론으로서의 가능성을 인정하더라도, 모형 구축자는 정상에 도달했을 때 어떤 이론을 만나게 될지에 대해서 끈 이론가들만큼 처음부터 확신하고 있지는 않다.

7장에서 살펴보겠지만, 표준 모형은 4차원 세계에 존재하는 입자들과 힘들을 정리하여 제시하는, 명확하게 정리된 물리학 이론이다. 표준 모형에서 더 나아간 모형은 표준 모형의 요소와 이미 실험으로 확인된 에너지 수준에서의 결과를 포함하면서도, 더 짧은 거리에서 나타나게 될 새로운 힘, 입자, 상호 작용 역시 포함한다. 현재 풀지 못한 문제를 해결하기 위해 물리학자들은 모형을 만들고 있다. 모형은 이미 알고 있는 입자나 추측한 입자가 새로운 방정식에 따라 어떻게 달리 움직일 수 있는지 예측할 것이다. 또는 모형은 우리가 탐구할 여분 차원이나 막과 같은 새로운 공간 배치를 제안할 수도 있다.

이론의 의미를 온전히 이해한다고 해도 이론은 다른 방식으로 전개될 수 있어서 우리가 사는 실제 세계에 대해 서로 다른 물리적 예측을 내놓을 수 있다. 예를 들면 여러 입자나 힘의 상호 작용 방식에 대해 원리적으로는 안다고 해도, 어떤 특정한 입자와 힘이 실제 세계에 존재하는지를 알 필요가 있다. 모형은 여러 가지 가능성을 시험하게 해 준다.

이론이 다르면 전제나 물리학 개념이 달라지는 것처럼 이론이 취하는 길이와 다루는 에너지 범위도 달라진다. 모형은 이렇게 서로 다른 이론의 차이를 식별할 수 있게 해 주는 수단이다. 케이크를 만드는 일반적인 지침이 이론이라면 모형은 정확한 조리법이다. 이론은 설탕을 추가하라고 말하겠지만, 모형은 설탕을 반 컵 더할지 아니면 한 컵 더할지를 구체적으로 제시할 것이다. 이론은 건포도가 선택 사항이라고 말하겠지만, 모형은 건포도를 넣지 않는 것이 현명하다고 말해 줄 것이다.

모형 구축자는 표준 모형의 미해결 과제에 초점을 맞추고, 기존 이론의 구성 요소를 통해 표준 모형의 불완전한 부분을 메워 나간다. 모형 구축이라는 접근법은 끈 이론이 관측 가능한 에너지를 엄청나게 넘어서는 영역에 대해서만 명확하게 예측할 수 있다는 직감에서 힘을 받고 있다. 모형 구축자는 큰 그림을 봄으로써 우리 세계와 관련된 알맞은 조각들을 찾을 수 있다고 생각한다.

모형 구축자들은 한 번에 모든 것을 유추해 낼 수는 없다는 실용적인 생각을 채택한다. 끈 이론에서 결과물을 이끌어 내는 대신에, 물리학 이론의 어떤 요소가 알려진 관측값을 설명할 수 있을지 또 실험에서 밝혀진 것들 사이의 관계를 드러낼 수 있을지를 알아내는 데 주력한다. 모형이 제시하고 있는 가정들은, 우리가 그것의 심오한 이론적 의미를 이해하지 못하고 있다고 하더라도, 궁극적인 이론의 일부이거나 우리가 알지 못하는 새로운 관계를 말하는 것일 수 있다.

물리학은 가능한 한 적은 가정으로 가능한 한 많은 물리량을 예측하려고 애쓴다. 그렇다고 해서 가장 근본적인 이론을 즉시 정할 수 있는 것은 아니다. 물리학의 진전은 가장 근본적인 수준에서 모든 것을 이해하지 못한 상태에서도 이루어지고는 했다. 예를 들어 물리학자들은 온도와 압력을 완전히 이해한 상태가 아니라 어느 정도 이해한 상태에서 그것을 열역학에 적용하여 엔진을 고안해 냈다. 더 근본적인 미시 수준에서 온도와 압력이 다수의 원자·분자의 불규칙한 운동의 결과임이 밝혀진 것은 그보다 한참 뒤의 일이었다.

모형이 물리적 '현상(phenomena, 실험 관측을 의미한다.)'과 관련이 있기 때문에, 끈 이론 연구자보다 실험에 얽매인 모형 구축자는 현상학자라고도 불린다. 하지만 '현상학(phenomenology)'은 모형 구축자들을 표현하는 데 적절하지 않은 용어다. 현상학은 오늘날의 복잡한 과학 세계에서 이론에 깊이 관여하고 있는 데이터 분석의 의미를 제대로 표현해 주지 못한다. 모형 구축은 철학적 현상학보다는 해석과 수학적 분석과 더 깊은 관계를 맺고 있다.

훌륭한 모형은 매우 중요한 특성을 갖고 있다. 모형은 어떤 물리 현상이 일어날지를 분명하게 예측하여, 실험가들에게 모형의 주장을 증명하거나 반박할 수 있는 길을 제시한다. 고에너지 실험은 새로운 입자를 탐색하는 데서 그치지 않으며, 모형을 시험하고 더 나은 모형을 만들기 위한 실마리를 제공한다. 입자 물리학의 모형은 관측 가능한 에너지 수준에 적용할 새로운 물리학 원리와 법칙을 제시할 것이다. 그에 따라 새로운 입자들을 예견할 것이고 그 입자들 사이의 관계를 어떻게 검증할 것인지 알려 줄 것이다. 새로운 입자를 발견하고 그 속성을 측정함으로써 모형에서 제안된 내용이 확립되거나 기각될 것이다. 고에너지 실험의 목표는 더 근본적인 물리 법칙과 구체적인 설명을 가능하게 해 줄 개념적 틀을 찾아가는 것이다.

제시된 모형들 중 일부만이 옳다고 판명되겠지만, 모형은 이론의 가능성을 탐색하고 유력한 구성 요소들의 저장고를 세우는 최선의 방법이다. 만약 끈 이론이 옳다고 증명된다면, 어떤 모형은 끈 이론으로 귀결될 것이다. 열역학의 근거가 결국 원자론이었던 것으로 밝혀진 것과 마찬가지로 말이다. 하지만 약 10년간 끈 이론과 모형 구축은 선명하게 구분되어 왔다. 브랜다이스 대학교의 젊은 끈 이론가인 앨비언 로런스(Albion Lawrence)가 그 문제로 나와 토론하며 이렇게 말했다. "비극은 끈 이론과 모형 구축이 별개의 지적 주제였다는 점이다. 모형 구축 연구자와 끈 이론가는 수년 동안 서로 대화를 나누지 않고 있다. 하지만 나는 항상 끈 이론을 모든 모형의 할아버지라고 생각해 왔다."

끈 이론가와 모형 구축자는 이론과 관측 가능한 세계를 연결해 줄 다루기 쉽고 우아한 길을 탐색한다는 점에서는 같다. 통일 이론이라는 정상에서 내려다본 전경이 아니라 이론과 현실을 연결하는 이 길이 이러한 우아함을 보여 준다면, 어떤 이론이든지 참으로 유력하고 정확한 이론으로 평가받을 것이다. 산기슭에서 출발하는 모형 구축자는 출발점이 잘못될 가능성이 높은 반면, 정상에서 출발하는 끈 이론가는 깎아지른 벼랑 끝을 헤매다 베이스캠프로 돌아가는 길을 잃어버릴 가능성이 높다.

끈 이론가와 모형 구축자는 모두 우주의 언어를 찾고 있다. 하지만 끈 이론가가 문법의 내적 논리에 초점을 맞추고 있다면, 모형 구축자는 자신들이 가장 유용하다고 생각하는 명사나 구절에 초점을 맞춘다. 두 부류의 입자 물리학자가 피렌체에서 이탈리아 어를 공부하고 있다고 하자. 모형 구축자는 숙박지를 구하기 위해서 어떻게 물어봐야 할지 또 길찾기에 필수적인 단어가 무엇인지는 알겠지만 그들의 말은 아마도 우스꽝스러울 것이며, 그들이 단테의 『신곡』 「지옥편」을 온전히 이해하기란 불가능할 것이다. 반면 끈 이론가는 이탈리아 문학의 미묘한 뉘앙스를 파악하려는 열망에 불타지만 아마 어떻게 저녁 식사를 주문해야 할지를 배우기 전에 굶어 죽을지도 모른다.

다행히도 이제 상황이 바뀌고 있다. 현재, 이론과 저에너지에서 확인된 현상은 두 접근법에서 이루어진 진전을 지지하고 있으며, 입자 물리학자들 다수는 끈 이론과 실험 물리학을 동시에 고려하고 있다. 나는 그동안 모형 구축을 계속해 왔지만, 지금은 끈 이론에서 이끌어 낸 아이디어를 내 연구에 결합시키고 있다. 결국 우리가 양쪽의 방법에서 최상의 것을 결합시켜서 물리학을 진전시키게 될 것이다.

앨비언 로런스는 "많은 부분에서 여분 차원이 촉매가 되어, 둘 사이의 구별이 다시 흐릿해지고 있다. 사람들이 서로 대화하고 있다."라고 지적했다. 두 집단은 더 이상 뚜렷이 나뉘지 않으며 공통의 기반이 더 늘어나고 있다. 연구 목적과 아이디어가 다시 모이고 있다. 과학적으로나 사교적으로나 모형 구축자와 끈 이론가의 공통 분모가 점점 더 많아지고 있는 것이다.

앞으로 다룰 여분 차원 이론의 아름다움 중 하나는 바로 이러한 양쪽 진영의 생각을 결합시켜 만든 것이라는 점이다. 끈 이론에서는 여분 차원이 아마도 성가신 존재겠지만, 달리 보자면 오래된 문제를 푸는 새로운 방법을 찾는 실마리가 될 수도 있다. 여분 차원은, 그것은 어디에 있는가, 왜 그것을 볼 수 없는가 하는 질문을 끌어낼 뿐만 아니라 보이지 않는 차원이 우리 세계와 관련해서 어떤 의미가 있는가 하는 질문까지도 끌어낸다. 여분 차원이 관측된 현상의 배후에 있는 관계를 설명해 줄지도 모른다. 모형 구축자는 여분 차원 같은 개념을 어떻게 관측 가능한 양(입자의 질량 사이의 관계)과 연결시키는가 같은 문제에 매달린다. 만약 행운의 여신이 우리 손을 들어 준다면, 여분 차원 모형을 이용하여 끈 이론의 최대 약점, 즉 실험으로 확인할 수 없다는 문제를 해결할 수 있을지도 모른다. 모형 구축자는 끈 이론에서 가져온 이론적 요소를 사용해 입자 물리학에서 제기된 문제들에 도전해 왔다. 여분 차원 모형을 포함한 이 모형들은 검증 가능한 결과를 예측해 낼 것이다.

나중에 여분 차원 모형을 살펴볼 때, 우리는 끈 이론과 연계된 모형 구축 방법이 입자 물리학, 우주의 진화, 중력, 끈 이론에 불러일으킨 새로운 통찰을 살펴볼 것이다. 끈 이론가의 문법 지식과 모형 구축자의 어휘가 한데 모여 꽤 그럴듯한 회화책이 씌어지고 있다.

물질의 핵심

앞으로 살펴볼 생각들은 최종적으로 우주 전체를 고려하는 것들이다. 하지만 우주에 대한 설명은 물질의 최소 구성 단위를 다루는 이론인 입자 물리학과 끈 이론에 뿌리를 내리고 있다. 따라서 이 이론들이 다루는 극히 이론적인 영역을 여행하기에 앞서, 물질을 구성하는 가장 작은 부분을 잠시 둘러보기로 하자. 이 원자 세계 여행에서 주의해야 할 것은 이론이 바뀌면 달라지는 물질의 기본 구성 단위와 물리적 대상의 크기이다. 이것은 이 여행에서 당신이 어디 있는지를 알려 주는 몇 안 되는 이정표이고, 물리학의 각 분야가 어떤 것을 다루는지도 알려 주는 표식이다.

대부분의 물리학은 물질 세계를 이루는 기초적인 구성 단위가 기본 입자라고 가정한다. 겹겹이 쌓인 층을 벗기면서 안으로 들어가다 보면 결국 언제나 기본 입자를 만나게 된다. 입자 물리학에서 우주의 가장 작은 요소는 기본 입자이다. 끈 이론은 이 가정에서 한 발 더 나아가 기본 입자는 끈의 진동이라고 주장한다. 하지만 끈 이론 연구자들도 물질은 더 이상 쪼개지지 않는 입자로 이루어져 있다고 믿는다.

모든 것이 입자로 이루어져 있다는 가정은 아마 믿기 어려울 것이다. 확실히 맨눈으로는 입자를 볼 수 없기 때문이다. 우리의 감각이 고도로 발달하지 않았기 때문에 원자처럼 작은 것이 바로 옆에 있어도 우리는 그것을 직접 볼 수 없다. 그렇지만 물질의 기본 구성 요소는 기본 입자이다. 연속된 이미지처럼 보이지만 결국 작은 점(최소)으로 이루어진 컴퓨터나 텔레비전 화면의 이미지처럼 물질은 결국 기본 입자로 구성된 원자로 이루어져 있다. 우리 주변의 물질은 연속적이고 균일해 보이지만 실제로는 그렇지 않다.

물리학자들은 물질의 내부를 들여다보고 물질이 무엇으로 이루어 졌는지 추정하기 전에, 정밀한 측정 도구를 생산할 수 있는 기술을 확보해야 했다. 그리고 기술이 발전하여 더 정밀한 도구가 생산될 때마다 더 기본적인 구성 단위로 이루어진 '구조'들이 쏟아져 나왔다. 물리학자들이 더 작은 크기를 볼 수 있는 도구를 사용할 때마다 그들은 이전에 발견한 구조가 더 근본적인 요소인 '하부 구조'로 이루어져 있음을 발견했다.

입자 물리학의 목표는 물질의 가장 기본적인 구성 요소들과 이들이 따르는 가장 근본적인 물리 법칙을 발견하는 것이다. 우리는 거리가 매우 짧은 영역을 연구하는데, 그 까닭은 기본 입자가 상호 작용하는 거리가 매우 가깝기 때문이며 또한 이 거리 범위에서 근본적인 힘을 쉽게 찾을 수 있기 때문이다. 큰 규모에서는 기본 요소들이 한데 묶여 있어 근본적인 물리 법칙을 찾기가 더 어렵다. 작은 길이 규모가 흥미로운 까닭은 새로운 원리와 관계가 적용되기 때문이다.

물질은 뚜껑을 열어 보면 다시 똑같이 생긴 더 작은 인형이 나오는 러시아 인형처럼 단순하지 않다. 짧은 거리에서는 전혀 새로운 현상들이 나타나게 된다. 인체 연구를 예로 들어 보자. 1600년대에 윌리엄 하비(William Harvey)가 사람을 해부하여 그 안을 들여다보기 전까지 인체—심장과 혈액 순환 같은 문제들—에 대해서는 매우 어설픈 오해가 퍼져 있었다. 이와 비슷한 사례를 실험을 통한 최근의 물질 연구에서 찾아볼 수 있다. 조사하는 길이 규모를 줄여 가면 갈수록 더 근본적이고 기초적인 물리 법칙이 작동하는 새로운 세계를 발견하게 된다. 혈액 순환이 모든 인체 활동에서 무척 중요한 것과 마찬가지로, 작은 길이 규모에서 작동하는 근본적인 물리 법칙은 더 큰 길이 규모에 있는 우리에게도 무척 중요한 영향을 미치고 있다.

현재 우리는 모든 물질이 '원자'로 되어 있으며, 원자가 화학적으로 결합한 것이 '분자'라는 사실을 알고 있다. 원자 크기는 몇 옹스트롬(빛의 파장이나 원자 사이의 거리를 나타내는 데에 쓰는 단위, 10^{-10}미터이다.—옮긴이), 즉 1억분의 1센티미터 정도이다. 하지만 원자도 기초적인 구성 단위(기본 입자)가 아니다. 원자의 중심에는 양전하를 띤 '핵'이 있고, 주변에는 음전하를 띤 '전자'가 있다(그림 30). 핵은 원자보다 훨씬 작아서, 원자 크기의 대략 10만분의 1이다. 또 양전하를 띤 핵 자체도 복합물이다. 핵은 양전하를 띤 '양성자'와 전하를 띠지 않는 '중성자'로 이루어져 있다. 이 두 입자를 한데 묶어 '핵자'라고 부르는데, 핵자는 핵보다 훨씬 작다. 이것이 1960년대 이전 과학자들이 가졌던 물질상이며, 여러분도 학교에서 이런 식으로 배웠을 것이다.

나중에 살펴볼 양자 역학이 여러분이 생각하는 것보다 훨씬 흥미로운 전자 궤도의 모습을 제시하겠지만, 앞에서 설명한 원자의 모습은 기본적으로 옳다. 하지만 양성자와 중성자도 기본 입자가 아니다. 서론에서 인용한 가모브의 견해와 달리, 양성자와 중성자는 하부 구

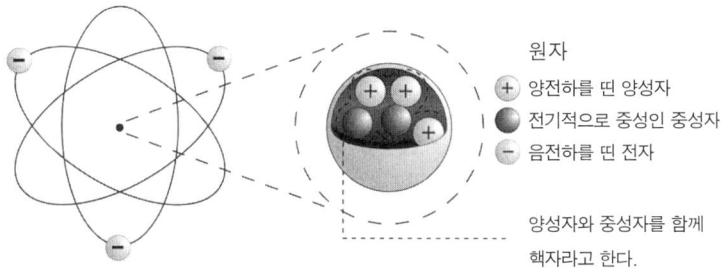

그림 30
원자는 작은 핵 주위를 도는 전자들로 이루어져 있다. 핵은 양전하를 띤 양성자와 전하를 띠지 않은 중성자로 구성된다.

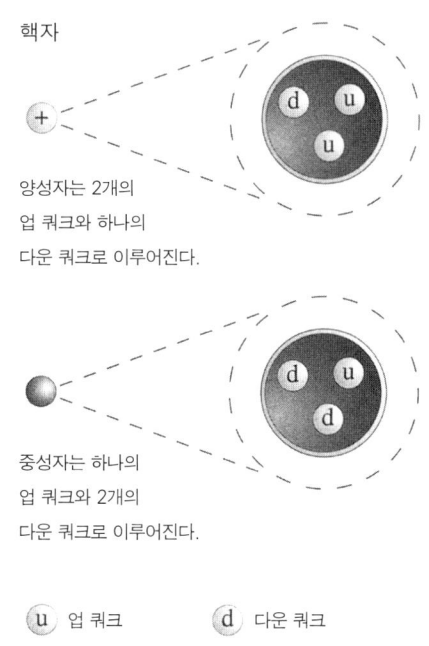

그림 31
양성자와 중성자는 보다 기본적인 입자인 쿼크로 구성되며, 쿼크는 강력에 의해 서로 묶여 있다.

조, 즉 더 근본적인 요소인 '쿼크'로 이루어져 있다. 양성자는 2개의 '업 쿼크(up quark, 위 쿼크라고 하기도 한다.)'와 하나의 '다운 쿼크(down quark, 아래 쿼크라고 하기도 한다.)'로 이루어져 있고, 반면 중성자는 2개의 다운 쿼크와 하나의 업 쿼크로 이루어져 있다(그림 31). 이 쿼크들은 '강력(strong force)'이라는 핵력으로 한데 묶여 있다. 하지만 원자의 또 다른 구성 요소인 전자는 다르다. 우리가 아는 한 전자는 기본 입자이다. 전자는 더 작은 입자로 나뉘지 않으며 그 안에 다른 하부 구조를 포함하지 않는다.

노벨 물리학상을 수상한 스티븐 와인버그(Steven Weinberg)는 물질의 항구적인 구성 요소(업 쿼크, 다운 쿼크, 전자)들과 잠깐 나타났다 사라지는 기본 입자들 사이의 상호 작용을 기술해 주는 잘 만들어진 입자 물리학 이론에 '표준 모형(Standard Model)'이라는 명칭을 붙였다. 표준 모형은 또한 기본 입자들이 상호 작용하는 네 가지 힘 중 세 가지, 즉 전자기력, 약력, 강력을 설명해 준다(중력은 대개 생략한다.).

중력과 전자기력은 수백 년 전부터 알려져 온 힘이지만, 나머지 두 힘은 20세기 후반에 들어서야 겨우 이해되었다. 약력과 강력은 기본 입자 사이에서 작용하며 특히 핵에서 중요한 힘이다. 이 두 힘은 쿼크를 한데 결합시키고 핵을 붕괴시킨다.

표준 모형에 중력을 포함시킬 수도 있지만, 보통은 그렇게 하지 않는다. 왜냐하면 입자 물리학에서 실험을 통해 다룰 수 있는 거리 및 에너지 범위에서는 중력이 너무 미약해서 별다른 의미를 갖지 못하기 때문이다. 매우 높은 에너지와 매우 짧은 거리에서는 우리가 알고 있는 중력에 대한 지식이 맞지 않는데, 이것은 끈 이론에서 무척 중요하다. 하지만 이런 일은 관측 가능한 길이 규모에서 벌어지지 않는다. 기본 입자 연구에서 중력이 중요한 역할을 하는 것은 우리가 나중에 살펴볼 여분 차원 모형처럼 표준 모형을 특정 형태로 확장한 경우뿐이다. 그런 경우가 아니라면 기본 입자에 대한 예측을 내놓을 때 중력은 고려하지 않아도 된다.

이제 기본 입자의 세계에 들어왔으니 주위를 좀 더 둘러보고 그 이웃을 자세히 살펴보기로 하자. 물질 세계의 중심에는 업 쿼크, 다운 쿼크, 전자가 있다. 이제 우리는 이들과 다르며 보통 물질에서 찾아볼 수 없는, 더 무거운 쿼크와 전자와 유사하지만 전자보다 더 무거운 입자가 있다는 것을 알고 있다.

예를 들면 양성자 질량의 2,000분의 1 정도의 질량을 가진 전자와 똑같은 전하를 가지면서도 질량은 200배 큰 뮤온(muon)이라는 입자가 있다. 전자와 같은 전하를 갖지만 질량은 10배 정도인 타우(tau) 입자도 있다. 지난 30년 동안 고에너지 충돌 실험에서는 이보다 더 무거운 입자들도 발견되었다. 이처럼 무거운 입자를 만들어 내려면, 현재의 고에너지 입자 충돌기가 만들어 내는 정도의 엄청난 양의 에너지를 고도로 집중할 필요가 있다.

이 절은 물질 세계 안으로 들어가는 여행이지만, 방금 말한 입자들은 안정적인 물체 안에는 존재하지 않는다. 우리가 아는 모든 물질은 기본 입자로 이루어져 있지만, 무거운 기본 입자는 물질을 구성하지 않는다. 무거운 기본 입자는 구두끈이나 책상 위 또는 화성은 물론 우리가 아는 어떤 물체에서도 찾아볼 수 없다. 하지만 이 입자들은 고에너지 충돌기에서 지금도 만들어지고 있으며, 대폭발 직후의 초기 우주에서는 세계의 일부를 이루고 있었다.

여하튼 무거운 입자들은 표준 모형의 필수 불가결한 일부이다. 물질을 구성하는 친근한 입자와 마찬가지로 네 가지 힘을 통해 상호 작용하는 이 입자들은 물질에 작용하는 가장 기본적인 물리 법칙에 대한 이해를 높이는 데 중요한 역할을 할 것이다. 그림 32와 그림 33은 표준 모형의 기본 입자를 정리한 표이다. 표에는 중성미자와 힘을 매개하는 게이지 보손이 포함되어 있는데, 7장에서 이 표준 모형의 요소들을 다시 자세히 살펴볼 것이다.

표준 모형의 무거운 입자가 왜 존재하는지는 아무도 모른다. 무거운 입자의 목적이 무엇이고, 궁극적인 근본 이론에서 이 입자가 하는 역할이 무엇이며, 물질을 구성하는 친숙한 입자의 질량에 비해 이 입자의 질량이 왜 그처럼 무거운지 등이 표준 모형이 풀어야 할 주요한 수수께끼이다. 그런데 이는 표준 모형이 풀어야 할 문제의 일부일 뿐

1세대	업 쿼크 3 MeV	다운 쿼크 7 MeV	전자 중성미자 ~0	전자 0.5 MeV
2세대	참 쿼크 1.3 GeV	스트레인지 쿼크 120 MeV	뮤온 중성미자 ~0	뮤온 106 MeV
3세대	톱 쿼크 174 GeV	보텀 쿼크 4.3 MeV	타우 중성미자 ~0	타우 1.8 MeV

그림 32

표준 모형의 물질을 구성하는 입자와 그 질량. 같은 세로열에 놓인 입자는 같은 전하를 갖지만 질량은 다르다(업 쿼크는 위 쿼크, 다운 쿼크는 아래 쿼크, 참 쿼크는 맵시 쿼크, 스트레인지 쿼크는 야릇 쿼크, 톱 쿼크는 꼭대기 쿼크, 보텀 쿼크는 바닥 쿼크라고 하기도 한다. — 옮긴이).

	전자기력	약력	강력
힘을 전달하는 게이지 보손	광자 질량 없음	약력 게이지 보손 $W\pm$ 80GeV Z 91GeV	글루온 질량 없음

그림 33

표준 모형에서 힘을 전달하는 게이지 보손들과 그 질량.

이다. 그밖의 문제도 있다. 왜 네 종류의 힘이 있을까? 그밖의 다른 힘은 없을까? 아직 검출하지 못한 다른 힘들이 더 존재하지 않을까? 왜 중력은 우리가 아는 다른 힘에 비해 그처럼 약한 것일까?

 게다가 표준 모형은 더 이론적인 질문도 하나 가지고 있는데, 끈 이론이 그 문제를 해결해 줄 것으로 기대되고 있다. 그것은 모든 거리 규모에서 양자 역학과 중력을 조화시키는 것이다. 이는 가시적인 현상이 아니라 입자 물리학의 내재적 한계에 대한 물음이라는 점에서 다른 문제들과 구별된다.

 표준 모형은 가시적인 현상의 측면과 순전히 이론적인 측면 모두에서 미해결의 과제를 안고 있다. 이로 인해 우리는 표준 모형 너머를 탐색해야 한다. 우리는 표준 모형의 훌륭한 설명과 성공에도 불구하고, 더 근본적인 구조가 우리의 손길을 기다리고 있으며 또한 더 근본적인 법칙에 대한 탐구가 있을 거라고 확신한다. 작곡가 스티브 라이히(Steve Reich)는 《뉴욕 타임스(New York Times)》에서 자신의 작품을 비유적으로 설명하면서 다음과 같은 멋진 말을 남겼다. "처음에는 원자뿐이었다. 다음에는 양성자와 중성자 그리고 쿼크가 있었다. 지금 우리는 끈 이론을 말한다. 20년, 30년, 40년, 50년이 흐를 때마다 비밀의 문이 열리고 진실의 새로운 지평이 펼쳐지는 듯하다."•

현재 진행 중인 실험과 미래의 입자 충돌기는 더 이상 표준 모형의 구성 요소를 추적하지 않을 것이다. 표준 모형은 기본 입자들과 그들의 상호 작용 체계를 훌륭하게 세웠으며, 지금은 표준 모형의 구성 입자가 모두 다 알려진 상태다. 실험 물리학자들은 이제 더 흥미로운 입자를 찾고 있다. 현재의 이론적 모형(표준 모형의 요소를 포함하면서 거기서 더 나아간 모형)은 표준 모형에 새로운 요소를 추가함으로써 표준 모형의 미해결 문제를 해결하려 하고 있다. 현재, 그리고 앞으로 진행될 실험에서 찾아낼 단서들로부터, 우리는 새로운 모형에 추가할 새로운 요소가 무엇인지 또 물질의 진정한 본성이 무엇인지 밝혀낼 수 있기를 고대하고 있다.

더 근본적인 이론의 성질에 대한 실험적, 이론적 힌트를 가지고 있음에도 불구하고, 고에너지 실험(더 짧은 거리에서의 실험)이 답을 내놓기

• 《뉴욕 타임스》, 2005년 1월 28일자 앤 미제트(Anne Midgette)의 기사에서 인용(1936년생인 스티브 라이히는 현대 미니멀리즘 음악을 대표하는 작곡가로 엘리트 중심 음악을 거부하고 아프리카 토속 음악, 인도 발리 음악 등 비서구적 음악을 도입해 새로운 현대 음악을 개척한 이로 평가받고 있다.—옮긴이).

전까지는 자연을 올바르게 기술하는 이론이 무엇인지 아는 것은 쉽지 않을 것이다. 나중에 살펴보겠지만, 이론적인 단서에 따르면 향후 10년 내에 이루어질 실험에서 새로운 무언가가 발견될 것은 거의 확실하다. 이 새로운 무언가가 끈 이론에 대한 분명한 증거가 되지는 않을 것이다(그런 것이 발견되지는 않을 것이다.). 하지만 다른 입자 물리학 이론이나 끈 이론에서 중요한 역할을 하는 여분 차원(아직 보지 못했다.)과 같은 새로운 현상이나, 시공간의 새로운 관계와 같은 무척 독특한 것은 발견될 것이다. 물리학자들이 상상한 것들은 무척 광범위하지만, 이 실험들에서 아무도 생각지 못했던 무언가가 처음으로 나타날 수도 있다. 나와 동료들은 그것이 무엇일지 무척 궁금하다.

미리 보기

이 장에서 설명한 물질의 구조는 바로 20세기 물리학의 결정적인 발전이 있었기에 알 수 있었던 것이다. 이 눈부신 진전은 앞으로 살펴볼 세계에 대한 더 포괄적인 이론에서도 필수적인 요소이며 또한 그 자체로도 중요한 성과이다.

다음 장은 물리학의 발전 과정을 검토하면서 시작할 것이다. 이론은 관측 결과와 앞선 이론의 결점을 딛고 성장한다. 당신은 이전의 놀라운 이론적인 발전을 이해함으로써 최근 이론의 성취를 더 깊이 음미할 수 있다. 그림 34는 앞으로 논의할 이론들의 상호 연결 관계를 보여 준다. 우리는 각 이론이 어떻게 낡은 이론의 교훈을 바탕으로 세워졌는지 그리고 이전 이론이 완성된 후에 드러난 결함을 새로운 이론이 어떻게 메워 왔는지 살펴볼 것이다.

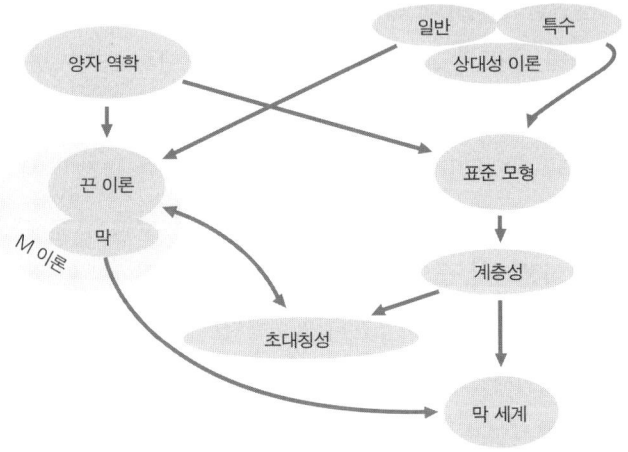

그림 34
물리학의 여러 분야와 그들의 연결 관계.

우리는 20세기 초반의 두 가지 혁명적인 생각, 즉 양자 역학과 상대성 이론에서 시작할 것이다. 이를 통해서 우리는 우주의 형태, 그 안의 물체들 그리고 원자의 조성과 구조를 배울 수 있었다. 그러고 나서 우리가 방금 살펴본 기본 입자들의 상호 작용을 예측하기 위해 1960년대와 1970년대에 만들어진 입자 물리학의 표준 모형을 소개할 것이다. 또 입자 물리학의 가장 중요한 원리와 개념, 즉 대칭성, 대칭성 깨짐, 물리량의 규모 의존성 등을 설명할 것이다. 이를 통해 물질의 가장 기본적인 구성 요소가 어떻게 우리가 아는 물질의 구조를 만들어 내는지에 대해 많은 것을 알 수 있었다.

하지만 뛰어난 업적에도 불구하고, 입자 물리학의 표준 모형은 풀리지 않는 몇 가지 근본적인 질문을 남겨 두었다. 이 질문은 너무 기초적인 것이어서 그것을 해결하는 것은 우리 세계의 근본 요소에 대해 새로운 통찰을 던져 줄 것이다. 10장은 표준 모형의 가장 흥미롭고 신비한 측면 중 하나, 즉 기본 입자의 질량의 기원을 설명한 장이다. 만약 알려진 입자들의 질량과 중력의 미약함에 대해 설명하려고 한다면, 표준 모형을 넘어서는 반드시 더 심오한 물리학 이론이 필요할 것이다.

여분 차원 모형은 이러한 입자 물리학의 문제를 다루고 있지만, 한편으로는 끈 이론으로부터 여러 아이디어를 빌려 쓰고 있다. 입자 물리학의 기본 내용을 살펴본 후, 끈 이론의 개념과 그것이 등장하게 된 근본 동기가 무엇인지 소개할 예정이다. 우리는 끈 이론에서 직접 모형을 이끌어 내지는 않았다. 하지만 여분 차원 모형을 발전시키는 과정에서 우리는 끈 이론의 몇 가지 요소를 포함시켰다.

여분 차원 연구가 입자 물리학의 주요한 두 흐름인 모형 구축과 끈 이론에서 이루어진 여러 가지 이론적 진전을 함께 취하고 있기 때문에 앞으로 엄청나게 많은 내용들을 살펴보게 될 것이다. 물리학의 각 분야에서 이루어진 흥미진진한 최근의 발전들을 알고 나면 여분 차원 모형이 뿌리내리고 있는 방법이나 동기를 더 잘 이해하게 될 것이다.

하지만 그동안의 물리학 발전 과정을 건너뛰고 싶다면, 각 장의 말미에 요약해 놓은 필수 개념만 살펴보면 된다. 이 개념들은 여분 차원 모형을 설명하면서 다시 언급할 것이다. 즉 '기억해야 할 것'이라는 부분은 그 장을 건너뛰고 싶을 때나 나중에 살펴볼 여분의 차원 문제에만 초점을 맞추고 싶을 때, 일종의 지름길로 이용할 수 있다. 가끔 요점 정리에 포함되지 않은 내용이 언급되겠지만, 요약된 부분은 책 나머지의 중요한 결과를 이해하기 위해 꼭 필요한 핵심 사항을 정리해 두고 있다.

17장부터는 여분 차원이 있는 막 세계를 탐험하게 된다. 이 이론은 우리 우주를 구성하는 물질이 막에 속박되어 있다고 가정한다. 막 세계는 일반 상대성 이론, 입자 물리학, 끈 이론에 새로운 통찰을 던져 주었다. 내가 제시할 각기 다른 막 세계는 다른 가정을 취하며 각기 다른 현상을 설명하고 있다. 각각의 막 세계에 대한 장에서도 마지막의 '기억해야 할 것'을 통해 각 모형의 고유한 특징을 정리할 것이다. 이 모형들이 자연을 정확히 기술할지, 아직 알 수 없다. 하지만 결국 막은 코스모스(cosmos)의 일부분이며, (다른 평행 우주와 함께) 우리가 그러한 막에 속박되어 있을 가능성은 매우 높다.

나는 이 연구를 통해 우주가 우리의 상상을 넘어선다는 점을 배울 수 있었다. 우주의 모습은 때로 예기치 않은 것이어서 우연에 의해서만 가닿을 수 있는 것 같다. 그처럼 놀라운 사실을 발견하는 것은 정말 굉장한 일일 것이다. 그리고 우리가 알고 있는 물리 법칙이 놀라운 이야기를 들려주게 될 것이다.

자, 이제 이런 물리 법칙이 무엇인지 탐구할 차례다.

2

20세기 물리학 혁명

5장

상대성 이론 : 아인슈타인 중력 이론의 진화

중력 법칙은 아주 견고해.
그리고 너는 자신을 위해 그들을 구부리고 있을 뿐이지.[●]
— 빌리 브랙

● 영국의 포크 가수 빌리 블랙(Billy Bragg)의 노래 「그녀는 새 주문을 얻었어(She's Got a New Spell)」의 가사 일부. ─옮긴이

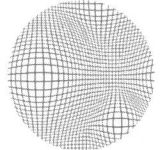

이카루스 러시모어 3세(아이크)는 새로 산 포르셰를 친구 디터(Dieter)에게 한시라도 빨리 보여 주고 싶었다. 차가 너무나 자랑스러울 뿐만 아니라, 자신이 최근 고안해서 장착한 위성 위치 확인 장치(Global Positioning System, GPS)로 인해 그는 더 들떠 있었다.

아이크는 디터와 함께 감동을 나누고자 포르셰를 타고 동네 자동차 경주장까지 드라이브하기로 했다. 그는 차에 오르자 GPS에 목적지를 입력했고 시동을 걸었다. 하지만 곧 분통이 터지고 말았다. 잘못된 장소에 도착했기 때문이다. GPS는 아이크의 생각처럼 제대로 작동하지 않았다. 디터는 처음에는 아이크가 바보 같은 실수를 한 것이라고 추측했다. 미터와 피트를 혼동해서 GPS 프로그램을 짠 게 아니냐고 따져 물었다. 하지만 아이크는 그런 실수는 하지 않았다고 단언했다.

다음날, 아이크와 디터는 고장난 GPS를 수리하기 위해 나섰다. 하지만 실망스럽게도 운전을 시작하자 GPS는 첫날보다 더욱 심하게 오작동을 했다. 그들은 다시 한 번 문제점을 점검했고, 일주일이나 헤매고 나서야 마침내 디터가 문제의 원인을 알아차렸다. 간단한 계산 과정을 거쳐 알아낸 사실은 놀랍게도 일반 상대성 이론을 고려하지 않은 것이 문제였다는 것이었다. 일반 상대성 이론을 고려하지 않은 아이크의 GPS는 하루에 10킬로미터 이상의 오차를 낳게 된다. 그는 자신의 포르셰가 상대성을 고려할 만큼 빠르지 않다고 생각했지만, 디터는 차가 아니라 GPS 신호가 빛의 속도로 움직인다고 설명했다. 디터는 GPS 신호가 통과하는 중력장의 변화를 계산해서 소프트웨어를 수정했다. 아이크의 장치는 그제서야 시판되는 제품처럼 정확히 작동했다. 근심을 해결한 아이크와 디터는 여행 계획을 세우기 시작했다.

20세기 초 영국의 물리학자 켈빈 경(Lord Kelvin, William Thomson)은 "이제 물리학에서 새로운 발견은 없다. 남은 것은 더 정확한 측정뿐이다."*라고 말했다. 그러나 켈빈 경의 이 말은 틀린 것이었다. 그의 강연이 있고 얼마 지나지 않아, 상대성 이론과 양자 역학이 물리학의 혁명을 일으켰으며, 현재 물리학자들이 연구하고 있는 여러 분야를 발전시켰다. 그러나 켈빈 경은 "과학적 부(富)는 복리 법칙에 따라 축적되는 경향이 있다."**라는 더욱 심오한 말을 남겼다. 이 말은 분명 참이며, 특히 상대성 이론과 양자 역학의 혁명적 과학 발전에 잘 들어맞는다.

이 장에서는 중력의 과학을 탐구할 것이다. 뉴턴 법칙이라는 놀라운 성취로부터 아인슈타인의 상대성 이론이라는 혁명적 진전에 이르기까지 중력의 과학이 어떻게 발전되어 왔는지 살펴볼 것이다. 뉴턴의 운동 법칙은 고전 물리학 법칙의 하나로 과학자들은 수세기 동안 이 법칙을 이용하여 중력에 의한 운동을 포함해 역학 운동을 계산해 왔다. 장엄한 뉴턴의 법칙을 통해 우리는 물체의 운동을 놀라울 정도로 정확하게 예측할 수 있었다. 뉴턴 법칙은 인간을 달에 보내고 위성을 발사하기에 충분할 정도로 정확하게 작동했다. 또 뉴턴 법칙은

* 1900년 영국 과학 진흥 협회(British Association for the Advancement of Science)에서 개최한 물리학자를 대상으로 한 강연에서 한 발언.
** 1871년 영국 과학 진흥 협회 회장 취임 강연에서 한 발언.

유럽의 초고속 열차가 커브를 안전하게 돌 수 있는 기술을 제공해 주었고, 천왕성의 기묘한 궤도를 근거로 태양계의 여덟 번째 행성인 해왕성의 발견을 가능하게 해 주었다. 하지만 안타깝게도 뉴턴 법칙은 GPS를 정확하게 작동시키기에는 충분하지 않다.

놀랍게도 현재 사용되는 GPS에서 1미터 이내의 정확도를 얻으려면 아인슈타인의 일반 상대성 이론을 고려해야만 한다. 또 우주 탐사선이 보내 주는 레이저 관측 자료를 통해 화성 빙하의 두께 변화를 측정하기 위해서도 일반 상대성 이론이 필요하며, 이 경우 오차 범위 10센티미터 정도라는 놀라운 정확도로 두께 변화를 잴 수 있다. 일반 상대성 이론이 만들어졌을 당시에는 이처럼 추상적인 이론이 실제로 사용되리라고는 어느 누구도(아인슈타인조차도) 결코 기대하지 않았을 것이다.

이 장에서는 아주 다양한 계에 적용할 수 있는 아주 정확한 이론인 아인슈타인의 중력 이론을 검토할 것이다. 우리가 생활하면서 겪는 속도나 에너지 범위에서 잘 맞는 뉴턴의 중력 이론을 훑어 본 후 뉴턴 이론이 맞지 않는 극단적인 경우, 즉 빛의 속도에 가까운 빠르기나 매우 큰 질량 또는 에너지를 갖는 경우를 살펴보기로 하자. 이런 상황에서 뉴턴의 이론은 아인슈타인의 상대성 이론에 자리를 내주어야 한다. 아인슈타인의 일반 상대성 이론을 통해 공간(그리고 시공간)은 정적인 상태에서 움직일 수도 휠 수도 있으며 심지어 자신의 삶을 살기도 하는 동적인 총체로 진화했다. 우리는 아인슈타인의 중력 이론이 무엇을 계기로 발전했는지 그리고 어떤 실험들을 통해 물리학자들에게 확신을 주었는지 살펴볼 것이다.

뉴턴의 중력 이론

중력의 작용으로 당신의 발은 바닥에서 떨어지지 않으며, 위로 던진 공은 다시 지구를 향해 떨어지며 그 속도는 점점 빨라진다. 16세기 후반, 갈릴레이는 지표면의 모든 물체가 동일한 중력 가속도로 낙하하며 중력 가속도의 크기는 질량과 무관함을 밝혀냈다.

중력 가속도의 크기는 물체가 지구 중심에서 얼마나 떨어져 있는가에 따라 달라진다. 좀 더 일반적으로 말하면 중력의 세기는 질량을 가진 두 물체 사이의 거리에 의존하며 물체 사이의 거리가 멀어질수록 중력은 약해진다. 지구가 아닌 다른 물체에 의해 형성되는 중력의 세기는 그 물체의 질량에 따라 달라진다.

아이작 뉴턴은 중력이 어떻게 질량과 거리에 의존하는지를 정리하여 중력 법칙을 발전시켰다. 뉴턴 법칙에 따르면 두 물체 사이의 중력의 세기는 질량에 비례한다. 두 물체는 무엇이어도 좋다. 지구와 공, 태양과 목성, 농구공과 축구공 등 당신이 생각하는 어떤 물체라도 상관없다. 물체의 질량이 클수록 물체 사이의 인력도 세진다.

뉴턴의 중력 법칙은 중력이 어떻게 두 물체 사이의 거리에 의존하는지를 보여 준다. 2장에서 보았듯이, 두 물체 사이의 중력은 떨어진 거리의 제곱에 반비례한다. 이 역제곱 법칙에는 유명한 뉴턴의 사과 이야기가 나온다.* 뉴턴은 지구가 끌어당기는 지표면 부근의 사과의 가속도를 계산하고 이를 지구가 끌어 당기는 달의 가속도와 비교할 수 있었다. 달은 지구 중심에서 지표면까지의 거리보다 60배 먼 곳에 있다. 지구 중력이 만드는 달의 가속도는 사과의 가속도보다 3,600배

---

* 사과 이야기는 출처가 불분명하지만 이 이야기 안에 담긴 논리는 그럴듯하다.

나 작다(3,600은 60의 제곱이다.). 이 사실은 중력이 지구 중심에서 떨어진 거리의 제곱에 반비례한다는 사실과 맞아 떨어진다.[7]

그러나 중력의 세기가 물체의 질량과 거리에 따라 다르다는 사실을 안다고 해도, 중력의 세기를 정확하게 계산하기 위해서는 다른 정보가 더 필요하다. 여기에서 필요한 조각은 바로 뉴턴의 중력 상수(Newton's gravitational constant, 만유인력 상수)라는 숫자이다. 모든 고전적 중력 계산에는 이 상수가 반드시 필요하다. 모든 중력 효과는 뉴턴 상수에 비례하는데, 중력이 매우 약한 것은 사실 뉴턴 상수가 작기 때문이다.

지구의 중력이나 태양과 행성 사이의 중력은 꽤 세게 느껴질 것이다. 그러나 이는 지구나 태양, 행성의 질량이 무척 크기 때문이다. 뉴턴 상수가 매우 작기 때문에 기본 입자들 사이의 중력은 엄청나게 작다. 이같은 중력의 미약함은 그 자체로 커다란 수수께끼이다.

뉴턴의 중력 이론은 정확했지만, 뉴턴은 1687년, 이론에 포함된 중요한 가정을 증명할 때까지 중력 이론의 출판 작업을 미루었다. 그 가정이란 지구 중력은 마치 모든 질량이 그 중심에만 있는 것처럼 작용한다는 것이었다. 뉴턴이 이 문제를 해결하기 위해 힘겹게 계산하는 동안, 그를 포함하여 에드먼드 핼리(Edmund Halley), 크리스토퍼 렌(Christopher Wren), 로버트 훅(Robert Hooke)은 요하네스 케플러(Johannes Kepler)가 측정으로 밝혀낸 행성의 타원 궤도 운동을 분석함으로써 뉴턴의 중력 법칙 발전에 혁혁한 공로를 세웠다.

이들 모두 행성의 운동을 설명하는 데 큰 공헌을 했지만, 명예를 얻은 것은 역제곱 법칙을 발견한 뉴턴이었다. 이는 결국 뉴턴이 역제곱 법칙을 이용해 행성의 타원 궤도가 중심력(태양의 중력)에 따른 결과임을 밝히고, 중력이 구체의 중심에 모든 질량이 모여 있는 것처럼 작용한다는 것을 계산으로 보여 주었기 때문이다. 하지만 뉴턴은 중력 법칙의 발전 과정에서 다른 사람의 공헌이 중요했다는 것을 다음과 같이 밝혔다. "만약 내가 다른 이들보다 더 멀리 보았다면, 그것은 거인의 어깨 위에서 볼 수 있었기 때문이다."•

고등학교 물리 시간에, 우리는 뉴턴 법칙을 배웠고, 흥미로운(다소 인위적인) 역학 체계의 움직임을 계산했다. 나는 당시 물리를 가르쳤던 보멀 선생님이 방금 공부한 중력 이론은 틀렸다고 말했을 때 무척 화가 났던 기억이 난다. 왜 우리에게 정확하지 않다고 밝혀진 이론을 가르쳤을까? 고등학생 시절 내 생각으로는 과학의 장점은 그것이 참되고 믿을 만하며 또한 정확하고 사실적인 예측을 내놓는 것이었다.

하지만 보멀 선생님은 극적인 효과를 얻기 위해 단순한 표현을 사용했던 것뿐이었다. 뉴턴의 이론은 틀리지 않다. 뉴턴의 이론은 대부분의 상황에서 놀랍도록 잘 맞는 근사적인 이론이다. 대부분의 속도, 거리, 질량에서 뉴턴 법칙은 중력을 꽤 정확하게 예측해 낸다. 뉴턴 법칙이 포함된 더 정확한 이론이 바로 상대성 이론이며, 엄청나게 빠른 속도나 거대한 질량이나 에너지를 다루는 경우에만 상대성 이론은 뉴턴 법칙과 다른 결과를 얻을 수 있다. 뉴턴 법칙은 공의 운동을 훌륭하게 예측한다. 공은 무겁지도 빛의 속도만큼 빠르지도 않기 때문이다. 상대성 이론으로 공의 운동을 예측하는 일은 어리석기 그지없다.

사실 아인슈타인은 애초에 급격한 패러다임 변화가 아니라 그저 뉴턴 물리학을 수정하기 위해 특수 상대성 이론을 생각했다고 한다.

• 1675년 2월 5일 아이작 뉴턴이 로버트 훅에게 보낸 편지에 있는 문장이다. 그러나 소문에 따르면 이는 단지 키가 몹시 작은 훅에 대한 혐오감을 강력하게 드러낸 표현이라고 한다.

물론 뉴턴 물리학은 아인슈타인의 연구에서 엄청나게 중요한 의미를 갖는다.

특수 상대성 이론

물리 법칙이 모든 사람에게 동일하게 적용되어야 한다는 것은 매우 합리적인 생각이다. 다른 나라에 살고 있다고 해서, 달리는 열차 안에 있거나 날아가는 비행기 안에 있다고 해서 달라지는 물리 법칙이 있다면, 그 법칙은 의심받아 마땅하다. 물리 법칙은 근본적이어야 하고 어떤 관측자에게나 참이어야 한다. 계산상 차이가 나는 경우에도 그것은 주위 환경의 차이 때문이지 물리 법칙의 차이 때문이어서는 안 된다. 보편적인 물리 법칙이 특수한 관점을 요구한다는 것은 분명 매우 이상한 일이다. 기준계(기준이 되는 좌표계)에 따라 측정되는 물리량이 달라질 수는 있지만, 이 양을 지배하는 법칙은 달라져서는 안 된다. 아인슈타인의 특수 상대성 이론은 이것을 확정한다.

사실 아인슈타인의 중력 연구가 '상대성 이론'이라고 불리는 것은 다소 아이러니하다. 특수 상대성 이론과 일반 상대성 이론의 핵심은 바로 물리 법칙은 모두에게 동등하게 적용되어야 하며 관측자의 기준계와 무관하다는 점이기 때문이다. 사실 아인슈타인은 '불변 이론 (Invariantentheorie)'•이라는 이름을 더 좋아했다. 아인슈타인은 1921년 이론의 명칭을 다시 고려해 볼 것을 제안했던 편지에 대한 답장에서,

---

• Gerald Holton, *Einstein, History, and Other Passions*, Cambridge(MA : Havard University Press, 2000).

'상대성 이론'이라는 용어를 못마땅하게 생각하고 있음을 인정했다.* 하지만 그때 이미 그 용어가 너무 유명해져서 바꾸기는 쉽지 않았다.

아인슈타인은 기준계와 상대성에 대한 통찰을 전자기력에 대한 생각에서 얻었다. 19세기 이래 널리 알려진 전자기 이론은 전자기와 전자기파를 다룬 맥스웰의 법칙을 토대로 했다. 이 법칙에서 정확한 결과를 얻기는 했지만, 사람들은 이러한 예측들을 에테르(aether)라는 보이지 않는 가상의 매질을 통해 해석했다. 즉 에테르의 진동이 전자기파라고 생각했다. 이는 애초부터 잘못된 것이었다. 아인슈타인은 만약 에테르가 있다면, 관측에 유리한 지점이나 기준계, 즉 에테르가 정지한 것처럼 보이는 기준계가 있어야 한다는 점을 깨달았다. 그는 물리학에서 관성계라고 알려진 기준계에서는 등속 운동(여기서 등속은 속력과 방향이 모두 일정하다는 뜻이다.)을 하는 사람이든 정지해 있는 사람이든 모두에게 동일한 물리 법칙이 적용되어야 한다고 생각했다. 전자기 법칙을 포함한 '모든' 물리 법칙이 '모든' 관성계의 관측자에 대해 동일해야 한다고 가정함으로써 아인슈타인은 에테르에 대한 생각을 폐기했고 결국 특수 상대성 이론을 세우게 되었다.

아인슈타인은 특수 상대성 이론을 통해 시간과 공간 개념을 급격히 변화시킴으로써 이론상의 중요한 도약을 이루었다. 물리학자이자 과학사가인 피터 갤리슨(Peter Galison)은 에테르 이론만이 아니라 당시 아인슈타인의 직업이 아인슈타인을 올바른 길로 이끌었다고 저술했다.** 갤리슨은 독일에서 자라고 스위스 베른의 특허청에서 일한

---

* 1921년 9월 30일 E. 치머(E. Zschimmer)에게 쓴 편지.
** Peter Galison, *Einstein's Clocks, Poincare's Maps : Empires of Time*(New York : W. W. Norton, 2003).

아인슈타인이 시간과 시간 조정의 문제를 항상 염두에 두었다고 지적했다. 스위스나 독일은 정확성에 높은 가치를 두는 나라이다. 따라서 두 나라를 여행하는 여행자들은 기차가 정시에 운행되리라는 행복한 기대를 한다. 아인슈타인이 특허청에서 일했던 1902년부터 1905년까지는 열차 여행이 중요해진 시기였으며 시간 조정 문제를 해결하기 위해 다양한 첨단 기술이 도입되던 시기였다. 1900년대 초반 아인슈타인은 아마도 틀림없이 한 열차역의 시간과 다른 열차역의 시간을 어떻게 조정할 것인지와 같은 실용적인 문제를 생각하고 있었을 것이다.

물론 아인슈타인이 실제로 기차 운행 시간을 조정하기 위해서 상대성 이론을 발전시킨 것은 아니다(자주 연착되는 미국 기차에 익숙해진 나에게 시간 조정은 어쨌거나 먼 나라 이야기로 들린다.●). 하지만 시간 조정은 몇 가지 흥미로운 문제를 제기했다. 서로 상대적으로 움직이는 열차의 시간 조정은 간단한 문제가 아니다. 달리는 기차 안에서 내 시계와 다른 사람의 시계를 맞추기 위해서는 둘 사이를 오가는 신호의 지연을 고려할 필요가 있다. 왜냐하면 빛의 속도가 유한하기 때문이다. 내 시계를 옆자리 사람의 시계와 맞추는 것과 내 시계를 더 멀리 떨어진 다른 사람의 시계와 맞추는 것은 같은 일이 아니다.●●

● 오해하지 않기를. 나는 기차를 좋아한다. 하지만 나는 미국이 철도 사업에 좀 더 투자하기를 바란다.

●● 미국의 기차가 항상 시간 맞춰 운행되지는 않지만, 전미 철도 여객 수송 공사가 북동부 노선을 운행하는 고속 열차인 아셀라의 선전 문구 "시간 그리고 시간을 보낼 공간(time and the space to use it)"은 특수 상대성 이론의 지식을 반영하는 것처럼 보인다. 하지만 '시간'과 '공간'은 정확하게 맞교환되지는 않는다. "공간 그리고 공간에 머무는 시간"이라고 말을 바꾸면 내가 탔던 엄청나게 지연된 기차를 묘사하는 문구는 되지만, 어쨌든 고속 열차를 위한 선전 문구로는 보이지 않는다.

아인슈타인을 특수 상대성 이론으로 이끌었던 중요한 통찰은 바로 시간을 새롭게 정식화해야 한다는 생각이었다. 그가 보기에 공간과 시간은 더 이상 따로 분리해서 생각할 수 있는 요소가 아니었다. 시간과 공간이 동일하지는 않지만(시간과 공간은 분명 다르다.) 당신이 측정하는 양은 당신이 이동하는 속력에 의존한다. 특수 상대성 이론은 이러한 통찰의 결과로 나온 것이다.

기이하기 이를 데 없지만, 아인슈타인의 특수 상대성 이론이 새롭게 제시하는 내용은 모두 다 두 가지 가정에서 유도될 수 있다. 이를 확실히 이해하려면 기준계의 특별한 경우인 '관성계'의 의미를 알아야 한다. 등속도(속력과 방향이 일정)로 움직이는 기준계를 하나 생각해 보자. 정지 상태의 기준계도 좋은 예이다. 관성계는 이 기준계에 대해 일정한 속도로 움직이는 계를 의미한다. 등속도로 달리는 사람이나 등속도로 이동하는 차도 관성계라고 할 수 있을 것이다.

아인슈타인의 가정은 다음과 같다.

물리 법칙은 모든 관성계에서 동일하다.
빛의 속도(c)는 모든 관성계에서 동일하다.

이 두 가정은 뉴턴의 법칙이 불충분하다는 사실을 시사한다. 우리가 아인슈타인의 가정을 받아들인다면, 뉴턴의 법칙을 앞의 원칙에 맞는 새로운 법칙[8]으로 교체해야만 한다. 특수 상대성 이론은 시간 지연, 동시성에 대한 관측자 의존성, 움직이는 물체의 로렌츠 수축과 같은 여러 놀라운 결과를 이끌어 냈다. 이 새로운 법칙은 빛보다 훨씬 느리게 움직이는 물체에 적용되면 이전의 고전 물리학 법칙과 매우 유사한 결과를 내놓는다. 하지만 빛의 속도에 가까울 정도로 매우 빠르게 움직이는 물체에 적용될 경우에는 뉴턴 법칙과 특수 상대성 이론의 차이를 뚜렷하게 드러낸다.

예를 들어 뉴턴 역학에서는 속력을 간단하게 더할 수 있다. 차를 타고 도로에서 달리는 당신을 향해 마주 달려오는 차의 속력은 당신 차의 속력과 상대방 차의 속력을 합한 것과 같다. 마찬가지로 누군가 플랫폼으로 들어오는 기차 안에 있는 당신을 향해 공을 던지면, 공은 공 자체의 속력에 기차의 속력을 더한 빠르기로 보일 것이다(예전에 내가 가르친 학생인 비텍 스키바(Witek Skiba)는 이것이 진짜라고 증언했다. 그 학생은 누군가 자신이 탄 기차를 향해 던진 공을 맞고서 거의 기절한 적이 있다고 했다.).

뉴턴 물리학에 따르면, 달리는 기차를 향해 발사된 빛의 속력은 원래 빛의 속력과 기차의 속력을 더한 값이다. 하지만 아인슈타인이 주장한 두 번째 가정에 따라 빛의 속력이 불변의 값이라면 이는 참이 아니다. 만약 빛의 속력이 항상 일정하다면, 달리는 기차를 향해 발사된 빛의 속력은 정지한 관측자에게 발사된 빛의 빠르기와 정확히 같을 것이다. 빛의 속력이 당신이 일상생활에서 보는 느린 속력의 물체로부터 얻은 직관과 어긋나기는 하지만, 빛의 속력은 일정하며 특수 상대성 이론에서 속력은 뉴턴 물리학에서처럼 단순히 더해서 구할 수 있는 것이 아니다. 대신에 당신은 아인슈타인의 가정을 따르는 상대론적 방정식으로 속력을 계산해야 한다.

특수 상대성 이론이 담고 있는 여러 가지 의미는 우리에게 익숙한 시간과 공간에 대한 생각과 맞지 않는다. 특수 상대성 이론은 뉴턴 역학과는 다른 방식으로 시간과 공간을 다루며, 이것이 우리의 직관과 배치되는 여러 가지 결과를 낳는다. 시간과 공간의 측정은 속력에 의존하며, 상대 운동하는 계에서는 이 둘이 서로 뒤섞인다. 이러한 사실이 놀랍겠지만, 아인슈타인의 두 가정을 받아들인다면, 시간과 공간에 대한 새로운 생각은 필연적인 결과이다.

왜 그런가에 대한 하나의 논증을 생각해 보기로 하자. 똑같은 돛대가 있는 똑같은 배 두 척이 있다고 하자. 한 척은 해안에 정박해 있고, 다른 한 척은 해안에서 멀어져 간다. 두 배의 선장(여성이다!)은 한 배가 출항하기 전에 손목시계의 시간을 동일하게 맞추었다.

이제 두 선장이 좀 이상한 일을 한다고 생각하자. 두 선장은 거울 하나는 돛대 끝에 다른 하나는 바닥에 놓고 바닥의 거울로부터 꼭대기의 거울까지 빛을 비추면서 빛이 거울에 부딪쳐 반사되는 횟수를 측정해 시간을 잰다고 해 보자. 물론 빛은 너무 빨리 왕복하기 때문에 그것을 세는 것은 실제로는 불가능하다. 하지만 조금만 인내심을 갖고 선장이 무척 빠른 빛의 왕복 횟수를 셀 수 있다고 치자. 나는 움직이는 배에서 시간이 늘어난다는 사실을 증명하기 위해 다소 자연스럽지 않은 이 예를 이용할 것이다.

두 여자 선장은 빛이 한 번 왕복하는 데 걸리는 시간을 알고 있으며, 거울 사이를 오가는 빛의 왕복 횟수에 빛의 왕복 시간을 곱하여 시간이 얼마나 흘렀는지 계산할 수 있다. 이제 정박해 있는 배의 선장이 자기 배의 거울을 보면서 시간을 계측하는 대신, 항해 중인 배에서 돛대와 갑판 사이를 왕복하는 빛의 횟수를 측정하여 시간을 계측한다고 가정해 보자.

항해 중인 배의 선장이 보기에 자기 배의 빛은 수직으로 오르내릴 뿐이다. 그러나 정박 중인 배의 선장에게 움직이는 배의 빛은 훨씬 먼 거리를 이동하는 것처럼 보인다(배가 움직인 거리만큼 더 이동하기 때문이다. 그림 35). 하지만 빛의 속도는 상수이다(이 점이 직관에 거스르는 부분이다.). 정박된 배에서 돛대 끝까지 가는 빛의 속력은 항해 중인 배에서 돛대 끝까지 가는 빛의 속력과 같다. 속력은 일정 시간 동안 움직인

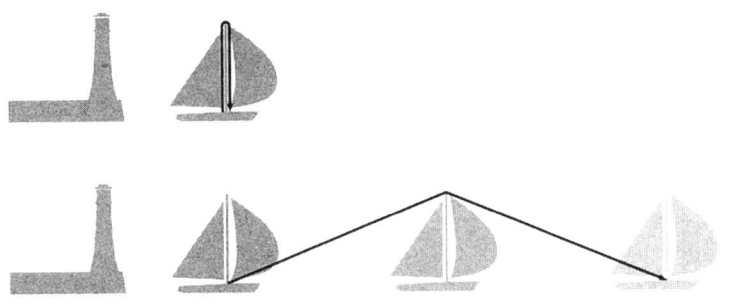

그림 35
정박한 배와 항해 중인 배에서 돛대 끝에서 반사된 빛의 경로. 정지한 관측자(해안의 배나 등대에 있는 관측자)는 두 번째 경우 빛이 더 먼 거리를 이동하는 것을 보게 된다.

거리이며, 항해 중인 배의 빛의 속력과 정박한 배의 빛의 속력이 같기 때문에, 움직이는 거울 시계는 빛이 이동한 여분의 긴 거리를 메우기 위해 더 느리게 '째깍'거려야만 한다. 움직이는 기준계의 빛의 속력과 정지한 기준계의 빛의 속력이 동일하다는 사실로부터 유도된, 움직이는 시계와 정지한 시계가 다르게 째깍거린다는 결론은 우리의 상식과는 한참 어긋난다. 이 방법은 실제 시간을 측정하기에는 우스꽝스러운 방법이지만, 움직이는 시계가 느리게 간다는 이러한 결과는 시간을 측정하는 방법과 무관하게 항상 참이다. 두 선장이 손목시계를 본다고 해도 동일한 결과를 관측하게 될 것이다(다시 말하지만 대부분의 일상적인 빠르기에서는 이 효과는 매우 미미하다.).

앞의 예는 꾸며 낸 이야기지만, 여기서 말한 현상은 실제 관측 가능한 효과를 낳는다. 그 예가 바로 특수 상대성 이론에서 이야기하는 빨리 움직이는 물체가 다른 시간을 경험한다는 시간 지연 현상이다.

물리학자들은 대기권이나 입자 가속기에서 빛의 속도에 근접하는 속도로 움직이는 기본 입자에 대해 연구하면서 시간 지연을 측정한다. 전자와 동일한 전하를 갖지만 전자보다 무거우며 자연적으로 붕괴(한 입자가 더 가벼운 다른 입자들로 바뀌는 현상.)하는 기본 입자인 뮤온을 예로 들어 보자. 뮤온이 붕괴하는 데 걸리는 시간, 즉 뮤온의 수명은 100만분의 2초에 불과하다. 움직이는 뮤온과 정지한 뮤온의 수명이 같다면, 움직이는 뮤온은 사라지기 전까지 600미터밖에 움직일 수 없다. 하지만 뮤온은 대기권을 통과해서 거대한 검출기 가장자리에 흔적을 남긴다. 이는 뮤온이 거의 광속에 가까운 속도로 움직이기 때문에 훨씬 오래 살아남아 자신의 모습을 드러내기 때문이다. 대기 중에서 움직이는 뮤온은 뉴턴 역학으로 계산한 것보다 거의 10배나 멀리 이동할 수 있다. 이 뮤온들의 관측을 통해 알 수 있는 것은 바로 시간 지연(그리고 특수 상대성 이론)이 실제 물리 효과라는 사실이다.

특수 상대성 이론은 고전 물리학에서 크게 벗어났으며, 최근의 물리학 발전에서 중요한 역할을 하고 있는 일반 상대성 이론과 양자장 이론의 발전에 필수적이라는 점에서 무척 중요한 이론이다. 앞으로 입자 물리학과 여분 차원 모형을 논의할 때에는 특수 상대성 이론의 구체적 예측들을 언급하지 않을 것이므로, 왜 동시성이 관측자의 운동 여부와 관련되는지, 또 움직이는 물체는 어떻게 정지한 물체와 다른 크기로 보이는지와 같은 특수 상대성 이론의 놀랍고도 매혹적인 결과를 더 이야기하고 싶지만 다 하지 않고, 여기서 멈추도록 하겠다. 대신에 우리는 다른 극적인 발전, 즉 일반 상대성 이론을 좀 더 깊이 파고들 것이다. 일반 상대성 이론은 나중에 끈 이론과 여분 차원을 고려할 때 무척 중요한 이론이다.

등가 원리 : 일반 상대성 이론의 탄생

아인슈타인은 1905년 특수 상대성 이론을 발표했다. 1907년에는 특수 상대성 이론에 대한 자신의 최근 연구를 요약하는 논문을 쓰면서 그는 이미 이 이론을 모든 상황에 적용할 수는 없는가 하는 물음을 던졌다. 그는 특수 상대성 이론에서 중요한 것 두 가지를 빠뜨렸음을 알았다. 하나는 서로에 대해 등속도로 움직이는 관성계들이라는 특수한 경우에만 물리 법칙이 동일하게 보인다는 점이었다.

특수 상대성 이론에서 관성계는 특수한 지위를 차지하고 있다. 이 이론은 가속 운동하는 기준계는 고려하지 않는다. 당신이 차를 운전하면서 가속기를 밟으면 그때부터는 특수 상대성 이론을 적용할 수 없다. 이게 바로 특수 상대성 이론의 '특수함'이다. 즉 관성계라는 '특수한' 기준계는 존재할 수 있는 여러 기준계 중 극히 작은 부분 집합일 뿐이다. 어떤 기준계든 다른 것에 비해 특별하지 않다고 믿는 이에게는, 특수 상대성 이론이 관성계만 다루는 것은 커다란 문제였을 것이다.

아인슈타인의 두 번째 골칫거리는 중력이었다. 그는 물체가 몇 가지 상황에서 중력에 어떻게 반응하는지를 설명했지만, 처음부터 중력장을 결정하는 공식을 정리하지 못했다. 몇 가지 단순한 경우에 한해 중력 법칙에 대한 식이 알려져 있었지만, 아인슈타인은 아직 물질 분포와 관계없이 중력장을 계산할 수 있는 방정식을 만들지 못하고 있었다.

1905년과 1915년 사이 때때로 어려움을 겪었지만 아인슈타인은 결국 이 문제를 해결했다. 그 결과가 일반 상대성 이론이다. 그는 '등가 원리(equivalence principle)', 즉 가속 효과와 중력 효과가 구별되지 않는다는 원리를 중심에 두고 새로운 이론을 펼쳤다. 가속 상태의 관측자가 바라보는 모든 물리 법칙은, 모든 물체를 동일하게 (가속 상태의 관측자의 가속도와 크기는 같지만 방향은 반대로) 가속시키는 중력장 속에 정지해 있는 관측자가 바라보는 물리 법칙과 같을 것이다. 다시 말해 일정한 가속도로 움직이는 상태와 중력장에 정지해 있는 상태를 구별할 수 있는 방법은 없다. 등가 원리는 이 두 상태를 분간할 수 없음을 뜻한다. 관측자는 자신이 어떤 상태에 있는지 결코 알 수 없다.

관성 질량과 중력 질량은 원칙적으로는 서로 다른 양이다. 등가 원리는 이 둘이 같다는 점으로부터 도출된다. 관성 질량은 물체가 힘에 어떻게 반응할지를 결정한다. 즉 힘이 작용했을 때 물체가 얼마나 가속될지를 정해 주는 양이다. 뉴턴의 두 번째 운동 법칙, 질량 m인 물체에 F라는 크기의 힘을 가하면 a라는 가속도를 얻을 수 있다는 $F=ma$ 방정식이 관성 질량의 의미를 잘 이야기해 준다. 너무나도 유명한 이 법칙은 관성 질량이 더 큰 물체일수록 같은 힘을 작용했을 때 가속도는 더 작아진다는 사실을 이야기해 주는데, 이는 아마도 우리가 경험을 통해 이미 알고 있는 내용일 것이다(같은 힘으로 작은 발판과 큰 피아노를 밀 때, 작은 발판이 더 멀리 그리고 더 빨리 움직일 것이다.). 그리고 이 법칙은 전자기력 등 어떤 힘에도 적용할 수 있다. 즉 중력과 아무런 관련이 없는 상황에서도 이 법칙은 성립한다.

한편 중력 질량은 중력 법칙에 필요한 질량으로 중력의 세기를 결정한다. 앞에서 설명했듯이 뉴턴의 중력 법칙에서 중력의 세기는 서로 끌어당기는 두 물체의 질량에 비례한다. 이 질량이 바로 중력 질량이다. 중력 질량과 뉴턴의 두 번째 운동 법칙에서 도입된 관성 질량은 실험을 통해 서로 동일한 양으로 밝혀졌다. 따라서 우리는 안심하고 두 양을 동일한 이름, 즉 '질량'이라고 부를 수 있다. 하지만 원리적으로 두 양은 서로 다를 수 있으며, 그렇다면 우리는 하나를 '질량'으로 다른 하나를 '량질'로 불러야 할 것이다. 다행히도 그럴 필요는 없다.

두 질량이 동일하다는 신비한 사실은 무척 깊은 의미를 담고 있는데, 아인슈타인은 이를 깨닫고 발전시켰다. 중력 법칙에 따르면 중력의 세기는 질량에 비례한다. 그리고 뉴턴 법칙에 따르면 힘(어떤 힘이라도 무방하다.)에 의해 사물이 얼마나 가속되는지 알 수 있다. 중력의 세기가 가속도를 결정하는 질량인 관성 질량에 비례하기 때문에, 이 두 법칙을 묶어 생각해 보면, $F=ma$ 방정식에서 '힘'이 관성 질량에 의존하더라도, 중력에 의한 가속도는 가속을 받은 관성 질량에 전적으로 무관하다는 것을 알 수 있다.

어떤 물체로부터 동일한 거리에 있는 물체들은 사람이든 물체든 동일한 중력 가속도를 경험한다. 이것이 바로 갈릴레이가 피사의 탑에서 낙하 실험으로 모든 물체는 그 질량과 무관하게 동일한 가속도로 낙하함을 증명했다고 말하는 그 부분이다.● 가속도가 가속된 물체의 질량과 무관하다는 이 사실은 중력만의 고유한 것으로, 중력을 제외한 다른 힘들은 모두 그 가속도가 질량에 의존한다.

비교적 단순한 이 결론은 심오한 의미를 담고 있다. 단일한 중력장에서 모든 물체가 똑같이 가속되기 때문에, 이 '일률적' 가속도가 소거될 수 있다면 중력이 존재한다는 증거도 마찬가지로 소거될 것이다. 이것이 바로 자유 낙하하는 물체에서 일어나는 현상이다. 자유 낙하하는 사물은 정확히 중력의 증거를 없앨 만큼만 가속된다.

등가 원리에 따르면 당신과 당신 주변의 모든 사물들이 자유 낙하

● 그는 빗면에 물체를 굴려 속도를 조절하면서 실험을 했다.

5장 상대성 이론

할 때에는 당신은 중력장을 알아차릴 수 없다. 가속도가 중력장에 의해 만들어졌을 가속도를 상쇄시켜 주는 것이다. 이처럼 무게를 느끼지 못하는 상태는 이제 지구 주위를 도는 우주선 사진을 통해 꽤 익숙해졌다. 위성 궤도를 선회하는 우주선에서 우주 비행사나 주변의 물체는 중력을 전혀 경험하지 못한다.

물리학 책에서는 종종 이처럼 중력이 사라지는 것(자유 낙하하는 관측자의 시점에서 볼 때 사라진다.)을 자유 낙하하는 엘리베이터 안에서 공을 떨어뜨리는 그림으로 설명하고는 한다. 그림에서 사람과 공이 함께 떨어지는 것을 볼 수 있다. 하지만 엘리베이터 안의 사람에게 공은

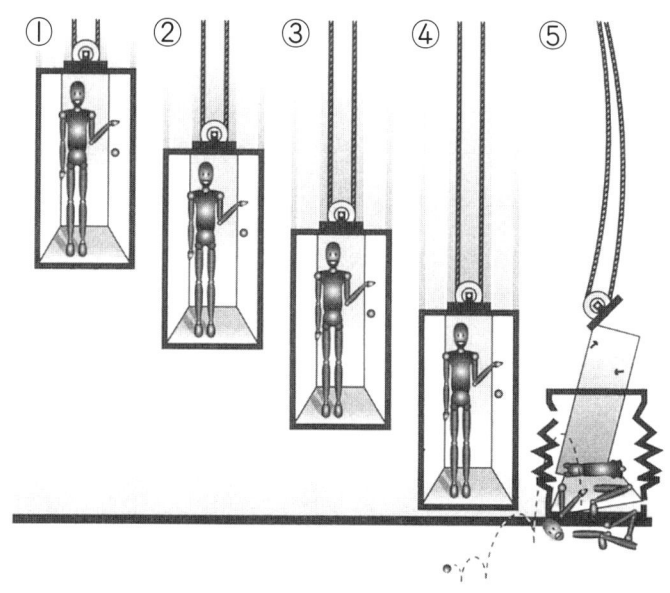

그림 36
낙하하는 엘리베이터 안에서 공을 떨어뜨려도, 그 안의 관측자는 공이 떨어지는 것을 볼 수 없다. 그러나 엘리베이터가 자유 낙하를 마치고 정지해 있는 지구 표면에 닿는 순간, 관측자는 결코 행복하지 않을 것이다.

바다로부터 항상 같은 높이에 있는 것으로 보인다. 그는 공이 떨어지는 것을 볼 수 없다(그림 36).

물리학 책들은 항상 자유 낙하하는 엘리베이터를 묘사할 때, 안에 있는 관측자가 마음의 평정을 유지한 채 그리고 자신의 안전에 대해서는 아무 걱정 없이 그저 평온하게 멈춰 있는 공을 지켜보는 게 무척이나 자연스러운 것처럼 기술한다. 이는 엘리베이터를 매단 줄이 끊어져 바닥으로 무자비하게 떨어지는 영화에서 볼 수 있는 배우들의 공포에 질린 얼굴과 뚜렷한 대조를 이룬다. 그렇다면 이처럼 반응이 다른 까닭은 무엇일까? 모든 물체가 자유 낙하한다면, 겁낼 필요가 없다. 모든 물체가 자유 낙하하는 상황은 모든 것이 정지해 있는 상황, 심지어 무중력 상태와도 구별되지 않는다. 하지만 영화에서처럼 누군가 떨어지고 있는데 저 아래 바닥은 그대로 있다면, 혼비백산하는 것은 너무나 당연하다. 누군가 자유 낙하하는 엘리베이터 안에 있고, 단단한 지면이 그의 추락을 기다리고 있다면, 자유 낙하가 끝나는 순간(그림 36의 ⑤) 그는 중력의 효과를 뼈저리게 깨닫게 될 것이다.

아인슈타인의 결론이 무척이나 놀랍고 또 낯선 까닭은, 항상 멈춰 있는 것처럼 보이는 지구라는 행성에서 계속 살아온 까닭에 우리의 직관이 한쪽으로 편향되었기 때문이다. 지구의 힘에 의해 바닥에 단단히 붙잡혀 서 있을 때 우리는 중력 효과를 경험한다. 왜냐하면 끌어당기는 중력을 따라서 지구의 중심으로 끌려 들어가지는 않기 때문이다. 우리는 지구에서 일어나는 중력에 의한 물체의 낙하에 익숙하다. 하지만 '낙하'의 실제 의미는 '멈춰 있는 우리에 대한 상대적인 낙하'이다. 만약 자유 낙하하는 엘리베이터처럼 떨어지는 공을 따라 우리도 낙하한다면, 공은 우리보다 빨리 떨어지지 않을 것이고, 우리는 공이 떨어지는 것을 볼 수 없다.

자유 낙하하는 당신의 입장에서 보면 모든 물리 법칙은 당신과 주변의 물체가 정지하고 있을 때의 물리 법칙과 일치한다. 자유 낙하하는 관측자의 운동 방정식은 가속 상태가 아닌 관성계 안에 있는 관측자에게 적용되는 방정식, 즉 특수 상대성 이론을 따를 것이다. 1907년 상대성 이론에 대한 논문에서 아인슈타인은 중력장이 상대적으로만 존재하는 이유를 이렇게 설명했다. "왜냐하면 건물의 지붕에서 자유 낙하하는 관측자에게, 최소한 인접한 그 주변에는, 중력장이 존재하지 않기 때문이다."•

바로 이것이 아인슈타인의 주요한 통찰이다. 자유 낙하하는 관측자에게 적용되는 운동 방정식은 관성계 안의 관측자에게 적용되는 운동 방정식과 동일하다. 자유 낙하하는 관측자는 중력을 느끼지 못한다. 자유 낙하하지 않는 물체만이 중력을 느낄 수 있다.

우리의 삶에서는 사물이나 사람이 자유 낙하하는 것을 일상적으로 볼 수 없다. 무언가가 자유 낙하한다면, 그것은 무서우리만큼 위험할 것이다. 하지만 아일랜드의 모헤어 절벽을 방문한 물리학자 라파엘 부소(Raphael Bousso)에게 아일랜드 인이 말한 것처럼, "당신을 죽이는 것은 추락 그 자체가 아니라, 바로 당신이 땅에 닿는 순간 경험하는 충격입니다." 암벽 등반 사고로 뼈가 몇 개 부러져서 내가 기획한 회의에 불참하게 되었을 때, 동료들에게 중력 이론을 검증한 게 아니냐는 농담을 듣고는 했다. 중력 가속도가 예측과 잘 맞는다는 것은 내 경험으로는 100퍼센트 믿을 만하다.

• Albert Einstein, "Über das Relativitätsprinzip und die aus demselben gezogene Folgerungen", *Jahrbuch der Radioaktivitat und Electronik*, vol4. 4, 411~462(1907) 그리고 Abraham Pais, *Subtle is the Lord*(Philadelphia : American Philological Association, 1982)에서 인용했다.

일반 상대성 이론의 검증

일반 상대성 이론에는 그밖에도 더 많은 내용이 들어 있다. 이제 그 나머지를 살펴볼 것인데 설명이 꽤 길다. 하지만 등가 원리만으로도 일반 상대성 이론의 많은 결과를 설명할 수 있다. 아인슈타인은 가속 기준계에서 중력이 소거될 수 있다는 사실을 깨닫고 나자, 중력과 동일한 효과를 낼 수 있는 가속계를 상상함으로써 중력의 효과를 계산할 수 있었다. 몇몇 흥미로운 계에 대한 그의 중력 효과 계산은 다른 사람들이 그의 이론을 검증할 수 있는 도구가 되었다. 이제부터 가장 중요한 실험적 검증 과정 몇 가지를 살펴보자.

먼저 '중력 적색 이동'이라는 현상이 있다. 적색 이동(적색 편이)은 우리가 검출한 광파의 진동수가 처음 방출되었을 때보다 더 낮아지는 것을 말한다(오토바이가 옆으로 지나갈 때, 소리가 점점 높아졌다가 낮아지는 것처럼 아마 음파에서도 유사한 효과를 경험했을 것이다.).

중력 적색 이동을 이해하기 위한 몇 가지 방법이 있지만, 비유를 사용하는 게 가장 쉬울 것이다. 공중으로 공을 던져 올린다고 가정해 보자. 던져 올린 공은 중력을 거슬러 올라가면서 점점 느려진다. 하지만 공의 속도가 느려진다고 해서 공의 에너지가 사라지지는 않는다. 공의 에너지는 위치 에너지로 변환되며, 공이 다시 아래로 떨어질 때 이 위치 에너지는 운동 에너지로 다시 바뀐다.

비슷한 논리가 빛의 입자인 광자에도 적용된다. 던져 올린 공의 운동량이 감소하는 것과 마찬가지로, 중력장을 탈출하는 광자의 운동량도 감소한다. 공의 경우처럼 중력장을 벗어나 달아나는 광자는 운동 에너지를 잃는 대신에 위치 에너지를 얻는다. 하지만 광자는 공처럼 느려질 수 없다. 빛의 속도는 항상 일정하기 때문이다. 여기서 잠간, 다음 장에서 살펴볼 양자 역학의 중요한 결과 중 미리 말해 둘 게 하나 있다. 바로 광자의 진동수가 낮아지면 그 에너지도 감소한다는 것이다. 그리고 이것이 바로 광자의 중력 위치 에너지가 변화할 때 광자에서 일어나는 일이다. 에너지를 낮추기 위해서 광자의 진동수가 낮아지는데, 이것이 바로 중력 적색 이동이다.

거꾸로 광자가 중력장에 가까이 다가갈 때는 진동수가 높아진다. 1965년 캐나다 출신 물리학자 로버트 파운드(Robert Pound)와 그의 학생인 글렌 레브카(Glen Rebka)는 방사성 철이 방출하는 감마선을 연구해 이 효과를 측정했다. 이 연구는 내가 지금 일하고 있는 하버드 대학교의 제퍼슨 연구소(미국 에너지성 산하 토머스 제퍼슨 국립 가속기 연구소의 약칭) '탑' 꼭대기에서 이루어졌다('탑'은 사실 건물의 일부분인데 제퍼슨 연구소 건물에서 위로 불쑥 튀어 나온 부분과 그 아래 있는 층들을 '탑'이라고 부른다.). 탑 꼭대기가 최하층보다 지구 중심에서 약간 더 멀리 위치하기 때문에 탑 꼭대기와 최하층에서의 중력은 약간 다르다. 높이 솟은 탑은 이 효과를 측정하는 데 최적의 장소이다. 감마선이 방출되는 곳(탑 꼭대기)과 감마선이 감지되는 곳(최하층) 사이의 높이 차가 크면 클수록 좋다. 그러나 '탑'은 3개의 층과 더그매(지붕과 천장 사이의 빈 공간) 그리고 더그매 위의 작은 창문을 합해서 탑 높이가 23미터 정도밖에 안 되었지만, 파운드와 레브카는 방출된 광자와 흡수된 광자의 진동수 차이를 1000조분의 5라는 놀라운 정확도로 관측했다. 이로써 그들은 최소 1퍼센트의 정확도로 중력 적색 이동에 대한 일반 상대성 이론의 예측을 검증했다.

등가 원리에 관한 두 번째 실험적 검증은 빛의 휘어짐이다. 중력은 질량뿐만 아니라 에너지도 끌어당길 수 있다. $E=mc^2$이라는 유명한 방정식은 에너지와 질량은 밀접하게 연관되어 있음을 의미한다. 만일 질량을 가진 물체가 중력을 느낀다면, 에너지도 중력을 느껴야만 한다. 태양의 중력이 질량을 가진 물체에 영향을 미치는 것처럼 태양의 중력은 빛의 경로에도 영향을 준다. 아인슈타인의 이론은 빛이 태양의 영향으로 얼마나 휠지를 정확히 예측했다. 이 예측은 1919년의 일식에서 처음으로 확인되었다.

영국의 과학자 아서 에딩턴(Arthur Eddington)은 일식을 가장 잘 관측할 수 있는 장소인 브라질의 수브랄과 서부 아프리카 연안의 프린시페 섬으로 가는 탐사대를 조직했다. 그들의 목적은 일식이 일어나는 동안 태양 근처의 별을 사진 촬영하여 이 별들의 위치가 평소보다 태양 쪽으로 가까이 이동했음을 보여 주는 것이었다. 만일 별이 이동한 것처럼 보인다면, 이는 별빛의 경로가 휘어진 것을 의미하기 때문이었다(과학자들은 태양의 빛이 엄청나게 희미한 별빛을 가리지 않도록 일식이 일어나는 동안 관측해야 했다.). 과연 별은 '잘못된' 위치로 정확히 이동해 있었다. 이처럼 별빛이 이론에서 예측한 값과 똑같이 휘는 것을 측정함으로써 이 실험은 아인슈타인의 일반 상대성 이론에 대한 확고한 증거가 되었다.

놀랍게도 현재 빛의 휘어짐은 충분한 연구를 통해 확고한 사실이 되었다. 이제 빛의 휘어짐은 우주의 질량 분포나 암흑 물질(다 타 버려서 더 이상 빛을 내지 못하는 작은 별 같은 물질)을 탐사하는 한 가지 방법으로 쓰이고 있다. 달빛조차 없는 밤에 칠흑같이 검은 고양이를 찾는 일처럼 암흑 물질을 찾기는 무척 어렵다. 이를 관측하기 위한 유일한 길이 바로 중력 효과이다.

'중력 렌즈 효과'는 천문학자들이 암흑 물체(dark object)를 확인할 수 있는 한 가지 방법이다. 암흑 물체는 다른 물체들처럼 중력을 통해 상호 작용한다. 다 타 버린 별들이 스스로 빛을 발하지는 못할지라도, (우리가 볼 때) 그 별 뒤편에 밝은 별이 있어 빛을 내는 경우가 있다. 빛이 진행하는 길에 암흑 별이 없다면, 빛은 직진할 것이다. 하지만 밝은 별에서 나온 빛은 암흑 별을 지나칠 때 그 경로가 휠 것이다. 별의 왼쪽을 지나가는 빛은 오른쪽으로 휠 것이고, 별의 오른쪽을 지나가는 빛은 왼쪽으로 휠 것이다. 마찬가지로 별의 위쪽을 지나가는 빛은 별의 아래쪽으로 지나는 빛과 반대 방향으로 휠 것이다. 이 효과에 의해 암흑 별의 뒤에 있는 밝은 물체는 다중 이미지를 만들게 되는데 이를 중력 렌즈 효과라고 한다. 그림 37은 별의 다중 이미지의 한 예로, 무거운 물체에 의해 별빛이 여러 방향으로 휜 것을 보여 준다.

우주가 그리는 우아한 곡선들

등가 원리는 중력의 힘과 등가속도를 구별하기 어려움을 뜻한다. 여러분이 여기까지 오게 되어 기쁘다. 그동안 나는 상황을 단순화해서 이야기해야만 했다. 그러나 이제 중력의 힘과 등가속도가 결코 구별할 수 없는 것만은 아니라는 점을 고백하고자 한다. 어떻게 그럴 수 있을까? 중력과 등가속도가 동등하다면 우리와 지구 반대편에 사는 사람들이 동시에 지구로 떨어질 수는 없기 때문이다. 즉 지구가 동시에 두 방향으로 물체를 가속시킬 수 없다는 이야기이다. 예를 들면, 미국과 중국처럼 서로 다른 곳에서 느끼는 중력은 방향이 다르기 때문에 동일한 하나의 가속도라고 말할 수 없다.

이러한 등가 원리의 모순은 중력을 '국소적'으로만 가속도로 치환할 수 있다고 주장함으로써 해결할 수 있다. 우주의 각기 다른 장소

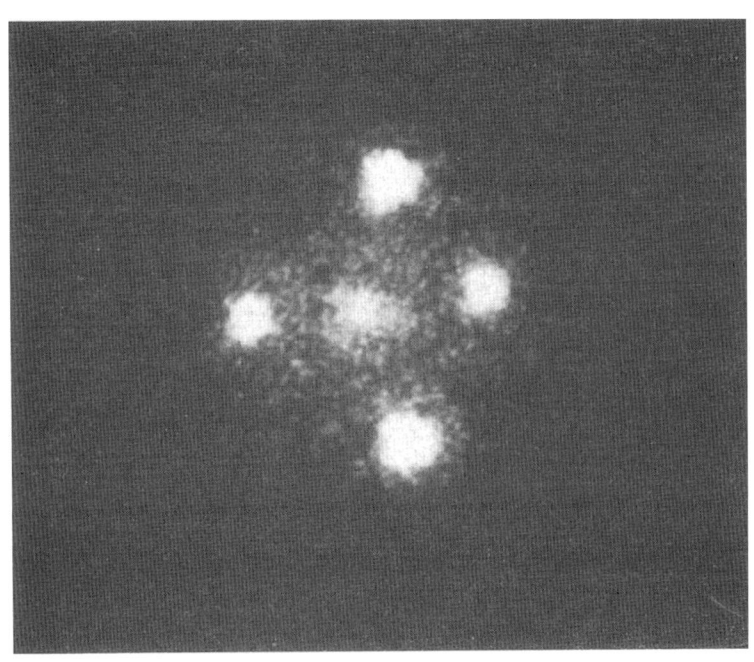

그림 37
'아인슈타인 십자가'. 이것은 멀리 떨어진 밝은 퀘이사가 그 앞의 무거운 은하 주변을 지나갈 때 빛이 휘면서 만들어지는 다중 이미지이다.

에서, 등가 원리에 따라 중력을 대신하는 가속도는 일반적으로 방향이 다를 것이다. 중국과 미국이라는 예를 다시 사용한다면, 미국의 중력과 동등한 가속도는 중국의 중력을 재현하는 가속도와는 방향이 다를 것이다.

이러한 결정적 통찰로부터 아인슈타인은 중력 이론을 완벽하게 재정식화했다. 그는 중력을 직접 물체에 작용하는 힘으로 보지 않았다. 대신 그는 중력을 시공간 기하의 일그러짐으로 기술했다. 따라서 각기 다른 장소에서 중력을 상쇄하기 위해서는 각기 다른 가속도가 필요한 것이다. 시공간은 이제 더 이상 사건을 설명하기 위한 부가적

배경이 아니다. 시공간은 이제 능동적인 배우가 되었다. 아인슈타인의 일반 상대성 이론에서 중력은 시공간 내부에 존재하는 물체와 에너지가 결정하는 시공간 곡률로 이해된다. 이제 시공간 곡률이라는, 아인슈타인의 혁명적 이론의 기반이 되는 개념을 살펴보기로 하자.

휘어진 공간과 휘어진 시공간

수학 이론은 과학 이론과 달리 내적인 정합성이 필수적이며, 외부의 물리 세계와 딱 맞아떨어질 필요는 없다. 물론 수학자들이 주변 세계로부터 영감을 얻는 것은 사실이고 정육면체나 자연수 같은 수학적 대상은 현실 세계에 그 대응물을 가지고 있다. 하지만 수학자들은 이처럼 친근한 개념에 적용되는 가정을 현실성이 다소 떨어지는 대상, 예를 들어 4차원 정다면체(4차원 공간의 초정다면체)와 사원수(quaternions, 독특한 수 체계)● 같은 것에도 확대 적용한다.

유클리드(Euclid, 정확하게는 에우클레이데스(Eucleides))는 기원전 3세기에 기하학의 다섯 가지 기본 공리를 제안했다. 이 공리로부터 아름다운 논리적 구조가 발전했으며, 그중 일부를 아마 여러분도 고등학교에서 맛보았을 것이다. 하지만 나중에 수학자들은 다섯 번째 공리에 문제가 있다는 것을 깨달았다. 그것이 바로 '평행선 공리'이다. 이 공리는 직선과 그 밖에 한 점이 있을 때, 그 점을 지나가는 직선 중 처음의

● 윌리엄 해밀턴(William Hamilton)이 고안한 복소수를 확장한 수로, 실수부가 1개, 허수부가 3개인 수이다. 복소수가 $a+bi$ 꼴의 수라면 사원수는 $x+yi+zj+wk$ 꼴의 수이다.

직선과 평행한 직선은 오직 하나뿐이라는 것이다.

유클리드의 공리가 제출된 후 2,000년 동안, 수학자들은 이 다섯 번째 공리가 정말로 독립적 공리인지 아니면 다른 네 공리에서 논리적으로 도출된 공리인지에 대해 논쟁했다. 마지막 다섯 번째 공리를 제외한 나머지 네 공리만 만족시키는 기하학 체계가 있을 수 있을까? 만일 그런 기하학 체계가 존재할 수 없다면, 다섯 번째 공리는 독립적 공리가 아니며 따라서 버릴 수 있다.

19세기가 되어서야 수학자들은 다섯 번째 공리의 문제를 적절하게 다룰 수 있게 되었다. 독일의 위대한 수학자 카를 프리드리히 가우스(Carl Friedrich Gauss)는 유클리드의 다섯 번째 가정이 유클리드가 주장했던 대로임을 밝혔다. 즉 그 공리를 다른 것으로 대체할 수 있다는 것이다. 그는 더 나아가 다섯 번째 공리를 다른 것으로 대체해 다른 기하학 체계를 발견했고, 다섯 번째 공리가 독립적이라는 사실을 보여 주었다. 이로써 비유클리드 기하학이 탄생했다.

러시아의 수학자 니콜라이 이바노비치 로바체프스키(Nicolai Ivanovich Lobachevsky)도 비유클리드 기하학을 발전시켰지만, 그는 자신의 연구를 가우스에게 보냈을 때 이 노장 수학자가 이미 50년 전에 동일한 생각을 했음을 알고 실망했다. 하지만 로바체프스키뿐만 아니라 다른 사람들도 가우스의 연구 결과를 모르고 있었다. 동료들이 시끄럽게 괴롭힐지 모른다는 두려움 때문에 가우스가 연구를 감춰 두고 있었기 때문이었다.

가우스는 걱정할 필요가 없었다. 유클리드의 다섯 번째 가정이 항상 참이 아니라는 사실은 명백했다. 왜냐하면 우리 모두는 그와 다른 경우를 알고 있기 때문이다. 예를 들어 두 경선(경도의 선)은 적도에서 서로 평행하지만 북극점과 남극점에서 서로 만난다. 구면 기하학은 비유클리드 기하학의 대표적인 사례다. 고대인들이 두루마리가 아니라 공 위에 글을 썼다면, 그들도 이를 분명히 파악했을 것이다.

비유클리드 기하학에는 여러 종류가 있다. 구면 기하학과는 달리 이 예들은 3차원 세계에서는 물리적으로 인식할 수 없다. 가우스나 로바체프스키 그리고 헝가리의 수학자 야노스 보여이(János Bolyai)* 가 생각했던 처음의 비유클리드 기하학은 이처럼 그릴 수 없는 경우를 다뤘기 때문에, 비유클리드 기하학의 발견에 그처럼 오랜 시간이 걸린 것은 그다지 놀라운 일이 아니다.

몇 가지 예를 들어 이 책의 종이처럼 평평한 기하 공간과 비틀린 기하 공간의 차이가 무엇인지 설명하겠다. 그림 38은 3개의 2차원 표면이다. 처음 그림의 구면은 양(+)의 곡률을 갖는다. 두 번째는 평평한 표면으로 0의 곡률을 갖는다. 그리고 세 번째 쌍곡면은 음(-)의 곡률을 갖는다. 음의 곡률을 갖는 표면의 예로는 말안장, 두 산봉우리 사이의 고개, 프링글스 감자칩 등이 있다.

기하 공간의 곡률이 이 세 가지 중 어떤 것인지 알려 주는 리트머스 시험지는 무척 많다. 예를 들면 세 공간의 표면에 각각 삼각형을 그려

---

* 야노스 보여이는 천재였다. 그의 아버지 파르카스 보여이는 자기 아들도 수학자가 되기를 바랐지만, 야노스 보여이는 가난 때문에 대학에 가지 못하고 군에 입대했다. 다른 사람들은 처음에 야노스 보여이의 비유클리드 기하학 연구는 주위의 냉대를 받았는데, 그가 연구 결과를 출판할 수 있었던 것은 오로지 자신이 쓰고 있는 책에 야노스가 쓴 내용을 넣어야 한다고 우긴 아버지 덕분이었다. 가우스의 친구였던 아버지 파르카스는 가우스에게 야노스가 쓴 부록을 보냈다. 하지만 야노스는 다시 한 번 실망에 빠졌다. 가우스는 야노스 보여이의 천재성을 알아챘지만, "그것을 칭찬하는 것은 나 자신을 칭찬하는 것과 같다. 연구 내용이 전부 지난 30년 또는 35년 동안 내 머릿속을 차지하고 있던 생각과 거의 정확히 일치하기 때문이다."라고만 답했기 때문이다(1832년 가우스가 파르카스 보여이에게 보낸 편지의 문장.). 이로써 야노스의 수학자로서의 경력은 한 번 더 좌절을 맛보아야 했다.

양의 곡률   0의 곡률   음의 곡률

그림 38
곡률이 양(+), 0, 음(-)인 표면.

보면 된다. 평평한 표면에서 삼각형의 세 각의 합은 언제나 180도이다. 하지만 구의 표면에 삼각형을 그리면, 어떻게 될까? 즉 한 꼭짓점은 북극에, 나머지 두 꼭짓점은 적도를 4분의 1로 나누는 두 점에 찍고 삼각형을 그린 경우를 생각해 보자. 이 경우 삼각형의 세 각은 모두 직각인 90도이다. 따라서 구면에서 삼각형의 세 각의 합은 270도이다. 이러한 일은 평면에서는 일어날 수 없지만 표면이 불룩한 양의 곡률을 갖는 표면에서는 삼각형의 세 각의 합이 180도를 넘을 수밖에 없다.

마찬가지로 음의 곡률을 갖는 쌍곡면에 그린 삼각형의 세 각의 합은 항상 180도보다 작다. 이는 이해하기가 좀 더 어렵다. 말안장처럼 생긴 표면의 꼭대기 부근에 각각 2개의 꼭짓점을 찍은 후 쌍곡면의 움푹한 부분을 따라서 아래쪽에, 즉 말을 타면 다리가 오는 부분에 다른 하나의 꼭짓점을 찍고 삼각형을 그려 보자. 아래쪽의 각은 평면에 그려진 삼각형의 각보다 작을 것이다. 그래서 삼각형의 세 각의 합은 180도보다 작아진다.

비유클리드 기하학이 내적인 정합성을 갖는 것으로 밝혀지자(이 기하학의 가정들이 역설이나 모순을 내포하지 않는다는 것이 밝혀졌다.) 독일의 수학자 게오르크 프리드리히 베른하르트 리만(Georg Friedrich Bernhard Riemann)은 비유클리드 기하학을 기술하는 풍부한 수학적 구조를 발전시켰다. 종이를 공 모양으로 말 수는 없지만 대신 원기둥 모양으로 말 수 있다. 말안장은 찌그러트리거나 구기지 않고서는 평평하게 만들 수 없다. 가우스의 연구에서 더 나아가서, 리만은 이러한 사실을 포함하는 수학 체계를 완성했다. 1854년 그는 모든 기하를 내적 성질에 따라 기술하는 문제에 대한 일반적인 해법을 찾아냈다. 그는 표면과 기하를 연구하는 수학의 한 분야인 미분 기하학이라는 현대 수학 연구의 토대를 마련했다.

이제부터는 거의 모든 경우 시간과 공간을 함께 사고할 것이므로, 공간보다는 '시공간'이라는 말을 더 많이 쓸 것이다. 시공간은 공간보다 차원의 수가 하나 많다. '위-아래', '왼쪽-오른쪽', '앞-뒤'에 시간을 추가하면 된다. 1908년 수학자 헤르만 민코프스키(Hermann Minkowski)는 기하학 개념을 사용하여 이런 절대 시공간 구조라는 개념을 고안해 냈다. 아인슈타인이 기준계에 의존하는 시간과 공간 좌표를 사용하여 시공간을 연구했다면, 민코프스키는 관측자와 독립적인 시공간 구조를 정의해 주어진 물리 상황을 기술하는 데 사용했다.

이제부터 이 책에서 나오는 차원의 수는 예외적인 상황을 제외하고는 시공간의 차원의 수를 의미할 것이다. 예를 들어 우리가 보고 있는 주변 세계를 이제부터 4차원 우주라고 부를 것이다. 때때로 시간을 따로 빼내서 '3+1' 차원 우주나 3개의 공간 차원이라고 할 수도 있다. 이 모든 표현이 3개의 공간 차원과 1개의 시간 차원을 가진 시공간 구조를 가리키는 표현임을 기억해 두자.

시공간 구조는 매우 중요한 개념이다. 에너지와 물질의 분포로 인해 중력장이 생기는데, 시공간 구조는 이에 상응하는 기하 구조를 정확히 기술하기 때문이다. 아인슈타인은 처음에 이 개념을 싫어 했다. 그에게 시공간 구조는 자신이 이미 설명한 물리 현상을 지나치게 심미적으로 재정식화하는 것처럼 보였기 때문이었다. 하지만 아인슈타인은 결국 일반 상대성 이론을 제대로 설명하고 중력장을 계산하기 위해서는 시공간 구조라는 개념이 필수적이라는 사실을 인정할 수밖에 없었다(민코프스키가 아인슈타인으로부터 받은 첫인상은 그리 좋은 것은 아니었던 것 같다. 그는 자신의 미적분 수업에서 변변치 못한 성적을 받은 학생 시절의 아인슈타인을 '게으른 녀석'으로만 생각했다.).

비유클리드 기하학에 저항한 사람은 아인슈타인만이 아니었다. 스위스의 수학자이자 그의 친구인 마르셀 그로스만(Marcel Grossmann)도 그것을 너무 복잡하다고 생각했으며, 아인슈타인에게 사용하지 말라고 충고했다. 그러나 그들은 중력을 설명할 수 있는 유일한 길이 비유클리드 기하학을 이용해 시공간 구조를 표현하는 것뿐임을 결국 인정하게 되었다. 그러고 나서야 아인슈타인은 일반 상대성 이론을 완성하기 위한 중요한 고리, 즉 중력이 시공간 구조와 휘어짐과 동등하다고 해석하고 중력장을 계산하는 일을 해낼 수 있었다. 그로스만이 자신의 잘못을 인정한 후, 아인슈타인과 그로스만은 미분 기하학과 싸워 가면서 엄청나게 복잡했던 이전의 시도를 단순화하고 중력 이론을 체계화하기 위해 노력했다. 마침내 그들은 일반 상대성 이론을 완성했으며 중력을 더 깊이 이해하게 되었다.

아인슈타인의 일반 상대성 이론

일반 상대성 이론은 이전과는 전혀 다른 새로운 중력 개념을 제시한다. 이제 중력은 물체 사이에서 직접 작용하는 힘이 아니라 시공간 구조의 결과물로 이해해야 한다. 이는 시간과 공간을 통합적으로 보아야 한다는 아인슈타인의 관점에서 논리적으로 얻어지는 결론이다. 일반 상대성 이론은 관성 질량과 중력 질량 사이의 깊은 연관성을 이용해 중력 효과를 '오직' 시공간의 기하라는 관점에서 정식화했다. 시공간에서 휘어진 경로가 중력에 의한 운동 경로를 결정하며, 우주의 물질과 에너지가 시공간 자체의 팽창, 기복, 수축을 야기한다.

평평한 공간에서 두 점을 잇는 가장 짧은 선, 즉 '측지선(測地線)'은 직선이다. 휜 공간에서도 측지선은 두 점을 잇는 가장 짧은 선이라고 정의할 수 있지만 그 경로가 꼭 직선인 것은 아니다. 예를 들어 지구상의 대원(大圓)을 따라 날아가는 비행기의 항로도 일종의 측지선이다(대원은 지구의 적도나 경선처럼 지구 같은 구를 그 중심을 지나는 평면으로 잘랐을 때 생기는 원이다. 구를 슬라이스했을 때 생기는 원 중 가장 크다.). 이런 경로는 직선은 아니지만, 지구를 관통하는 경우를 제외한다면 가장 빠른 길이다.

휘어진 4차원 시공간에서도 측지선을 정의할 수 있다. 서로 다른 시간에 일어난 두 사건을 시공간상에서 자연스럽게 연결하는 경로가 4차원 시공간의 측지선이다. 아인슈타인은 자유 낙하(저항이 가장 적은 경로)가 시공간 측지선을 따르는 운동임을 알아차렸다. 그는 다른 힘이 작용하지 않을 때 물체를 떨어뜨리면 측지선을 따라 낙하한다고 결론 내렸다. 추락하는 엘리베이터 안에서 자신의 몸무게도 느끼지 못하고 공의 낙하도 보지 못하는 관찰자 또한 이것과 같은 경로를 따라 움직인다.

하지만 물체가 시공간 측지선을 따라 움직이며 다른 외부의 힘이 작용하지 않는 경우에도 중력은 관측 가능한 효과를 만들어 낸다. 국소적으로만 중력과 가속도가 동등하다는 통찰이 아인슈타인을 전적으로 새로운 중력 이해로 이끌어 주었음을 앞에서 살펴보았다. 그는 중력 가속도가 국소적으로 물체의 질량과 무관하게 동등하기 때문에, 중력은 시공간 자체의 특성이어야 한다고 추론했다. 이는 다른 장소에서는 '자유 낙하'가 다르게 이루어지기 때문이며, 중력은 오로지 '국소적'으로만 단일한 가속도로 대체될 수 있기 때문이다. 중국에 있는 동료와 내가 각자가 있는 곳에서 각각 아인슈타인 엘리베이터를 탔다면, 그와 나는 다른 방향으로 낙하한다. 자유 낙하의 방향이 장소마다 다르다는 것은 시공간이 휘어져 있다는 것의 증거이다. 모든 장소에서 중력 효과를 상쇄할 수 있는 '단일한' 가속도는 존재하지 않는다. 휘어진 시공간에서 서로 다른 관측자들이 측지선이라고 보는 것은 일반적으로 서로 다르다. 그 결과 지구 전체에서 보면 중력은 관측 가능한 결과를 만들어 낸다.

일반 상대성 이론은 뉴턴의 중력 이해에서 한 발 더 나아간 중력 이론이다. 왜냐하면 물질과 에너지 분포에 관계없이 상대론적 중력장을 계산할 수 있기 때문이다. 게다가 시공간의 기하 구조가 중력의 효과를 표현한다는 의외의 사실은, 아인슈타인이 애초에 만든 중력 방정식의 커다란 결함을 메워 주었다. 당시 물리학자들은 물체들이 중력장에 어떻게 반응하는지 알고 있었지만, 중력이 무엇인지는 모르고 있었다. 일반 상대성 이론은 중력장이 물질과 에너지에 의한 시공간 구조의 왜곡이라는 사실을 알려 주었다. 이러한 왜곡은 코스모스 전체에 퍼져 있으며, 곧 보게 되겠지만 막을 포함하는 더 높은 차원의 시공간에도 퍼져 있다. 이처럼 더 복잡한 상황에서 발생하는 중력 효과조차 시공간 표면의 기복과 휘어짐에 포함되어 있을 것이다.

아마 이 한 장의 그림이 물질과 에너지가 시공간 구조를 어떤 식으로 왜곡해서 중력장을 만들어 내는지를 가장 잘 설명해 줄 것이다.

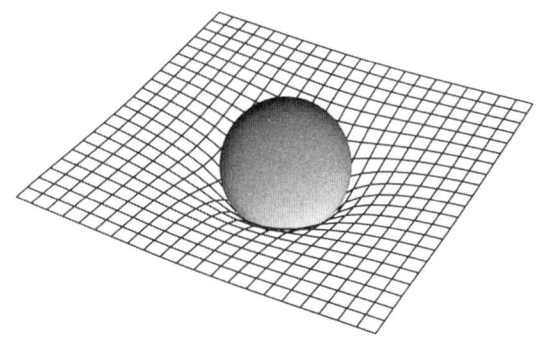

그림 39
질량을 가진 물체는 주변 공간을 왜곡시켜 중력장을 만들어 낸다.

그림 39는 공간에 구형의 물체가 자리 잡고 있는 것을 보여 준다. 구형 물체를 둘러싼 공간은 휘어 있다. 구형 물체는 공간 표면을 함몰시키며 함몰된 깊이는 구의 질량이나 에너지에 따라 달라진다. 근처를 지나가는 공은 질량을 가진 물체가 위치한 중앙의 꺼진 부위로 굴러갈 것이다. 일반 상대성 이론에 따르면, 시공간 구조도 이것과 유사한 형태로 왜곡되어 있다. 구 근처를 다른 공이 지나고 있다면 그 공은 구의 중심을 향해 가속될 것이다. 이 경우 그 결과는 뉴턴 법칙의 예측과 같겠지만, 운동의 해석과 계산은 매우 다르다. 일반 상대성 이론에 따르면 공은 시공간 표면의 기복을 따라 움직인다. 이것이 바로 중력장에서 일어나는 운동이다.

그림 39는 오해의 여지가 있으므로 몇 가지를 주의해야만 한다. 우선 이 그림은 공 주위의 공간을 2차원으로 표현했다. 하지만 실제로는 3차원 공간과 1차원 시간, 즉 4차원 시공간이 모두 왜곡된다. 특수 상대성 이론과 일반 상대성 이론에서는 시간 또한 하나의 차원으로 바라보기 때문에 시간도 비틀리게 된다. 앞에서 특수 상대성 이론

에 따르면 서로 다른 장소에 놓인 시계가 각각 다르게 갈 수 있음을 보여 주었는데 그것이 바로 시간 왜곡의 예이다. 그런데 여기에서 더 큰 문제가 하나 더 있다. 그것은 첫 번째 구를 둘러싼 비틀린 기하 안으로 굴러가는 두 번째 공도 마찬가지로 시공간 기하 구조에 영향을 미친다는 점이다. 여기에서는 나중 공이 처음 구보다 질량이 훨씬 작아서 그 효과를 무시할 수 있다고 가정했다. 주의해야 할 세 번째 문제는 시공간을 왜곡시키는 물체의 차원의 수가 어떤 값이든 가질 수 있다는 점이다. 나중에 막이 그림 39에서 중심부의 구가 했던 역할을 하게 될 것이다.

어쨌든 물질은 시공간이 어떻게 휘어질지를 결정하며, 시공간은 물질이 어떻게 운동할지를 결정한다. 휘어진 시공간은 측지선을 결정하고 다른 힘이 작용하지 않는다면 물체는 그 선을 따라 움직인다. 중력은 시공간 기하 구조에 부호화되어 있다. 이것으로부터 아인슈타인은 10여 년에 걸쳐 시공간과 중력 사이의 정확한 연관성을 추론했으며 여기에 중력장 자체의 효과들을 종합해, 마침내 중력장은 에너지를 운반하며 그런 까닭에 중력장이 시공간을 휘게 한다는 사실을 밝혀냈다.● 그것은 영웅적인 노력의 결과였다.

아인슈타인은 유명한 방정식을 통해 우주의 에너지와 질량 분포가 주어진 경우, 그 중력장을 계산해 내는 방법을 밝혀냈다. 그의 방정식 중 대중적으로 유명한 것은 $E=mc^2$이지만, 물리학자들이 '아인슈타인 방정식'이라고 부르는 것은 '중력장 방정식'을 가리킨다. 이 방정식은 주어진 물질의 분포로부터 시공간의 계량이 결정되는 방식

● 중력장도 에너지를 갖기 때문에 아인슈타인 방정식을 사용할 때 중력장의 에너지도 고려해야 한다. 이로써 중력장에 대한 설명은 뉴턴의 중력 이론보다 훨씬 정교해졌다.

을 알려 줌으로써 중력장을 계산할 수 있게 해 준다.[9] 임의의 단위로 표시된 숫자를 기하 구조를 결정하는 물리적인 거리와 형태로 변환하는 방법을 이야기해 줌으로써, 계량의 계산은 시공간의 기하 구조를 결정한다.

일반 상대성 이론이 최종적으로 정식화됨으로써 물리학자들은 중력장을 결정하고 그 영향을 계산할 수 있게 되었다. 물리학자들은 이전의 중력 이론 방정식을 가지고 했던 것처럼 일반 상대성 이론의 방정식을 이용하여 주어진 중력장에서 물질이 어떻게 운동하는지 계산해 냈다. 예를 들면 태양이나 지구 같은 거대한 구체의 위치와 질량을 알고 아인슈타인 방정식에 넣으면 뉴턴의 이론에서 도출되었던 중력을 계산해 낼 수 있다. 이 경우 그 결과는 새로울 것이 없지만 그 속에는 새로운 의미가 담겨 있다. 물질과 에너지가 시공간을 구부러뜨리고, 이러한 구부러짐이 중력을 만들어 낸다. 하지만 일반 상대성 이론은 중력장 자체의 에너지를 포함하여 어떤 형태의 에너지든지 물질과 에너지의 분포에 포함시킬 수 있다는 점에서 훨씬 더 유용하다. 중력 자체가 엄청난 양의 에너지를 만들어 내는 상황에서도 이 이론은 훨씬 쓸모가 있다.

어떤 형태의 에너지 분포에도 적용될 수 있는 아인슈타인 방정식은 우주의 역사를 연구하는 우주론자들의 사고를 변화시켰다. 이제 과학자들이 우주의 물질과 에너지를 안다면, 우주의 진화를 계산할 수 있게 되었다. 우주가 텅 비어 있다면 공간은 굴곡이나 파동 없이 완전히 평평할 것이며 곡률도 0일 것이다. 하지만 우주가 에너지와 물질로 채워져 있다면, 그로 인해 시공간이 왜곡되고, 시간의 경과에 따라 우주의 구조나 우주의 움직임에 흥미로운 변화를 줄 것이다.

우리 우주가 정적인 정지 우주가 아니라는 점은 거의 분명해 보인다. 앞으로 곧 보겠지만, 우리 우주는 비틀린 5차원 우주일 가능성이 높다. 다행히도 일반 상대성 이론은 그 결과들을 어떻게 계산할지를 우리에게 말해 준다. 2차원 기하에서 양(+), 0, 음(-)의 곡률을 가진 공간이 있듯이, 4차원 시공간 또한 물질과 에너지의 분포에 따라 양, 0, 음의 곡률을 가질 수 있다. 나중에 우주론과 여분 차원의 막을 논의할 때, 물질과 에너지(가시적인 우리 우주와 막상에 있는 물질과 에너지 그리고 벌크에 있는 물질과 에너지를 동시에 말한다.)가 만드는 시공간의 왜곡이 결정적으로 중요한 역할을 할 것이다. 우리는 고차원 세계에서도 세 유형의 시공간 곡률(양, 0, 음)이 나타남을 살펴볼 예정이다.

일반 상대성 이론은 뉴턴의 중력 이론으로 풀 수 없었던 여러 문제를 해결했다. 특히 뉴턴 중력 이론의 난제였던 원격 작용(물체가 나타나거나 움직이자마자 모든 곳에서 그 중력 효과가 나타나는 현상.)이라는 문제를 해결해 주었다. 일반 상대성 이론에 따르면 중력은 시공간이 변형되어야 작용한다. 시공간의 변형은 모든 곳에서 동시에 이루어지지 않으며 시간이 걸린다. 중력파는 빛의 속도로 퍼져 나간다. 중력 효과는 우리가 아는 한 가장 빠른 존재인 빛보다 빠르게 전파되지 않는다. 예를 들어 당신은 결코 빛보다 더 빠른 속도로 라디오 전파나 핸드폰의 신호를 수신할 수 없다(중력파, 라디오 전파, 핸드폰 신호, 빛은 모두 일종의 전자기파로 빛의 속도로 전파된다.—옮긴이).

더 나아가 물리학자들은 아인슈타인 방정식을 사용해서 다른 유형의 중력장을 탐구할 수 있었다. 일반 상대성 이론 덕분에 과학자들은 블랙홀을 기술하고 연구할 수 있었다. 블랙홀이라는 흥미롭고 미스터리한 대상은 물질이 매우 작은 부피로 고도로 압축될 때 만들어진다. 블랙홀에서 시공간의 기하 구조는 극도로 왜곡되어서 그곳에 들어간 물체는 모두 그 안에 사로잡히게 된다. 빛조차도 빠져나올 수 없다. 독일의 천문학자 카를 슈바르츠실트가 블랙홀이 아인슈타인 방정식의 해 중의 하나임을 발견한 것은 일반 상대성 이론 발견 직후였지만,* 1960년대가 되기까지 물리학자들은 블랙홀이 우리 우주에 실제로 존재할 것이라고는 진지하게 생각하지 않았다. 오늘날 천문학계는 블랙홀을 확실히 인정한다. 사실 우리 은하를 포함한 모든 은하의 중심에 거대한 질량의 블랙홀이 있는 것으로 보인다. 더 나아가 만일 숨겨진 차원이 있다면 그곳에 고차원 블랙홀이 존재할 것이다. 만일 그것의 크기가 어느 정도 크다면 그것은 천문학자들이 이미 관측한 4차원 블랙홀처럼 보일 것이다.

마치며

GPS에 대한 이야기를 마무리해 보자. GPS가 1미터 이내의 정확도로 위치를 계산하기 위해서는 10^{13}분의 1초보다 정확히 시간을 측정해야만 한다. 이러한 정확도를 얻는 유일한 방법은 원자 시계를 이용하는 것이다.

하지만 아무리 완벽한 시계라도, 시간 지연이 일어나서 10^{10}분의 1초 정도 시간이 느려진다. 만약 이것이 수정되지 않는다면 오차는 우리가 원하는 GPS의 입력값보다 약 1,000배나 더 클 것이다. 또 변화하는 중력장에서 광자가 이동하는 경우에 나타나는 일반 상대성 이론의 효과인 중력 청색 이동도 고려해야 한다. 그렇지 않으면 오차가 더 커지기 때문이다. 일반 상대성 이론에 따른 이런저런 오차를 무시

* 이때 그는 제1차 세계 대전에 독일군 병사로 징병되어 러시아 전선에 있었다.

하면, GPS는 하루에 10킬로미터 이상 틀린 예측을 내놓을 것이다.*
아이크(그리고 현재의 GPS)는 이러한 상대론적 효과를 고려해야만 한다.

비록 지금은 상대성이 잘 검증되었고 심지어 그 효과가 실용적 장치에 적용되기까지 하지만, 아인슈타인이 그의 이론을 처음 제안했을 때에는 그렇지 않았다. 더 나은 직업을 구할 수 없어서 베른의 특허청에서 일할 당시 그는 무명의 청년이었을 뿐이다. 이처럼 좋지 않은 여건에서 그는 동시대의 다른 모든 물리학자들의 신념에 반하는 이론을 제안했다. 나는 아인슈타인이 자신의 이론을 발표했을 당시, 그의 이야기에 귀기울인 이들을 높게 평가해야 한다고 생각한다.

하버드 대학교의 과학사학자 제럴드 홀턴(Gerald Holton)은 내게 독일의 물리학자 막스 플랑크가 아인슈타인을 최초로 옹호한 사람이었다고 말했다. 아인슈타인 연구의 천재성을 즉각 알아본 플랑크가 아니었다면, 그의 이론이 받아들여지기까지는 훨씬 오랜 시간이 필요했을 것이다. 플랑크 이후 몇몇 유명한 물리학자들이 아인슈타인의 이론에 주목하기 시작했다. 그리고 얼마 지나지 않아서 세계가 그의 이론에 집중했다.

기억해야 할 것

- 빛의 속도는 일정하다. 빛의 속도는 관측자의 속도에 따라 변하지 않는다.

* Neil Ashby, "Relativity and the Global Positioning System," *Physics Today*, May 2002, 41쪽.

- '상대성 이론'은 시간과 공간에 대한 우리의 생각을 변화시켰으며, 시간과 공간은 그 둘을 함께 고려한 '시공간' 구조에 따라 파악할 수 있다.
- 특수 상대성 이론은 에너지, 운동량(물체가 어떻게 힘에 반응하는지를 말해 주는 물리량), 질량 사이의 관계를 말해 준다. 예를 들면 $E=mc^2$을 들 수 있다. E는 에너지, m은 질량, c는 빛의 속도이다.
- 질량과 에너지는 시공간을 휜다. 이 휜 시공간이 중력장의 기원이다.

6장
양자 역학 : 불확정성 원리

너는 네 자신에게 묻겠지,
내가 옳을까? …… 내가 틀릴까?
— 토킹 헤즈

● 영국의 뉴 웨이브 그룹 토킹 헤즈(Talking Heads)의 히트 곡 「생애 단 한 번(Once in a lifetime)」의 한 구절이다.—옮긴이

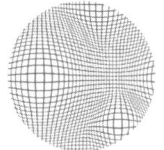

아이크는 아테나 때문에 영화를 너무 많이 보는 것은 아닌지 디터한테 물리학 이야기를 너무 많이 듣는 것은 아닌지 걱정되기 시작했다. 이유야 어쨌든, 지난밤 아이크는 꿈속에서 양자 탐정을 만났다. 중절모를 쓰고 트렌치코트를 입은 딱딱한 표정의 탐정은 꿈속에서 이렇게 말했다.

"저는 그녀의 이름을 빼고는 아무것도 모릅니다. 그녀는 제 앞에 그렇게 서 있었죠. 하지만 그녀를 바라본 순간 저는 엘렉트라(Electra)●가 곤경에 처했음을 알았습니다. 어디서 왔는지 물었지만, 답하지 않더군요. 그 방에는 2개의 출입문이 있었고 그녀는 아마 그중 하나로 들어왔겠지요. 하지만 엘렉트라는 쉰 목소리로 속삭였습니다. '선생님, 그건 잊으세요. 저는 절대 어디로 들어왔는지 말하지 않을 테니까요.'"

"그녀가 떨고 있는 걸 보았지만, 저는 그녀에게 어느 쪽에서 들어왔는지 다그쳐 물었지요. 제가 가까이 다가서자 엘렉트라는 소스라치면서 뒤로 물러섰습니다. 그러나 심하게 떠는 것 같아서 저는 멈춰섰지요. 탐정인 저는 불확실한 게 결코 낯설지 않습니다만, 이번에는 그 때문에 한 방 얻어맞은 기분이 들더군요. 불확실함이 한동안 풀리지 않을 것처럼 보였습니다."

● 이 이름은 그리스 비극의 등장 인물이 아니라 전자(electron)에서 따온 것이다.

직관에 거스르는 양자 역학 덕분에 과학자들이 세상을 바라보는 방식은 근본적으로 바뀌었다. 현대 과학의 대부분은 양자 역학으로부터 발전했다. 통계 역학, 입자 물리학, 화학, 우주론, 분자 생물학, 진화 생물학 그리고 방사성 연대 결정법을 이용하는 지질학과 같은 학문들은 양자 역학의 발전에 따라 새롭게 수정되거나 대대적인 변화를 겪었다. 양자 역학에 기대어 발전을 거듭했던 트랜지스터와 현대 전자 공학의 도움이 없었다면, 컴퓨터, DVD 플레이어, 디지털 카메라 같은 수많은 현대 문명의 이기들은 우리 생활 속으로 들어오지 못했을 것이다.

대학에 들어가 양자 역학 공부를 처음 시작했을 때, 양자 역학이 얼마나 놀라운지 확실히 이해하지 못했다. 나는 기본 원리를 배웠고 이를 다양한 상황에 적용할 수 있었다. 하지만 양자 역학이 얼마나 매혹적인 학문인지 알게 된 것은, 그로부터 수년 후 내가 그것을 가르치게 되었을 때 그리고 양자 역학의 논리에 따라 주의 깊게 연구하게 되었을 때였다. 현재는 물리학 교과 과정의 일부로 양자 역학을 가르치고 있는데, 이것은 정말로 놀라운 일이다.

양자 역학에 관한 이야기는 과학이 어떻게 진화할 수 있는지를 보여 주는 멋진 사례이다. 초기의 양자 역학은 모형 구축에서 시작되었다. 근저에 놓일 이론이 형식화하기 전에 먼저 혼란스러운 관측 결과를 정리하는 일에서 시작된 것이다. 실험적인 진전과 함께 이론적인 진전이 매우 빠르고 격렬하게 이루어졌다. 물리학자들은 고전 물리학에 위배되는 실험 결과를 해석하기 위해 양자 이론을 발전시켰다. 그리고 한편 양자 이론은 그 가정을 검증하기 위한 실험들을 제시했다.

과학자들에게는 이러한 실험 결과를 제대로 해석하고 정리하기 위한 시간이 필요했다. 양자 역학의 도입은 너무도 급격한 것이어서 대부분의 과학자들이 그것을 즉각 흡수하기는 어려웠다. 과학자들은 익숙한 고전적 개념과 너무나도 다른 양자 역학의 가정들을 받아들이기에 앞서 먼저 불신의 눈초리를 보냈다. 막스 플랑크, 에어빈 슈뢰딩거(Erwin Schrödinger), 알베르트 아인슈타인 같은 몇몇 이론적 선구자들조차도 양자 역학적인 사고방식으로 전향하지 않았다. "신은 우주를 가지고 주사위 놀이를 하지 않는다."라며 반대의 목소리를 높인 아인슈타인의 일화는 너무도 유명하다. 결국 대부분의 과학자들이 (지금 우리가 이해하는) 진실을 받아들였지만, 금방 그렇게 된 것은 아니다.

20세기 초반 과학 발전의 급진성은 현대 문화에서도 큰 반향을 일으켰다. 예술과 문학 그리고 심리학에 대한 우리의 이해는 당시 급격히 변화했다. 몇몇 사람들은 이러한 발전의 원인을 제1차 세계 대전이라는 격변과 혼란에서 찾기도 하지만, 바실리 칸딘스키(Wassily Kandinsky) 같은 예술가는 원자가 쪼개질 수 있다는 사실에서부터 모든 것이 변할 수 있고 따라서 예술에서도 모든 것이 가능하다는 생각을 도출해 냈다. 칸딘스키는 원자에 대한 자신의 반응을 이렇게 설명했다. "원자 모형의 붕괴는, 내 영혼 속에서는, 세계 전체의 붕괴와 같은 것이었다. 갑자기 두꺼운 벽이 무너져 내렸다. 내 눈앞에 돌덩이가 나타났다 녹아 버리고, 그래서 보이지 않게 된다고 해도 놀라지 않을 것이다."•

칸딘스키의 반응은 꽤 극단적이다. 양자 역학의 근본 가정이 급진적이기는 하지만, 비과학적 맥락에 그것을 적용할 경우 도를 넘어서기가 쉽다. 정확하지 않은 것을 옹호하기 위해 불확정성 원리를 오용

• Gerald Holton and Stephen J. Brush, *Physics, the Human Adventure, from Copernicus to Einstein and Beyond*, Piscataway(NJ : Rutgers University Press, 2001).

하는 경우는 가장 짜증나는 사례이다. 우리는 이 장에서 불확정성 원리가 관측 가능한 양에 대한 매우 정확한 서술임을 살펴볼 것이다. 어쨌거나 불확정성 원리는 놀라운 의미를 품고 있다.

이제 낡은 '고전' 물리학과는 판이하게 다른 양자 역학과 그 원리를 소개하고자 한다. 우리가 만나게 될 낯설고 새로운 개념에는 양자화, 파동 함수, 파동-입자 이중성, 불확정성 원리 등이 있다. 이 장에서는 양자 역학 주요 개념들을 개괄하고 이 개념들이 어떻게 밝혀졌는지 그 역사를 살펴볼 것이다.

충격과 공포

입자 물리학자 시드니 콜먼(Sidney Colman)은 수천 년의 시간 동안 수천 명의 철학자가 가장 이상한 것을 찾기 위해 애쓰더라도 양자 역학만큼 기이한 것은 결코 찾지 못할 것이라고 말한 적이 있다. 양자 역학을 이해하기는 어렵다. 왜냐하면 그 결론은 우리의 직관과 완전히 배치되는 놀라운 것이기 때문이다. 양자 역학의 근본 원리는 기존 물리학의 전제들에 반하며 우리의 경험과도 맞지 않는다.

양자 역학이 무척 이상하게 보이는 또 한 가지 이유는 우리가 물질과 빛의 양자적 본성을 감지하기 위한 생리학적 조건을 갖추지 않았다는 것이다. 양자 효과는 대체로 원자의 크기 정도, 옹스트롬 거리를 가진 세계에서 나타난다. 특별한 도구 없이는 우리는 그렇게 작은 것을 결코 볼 수 없다. 고화질 텔레비전이나 컴퓨터 화면의 화소조차도 제대로 보지 못하는 것이 우리 눈이다.

우리는 그저 어마어마하게 많은 원자들로 이루어진 집합체를 볼 수 있을 뿐이며, 그런 까닭에 고전 물리학적 효과가 양자 효과를 압도하는 것이다. 빛의 양자, 즉 광자도 우리는 보통 그것들이 뭉쳐 있는 덩어리를 볼 뿐이다. 눈 안의 빛 수용체는 빛의 최소 단위인 개별 양자를 감지할 정도로 민감하지만, 눈은 수많은 광자 집합체를 처리하기 때문에 양자 효과는 고전적인 과정에 가려진다.

양자 역학을 설명하기가 쉽지 않은 데에는 그만한 까닭이 있다. 양자 역학은 고전 물리학을 포괄한다. 하지만 그 역은 참이 아니다. 커다란 물체를 다루는 경우, 양자 역학은 고전적인 뉴턴 역학의 예측과 동일한 예측을 내놓는다. 하지만 어떤 경우에도 고전 역학은 양자적인 예측을 내놓을 수 없다. 따라서 우리에게 익숙한 고전 물리학의 용어와 개념으로 양자 역학을 이해하려는 시도는 곤경에 처할 뿐이다. 이러한 시도는 마치 프랑스 어를 100단어밖에 안되는 영어 단어로 번역하려는 시도와 비슷하다. 당신은 번역을 하다가 모호하게 번역할 수밖에 없거나, 한정된 영어 단어로는 절대로 표현할 수 없는 단어나 개념을 자주 보게 될 것이다.

양자 역학의 개척자 중 한 사람인 덴마크의 물리학자 닐스 보어(Neils Bohr)는 원자 안에서 일어나는 일을 인간의 언어로 설명한다는 것이 부적절하다는 것을 깨달았다. 이를 회고하면서, 그는 자신의 원자 모형이 "직관적으로 떠올랐다. …… 그림처럼."*이라고 이야기했다. 물리학자 베르너 하이젠베르크(Werner Heisenberg)는 "우리의 일상 언어를 사용할 수 없는 곳, 일상 언어로는 제대로 표현할 수 없는 물리학의 영역에 와 있음을 명심해야 한다."**라고 설명했다.

이러한 이유로 나는 양자 현상을 고전적인 모형으로 설명하지 않을 것이며, 양자 역학을 이전의 고전적인 이론과 사뭇 다르게 만든 주요한 근본 가정과 현상에 대해 논할 것이다. 우리는 양자 역학의 발전에 기여한 주요한 관측들과 통찰들을 하나하나 살펴볼 것이다. 대체로 역사적인 순서에 따라 서술할 것이지만 나의 진짜 목표는 당시 양자 역학의 발전의 근본이 된 여러 새로운 생각과 개념을 소개하는 것이다.

양자 역학의 태동

양자 역학은 여러 단계를 거치면서 발전했다. 이 과정은 관측 결과들을 설명하기 위해 이런저런 가정들을 세우는 데에서 시작되었다. 관측 결과와 가정이 왜 합치되는지는 당시에는 아무도 이해하지 못했다. 물리학적 정당성을 갖지는 못했지만, 관측 결과와 일치하는 올바른 답을 제시한다는 장점을 가진 이 추측들을 지금은 '고전 양자론(old quantum theory)'이라고 부른다. 이 이론은 에너지나 운동량이 아무 값이나 가질 수 없다는 가정에서 출발하는데, 이 이론에서 에너지와 운동량은 불연속적인 값, 즉 '양자화(quantization)'된 값만 가져야 했다.

고전 양자론이라는 변변찮은 출발점에서 발전한 양자 역학은 수수께끼 같은 양자화 가설이 정당함을 증명했다. 우리는 이 과정을 짧게 살펴볼 것이다. 더 나아가 양자 역학은 양자계가 시간에 따라 어떻게 변화하는지 예측하는 명확한 방법을 밝혀냄으로써 이론의 잠재

- Gerald Holton, *The Advancement of Science, and Its Burdens*, Cambridge(MA: Harvard University, 1998).
- • Gerald Holton and Stephen J. Brush, *Physics, the Human Adventure, from Copernicus to Einstein and Beyond*(Piscataway, NJ: Rutgers University Press, 2001)에서 인용.

력을 엄청나게 확대시켰다. 하지만 처음에 양자 역학은 간헐적으로 진화했다고 할 수 있다. 그 당시 사람들은 무엇이 일어나고 있는지 정말로 이해하고 있지 못했기 때문이다. 처음 등장한 것은 양자화 가설뿐이었다.

고전 양자론은 독일 물리학자 막스 플랑크가, 벽돌을 1개, 2개 하는 식으로 불연속적 단위로 사고팔 수 있는 것처럼, 빛 또한 양자화된 단위로만 전파된다고 가정한 1900년에 시작되었다. 플랑크의 가설에 따르면, 특정 진동수의 빛이 가지는 에너지의 양은 그 특정 진동수에 해당하는 기본적인 에너지 단위의 배수(倍數)여야만 한다. 이러한 기본 에너지 단위는 지금은 플랑크 상수 h로 알려진 값에 진동수 f를 곱한 값이다. 플랑크의 가정에 따르면, 진동수 f인 빛의 에너지는 hf, $2hf$, $3hf$ 등의 값을 가질 수 있지만, 그 사이의 값은 결코 가질 수 없다. 쪼개지는 벽돌과 달리 특정한 진동수의 빛은 나눌 수 없는 최소 에너지 단위를 갖는다. 최소 에너지와 그 다음 에너지 사이의 중간값은 결코 나타날 수 없다.

플랑크의 이러한 선견지명적인 가설은 흑체의 '자외선 파탄(ultraviolet catastrophe)'* 문제를 해결하기 위한 것이었다. 흑체는 석탄 조각처럼 외부에서 들어오는 모든 복사선을 흡수하며 이를 다시 복사 방출하는 물체이다**. 흑체가 방출하는 빛이나 다른 에너지의 총량은 흑체의 온도에 따라 결정된다. 흑체의 물리적 성질은 전적으로 온도에 따라 결정된다.

- * '자외선'은 '높은 진동수' 혹은 '고주파수'를 뜻한다.
- ** 흑체는 실제로는 이상적인 물체이다. 석탄과 같은 실제 물체는 완전한 흑체가 아니다.

그러나 흑체가 방출하는 빛에 대한 고전적 이론의 예측값은 문제가 있었다. 고전적인 계산에 따르면 높은 진동수에서는 물리학자들이 관측한 것보다 더 큰 에너지가 방출되어야만 했던 것이다. 그런데 관측 결과에 따르면 서로 다른 진동수의 빛은 흑체 복사에 기여하는 정도가 각각 달랐다. 즉 매우 높은 진동수는 낮은 진동수에 비해 복사에 기여하는 바가 적었다. 낮은 진동수의 빛만이 의미 있는 에너지를 방출했다. 이것이 바로 복사하는 물체가 '푸르게 달궈지지' 않고 '붉게 달궈지는' 이유이다. 하지만 고전 물리학은 고주파 복사의 에너지가 많다고 예측했다. 아니, 엄밀하게 말하자면 고전적인 이론은 방출되는 에너지 총량이 무한하다는 결과를 내놓았다. 고전 물리학은 자외선 파탄 문제에 직면했다.

이러한 딜레마에서 빠져나가는 임시방편으로는 특정한 상한값보다 작은 진동수를 가진 복사만이 흑체 복사에 기여한다고 가정하는 길이 있었다. 플랑크는 이러한 가능성을 무시하고, 명백히 자의적으로 보이는 다른 가정, 즉 빛이 양자화되어 있다는 가정을 세웠다.

플랑크는 만약 각 진동수의 복사가 복사의 기본 단위(양자)의 배수로 이루어진다면 진동수가 높은 복사는 에너지의 기본 단위가 너무 크기 때문에 결과적으로 방출되지 않는다고 이해했다. 빛의 양자 1개가 갖는 에너지는 진동수에 비례하기 때문에, 높은 진동수 복사에서는 하나의 양자라도 엄청난 에너지를 갖게 된다. 진동수가 충분히 높다면, 양자 하나가 갖는 최소 에너지는 방출되기에는 너무 큰 양이 된다. 흑체가 복사할 수 있는 것은 낮은 진동수의 에너지 양자들만이다. 이런 식으로 플랑크의 가설은 과도하게 높은 진동수의 빛 복사를 금지시켰다.

다음의 비유가 플랑크의 논리를 이해하는 데 도움이 될 것이다. 당신이 어떤 사람과 저녁을 먹는다고 하자. 디저트를 주문할 때가 되면 주문하기를 꺼리는 사람이 있을 것이다. 살찔까 봐 좋아하는데도 거의 주문을 하지 않는 것이다. 그때 웨이터가 제공되는 디저트의 양이 적다고 이야기한다면, 아마 하나쯤은 주문할 수도 있다. 하지만 나온 게 보통 크기의 케이크 조각이나 아이스크림이나 푸딩이라면 먹기 주저할 것이다.

이 경우 사람들은 두 가지 중 한 가지 방식으로 대처한다. 아이크처럼 결코 디저트를 먹지 않는 사람들이 있다. 이들을 한 부류로 묶으면 나는 그렇지 않은 부류에 속하는데 아테나도 그렇다. 이들은 디저트가 너무 클 거라고 여기고 자기 몫을 주문하지 않는다. 하지만 아이크와 달리 다른 사람의 접시에 있는 디저트를 한입 떠먹는 것은 꺼리지 않는다. 아테나는 자기 몫의 디저트를 주문하지 않아도 꽤 많은 디저트를 먹게 될 것이다. 만약 식사 인원이 많아서 아테나가 여러 접시에 포크를 들이댈 수 있으면, 그녀는 예상 외의 '칼로리 파탄'으로 고통받을 것이 틀림없다.

고전 이론에서 보면 흑체와 아테나는 닮아 있다. 흑체는 어떤 진동수에서든 빛을 조금씩이라도 방출할 것이고, 고전적으로 생각하는 이론가들은 '자외선 파탄'을 예견할 것이다. 이런 곤경을 피하기 위해, 플랑크는 흑체를 매우 금욕적인 유형이라고 가정했다. 디저트 한입도 먹지 않는 아이크처럼 흑체는 플랑크의 양자화 규칙을 따르며, 주어진 진동수의 빛에서 진동수 f에 상수 h를 곱한 값인 양자화된 에너지 단위로만 빛을 방출한다. 이때 진동수가 높으면 에너지 양자가 너무 커서 그 진동수에서 빛이 복사될 수 없다. 그러므로 흑체는 낮은 진동수에서 대부분의 복사가 이루어지며, 고주파 복사는 자동적으로 제외된다. 양자 이론에서 흑체는 높은 진동수의 빛을 많이 방출하지 않으며, 고전적인 이론에서 예측하는 정도보다 훨씬 적은 양만 복사한다.

물체의 복사 유형을 '스펙트럼'[10]이라고 한다(그림 40). 이것은 어떤 온도의 물체가 각 진동수의 빛으로 얼마만큼의 에너지를 방출하는가를 보여 준다. 별과 같은 특수한 물체의 스펙트럼은 흑체의 스펙트럼에 가깝다. 이런 스펙트럼들을 조사하면 다양한 온도에서의 흑체 스펙트럼을 측정할 수 있다. 그리고 그 모든 측정 결과가 플랑크의 가정을 만족시킨다. 그림 40은 복사 현상이 대체로 낮은 진동수에서 이뤄지며 높은 진동수의 복사는 급격히 감소함을 보여 준다.

1980년대 이후 실험 천체 물리학의 위대한 성취 중 하나는 우주 복사의 흑체 스펙트럼을 매우 정확하게 측정한 것이다. 태초에 우주는 고온·고밀도의 불덩어리였지만, 이후로 우주는 팽창해 왔고 복사 에너지도 엄청나게 식었다. 이는 우주가 팽창하면서 복사되는 파

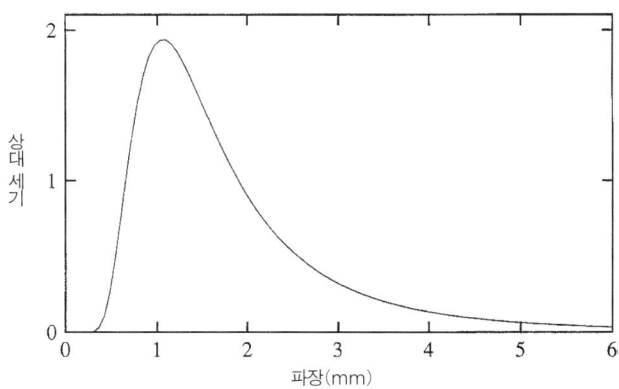

그림 40
극초단파 우주 배경 복사의 흑체 스펙트럼. 흑체 스펙트럼은 복사하는 물체의 온도가 정해지면 모든 진동수에서 방출되는 빛의 양을 보여 준다. 높은 진동수에서 스펙트럼이 잘려 있음에 주목하라.

장도 같이 길어졌기 때문이다. 파장이 더 길어지면 진동수도 낮아지고 에너지도 낮아지며 이에 따라 온도도 떨어진다. 현재 우주 복사는 절대 영도보다 2.7도 높은 온도의 흑체가 방출하는 복사처럼 보인다. 이것은 우주가 태어났을 때보다 엄청나게 식었음을 뜻한다.

지금은 위성들이 우주 배경 복사의 스펙트럼을 측정하고 있다(그림 40). 우주 배경 복사 스펙트럼은 절대 온도 2.7도의 흑체 스펙트럼과 거의 정확하게 일치한다. 이 측정에서 오차는 1만분의 1보다 작다. 사실 일종의 흔적이라고 할 수 있는 우주 배경 복사는 현재까지 가장 정확하게 측정된 흑체 스펙트럼이다.

1931년 빛의 양자화라는 엄청난 가설을 어떻게 제안하게 되었는가 하는 질문에 플랑크는, "그건 절망에서 나온 행동이었지요. 6년 동안 흑체 이론과 씨름했어요. 나는 그것이 근본적인 문제라는 것을 알았고 그 답을 알았습니다. 나는 어떤 대가를 치루더라도 그에 대한 이론적인 설명을 꼭 찾아내야 했습니다."*라고 답했다. 플랑크에게 빛의 양자화는 정확한 흑체 스펙트럼을 얻기 위한 방편이었던 셈이다. 그는 양자화가 빛의 자체의 필수적인 속성이라고 생각하지는 않았다. 대신 빛을 방출하는 원자의 어떤 특성에 기인한 것일 수 있다고 생각했다. 플랑크의 추측은 양자화된 빛을 이해하는 첫걸음이었지만, 플랑크 자신은 그것을 온전히 이해하지는 못했던 것이다.

5년이 지나 1905년 아인슈타인은 빛의 양자가 수학적으로 존재하는 추상적인 대상이 아니라 실재하는 사물이라는 사실을 밝혀냄으로써 양자 이론에 주요한 공헌을 했다. 그해 아인슈타인은 무척이나 바

* "'어떤 대가를 치루더라도'라고는 했지만, 열역학의 신성한 두 법칙을 깨자는 것은 아니었다." David Cassidy, *Einstein and Our World*, 2nd edn, Atlantic Highlands(NJ: Humanities Press, 2004).

빴다. 특수 상대성 이론을 발견했고, 물질의 통계적인 속성을 연구하여 원자와 분자의 존재를 증명했으며, 양자 이론을 유효한 것으로 만들었다. 이 모든 연구가 베른에 있는 스위스의 특허청에서 일할 때 이루어졌다.

아인슈타인은 광양자 가설을 이용하여 '광전 효과(photoelectric effect)'라는 특별한 관측 결과를 해석했는데, 이로써 광양자 가설은 신뢰할 만한 이론이 되었다. 실험가들은 일정한 진동수를 갖는 빛을 비추면 물질이 빛을 흡수하고 전자를 내보낸다는 결과를 얻었다. 실험에서 더 많은 양의 빛을 비춰 물질에 공급되는 에너지의 총량을 늘려도, 방출된 전자의 운동 에너지가 얻는 최댓값은 변하지 않았다. 이는 입사 에너지가 클수록 더 큰 운동 에너지를 가진 전자를 나와야 한다는 직관과 상충된다. 전자의 운동 에너지에 한계가 있다는 사실은 풀리지 않는 수수께끼였다. 왜 전자는 더 많은 에너지를 흡수하지 않는 것일까?

아인슈타인은 이것을 복사되는 빛은 개개의 빛의 양자(광양자)로 이루어지며, 특정한 전자에 에너지를 줄 수 있는 양자는 오직 하나뿐이기 때문에 발생하는 현상으로 해석했다. 빛은 전격전(電擊戰)을 하듯이 하나의 전자를 여러 빛의 양자가 집중 공격하는 것이 아니라 하나의 미사일처럼 각각의 전자에 도달한다. 단 하나의 빛의 양자가 전자를 튕겨내기 때문에, 더 많은 빛의 양자가 입사된다고 해서 방출되는 전자의 에너지가 변하는 것은 아니다. 입사하는 광양자의 수를 증가시키면 더 많은 전자가 방출되지만, 각 전자의 최대 에너지에는 영향을 주지 않는다.

아인슈타인이 광전 효과의 결과를 이러한 한정적인 에너지 묶음(빛의 양자 단위)으로 해석하자 방출된 전자가 항상 똑같은 최대 운동 에너지를 갖는 것이 당연해졌다. 전자가 갖는 운동 에너지의 최댓값은 빛의 양자가 준 에너지에서 전자를 원자에서 분리해 내는 데 필요한 에너지를 뺀 값이다.

이러한 논리로부터 아인슈타인은 빛의 양자가 가진 에너지를 추산해 냈다. 그는 빛의 양자의 에너지가 입사한 빛의 진동수에 따라 정해짐을 알아냈는데 이는 플랑크 가설과 정확히 일치했다. 아인슈타인에게 이 결과는 빛 양자가 실재한다는 분명한 증거였다. 그는 빛의 양자 하나가 전자 하나를 때려 전자가 방출된다는 빛의 양자에 대한 매우 구체적인 상을 제시했다. 1921년 아인슈타인은 상대성 이론이 아니라 바로 이 광양자 현상에 대한 해석으로 노벨상을 받았다.

하지만 무척 기이한 일은, 아인슈타인이 양자화된 빛의 단위들이 실제로 존재한다는 것은 알았지만, 광양자가 에너지와 운동량은 있지만 질량은 없는 실제 입자라는 사실을 받아들이기는 꺼려 했다는 점이다. 광양자의 입자성에 대한 최초의 확실한 증거는 1923년 측정된 '콤프턴 산란(Compton scattering)'이라는 현상이다. 이는 광양자가 전자를 때린 후 빛이 굴절되는 것이다(그림 41). 일반적으로 입자의 에너지와 운동량은 그 입자가 무언가와 충돌한 후 그 궤적이 굴절된 각도를 측정하여 알아낼 수 있다. 광양자가 질량이 없어도 일종의 입자라면, 이들은 전자 같은 다른 입자들과 충돌했을 때 입자 같은 행동을 보일 터였다. 이러한 측정 결과 광양자가 정확하게 전자와 상호작용을 한 질량 없는 입자처럼 행동한다는 것을 발견했다. 광양자가 정말로 입자라는 것은 확고부동한 결론이었다. 지금 우리는 빛의 양자 혹은 광양자를 광자(photon)라고 부른다.

양자 이론을 그토록 거부했던 아인슈타인이 오히려 양자 이론의 발전을 도왔다는 사실은 기묘한 일이다. 하지만 그의 반응은 아인슈

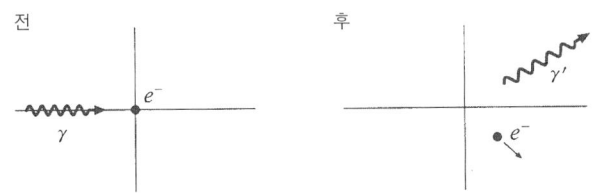

그림 41
콤프턴 산란에서 광자(γ)는 정지한 전자(e^-)를 산란시킨 후 에너지와 운동량이 변한다.

타인의 광양자 가설에 플랑크가 보인 불신보다는 놀랍지 않다. 플랑크와 몇몇 과학자들은 아인슈타인의 여러 업적을 칭송했지만, 이내 잠잠해졌다.* 플랑크는 심지어 다소 비난조로 이렇게 말했다. "그의 추론은 표적을 벗어날 때가 있다. 예를 들어 빛의 양자에 대한 가정을 보라. 그렇다고 해서 그것을 가지고 그를 탓할 수는 없을 것이다. 가장 엄밀한 과학에서조차 리스크를 무릅쓰지 않고서는 참으로 새로운 생각을 내놓기가 어렵기 때문이다."** 오해하지 말자. 아인슈타인이 제안한 광양자 가설은 정확히 표적을 맞춘 것이었다. 플랑크의 발언은 아인슈타인의 통찰이 얼마나 혁명적이었나를 반영할 뿐이다. 그만큼 과학자들조차도 처음에는 받아들이기 힘들었던 것이다.

- Abraham Pais, *Subtle Is the Lord : The Science and Life of Albert Einstein* (Philadelphia : American Philological Association, 1982).
- - Gerald Holton, *Thematic Origins of Scientific Thought*, revised edn(Cambridge, MA : Harvard University Press, 1988).

양자화와 원자

양자화와 고전 양자론 이야기는 빛에서 끝나지 않았다. 그 후 '모든' 물질이 본래 양자임이 밝혀졌다. 양자화 가설의 다음 이야기는 닐스 보어에서 시작된다. 그는 양자화 가설을 사람들이 입자로 알고 있던 전자에 적용했다.

양자 역학에 대한 보어의 관심은 부분적으로는 당시 베일에 싸인 원자의 성질을 명확히 밝히려는 시도에서 발전된 것이다. 19세기 원자에 대한 생각은 믿기 어려울 만큼 모호했다. 즉 많은 과학자들이 원자가 실재한다고 여기기보다는 무언가를 발견하기 위한 유용한 도구 정도로 생각했다. 심지어 원자를 믿었던 일부 과학자들도 분자(원자로 이루어진 입자)와 원자를 혼동했다.

원자가 정말로 무엇으로 이루어져 있으며 그 성질이 무엇인지는 20세기 초가 되어서야 알려졌다. 원자에 대한 규명이 이렇게 늦어진 이유 중 하나는 어원인 그리스 어 'atom'이 더 이상 나뉠 수 없는 존재라는 뜻을 가지고 있었다는 것이다. 따라서 원자는 본래 변하지도 나뉘지도 않는 대상이라는 생각이 퍼져 있었다. 하지만 19세기에 물리학자들이 원자에 대해 더 많은 것을 알게 되자, 그들은 이런 생각이 틀렸음을 깨닫기 시작했다. 19세기 말까지 제대로 측정할 수 있었던 원자의 성질은 방사능과 빛이 흡수되거나 방출될 때의 특정한 진동수를 나타내는 '스펙트럼 선(spectral lines)'뿐이었다. 하지만 이 두 현상은 원자가 변할 수 있다는 것을 시사했다. 여기에서 더 나아가 1897년 조지프 존 톰슨(Joseph John Thomson)은 전자를 발견하고 전자가 원자의 구성물이라고 제안했다. 원자가 나뉠 수 있다고 주장한 것이다.

20세기 초반 톰슨은 당시의 원자에 대한 관측을 토대로, 빵 덩어리 안에 과일 조각이 박혀 있는 영국의 후식에서 이름을 따온 '건포도 푸딩(plum pudding)' 모형을 내놓았다. 그가 제시한 원자 모형은 양전하가 원자 전체에 퍼져 있고(빵 부분), 음전하를 띤 전자(과일 조각)가 그 안에 들어 있는 것이었다.

1910년 어니스트 러더퍼드(Ernest Rutherford)가 톰슨의 모형이 틀렸음을 증명했다. 그해에 러더퍼드가 제안한 실험이 한스 가이거(Hans Geiger)와 연구 학생 에른스트 마스덴(Ernest Marsden)에 의해 이루어졌다. 그들은 원자의 크기보다 훨씬 작고 단단하며 밀도가 높은 원자핵이 존재함을 밝혀냈다. 라듐염의 방사성 붕괴 시 라돈 222는 현재 우리가 헬륨 원자핵으로 알고 있는 알파 입자를 방출한다. 가이거와 마스덴은 알파 입자를 원자에 쏴서 알파 입자가 산란되는 각도를 조사함으로써 원자핵의 존재를 밝혀냈다. 관측 결과 그들이 기록한 극적인 산란은 원자 내부에 단단하고 조밀하게 뭉친 원자핵이 있을 때에만 설명할 수 있었다. 양전하가 원자 전체에 퍼져 있다면 입자가 그처럼 넓게 산란될 수는 없었다. 러더퍼드는 "그것은 내 생애에서 가장 믿기 어려운 사건이었다. 마치 30센티미터 대포알을 휴지에 발사했더니 대포알이 휴지에서 튕겨나와 도로 자신을 쳤다는 이야기만큼이나 믿기 어려웠다."라고 말했다.*

러더퍼드는 건포도 푸딩 원자 모형을 폐기했다. 이제 양전하는 원자 전체에 퍼져 있지 않으며, 내부의 작은 핵에 집중적으로 분포한다는 것이 밝혀졌다. 원자 중심부에는 원자핵 또는 핵이라고 하는 단단

* Abraham Pais, *Inward Bound: Of Matter and Forces in the Physical World* (Oxford University Press, 1986).

한 구성 요소가 있는 것이다. 이 설명에 따르면 원자는 중심에 있는 작은 원자핵과 그 주위를 도는 전자로 이루어져 있다.

2002년 여름 나는 1년에 한 번씩 열리는 끈 이론 회의에 참석했다. 그해 모임은 케임브리지의 캐번디시 연구소에서 개최되었다. 그곳은 톰슨과 러더퍼드라는 두 거장을 포함한 양자 역학의 쟁쟁한 선구자들이 중요 연구의 대부분을 이뤄낸 곳이었다. 건물 복도는 양자 역학 초기의 흥분이 담긴 사진 등으로 장식되어 있었는데, 복도를 거닐면서 나는 몇 가지 재미난 사실을 알아냈다.

예를 들어, 중성자 발견으로 유명한 제임스 채드윅(James Chadwick)은 입학 허가를 받는 과정에서 줄을 잘못 서서 물리학과에 서 있었는데, 그것을 이야기하는 게 너무도 부끄러워서 그만 물리학을 공부했다고 한다. 또 톰슨은 28세라는 젊은 나이에 연구소의 수장이 되었을 때 다음과 같은 축사를 들었다. "당신이 교수로서 행복하기를 또 성공하기를 바라는 글을 쓰지 않는다 해도 용서해 주시오. 당신이 선출되었다는 소식은 너무 놀라워서 나는 도저히 축하할 수가 없습니다."
(물리학자가 항상 관대한 것은 아니다.)

20세기 초반 캐번디시 연구소를 비롯한 여러 곳에서 원자의 실상에 대한 정합적인 견해를 발전시켜 나갔음에도 불구하고, 원자를 이루는 입자들의 움직임은 물리학자들의 신념을 엉망으로 만들어 놓았다. 러더퍼드의 실험으로 원자는 중심의 원자핵과 그 주변 궤도를 도는 전자로 구성되었다고 정리되었다. 불행하게도 이 단순한 설명은 치명적인 약점을 갖고 있었다. 그것은 당시에는 절대 맞는 이론이 될 수 없었다. 고전 전자기 이론에 따르면 전자가 원 궤도를 돌면 광자 방출(또 고전적으로 말해서 전자기파의 방출)을 통해 에너지를 복사한다. 광자가 에너지를 갖고 달아난다면, 에너지가 작아진 전자는 더 작은 궤도를 그리게 되고, 따라서 전자 궤도는 중심을 향해 나선을 그리며 점점 줄어들어야 한다. 사실 고전 전자기 이론에 따르면 이처럼 불안정한 원자는, 1나노초(10억분의 1초)보다 더 빨리 붕괴되어야 한다. 원자가 안정적인 전자 궤도를 갖는다는 사실은 너무나 이상했다. 왜 전자는 에너지를 잃지 않는 것일까? 어째서 나선 궤도를 그리며 원자핵으로 떨어지지 않는 것일까?

전자 궤도를 설명하기 위해서는 고전적인 이해와 단호하게 결별할 필요가 있었다. 이 논리를 마지막까지 밀어붙이자 고전 물리학의 틈새가 드러났으며, 이 틈새는 양자 역학의 발전으로 메울 수 있었다. 닐스 보어는 플랑크의 양자화 개념을 전자에 확장시켜 적용함으로써 그러한 혁명적인 진전을 이루었다. 닐스 보어의 양자화된 전자는 고전 양자론의 핵심 구성 요소이다.

전자의 양자화

보어는 전자가 낡은 이론이 제안하는 궤도를 돌 수 없다고 결론 내렸다. 전자 궤도는 그가 제안한 방정식이 정해 주는 반지름만을 가질 수 있다는 것이었다. 그가 이 궤도를 찾아낸 것은 운과 천재적인 생각 덕분이었다. 그는 전자가 마치 파동처럼 움직여야 한다고 생각했는데, 즉 원자핵 주위를 돌 때 위아래로 진동해야 한다고 생각했다.

보통 특정한 파장을 가지는 파동은 일정한 거리를 지나는 동안 상하 운동을 한 번 하는데, 이때의 거리를 파장이라고 한다. 원을 그리는 파동 또한 합성 파장을 갖는다. 이 경우 파장은 파동이 핵 주위를 돌면서 상하 운동을 한 번 할 때 그리는 호의 길이이다.

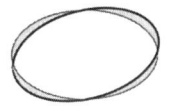 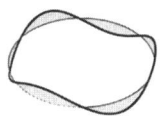 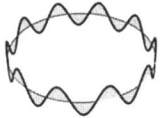

그림 42
보어의 양자화를 따르는 경우, 전자가 가질 수 있는 파동의 패턴들.

 일정한 반지름의 궤도를 도는 전자는 아무 파장이나 가질 수는 없다. 정해진 횟수만큼만 파동을 상하 운동시켜 주는 파장만 가질 수 있는 것이다. 이것은 전자의 파장을 결정해 주는 규칙이 있음을 뜻한다. 즉 전자가 고정된 원 궤도를 따라 돈다면, 전자의 파동은 한 바퀴 도는 동안 정수* 회만 상하 운동할 수 있다(그림42).
 보어의 제안은 무척 대담한 데다가 그 의미가 모호했지만, 솔깃한 점이 있었다. 만일 그것이 사실이라면 전자 궤도의 안정성을 설명할 수 있게 된다. 특정한 전자 궤도만이 허용된다면, 그 중간의 궤도는 존재하지 않게 된다. 따라서 외부 요인이 전자를 한 궤도에서 다른 궤도로 건너뛰게 하지 않는 한, 전자가 원자핵에 접근할 방법은 없다.
 일정한 전자 궤도를 갖는 보어의 원자 모형을 짝수층, 즉 2층, 4층, 6층 등만 사용할 수 있는 고층 빌딩에 비유할 수 있다. 3층이나 5층 같은 그사이의 층에는 들어갈 수 없기 때문에, 당신은 언제까지나 짝수층에만 머무를 수밖에 없다. 당신이 1층으로 내려가 바깥으로 나갈 방법은 전혀 없다.
 보어가 제안한 파동 가설은 번뜩이는 영감을 담고 있었다. 하지만 그는 그 가설 안에 담긴 의미를 알지 못했다. 그는 전자 궤도의 안정

• 정수는 0, 1, 2, 3 … 을 말한다.

성을 설명하기 위해 그런 가설을 세운 것에 불과했다. 그렇지만 보어의 가설은 정량적인 특성을 지녔기 때문에 곧 검증할 수 있었다. 특히 보어의 가설은 원자의 스펙트럼 선을 정확히 예측했다. 스펙트럼 선은 '이온화'되지 않은 원자(자신의 전자를 모두 가지고 있으며 전기적으로 중성인 원자)가 방출하거나 흡수하는 빛의 진동수를 알려 준다.* 물리학자들은 스펙트럼이 연속적인 분포(모든 진동수의 빛이 분포한다.)라기보다 바코드 같은 줄무늬라는 사실을 알고 있었다. 하지만 스펙트럼 선이 왜 그처럼 불연속적인지, 나아가 왜 그 같은 특정한 진동수를 갖는지는 도무지 알 수 없었다.

보어의 양자화 가설은 왜 광자가 그동안 관측된 진동수에서만 방출되거나 흡수되는지를 설명할 수 있었다. 고립된 원자가 갖는 전자 궤도는 안정적이다. 하지만 특정한 조건을 만족시키는 진동수를 가진 광자, 플랑크의 표현에 따르면 특정한 에너지를 갖는 광자가 에너지를 전달하거나 빼앗으면 전자 궤도가 변할 수 있는 것이다.

고전적인 논법을 이용해 보어는 자신의 양자화 가설을 따르는 전자의 에너지를 계산했다. 그로부터 보어는 전자가 하나인 수소 원자가 방출하거나 흡수하는 광자의 에너지와 진동수를 예측했다. 보어의 예측은 실험과 정확히 일치했으며 이는 양자화 가설에 대한 신뢰를 엄청나게 높였다. 사람들은, 특히 아인슈타인은 보어가 옳다고 확신하게 되었다.

빛은 양자화된 뭉치로 방출되거나 흡수되며 그 과정에서 전자 궤도를 바꿀 수 있다. 이러한 빛의 양자화된 뭉치의 양은, 앞의 고층 빌

---

* 우리는 여기서 불연속적인 스펙트럼에 초점을 맞추고 있다. 자유 전자가 이온에 의해 흡수될 때에는 연속적인(불연속적이지 않은) 빛의 스펙트럼이 방출된다.

딩의 예로 돌아간다면, 짝수층 유리창에 연결된 로프의 길이에 비유될 수 있다. 여러분이 가고 싶은 짝수층까지 로프가 늘어져 있고 창문이 열려 있다면, 여러분은 로프를 이용해 쉽게 다른 짝수층으로 옮겨 갈 수 있다. 마찬가지로 스펙트럼 선은 오직 특정한 값, 즉 허용된 궤도를 도는 전자 사이의 에너지 차이에 해당하는 값만 가질 수 있다.

보어는 자신의 양자화 조건을 제대로 설명하지 못했지만, 그의 가설은 무언가 옳은 것처럼 보였다. 수많은 스펙트럼 선이 측정되었으며, 그의 가설과 정확히 일치했다. 이러한 실험과 가설의 합치가 우연이라면 아마 기적이라고 불러도 좋을 터였다. 보어의 가설을 증명한 것은 결국 양자 역학이었다.

입자의 감금 공포증

양자화 가설만큼 중요한 것이 입자와 파동 사이의 양자 역학적 관련성이다. 이는 프랑스의 물리학자 루이 드브로이(Louis de Broglie), 오스트리아의 에어빈 슈뢰딩거, 독일 태생의 막스 보른(Max Born)의 연구 진전과 함께 비로소 시작되었다.

종잡을 수 없던 고전 양자론의 진전에서 실질적인 양자 역학으로 나아가는 첫걸음은, 플랑크의 양자화 가설을 새로운 형태로 변화시켜 멋지게 제시한 드브로이에서 출발한다. 플랑크가 양자를 복사파(빛)와 관련시켰다면, 드브로이는 보어처럼 입자들 또한 파동처럼 행동한다는 가정을 제안했다. 드브로이의 가정은 입자가 파동성을 가지며, 입자의 운동량이 이런 파동을 결정한다는 것이었다.*

드브로이의 가정은 운동량이 p인 입자는 그 운동량의 역수에 비례하는 파장을 갖는 파동에 대응한다는 것이었다. 즉 운동량이 작을수록 파장이 길어진다는 것이었다. 그리고 이 파장은 또한 플랑크 상수 h에 비례한다.** 드브로이 가설의 배경에는 격렬하게 진동하는 파동(짧은 파장)이 그렇지 않은 파동(긴 파장)보다 더 큰 운동량을 전달한다는 생각이 있었다. 파장이 짧을수록 진동이 빨라지는데, 드브로이는 이를 운동량이 커지는 것으로 설명했다.

무언가가 입자이자 파동으로 존재한다는 사실이 당혹스럽겠지만, 그렇게 존재하는 것 또한 사실이다. 드브로이가 처음 입자 파동 가설을 제안했을 때, 그 파동이 무엇인지는 아무도 알지 못했다. 이때 이 파동이 위치의 함수를 나타내며 그 제곱값이 공간상의 어느 점에서 그 입자가 발견될 확률을 의미한다는 놀라운 해석을 내린 사람이 바로 막스 보른이다.*** 그는 이를 '파동 함수(wave function)'라고 이름 지었다. 보른의 통찰은 입자가 특정한 위치에 고정될 수 없으며 오로지 확률적인 관점으로만 기술할 수 있다는 것이었다. 이것이야말로 고전적인 가정과 커다란 차이를 드러내는 지점이다. 당신은 입자의 정확한 위치를 알 수 없다. 당신은 그저 입자가 어딘가에 존재할 '확률'만을 알 수 있다.

---

* 느린 속도에서 운동량은 질량과 속력을 곱한 값이다. 어떤 속도에서든 운동량은 어떤 물체가 주어진 힘에 어떻게 반응하는가를 드러내는 양이다. 상대성 이론이 중요해지는 속도에서 운동량은 질량과 속력의 복잡한 함수이다. 그러나 빠른 속력에 적용되는 일반화된 운동량 역시 상대성 이론이 중요해지는 속도에서 사물이 힘에 어떻게 반응하는가를 이야기해 준다.
** 파장은 플랑크 상수 h를 운동량으로 나눈 값과 같다.
*** 공간상의 한 점을 나타내기 위해서는 3개의 좌표가 필요하지만, 편의상 우리는 파동 함수가 단 하나의 좌표만 가진 것처럼 가정하여 단순하게 설명할 것이다. 이렇게 하면 파동 함수를 종이 위에 쉽게 그릴 수 있다.

양자 역학적 파동이 확률만을 기술한다고 해도, 양자 역학은 이 파동이 시간이 경과함에 따라 어떻게 변할지를 정확히 예측한다. 특정 시점에서의 파동 함수의 값을 알면, 이후의 어떤 시점에 대해서든 파동 함수의 값을 결정할 수 있다. 슈뢰딩거는 양자 역학적 입자에 해당하는 파동이 시간에 따라 어떻게 변하는지 보여 주는 파동 방정식을 발전시켰다.

하지만 입자를 발견할 확률이란 도대체 뭘 뜻하는 것일까? 입자의 조각 같은 것은 존재하지 않기 때문에, 그것은 풀기 어려운 수수께끼였다. 입자가 파동으로만 기술된다는 것은 양자 역학의 가장 놀라운 측면 중 하나다(어떤 면에서는 지금도 그렇다.). 입자는 파동이 아니라 당구공처럼 행동하는 것으로 여겨졌기 때문에 이 결론은 특히 이상해 보였을 것이다. 입자 해석과 파동 해석은 양립할 수 없는 것으로 보였다.

이 명백한 역설을 푸는 열쇠는 입자 하나만 가지고는 결코 입자의 파동성을 검출할 수 없다는 점에 있다. 우리가 전자를 하나 관측한다면, 어떤 특정 위치에서 그것을 보게 된다. 파동을 전체 다 그리려면, 동일한 전자 여러 개나 하나의 전자로 여러 번 반복해서 실험해야 한다. 각각의 전자가 파동에 대응하더라도, 단 하나의 전자로 당신이 측정할 수 있는 것은 하나의 숫자뿐이다. 하지만 동일한 전자 여러 개로 실험하면, 각각의 위치에 전자가 있는 것을 양자 역학에 의해 정해진 전자의 확률 파동에 비례하는 만큼 발견하게 될 것이다.

따라서 개별 전자의 파동 함수는 동일한 파동 함수를 가진 다른 전자들이 어떻게 행동할지를 알려 준다. 하나의 전자는 오로지 한 군데의 위치에서 발견된다. 하지만 똑같은 전자들이 많이 있다면, 전자들의 위치 분포는 파동 형태를 띨 것이다. 결국 파동 함수는 각 위치에서 전자들이 발견될 확률을 의미한다.

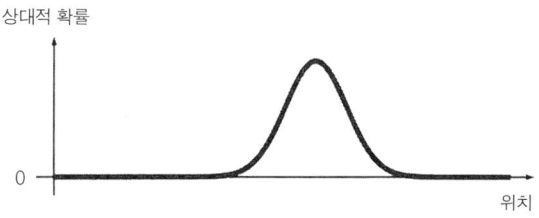

그림 43
전자 확률 함수의 한 예.

 이는 한 집단의 신장 분포와 유사하다. 각 개인의 키는 정해져 있지만 집단의 분포를 보면 어떤 개인이 특정 키일 가능성이 얼마인지를 알 수 있다. 마찬가지로 전자 하나는 입자처럼 움직인다고 해도, 여러 전자를 모으면 전자들은 파동처럼 생긴 위치 분포를 따른다. 키 분포와 다른 점은 전자 하나하나가 전자 전체의 위치 분포 파동과 맞물려 있다는 점이다.

 그림 43은 전자의 확률 함수의 한 예이다. 이 파동은 어떤 위치에서 전자를 발견할 상대적인 확률을 나타낸다. 내가 그린 곡선은 공간상의 각 점(이보다는 직선 위의 각 점이라고 하는 게 정확할지도 모른다. 왜냐하면 종이가 납작해서 나는 오직 1차원 공간만 그릴 수 있기 때문이다.)에서 특정한 값을 갖는다. 이 전자와 똑같은 여러 개의 전자로 실험하면 전자의 위치를 측정한 일련의 값을 얻을 것이다. 내가 특정한 위치에서 전자를 발견한 횟수는 이 확률 함수에 비례할 것이다. 더 큰 확률 함수의 값은 전자를 발견할 확률이 높음을, 더 작은 확률 함수의 값은 전자를 발견할 확률이 낮음을 뜻한다. 전자 하나의 확률 파동은 수많은 전자가 집합적으로 나타내는 효과를 반영한다.

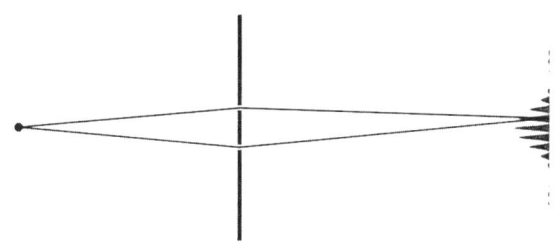

그림 44
전자의 이중 슬릿 간섭 실험을 간략하게 표현한 그림. 전자는 두 슬릿 중 하나를 통과해서 스크린에 도달한다. 스크린에 기록된 파동의 형태는 두 경로의 간섭 결과를 보여 준다.

 수많은 전자로 파동을 그렸지만, 양자 역학을 특별하게 만드는 것은 어쨌든 개별 전자가 파동으로 기술된다는 점이다. 이는 당신이 전자에 관한 모든 것을 결코 확실하게 예측할 수 없음을 의미한다. 전자의 위치를 일단 측정하면, 전자가 분명 어떤 지점에 있음을 발견할 수 있다. 하지만 당신이 측정하기 전까지 예측할 수 있는 것은 전자가 그곳에서 존재할 확률뿐이다. 당신은 전자가 어디에 있다고 단언할 수 없다.
 이러한 파동-입자 이중성은 유명한 이중 슬릿 실험에서 밝혀졌다.[11] 이 장의 첫머리에서 소개한, 어느 문으로 들어왔는지 알 수 없는 엘렉트라 이야기는 이 실험을 비유한 것이었다. 1961년 독일의 물리학자 클라우스 욘손(Claus Jonsson)이 연구실에서 이를 직접 실험하기 전까지, 전자의 이중 슬릿 실험은 물리학자들이 전자의 파동 함수의 중요성과 의미를 밝혀내는 데 사용한 사고 실험에 지나지 않았다. 먼저 전자 방출기에서 전자를 방출해 벽에 난 2개의 평행한 슬릿을 통과시키고, 슬릿을 통과한 전자가 벽 뒤에 있는 스크린에 부딪치면 그 위치를 기록하는 게 이 실험의 골자였다(그림 44).

이 실험은 19세기 초반에 빛의 파동성을 증명했던 비슷한 실험을 모방한 것이었다. 당시 영국의 내과 의사이자 물리학자이며 이집트 학자*였던 토머스 영(Thomas Young)은 두 슬릿을 통과한 단색광이 그 뒤의 스크린에 만들어 낸 간섭 무늬가 파동에 의해 만들어진 간섭 무늬(파동 간섭 무늬)와 같다는 것을 관측했다. 이 실험은 빛이 파동처럼 행동한다는 것을 증명했다. 그리고 물리학자들은 전자를 이용한 동일한 실험을 상상해 봄으로써 전자의 파동성을 관측할 수 있을 것이라고 생각했다.

그리고 실제로 여러분이 직접 전자로 이중 슬릿 실험을 한다면, 아마도 토머스 영이 빛으로 한 실험에서 본 것과 동일한 결과를 얻을 것이다. 슬릿 뒤의 스크린에는 파동 간섭 무늬가 기록될 것이다(그림 45). 빛의 경우, 우리는 그러한 파동이 간섭의 결과로 나타났다고 이해한다. 일부 빛은 한쪽 슬릿을, 나머지 빛은 다른 쪽 슬릿을 통과한다. 그 결과 생기는 파동 간섭 무늬는 둘로 나뉘어 진행한 빛이 서로 간섭했음을 의미한다. 하지만 전자가 만들어 낸 파동 간섭 무늬는 무엇을 뜻할까?

스크린상의 파동 간섭 무늬는 직관과는 전혀 다른 사실을 우리에게 말해 준다. 이제 우리는 하나의 전자가 동시에 2개의 슬릿을 모두 통과했다고 생각해야만 한다. 당신은 한 전자의 모든 것을 알 수는 없다. 전자는 두 슬릿 중 하나를 통과할 수 있다. 스크린에 도착했을 때 전자의 위치가 기록되기는 하지만, 각 전자가 통과한 슬릿이 둘 중 어느 쪽이었는지는 아무도 모른다.

양자 역학에서 입자는 출발점에서 도착점까지 가능한 모든 경로

---

* 토머스 영은 로제타석의 해석에도 도움을 주었다.

를 지날 수 있다. 이를 분명하게 보여 주는 것이 파동 함수이다. 이것이 바로 양자 역학의 놀라운 특성 중 하나이다. 고전 물리학과 달리, 양자 역학에서 입자는 고정된 궤적을 따라 움직이지 않는다.

하지만 전자가 이미 입자라고 알고 있는데, 전자 하나하나가 파동처럼 움직인다는 것을 이중 슬릿 실험에서 어떻게 알 수 있을까? 반쪽짜리 전자는 없다. 전자 하나하나의 위치는 명확하게 알 수 있다. 정말로 무슨 일이 일어난 것일까?

사실, 해답은 이미 이야기했다. 당신이 수많은 전자를 관측할 때에만 파동 간섭 무늬를 볼 수 있다. 개별 전자는 입자이다. 개별 전자는 스크린의 특정한 한 위치에 도달한다. 그러나 스크린에 도달하는 수많은 전자의 집합적 효과는 고전적인 파동 무늬로 나타나며, 이는 두 전자 경로가 간섭한다는 사실을 반영하는 것이다. 그림 45는 이를 보여 준다.

파동 함수는 스크린의 특정한 위치에 전자가 도달할 확률을 제시한다. 전자는 어디든 도달할 수 있지만, 어떤 지점에서 전자를 발견할 확률은 그 점에서 주어진 파동 함수의 값을 따를 것이다. 수많은 전자가 모여 하나의 전자가 두 슬릿을 동시에 통과한다는 가정에서 유도되는 파동을 만든다.

1970년대, 일본의 도노무라 아키라(外村彰)와 이탈리아의 피에르조르조 메를리(Piergiorgio Merli), 줄리오 포치(Giulio Pozzi), 잔프랑코 미시롤리(Gianfranco Missiroli)는 이를 실제 실험으로 보여 주었다. 이들은 한 번에 전자를 하나씩 발사했는데, 점점 더 많은 전자가 스크린에 도달할수록 파동 간섭 무늬가 점점 더 확실하게 나타났다.

당신은 왜 파동-입자 이중성과 같은 극적인 결과가 20세기에 들어서야 발견되었는지 궁금할 것이다. 예를 들어 빛이 파동처럼 보이

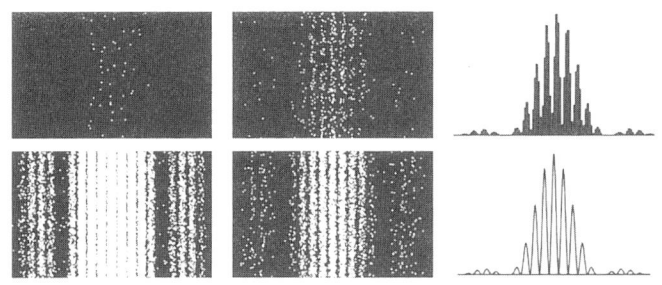

그림 45
이중 슬릿 실험에서 기록된 간섭 무늬. 왼쪽의 네 그림은 왼쪽 위부터 시계 방향으로 발사된 전자의 수가, 50, 500, 5000, 50000일 경우를 나타낸다. 오른쪽의 곡선은 전자의 수 분포(위쪽 곡선)를 두 슬릿을 통과한 파동에서 얻을 수 있는 간섭 무늬(아래쪽 곡선)와 비교해 보았다. 둘은 거의 동일하며, 이는 전자가 사실상 파동처럼 행동했음을 보여 준다.

지만 실제로는 불연속적인 덩어리, 즉 광자로 구성되어 있다는 사실을 왜 좀 더 일찍 깨닫지 못했을까?

답은 우리 중 누구도(슈퍼 영웅을 제외하고) 개별 광자*를 볼 수 없으므로 양자 역학 효과를 쉽게 관측할 수 없었기 때문이라는 것이다. 보통의 빛은 양자들로 구성되어 있는 것처럼 보이지 않는다. 우리가 보는 것은 광자들로 이루어진 가시광선이다. 수많은 광자가 한 덩어리로 움직이면서 고전적인 파동처럼 작용하는 것이다.

빛의 양자적 본성을 관측하기 위해서는, 광자를 아주 조금씩 방출하는 광원이나 주의 깊게 고안된 장치가 필요하다. 광자가 너무 많으면 광자 하나하나가 만드는 효과를 알아차릴 수 없기 때문이다. 수많은 광자로 이루어진 고전적인 빛에 광자를 하나 추가하는 것으로는

* 사람들은 실제로 개별 광자를 감지할 수 있지만, 주의 깊게 고안된 실험에 의해서만 가능하다. 일반적으로 당신은 수많은 광자로 구성된 더 표준적인 빛을 본다.

충분한 차이를 만들 수 없다. 고전적으로 작동하는 전구가 광자를 추가로 하나 더 방출하더라도, 당신은 결코 알아차릴 수 없다. 미세한 양자 현상을 관측하려면 정밀하게 고안된 장치가 필요하다.

추가된 광자 하나가 그래도 의미가 있다고 생각한다면, 당신이 투표할 때 받은 느낌을 떠올려 보기 바란다. 수백만의 사람이 투표하기 때문에, 당신의 투표가 결과적으로 별 차이를 만들지 않는다고 생각한다면 투표하기 위해 시간과 노력을 투자할 가치가 있을까? 선거 결과가 불확실했던 플로리다 주의 선거를 제외한다면, 한 사람이 어디에 투표했는가는 군중 속에 파묻히게 마련이다(2000년 미국 대통령 선거에서는 플로리다 주의 투표 결과에 따라 선거 전체의 향방이 바뀔 수 있었는데, 36일간이나 당선자를 내지 못한 채 재검표에 들어가고 대법원에 상고하는 등의 소동 끝에 결국 대법원의 판결로 조지 부시가 대통령으로 당선되었다.—옮긴이). 개인들의 투표 결과가 모여 전체 선거 결과가 결정된다고 해도, 단 하나의 투표가 결과를 바꾸는 일은 결코 흔치 않다(그리고 비유를 좀 더 밀고 나가자면, 양자계에서만(그리고 양자 상태와 비슷한 모습을 보였던 플로리다 주에서) 측정을 다시 할 때마다 다른 결과가 나온다.).

하이젠베르크의 불확정성 원리

물질의 파동성은 우리의 직관과 여러 측면에서 어긋난다. 자, 이제 선거의 불확실성(불확정성)으로부터 물리학자들이 가장 선호하는 주제인 하이젠베르크의 불확정성 원리로 넘어가 보자.

독일의 물리학자인 베르너 하이젠베르크는 양자 역학의 선구자 중 한 사람이다. 그의 자서전을 보면 원자와 양자 역학에 대한 혁명적인 생각이 어떻게 싹트기 시작했는지 알 수 있다. 1919년 하이젠베르크는 연구실이 아닌 뮌헨의 신학 대학에 설치된 군 사령부에 있었다. 그는 바바리아 주의 공산주의자들과 싸우고 있었다. 총소리가 잠잠해지면 그는 교사 지붕에 올라가서 플라톤의 대화편, 특히 『티마이오스(Timaios)』를 읽었다. 플라톤의 글을 읽으면서 그는 "물질 세계를 해석하려면 우리는 가장 작은 부분에 대해 알 필요가 있다."라고 확신했다.*

하이젠베르크는 젊은 시절 겪어야 했던 사회적인 소란을 무척 싫어했으며, "프로이센적인 생활 원칙들, 공공의 대의를 개인의 야망보다 우선하기, 검소한 개인 생활, 정직과 청렴, 용감함과 시간 엄수"의 정신이 살아 있는 삶으로 되돌아가기를 바랐다. 그럼에도 불구하고 하이젠베르크는 불확정성 원리를 제시함으로써 사람들이 세계를 보는 방식을 돌이킬 수 없을 정도로 바꿔 놓고 말았다. 아마도 그가 살았던 격동의 시대는 그에게 정치가 아니라 과학에 대한 혁명적인 접근을 가능하게 했던 모양이다.** 아무튼 불확정성 원리의 창시자가 사실은 그와는 퍽 상반되는 기질의 소유자라는 사실은 좀 아이러니하다.

불확정성 원리에 따르면 특정한 두 양을 동시에 정확히 측정하는 것은 결코 불가능하다. 이 점에서 양자 역학은 고전 물리학과 확연하게 달라진다. 고전 물리학은 최소한 원리적으로 물리계의 모든 특성,

---

- Werner Heisenbert, *Physics and Beyond: Encounters and Conversations*, translated by Arnold Pomerans(New York: Harper & Row, 1971). 국내에는 『부분과 전체』(김용준 옮김, 지식산업사)라는 제목으로 번역·출간되어 있다.──옮긴이
- ** Gerald Holton, *The Advancement of Science, and Its Burdens*(Cambridge, MA: Harvard University Press, 1998).

예를 들면 위치와 운동량 등을 당신이 원하는 만큼 정확히 측정할 수 있다고 본다.

양자 역학의 특정한 두 물리량 중 어느 것을 먼저 측정했는가가 다른 결과를 가져올 수 있다. 예를 들어 위치를 측정한 후 운동량(속력과 방향에 관한 정보를 모두 담고 있다.)을 측정하면, 운동량을 측정한 후 위치를 측정했을 때와 똑같은 값을 얻을 수 없다. 이는 고전 물리학에서는 있을 수 없는 일이며, 우리의 일상생활도 분명 그와 다르다. 어느 것을 먼저 측정하느냐가 중요해지는 것은 오직 양자 역학에서뿐이다. 그리고 불확정성의 원리는, 측정 순서가 문제가 되는 두 양이 있을 경우, 그 두 양의 불확정성의 곱이 항상 기본 상수, 즉 플랑크 상수인 h보다 클 것이라고 이야기한다. h는 6.582×10^{-25}기가전자볼트초(GeV·s)이다.[12]● 우리가 위치를 매우 정확하게 아는 데 초점을 맞춘다면, 동일한 정확도로 운동량을 알 수 없다. 그 역도 마찬가지이다. 측정 도구의 정확성을 아무리 높이고, 아무리 여러 번 측정해도, 당신은 두 양을 같은 정도의 높은 정확도로 동시에 측정할 수 없다.

불확정성의 원리에 플랑크 상수가 등장하는 것에는 중요한 의미가 있다. 플랑크 상수는 양자 역학에서만 등장하는 양이다. 기억을 되살려 보자. 양자 역학에서 특정 진동수를 갖는 입자의 에너지는 그 진동수에 플랑크 상수를 곱해서 얻을 수 있다. 고전 물리학이 세계를 지배한다면, 플랑크 상수가 0에 가까울 테고 그렇다면 기본적인 양자는 존재하지 않게 된다.

하지만 세계를 참되게 기술하는 것이 양자 역학이라면 플랑크 상수는 0이 아니라 어떤 값을 갖는다. 그리고 이 값은 불확정성을 뜻한

● 기가전자볼트(GeV)는 에너지의 단위이다. 뒤에서 곧 설명할 것이다.

다. 원리적으로는 어떤 양이라도 개별적으로는 정확하게 알 수 있다. 때때로 물리학자들은 무언가가 정확하게 측정되었으며 따라서 정확한 값을 갖는다는 것을 나타내기 위해 '파동 함수의 붕괴(collapse)'를 이야기한다. 여기서 붕괴는 파동 함수의 모양이 퍼지지 않고 특정 위치를 제외하고는 0의 값을 갖는 경우를 가리킨다. 이는 다른 값이 측정될 확률이 0이라는 것이다. 이처럼 한 물리량이 정확하게 측정되었다면, 불확정성 원리에서 이 측정값과 짝을 이루는 나머지 물리량에 대해서는 전혀 알 수 없다는 것이 불확정성 원리이다. 짝을 이루는 다른 물리량은 불확정성이 무한한 정도로 커진다. 물론 두 번째 물리량을 먼저 측정했다면, 첫 번째 양이 알 수 없는 양이 될 것이다. 즉 두 물리량 중 하나를 더 정확히 측정할수록, 다른 하나는 정확도가 더욱 낮아진다.

불확정성 원리가 어떻게 유도되었는지는 자세하게 살펴보지 않겠지만 그 기원을 간단히 짚어 보자. 다음 절로 건너뛰어도 좋지만 당신은 불확정성이 어떤 원리에 토대를 두는지 좀 더 알고 싶을 것이다.

불확정성 원리를 이끌어 내는 과정에서 나는 좀 더 이해가 쉬운 시간-에너지 불확정성에 초점을 맞추겠다. 시간-에너지 불확정성은 에너지의 불확정성(플랑크의 가설에 따르면 진동수의 불확정성과 동일하다.)과 그 계의 변화율을 특징짓는 시간 간격을 관련시킨다. 즉 에너지 불확정성과 변화하는 계를 특징짓는 시간의 곱은 항상 플랑크 상수 h보다 크다.

당신이 전등을 켜는 순간 라디오에서 잡음이 나오는 경우, 시간-에너지 불확정성이 현실에서 나타난 예가 될 수 있다. 전등 스위치가 켜지면서 광범위한 라디오 주파수가 생성된다. 전선을 통과하는 전기량이 매우 빨리 변해(계의 변화 시간 간격이 짧기 때문에—옮긴이), 에너지

(즉 진동수) 범위가 커지기 때문이다. 그리고 라디오가 이 신호를 잡아 잡음을 내게 된다.

불확정성 원리의 기원을 이해하기 위해서, 이번에는 매우 다른 사례인 새는 수도꼭지를 생각해 보자.* 수도꼭지에서 물이 떨어지는 비율을 정확히 측정하려면 장기간에 걸친 측정이 필요하다는 점을 보여 줄 것인데, 이것은 불확정성 원리가 주장하는 것과 매우 유사하다. 수도꼭지와 이를 통과하는 물은 수많은 원자를 포함하기 때문에 양자 역학적 효과를 관측하기는 힘들다. 고전 물리학적인 과정이 양자 역학적 효과들을 압도해 버리기 때문이다. 하지만 당신이 더 정확한 진동수(물방울이 1초 동안 몇 번 떨어지는지 나타내는 빈도수—옮긴이)를 알아내려면 더 오랜 시간 동안 측정해야 한다는 사실은 참이다. 그리고 이것이 불확정성 원리의 핵심이기도 하다. 양자 역학은 이러한 두 양의 상호 의존에서 한 발 더 나아간다. 더 정확한 양자 역학적 계에서는 에너지와 진동수가 서로 연관되기 때문이다. 그래서 양자계에서는 진동수의 불확실함과 측정 시간의 길이가(우리가 살펴볼 관계들처럼) 에너지와 시간 사이의 불확정성 관계로 전환된다.

1초에 한 방울씩 물이 떨어진다고 가정해 보자. 스톱워치가 1초 정도의 정확성을 갖는다면, 다시 말해 최소 1초 단위로만 시간을 측정할 수 있다면, 물방울이 떨어지는 것을 얼마나 정확히 측정할 수 있을까? 우리가 1초를 기다려 물 한 방울이 떨어지는 것을 보게 된다면, 아마도 수도꼭지에서 1초에 한 방울씩 물이 떨어진다고 결론 내릴 것이다.

* 수도꼭지의 물이 항상 불균일하게 새어나오지는 않지만, 여기서 우리는 그렇다고 가정한다.

그러나 이 스톱워치가 잴 수 있는 것은 1초 정도까지이기 때문에, 우리는 실제로 물방울이 떨어지는 시간이 얼마인지 정확히 말할 수 없을 것이다. 시계가 한 번 째깍거리며 초침이 움직였다고 해도, 그때 걸린 시간은 1초가 조금 넘거나 2초에 가까울지도 모른다. 그렇다면 물방울이 떨어진 게 1초와 2초 사이 중 언제라고 말할 수 있을까? 더 좋은 스톱워치를 사용하여 측정하거나 더 오래 측정하지 않으면 답을 알 수 없을 것이다. 우리가 갖고 있는 스톱워치로는 한 방울이 떨어지는 데 걸리는 시간이 1초와 2초 사이의 어디쯤이라고밖에 말할 수 없다. 만약 물이 1초에 한 방울씩 떨어진다고 말한다면, 이때 오차는 100퍼센트가 될지도 모른다.

하지만 10초 동안 측정하는 경우를 생각해 보자. 그 경우 시계가 열 번 째깍거리는 동안 대략 10방울의 물이 떨어질 것이다. 1초 정도의 정확성을 갖는 당신의 조잡한 시계로도, 당신이 자신있게 추론할 수 있는 것은 물 10방울이 떨어지는 데 걸리는 시간은 10초와 11초 사이라는 사실이다. 1초에 약 한 방울씩 물이 떨어진다는 당신의 측정값은 이제 10퍼센트 정도의 오차를 갖게 된다. 10초를 기다려 10분의 1초의 정확도로 진동수를 측정할 수 있기 때문이다. 당신의 측정 시간 간격(10초)과 진동수의 불확정성(10퍼센트 또는 0.1)의 곱이 약 1이 됨에 주목하라. 첫 번째 예에서 진동수 측정은 더 큰 오차(100퍼센트)를 갖지만 시간이 짧기 때문에 진동수의 불확정성과 측정 시간 간격의 곱은 똑같이 1이 된다.

이런 식으로 측정을 더 해 본다면 어떻게 될까? 100초간 측정한다면, 물방울이 떨어지는 간격을 100분의 1초 정도의 정확도로 측정할 수 있다. 1,000초간 측정한다면, 물방울이 떨어지는 간격을 1,000분의 1초 정도의 정확도로 측정할 수 있다. 이 모든 경우에 측정 시간 간격과 측정 진동수의 정확도를 곱한 값은 약 1이다.* 진동수를 더 정확히 측정하기 위해서는 더 긴 시간 간격이 필요하다는 것은 시간-에너지 불확정성 원리의 핵심이다. 당신은 진동수를 더 정확하게 측정할 수 있지만, 이를 위해서는 훨씬 더 긴 시간 동안 측정해야 한다. 시간과 진동수의 불확정성의 곱은 항상 1에 가까운 값이다.**

이제까지 설명한 간단한 불확정성 원리 유도를 마무리해 보자. 광자 하나와 같은 충분히 단순한 양자 역학적 계가 있다면 그 에너지는 플랑크 상수 h와 진동수의 곱이 될 것이다. 그 경우 우리가 에너지를 측정하는 시간 간격과 에너지 오차의 곱은 항상 h보다 크다. 원하는 만큼 에너지를 정확하게 측정할 수 있지만 그와 맞물려서 훨씬 더 오랫동안 측정해야 한다. 이것이 바로 우리가 방금 유도한 불확정성 원리다. 바뀐 것은 에너지와 진동수를 연관시킨 양자적 관계를 사용했다는 것뿐이다.

불확정성 원리가 우리에게 말해 주는 것

양자 역학의 기본은 거의 소개한 것 같다. 지금부터는 나중에 이용할 양자 역학의 나머지 두 요소를 검토해 보자.

- * 여기서는 정확한 숫자를 계산하지는 않을 것이다.
- ** 앞의 예는 불확정성 원리를 제대로 이해하는 데 결코 충분치 않다. 왜냐하면 그저 한정된 시간 동안 측정한다면 진짜 진동수를 측정했다고 확신을 가지고 말할 수 없기 때문이다. 수도꼭지가 언제까지나 새고 있을까? 또는 당신이 측정하는 동안만 샜을까? 설명하기 다소 어려워도, 당신은 진짜 불확정성 원리보다 더 나은 결론에 결코 도달하지 못할 것이다. 당신이 더 정확한 스톱워치를 갖게 된다고 해도 말이다.

이 절은 새로운 물리학 원리는 담고 있지 않다. 하지만 불확정성 원리와 특수 상대성 이론을 응용한 중요한 생각 하나를 소개하고자 한다. 즉 중요한 에너지 두 가지와, 그러한 에너지를 가진 입자가 민감하게 반응하는 물리 과정의 최소 길이 규모가 어느 정도인지를 다룬다. 이 관계는 입자 물리학자들이 항상 이용하는 것이다. 다음 절에서는 스핀, 보손, 페르미온을 정리한다. 이 개념은 입자 물리학의 표준 모형을 다루는 다음 장에서 다시 만날 것이며, 또 나중에 초대칭성을 검토할 때에도 필요할 것이다.

위치-운동량 불확정성 원리는 위치와 운동량의 불확정성의 곱이 플랑크 상수보다 커야 한다는 것이다. 이 원리는 빛이든, 하나의 입자든, 짧은 거리에서 일어나는 물리 과정에 민감하게 반응하는 모든 사물이나 계는 운동량의 범위가 엄청나게 커야 한다고 이야기한다(운동량이 매우 불확실하기 때문이다.). 즉 짧은 거리의 물리 과정에 민감한 입자는 매우 높은 운동량을 가져야만 한다. 특수 상대성 이론에 따르면, 운동량이 높을 때 에너지도 높다. 이러한 두 사실을 조합해 볼 때 짧은 길이 규모를 탐색하는 유일한 길은 높은 에너지뿐이다.

이를 설명하는 또 하나의 방법은 다음과 같다. 파동 함수가 미세하게 변하는 입자들에게는 오직 짧은 거리의 물리 과정만이 영향을 미치기 때문에, 짧은 거리를 탐험하기 위해서는 높은 에너지가 필요하다고 보는 것이다. 얀 베르메르(Jan Vermeer)가 그의 작품을 5센티미터 폭의 붓으로는 그리지 못한 것처럼, 또 흐릿한 시각으로는 섬세한 세부를 볼 수 없는 것처럼, 파동 함수가 매우 작은 범위로 변하지 않는 입자들은 짧은 거리의 물리 과정에 반응할 수 없다. 하지만 드브로이에 따르면, 파장이 짧은 파동 함수를 갖는 입자들은 높은 운동량을 갖는다. 물질파의 파장이 운동량에 반비례하기 때문이다. 따라서 짧은 길이 규모에서 일어나는 물리 현상을 지각하기 위해서는 높은 운동량, 즉 높은 에너지가 필수적이다.

이는 입자 물리학에 중요한 방향을 부여한다. 오로지 높은 에너지의 입자들만이 짧은 거리에서 일어나는 물리 과정의 결과를 감지한다. 높은 에너지가 얼마나 큰 값인지 살펴보기 위해 두 가지 특수한 예를 살펴보자.

입자 물리학자들은 eV(전자볼트, electronvolt)의 배수로 에너지를 측정한다. 1전자볼트는 전자 1개를 1볼트(V)의 전압을 거슬러 움직이는 데 필요한 에너지이다. 나는 GeV(기가전자볼트, 제브라고 읽는다.)와 TeV(테라전자볼트, 테브라고 읽는다.)를 함께 사용할 것이다. 기가전자볼트는 전자볼트의 100만 배, 테라전자볼트는 전자볼트의 1조 배이다.

입자 물리학자들은 eV를 에너지뿐만 아니라 질량의 단위로도 유용하게 쓰고 있다. 질량, 운동량, 에너지 사이의 특수 상대성 이론적인 관계가 빛의 속도(c=299,792,458m/s)[13]를 통해 연관되기 때문에 빛의 속도를 이용해 에너지를 질량이나 운동량으로 변환할 수 있다. 예를 들어 아인슈타인의 유명한 식 $E=mc^2$은 어떤 특정한 에너지를 질량으로 바꿀 수 있음을 의미한다. 즉 '환산 계수(c^2)'를 곱해서 질량을 eV 단위로 표현할 수 있다. 그 경우 양성자의 질량은 100만 전자볼트, 즉 1GeV이다.

이런 식으로 단위를 환산하는 것은 일상생활에서 쉽게 볼 수 있다. "기차역은 10분 거리에 있어."라는 말을 하는 경우가 있다. 이때 당신은 특정한 환산 계수를 염두에 두고 있다. 10분 거리는 걷는다고 한다면 약 1킬로미터, 고속도로에서 시속 100킬로미터로 달리는 차에 타고 있다면 약 17킬로미터에 해당하는 거리다. 당신은 상대방과 암묵적으로 합의한 환산 계수에 따라 대화한 것이다.

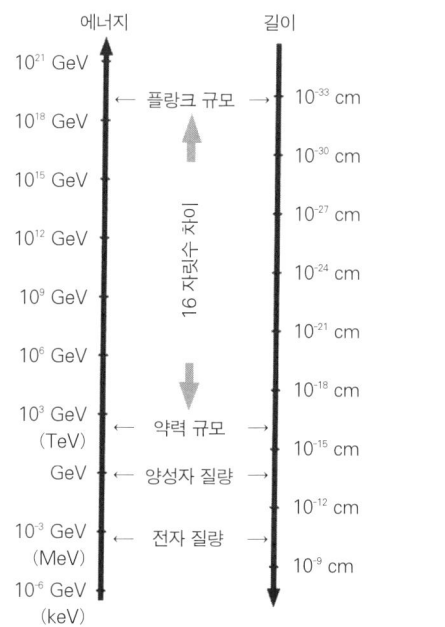

그림 46

입자 물리학에서 중요한 몇 가지 길이 규모와 에너지 규모. 더 높은 에너지들은 (특수 상대성 이론과 불확정성 원리를 통해서) 더 짧은 거리와 연결된다. 더 큰 에너지 파동은 더 짧은 길이 규모에서 발생하는 상호 작용에 민감하다. 중력의 상호 작용은 플랑크 에너지의 역수에 비례한다. 플랑크 에너지가 크다는 것은 중력의 상호 작용이 약함을 의미한다. 약력 규모 에너지는 ($E=mc^2$을 통해서) 약력 게이지 보손의 질량에 해당하는 규모에 맞는 에너지이다. 약력 규모 길이는 약력 게이지 보손이 약력을 전달하는 거리이다.

불확정성 원리와 특수 상대성 이론의 관계로부터 특정한 질량이나 에너지를 갖는 파동이나 입자가 경험할 수 있는 물리적 과정의 최소 공간 크기가 정해진다. 이제 이 관계를 다음 장에서 자주 다룰 입자 물리학의 두 가지 주요한 에너지에 적용해 보자(그림 46).

먼저 '약력 규모 에너지(weak scale energy)'가 있는데, 이것은 250기가전자볼트이다. 이 에너지에서 일어나는 물리적 과정이 약력과 기본 입자의 주요 성질을 결정한다. 특히 이 에너지에서 기본 입자의 질량이 결정된다. 나를 비롯한 여러 물리학자들은 이 에너지를 탐구하면, 새로운 물리 효과를 발견하게 될 것으로 기대하고 있다. 아직 등장하지 않은 새 이론으로 설명될지도 모를 이 효과는 우리로 하여금 물질의 구조에 대해 더 근본적으로 이해할 수 있게 해 줄 것이다. 운 좋게도 약력 규모 에너지의 탐사가 눈 앞에 와 있으며 우리의 궁금증 역시 머지않아 풀리게 될 것이다.

때때로 나는 '약력 규모 질량(weak scale mass)'에 대해 언급할 것이다. 이 질량은 빛의 속도를 통해 환산하면 약력 규모 에너지와 연결된다. 약력 규모 질량은 일반적으로 사용하는 질량 단위로 바꾸면 10^{-21}그램이다. 하지만 내가 방금 설명한 대로, 입자 물리학자들은 질량을 기가전자볼트(GeV) 단위로 말하는 걸 좋아한다.

이와 관련된 '약력 규모 길이(weak scale length)'는 10^{-16}센티미터, 즉 1경분의 1센티미터이다. 이 길이는 약력이 작용하는 거리, 즉 입자들이 약력을 통해 서로 영향을 주고받을 수 있는 최대 거리이다.

불확정성 원리에 따르면 짧은 거리는 높은 에너지로만 탐구할 수 있기 때문에, 약력 규모 길이는 250기가전자볼트 정도의 에너지를 갖는 입자가 반응할 수 있는 최소 길이, 즉 250기가전자볼트 에너지의 물리 현상이 영향을 미칠 수 있는 가장 작은 거리이다. 만일 그보다 작은 거리를 이러한 에너지로 탐사할 수 있다면, 거리 불확정성은 10^{-16}센티미터 이하가 되고 거리-운동량 불확정성 관계가 깨지게 된다. 현재 가동 중인 페르미 연구소의 가속기와 10년 안에 제네바 CERN에서 가동할 대형 강입자 충돌기(LHC)는 이러한 규모의 물리 과정을 탐구하게 될 것이며, 앞으로 내가 논의할 모형들은 이 에너지에서야 관측 가능한 결과들을 포함하고 있을 것이다.

두 번째 중요한 에너지가 '플랑크 규모 에너지(Planck scale Energy, 줄여서 플랑크 에너지, 약자로 M_{pl})'인데, 이는 10^{19}기가전자볼트이다. 이 에너지는 모든 중력 이론에 중요한 에너지이다. 예를 들어 뉴턴의 중력 법칙에 나오는 중력 상수는 플랑크 에너지의 제곱에 반비례한다. 플랑크 에너지가 크기 때문에 질량을 가진 두 물체 사이의 중력이 작은 것이다.

더 나아가 플랑크 에너지는 고전 중력 이론을 적용할 수 있는 최대의 에너지이다. 플랑크 에너지를 넘어서면, 양자 역학과 중력을 모순 없이 기술하는 양자 중력 이론이 꼭 필요하다. 나중에 끈 이론을 논의할 때 자세히 살펴보겠지만, 고전 끈 이론 모형에서는 끈의 장력을 플랑크 에너지가 결정한다.

양자 역학과 불확정성 원리에 따르면, 입자들이 플랑크 규모의 에너지를 가지면 '플랑크 규모 길이(Planck scale length, 줄여서 플랑크 길이,)'인 10^{-33}센티미터 정도의 짧은 거리에서 일어나는 물리 과정에 민감하게 된다. 이 길이는 극히 짧은 거리로서 관측 가능한 어떤 양보다도 훨씬 작다. 이처럼 작은 거리에서 일어나는 물리 과정을 기술하기 위해서는 양자 중력 이론이 필요하며, 그 이론은 끈 이론이 될 것이다. 이러한 이유로 플랑크 에너지뿐만 아니라 플랑크 길이는 다음 장에서 다시 중요한 양으로 등장할 것이다.

보손과 페르미온

양자 역학에서 입자는 '보손(boson, 보스 입자)'에 속하거나 '페르미온(fermion, 페르미 입자)'에 속해야 한다. 보손과 페르미온은 입자를 구분하는 중요한 기준이다. 전자나 쿼크 같은 기본 입자도 보손과 페르미온으로 구분할 수 있고, 원자핵이나 양성자 같은 기본 입자의 결합물도 보손과 페르미온으로 구분할 수 있다. 모든 입자는 보손 아니면 페르미온에 속한다.

입자가 보손인지 아니면 페르미온인지는 '고유 스핀(intrinsic spin)'에 의해 결정된다. 이 용어가 회전 운동을 연상시키지만, 입자의 '스핀(spin)'은 공간상의 실제 회전 운동과 아무 관련이 없다. 하지만 어떤 입자가 고유 스핀을 가지면, 실제로는 회전하지 않지만 입자는 마치 회전하는 것처럼 상호 작용한다.

예를 들면 전자와 자기장의 상호 작용은 고전적인 전자의 스핀, 즉 공간에서 실제적인 회전 운동에 따라 결정된다. 하지만 자기장과 전자의 상호 작용은 또한 전자의 고유 스핀의 영향을 받는다. 물리 공간에서 실제로 일어나는 고전적인 스핀*과 달리, 고유 스핀은 입자가 가진 고유의 성질이다. 입자의 고유 스핀은 영원히 불변하는 특정한 값이다. 예를 들면 광자는 보손이며 스핀이 1이다. 광자의 고유 스핀은 광자가 빛의 속도로 진행한다는 사실만큼이나 근본적인 광자의 성질이다.

양자 역학에서 스핀은 양자화된 값이다. 양자 스핀은 0(스핀이 없음), 1, 2, … 의 정숫값을 갖는다. 앞으로는 스핀 0, 스핀 1, 스핀 2 등으로 부르겠다. 인도의 물리학자 사트옌드라 나드 보스(Satyendra Nath Bose)의 이름에서 유래한 보손은 0, 1, 2, 3과 같은 정숫값의 고유 스핀(실제 회전과는 무관한 양자 역학적 스핀)을 갖는다.

페르미온의 스핀은 양자 역학이 등장하기 전에는 어느 누구도 감

• 고전 역학의 궤도 각운동량.

히 생각해 보지 못했던 단위로 양자화된다. 이탈리아의 물리학자 엔리코 페르미(Enrico Fermi)에서 이름이 유래한 페르미온은 1/2, 3/2처럼 정숫값의 반에 해당하는 고유 스핀값을 갖는다. 스핀 1인 입자가 한 바퀴 회전해서 초기 상태로 돌아온다면, 스핀 1/2 입자는 두 바퀴 회전해야 초기 상태로 돌아온다. 페르미온의 스핀은 기이하게도 정숫값의 1/2인데, 양성자, 중성자 그리고 전자는 모두 다 스핀 1/2 입자이다. 본질적으로 우리에게 친숙한 모든 물질은 스핀 1/2 입자들로 이루어져 있다.

가장 근본적인 입자들이 페르미온이라는 사실로부터 우리를 둘러싼 물질의 수많은 성질이 결정된다. 특히 '파울리의 배타 원리'는 동일한 두 페르미온 입자가 동일한 장소에서 결코 발견될 수 없다고 말해 준다. 배타 원리 덕분에 원자는 화학 반응을 일으킬 수 있는 구조를 가지게 되었다. 동일한 스핀을 가진 전자들이 같은 공간에 있을 수 없기 때문에 전자들은 다른 궤도를 돌아야 한다.

이것이 바로 내가 앞에서 고층 빌딩의 각기 다른 층이라는 비유를 사용했던 이유이다. 각각의 층은 양자화된 전자가 들어갈 수 있는 궤도들을 가리킨다. 여러 개의 전자가 핵을 둘러싸고 있을 때, 전자들은 파울리 배타 원리에 따라 서로 다른 전자 궤도들을 채워 나가게 된다. 배타 원리는 또한 여러분의 손이 탁자를 뚫지 못하거나 우리가 지구 중심으로 떨어질 수 없는 이유를 설명해 준다. 배타 원리를 통해 물질 내부의 원자, 분자 그리고 결정 구조가 형성되기 때문에 탁자와 손이 딱딱한 형태를 가질 수 있다. 우리 손을 이루는 전자는 탁자 속의 전자와 동일하다. 따라서 우리가 탁자를 쳤을 때 손을 이루는 전자가 탁자의 전자가 있는 자리로 이동하지 못한다. 2개의 동일한 페르미온은 같은 시간, 같은 장소에 있을 수 없기 때문에 물질이 붕괴하지 않는 것이다.

보손은 페르미온과 정확히 반대이다. 보손은 같은 장소에 있을 수 있다. 보손은 한 녀석 위에 다른 녀석이 올라타기를 좋아하는 악어와 비슷하다. 빛이 있는 곳에 또 빛을 비추는 경우, 빛은 당신이 탁자를 태권도로 격파하는 것과는 아주 다르다. 보손인 광자의 뭉치인 빛은 다른 빛이 있는 자리를 다시 통과할 수 있다. 2개의 빛줄기가 완전히 동일한 장소에 비출 수 있다. 사실 이 원리에 따라 레이저가 만들어졌다. 동일한 상태의 보손을 한데 모을 수 있기 때문에 레이저는 강력하고 위상이 맞는 결맞은 빛을 만들어 낸다. 초유체와 초전도체 또한 보손으로 구성된다.

보손의 성질 중 극단적인 사례는 '보스-아인슈타인 응축물(Bose-Einstein condensate)'인데, 여기서는 같은 종류 입자들의 무리가 하나의 입자처럼 행동한다. 이는 각기 다른 장소에 있어야 하는 페르미온이라면 결코 불가능한 일이다. 보스-아인슈타인 응축물은 페르미온과 달리 이를 구성하는 보손들이 동일한 특성을 가질 수 있기 때문에 가능하다. 2001년 에릭 코넬(Eric Conell), 볼프강 케테를레(Wolfgang Ketterle), 카를 비만(Carl Wiemann)은 보스-아인슈타인 응축물 연구로 노벨 물리학상을 수상했다.

앞으로 나는 페르미온과 보손이 어떤 식으로 행동하는지를 자세히 설명하지는 않을 것이다. 이 절에서 기억해야 할 유일한 내용은 기본 입자는 고유 스핀을 가지며 하나 또는 다른 방향으로 회전하는 것처럼 작용한다는 사실이다. 그래서 모든 입자는 보손이나 페르미온으로 분류될 수 있다.

기억해야 할 것

- 양자 역학은 빛과 물질이 모두 양자라는 불연속적인 단위임을 말해 준다. 예를 들면 연속적으로 보이는 빛도 실제로는 광자라는 불연속적인 양자로 이루어져 있다.
- 양자는 입자 물리학의 기초이다. 입자 물리학의 표준 모형은 우리가 아는 입자와 힘을 설명한다. 그에 따르면 모든 물질과 힘은 궁극적으로는 입자와 그들의 상호 작용으로 해석할 수 있다.
- 양자 역학은 우리에게, 모든 입자는 그에 해당하는 파동, 즉 입자의 파동 함수를 가진다고 말한다. 이 파동의 제곱은 특정한 위치에서 입자가 발견될 확률을 의미한다. 편의상 나는 때때로 더 널리 사용되는 파동 함수의 제곱인 '확률파(probability wave)'에 대해 말할 것이다. 이 확률파의 값은 곧바로 확률을 의미한다. 이것은 중력자(graviton, 중력을 전달하는 입자)에 대해 논의할 때 다시 살펴볼 것이다. 또한 보통의 차원에 수직 방향인 여분 차원을 따라 운동량을 갖는 입자들인 칼루차-클라인(KK) 모드를 논의할 때 확률파는 매우 중요한 역할을 한다.
- 고전 물리학과 양자 역학의 또 다른 중요한 차이는 양자 역학이 입자의 경로를 정확하게 결정할 수 없다고 주장한다는 점이다. 당신은 입자가 출발부터 도착까지 어떤 경로를 가는지 결코 정확하게 알 수 없다. 이는 입자가 힘을 받아 움직일 때 가능한 경로를 모두 다 고려해야 한다는 사실을 말해 준다. 양자 경로가 상호 작용하는 모든 입자를 포함하기 때문에, 양자 역학적인 결과는 질량과 상호 작용 세기에 영향을 줄 수 있다.
- 양자 역학은 입자를 보손과 페르미온 두 가지로 나눈다. 두 부

류의 입자가 있다는 점은 표준 모형의 구조에 필수불가결한 것이며, 초대칭으로 알려진 표준 모형의 확장된 이론에도 마찬가지이다.
- 특수 상대성 이론과 양자 역학의 불확정성 원리를 함께 고려하면, 물리 상수를 사용해 입자의 질량, 에너지, 운동량을 그 입자가 힘이나 상호 작용을 경험할 수 있는 최소 영역과 연관지을 수 있다.
- 입자 물리학에서 자주 나오는 두 가지 중요한 에너지는 약력 규모 에너지와 플랑크 에너지이다. 약력 규모 에너지는 250기가전자볼트이고 플랑크 에너지는 그보다 훨씬 높은 10^{19}기가볼트이다.
- 1센티미터의 10^{-17}배보다 더 작은 범위에 작용하는 힘만이 약력 규모 에너지를 지닌 입자에 관측 가능한 효과를 줄 수 있다. 이는 엄청나게 짧은 거리이지만 핵 안의 물리 반응과 관련된 거리이고 또한 입자가 질량을 얻는 메커니즘과 관련되는 거리이다.
- 무척이나 작은 약력 규모 길이도 플랑크 길이에 비하면 어마어마하게 길다. 플랑크 길이는 10^{-33}센티미터 또는 1센티미터의 1조분의 1조분의 10억분의 1센티미터이다. 이는 어떤 힘이 플랑크 에너지를 가진 입자들에게 힘이 영향을 미치는 길이 규모이다. 플랑크 에너지는 중력의 세기를 결정한다. 입자가 플랑크 에너지 정도의 에너지를 가져야 중력이 강하게 작용하기 시작한다.

3

기본 입자들의 물리학

7장

입자 물리학의 표준 모형 : 물질의 가장 기본적인 구조

너는 결코 혼자가 아니야.
너는 결코 떨어지지 않아!
너는 네 집에 있어.
동료들이 있기 때문에, 너는 보호받을 거야!
…… 너는 제트단의 일원, 너는 영원한 제트단![8]
—「웨스트 사이드 스토리」

● 미국 뉴욕 웨스트 사이드를 무대로 벌어지는 불량 청소년들의 갈등과 삶을 그린 뮤지컬 「웨스트 사이드 스토리(West Side Story)」의 「제트 송(Jet Song)」의 반복 후렴구. 이 노래는 웨스트 사이드의 청소년 패거리 중 하나인 이탈리아계 이민 청소년들의 제트단(Jet團)의 것이다. 이들이 적대시하는 것은 푸에르토리코계의 샤크단(Shark團). ─ 옮긴이

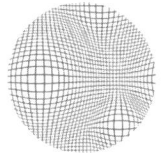

아테나가 읽었던 모든 이야기 중에서 가장 당혹스러운 이야기는 한스 크리스티안 안데르센(Hans Christian Andersen)의 「공주와 완두콩」이다. 이는 어떤 왕국의 왕자가 이상적인 왕자비를 찾는 이야기이다. 몇 주 동안 여러 후보를 만나 보지만 다 마땅치 않다. 그러던 어느 날, 폭풍우가 치던 밤, 한 아가씨가 비에 흠뻑 젖어서 하룻밤 재워 달라고 성으로 찾아온다. 왕비는 아무것도 모르는 이 방문객이 왕자비 자격이 있는지 시험해 본다.

왕비는 침대를 준비하면서 매트리스 여러 개를 겹쳐 쌓은 후 그 위에 깃털 이불을 덮었다. 그리고 가장 밑에 있는 매트리스 아래에 완두콩 한 알을 넣은 후 손님을 그 방으로 안내했다. 다음날 아침, 공주(그녀는 자신이 공주임을 증명한다.)는 전혀 잠을 잘 수 없었다고 불평했다. 그녀는 잠자리가 불편해서 밤새도록 뒤척였으며 결국 멍이 들고 말았다고 했다. 바로 완두콩 탓이었다. 왕비와 왕자는 그녀가 왕가의 피를 물려받았음이 분명하다고 결론지었다. 그렇지 않다면 어떻게 그토록 예민할 수 있단 말인가?

아테나는 이 이야기를 곰곰이 생각한 끝에, 공주가 아무리 예민하다고 해도 여러 겹 쌓아 올린 매트리스 아래 가만히 놓여 있는 완두콩을 발견한다는 것은 터무니없는 일이라고 결론지었다. 며칠 동안 생각한 아테나는 그럴듯한 해석을 찾아냈다. 그리고 오빠에게 그 이야기를 들려 주기 위해 달려갔다.

아테나는 공주가 매트리스 더미 아래 놓인 작은 완두콩까지 느낄 수 있는 예민함과 섬세함으로 왕실 혈통을 증명했다는 평범한 해석에 반대했다. 그녀는 다른 해석을 내놓았다.

왕비가 나가자 홀로 남겨진 공주는 예의 따위는 던져 버리고 젊음과 활달함을 드러냈을 것이다. 그녀는 침대에서 이리 뛰고 저리 뛰며 지칠 때까지 제멋대로 놀았다. 지칠 대로 지친 공주는 매트리스가 꺼질 정도로 몸무게를 모두 실어 매트리스 위로 쓰러져 잠들었고, 그 바람에 매트리스들 밑에 있던 완두콩이 공주의 몸을 눌러 멍을 만들었다. 이 해석의 공주도 대단하기는 대단하지만 아테나는 자신의 새로운 해석이 기존의 이야기보다 훨씬 더 만족스러웠다.

원자의 기본 구조를 발견한 일은 공주가 완두콩을 찾아낸 일만큼이나 대단한 위업이었다. 양성자를 구성하는 쿼크가 양성자 내에서 차지하는 부피는 완두콩이 매트리스 안에서 차지하는 부피만큼이나 작다. 가로 2미터×세로 1미터×높이 $\frac{1}{2}$ 미터인 매트리스 안에 들어 있는 1세제곱센티미터의 완두콩이 차지하는 부피는 매트리스 부피의 100만분의 1이며, 이는 양성자 내에서 쿼크가 차지하는 부피와 크게 다르지 않다. 그리고 물리학자들이 쿼크를 발견하는 방법은 말괄량이 공주가 완두콩을 발견하는 것과 비슷한 데가 있다. 얌전한 공주는 층층이 쌓여 있는 매트리스 아래 놓인 완두콩을 결코 발견하지 못할 것이다. 마찬가지로 물리학자들도 내부를 들여다볼 만큼 큰 에너지를 가진 입자를 양성자 내부로 쏴 넣은 후에야 쿼크를 발견할 수 있었다.

이 장에서는 공주가 매트리스 위로 몸을 던졌듯이 우리도 한번 표준 모형의 세계에 몸을 던져 보자. 표준 모형은 이제까지 알려진 물질의 기본 구성 요소들과 그것들 사이에 작용하는 힘을 다루는 이론이다.* 우리가 앞에서 살펴본 놀랍고 흥분 가득한 수많은 발전들의 최고봉이랄 수 있는 표준 모형은 굉장한 성취이다. 이 모든 자세한 내용을 기억할 필요는 없다. 나는 나중에 모든 입자들의 이름과 그것들 사이의 상호 작용에 대해 반복해서 설명할 것이다. 하지만 표준 모형은 앞으로 내가 설명할 여분 차원 모형의 기초가 된다. 따라서 당신이 표준 모형과 그 주요한 생각을 어느 정도 안다면, 물질의 기본 구조는 물론 물리학자들이 오늘날 생각하는 세계의 모습을 한층 더 깊이 이해할 수 있다.

전자와 전자기학

블라디미르 레닌(Vladimir I. Lenin)은 자신의 철학적 입장을 개진한 『유물론과 경험 비판론(*Materialism and Emprico-Criticism*)』에서 전자를 하나의 메타포로 사용했다. 그는 우리가 어떤 대상을 해석할 때 다양한 층위의 이론적 생각과 해석을 할 수밖에 없음을 지적하며, "전자는 무진장이다."라고 썼다. 오늘날 우리는 전자를 20세기 초반과는 매우 다르게 생각한다. 양자 역학이 우리의 생각을 완전히 바꿔 놓은 것 같았기 때문이다.

하지만 물리학적으로 레닌의 메타포는 참이 아니다. 전자는 '무진장하지 않다.' 전자는 기본 입자이며 나누어지지 않는다. 입자 물리

* '표준 모형'이라는 이름에도 불구하고 여기에는 관습상의 모호함이 있다. 어떤 사람들은 여기에 가상의 힉스 입자까지 포함시킨다. 그러나 '표준' 모형이라고 한다면 알려진 입자만을 포함하는 것이 맞다고 생각한다. 여기서 나는 '표준 모형'을 그런 의미로 사용한다. 힉스 입자에 대해서는 10장에서 살펴보자.

학자가 보기에 전자는 '무진장한' 구조를 가지고 있지 않을 뿐만 아니라 표준 모형에서도 가장 단순한 입자이다. 전자는 안정적이며 자신 외의 구성 요소를 가지지 않는다. 그래서 우리는 질량과 전하 같은 몇 가지 성질로 전자의 특성을 온전히 나타낼 수 있다(체코의 반공주의자 끈 이론가인 루보스 모틀(Luboš Motl)은 이것이 레닌과 자기 관점 사이의 유일한 차이는 아니라고 비꼰 적이 있다.).

전자는 전지의 양극(+)을 향해 이동한다. 움직이는 전자는 자기력에도 반응하므로 전자가 자기장을 통과하게 되면 전자의 경로가 휜다. 이 두 가지 특징은 전자의 음전하 때문에 생기는 현상이다. 즉 전자를 전기와 자기에 반응하게 하는 것은 바로 전자의 음전하이다.

1800년대가 되기 전까지 모든 사람들은 전기와 자기를 분리된 현상으로 여겼다. 하지만 1819년 덴마크의 물리학자이자 철학자인 한스 크리스티안 외르스테드는 움직이는 전하의 흐름, 즉 전류가 자기장을 만들어 낸다는 사실을 발견했다. 이로부터 그는 전기와 자기를 통합하여 기술할 하나의 이론이 필요하다고 생각했다. 그는 전기와 자기를 동전의 양면처럼 동일한 현상의 다른 측면으로 생각했다. 번개가 칠 때 나침반의 바늘이 움직이는 현상은 외르스테드의 결론이 옳음을 확인해 준다.

19세기에 발견되었고 오늘날에도 사용되고 있는 고전 전자기 이론은 전기와 자기가 연관되어 있다는 관측 결과에 기초를 두고 있다. 그리고 고전 전자기 이론의 기초를 이루는 또 다른 개념이 바로 '장(場, field)'이다. 물리학자들은 공간에 골고루 퍼져 있는 어떤 양을 기술할 때 '장'이라는 개념을 쓴다. 예를 들어 임의의 지점의 중력장 값은 그곳에서 중력의 효과가 얼마나 강한지를 알려 준다. 다른 장도 비슷하다. 임의의 장소에서의 장의 값은 그 위치에서 장의 세기가 얼마인지 알려 준다.

19세기 후반 영국의 물리학자이자 화학자인 마이클 패러데이(Michael Faraday)는 전기장과 자기장 개념을 제시했고, 이는 물리학에서 지금까지 사용되고 있다. 어려운 집안 사정으로 그가 14세에 공식적인 교육을 잠시 포기했다는 것을 생각해 보면(대장장이의 아들이었던 그는 어릴 때 빵 한 덩어리로 일주일을 버텨야 할 만큼 가난했다. 교회 주일 학교에서 읽기·쓰기·셈하기 등을 배운 것이 그가 받은 교육의 전부였다.—옮긴이), 그가 그토록 어려운 상황에서도 혁명적인 물리학 연구를 했다는 것은 무척 놀라운 일이다. 패러데이는 운이 좋게도, 도제로서 들어간 제본소 주인의 격려를 받아 제본 작업 중인 책을 읽고 공부할 수 있었다. 이것은 물리학 발전에도 다행스러운 일이었다.

패러데이는 전하가 만들어 낸 전기장과 자기장이 공간에 널리 퍼져 있으며, 반대로 이 장이 전하를 띤 다른 물체에 영향을 미친다고 생각했다. 하지만 대전된 물체가 전기장이나 자기장에서 받는 효과는 물체의 위치에 따라 달라진다. 장은 그 값이 가장 큰 곳에서 최대의 효과를, 장의 값이 가장 작은 곳에서 최소의 효과를 준다.

자석 주위에 철가루를 뿌려 보면 자기장을 눈으로 확인할 수 있다. 작은 철가루는 자기장의 세기와 방향을 따라 늘어서면서 어떤 모양을 만든다. 또 자석 2개를 서로 근접시키면 자기장을 느낄 수도 있다. 두 자석은 서로 밀어내기도 하고 서로 당기기도 하다가 결국 찰싹 달라붙는다. 각각의 자석이 그 둘 사이의 영역에 생긴 장에 반응하는 것이다.

언젠가 하이킹 경험은 많지만 등산은 초보자인 친구와 콜로라도 볼더 산 근처의 산봉우리 등산을 마치고 하산하던 중에, 전기장이 공간 곳곳에 퍼져 있다는 것을 뼈저리게 느낀 적이 있다. 갑자기 몰려

온 뇌운(雷雲)으로 로프는 딱딱 소리를 내고 친구의 머리카락은 곤두서 있었지만, 나는 친구가 긴장할까 봐 그 사실을 말하지 않고 친구를 재촉해 빨리 산을 내려왔다. 마침내 우리는 산을 내려왔고 도중까지는 대체로 즐거웠던 그날의 모험에 대해 즐겁게 이야기했다. 그제서야 친구는 우리가 몹시 위험했다는 사실을 자신도 알고 있었다고 털어놓았다. 내 머리카락이 곤두서 있었다는 것이었다. 전기장은 단 한곳에만 있지 않았다. 우리 주위의 모든 곳에 전기장이 있었다.

19세기 이전에는 누구도 전기와 자기를 장의 관점에서 서술하지 않았다. 사람들은 전기력과 자기력을 '원격 작용(action at a distance)'으로 설명했다. 초등학교에서 배웠을지도 모르겠지만, 전기를 띤 물체가 다른 대전된 물체를 그것이 어디에 있는 상관없이 곧바로 끌어당기거나 밀어낸다는 식의 설명을 들은 적이 있을 것이다. 이것이 바로 '원격 작용'이다. 주변에서 항상 이런 일이 일어나기 때문에 이 설명이 이상하게 들리지는 않았을 것이다. 하지만 잘 생각해 보면 한 곳에 위치한 물체가 멀리 떨어진 다른 물체에게 즉각 영향을 미친다는 것은 무척 이상한 일이다. 이 효과는 어떻게 전달되는 것일까?

그저 말장난처럼 들릴지도 모르지만, 원격 작용과 장 이론 사이에는 엄청난 개념적 차이가 있다. 장 이론은 대전된 물체가 주위의 다른 공간에 즉각 전자기력을 미칠 수 없다고 본다. 즉 전자기 효과가 전달되려면 시간이 필요하다. 움직이는 전하는 주위에 장을 만드는데, 이 장이 공간으로 퍼져 나간다(물론 무척 빠른 속도로 퍼진다.). 물체들이 멀리 떨어져 있는 전하의 움직임을 알아차리는 것은 빛(빛은 전자기장이다.)이 도착하는 데 걸리는 시간이 지나고 나서이다. 따라서 전기장과 자기장은 유한한 빛의 속도보다 결코 빨리 퍼질 수 없다. 떨어진 공간상의 한 점에 전하가 영향을 미치기 위해서는, 즉 전하에서 떨어진 한 지점에 장의 효력이 생기려면 일정한 시간이 경과해야만 한다.

하지만 패러데이가 제안한 전자기장 개념은 엄청나게 중요한 것이었지만 그가 사용한 개념은 수학적이라기보다는 발견적(heuristic)인 수준에 머물렀다. 아마 그 이유는 체계적인 교육을 받지 못한 페러데이가 수학에 약했기 때문일 것이다. 그러나 또 다른 영국 물리학자 제임스 클러크 맥스웰은 패러데이의 장 이론을 이용해 고전 전자기 이론을 만들었다. 뛰어난 과학자였던 맥스웰은 다양한 분야에 관심을 가졌다. 특히 광학, 색채 이론, 타원의 수학, 열역학, 토성의 고리, 꿀을 이용한 위도 측정 실험 등이 잘 알려져 있다. 또 고양이가 거꾸로 떨어질 때 어떻게 각운동량을 보존하면서 똑바로 땅에 떨어지는가를 연구하기도 했다.●

맥스웰이 물리학에 한 가장 큰 공헌은 전하와 전류의 분포로부터 전기장과 자기장의 값을 유도하는 방정식들을 개발한 것이다.[14]●● 맥스웰은 이 식으로부터 전자기파의 존재를 추론해 냈다. 전자기파는 당신의 집에 놓인 컴퓨터, 텔레비전, 전자레인지를 비롯한 수많은 가전제품에서 여러가지 형태로 방사되는 전자기의 파동을 말한다.

그러나 맥스웰은 한 가지 실수를 범했다. 그 시대의 모든 물리학자들처럼, 그도 장을 너무 물질적으로 생각했다. 그는 장이 에테르의 진

● 고양이는 등뼈가 무척 유연하고 쇄골이 없어서 각운동량을 보존하면서 몸을 비틀 수 있다. 실제로 이 문제는 현재까지도 활발히 연구되는 주제이다.

●● 리처드 파인만(Richard P. Feynman)은 "인류의 역사를 길게 보면, 아니 지금으로부터 1만 년 후의 관점에서 역사를 돌이켜본다면, 19세기에 일어난 사건 중 가장 중요한 사건은 맥스웰의 전기 역학 법칙의 발견이라고 해도 과언이 아니다."라고 말했다. (*The Feynman Lectures on Physics*, Vol. II)

동에서 생겨난다고 가정했다.(에테르에 대한 생각은 결국 아인슈타인에 의해 폐기되었음을 앞서 살펴보았다.) 그렇지만 아인슈타인은 특수 상대성 이론의 기원을 맥스웰의 공으로 돌렸다. 맥스웰의 전자기 이론은 아인슈타인에게 빛의 속도가 일정하다는 영감을 제공했으며 이를 기반으로 아인슈타인은 기념비적인 연구를 진행했다.

광자

맥스웰의 고전 전자기 이론이 내놓은 여러 예측들이 성공적으로 관측되었지만, 양자 역학 이전이라서 양자 효과에 관한 내용은 들어 있지 않았다. 오늘날 물리학자들은 입자 물리학을 이용해 전자기력을 연구한다. 이러한 접근법은 맥스웰의 훌륭한 고전 이론과 양자 역학을 동시에 포괄한다. 따라서 현재의 전자기력 연구는 이전의 고전적인 방법보다 더 광범위하고 정확하다. 사실 양자 전자기 이론은 10억분의 1이라는 믿기 어려울 정도의 높은 정확도로 예측값을 내놓았다.*

양자 역학적 전자기 이론에서는 전자기력을 '광자'의 교환으로 설명한다. 전자가 방출한 광자가 다른 전자로 옮겨가면서 전자기력을 전달하고 사라진다는 것이다. 이러한 교환을 통해 광자는 힘을 전달하거나 '매개(mediate)한다.' 광자는 한 곳에서 다른 곳으로 정보를 전달하는 임무를 수행한 후 즉각 소각되는 비밀 문서처럼 행동한다.

* 이는 전자의 비정상 자기 모멘트(electron anomalous magnetic moment)라는 양의 측정을 통해 밝혀졌다.

전기력에는 인력과 척력이 있다. 양전하이든 음전하이든, 다른 종류의 전하 사이에는 인력이 작용하고, 같은 종류의 전하 사이에는 척력이 작용한다. 광자가 척력을 전달하는 방식은 얼음판 위에서 스케이트 선수 두 사람이 볼링공을 주고받는 상황에 비유해 볼 수 있다. 둘 중 한 사람이 볼링공을 받을 때마다 얼음판 위에서 미끌어져 공을 던진 사람에게서 멀어진다. 반대로 인력은 초보자 두 사람이 플라스틱 원반을 서로에게 던지는 상황과 비슷하다. 서로 멀어지는 스케이트 선수 두 사람과 달리, 초보자 두 사람은 원반을 더 잘 잡기 위해 서로 더 가까워진다.

광자는 '게이지 보손(gauge boson)'이라는 힘을 전달하는 기본 입자의 첫 번째 사례이다('게이지'라는 단어는 아주 어려운 용어라는 인상을 줘서 딱딱하게 들린다. 물리학자들이 이 단어를 처음 쓰기 시작한 것은 1800년대 후반인데, 철길 궤도의 두 쇠줄 사이의 너비를 뜻하는 이 단어를 '접선에 따라 작용하는 힘이나 운동' 등을 뜻하는 비유로 사용했다. 100년 전에는 이 단어가 그리 낯선 것이 아니었을 것이다.). 게이지 보손에는 광자 말고도 약력 보손과 글루온이 있으며 이들은 각각 약력과 강력을 전달하는 입자이다.

1920년대 후반과 1940년대 사이, 영국의 물리학자 폴 디랙과 미국의 리처드 파인만, 줄리언 슈윙거(Julian Schwinger) 또 전후 일본에서 독립적으로 연구하던 도모나가 신이치로(朝永振一郎)는 광자에 대한 양자 역학 이론을 발전시켰다. 그들은 자신들이 발전시킨 양자 이론을 양자 전기 역학(quantum electrodynamics, QED)이라고 불렀다. 양자 전기 역학은 고전 전자기 이론의 결과를 모두 예측할 뿐만 아니라 양자 입자를 생성하거나 교환함으로써 생겨나는 상호 작용처럼 물리 반응에 나타나는 입자(양자) 효과들을 모두 포함한다.

양자 전기 역학은 전자기력이 광자 교환을 통해 어떻게 나타날 수

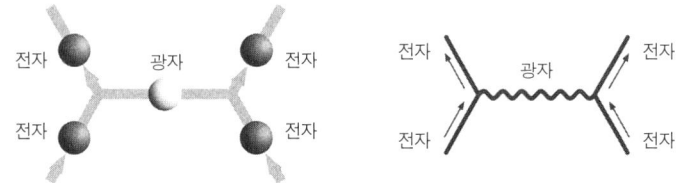

그림 47
오른쪽의 파인만 다이어그램은 몇 가지로 해석할 수 있다. 그중 하나는 아래쪽에서 위로 가면서 보는 것으로 전자 2개가 상호 작용 영역에 들어와서 광자를 교환한 후 다시 전자 2개가 남는 것이다. 이 과정을 왼쪽에 그림으로 설명해 놓았다(이 다이어그램은 또한 전자와 양전자의 쌍소멸과 쌍생성으로 해석할 수 있다.).

있는지를 보여 준다. 예를 들어 그림 47 같은 과정에서 두 전자는 상호 작용 영역으로 들어가 광자를 교환한 후, 매개된 전자기력의 결과에 따라 다른 경로(예를 들면 특정한 운동의 속력과 방향)로 나아간다. 장 이론은 다이어그램의 각 부분을 숫자와 연결시켜 주는데, 이를 사용하면 정량적 예측도 가능해진다. 이 그림이 바로 리처드 파인만의 이름을 딴 '파인만 다이어그램'의 예로, 양자장 이론에서 상호 작용을 도식적으로 기술하는 방식이다(파인만은 자신의 발명을 너무나 자랑스러워한 나머지 몇 개의 다이어그램을 그의 자동차에 그려 넣었을 정도였다.).

하지만 QED에 등장하는 광자가 전부 소멸되는 것은 아니다. 광자처럼 전자기 상호 작용을 이끌어 내고 만들어졌다가 거의 순식간에 사라지는 '중간 입자(intermediate) 또는 '내부 입자(internal particle)' ● 외에도, 실재하는 '외부 입자(external particle)'로서 상호 작용 영역을

● 11장에서 우리는 이들을 '가상 입자(virtual particle)'라고 부르기도 한다는 점을 살펴볼 것이다.

출입하는 광자도 존재한다. 때로 이 입자들은 방향이 바뀌기도 하며 다른 입자로 변하기도 한다. 상호 작용 영역에 들어가거나 외부에 남아 있는 입자들은 어느 쪽이든 실재하는 물리 입자들이다.

양자장 이론

입자 연구의 도구인 양자장 이론•은 입자를 생성하고 붕괴시키고 어느 곳에나 존재하는 영원한 대상에 기초를 두고 있다. 이 대상이 바로 양자장 이론의 '장'이다. 장이라는 이름의 유래가 된 고전 전자기장처럼 양자장은 시공간에 퍼져 있다. 하지만 양자장은 다른 역할을 한다. 양자장은 기본 입자들을 만들어 내거나 흡수해 버린다. 양자장 이론에 따르면, 입자들은 어디에서나 또 언제나 만들어질 수 있으며 또한 파괴될 수도 있다.

예를 들면 공간 어디에서든 전자나 광자가 나타날 수도 사라질 수도 있다. 양자 반응은 입자의 생성과 붕괴 과정을 통해 우주에 존재하는 하전 입자의 개수가 변하는 것을 허용한다(하지만 반응 전후의 전하량은 항상 동일하다.—옮긴이). 각각의 입자는 각각 특정한 장에서 생성될 수도 소멸될 수도 있다. 양자장 이론에서는 전자기력뿐만 아니라 모든 힘과 상호 작용이 장으로 기술되며, 장은 새로운 입자를 창출하거나 이미 존재하는 입자를 제거할 수 있다.

양자장 이론에 따르면, 입자는 양자장이 들뜬 상태이다. 입자가 없는 상태인 '진공'에서는 상수의 장만 생성된다고 한다면, 그에 반해

• QED는 양자장 이론을 전자기학에 적용한 이론이다.

입자가 있는 상태에서는 입자에 해당하는 혹과 기복이 있는 장이 생긴다. 장에 혹이 생기면 입자가 만들어지며, 장이 혹을 흡수해 다시 상수 상태가 되면 입자가 소멸한다.

전자와 광자를 만들어 내는 장은 모든 곳에 존재해야만 한다. 모든 상호 작용이 시공간상의 모든 지점에서 일어나야 하기 때문이다. 양자장이 모든 곳에 있어야 하는 것은 상호 작용이 국소적으로만, 즉 입자들이 동일 위치에 있을 때에만 일어나기 때문이다. 이에 비해 원격 작용은 훨씬 더 마법 같다. 입자들은 초능력이 없기 때문에 직접 상호 작용하려면 서로 접촉해야 한다.

물론, 전자기 상호 작용은 직접 접촉하지 않고 서로 떨어져 있는 전하들 사이에서 일어난다. 하지만 이러한 상호 작용은 하전 입자 양쪽 모두와 직접 접촉할 수 있는 광자 같은 입자들의 도움을 받아야만 가능하다. 그 경우 전하들은 서로 순간적으로 영향을 주고받는 것처럼 보이지만, 이는 빛의 속도가 무척 빠르기 때문에 그렇게 보이는 것뿐이다. 실제로 상호 작용은 국소적으로 이루어지는 일련의 과정을 거친다. 먼저 한 입자가 광자와 접촉하고, 이 광자가 다시 다른 입자와 접촉한다. 그러므로 장은 하전 입자가 있는 바로 그 위치에서 광자를 만들어 냈다가 소멸시켜야만 한다.

반입자와 양전자

양자장 이론에 따르면 각 입자들은 그에 대응하는 입자, 즉 반입자가 있어야 한다. 톰 스토파드(Tom Stoppard, 체코슬로바키아 출신의 극작가로 「태양의 제국」, 「셰익스피어 인 러브」 등 영화 각색은 물론 직접 영화 감독을 하기도 했다. 주로 「햄릿」 같은 문학이나 역사에서 소재를 빌어와 희곡을 썼다.—옮긴이)는 그의 희곡 「햅굿(Hapgood)」에서 반입자에 대해 이렇게 말했다. "아시겠지만, 입자가 반입자를 만났을 때, 그들은 서로 소멸하여 에너지 폭발을 일으키지요." 공상 과학을 즐기는 독자라면 반입자에 대해서는 다들 알 것이다. 공상 과학 세계에서 반입자는 우주를 파괴하기 위한 총이 되기도 하며, 「스타트렉」의 우주 전함 엔터프라이즈호의 동력원이 되기도 한다.

이러한 반입자 응용 사례는 모두 허구이지만 반입자는 허구가 아니다. 반입자는 입자 물리학이 보는 세계의 일부이다. 장 이론과 표준 모형에서 입자와 마찬가지로 반입자는 필수불가결한 존재이다. 사실 반입자는 이와 대응하는 입자와 전하가 다르다는 사실을 제외하면 입자와 동일하다.

폴 디랙은 전자를 기술하는 양자장 이론을 발전시키면서 처음으로 반입자와 만나게 되었다. 그는 양자 역학과 특수 상대성 이론을 동시에 만족시키는 양자장 이론은 반드시 반입자를 포함해야 한다는 사실을 알아냈다. 그가 일부러 반입자를 이론에 끼워 넣은 것은 아니다. 디랙이 특수 상대성 이론과 양자 역학을 결합시키자 반입자들이 튀어나온 것이었다. 반입자는 양자 역학에 상대성 이론을 결합시킨 양자장 이론의 필연적인 결과이다.

왜 특수 상대성 이론에서 반입자가 유도되는지를 개략적으로 설명하면 다음과 같다. 하전 입자는 공간에서 앞뒤로 움직일 수 있다. 특수 상대성 이론에 따르면 이 입자들은 시간상으로도 앞뒤로 움직일 수 있다고 추측할 수 있다. 하지만 우리가 아는 한, 입자들이든 우리가 아는 어떤 것이든 시간의 흐름을 거슬러 후퇴할 수 있는 것은 실제로는 존재하지 않는다. 대신 반대 전하를 띤 반입자들이 시간을 거슬러 움직이는 입자들의 역할을 대신할 수 있다. 반입자들이 시간을 거슬러 움직이는 입자들과 동일한 효과를 냄으로써, 시간에 역행하는 입자들 없이도 양자장 이론의 예측은 특수 상대성 이론과 합치하게 되었다(물리학 방정식에서 시간 t를 $-t$로 바꾸어도 동일하게 성립하는 경우가 있다. 이것을 시간에 대해 가역적인 현상이라고 말하며, 가역 현상의 경우 시간을 거꾸로 흐르게 했을 때 보이는 현상이 반드시 관측되어야 한다.—옮긴이).

음전하를 띤 전자들이 한 곳에서 다른 곳으로 흘러가는 장면을 찍은 영화가 있다고 상상해 보자. 이제 영화를 거꾸로 돌려 보자. 음전하를 띤 전자들이 뒤로 흐르게 되는데, 이는 양전하를 띤 전자들이 앞으로 흐르는 것으로도 볼 수 있다. 양전하를 띤 전자, 즉 '양전자'의 흐름은 양전하가 앞으로 나아가는 전류를 만들어 내며, 따라서 시간을 거슬러 전자가 흘러가는 것과 동일한 효과를 낳는다.

양자장 이론에서는 전하를 띤 입자가 있다면 반드시 그에 대응하여 반대 전하를 띤 반입자가 있어야 한다. 예를 들면 전자가 -1의 전하를 띠므로 양전자는 $+1$의 전하를 띠어야 한다. 양전자는 전하량을 제외하고는 모든 점에서 전자와 같다. 양성자도 $+1$의 전하를 갖지만 전자보다 2,000배나 무거운 까닭에 전자의 반입자가 될 수 없다.

스토파드의 말처럼 반입자는 입자와 충돌하면 입자를 소멸시킨다. 입자의 전하와 반입자의 전하가 더해지면 0이 되기 때문에, 입자가 반입자를 만나면 서로를 소멸시켜 붕괴된다. 입자와 반입자의 쌍은 전하량이 없기 때문에, 아인슈타인의 식 $E=mc^2$를 따라 모든 질량은 에너지로 전환될 수 있다.

다른 한 편으로 에너지가 충분히 클 경우 에너지는 입자-반입자쌍으로 변환될 수 있다. 물리학자들은 질량이 너무 커서 보통의 물질에서는 발견되지 않는 중입자(重粒子)를 연구하기 위해 고에너지 입자

가속기를 이용해 실험한다. 우리는 이 고에너지 입자 가속기에서 입자의 소멸이나 입자의 생성을 모두 관측할 수 있다. 이러한 가속기에서 입자와 반입자는 서로 만나서 소멸되며 이때 새로운 입자-반입자쌍이 생성될 수 있을 만큼 엄청난 에너지가 쏟아져 나온다.

물질, 특히 원자들이 반입자가 아니라 입자로 구성되기 때문에, 양전자와 같은 반입자는 자연에서는 대체로 발견되기 어렵다. 하지만 반입자는 입자 가속기에서 일시적으로 만들어질 수 있으며, 우주의 뜨거운 영역에서 그리고 심지어 암을 진단하기 위해 '양전자 방사 단층 촬영(positron emission tomography, PET)'이 행해지는 병원에서 찾아볼 수 있다.

하버드 대학교 물리학과 동료인 게리 가브리엘스(Garry Gabrielse)는 내가 일하는 제퍼슨 연구소의 지하실에서 항상 반입자들을 만들어 낸다. 게리 가브리엘스와 다른 사람들의 연구 덕분에, 반입자는 전하만 다르고 질량이나 그것이 만들어 내는 중력이 입자와 정말로 똑같다는 사실이 놀라운 정밀도로 밝혀졌다. 반입자를 만들어 내기는 하지만, 이 반입자들이 현실적인 피해를 끼칠 만큼 많은 것은 아니다. 나는 시끄럽고 번잡하게 새로운 실험실과 사무실을 짓는 것보다 반입자가 더 작은 해를 끼친다는 사실을 공상 과학 애호가들에게 납득시킬 수 있다. 새 건물을 짓고 사무실을 만들 때에는 반드시 눈으로 보고 귀로 들어도 명확한 파괴가 사전에 진행되기 때문이다.

전자, 양전자, 광자는 가장 단순한 입자이자 가장 쉽게 검출할 수 있는 입자들이다. 표준 모형의 맨 처음 구성 요소가 전기력과 전자였다는 사실은 우연이 아니다. 어쨌든 전자, 양전자, 광자가 입자의 전부는 아니며, 전기력이 유일한 힘은 아니다.

그림 32와 그림 33에서 우리가 아는 입자들과 중력을 제외한 힘*

에 대해 정리했다. 내가 이 도표에서 중력을 제외시킨 이유는 중력은 다른 힘과 본질적으로 달라서 따로 다뤄야 하기 때문이다. 세 힘 중 약력과 강력은 전혀 흥미롭지 않은 이름에도 불구하고 여러 흥미로운 성질을 갖고 있다. 다음 두 절에서는 약력과 강력을 살펴보기로 하자.

약력과 중성미자

그 크기가 미약해서 일상생활에서 그 존재를 알아차리기 어렵지만, 약력은 수많은 핵붕괴 반응에서 원인이 되는 힘이다. 약력은 칼륨의 동위 원소 칼륨 40의 핵붕괴(지구상에서 발견되는 핵붕괴 반응으로 붕괴 기간이 대략 10억 년이고 현재도 지구의 핵을 계속 데우고 있다.)와 중성자 붕괴 같은 핵붕괴에 관여한다. 핵반응은 원자핵의 구조를 변화시키며, 이를 통해 원자핵 내부의 중성자 수가 바뀌고 어마어마한 에너지가 방출된다. 이 에너지는 원자력 발전이나 핵폭탄에 이용되기도 하지만 다른 목적에 쓰이기도 한다.

예를 들어 약력은 무거운 원소들의 생성에 도움을 준다. 무거운 원소는 격렬한 초신성 폭발 과정에서 만들어진다. 또 태양을 비롯한 별이 빛을 발하는 과정에서도 약력은 필수적인 역할을 한다. 수소가 헬륨으로 전환되는 연쇄 반응이 약력에 의해 시작되기 때문이다. 약력에 의해 시작된 핵반응은 우주의 조성을 끊임없이 변화시킨다. 핵물리학으로부터 우리는 우주의 원시 수소 중 10퍼센트 정도가 별에서

• 입자 물리학에서 중력보다는 이 다른 힘들이 근본적이다. 즉 약력, 강력, 전자기력.

핵 연료로 사용되어 왔다는 사실을 알 수 있다(다행히도 원시 수소의 90퍼센트가 남아 있기 때문에 우주는 당분간 다른 에너지 자원에 의존할 필요가 없다.).

이렇게 중요한 힘임에도 불구하고 과학자들이 약력을 제대로 알게 된 것은 비교적 최근의 일이다. 생존 당시 가장 존경받는 물리학자였던 윌리엄 톰슨(켈빈 경*)은, 1862년에 태양과 지구의 나이를 터무니없이 적게 잡았다. 왜냐하면 그는 핵 내부에서 일어나는 약력 과정을 알지 못했기 때문이다(공평하게 말하자면, 그때까지 약력이 밝혀지지 않았다.). 톰슨은 당시 유일하게 알려져 있던 백열광의 발광 원리에 따라 태양의 나이를 계산했다. 그 계산에서 얻은 에너지에 따라 추측한 태양의 나이는 3000만 년이었다.

찰스 다윈(Charles R. Darwin)은 이를 달가워하지 않았다. 다윈은 남부 잉글랜드의 윌드 계곡이 침식 과정으로 만들어지는 데 필요한 시간을 계산해 지구의 최소 나이를 구했는데, 이 값은 톰슨의 계산보다 훨씬 실젯값에 가깝다. 그가 추정한 지구 나이는 3억 년인데, 지구상의 다양한 종이 자연선택을 거쳐 등장하는 데 필요한 시간을 충족시킨다는 점에서 설득력이 있어 보였다.

하지만 다윈을 비롯한 모든 이들은 명성이 높은 물리학자인 켈빈 경(톰슨)의 주장을 받아들였다. 다윈은 톰슨의 명성과 계산 과정에 납득되어 『종의 기원(The Origin of Species)』의 개정판에서는 자신이 계산한 지구의 나이에 관한 내용을 생략했다. 러더퍼드가 방사성**을 발견한 이후에야 지구의 나이가 더 많다고 했던 다윈의 주장이 힘을 얻었으며, 지구와 태양의 나이는 대략 45억 년으로 밝혀졌다. 이는 톰

- 그는 남작 작위를 받고 켈빈 경이 되었다. 이 작위는 그의 과학적 업적을 기리는 것일뿐더러 그의 아일랜드 자치 반대 활동에 대한 포상이기도 했다.

슨은 물론이고 다윈의 주장보다도 훨씬 더 길다.

1960년대, 미국의 물리학자 셸던 글래쇼와 스티븐 와인버그 그리고 파키스탄의 물리학자인 압두스 살람(Abdus Salam)은 독립적으로 '약전자기 이론(electroweak theory, 약력과 전자기력을 통합하여 설명하는 이론—옮긴이)'을 발전시켰다. 이 이론은 약력을 설명하는 동시에 전자기력에 대한 새로운 이해를 제공했다.••• 약전자기 이론에 따르면, 약력은 '약력 게이지 보손(weak gauge boson)'이라는 입자의 교환으로 만들어지며, 이는 광자 교환으로 전자기력이 만들어지는 것과 유사하다. 약력 게이지 보손에는 세 종류가 있다. 전하를 가진 두 종류는 W^+와 W^-이다(W는 약력(weak force)을 뜻하며 +와 -는 약력 게이지 보손의 전하를 나타낸다.). 다른 하나는 전기적으로 중성이며 Z라고 부른다(전하량이 0, 즉 제로(zero)이기 때문이다.).

광자의 교환과 마찬가지로, 약력 게이지 보손의 교환은 입자의

•• 러더퍼드는 실험 결과를 제시했지만 그 결과가 켈빈의 주장과 모순된다는 사실을 알고 있었다. A. S. 이브(A. S. Eve)의 러더퍼드 전기에 그의 말이 인용되어 있다. "나는 실내로 들어섰다. 그곳은 컴컴했지만 나는 청중 속에서 곧 켈빈을 발견했다. 곧 내가 곤란한 상황에 처했음을 깨달았다. 연설 마지막 부분에서 지구의 나이를 다룰 예정이었기 때문이다. 나는 그와 대립되는 입장이었다. 다행스럽게도 켈빈은 곧 잠에 빠져 들었지만, 중요한 부분에 이르자 그 나이 든 새는 일어나서 눈을 치켜뜨고 나를 악의에 차서 노려보았다! 그때 갑자기 좋은 생각이 떠올랐고 나는 이렇게 말했다. '켈빈 경은 지구의 나이에 제한을 두었습니다. 어떤 새로운 에너지원이 발견되지 않았다는 전제에서 말입니다. 그의 이 예언적인 발언은 우리가 오늘밤 논의하고 있는 바로 그 라듐을 가리키는 것이었습니다.' 그러자 놀랍게도 나이 든 그 소년은 나를 보며 미소지었다." A. S. Eve, *Rutherford: Being the Life and Letters of the Rt. Hon. Lord Rutherford, O. M.* (Cambridge : Cambridge University Press, 1939).

••• 하지만 약한 상호 작용 자체는 이보다 이른 시기에 관찰되었으며 태양 내부의 핵 메커니즘도 알려진 상태였다. 하지만 이 현상이 약력과 연관된다는 사실은 나중에야 밝혀졌다.

'약력 전하(weak charge)'에 따라서 인력과 척력을 만들어 낸다. 약력에서 약전하가 하는 역할은 전자기력에서 전기 전하가 하는 역할과 같으며 전하의 양은 숫자로 나타낸다. 입자는 약전하를 가질 경우에만 약력을 경험하며, 약전하의 특성에 따라 상호 작용의 유형과 힘의 크기가 정해진다.

그러나 전자기력과 약력 사이에는 몇 가지 중요한 차이가 존재한다. 가장 놀라운 차이는 약력에는 왼쪽과 오른쪽의 구별이 있다는 점이다. 물리학자들은 이를 가리켜 '공간 반전 대칭성 깨짐(violate parity symmetry)'이라고 부른다(반전성(parity)은 홀짝성이라고도 한다.—옮긴이). 반전성 깨짐은 입자와 그 입자의 거울 이미지가 서로 다르게 행동함을 의미한다. 중국계 미국인 물리학자 양첸닝(楊振寧)과 리정다오(李政道)는 1950년대에 반전성 깨짐에 대한 이론을 형식화했으며, 또 다른 중국계 미국인 물리학자 우젠슝(吳健雄)은 1957년 이를 실험적으로 확증했다. 양첸닝과 리정다오는 그해 노벨 물리학상을 수상했다. 이상한 것은 지금 우리가 논의하고 있는 표준 모형의 발전에서 커다란 역할을 했던 유일한 여성인 우젠슝이 중요한 발견에도 불구하고 노벨상을 수상하지 못했다는 점이다.

반전 대칭성을 깨는 몇 가지 사례는 알아둘 필요가 있다. 예를 들어 사람의 심장은 보통 왼쪽 가슴에 있다. 하지만 진화가 달리 진행되어 오른쪽 가슴에 심장이 있다고 하더라도, 오른쪽 심장은 왼쪽에 있는 심장과 동일한 성질을 가지고 있을 거라고 상상할 수 있다. 심장이 오른쪽이 아니라 왼쪽에 있다는 사실은 생물학적 과정을 근본적으로 바꾸어 놓을 만큼 중요하지 않다.

우젠슝의 1957년 실험이 있기 수년 전까지 물리 법칙(반드시 물리적 물체만을 대상으로 하는 것은 아니다.)이 왼쪽과 오른쪽 중 어느 하나를 선호

그림 48
쿼크와 경입자는 왼쪽으로 회전하거나 오른쪽으로 회전한다.

하지 않는다는 사실은 '명백'해 보였다. 하지만 왜 꼭 그런 것일까? 분명 중력이나 전자기력을 비롯한 다른 많은 상호 작용에서 그러한 구별은 없다. 그럼에도 불구하고 자연의 기본적인 힘인 약력은 왼쪽과 오른쪽을 구별한다. 놀라운 일이지만 약력에서 반전 대칭성은 깨진다.

어떻게 힘이 한쪽보다 다른 쪽을 선호할 수 있을까? 답은 페르미온의 고유 스핀에 있다. 나사못에 깎여 있는 나삿니에 방향성이 있어서 나사못을 반시계 방향이 아니라 시계 방향으로 돌려야 하듯이, 입자도 스핀 방향이 있다. 그것이 바로 입자의 스핀 방향이다(그림 48). 전자나 양성자 같은 입자들은 둘 중 하나의 스핀, 즉 왼쪽 스핀이거나 오른쪽 스핀을 갖는다. '손대칭성'을 의미하는 chirality는 손을 의미하는 그리스 어 '케이르(cheir)'에서 유래했다. 사람 손의 왼손 손가락과 오른손 손가락이 감기는 방향이 다르듯이, 입자들도 왼쪽으로 회전하거나 오른쪽으로 회전한다.

약력은 왼쪽으로 회전하는 입자와 오른쪽으로 회전하는 입자에 다른 방식으로 작용하기 때문 반전 대칭성을 깬다. 오직 왼쪽으로 회전하는 입자만이 약력을 느낀다. 예를 들어 왼쪽으로 회전하는 전자는 약력을 느끼지만, 오른쪽으로 회전하는 전자를 그렇지 못하다. 실험은 분명하게 세계가 이런 식으로 작동하고 있다는 것을 보여 주지만, 왜 그래야만 하는가에 대한 직관적·역학적인 설명은 없다.

당신의 왼손에는 작용하지만 오른손에는 작용하지 않는 힘을 상상할 수 있는가! 반전성 깨짐은 무척 놀라운 사실이지만 이는 무척 정확하게 측정된 약한 상호 작용의 특성이라는 것이 내가 이야기할 수 있는 전부이다. 반전성 깨짐은 표준 모형의 가장 흥미로운 특징 중 하나이다. 예를 들어 중성자 붕괴 시에 나타나는 전자는 언제나 왼쪽으로 회전한다. 약한 상호 작용은 반전 대칭성을 깨기 때문에 기본 입자와 그에 작용하는 힘을 열거할 때(그림 52), 이들을 왼쪽으로 회전하는 입자와 오른쪽으로 회전하는 입자로 분리해서 나열할 필요가 있다.

반전 대칭성 깨짐이 무척 기이해 보이지만, 약한 상호 작용의 참신한 특성은 이것만이 아니다. 반전 대칭성 깨짐만큼 중요한 두 번째 특성은 약력이 입자 유형을 바꾼다는 점이다(전기 전하의 총량은 변화가 없다.). 예를 들면 중성자가 약력 게이지 보손과 상호 작용하면, 양성자가 나오는 경우가 있다(그림 49). 이는 어떤 입자가 광자와 상호 작용했을 때와는 무척 다른 반응이다. 광자와 상호 작용할 경우에는 어느

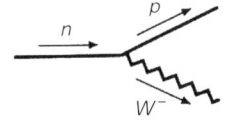

그림 49
중성자가 W^- 게이지 보손과 상호 작용하면 양성자로 변화된다(그리고 중성자 안의 다운 쿼크가 양성자의 업 쿼크로 변한다.).

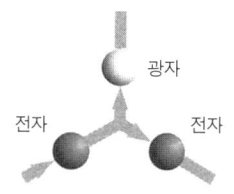 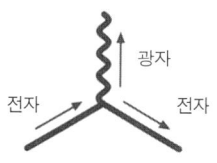

그림 50
오른쪽 그림은 광자와 전자의 상호 작용을 나타낸 파인만 다이어그램이다. 구불거리는 선은 광자이다. 전자가 유입되어 광자와 상호 작용한 후 그 영역을 벗어나는 모습이 오른쪽에 그려져 있다.

종류든 그 대전된 입자의 총수, 예를 들어 전자의 개수에서 양전자의 개수를 뺀 값(즉 입자의 개수에서 반입자의 개수를 뺀 값)은 변하지 않는다(비교를 위해 들어간 전자가 광자와 상호 작용한 후 다시 나오는 예를 그림 50에 그려 보았다.). 하지만 중성자가 대전된 약력 게이지 보손과 상호 작용하면 중성자가 붕괴되어 전혀 다른 입자인 양성자가 나타난다.

그러나 중성자와 양성자는 질량도 전하도 다르기 때문에, 중성자가 양성자로 붕괴될 때에는 전하량, 에너지, 운동량을 보존하기 위해서 양성자와 다른 입자가 나와야만 한다. 중성자가 붕괴될 때는 양성자뿐만 아니라 전자와 '중성미자(neutrino)'라는 입자가 나오는 것으로 밝혀졌다.* 이 과정이 '베타 붕괴(beta decay)'이며 그림 51은 이를 설명한 것이다.

중성미자는 약력을 통해서만 상호 작용하며, 전자기력에는 반응하지 않기 때문에, 처음 베타 붕괴를 관측했을 때에는 아무도 중성미자를 알지 못했다. 입자 관측기는 전기적으로 대전된 하전 입자나 에너

* 실제로는 반중성미자이나, 지금 우리에게 중요한 내용은 아니다.

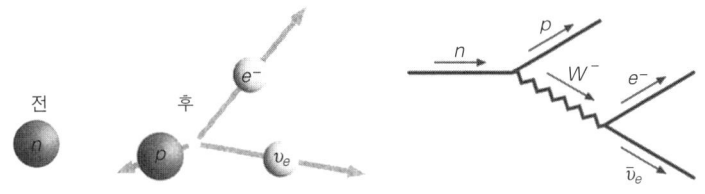

그림 51
베타 붕괴에서 중성자는 약력을 통해 양성자(p), 전자(e^-), 반중성미자($\bar{\nu}_e$)로 붕괴한다. 베타 붕괴에 대한 파인만 다이어그램이 오른쪽에 그려져 있다. 중성자는 양성자와 가상의 W^- 게이지 보손이 되고, 다시 가상의 W^- 게이지 보손은 전자와 반중성미자(전자형)가 된다.

지를 나르는 입자만을 검출할 수 있다. 그런데 중성미자는 전기 전하도 없고 붕괴하지도 않기 때문에, 관측기에서 검출되지 않았고 따라서 아무도 그 존재를 알 수 없었다.

하지만 중성미자를 생각지 않으면 베타 붕괴는 에너지 보존 법칙의 예외가 되고 만다. 한 계에서 에너지가 생겨날 수도 사라질 수도 없다는 에너지 보존 법칙은 물리학의 근본 원칙이다. 에너지는 오로지 한쪽에서 다른 쪽으로 이동할 뿐이다. 베타 붕괴에서 에너지 보존 법칙이 성립하지 않는다는 가정은 비상식적이었지만, 중성미자의 존재를 알지 못했던 많은 과학자들은 이 대담한 (그리고 잘못된) 주장을 기꺼이 받아들였다.

1930년 볼프강 파울리(Wolfgang Pauli)는 이러한 대담한 주장에 의구심을 품은 사람들에게 과학적인 해결책을 제시했다. 그는 전기적으로 중성인 새 입자를 제안하면서 이를 "필사의 탈출구"라고 불렀다.* 그는 중성자 붕괴 시 중성미자가 약간의 에너지를 가지고 나간다고 생각했다. 3년 후, 엔리코 페르미는 그가 중성미자라고 이름 붙인 이 '작은' 중성 입자에 대한 확고한 이론적 토대를 마련했다. 하지

	쿼크 : 강력을 통해 상호 작용				경입자		
1세대	업 좌 3 MeV	다운 좌 7 MeV	업 우 3 MeV	다운 우 7 MeV	전자형 중성미자 좌 ~ 0	전자 좌 0.5 MeV	전자 우 0.5 MeV
2세대	참 좌 1.2 GeV	스트레인지 좌 120 MeV	참 우 1.2 GeV	스트레인지 우 120 MeV	뮤온형 중성미자 좌 ~ 0	뮤온 좌 160 MeV	뮤온 우 160 MeV
3세대	톱 좌 174 GeV	보텀 좌 4.3 GeV	톱 우 174 GeV	보텀 우 4.3 GeV	타우형 중성미자 좌 ~ 0	타우 좌 1.8 GeV	타우 우 1.8 GeV

왼쪽으로 회전하는 쿼크 : 약력을 통해 상호 작용

왼쪽으로 회전하는 경입자 : 약력을 통해 상호 작용

그림 52
표준 모형의 3세대를 표시한 그림. 쿼크와 경입자를 회전이 오른쪽인가 왼쪽인가에 따라 다르게 구분해 놓았다. 세로줄 각각은 동일한 전하를 가진다(그러나 각각 향(flavor, 유형)을 말한다.)이 다르다.). 약력은 첫 번째 열의 입자를 두 번째 열의 입자로 바꾸며, 다섯 번째 열의 입자를 여섯 번째 열의 입자로 바꾼다. 쿼크가 강력을 경험하는 데 반해 경입자는 그렇지 않다.

만 중성미자는 당시로서는 몹시 미심쩍은 제안이라 선도적인 과학 저널인 《네이처(*Nature*)》도 "이 논문의 추론은 너무나도 비현실적이기 때문에 독자들의 관심을 끌지 못할 것이다."라는 이유로 페르미의 논문을 싣지 않았다.

하지만 파울리와 페르미의 생각은 정확했으며, 오늘날 물리학자들은 일반적으로 중성미자의 존재에 동의한다.** 사실 우리는 지금 태양의 핵반응에서 광자와 함께 방출된 중성미자가 우리 주변을 계속

- 파울리는 1934년 무도회에 참석하느라 놓쳤던 중요한 과학 회의의 참가자에게 보낸 편지에서 바로 이 표현을 썼다.
- 중성미자는 마침내 클라이드 코완(Clyde Cowan)과 프레드 라인스(Fred Reines)에 의해 1956년 핵 반응기에서 감지되었고 남아 있던 모든 의심을 해소했다.

지나간다는 사실을 알고 있다. 태양에서 온 1초당 수조 개의 중성미자가 당신 주변을 지나가고 있지만 그 상호 작용이 너무 약하기 때문에 결코 알아차릴 수 없다. 우리가 확실하게 아는 것은 중성미자는 스핀이 왼쪽이라는 것이다. 스핀이 오른쪽인 중성미자는 존재하지 않거나, 너무 무거워서 생성되지 않거나 매우 약하게 상호 작용한다. 스핀이 오른쪽인 중성미자는 가속기에서 생성된 적이 단 한 번도 없으며 누가 그것을 본 적도 없다. 스핀이 오른쪽인 중성미자보다는 스핀이 왼쪽인 중성미자가 존재할 것이라고 더 강하게 확신하기 때문에 오른쪽 스핀과 왼쪽 스핀을 구별하여 입자들을 정리한 그림 52에 스핀이 왼쪽인 중성미자만을 포함시켰다.

이제 우리는 약한 상호 작용이 스핀이 왼쪽인 입자들에 대해서만 작용하고 입자 유형을 변화시킨다는 사실을 안다. 하지만 약력을 제대로 이해하기 위해서는, 약력을 매개하는 약력 게이지 보손의 상호 작용을 예측하는 이론을 알아야 한다. 물리학자들은 초기에 그러한 이론을 세우는 것이 단순하지 않다는 사실을 발견했다. 약력과 약력 현상을 온전히 이해하기 위해서는 중요한 이론적 진전이 필요했다.

문제는 약력의 마지막 기이한 양상이다. 약력은 1경분의 1센티미터(10^{16}분의 1센티미터)라는 극히 짧은 거리를 넘어서면 급격히 약해진다. 그 때문에 약력은 중력이나 전자기력과는 매우 다른 모습을 보인다. 중력이나 전자기력은 우리가 2장에서 보았듯이, 거리가 멀어질 때 역제곱 법칙에 따라서 그 세기가 약해진다. 중력과 전자기력이 거리가 멀어짐에 따라 그 힘이 약해지기는 하지만, 이 두 힘은 약력처럼 급격히 그리고 빠르게 줄어들지는 않는다. 광자는 전자기력을 꽤 먼 거리까지 나르는데, 약력은 왜 그와 다르게 작용하는 것일까?

베타 붕괴와 같은 핵 분열 과정을 설명하기 위해, 물리학자들이 상호 작용의 새로운 유형을 찾아야 한다는 것이 분명했지만, 이 새로운 상호 작용이 무엇인지는 분명치 않았다. 글래쇼, 살람, 와인버그가 약력에 대한 이론을 발전시키기 전에 페르미가 이 문제에 도전했다. 그는 양성자, 중성자, 전자 그리고 중성미자라는 네 가지 입자가 얽힌 새로운 상호 작용을 포함한 이론을 세웠다. 이러한 '페르미 상호 작용(Fermi interaction)'은 약력 게이지 보손의 매개 없이 직접 베타 붕괴를 일으켰다. 다시 말해 페르미 상호 작용에 따르면 양성자는 직접, 붕괴의 결과물인 중성자, 전자, 중성미자로 변화되었다.

하지만 명쾌해 보였던 페르미의 이론은 제안되었을 당시에도 모든 에너지에서 적용되는 제대로 된 이론이 될 수는 없었다. 낮은 에너지에서 보여 준 정확한 예측에도 불구하고, 그 이론은 입자의 상호 작용이 훨씬 강해지는 높은 에너지에서는 전혀 맞지 않았다. 고에너지 상태의 입자에 페르미 이론을 적용하면, 입자의 상호 작용이 일어날 확률이 1(100퍼센트)을 넘는다는 터무니없는 결론에 도달하게 된다. 항상 일어나는 것 이상으로 더 자주 일어날 수는 없기 때문에 이는 불가능한 일이다.

물리학자들은, 페르미 상호 작용 이론이 저에너지 수준에서 그리고 충분히 멀리 떨어진 입자 사이에서 훌륭하게 들어맞지만, 고에너지에서 무엇이 일어나는지를 알려면, 베타 붕괴와 같은 과정을 더 근본적으로 설명할 수 있는 이론이 필요하다고 보았다. 약력 게이지 보손이 전달하는 힘을 기초로 한 이론은 고에너지에서 무척 잘 맞을 것처럼 보였지만 그 누구도 약력의 작용 범위가 왜 그토록 짧은지는 설명하지 못했다.

결국 약력의 작용 거리가 짧은 이유는 약력 게이지 보손의 질량이 0이 아니기 때문인 것으로 밝혀졌다. 입자 물리학에서는 불확정성 원리와 특수 상대성 이론에서 유도된 관계성이 무척이나 중요하다. 6장의 말미에서 나는 약력 규모 에너지나 플랑크 에너지 같은, 특정 에너지의 입자가 힘의 유효 작용을 받는 최소 거리라는 개념을 설명했다. 특수 상대성 이론의 에너지와 질량 사이 관계($E=mc^2$) 때문에, 무거운 입자들, 예를 들어 약력 게이지 보손 같은 입자는 자동적으로 질량과 거리 사이에 어떤 관계성을 가지게 된다.

특히 질량을 갖는 입자를 교환함으로써 작용하는 힘은 입자의 질량이 작을 경우 그 힘이 사라지기까지의 거리가 길어진다(그 거리는 플랑크 상수에는 비례하고, 빛의 속도에 반비례한다.*). 6장에서 살펴본 질량과 거리 사이의 관계를 참조하면, 질량이 약 100기가전자볼트에 달하는 약력 게이지 보손은 1경분의 1센티미터 거리 안에 있는 입자들에게만 약력을 전달할 수 있다. 이 거리를 넘어서면 입자가 나르는 힘은 급격히 감소하여 감지할 수 없을 정도로 미약해진다.

약력 게이지 보손의 질량이 0이 아니라는 사실은 약력 이론의 성공에 중요한 요소다. 약력이 극히 짧은 거리에서만 작용하며 먼 거리에서는 거의 존재하지 않는다고 볼 정도로 미약한 이유는 바로 질량 때문이다. 이런 면에서 약력 게이지 보손은 질량이 없는 두 입자, 즉 광자나 중력자와 다르다. 광자나 중력을 나르는 입자인 '중력자(graviton)'는 모두 에너지와 운동량을 가지고 있으나 질량이 없기 때문에 광대한 거리를 가로질러 힘을 전달할 수 있다.

질량이 0인 입자라는 개념이 좀 이상해 보이겠지만 입자 물리학에

• 이 관계는 양자 역학과 특수 상대성 이론을 모두 포함한다. 플랑크 상수는 양자 역학과의 관련성을, 광속은 특수 상대성 이론과의 관련성을 보여 준다. 플랑크 상수가 0이 되거나, 광속이 무한해지면 이 거리는 0이 되며 따라서 고전 역학을 쓸 수 있다.

서는 그다지 특별할 것이 없다. 입자의 질량이 0이라는 점은 이 입자가 빛의 속도로 운동하며(빛은 질량 없는 광자로 이루어져 있다.) 또한 입자의 에너지와 운동량이 항상 특정한 관계, 즉 에너지가 운동량에 비례하는 관계를 따른다는 것을 말해 준다.

이와 달리 약력의 전달자는 질량을 갖는다. 입자 물리학에서 보자면 오히려 질량을 갖는 게이지 보손(질량이 0이 아니다.)이 특이하다. 약력 이론이 제대로 세워지기 위해서는, 전자기력과 달리 거리에 따라 약력이 급격히 줄어드는 문제를 설명해 줄, 약력 게이지 보손의 질량의 기원을 이해해야 했다. 약력 게이지 보손에 질량을 주는 것이 '힉스 메커니즘(Higgs mechanism)'으로 10장에서 자세히 설명할 것이다. 12장에서 보게 되겠지만, 입자들에 질량을 주는 정확한 모형, 즉 힉스 메커니즘의 근간을 이룰 이론을 찾는 것은 오늘날 입자 물리학자들이 직면하고 있는 커다란 난제 중 하나이다. 여분 차원 모형의 매력 중 하나는 이 미스터리를 해결하는 데 기여할지도 모른다는 것이다.

쿼크와 강력

언젠가 물리학자인 내 친구는 나의 여동생에게 자신이 연구하고 있는 강력에 대해 이렇게 설명했다. "강력은 강력이라고 불러. 왜냐하면 강력은 너무나 강하기 때문이지." 여동생이 이 설명을 제대로 이해했는지 모르겠지만, 강력이라는 이름은 꽤 적절한 표현이다. 강력은 엄청나게 강력한 힘이다. 양성자의 구성 요소는 강력으로 한데 묶여 있는데 보통의 방법으로는 결코 이것을 서로 떼어낼 수 없다. 강력은 다른 힘과 달리 이 책의 나머지 부분에서 언급되지 않는다. 하지만 전체적인 그림을 그리기 위해 몇 가지 기본적인 내용을 정리하고자 한다.

강력은 '양자 색역학(quantum chromodynamics, QCD)'이라는 이론으로 기술된다. 강력은 게이지 보손 교환으로 설명 가능한 표준 모형의 마지막 힘으로 20세기가 되어서야 겨우 발견되었다. 강력을 전달하는 강력 게이지 보손은 글루온(gluon, 접착자로고도 한다.)이라고 부르는데, 이 입자들이 강력으로 상호 작용하는 입자들을 강력하게 한데 묶는, 즉 '서로 접착시키는(glue는 접착시킨다는 뜻을 가지고 있다.)' 힘을 전달하기 때문에 이런 이름이 붙었다.

1950년대와 1960년대에 물리학자들은 여기저기서 계속해서 수많은 입자를 발견했다. 각 입자들은 π(파이온), θ(에타), Δ(델타)와 같은 다양한 그리스 문자 이름으로 명명되었다. 이 입자들은 모두 강입자(強粒子) 또는 '하드론(hadron)'이라고 하는데, 이는 그리스 어로 '살찌고 무거운'을 뜻하는 '하드로스(hadros)'에서 유래했다.

사실 강입자(하드론)들은 전자보다 훨씬 더 무겁다. 이들의 질량은 전자보다 2,000배 무거운 양성자와 거의 비슷하다. 강입자가 무척 다양하다는 것은 풀리지 않는 수수께끼였다. 물리학자 머리 겔만(Murray Gell-Mann)*은 1960년대에 수많은 강입자는 기본 입자가 아니며 그 대신 그가 '쿼크(quark)'라고 이름 붙인 입자들이 한데 모인 입자라는 이론을 제안함으로써 이 문제를 해결했다.

겔만은 '쿼크'라는 이름을 제임스 조이스(James Joyce)의 시 「피네건의 경야(Finnegans Wake)」에 나오는 "머스터 마크를 위해 3개의 쿼크를! 물론 그는 바크(bark)가 거의 없지. 그리고 물론 그가 가진 어떤 것

---

* 논문을 출판하지는 않았지만 조지 츠위그(George Zweig)도 이 문제를 해결했다.

이든 마크 옆에 모두 있지."라는 구절에서 가져왔다. 내가 추측하기로는, 조이스의 시에 나오는 쿼크는 두 가지 사실을 제외하고는 쿼크의 물리학과는 전혀 관계가 없다. 그 두 가지 사실은 쿼크가 3개라는 사실과 쿼크가 이해하기 어렵다는 사실이다.•

겔만은 세 종류의 쿼크(지금은 업 쿼크, 다운 쿼크, 스트레인지 쿼크가 있다.)가 있고•• 수많은 강입자들은 이 쿼크들을 조합하면 만들 수 있다고 제안했다. 만약 그의 제안이 맞다면, 강입자는 예측 가능한 패턴으로 깔끔하게 정리되어야 했다. 새로운 물리학 원리가 제안될 때 종종 그랬던 것처럼, 겔만은 자신이 쿼크를 처음 제안했을 때, 그 존재를 실제로 믿은 것은 아니었다. 그럼에도 불구하고 그의 제안은 대담한 것이었다. 왜냐하면 예언된 강입자들 중 발견된 것은 극히 일부였기 때문이다. 그래서 미발견된 강입자가 발견됨으로써 쿼크 가설이 확립된 것은 그에게는 대단한 성공이었다. 이를 토대로 겔만은 1969년 노벨 물리학상을 수상했다.

물리학자들이 강입자가 쿼크로 이루어진다는 사실에 동의했지만, 강입자의 물리학이 강력의 관점으로 설명된 것은 쿼크가 제안된 후 9년이 지나서였다. 역설적인 사실은 강력이 기본 힘 중에서 마지막으로 이해된 것은 그 힘이 너무 셌기 때문이라는 것이다. 우리는 지금 강력이 엄청나게 강해서 항상 쿼크와 같은 기본 입자들이 한데 묶어 두고 있으며 쿼크 하나를 따로 떼어내 연구하기 어렵게 한다는 사

• 쿼크는 한편 독일식 치즈의 한 종류이기도 하다. 이 치즈 안에 커드(Curd, 우유가 산이나 효소에 의해 응고된 덩어리—옮긴이)가 떠 있다면 이 용어는 아주 적합한 것이다. 왜냐하면 치즈 속에 떠 있는 커드처럼 쿼크도 강입자 속에 떠 있기 때문이다. 그러나 내 독일 친구는 쿼크라는 치즈가 그렇지 않다고 말한다.

•• 지금은 6개 있음이 밝혀졌다.

실을 알고 있다. 강력을 경험하는 입자들은 댄스 파티의 젊은 처녀들처럼 보호자 없이 자유롭게 돌아다니지 못한다.

각 쿼크는 세 종류로 분류된다. 물리학자들은 여기에 세 가지 색 이름, 종종 빨강, 초록, 파랑을 붙였다. 이렇게 색을 갖는 쿼크는 항상 다른 쿼크나 반쿼크와 결합해 색이 중성이 되는 '색-중성 조합(color-neutral combination)'을 이룬다. 이 조합은 여러 가지 색이 모이면 서로 상쇄되어 백색광이 되는 것처럼 쿼크와 반쿼크의 강력 전하(strong force charge)가 상쇄되는 조합이다.* 색-중성 조합에는 두 가지 유형이 있다. 안정적인 강입자는 쿼크와 반쿼크의 조합으로 구성되거나, 서로 결합된 3개의 쿼크(반쿼크는 없다.)로 구성된다. 예를 들어 파이온(파이 중간자)에는 쿼크와 반쿼크가 1개씩 짝을 이루고 있고, 양성자와 중성자는 3개의 쿼크가 한데 묶여 있다.

강입자 내부에서 쿼크들의 강력 전하는 서로 상쇄되어 사라지는데, 이는 원자 내부에서 양성자의 양전하와 전자의 음전하가 상쇄되는 것과 마찬가지다. 하지만 원자가 쉽게 이온화되는 데 반해, 양성자나 중성자가 깨지는 것은 무척 어렵다. 이 입자들은 강력을 전달하는 글루온에 의해 엄청나게 강하게 묶여 있기 때문이다. 글루온으로 인한 결합이 무척 깨기 어렵다는 점에서 '미친 글루온(crazygluon)'이라고 부르는 것이 나을 수도 있다.**

이제 이 장 첫머리에 나온 아테나의 개정판 안데르센 동화가 비유적으로 설명한 쿼크의 발견 이야기로 돌아가 보자. 양성자와 중성자는 쿼크 3개의 조합으로 이루어지며 강력 전하는 서로 상쇄된다. 양

---

* 이것이 '양자 색역학'이라는 이름의 기원이다. 크로모스(chromos)는 그리스 어로 '색'을 의미한다.
** 영국에서는 '슈퍼글루온(supergluons)'이라고도 한다.

성자는 2개의 업 쿼크와 하나의 다운 쿼크로 이루어진다. 서로 다른 유형의 쿼크는 서로 다른 전기 전하를 갖는다. 업 쿼크의 전기 전하가 +2/3이고 다운 쿼크의 전기 전하가 -1/3이므로 양성자의 전기 전하는 +1이다. 반면 중성자는 1개의 업 쿼크와 2개의 다운 쿼크를 가지기 때문에(-1/3 - 1/3 + 2/3 = 0) 전기 전하가 없다.

쿼크는 크고 걸쭉한 양성자 안에 단단하게 박힌 점으로 생각할 수 있다. 쿼크는 매트리스 속의 완두콩처럼 양성자나 중성자 안에 파묻혀 있다. 말괄량이 공주가 매트리스에 뛰어들어 생긴 작은 멍으로 완두콩을 찾아내듯이, 적극적인 실험가는 고에너지 전자를 쏴서 광자를 방출시키고 그 광자를 쿼크에 충돌시켜 그 쿼크가 튀어나오게끔 할 수 있다. 러더퍼드의 알파 입자가 단단한 원자핵과 부딪혀 튕겨 나온 방식이 넓게 퍼져 있는 양전하에 튕겨 나온 방식과 다른 것처럼, 광자가 튀어나오는 방식도 큼직하고 폭신한 물체에 부딪혀 튕겨 나오는 것과는 무척이나 다른 양상을 띤다.

스탠퍼드 선형 가속기 연구소(Stanford Linear Accelerator Center, SLAC)에서 이루어진 프리드먼-켄들-테일러의 '심층 비탄성 산란(deep inelastic scattering)' 실험은 이 원리에 따른 효과를 기록함으로써 쿼크의 존재를 입증했다. 이 실험은 전자가 양성자와 충돌하고 어떻게 산란하는지를 명확히 보여 줌으로서 쿼크가 실제로 존재한다는 실험적 증거를 최초로 제시했다. 이 발견으로 제롬 프리드먼(Jerome Friedman)과 헨리 켄들(Henry Kendall, 나의 MIT 시절 동료였다.) 그리고 리처드 테일러(Richard Taylor)는 1990년 노벨 물리학상을 받았다.

고에너지 충돌에서 쿼크가 만들어질 때, 그들은 아직 강입자로 결합되지 않은 상태이지만 그렇다고 쿼크가 따로 분리된 상태로 있는 것도 아니다. 쿼크는 언제나 다른 쿼크나 글루온과 함께 있으며 이러한 조합은 강력 아래에서 전체 전하를 중성으로 만든다. 쿼크는 결코 혼자서 자유롭게 나타나지 않으며 강한 상호 작용을 하는 여러 입자에 둘러싸여 있다. 입자 실험은 홀로 고립된 쿼크가 아니라 한 방향으로 움직이는 쿼크와 글루온으로 구성된 입자 무리를 기록하는 것이다.

한 방향으로 움직이는 쿼크와 글루온으로 이루어진 입자 덩어리를 '제트(jets)'라고 부른다. 한번 에너지가 높은 제트가 만들어지면, 이 제트는 로프처럼 절대로 사라지지 않는다. 로프를 잘라도 새로운 로프 2개가 생기는 것처럼, 상호 작용에 의해 제트가 분리되어도, 각 조각은 새로운 제트를 형성할 뿐이다. 각 제트들은 결코 쿼크나 글루온으로 따로 떨어지거나 분리되지 않는다. 스티븐 손다임(Stephen Sondheim)이 뮤지컬 「웨스트 사이드 스토리」에서 제트단(團)의 노래에 가사를 붙일 때 고에너지 입자 가속기를 생각하지는 않았을 것이다. 하지만 그가 쓴 가사들은 강한 상호 작용을 하는 입자들의 제트에도 훌륭하게 적용된다. 강한 상호 작용을 하는 고에너지 입자들은 항상 함께 있을 것이다. "그들은 결코 혼자가 아니야. …… 그들은 잘 보호받지."

지금까지 알려진 기본 입자들

이 장에서는 우리가 아는 네 힘 중 세 가지, 즉 전자기력, 약력, 강력에 대해 설명했다. 또 하나 남은 힘인 중력은 그 세기가 너무 약해서 실험적으로 관측 가능한 방법으로는 입자 물리학의 예측을 변화시킬 수 없다.

하지만 우리는 아직 표준 모형 입자 소개를 마치지 않았다. 기본 입자는 전하에 따라 또 스핀 방향에 따라 정의할 수 있다. 앞에서 설명했듯이 스핀이 왼쪽인 입자와 스핀이 오른쪽인 입자는 다른 약력 전하를 갖는다.

입자 물리학자들은 표준 모형의 입자를 쿼크나 경입자(輕粒子), 즉 '렙톤(lepton)'으로 분류한다. 쿼크는 강력의 작용을 받는 페르미온이다. 경입자는 강력의 작용을 받지 않는 페르미온이다. 전자와 중성미자는 경입자에 속한다. '렙톤'이라는 말은 '작음'과 '세밀함'을 뜻하는 그리스 어 '렙토스(leptos)'에서 유래했으며, 전자가 너무나 가볍다는 것을 의미한다.

기이한 것은 원자 구조에 필수적인 전자나 업 쿼크, 다운 쿼크 같은 입자뿐만 아니라, 앞에서 소개했듯이 전자나 쿼크보다 훨씬 무겁지만 그와 동일한 전하를 갖는 또 다른 입자들이 있다는 점이다. 무척 가볍고 안정적인 쿼크와 경입자는 모두 묵직한 복사본을 갖는다. 왜 그런 무거운 입자가 있는지, 그것이 어디에 쓸모가 있는지는 아무도 모른다.

우주선에서 처음 관측된 입자인 뮤온이 전자의 묵직한 복사본(200배

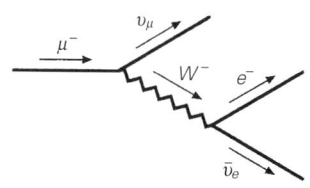

그림 53
뮤온이 붕괴할 때 뮤온은 뮤온형 중성미자와 가상의 W^- 게이지 보손으로 나뉘고, 후자는 다시 전자와 전자 반중성미자로 변환된다.

나 무겁다.)임을 물리학자들이 처음 깨달았을 때, 그중 한 사람인 이시도어 라비(Isidore Rabi)는 "누가 저걸 주문했지?"라고 물었다. 뮤온은 전자와 마찬가지로 음으로 대전되었지만 전자보다 훨씬 무거우며 전자로 붕괴될 수 있다. 즉 뮤온은 불안정한 입자이며(그림 53) 빠르게 전자로 (그리고 2개의 중성미자로) 변환된다. 우리가 아는 한 그것이 지구상에 존재해야 할 이유는 없다. 왜 그것이 존재할까? 이는 표준 모형이 제기하는 여러 수수께끼 중 하나이며 우리는 과학이 발전하여 문제가 풀리기를 바랄 뿐이다.

사실 표준 모형에서 동일한 전하를 갖는 입자 집합은 세 부류로 정리된다(그림 52). 각 부류는 '세대(generation)' 또는 때로 '족(family)'이라고 불린다. 1세대 입자는 스핀이 왼쪽인 전자와 스핀이 오른쪽인 전자, 스핀이 왼쪽인 업 쿼크와 스핀이 오른쪽인 업 쿼크, 스핀이 왼쪽인 다운 쿼크와 스핀이 오른쪽인 다운 쿼크 그리고 스핀이 왼쪽인 중성미자를 포함한다. 1세대 입자는 원자(그러므로 모든 안정된 물질)를 구성하는 안정된 것들 모두에 들어 있다.

2세대 입자와 3세대 입자는 붕괴되는 입자들에 포함되어 있으며 '보통'의 알려진 물질에는 들어 있지 않다. 이 입자들은 1세대 입자의 정확한 복사본이 아니다. 이 입자들은 1세대 입자와 동일한 전하를 갖지만 더 무겁다. 이들은 고에너지 입자 가속기에서만 만들어지며 그 존재 목적 또한 여전히 모호하다. 2세대 입자는 스핀이 왼쪽인 뮤온과 스핀 오른쪽인 뮤온, 스핀이 왼쪽인 참쿼크와 스핀 오른쪽인 참쿼크, 스핀 왼쪽인 스트레인지 쿼크와 스핀 오른쪽인 스트레인지 쿼크 그리고 안정적인 스핀 왼쪽인 뮤온형 중성미자를 포함한다.* 3세대 입자는 스핀 왼쪽인 타우와 스핀 오른쪽인 타우, 스핀 왼쪽인 톱 쿼크와 스핀 오른쪽인 톱 쿼크, 스핀 왼쪽인 보텀 쿼크와 스핀 오른쪽인 보텀 쿼크, 그리고 스핀 왼쪽인 타우형 중성미자를 포함한다. 각기 다른 세대에 들어 있는 동일한 전하를 갖는 입자들을 종종 특정 유형의 향(flavor)이라고 부른다.

겔만이 쿼크를 처음 제안할 당시 향은 셋이었지만 지금은 여섯 종류의 향이 있음을 그림 52에서 알 수 있다. 즉 3개의 '업 유형'과 3개의 '다운 유형'이 각 세대에 있는데, 업 쿼크 외에, 그와 동일한 전하를 갖는 업 유형의 쿼크로는 참 쿼크와 톱 쿼크가 있다. 마찬가지로 다운 쿼크, 스트레인지 쿼크, 보텀 쿼크는 다운 유형의 쿼크들이다. 그리고 뮤온과 타우 경입자는 전자의 묵직한 형태이다.

물리학자들은 3개의 세대가 있는 이유와 입자들이 특정한 질량을 갖는 이유를 이해하기 위해 여전히 노력하고 있다. 현재 진행 중인 연구에 박차를 가하는 표준 모형의 주요한 질문이 바로 이러한 것들이다. 다른 많은 연구자들과 마찬가지로, 나 또한 이러한 문제에 매달리고 있지만, 여전히 답을 찾는 중이다.

더 무거운 향은 가벼운 향보다 훨씬 무겁다. 두 번째로 무거운 쿼크인 보텀 쿼크는 1977년에 발견되었지만, 가장 무거운 톱 쿼크는 1995년에야 발견되었다. 톱 쿼크 발견이라는 대단한 발견을 포함하는 두 가지 입자 실험이 다음 장의 주제이다.

- 중성미자는, 그들이 약력을 통해 직접 상호 작용하는, 대전된 경입자의 이름을 따서 이름을 붙인다.

기억해야 할 것

- 표준 모형은 중력을 제외한 힘과 그 힘을 경험하는 입자로 구성된다. 표준 모형이 다루는 힘은 전자기력 그리고 원자핵 내부에서 작용하는 두 힘인 강력과 약력이다.
- 약력은 표준 모형에서 여전히 풀리지 않는 가장 중요한 의문을 제기한다. 다른 두 힘이 질량이 0인 입자에 의해 전달되는 반면, 약력은 질량을 가진 게이지 보손에 의해 전달된다는 것이 그것이다.
- 표준 모형은 힘을 전달하는 입자들과 이 힘의 작용을 받는 입자들을 포함한다. 표준 모형의 입자는 강력의 작용을 받는 쿼크와 그렇지 않은 경입자로 분류된다.
- 물질을 이루는 가벼운 쿼크와 경입자(업 쿼크, 다운 쿼크, 전자)가 알려진 입자의 전부는 아니다. 더 무거운 쿼크와 경입자도 있다. 업 쿼크, 다운 쿼크, 전자는 각각 두 가지씩의 무거운 버전을 가지고 있다.
- 이 무거운 입자는 불안정하며 더 가벼운 쿼크와 경입자로 붕괴된다. 하지만 입자 가속기 실험은 그 무거운 입자들이 가볍고 안정적인 입자와 동일한 힘의 작용을 받는다는 점을 보여 주었다.
- 대전된 경입자, 업형의 쿼크, 다운형의 쿼크로 이루어진 입자들의 각 그룹은 세대라고 한다. 세 가지 세대가 있으며, 각각의 세대는 각 입자 유형에 대한 더 무거운 버전을 포함하고 있다. 이러한 입자의 다양한 모습을 향이라고 부른다. 세 가지 업형 향, 세 가지 다운형의 향, 세 가지 대전된 경입자 향, 세 가지 중성미자 향이 있다.

- 나는 앞으로 쿼크나 경입자의 이름이나 세부 사항을 다루지 않을 것이다. 하지만 향과 세대에 대해서는 알 필요가 있다. 왜냐하면 그것이 입자의 특성을 강력하게 제한하기 때문이며, 또한 표준 모형을 넘어서는 물리학과 관련된 중요한 힌트와 제약을 제공하기 때문이다.
- 이러한 제약 중 가장 중요한 것은 동일한 전하를 갖지만 향은 다른 쿼크와 경입자는 서로 바뀌지 않는다는 점이다. 입자가 쉽게 향을 바꾸는 이론은 배제해야 한다. 우리는 이것이 깨진 초대칭성 모형과 다른 표준 모형의 확장판에 심각한 문제를 제기한다는 것을 나중에 살펴볼 것이다.

8장
간주 : 실험

이쪽이든, 저쪽이든
나는 당신을 찾을 거예요.……●
― 블론디

● 미국의 록 밴드 블론디(Blondie)의 노래 「하나의 길 혹은 또 다른(One Way or Another)」에서. ─옮긴이

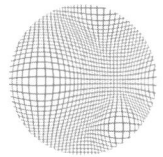

아이크는 양자 탐정을 만나는 꿈을 한 번 더 꾸었다. 이번에 그 탐정은 자신이 무엇을 쫓고 있는지, 그것이 어디에서 나타날지 알고 있었다. 그가 할 일은 오로지 기다리는 일뿐이었다. 실수하지 않는다면 사냥감이 곧 나타날 터였다.

무거운 입자를 찾는 것은 결코 쉽지 않다. 하지만 표준 모형의 근저에 놓인 구조 그리고 궁극적으로 우주의 물리 구조를 밝히려면, 무거운 입자를 꼭 찾아내야 한다. 입자 물리학에 대해서 알고 있는 지식의 대부분은 빠른 속도로 움직이는 입자 빔을 가속·충돌시켜 다른 물질을 만드는 입자 가속기 실험을 통해 얻은 것이다.

'고에너지 입자 충돌기(high-energy particle collider)'에서는 가속시킨 입자 빔이 같은 식으로 가속된 반입자 빔과 말 그대로 정면충돌하는데, 이때 엄청난 에너지가 이 빔들이 충돌하는 작은 영역에서 발생한다. 이 에너지가 때때로 자연에서 쉽게 발견하기 어려운 무거운 입자로 바뀐다. 고에너지 입자 충돌기는, 우주가 현재보다 훨씬 뜨거워서 모든 입자가 풍성하게 존재했던 대폭발 상태 이후, 우리가 아는 가장 무거운 입자들이 생성되는 유일한 장소이다. 충돌기에서는 아인슈타인의 $E=mc^2$에 따라 충분한 에너지만 있다면, 원리적으로 어떤 종류의 입자 - 반입자쌍도 생성될 수 있다.

하지만 고에너지 물리학의 목표는 그저 새로운 입자를 찾아내는 데 그치지 않는다. 고에너지 입자 충돌기 실험은 우리에게 다른 방법으로는 찾아내기 어려운 자연의 기본 법칙, 직접 눈으로 볼 수 없는 극히 미소한 범위에서 작용하는 법칙에 대해 알려 줄 것이다. 고에너지 실험은 극소한 길이 규모에서 작용하는 상호 작용을 밝혀낼 수 있는 유일한 방법이다.

이 장에서는 두 가지 입자 충돌기 실험을 소개하고자 한다. 이 두 실험은 표준 모형의 예측을 확실히 검증했다는 점과, 표준 모형을 넘어서는 물리학 이론이 어떤 것이어야 할지를 규정했다는 점에서 무척 중요하다. 실험 자체로도 무척 훌륭했던 이 두 가지 충돌 실험은 물리학자들이 앞으로 여분 차원과 같은 새로운 현상을 탐구할 때 어떤 문제와 부딪칠 수 있는지에 대해서도 시사하는 바가 크다.

톱 쿼크의 발견

톱 쿼크가 발견된 과정은 가속기로 입자를 찾아낸다는 것이 얼마나 어려운 일인지를 잘 보여 준다. 그리고 저에너지밖에 내지 못하는 충돌기로 문제에 도전해 성공을 거둔 실험 물리학자들의 눈부신 재능 또한 보여 준다. 톱 쿼크는 원자의 구성 요소도, 기존 물질의 일부도 아니지만, 톱 쿼크가 없다면 표준 모형의 정합성이 깨지기 때문에 1970년 이후 대부분의 물리학자들은 톱 쿼크의 존재를 믿고 있었다. 하지만 극히 최근인 1995년까지 아무도 톱 쿼크를 발견하지 못했다.

톱 쿼크를 찾기 위한 실험은 수년간 실패를 거듭했다. 표준 모형에서 두 번째로 무거운 입자인 보텀 쿼크(양성자 질량의 5배)는 1977년에 발견되었다. 당시 물리학자들은 톱 쿼크가 곧 발견될 것이라고 생각했고, 실험 물리학자들은 톱 쿼크를 발견해 영광의 자리에 오르고자 경쟁했다. 하지만 놀랍게도 모든 실험들이 연달아 실패했다. 양성자를 만들 수 있는 에너지의 40배, 60배, 심지어 100배의 에너지를 만들어도 톱 쿼크는 발견되지 않았다. 톱 쿼크는 분명 무거웠다. 그때까지 발견된 다른 모든 쿼크들보다도 무거운, 정말 엄청나게 무거운 쿼크였다. 20년에 걸친 조사 끝에 톱 쿼크가 발견되었을 때, 톱 쿼크의 질량은 양성자 질량의 거의 200배에 달하는 것으로 밝혀졌다.

특수 상대성 이론에 따라, 어마어마하게 무거운 톱 쿼크를 만들기 위해서는 극도로 높은 에너지가 필요했으며 그만큼 거대한 가속기가 필요했다. 그런 가속기를 만들려면 기술도 기술이려니와 막대한 비용이 들어간다.

톱 쿼크를 만들어 낸 충돌기는 미국 시카고 시에서 서쪽으로 40킬로미터 떨어진, 일리노이 주 버테이비아(Batavia)에 있는 테바트론(Tevatron)이었다. 페르미 연구소에 있는 이 충돌형 가속기가 처음 설계되었을 때는 톱 쿼크를 만들어 내기에 에너지가 한참 모자랐지만, 기술자들과 물리학자들이 여러 번의 개조와 개량을 통해 성능을 크게 향상시켰다. 1995년 테바트론의 개조·개량은 정점에 도달했다. 훨씬 높은 에너지로 가동할 수 있게 된 테바트론은 처음 설계 때보다 훨씬 다양한 충돌 실험을 해냈다.

아직까지도 가동 중인 테바트론은 물리학자 엔리코 페르미의 이름을 딴 페르미 연구소(1972년 설립)에 설치되어 있다. 처음 페르미 연구소를 방문했을 때 나는 무척 재미있었다. 그곳에서는 야생 옥수수와 거위 그리고 조금 이상하긴 했지만 한편에서는 들소까지도 볼 수 있었다. 들소를 빼면 너무나도 단조롭고 지루한 곳이었다. 페르미 연구소에서 남쪽으로 8킬로미터 떨어진 오로라에서 영화 「웨인스 월드(Waynes's World)」가 촬영 중이었다. 당신이 이 영화를 봤다면, 페르미 연구소 주변이 어떤지 상상이 갈 것이다. 다행히 그곳의 물리학은 흥미진진해서 방문자들을 행복하게 해 준다.

테바트론이라는 가속기의 이름은 양성자와 반양성자를 1테라전자볼트의 에너지로 가속시키기 때문에 붙었다. 1테라전자볼트는 1,000기가전자볼트에 해당하며 이전의 어떤 가속기에서도 만들어 내지 못한 최고의 에너지이다. 테바트론에서는 강력한 에너지를 띤 양성자, 반양성자의 빔이 고리 모양으로 회전하면서 3.5마이크로초(100만분의 3.5초) 간격으로 두 곳의 충돌점에서 부딪친다.

두 실험 팀이 입자 빔과 반입자 빔의 충돌점 두 곳에 탐지기를 설치하고 그곳에서 일어날 수 있는 흥미로운 물리 현상을 관측했다. 이 실험 중 하나에는 CDF(Collider Detecter at Fermilab, 페르미 연구소 충돌 탐지기), 다른 하나에는 D0(탐지기가 설치된 충돌점을 뜻한다.)라는 이름이 붙여졌다. 두 곳에서 새로운 입자와 물리 현상을 광범위하게 조사했지만, 1990년대 초반까지 두 실험 팀의 성배는 톱 쿼크였다(성배가 존재한다는 이야기는 무성했지만, 찾은 사람은 아무도 없었다.—옮긴이) 각 실험 팀은 톱 쿼크를 발견한 첫 번째 팀이 되기를 바랐다.

무거운 입자들은 대부분 불안정하며 생성되지마자 곧바로 붕괴한다. 그래서 실험 물리학자들은 입자 자체보다는 입자의 붕괴 생성물을 가시적인 증거로서 탐색하게 된다. 예를 들면 톱 쿼크는 보텀 쿼크와 W 보손(약력을 매개하는 대전된 게이지 보손)으로 붕괴한다. 그리고 W 보손은 경입자나 쿼크로 붕괴한다. 그래서 톱 쿼크를 발견하는 실험은 다른 쿼크나 경입자와 함께 있는 보텀 쿼크를 찾는 일이 된다.

입자들에는 이름표가 붙어 있지 않다. 따라서 탐지기에 기록된 전기 전하나 상호 작용 등 입자의 특성을 파악하여 각 입자를 구별해야 한다. CDF와 D0, 두 대의 탐지기는 각기 다른 특징을 기록할 수 있는 여러 부분으로 구성되어 있다. '추적기(tracker)'라는 부분은 입자들의 궤적에 남은, 원자가 이온화될 때 나온 전자를 통해 대전된 입자를 탐지한다. '칼로리미터(calorimeter)'라는 부분은 입자들이 탐지기를 통과하면서 방출하는 에너지를 측정한다. 그밖에도 다른 입자의 특징을 기록하는 부분들이 있다. 예를 들어 붕괴 시간이 다른 입자들보다 더 긴 보텀 쿼크의 특징을 기록하는 부분이 있다.

탐지기가 신호를 탐지하면, 이 신호는 엄청나게 많은 전선과 증폭기를 거쳐 데이터로 기록된다. 그러나 모든 기록이 가치 있는 것은 아니다. 양성자와 반양성자가 충돌할 때 톱 쿼크와 반(反)톱 쿼크 같은 흥미로운 입자들이 생성될 가능성은 매우 낮다. 대부분 이러한 충돌에서 생성되는 입자는 톱 쿼크보다 가벼운 쿼크와 글루온 그리고 거의 우리가 관심이 없는 입자들이다. 실제로 페르미 연구소에서 톱 쿼크를 한 번 만들 때마다 입자를 10조 번이나 충돌시켜야 했다.

이처럼 엄청나게 많은 쓸모없는 데이터 중에서 우리가 관심 있는 사건 하나를 찾아 줄 만큼 강력한 컴퓨터는 없다. 그런 까닭에 실험 물리학자들은 언제나 '트리거(trigger, 방아쇠)'라는 이름의 장치를 이용한다. 트리거의 하드웨어와 소프트웨어는 나이트 클럽의 경비원처럼 기록할 가치가 있는 사건만 기록하도록 한다. CDF와 D0의 트리거는 실험 물리학자들이 관심을 가진 사건, 즉 톱 쿼크를 발견하기 위해 꼭 일으켜야만 하는 충돌 사건의 수를 10만 개로 줄여 준다. 이 값 역시 여전히 어마어마하게 큰 것이지만, 10조보다는 훨씬 해 볼 만하다.

데이터가 기록되면, 물리학자들은 이를 해석하고, 흥미로운 충돌에서 나온 입자를 재구성하기 위해 노력한다. 충돌 횟수와 입자의 수가 많을 뿐만 아니라, 제한된 정보만 있을 뿐이어서 충돌 결과를 재구성하는 일은 엄청난 작업이다. 이 작업은 사람들의 능력을 향상시켜 주었고 데이터 처리 과정을 발전시켜 주었다.

1994년, CDF의 몇 연구 그룹이 톱 쿼크와 유사한 사건을 관측하기도 했지만(예를 들면 그림 54), 확신할 수는 없었다. CDF가 그해 자신들이 톱 쿼크를 발견했다고 확실하게 말할 수는 없지만, 1995년의 발견은 D0와 CDF 모두 확실히 인정했다. D0 실험에 참가하고 있던 내 친구인 다리엔 우드(Darien Wood)는, 실험 데이터 분석과 이 결과를 보고하는 논문을 완성했던 최종 편집 회의가 얼마나 강도 높은 것이

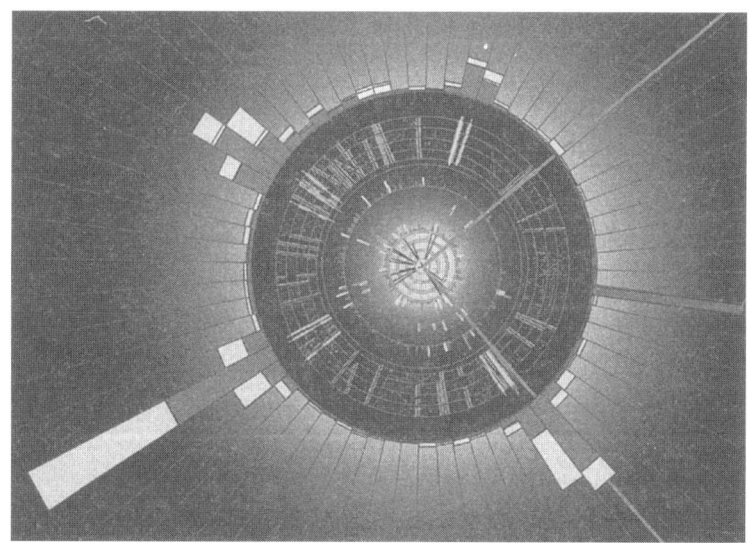

그림 54
D0 실험의 톱 쿼크 기록. 동시에 생성된 톱 쿼크와 반톱 쿼크의 붕괴 생성물들이 검출된 기록이다. 오른쪽 위의 선은 뮤온으로 탐지기의 바깥까지 선이 뻗어 있다. 4개의 직사각형 블록은 충돌 후 생성된 4개의 제트이다. 오른쪽으로 뻗어 나간 선은 중성미자의 사라진 에너지이다.

었는지 말해 주었다. 회의는 그날 밤을 지나 다음 날 아침까지 이어졌으며, 어떤 사람들은 책상 위에 엎드려 잠깐씩 자기도 했다고 한다.

톱 쿼크 발견은 D0와 CDF 공동의 업적으로 인정되었다. 이전에는 한 번도 보지 못했던 새로운 입자가 만들어진 것이었다. 이 입자는 이전에 확인된 다른 입자들과 함께 표준 모형의 입자 체계에 합류했다. 지금까지 꽤 많은 톱 쿼크가 발견되었으며, 그 덕분에 우리는 톱 쿼크의 질량과 그밖의 특성을 매우 정확히 알게 되었다. 미래에는 고에너지 충돌기에서 너무 많은 톱 쿼크가 만들어져 톱 쿼크가 다른 입자의 발견을 방해하는 상황이 생길지도 모른다.

새로운 물리학은 이제 우리 눈앞에 가까이 다가와 있다. 왜 충돌기가 현재 가능한 수준보다 조금 더 높은 에너지를 만들어 낼 수 있게 되면 새로운 입자들과 새로운 물리 현상이 발견될 것이라고 이야기하는지 곧 살펴볼 것이다. LHC에서 이루어질 실험들은 표준 모형 너머에 있는 구조에 관한 증거를 찾아 나설 것이다. 만약 이 실험들이 성공한다면, 그에 대한 보상은 굉장할 것이다. 우리는 물질의 기반이 되는 구조를 더 잘 이해하게 될 것이다. 고에너지를 만들어 내고 더 많은 입자를 충돌시키고 지혜를 짜낸다면 이 어려운 과업을 완수할 수 있을 것이다.

표준 모형에 대한 정확한 검증

이제 우리는 일리노이 주의 평야에서 스위스의 산악 지방으로 옮겨 갈 것이다. 그곳에는 CERN, 유럽 핵물리학 연구소(현재 정식 명칭은 Organisation Européen pour la Recherche Nucléaire로 바뀌었지만 발족 당시의 명칭

그림 55
알프스 산맥을 배경으로 찍은 CERN의 전경. 흰색 선으로 표시한 것이 2개의 양성자 빔이 돌게 될 LHC 고리이다.

Conseil Européen pour la Recherche Nucléaire이다. 이것의 머리글자를 딴 약칭이 지금까지 사용되고 있다.)가 있다. 많은 실험이 표준 모형의 예측을 확인하는 실험은 많았지만, 1989년과 2000년 사이에 CERN에 자리잡은 LEP(Large Electron-Positron collider, 대형 전자-양전자 충돌기)에서 수행된 실험이 가장 대단한 것이었다.

CERN의 부지는 이곳이 유럽의 중심이라는 이유에서 선정되었다. CERN의 중앙 출입구는 프랑스의 국경 지대와 매우 근접해 있어서 두 나라의 사이에 있는 검문소가 연구소 근처에 있다. CERN의 많은 직원들이 프랑스에 살고 있고 매일 두 번씩 국경을 넘지만 불편을 느끼지 않는다(자동차가 스위스 표준을 따르지 않으면 입국이 허가되지 않는다는 점을 제외한다면 말이다.). 또 다른 위험이 있다면 깊은 생각에 빠지는 것이다. 한 동료는 블랙홀에 대해 깊이 생각하느라 무심코 검문소를 지나쳐 검문소의 경비원이 그를 멈춰 세우고 몸수색한 일이 있다고 한다.

CERN의 배경 풍광은 페르미 연구소와는 무척이나 다르다. 유럽 최고봉인 몽블랑 산의 발치에 자리잡은 CERN은 아름다운 쥐라 산맥에 인접해 있으며(그림 55), 조금만 차를 타고 가면 빙하가 산을 덮고(지구 온난화 때문에 적어지기는 했지만) 길까지 내려와 있는 멋진 샤모니 협곡에 갈 수 있다. 게다가 CERN의 수많은 물리학자들은 구름이 도시를 덮고 있을 때조차 근처의 산에서 스키, 스노보드, 하이킹을 즐길 수 있다. 그러다 보니 그을린 얼굴로 겨울을 보내는 행운을 누린다.

CERN은 제2차 세계 대전 이후 국제적인 협력 분위기를 타고 만들어졌다. 연구소 창설 시 초기 가맹국 12개 나라는 서독, 벨기에, 덴마크, 프랑스, 그리스, 이탈리아, 노르웨이, 네덜란드, 영국, 스웨덴, 스위스, 유고슬라비아(1961년 탈퇴)였다. 뒤이어 오스트리아, 스페인, 포르투갈, 핀란드, 폴란드, 헝가리, 체코슬로바키아, 불가리아가 합류했다. 그밖의 참관국으로는 인도, 이스라엘, 일본, 러시아 연방, 터키, 미국이 있다. CERN은 그야말로 국제적인 연구 기관이다.

테바트론처럼 CERN도 명성에 걸맞은 여러 성과를 냈다. 카를로 루비아(Carlo Rubbia)와 시몬 반 데르 메르(Simon Van der Meer)는 CERN의 충돌기 설계와 약력 게이지 보손을 발견한 공로로 1984년 노벨 물리학상을 받았다. 이 성공은 입자 발견의 미국 독점을 막은 역사적 사건이기도 했다. CERN은 또한 영국인 연구자 팀 버너스리(Tim Berners-Lee)가 월드 와이드 웹(World Wide Web)과 HTML(hypertext markup language), http(hyertext transfer protocol)를 창안한 곳이기도 하다. 그는 여러 나라에 떨어져 있는 많은 실험 물리학자들이 동시에 정보에 접속할 수 있고, 데이터를 여러 컴퓨터에 공유할 수 있도록 하기 위해 웹을 개발했다. 물론 웹의 충격파는 CERN을 넘어서 훨씬 넓게 퍼져 나갔다. 이처럼 과학 연구가 실제 생활에 이용되는 것을 예상하기란 쉬운 일이 아니다.

앞으로 수년 안에 CERN은 가장 흥미로운 물리학적 성과물이 결합되는 집적소가 될 것이다. 테바트론이 현재 만들어 낼 수 있는 것보다 약 7배나 높은 에너지를 만들어 낼, 대형 강입자 충돌기(LHC)가 CERN에 자리 잡을 것이고, 이 충돌기에서 발견되는 것들은 확실히 질적으로 정말 새로운 무언가가 될 것이다. LHC 실험은 이 책에서 내가 설명하는 것과 같은 모형들을 확증하거나 또는 폐기함으로써, 표준 모형을 떠받치는 새로운 물리학, 아직까지 알려지지 않은 물리학을 찾아낼 것이다. 그럴 확률은 무척 높다. 충돌기는 스위스에 자리 잡고 있지만, LHC는 정말로 국제적인 협력 연구의 집합지가 될 것이다. LHC를 위한 실험 방법과 기계들 그리고 장치들이 현재 지구 곳곳에서 개발되고 있기 때문이다.

하지만 1990년대에도 이미 물리학자들과 공학자들은 CERN에 수백만 개의 Z 입자를 대량 생산한 Z 보손 '공장'인 대형 전자-양전자 충돌기(LEP)를 세웠다. Z 게이지 보손은 약력을 매개하는 3개의 게이지 보손 중 하나이다. 수백만 개의 Z 입자를 연구한 LEP의 실험 물리학자들은(캘리포니아 팰러앨토에 있는 스탠퍼드 선형 가속기 연구소(SLAC)의 실험가들도) 전례 없는 놀라운 정확도로 표준 모형의 예측을 검증함으로써, Z 보손의 특성을 세밀하게 측정해 냈다. 이 실험들을 세세하게 설명하는 것은 책의 내용에서 많이 벗어나는 일이겠지만, 이 실험들에서 달성한 엄청난 정확성에 대해서는 간단하게나마 짚어 보고자 한다.

표준 모형을 검증하기 위한 기본 가정은 매우 단순하다. 표준 모형은 기본 입자의 붕괴와 상호 작용 및 여러 약력 게이지 보손의 질량을 예측한다. 약한 상호 작용 이론이 맞는지를 알아내려면 이러한 여러 양들 사이의 관계가 이론의 예측과 맞는지 검사하면 된다. 약력 규모 에너지 근처에서 중요한 의미를 갖는 새로운 입자와 새로운 상호 작용을 다루는 새 이론이 있다면, 기존 표준 모형의 약한 상호 작용에 대한 예측값을 바꿀 수 있는 새로운 구성 요소를 내놓을 것이다.

따라서 표준 모형에서 더 나아간 새로운 모형들은 Z 보손의 특성에 대해 표준 모형과는 약간 다른 예측을 내놓는다. 1990년대 초반 모든 사람들은 Z 보손의 특징을 예측하고 그 예측을 검증받음으로써 확증될 수 있는 대체 모형들을 내놓았으며, 믿을 수 없을 정도로 복잡한 방법을 사용해 그것을 검증하려고 했다. 이 방법은 이해하기도 어려울뿐더러, 그 개요를 문서로 만드는 데에도 내가 운반할 수 없을 정도의 종이가 필요했다. 그때 나는 캘리포니아 주립 대학교 버클리 캠퍼스에서 박사 후 과정을 밟고 있었다. 페르미 연구소에서 열린 여름 워크숍에 참석한 1992년 여름, 나는 물리량들 사이의 관계가 엄청나게 길게 기술될 만큼 까다로워서는 안 된다고 생각했다.

나는 당시 페르미 연구소에서 박사 후 연구원으로 있던 미치 골든(Mitch Golden)과 함께 약한 상호 작용에 대한 실험 결과물을 더 간명하게 해석하는 방법을 개발했다. 미치와 나는 단 3개의 양을 추가함으로써 (미발견 상태인) 무거운 새 입자를 어떻게 표준 모형에 결합시킬지, 즉 표준 모형을 벗어나는 가능한 모든 특징을 어떻게 체계적으로 정리할지를 보여 주었다. 이 문제를 해결하기 위해 나는 몇 주를 보냈고, 마침내 집중적으로 일했던 어느 주말 해답을 얻을 수 있었다. 우리는 Z 보손 공장들에서 측정한 모든 과정을 어떻게 우아하게 연결시킬지를 찾아냈으며, 정말로 보람을 느꼈다. 미치와 나는 어떻게 이론과 측정이 연결되는지에 대한 선명한 그림을 그렸고, 정말로 만족스러웠다. 하지만 이 발견은 우리만의 성과는 아니었다. 거의 동시에 스탠퍼드 선형 가속기 연구소(SLAC)의 마이클 페스킨(Michael Peskin)과 그의 박사 후 연구원 다케우치 다케오(竹內建)도 같은 식으로 연구를 마무리했으며, 곧 다른 이들도 우리 방법을 채용했다.

하지만 정말로 성공적인 이야기는 놀랄 만큼 정확하게 이루어진 LEP의 표준 모형 검증에 대한 것이다. 이를 자세히 설명하지는 않겠지만, 그 놀라운 정밀도를 알려 주는 두 일화를 소개하겠다. 하나는 양전자와 전자가 충돌하는 때의 정확한 에너지를 찾는 일에 관한 이야기이다. Z 보손의 정확한 질량을 결정하려면 이 에너지를 알아야 한다. 실험 물리학자들은 이 에너지 값에 영향을 미칠 만한 모든 것을 고려해야 했다. 하지만 생각할 수 있는 모든 요소를 고려했음에도 그들은 순간순간 측정한 에너지 값이 미미하지만 오르내리는 것을 알게 되었다. 이 변화를 낳는 원인이 무엇일까?

믿기지 않겠지만, 그 원인은 레만 호(영어식으로 제네바 호라고 하기도 한다.—옮긴이)의 조석(밀물과 썰물)으로 밝혀졌다. 호수의 수면이 조석에 따라, 또 그해 내린 호우에 따라 오르내린 것이 영향을 미친 것이다. 이것이 주변 지형에 영향을 미치면서, 전자와 양전자가 충돌기 안을 지나갈 때의 거리를 미소하게 변화시켰다. 이 효과를 고려하자, Z 입자의 질량이 시간에 따라 이리저리 변하던 것이 말끔히 사라졌다.

두 번째 이야기도 꽤 인상적이다. 충돌기 안의 전자와 양전자의 궤도는 거대한 전력을 소모하는 강력한 자기장에 따라 고정된다. 그런데 주기적으로 전자와 양전자가 약간 궤도를 벗어나는 것처럼 보였다. 이는 충돌기의 자기장에 변화가 있음을 의미했다. 한 연구자가 이러한 변화가 제네바와 파리 사이를 운행하는 고속 열차인 테제베(TGV)의 통과와 연관되어 있음을 발견했다. 프랑스의 직류 전류와 연관된 전력 튐 현상이 있어 가속기에 미세한 영향을 주는 것이었다. CERN에서 일하는 파리 출신 물리학자 알랭 블롱델(Alain Blondel)이 이 일화에서 가장 재미난 부분을 내게 이야기해 주었다. 실험 물리학자들은 테제베와 관련된 가설을 확실히 확인할 수 있는 기회를 얻었다. 테제베 직원이 파업하는 날, 실험 물리학자들은 전력 튐의 방해 없이 실험할 수 있었던 것이다!

기억해야 할 것

- 입자 물리학의 가장 중요한 실험 도구는 고에너지 입자 가속기이다. 고에너지 '충돌기' 혹은 충돌형 가속기는 가속시킨 입자들을 서로 충돌시키는 장치이다. 질량이 너무 커 우리 주변 자연 세계에서 존재하기 힘든 입자들이라고 할지라도, 충분한 에너지를 갖는 충돌기라면 만들어 낼 수 있다.
- '테바트론'은 현재 가동 중인 충돌기 중 가장 높은 에너지를 낼 수 있는 충돌기이다.
- 현재 수년 내 가동을 목표로 '대형 강입자 충돌기(LHC)'가 건설 중에 있다. LHC는 테바트론보다 7배 정도 높은 에너지를 만들

수 있다. LHC는 입자 물리학의 여러 모형들을 검증해 낼 것이다(LHC는 2008년 가동에 들어간다.—옮긴이).

9장
대칭성 : 근본적인 조직화 원리

라.
라 라 라 라.
라 라 라 라.
라 라 라 라 라 라 라 라.[*]
— 심플 마인즈

● 스코틀랜드 록 밴드 심플 마인즈(Simple Minds)의 노래 「그렇지 않니(Don't you)」에서.
　──옮긴이

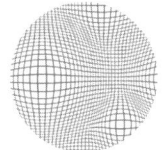

아테나는 새장을 열어 자신의 올빼미 세 마리를 날려 보냈다. 아이크는 불행히도 그날 마침 컨버터블 자동차의 지붕을 열어 놓았고, 호기심 많은 올빼미들은 그 안으로 날아들었다. 그중 가장 장난기 많은 올빼미가 부리로 쪼아대는 바람에 결국 자동차 내부가 약간 찢어졌다.

흠집을 발견한 아이크는 아테나 방으로 폭풍처럼 들이닥쳐 앞으로는 올빼미를 더 잘 보살피라고 말했다. 아테나는 올빼미들은 대체로 행실이 바르며, 나쁜 녀석 한 마리만 잘 살피면 된다고 항변했다. 바로 그때 올빼미들이 새장 안으로 돌아왔다. 하지만 아이크도 아테나도 사고 친 녀석이 누구인지 분간할 수 없었다.

표준 모형은 상당히 잘 맞는 것처럼 보인다. 하지만 이는 쿼크, 경입자, 약력 게이지 보손(약력 전하를 띤 입자 사이에서 약력을 전달하는 입자로 전기 전하를 띤 W 입자 둘과 중성인 Z 입자가 있다.)이 모두 표준 모형 내에서 질량을 갖기 때문이다. 물론 기본 입자의 질량은 우주 만물에 있어 매우 중요하다. 만약 물질들이 정말로 질량을 갖지 않는다면, 우리가 보는 것 같은 형태를 가진 물체나 구조도 없을 것이고 생명체들도 결코 만들어지지 못했을 것이기 때문이다. 하지만 가장 간단한 힘 이론에서 약력 게이지 보손과 다른 기본 입자들은 마치 질량이 없고 빛의 속도로 움직이는 것처럼 보인다.

힘 이론이 질량이 없는 경우를 선호한다는 것이 이상하게 보일 수 있다. 왜 질량이 있으면 안 될까? 하지만 힘을 다루는 가장 기본적인 이론인 양자장 이론은 이 문제에 있어서는 타협의 여지가 없다. 표면적으로 양자장 이론에 따르면, 표준 모형의 기본 입자들은 질량이 0이어야 한다. 즉 질량이 없어야 한다. 표준 모형의 성과 중 하나는 양자장 이론의 이 문제를 해결하고 입자가 우리가 실험으로 측정한 질량을 갖는다는 것을 이론적으로 설명해 준다는 데에 있다.

다음 장에서 우리는 입자들이 질량을 얻는 메커니즘을 탐구할 것이다. 이 현상은 '힉스 메커니즘'으로 알려져 있다. 대신 이 장에서는 '대칭성'이라는 중요한 주제를 살펴볼 것이다. 대칭성과 대칭성 깨짐은 미분화 상태의 우주가 어떻게 우리가 알고 있는 복잡한 구조를 가진 우주로 진화했는지를 결정하는 데 도움을 준다. 힉스 메커니즘은 처음에는 대칭성, 특히 깨진 대칭성과 관계가 깊다. 기본 입자가 어떻게 질량을 얻는지를 이해하려면 대칭성이라는 중요한 개념에 어느 정도 익숙해질 필요가 있다.

변하지만 변하지 않는 것

대부분의 물리학자들에게 대칭성은 신성한 단어이다. 다른 분야에서도 대부분 대칭성을 높게 평가한다. 기독교 십자가, 유대교의 메노라 (menorah, 유대교의 의식용 촛대), 불교의 법륜, 이슬람의 초승달, 힌두교의 만다라에서 대칭성을 찾을 수 있기 때문이다(그림 56). 대칭성을 가진 물체는 몇 가지 조작을 해도, 예를 들어 회전시키거나, 거울에 비춰

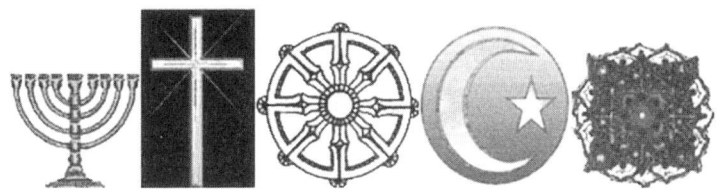

그림 56
유대교의 메노라, 기독교의 십자가, 불교의 법륜, 이슬람의 초승달, 힌두교의 만다라는 모두 대칭을 이룬다.

보거나, 한 부분을 바꿔치기해도 처음과 같은 모양을 갖는다. 예를 들면, 메노라 양쪽 끝에 있는 똑같이 생긴 초를 서로 바꾸어 끼워도 아무런 차이를 발견할 수 없다. 또 십자가를 거울에 비춰 보아도 원래의 십자가와 다를 바 없다.

수학에서든 물리학에서든 세상에서든, 대칭성이 있다면 변화가 전혀 없는 것처럼 변화시킬 수 있다. 당신이 뒤돌아 서 있을 때 누군가 그 구성 요소를 바꾸어 놓아도, 다시 봤을 때 그 차이를 눈치채지 못한다면 그것은 대칭성을 가진 계인 것이다.

대칭성은 대개 정적인 성질이다. 예를 들어 십자가의 대칭성은 시간에 따라 변화하지 않는다. 하지만 물리학자들은 대체로 '대칭 변환', 즉 관측 가능한 성질에 변화를 일으키지 않고 계에 가할 수 있는 조작이라는 상상적인 관점에서 대칭성을 기술하고 싶어 한다. 예를 들어 보자. 물리학자들은 "촛대에 꽂힌 초들이 동등하다."라고 말하기보다는 "두 초를 바꿔 놓아도 촛대는 똑같아 보인다."라고 말하려고 한다. 촛대가 대칭성을 가지고 있다는 것을 주장하기 위해서 실제로 초를 바꿀 필요는 없다. 하지만 만약에 초를 바꿔 놓더라도 그 차이를 알아차릴 수는 없을 것이다. 이런 식으로 대칭성을 기술하는 것은 이런 식으로 설명하는 게 간단할 수 있기 때문이다.

과학이나 성스러운 상징뿐만 아니라 속세의 예술에서도 대칭성은 친근한 주제이다. 대부분의 회화, 조각, 건축, 음악, 춤, 시에서 대칭성이 발견된다. 이런 면에서 보자면 이슬람 예술의 건축과 장식 미술은 가장 휘황찬란한 대칭성을 보여 준다. 인도의 타지마할을 본 사람이라면 누구라도 대칭성에 사로잡히게 마련이다. 타지마할은 어느 쪽에서 보더라도 똑같아 보일 뿐만 아니라 건물 앞쪽의 기다란 연못에 서면 잔잔한 물 표면에 비친 완벽한 건물의 자태를 볼 수 있다. 나무조차도 타지마할의 대칭성을 흐트러뜨리지 않게 심어져 있다. 내가 그곳을 방문했을 때 안내원이 대칭성을 볼 수 있는 몇몇 장소를 설명해 주었다. 나는 그에게 또 다른 곳을 보여 달라고 청했다. 결국 타지마할이 보여 주는 모든 대칭성 구조를 보기 위해서 구석에 있는 돌더미를 기어올라서 우스꽝스러운 자세로 건물을 감상해야만 했다.

일상의 대화에서 대칭성은 그 자체로 아름다움과 동의어로 여겨지며, 분명 대칭성의 매력은 우리 마음에 규칙성과 단아함을 불러일으킨다. 대칭은 또한 학습에도 도움을 주는데, 시간적 혹은 공간적 반복 구조는 뇌에 강한 인상을 남기기 때문이다. 우리의 뇌는 대칭성의 미학적 매력에 반응하도록 프로그램되어 있으며 이것이 우리가 왜 대칭성 있는 물체로 주위를 채우는지 잘 설명해 준다.

대칭성은 예술과 건축뿐만 아니라 인간의 개입이 없는 자연에서도 나타난다. 이런 이유로 당신은 물리학에서 대칭성을 종종 보게 된다. 물리학의 목표는 서로 다른 물리량들을 연관지어 관측에 기반한 예측을 하는 데에 있다. 이 과정에서 대칭성은 자연스럽게 어떤 역할을 한다. 물리계가 대칭을 갖고 있다면, 그렇지 않을 때보다 더 적은 관측값에 기초해 계를 기술할 수 있다. 예를 들어 보자. 동일한 성질을 갖는 두 물체가 있을 때, 한 물체의 움직임을 이미 측정했다면 곧바로 나머지 하나의 움직임을 지배하는 법칙도 알 수 있다. 두 물체가 동일하기 때문에 그 물체도 같은 식으로 움직일 것이기 때문이다.

물리학에서 한 계 안에 대칭 변환이 존재한다는 것은 무엇을 의미할까. 그것은 관측 가능한 모든 물리적 성질이 바뀌지 않게 계의 구성 요소를 재배열할 수 있음을 의미한다.* 예를 들어 만일 계가 공간 대칭성의 유명한 예인 '회전 대칭성'과 '병진 대칭성'을 가진다면, 물리 법칙은 모든 방향과 모든 지점에서 동일하게 적용될 것이다. 회전 대칭성과 병진 대칭성의 예로 야구 방망이를 휘두르는 자신을 생각해 보자. 여러분이 야구 방망이로 공을 휘두를 때 어느 쪽을 보면서 휘두르든 또는 여러분이 어디에 서서 휘두르든 문제되지 않는다. 즉 여러분이 동일한 힘을 가하기만 한다면, 어디를 보고 있든, 어디에 서서 치든 야구 경기는 똑같은 상황으로 전개될 것이다. 계를 회전시켜 실험을 하든, 다른 방이나 다른 장소에서 측정을 하든 실험은 동일한 결과를 내야 한다.

물리 법칙에서 대칭성의 중요함은 아무리 강조해도 지나치지 않다. 맥스웰의 전기 역학 법칙이나 아인슈타인의 상대성 이론 등 여러 물리학 이론은 대칭성과 깊은 관련이 있다. 일반적으로 여러 가지 대칭성을 이용하면 물리적인 예측을 위한 이론적인 계산을 쉽게 할 수 있다. 예를 들어 행성의 궤도 운동, 우주의 중력장(이는 약간의 회전 대칭을 갖고 있다.), 전자기장에서 입자의 움직임, 그리고 수많은 다른 물리

---

* 나는 대칭성을 변환 결과로서 설명하고 있는데, 항상 그렇듯 대칭은 정지계의 성질이다. 즉 실제로 변환을 하지 않더라도 계는 여전히 대칭성을 갖는다.

량은 대칭을 고려하면 수학적으로 더 단순해진다.

　물리 세계에서 대칭성이 언제나 잘 보이는 것은 아니다. 하지만 쉽게 드러나지 않거나 그저 이론적인 수단에 불과하더라도, 대칭성은 대체로 물리 법칙의 형식화를 무척 간단하게 해 준다. 우리가 곧 초점을 맞추게 될 힘의 양자 이론 또한 예외는 아니다.

내부 대칭성

물리학자들은 보통 대칭성을 여러 가지로 분류한다. 당신이 가장 잘 아는 것은, 아마도 사물을 공간에서 움직이거나 회전시키는 대칭 변환에 대한 대칭성, 즉 공간 대칭성일 것이다. 어떤 계가 회전 대칭성과 병진 대칭성이라는 공간적 대칭성을 갖고 있다면, 그 계가 어느 쪽을 향하든지 또 어디에 위치하든지 동일한 물리 법칙이 적용된다.

　이제 다른 종류의 대칭성을 생각해 보자. 공간 대칭성과 다른 대칭성으로는 '내부 대칭성(internal symmetry)'을 들 수 있다. 공간 대칭성이 모든 방향과 모든 위치에서 물리 법칙이 동일할 것을 지시하는 반면, 내부 대칭성은 서로 구분이 가지 않는 복수의 대상에 물리 법칙이 동일하게 적용되어야 한다고 지시한다. 다시 말해서 내부 대칭 변환은 서로 별개인 사물을 알아차리기 어려운 방법으로 교환하거나 섞는 것이다. 사실 나는 이미 내부 대칭성의 예를 들었다. 메노라의 초를 바꿔 놓을 수 있다는 예가 그것이다. 내부 대칭성은 두 초가 동등함을 의미한다. 이것은 초에 대한 진술이지 공간에 대한 진술이 아니다.

　물론 메노라에서는 공간 대칭성과 내부 대칭성이 동시에 성립된다. 각기 다른 두 초가 동등하다는 점에서 내부 대칭성이, 또한 중앙의 초를 기준으로 180도를 회전시켜도 동일하게 보인다는 점에서 공간 대칭성이 성립된다. 하지만 내부 대칭성은 공간 대칭성이 없는 경우에도 존재할 수 있다. 예를 들어 똑같은 초록색 타일들을 모아 그린 나뭇잎 모자이크화가 있다고 해 보자. 나뭇잎의 모양이 불규칙해서 공간 대칭성을 찾을 수 없더라도, 내부 대칭성은 존재한다. 초록색의 타일을 서로 바꾸더라도 나뭇잎 그림은 바뀌지 않기 때문이다.

내부 대칭성의 또 다른 예는 바꿔치기할 수 있는 2개의 동일한 붉은 구슬이다. 당신이 양손에 구슬을 하나씩 쥔다고 해 보자. 어떤 손으로 어떤 구슬을 쥐었든 아무런 차이가 없다. 설령 당신이 1번, 2번이라고 구슬에 이름을 붙이더라도, 그 두 구슬이 서로 바뀌었는지 알기 어려울 것이다. 구슬의 예는 메노라나 모자이크화 타일처럼 공간적인 배열에 얽매여 있지 않는다는 점에 주목해야 한다. 즉 내부 대칭성은 대상 자체와 관련이 있지 그 대상의 위치와는 무관하다.

입자 물리학은 서로 다른 유형의 입자들을 서로 연관짓는 다소 추상적인 내부 대칭성을 다룬다. 내부 대칭성은 입자와 이 입자를 생성하는 장에 호환성을 부여한다. 똑같이 생긴 빨간 구슬이 2개 있다고 하자. 어느 쪽을 택해서 굴리거나 벽에 던지더라도 구슬은 똑같이 움직일 것이다. 마찬가지로 동일한 전하와 질량을 갖는 두 입자가 있다면, 이 둘은 동일한 물리 법칙을 따를 것이다. 이러한 대칭성을 '향 대칭성(flavor symmetry)'이라고 한다.

7장에서 살펴본 것처럼 향이란 전하가 같은 세 종류의 입자 형태를 가리킨다. 이 입자 형태는 각각 세 가지 세대에 속한다. 예를 들면 전자와 뮤온은 전하를 띤 경입자의 두 향에 해당한다. 이는 전자와 뮤온이 서로 동일한 전하를 가짐을 의미한다. 만약 우리가 전자와 뮤온의 전하는 물론 질량까지도 동일한 세상에서 산다면, 이 둘을 서로 바꿔치기하더라도 세상은 이전과 완벽하게 동일한 모습을 유지할 것이다. 그런 경우 '향 대칭성'이 성립한다고 할 수 있다. 그에 따라서 전자와 뮤온은 다른 입자나 힘에 동일하게 반응할 것이다.

그러나 우리가 사는 세상에서 뮤온은 전자보다 무겁다. 그래서 향 대칭성은 완벽하지 않다. 하지만 이 질량 차이가 그렇게 중요하지 않은 물리학적 예측이 있을 수 있다. 이 경우 뮤온이나 전자와 같은 가벼운 입자들 사이에 향 대칭성이 성립한다고 하면 계산이 아주 간편해진다. 심지어 약간 불완전한 대칭성조차도 꽤 정확한 계산 결과를 내는 데 도움을 주는 경우가 많다. 예를 들어 입자들 사이의 질량 차이는 대체로 너무 작아서 (에너지나 질량이 큰 경우와 비교해서) 예측을 이끌어 낼 때 눈에 띄는 차이를 만들지 못한다.

이 책에서 가장 중요하게 다루는 대칭성은 힘 이론과 관련된 엄밀한 대칭성이다. 그것은 입자들 사이의 내부 대칭성인데, 우리가 방금 다룬 향 대칭성보다 좀 더 추상적이다. 이러한 내부 대칭성을 예를 들어 좀 더 쉽게 설명해 보자. 고등학교 물리 시간이나 연극 시간 또는 미술 시간을 돌이켜보자. 보통 빨간색, 초록색, 파란색의 세 가지 색의 빛을 더해서 백색광을 만들었던 기억이 날 것이다. 세 광원의 위치를 바꾸고 빛을 합쳐도 여전히 동일한 백색광이 만들어질 것이다. 백색광을 얻는 것에만 관심이 있다면, 각 광원의 위치가 어디인가는 문제될 것이 없다. 이 경우 빛의 위치를 교환하는 내부 대칭 변환은 결코 관측 가능한 변화를 낳지 않는다.

빛의 예는 힘과 관련된 대칭성과 매우 유사하다. 둘 다 모든 것을 관측하는 것이 아니기 때문이다. 조명 장치가 대칭성을 갖는 것은 우리가 모든 것을 보는 것이 아니라 최종적으로 혼합된 빛만을 보기 때문이다. 만일 여러분이 각각의 빛 하나하나를 개별적으로 볼 수 있었다면 광원의 위치가 서로 바뀌었음을 알아차릴 것이다. 앞에서 설명했듯이, 이처럼 빛과 힘 사이에 유사성이 있기 때문에 강력을 기술할 때 '색'과 '양자 색역학'이라는 용어를 쓰게 된 것이다.

1927년, 물리학자 프리츠 런던(Fritz London)과 헤르만 바일(Hermann Weyl)은 가장 단순한 형태의 힘의 장(역장(力場))에 대한 양자 이론을 내놓았는데, 이 이론에서 힘이 빛의 합성과 유사한 내부 대칭성을 가지고 있음을 보여 주었다. 힘과 대칭성 사이의 관계는 눈에 잘 보이지 않는 어려운 것이어서, 교과서 말고는 접할 기회가 거의 없었을 것이다. 이어지는 몇 장에서 다룰 질량 관련 문제, 힉스 메커니즘이나 계층성 문제를 이해하기 위해서 이러한 연관을 꼭 알아야 하는 것은 아니므로, 여기서 바로 다음 장으로 건너뛰어도 좋다. 하지만 내부 대칭성이 힘 이론과 힉스 메커니즘에서 어떤 역할을 하는지 관심이 있다면 계속 읽기 바란다.

대칭성과 힘

전자기학, 약력, 강력은 모두 내부 대칭성을 포함한다(중력은 공간 및 시간 대칭성과 관계되므로 따로 고려해야 한다.). 내부 대칭성 없이는, 힘에 대한 양자장 이론은 엉망진창이 되고 만다. 이러한 대칭을 파악하기 위해서, 우리는 먼저 게이지 보손의 '편극(polarization)'을 고려해야 한다.

당신은 아마도 편극된 빛, 즉 편광이라는 단어는 들어 본 적이 있을 것이다. 예를 들어 편광 선글라스는 수평 방향의 편광을 차단하고 수직 방향의 편광만을 통과시킴으로서 눈부심을 줄여 준다. 이 경우 편극은 빛이라는 형태의 전자기파가 진동하는 독립적인 방향(수직이

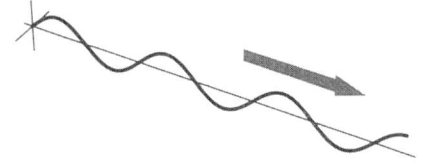

그림 57
횡파는 진행 방향과 수직으로 진동한다(여기서 파동은 위아래로 진동하며 오른쪽으로 나아간다.).

나 수평 방향)들을 의미한다.

양자 역학은 모든 광자를 파동으로 파악한다. 각각의 광자가 가질 수 있는 편극은 서로 다르지만, 상상할 수 있는 모든 편광이 허용되지는 않는다. 광자가 어떤 특별한 방향으로 나아갈 때 그 파동인 광파는 단지 그 진행 방향에 수직인 방향으로만 진동할 수 있음이 밝혀졌다. 위아래로 진동하며 나아가는 바다의 파도처럼 진동한다. 파도는 위아래로 진동할 수밖에 없기 때문에 파도가 치면 부표나 보트가 위아래로만 오르락내리락 하는 것이다.

광자에 대응하는 파동은 진행 방향과 수직이라면 어떤 방향으로든 진동할 수 있다(그림 57). 실제로 가능한 진동 방향의 수는 무한하다. 진행 방향에 직각으로 교차하는 원을 상상하면 된다. 원의 중심에서 원둘레로 향하는 반지름 방향이라면 어떤 방향으로든 파동은 진동할 수 있으며 이 방향의 수는 무한하다.

하지만 무수히 많은 이러한 진동을 물리적으로 기술할 때에는 서로 수직인 2개의 독립적인 진동이면 충분하다. 물리학 용어로는 이를 '가로 편극(transverse polarization, 횡편극)'이라고 부른다. 이는 당신이 원을 x축과 y축으로 기술하는 것과 비슷하다. 원 중심에서 원둘레

위로 어떤 선을 긋든 이 선은 특정한 x와 y 값의 쌍으로 표시되는 위치에서 원과 만나게 된다. 따라서 이 선은 2개의 좌표만 있으면 기술될 수 있다. 비슷하게(자세한 것은 생략한다.) 파동이 진행하는 방향에 수직인 편극 방향은 무수히 많지만 이들 모두 서로 수직 방향으로 편광된 두 빛의 조합으로 나타낼 수 있다.

중요한 것은 원리적으로 파동의 진행 방향을 따라 진동하는 제3의 편극 방향이 있다는 점이다(만약 이것이 존재한다면, 세로 편극(longitudinal polarization, 종편극)이라고 할 수 있다.[15]). 소리의 진동, 즉 음파가 그 예이다. 하지만 빛의 경우 이러한 편극은 존재하지 않는다. 빛의 경우 세 가지의 가능한 편극 방향 중 오로지 2개만이 자연에 존재한다. 광자는 운동 방향과 평행하게는 결코 진동하지 않는다. 그리고 시간의 방향과 평행하게 진동하지도 않는다. 광자는 그저 운동 방향에 수직인 방향으로만 진동한다.

질량이 없는 물체의 경우 세로 편극이 존재하지 않는다는 사실을 몰랐더라도, 양자장 이론은 세로 편극을 포함해서는 안 된다고 이야기해 준다. 어떤 물리학자가 세 방향의 편극을 모두 포함하는 힘 이론(틀린 이론)을 이용하여 계산한다면, 그녀는 아마 엉터리 같은 예측을 내놓을 것이다. 그럴 경우 게이지 보손의 상호 작용 비율이 말도 안 되게 크게 나오기 때문이다. 즉 게이지 보손의 상호 작용 비율이 100퍼센트를 넘어 버린다. 이처럼 무의미한 예측을 만들어 내는 이론이라면 그것은 분명 틀린 것이다. 자연도 이를 용납하지 않겠지만 양자장 이론 또한 수직 방향의 편극만이 존재한다는 사실을 명쾌하게 밝혀 준다.

그런데 안타깝게도 물리학자들이 형식화할 수 있는 가장 간단한 힘 이론에는 이 가짜 편극 방향이 포함되어 있다. 이것은 그다지 놀라운 일이 아니다. 왜냐하면 어떤 광자에나 들어맞는 이론은 어떤 특정한 방향으로만 나아가는 하나의 개별 광자에 대한 정보를 포함할 수 없기 때문이다. 그런데 이러한 정보가 없다면, 특수 상대성 이론은 각각의 방향을 구별할 수 없다. 특수 상대성 이론의 대칭성(회전 대칭성을 포함하여)을 만족시키는 이론은 광자가 진동하는 모든 방향을 기술하는 데 2개가 아니라 3개의 방향이 필요하다. 이 경우 광자는 공간상의 어떤 방향으로든 진동할 수 있다.

하지만 광자가 세 방향으로 진동한다는 것은 틀린 설명이다. 어느 특정한 광자 하나만 보면, 이 광자의 진행 방향은 하나이고 그 방향으로 진동하지 않는다. 하지만 진행 방향이 다른 모든 광자에 대해 각각 서로 다른 이론을 만들 수는 없다. 우리는 광자의 진행 방향이 서로 다르더라도 모든 광자들에 다 같은 이론을 적용할 수 있기를 바란다. 처음부터 가짜 편극 방향을 제거한 이론을 만들려고 노력할 수도 있다. 하지만 물리학자들은 회전 대칭성을 살리면서 잘못된 편극 방향은 제거하는 훨씬 단순하고 명쾌한 방식을 선호한다. 단순함을 추구하는 물리학자들은 양자장 이론이 가장 유효한 이론임을 깨달았다. 따라서 세로 편극을 형식적으로 포함시킨 다음 타당하지 않은 결과들은 걸러낼 수 있는 몇 가지 요소를 추가하는 쪽을 선택한다.

이때 필요한 것이 바로 내부 대칭성이다. 힘 이론에서 내부 대칭성의 역할은 바로 특수 상대성 이론의 대칭성을 만족시키는 동시에 이치에 맞지 않는 편극을 제거하는 것이다. 이론과 실험적인 관측이 모두 존재하지 않는다고 결론 내린 세로 편극을 골라내 제거하는 가장 단순한 방식이 바로 내부 대칭성의 도입이다. 내부 대칭성은 편극을 옳은 것과 그른 것으로 분류한다. 대칭과 합치되는 것이 옳은 것이고 그렇지 않은 것이 그른 것이다. 내부 대칭성을 어떻게 적용하는지 자세히 설명하기는 쉽지 않다. 여기서는 비유를 들어서 간략하게 설명해 보겠다.

만약 당신이 긴 소매 셔츠와 짧은 소매의 셔츠를 동시에 제작할 수 있는 셔츠 제조기를 갖고 있다고 하자. 하지만 어찌된 일인지 셔츠 제조기를 발명한 사람이 왼 소매와 오른 소매를 동일한 길이로 조절하는 장치를 넣지 않았다고 하자. 그러면 반은 소매 길이가 같은 제대로 된 셔츠가 나오겠지만, 반은 한쪽 소매는 길고 한쪽 소매는 짧아서 쓸모없는 셔츠가 나올 것이다. 그런데 안타깝게도 당신이 갖고 있는 기계는 이것뿐이다.

당신은 셔츠 제조기를 버리고 더 이상 셔츠를 만들지 않거나, 기계를 가동시켜서 일부는 정상 셔츠, 일부는 불량 셔츠를 만들어 낼 수 있다. 기계를 가동하더라도 셔츠를 모두 다 버릴 필요는 없다. 어떤 셔츠를 버려야 할지는 꽤 분명하기 때문이다. 좌우 대칭을 이루는 셔츠는 입어도 좋다. 셔츠 제조기가 이런저런 셔츠를 다 만들어 내게 놓아두더라도, 좌우 대칭을 이루는 셔츠만 골라낼 수 있다면 당신은 언제나 제대로 된 셔츠를 입을 수 있을 것이다.

힘 이론에서 내부 대칭성은 제대로 된 셔츠를 고르는 일과 비슷한 역할을 한다. 내부 대칭성은 원칙적으로 관측 가능한 양(진행 방향과 수직인 편극 포함)과 관측 불가능한 양(진행 방향과 평행한 가짜 편극 포함)을 구별할 수 있는 유용한 지표를 제공해 준다. 컴퓨터 이메일에서 원치 않는 스팸 메일을 차단해 주는 스팸 필터와 유사하게, 내부 대칭이라는 필터는 대칭성을 포함하는 물리 과정을 그렇지 않은 가짜 과정과 구별해 준다. 내부 대칭성은 스팸 메일 같은 편극을 쉽게 제거해 준다. 옳지 않은 편극이 나타나면, 내부 대칭성은 붕괴될 것이다.

그리고 대칭성이 작동하는 방식은 우리가 앞서 논의했던 색색의 광원과 매우 유사하다. 거기서 우리는 각각의 빛이 아니라 세 가지 색의 빛이 조합된 결과물인 백색광을 볼 수 있었다. 마찬가지로 특정한 입자의 조합만이 힘 이론에 부합하는 내부 대칭성을 만족시키는 것으로 밝혀졌다. 그리고 실제 세계에서는 그러한 특정한 입자의 조합만이 나타난다.

힘과 관련된 내부 대칭성은 옳지 않은 편극(자연에 존재하지 않는 진행 방향을 따라 진동하는 세로 편극)을 포함하는 과정은 모두 배제한다. 좌우 대칭성이 깨져서 팔 길이가 서로 다른 셔츠를 쉽게 구별하여 폐기할 수 있는 것처럼, 내부 대칭성을 깨뜨리는 가짜 편극은 자동적으로 소거되므로 결코 계산을 복잡하게 만들지 않는다. 정확한 내부 대칭성이 규정된 이론은 그렇지 않을 경우 나타나서 문제가 되는 편극을 제거해 준다.

전자기력, 약력, 강력은 모두 게이지 보손에 의해 매개된다. 전자기력은 광자, 약력은 약력 게이지 보손, 강력은 글루온에 의해 전달된다. 각 게이지 보손은 원칙적으로는 어떤 방향으로든 진동할 수 있지만, 실제로는 진행 방향에 수직인 방향으로만 진동한다. 따라서 각 힘을 전달하는 게이지 보손의 잘못된 편극을 제거하기 위해서는 각 힘에 대한 특정한 대칭성이 필요하다. 그래서 전자기력과 관련된 대칭성, 약력과 관련된 다른 대칭성, 그리고 강력과 관련된 또 다른 대칭성이 존재한다.

힘 이론에 필요한 여러 가지 내부 대칭성으로 인해 이론이 복잡해 보일 수 있다. 하지만 예측 가능하고 유용한 힘에 대한 양자장 이론을 만드는 가장 단순한 방법은 내부 대칭성을 이용하는 것이다. 내부 대칭성은 진짜 편극과 가짜 편극을 구별해 준다.

우리가 방금 살펴본 내부 대칭성들은 힘 이론에 매우 중요하다. 또한 내부 대칭성은 표준 모형의 기본 입자들이 질량을 얻는 과정인 힉스 메커니즘과도 깊은 관련이 있다. 다음 장에서 우리는 대칭성(그리고 대칭성 깨짐)이 표준 모형의 본질적인 요소임을 살펴볼 것이다.

게이지 보손들, 입자들 그리고 대칭성

우리는 지금까지 게이지 보손들과 관련해서만 대칭성의 효과를 살펴보았다. 하지만 힘과 관련된 대칭 변환은 게이지 보손에만 작용하지는 않는다. 게이지 보손은 그와 관련된 힘을 경험하는 입자들과도 상호 작용한다. 즉 광자는 전기적으로 대전된 입자와 상호 작용하며, 약력 게이지 보손은 약력 전하를 띤 입자와 상호 작용하고, 글루온은 색 전하를 띤 쿼크와 상호 작용한다.

이러한 상호 작용으로 인해, 게이지 보손과 그와 상호 작용하는 입자를 동시에 변환시킬 때에만 각각의 내부 대칭성이 보존될 수 있다. 비유적으로 살펴보자. 예를 들어 일부만 회전시키고 나머지는 그대로 둔다면 회전은 대칭 변환이 될 수 없다. 당신이 오레오 쿠키[*]의 위쪽 과자만 회전시키고 나머지는 그대로 두면, 위쪽과 아래쪽 과자가 떨어질 것이다. 오레오 쿠키 전체를 동시에 회전시키는 경우에만 처음 상태를 유지할 수 있다.

비슷한 이유로 힘을 매개하는 게이지 보손만 변환시키고 힘을 느끼는 입자는 변환시키지 않으면 결코 대칭성을 보존할 수 없다. 글루온의 가짜 편극을 제거하는 내부 대칭성은 글루온뿐만 아니라 쿼크

● 동그란 과자 사이에 '크림(creme)'이 들어 있는 쿠키.

에 대해서도 호환성을 가져야 한다. 사실 쿼크를 상호 교환하는 대칭 변환은 게이지 보손을 바꾸는 대칭 변환과 똑같다. 대칭성을 보존하는 유일한 방법은 둘을 연동시키는 것이며, 이는 오레오 쿠키 전체를 동시에 회전시켜서 그 모양을 유지하는 것과 같다.

이 책에서 우리가 가장 중점을 두어 다루는 힘은 약력이다. 약력과 관련된 내부 대칭성은 3개의 약력 게이지 보손을 동등하게 다룬다. 이 내부 대칭성은 또한 전자와 중성미자, 업 쿼크와 다운 쿼크 같은 입자쌍도 동등하게 다룬다. 이러한 약력의 대칭 변환은 3개의 약력 게이지 보손을 교환할 수 있게 하며, 또한 예로 든 입자쌍을 교환할 수 있게 한다. 글루온과 쿼크에서처럼 대칭성은 모든 것이 동시에 변화될 때에만 보존된다.[16]

기억해야 할 것

- 2개의 각기 다른 물리적 구성이 같은 방식으로 행동할 때 '대칭성'이 있다고 한다.
- 입자 물리학에서 대칭성은 특정한 상호 작용을 배제해 주는 유용한 수단이다. 대칭성을 보존하지 않는 상호 작용을 허용하지 않기 때문이다.
- 대칭성은 힘 이론에서 중요한 요소이다. 왜냐하면 가장 단순하고 운용 가능한 힘 이론이 각 힘과 관련된 대칭성을 포함하기 때문이다. 이러한 대칭성들은 존재할 수 없는 입자들을 제거한다. 이 대칭성들은 또한 가장 단순한 힘 이론에서 나타날지 모를 고에너지 입자들에 관한 잘못된 예측을 배제할 수 있게 해 준다.

10장
기본 입자의 질량 : 자발적 대칭성 깨짐과 힉스 메커니즘

언젠가, 사슬은 깨어지겠지.*
— 어리사 프랭클린

● '솔의 여왕' 어리사 프랭클린(Aretha Franklin)의 「어리석음의 사슬(Chain of Fools)」의 한 구절이다.──옮긴이

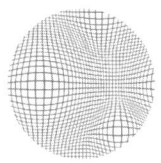

과속 단속이 강화되자 장거리 운전은 이카루스 3세에게 악몽이 되었다. 그는 마음껏 빠르게 달리고 싶었지만, 매번 반 마일도 못 가서 경찰의 단속에 걸렸다. 경찰은 느리고 허접스러운 차들은 괴롭히지 않았지만 그의 차처럼 강력한 터보 엔진을 장착한 차는 찍어 놓고 괴롭혔다.

그는 체념하고 주행 거리를 줄이기로 마음먹었다. 경찰을 피할 수 있는 길은 그것뿐이었다. 출발 지점에서 반지름 반 마일 영역 안에서는 경찰이 간섭하지 않았고, 그는 꽤 빠른 속도로 달릴 수 있었다. 그의 포르셰 엔진의 힘은 멀리까지는 소문이 나지 않았지만, 집 근처에서는 전설이 되었다.

대칭성은 중요하다. 하지만 우주는 완벽한 대칭성을 구현하지는 않는다. 살짝 불완전한 대칭성은 세계를 흥미롭게 만드는 요소이자 세계를 조직하는 요소이다. 내가 물리학 연구 중에서 가장 흥미를 느끼는 분야 중 하나는 비대칭 세계에서 대칭성을 의미 있게 만들어 주는 관계성에 대한 탐구이다.

대칭이 완전하지 않을 때, 물리학자들은 대칭이 '깨졌다.'라고 한다. 깨진 대칭성이 흥미로운 경우가 있을 수 있지만, 미적인 매력은 줄어들 것이다. 이론이나 계에 내재되어 있는 아름다움과 경제성이 사라지거나 줄어들 수 있기 때문이다. 대칭성으로 유명한 타지마할도 완벽한 대칭 구조는 아니다. 타지마할을 세운 황제의 후계자가 인색했던 까닭에 두 번째 건물을 계획대로 세우지 않고 원래 자리에서 약간 벗어난 곳에 무덤을 세웠기 때문이다. 약간 어긋난 위치에 세워진 두 번째 무덤으로 인해 완벽한 4중의 회전 대칭성이 깨지게 되었고, 완전무결한 아름다움에 약간 흠집이 나게 되었다.

하지만 심미안을 가진 물리학자에게는 다행히도 깨진 대칭성이 완벽한 대칭성보다 더 아름답게 보이기도 하며 더 흥미로워 보이기도 한다. 완벽한 대칭성은 때로 지루하다. 「모나리자」의 유명한 미소도 완벽한 대칭을 이루었다면 그리 유명해지지 않았으리라.

예술에서와 마찬가지로 물리학에서도 단순함 자체가 모든 것에 우선하는 최고의 목표는 아니다. 삶도 우주도 완벽한 경우는 극히 드물며, 사실 우리가 알고 있는 거의 모든 대칭성은 깨진 상태이다. 비록 물리학자들이 대칭성에 가치를 부여하고 그것을 칭송한다고 해도, 우리는 여전히 대칭적인 이론과 비대칭적인 세계 사이의 연결을 찾아야 한다. 최상의 이론은 대칭적인 이론의 우아함을 존중하는 한편, 대칭성 깨짐을 고려해야 한다. 대칭성 깨짐은 현실 세계의 현상과 일치하는 예측을 내놓기 위해서는 꼭 고려해야 한다. 이론의 우아함을 훼손하지 않고서도 더 풍부한 설명을 내놓는 이론, 더 아름다운 이론을 만드는 것이 우리 물리학자들의 목표다.

'힉스 메커니즘'은 다음 절에서 살펴볼 '자발적 대칭성 깨짐'에 기반하고 있는데, 이론적 개념이 얼마나 교묘하고 우아한가를 보여 주는 한 예이다. 스코틀랜드 물리학자 피터 힉스(Peter Higgs)의 이름을 딴 힉스 메커니즘을 통해 쿼크, 경입자, 약력 게이지 보손과 같은 표준 모형의 기본 입자는 질량을 갖게 되었다.

힉스 메커니즘이 없다면 기본 입자는 모두 질량이 없어야 한다. 질량을 가진 입자를 설명해야 하는 표준 모형에 힉스 메커니즘이 포함되지 않는다면 이 표준 모형은 아마도 고에너지 상황에서는 무의미한 예측을 내놓게 될 것이다. 힉스 메커니즘의 마술적 특성은 두 마리 토끼를 동시에 잡을 수 있게 해 준다. 즉 입자들은 질량을 가지고 있지만, 입자의 에너지가 커져서 문제를 유발할 수 있는 상황이 되면 마치 질량이 없는 것처럼 행동할 수 있는 것이다. 아이크의 자동차는 반 마일 정도 달리면 나타나는 경찰 때문에 멈춰야 하지만, 반 마일까지는 방해받지 않고 마음껏 달릴 수 있다. 이와 마찬가지로 힉스 메커니즘은 입자가 질량을 갖게 해 주지만, 제한된 범위 안에서만 자유롭게 움직이도록 해 준다. 이것이 바로 고에너지 문제 해결의 열쇠가 된다는 점을 앞으로 살펴볼 것이다.

힉스 메커니즘이 양자장 이론에서 가장 멋진 아이디어 중 하나이고 모든 기본 입자의 질량을 설명해 주지만, 그럼에도 불구하고 다소 난해한 것이 사실이다. 그 때문에 전공자를 제외한 대부분의 사람들이 힉스 메커니즘을 잘 모른다. 그러나 힉스 메커니즘을 자세히 알지 못해도 앞으로 책에서 논의되는 내용을 알 수 있을 것이다(여기에서 이 장 끝에 있는 '기억해야 할 것'으로 건너뛰어도 좋다.). 하지만 이 장에서는 현재 입자 물리학에서 이론적 발전의 버팀목이 되는 자발적 대칭성 깨짐 같은 개념에 대해 좀 더 깊이 파고들어서 입자 물리학을 깊이 있게 다뤄 볼 생각이다. 힉스 메커니즘을 좀 더 알게 되면 1960년대가 되어서야(약력과 힉스 메커니즘을 제대로 이해했던 시기다.) 밝혀졌던 전자기학에 대한 놀라운 통찰도 이해할 수 있을 것이다. 힉스 메커니즘을 어느 정도 이해하고 있다면 나중에 여분 차원 모형을 탐구하게 될 때, 최근 이론의 장점이 무엇인지를 더 잘 알 수 있다.

자발적 대칭성 깨짐

힉스 메커니즘에 앞서 알아볼 것은 자발적 대칭성 깨짐이다. 대칭성 깨짐의 한 종류인 자발적 대칭성 깨짐은 힉스 메커니즘에서 결정적인 역할을 한다. 자발적 대칭성 깨짐은 우리가 이미 알고 있는 우주의 여러 특성과 관련하여 무척 중요한 역할을 하고 있으며 또한 우리가 아직 발견하지 못했지만 곧 발견하게 될 특성과 관련해서도 핵심적인 역할을 할 것이다.

자발적 대칭성 깨짐은 물리학의 영역뿐만 아니라 일상생활 영역에서도 쉽게 찾아볼 수 있다. 자발적으로 깨어지는 대칭성은 물리 법칙 속에서는 보존되지만, 실제 세계의 사물 배치에서는 제대로 지켜지지 않는 대칭성이다. 자발적 대칭성 깨짐이 일어나는 경우는 바로 한 계에서 대칭성이 보존될 수 없을 때이다. 이를 설명하는 최선의 길은 예를 드는 것이다.

먼저 당신이 다른 사람들과 함께 원탁에 둘러앉아 저녁식사를 하고 있는 상황을 상상해 보자. 사람들 사이사이에 컵이 놓여 있다. 어떤 컵을 써야 할까? 오른쪽일까, 왼쪽일까? 정답은 없다. 미스 매너스(Miss Manners, 미스 매너스는 1978년부터 에티켓 칼럼을 써 온 미국의 칼럼니스트인 주디스 마틴(Judith Martin)의 필명이다.—옮긴이)라면 오른쪽 컵을 쓰라고 하겠지만, 왼쪽 컵을 써도 무방하다.

하지만 누군가가 컵을 드는 순간 대칭성은 깨진다. 선택의 동기가 꼭 계의 일부일 필요는 없을 것이다. 이 경우에는 외부 요인, 즉 목마름이 될 수 있다. 그럼에도 불구하고 한 사람이 자발적으로 왼쪽의 컵으로 마시기 시작하면, 그 옆 사람 그리고 또 그 옆 사람 하는 식으로 결국에는 모든 사람이 왼쪽의 컵으로 마시게 될 것이다.

대칭성은 누군가가 컵을 들기 전까지 존재하며 누군가가 컵을 드는 순간 좌우 대칭성은 자발적으로 깨진다. 어떤 물리 법칙도 그 사람에게 오른쪽 컵이나 왼쪽 컵을 들라고 지시하지 않는다. 하지만 어느 쪽이든 선택되고 난 후에는 오른쪽과 왼쪽은 더 이상 같지 않다. 그 둘을 서로 바꿀 수 있는 대칭성은 더 이상 존재하지 않는다.

또 다른 예가 있다. 원을 그려 놓고 그 중심에 연필 한 자루를 세운다고 생각해 보자. 아주 짧은 순간 연필은 정확히 수직으로 서 있고, 그때 모든 방향이 동등한 가능성을 가지며 회전 대칭성이 존재한다. 하지만 똑바로 서 있는 연필은 그리 오래 가지 않는다. 연필은 어느 쪽이든 자발적으로 쓰러질 것이다. 연필이 쓰러지는 순간 회전 대칭성은 깨지게 된다.

연필이 쓰러질 방향을 결정하는 물리 법칙은 존재하지 않는다는 사실을 눈여겨볼 필요가 있다. 쓰러지는 연필의 물리학은 쓰러지는 방향이 어느 쪽인지에 관계없이 정확히 똑같을 것이다. 대칭성을 깨뜨리는 것은 연필 자체, 즉 연필이라는 물리계의 상태이다. 연필은 동시에 모든 방향으로 쓰러질 수 없다. 특정한 한 방향으로 쓰러져야만 한다.

어마어마하게 길고 높은 벽은 어디서나 똑같이 보일 것이고 이는 어느 방향을 따라가든 마찬가지일 것이다. 하지만 실제 벽은 끝이 있기 때문에, 대칭성을 보기 위해서는 벽의 끝이 시야에 들어오지 않을 정도로 충분히 벽에 가까이 다가가야만 한다. 벽의 끝은 벽의 모든 부분이 똑같지 않음을 의미한다. 하지만 당신이 코를 바짝 들이대고 충분히 가까운 거리에서 본다면 벽에는 대칭성이 존재하는 것처럼 보일 것이다. 어떤 거리에서는 대칭성이 깨지는 것 같지만 어떤 규모에서 볼 때에는 대칭성이 보존되는 것처럼 보이는 이 사례가 왠지 중요하게 느껴질 것이다. 이것은 매우 중요하다. 왜 중요한지는 곧 밝혀질 것이다.

우리가 상상할 수 있는 거의 모든 대칭성은 실제 세계에서는 보존되지 않는다. 예를 들어 빈 공간에서는 모든 방향이 동등함을 말해주는 회전 불변성(rotational invariance)이나 모든 위치가 동등함을 말해주는 병진 불변성(translation invariance) 같은 여러 대칭성들이 보존된다. 하지만 실제 공간, 즉 우주는 비어 있지 않다. 별이나 태양계 같은 구조가 특정한 위치에 특정한 방향으로 자리 잡고 있기 때문에, 대칭성은 완벽하게 보존되지 않는다. 대칭성은 원리적으로 모든 곳에 있을 수 있지만, 실제로 어디에나 있을 수는 없다. 대칭성은 반드시 깨질 수밖에 없다. 다만 세계를 기술하는 물리 법칙 속에 잠재되어 있을 뿐이다.

약력과 관련된 대칭성 또한 자발적으로 깨진다. 이를 어떻게 우리가 알아냈는지 그리고 그로 인한 결과가 무엇인지 논의하는 것이 이 장의 과제이다. 약력 대칭성의 자발적 깨짐이 다른 후보 이론에서는 불가피한 고에너지 입자에 대한 부정확한 예측을 피하면서, 질량을 가진 입자들을 설명할 수 있는 유일한 길이라는 점을 살펴볼 것이다. 힉스 메커니즘은 약력과 관련된 내부 대칭성의 요구와 필연적인 대칭성 깨짐의 요구를 동시에 만족시킨다.

문제점

약력은 매우 기이한 성질 하나를 갖고 있다. 그 범위가 매우 멀리까지 미치는 전자기력과 달리 약력은 극도로 가까운 거리에서만 효력을 미칠 수 있다. 약력을 느끼기 위해서는 두 입자는 1경분의 1센티미터 이내의 거리에 있어야 한다.

초기에 양자장 이론과 양자 전기 역학(QED, 전자기장에 대한 양자 이론)을 연구했던 물리학자들에게 약력의 범위가 제한되어 있다는 점은 풀리지 않는 수수께끼였다. 양자 전기 역학을 통해 전자기력을 제대로 이해한 것처럼 과학자들은 힘이 대전된 물체로부터 얼마나 떨어져 있든 그 효력을 미쳐야 한다고 생각했다. 그런데 약력은 극히 가까이 있는 입자와만 상호 작용을 하고, 다른 거리에 있는 입자와는 상호 작용을 하지 못한다. 왜 그런 것일까?

양자 역학과 특수 상대성 이론을 결합한 양자장 이론에 따르면, 단거리에서만 상호 작용하는 저에너지 입자들은 질량을 가져야만 하며 입자가 무거울수록 상호 작용 거리가 더 짧아진다. 6장에서 설명했듯이, 이는 불확정성 원리 및 특수 상대성 이론의 결과이다. 불확정성 원리에 따르면 짧은 거리에서의 물리 과정을 밝히거나 그에 영향을 미치기 위해서는 운동량이 큰 입자가 필요하며, 특수 상대성 이론에 따르면 입자의 운동량은 질량과 연관된다. 양자장 이론은 이러한 정성적인 진술을 정량적으로 더 정확히 제시한다. 양자장 이론은 질량을 가진 입자가 얼마나 멀리 움직일 수 있는지를 말해 준다. 그에 따르면 입자의 질량이 작을수록 이동 거리가 늘어난다.

양자장 이론에 따르면, 약력의 작용 거리가 짧다는 것은 오로지 한 가지 사실을 의미한다. 바로 약력과 상호 작용하는 약력 게이지 보손의 질량이 결코 0이 아니라는 사실이다. 그러나 앞 장에서 설명한 힘 이론은 질량이 0인 광자 같은 게이지 보손에만 잘 들어맞는다. 원래의 힘 이론에 따르면, 질량을 가진 입자가 존재한다는 것은 무척이나 이상한 일이다. 왜냐하면 질량을 가진 게이지 보손의 고에너지 상태를 예측하면 비상식적인 결과가 나오기 때문이다. 예를 들어 질량과 에너지가 큰 게이지 보손은 너무나 강한 상호 작용을 하게 되어 결국 입자가 상호 작용할 확률이 100퍼센트를 넘게 된다. 이처럼 앞뒤가 맞지 않는 이론은 분명 옳지 않다.

더 나아가 약력 게이지 보손, 쿼크, 경입자(이들 모두는 질량이 0이 아니다.)가 질량을 가질 경우 앞 장에서 살펴본 내부 대칭성이 깨지게 된다. 내부 대칭성의 보존은 힘 이론의 핵심 요소이다. 질량을 가진 입자를 포함하는 힘 이론을 세우기 위해서는 새로운 발상이 필수적이었다.

물리학자들은 질량을 갖는 게이지 보손이 고에너지에서 어떻게 행동하는지 제대로 예측하는 이론에서는 약력 대칭성이 자발적으로 깨져야 한다는 결론에 도달했다. 이것이 힉스 메커니즘이다. 힉스 메커니즘이 필요한 이유는 다음과 같다.

앞 장의 내용을 다시 떠올려 보자. 이론에 내부 대칭성을 포함시켜야 하는 이유 중 하나는 바로 내부 대칭성이 없는 이론은 무의미한 예측을 내놓기 때문이었다. 내부 대칭성은 게이지 보손이 가질 수 있는 세 편극 중 하나를 제거하여 이론의 문제점을 해결해 준다. 내부 대칭성을 포함하지 않는 가장 단순한 힘 이론이 내놓는 예측에서는, 질량 여부와 상관없이 에너지가 높은 게이지 보손과 다른 게이지 보손과의 상호 작용이 터무니없이 과도해진다.

성공적인 힘 이론이 이러한 고에너지 상태의 문제점을 해결한 방식은, 실제 자연에 존재하지 않으면서 부정확한 예측을 내놓는 편극을 제거하는 것이었다. 내부 대칭성을 통해 고에너지 산란에 대해 문제 있는 예측을 내놓는 가짜 편극은 이론에서 제거하고, 실제로 존재하며 대칭에 부합하는 물리적 의미가 있는 편극들만 선별한다. 이처럼 내부 대칭성은 존재하지 않는 편극을 제거하는 동시에 그로 인한 부정확한 예측도 없앨 수 있다.

이러한 아이디어는 질량이 없는 게이지 보손에 대해서만 적용된다. 광자와 달리 약력 게이지 보손은 질량이 0이 아니다. 또 약력 게이지 보손은 빛보다 느리게 움직인다. 그리고 이 때문에 문제가 발생한다.

실제 자연에서 질량 없는 게이지 보손이 두 가지 편극만을 갖는 것과 달리, 질량을 가진 게이지 보손은 세 가지 편극을 갖는다. 이 차이를 이해하는 한 가지 방법은 질량이 0인 게이지 보손은 언제나 빛의 속도로 움직인다는 것, 즉 결코 정지하지 않는다는 것이다. 그 때문에 입자의 운동 방향을 구분할 수 있으며, 진행 방향에 따라 진동하는 편극과 진행 방향에 수직인 편극을 구분할 수 있다. 따라서 질량이 없는 게이지 보손의 진행 방향에 수직인 두 편극 방향으로만 진동하는 것이다.

반면 질량을 가진 게이지 보손은 사정이 다르다. 우리 주변의 여러 물체처럼 질량을 가진 게이지 보손은 정지 상태로 있을 수 있다. 그 경우 운동 방향을 따로 구분할 수 없다. 질량을 가진 게이지 보손이 정지한 경우에는 세 방향이 모두 동등하다. 세 방향이 모두 동등하다면, 가능한 편극 세 가지가 모두 자연에 존재해야 하는데, 실제로 그러하다.

이 설명이 불충분하다고 여길지라도, 실험 물리학자들은 이미 질량 있는 게이지 보손의 세 번째 편극 효과를 확인했으며 그 존재를 증명해 주었다. 세 번째 편극은 '세로 편극'이라고 부른다. 질량 있는 게이지 보손이 운동하는 경우, 세로 편극은 운동 방향을 따라 진동한다(음파의 진동 방향도 그러하다.).

이 세 번째 편극은 광자처럼 질량 없는 게이지 보손에서는 찾아볼 수 없다. 하지만 질량 있는 게이지 보손, 즉 약력 게이지 보손에서 세 번째 편극의 존재는 분명 자연의 일부분이다. 세 번째 편극은 약력 게이지 보손 이론에 포함되어야 한다.

그런데 고에너지 상태에서 약력 게이지 보손이 터무니없는 상호 작용 비율을 내놓는다는 점에서 세 번째 편극의 존재는 딜레마를 낳는다. 고에너지 상태에 대한 잘못된 예측을 없애려면 대칭성이 필요하다는 점은 앞에서 설명했다. 내부 대칭성은 세 번째 편극을 제거하여 부정확한 예측을 방지한다. 하지만 질량이 있는 게이지 보손에서 이 세 번째 편극은 필수적이기 때문에 그 입자를 기술하는 이론은 세 번째 편극을 빠트릴 수 없다. 내부 대칭성이 고에너지 상태에 대한 터무니없는 예측을 제거해 주지만, 대칭성의 도입으로 치러야 할 대가가 너무 크다. 내부 대칭성은 질량 또한 가져가 버린다! 질량 있는 게이지 보손을 다루는 이론에서 대칭성을 고수하는 것은 목욕물을 버리기 위해 아이까지 버리는 경우와 비슷하다.

질량 있는 게이지 보손 이론의 필수 요건이 완전히 모순되는 것처럼 보이기 때문에, 얼핏 보기에 이 문제는 결코 풀리지 않을 것처럼 보인다. 또 한편으로는 내부 대칭성이 보존될 경우 질량 있는 게이지 보손이 세 가지 편극을 가질 수 없기 때문에, 내부 대칭성은 깨져야만 한다. 하지만 다른 한편으로는 한 가지 편극을 제거하는 내부 대칭성이 없다면, 힘 이론은 고에너지 상태의 게이지 보손에 대해 어이없는 예측을 내놓게 된다. 우리가 고에너지 상태의 입자에 관한 터무니없는 예측을 제거할 수 있다는 희망을 조금이라도 갖고 싶다면, 질량 있는 게이지 보손에서 세 번째 편극을 제거해 주는 내부 대칭성은 반드시 필요하다.

질량 있는 게이지 보손을 다루는 정확한 양자장 이론을 세우기 위해서는 이러한 모순을 해결해야 한다. 해결의 핵심 고리는 바로 고에너지 상태와 저에너지 상태의 차이를 분명히 인식하는 데에 있다. 내부 대칭성이 없는 이론은 고에너지 게이지 보손에서만 문제성 있는 예측을 내놓는다. 즉 내부 대칭성이 없는 이론은 저에너지 상태의 질량 있는 게이지 보손에 대해서는 유의미한 예측을 내놓는다(그리고 참이다.).

이러한 두 가지 사실은 꽤 심오한 내용을 함축하고 있다. 즉 문제가 되는 고에너지 예측을 피하기 위해서 내부 대칭성은 필수적이다. 하지만 질량 있는 게이지 보손이 저에너지 상태일 경우(아인슈타인의 식 $E=mc^2$에서 질량에 상당하는 에너지와 비교해서), 대칭성은 더 이상 보존되지 않아도 된다. 저에너지에서 대칭이 붕괴됨으로써 게이지 보손이 질량을 가지고 세 번째 편극이 저에너지 상호 작용에 관여할 수 있도록 저에너지 상태에서 대칭성은 배제되지 않으면 안 된다.

1964년, 피터 힉스와 몇몇 연구자들은 힘 이론으로 질량을 가진 게이지 보손을 다룰 수 있는 방법을 알아냈다. 그 내용은 앞에서 설명한 대로였다. 즉 고에너지에서는 내부 대칭성을 유지하지만 저에너지에서는 그것을 제거해 버리는 것이었다. 자발적 대칭성 깨짐에 기초한 힉스 메커니즘은 저에너지 상태에서만 약한 상호 작용의 내부 대칭성을 깨트린다. 이 때문에 세 번째 편극이 저에너지에서 나타날 수 있는데, 이는 이론이 요구하는 바이기도 하다. 하지만 이 편극은 고에너지 과정에는 관여할 수 없기 때문에, 고에너지에서의 비상식적인 상호 작용도 사라진다.

이제 약력 대칭성이 자발적으로 붕괴되어 힉스 메커니즘을 실행시키는 모형을 구체적으로 살펴볼 것이다. 힉스 메커니즘을 통해 우리는 표준 모형의 기본 입자가 어떻게 질량을 얻는지를 볼 것이다.

힉스 메커니즘

힉스 메커니즘은 물리학자들이 '힉스장(Higgs field)'이라고 부르는 특별한 장을 포함한다. 앞에서 보았듯이 양자장 이론에서 '장'은 공간의 어디에서나 입자를 만들어 낼 수 있는 물리적 대상이다. 각각의 장은 그에 해당하는 특수한 입자 유형을 만든다. 예를 들어 전자장(電子場)은 전자를 만들어 낸다. 마찬가지로 힉스장은 힉스 입자를 만든다.

무거운 쿼크와 경입자처럼 힉스 입자도 아주 무겁기 때문에 보통의 물질에서는 발견되지 않는다. 하지만 무거운 쿼크나 경입자와 달리, 고에너지 가속기 실험에서도 힉스장이 만들어 낸 힉스 입자를 관측할 수 없었다. 이는 힉스 입자가 존재하지 않기 때문이 아니라, 힉스 입자가 너무 무거워서 그동안의 실험 에너지로는 발견할 수 없었음을 뜻한다. 물리학자들은 만일 힉스 입자가 존재한다면 LHC가 가동되는 수년 내에 그 입자들을 만들어 낼 수 있을 것이라고 기대한다.

아직 발견되지는 않았지만 물리학자들은 힉스 메커니즘을 확신한다. 표준 모형의 입자들이 질량을 가질 수 있는 유일한 길이기 때문이다. 앞 절의 문제를 해결해 주는 유일한 해결책이 힉스 메커니즘이다. 안타깝게도 아직 아무도 힉스 입자를 발견하지 못했고, 여전히 힉스장(또는 힉스장들)이 실제로 무엇인지 정확하게 밝혀내지 못했다.

힉스 입자의 본성에 대한 논의는 입자 물리학계에서 가장 뜨거운 논의 주제 중 하나이다. 이제부터 나는 힉스 메커니즘이 어떻게 작동하는지를 보여 주는 여러 후보 모형(각기 다른 입자와 힘을 포함하는 여러 가능한 이론이 있다.) 중 가장 단순한 예를 제시하고자 한다. 제대로 된 힉스장 이론이 어떤 것이든, 그것은 내가 제시하는 모형과 동일한 방식으로 힉스 메커니즘을 포함할 것이다. 즉 자발적 약력 대칭성 깨짐을 통해 기본 입자들에 질량을 부여할 것이다.

이 모형에서는 약력에 반응하는 한 쌍의 장을 다룬다. 이 힉스장 2개가 약력 전하를 가짐으로써 약력에 반응한다고 생각하면 앞으로 유용할 것이다. 힉스 메커니즘의 용어는 엄밀하지 않을 수 있다. 예를 들어 '힉스'는 어떨 때는 2개의 장 전체를 의미하기도 하고, 또 어떨 때는 그중 하나의 장(또는 우리가 발견하고 싶어 하는 힉스 입자)만 의미하기도 한다. 이 책에서 나는 그 둘을 구별할 것이며, 각각의 장을 힉스장 1, 힉스장 2라고 부를 것이다.

힉스장 1과 힉스장 2는 각각 입자를 만들어 낼 수 있다. 하지만 입자가 존재하지 않는 경우에도 이 장들은 0이 아닌 값을 취할 수 있다. 그런데 우리는 지금까지 이런 식으로 양자장이 0이 아닌 값을 갖는 경우를 만나지 못했다. 그동안은 전기장이나 자기장 외에도 입자를 만들거나 소멸시키지만 입자가 없을 때에는 양자장의 값이 0인 경우만을 고려했었다. 하지만 고전적인 전기장이나 자기장과 마찬가지로 양자장 또한 0이 아닌 값을 가질 수 있다. 그리고 힉스 메커니즘에 따르면 힉스장 둘 중 하나는 0이 아닌 값을 갖는다. 우리는 0이 아닌 힉스장의 값이 결국 입자 질량의 기원임을 살펴볼 것이다.[17] (입자가 생성되거나 소멸되지 않는 경우를 진공 상태라고 부르며 그때 장의 값을 진공값이라고 부른다. 진공값은 공간 전체에 걸쳐 같은 값을 갖는다.—옮긴이)

장의 값이 0이 아닌 경우를 이해하는 가장 좋은 방법은, 실제 입자는 없지만 장이 전하를 띠고 있는 공간을 상상해 보는 것이다. 장이 띠고 있는 전하는 아마도 공간 전체에 퍼져 있을 것이다. 장 자체도 추상적이기 때문에 안타깝게도 이는 무척 추상적인 개념이다. 하지만 장의 값이 0이 아닌 경우, 그 결과는 실질적이다. 즉 0이 아닌 장이 띠는 전하가 실제로 세계 안에 존재한다는 것이다.

0이 아닌 힉스장은 우주 전체에 약력 전하를 퍼뜨려 놓게 된다. 마치 약력 전하량이 0이 아닌 힉스장이 공간 전체에 약력 전하를 퍼뜨려 놓은 것과 비슷하다. 힉스장의 값이 0이 아니라는 의미는 어떤 입자도 없더라도 힉스장 1(또는 힉스장 2)이 갖는 약력 전하가 모든 곳에 퍼져 있다는 것이다. 두 힉스장 중 하나가 0이 아닐 경우, 진공(우주에 어떠한 입자도 없는 상태) 자체가 약력 전하를 띠게 된다.

약력 게이지 보손은 다른 약력 전하와 상호 작용하듯이 진공의 약력 전하와도 상호 작용한다. 그리고 진공에 퍼져 있는 약력 전하는 약력 게이지 보손이 먼 거리로 힘을 전달하는 것을 막는다. 더 멀리 이동하려는 약력 게이지 보손은 더 많은 '물감(진공에 퍼져 있는 약력 전하)'을 만나게 되기 때문이다(전하는 실제로 3차원에 퍼져 있기 때문에, 당신은 아마도 안개처럼 퍼져 있는 물감을 떠올리는 것이 좋을 것이다.).

힉스장은 약력의 영향을 아주 짧은 거리로 제한한다는 점에서 이 장 첫머리의 교통경찰과 매우 비슷한 역할을 한다. 힘을 운반하는 약력 게이지 보손이 멀리 떨어져 있는 입자에 약력을 전달하려고 하면, 길을 가로막는 힉스장과 부딪히게 된다. 그저 반지름 반 마일 내의 짧은 거리에서만 신나게 달릴 수 있는 아이크처럼 약력 게이지 보손도 매우 짧은 거리, 약 1경분의 1센티미터 안에서만 방해받지 않고 움직일 수 있다. 약력 게이지 보손과 아이크는 모두 단거리 여행만 자유롭게 할 수 있을 뿐이며, 장거리 여행을 하려고 하면 장벽에 부딪히게 된다.

진공에 퍼져 있는 약력 전하는 매우 얇게 퍼져 있어서, 짧은 거리에서는 0이 아닌 힉스장의 존재감, 즉 이들이 갖는 약력 전하의 존재를 알 수 없다. 쿼크, 경입자, 약력 게이지 보손은 짧은 거리에서는 자유롭게 이동하며, 진공 중의 약력 전하는 마치 존재하지 않는 것처럼 보인다. 그래서 약력 게이지 보손은 짧은 거리에서 힘을 전달할 수 있으며, 두 힉스장의 값은 마치 0인 것처럼 보인다.

그러나 거리가 멀어지면 입자들이 더 멀리까지 이동해야 하고 더 많은 약력 전하와 부딪치게 된다. 얼마나 많은 약력 전하와 만나는가는 전하 밀도에 따라 달라지고, 전하 밀도는 0이 아닌 힉스장의 값이 얼마인지에 따라 결정된다. 먼 거리까지 약력을 나르는 것은 저에너지 약력 게이지 보손이 할 수 있는 일이 아니다. 멀리 이동할 경우 진공에 퍼져 있 약력 전하가 길을 막기 때문이다.

이것이 바로 약력 게이지 보손을 제대로 설명하기 위해 필요한 사항이었다. 양자장 이론에서, 단거리는 자유롭게 이동하지만 장거리는 거의 이동하지 않는 입자의 질량은 0이 아니어야 한다. 멀리 이동하는 약력 게이지 보손이 그만큼 더 방해받는다는 사실은 그 입자들이 마치 질량을 가진 것처럼 움직인다는 것을 의미한다. 왜냐하면 질량을 가진 게이지 보손은 그다지 멀리 가지 못하기 때문이다. 공간에 퍼져 있는 약력 전하는 약력 게이지 보손의 움직임을 방해하며 이는 실험 결과와 잘 맞아떨어진다.

진공 속의 약력 전하 밀도는 전하가 대략 1경분의 1센티미터마다 하나 있는 정도이다. 이러한 약력 전하 밀도를 고려하면, 약력 게이지 보손들(전기 전하를 가진 W 입자들과 중성인 Z 입자)의 질량은 약 100기가전자볼트의 측정값을 갖는다.

힉스 메커니즘의 성과는 이게 전부가 아니다. 힉스 메커니즘은 표준 모형에서 물질을 구성하는 기본 입자인 쿼크와 경입자에도 질량을 준다. 쿼크와 경입자는 약력 게이지 보손과 매우 비슷한 방식으로 질량을 얻는다. 쿼크와 경입자는 공간 전체에 분포한 힉스장과 상호 작용하며, 그럼으로써 우주에 퍼져 있는 약력 전하의 방해를 받게 된다. 약력 게이지 보손과 마찬가지로 쿼크와 경입자는 시공간의 모든 곳에 분포하는 힉스 전하와 부딪히면서 질량을 얻는다. 힉스장이 없으면, 이 입자들의 질량은 0이 될 수밖에 없다. 한 번 더 강조하면, 0이 아닌 힉스장과 진공에 퍼진 약력 전하가 운동을 방해함으로써 입자들이 질량을 얻는다. 힉스 메커니즘은 쿼크와 경입자가 질량을 얻는 데도 필수적이다.

힉스 메커니즘은 매우 정교하게 질량의 기원을 설명할 뿐만 아니라 약력 게이지 보손이 양자장 이론에 따라 질량을 얻는 것을 보여 주는 단 하나뿐인 확실한 설명이다. 힉스 메커니즘의 아름다움은 내가 이 장의 첫머리에서 제기한 문제를 정확히 해결하면서 약력 게이지 보손에 질량을 부여한다는 데에 있다. 힉스 메커니즘은 약력 대칭성이 짧은 거리에서는(양자 역학과 특수 상대성 이론을 이용해 바꿔 말하자면, 고에너지 상태에서는) 보존되지만, 먼 거리에서는(저에너지 상태에서는) 깨지는 것처럼 보이게 해 준다. 힉스 메커니즘은 약력 대칭성을 자발적으로 깨트리며, 이러한 자발적 붕괴는 질량을 가진 게이지 보손의 문제를 근본적으로 해결한다. 다음 절에서는 이에 관한 더 심도 높은 주제를 다룰 것이다(이 부분은 건너뛰어도 좋다.).

약력 대칭성의 자발적 깨짐

우리는 약력과 관련된 내부 내칭 변환이 약력으로 대전된 것들을 서로 바꾸어 놓을 수 있다고 본다. 약력 게이지 보손과 상호 작용하는 것이라면 어떤 것이든지 대칭 변환을 시킬 수 있다. 따라서 약력과 관련된 내부 대칭성은 힉스장 1과 힉스장 2 또는 각 힉스장이 만든 힉스 입자 1과 힉스 입자 2에 작용하게 된다. 약력 대칭성이 약력에 반응하는 업 쿼크와 다운 쿼크를 상호 교환할 수 있는 입자들로 다룬 것처럼 내부 대칭성은 힉스 1과 힉스 2를 동등하게 다룰 것이다.

만일 2개의 힉스장이 0이라면, 그 2개의 장은 동등하며 서로 호환 가능하다. 그리고 약력과 관련된 내부 대칭성이 완전하게 보존된다. 그러나 두 힉스장 중 하나가 0이 아니라면, 힉스장은 약력 대칭성이 자발적으로 깨진다. 만일 한 장이 0이고 다른 장이 0이 아니라면, 힉스장 1과 힉스장 2를 교환 가능하게 해 주는 약전자기 대칭성이 깨진다.

원탁에서 왼쪽 컵과 오른쪽 컵을 선택하는 최초의 사람이 좌우 대칭성을 깨트리는 것과 마찬가지로, 0이 아닌 값을 취하는 하나의 힉스장은 교환 가능한 두 힉스장에 의해 성립되었던 약력 대칭성을 붕괴시킨다. 대칭성은 자발적으로 깨진다. 왜냐하면 대칭성을 깨뜨리는 것은 바로 진공(계의 실제 상태. 이 경우 0이 아닌 장)이기 때문이다. 그럼에도 불구하고 물리 법칙은 여전히 대칭성을 고수한다.

0이 아닌 장이 어떻게 약력 대칭성을 깨트리는지 이해를 돕기 위해서 하나의 그림을 떠올려 보자. 그림 58은 x, y 두 축으로 이루어진 그래프이다. 두 힉스장의 동등성은 어떤 점도 찍히지 않은 그래프의 x축과 y축의 동등성과 같다. 그래프를 회전시켜 축을 바꿔도, 그래프의 모양은 여전히 같을 것이다. 이것이 일반적인 회전 대칭 변환의 결과이다.[18]

만일 내가 $x=0$, $y=0$에 점을 찍으면, 회전 대칭성이 완벽하게 보존된다는 점에 주목하라. 하지만 $x=5$, $y=0$처럼 0이 아닌 곳에 점을 찍

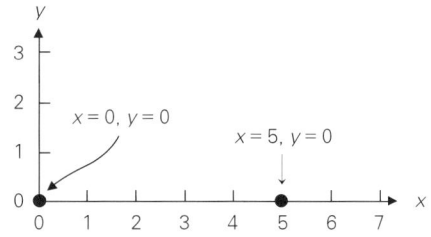

그림 58

$x = 0$, $y = 0$에 점을 찍으면 회전 대칭성이 보존된다. 하지만 $x = 5$, $y = 0$에 점을 찍으면 회전 대칭성이 깨진다.

으면, 회전 대칭성은 더 이상 보존되지 않는다. 0이 아닌 값을 취하는 x값으로 인해 두 축은 더 이상 동등하지 않다.[19]

힉스 메커니즘도 마찬가지의 방식으로 약력 대칭성을 깨뜨린다. 2개의 힉스장이 0일 경우 대칭성은 보존된다. 하지만 1개의 힉스장이 0이고 다른 1개의 힉스장이 0이 아니라면, 약력 대칭성은 자발적으로 깨진다.

약력 대칭성이 자발적으로 깨지는 에너지 값은 약력 게이지 보손의 질량으로 정확하게 알 수 있다. 그 에너지가 바로 250기가전자볼트, 즉 W^-, W^+, Z 입자 같은 약력 게이지 보손의 질량에 매우 근접한 약력 규모 에너지이다. 입자의 에너지가 250기가전자볼트보다 높을 경우 마치 대칭성이 보존되는 것처럼 상호 작용한다. 하지만 에너지가 250기가전자볼트보다 낮으면 대칭성이 깨지고 약력 게이지 보손은 마치 질량이 있는 것처럼 행동한다. 힉스장이 0이 아닌 정확한 값을 갖는다면, 약력 대칭성은 그에 해당하는 에너지 상태에서 자발적으로 깨지며, 약력 게이지 보손도 그에 따른 정확한 질량값을 얻게 된다.

약력 게이지 보손에 적용되는 이 대칭 변환은 쿼크와 경입자에도 적용된다. 쿼크와 경입자가 질량을 갖는다면 이 대칭 변환은 깨진다는 것이 밝혀졌다. 이는 쿼크와 경입자가 질량을 갖지 않을 경우에만 약력 대칭성이 보존됨을 뜻한다. 고에너지 상태에서 약력 대칭성이 필수적이기 때문에, 약력 게이지 보손은 물론이고 쿼크와 경입자가 질량을 갖기 위해서도 대칭성은 자발적으로 깨져야 한다. 힉스 메커니즘은 표준 모형의 기본 입자들이 질량을 얻기 위한 유일한 길이다.

힉스 메커니즘을 포함하는 이론은 질량 있는 약력 게이지 보손의 질량(쿼크와 경입자의 질량까지도)을 설명할 수 있으며, 또한 고에너지 상태에 대해 정확한 예측을 내놓을 수 있다. 특히 고에너지 약력 게이지 보손(250기가전자볼트를 넘는 에너지 상태)에 대해서는 대칭성을 보존함으로써 부정확한 예측을 내놓지 않는다. 약력과 관련된 내부 대칭성은 고에너지 상태에서 상호 작용 비율을 너무 높게 만드는 약력 게이지 보손의 문제성 있는 편극을 걸러 낸다. 하지만 저에너지 상태에서는 약력이 짧은 거리에서만 상호 작용하는 것을 측정 결과대로 재현한다면 약력 게이지 보손이 질량을 가져야 하는데, 내부 대칭성은 약력 게이지 보손에게 측정대로의 질량을 부여할 수 있는 에너지에서 깨진다.

힉스 메커니즘이 그토록 중요한 것은 바로 이 때문이다. 질량을 설명해 주는 다른 어떤 이론도 약력의 그러한 속성을 설명해 주지 못했다. 다른 접근법은 저에너지 상태에서 질량값을 잘못 설명해서 실패하거나, 고에너지 상태의 상호 작용에서 말도 안 되는 예측을 내놓음으로써 실패했다.

보너스

표준 모형에는 아직 설명하지 않은 훌륭한 성과가 하나 더 있다. 다음 몇 장에서 힉스장이 언급되겠지만, 지금부터 설명할 힉스 메커니즘의 특성은 꼭 알지 않아도 된다. 하지만 이것은 힉스 메커니즘의 너무나 놀랍고 매혹적인 측면이어서 여기에서 간단하게 설명하고 넘어가려고 한다.

힉스 메커니즘은 약력 이외의 사실에 대해서도 말해 준다. 놀랍게도 힉스 메커니즘은 전자기력이 왜 특별한가에 대한 새로운 통찰을 열어 주었다. 1960년대까지 전자기력에서 더 연구할 것이 남아 있다고 생각한 사람은 아무도 없었다. 왜냐하면 전자기력은 한 세기에 걸쳐 충분히 연구되었으며 과학자들은 전자기력을 온전히 이해했다고 생각했기 때문이다. 하지만 1960년대에 셸던 글래쇼, 스티븐 와인버그, 압두스 살람이 제안한 약전자기 이론(electroweak theory)은 고온 고에너지 상태의 초기 우주가 진화하기 시작했을 때 3개의 약력 게이지 보손에 더해서 상호 작용 세기가 다른 독립적이고 중성인 제4의 보손이 있었음을 보여 주었다. 어디에나 존재함으로써 오늘날 중요하게 생각하는 광자는 이 입자 목록에서 빠져 있었다. 약전자기 이론의 창시자들은 이 네 번째 약력 게이지 보손의 성질을 수학적인 단서와 물리학적인 단서에서 추론해 냈다.

놀라운 점은 광자가 원래 그리 중요하지 않았다는 점이다. 사실 오늘날 우리가 이야기하는 광자는 실제로 원래의 네 가지 게이지 보손 중 두 가지가 합쳐진 것이다. 광자가 특별한 취급을 받는 이유는 약전기력과 관련된 게이지 보손 중 진공에 퍼져 있는 약력 전하의 영향을 받지 않는 유일한 게이지 보손이기 때문이다. 광자를 두드러지게 만드는 특징은 약력 전하를 띤 진공을 아무 방해도 받지 않고 움직일 수 있으며, 그런 까닭에 질량을 갖지 않는다는 점이다.

W나 Z과 달리 광자는 움직일 때 0이 아닌 힉스장의 방해를 받지 않는다. 이는 진공이 약력 전하를 띠지만 전기 전하는 띠지 않기 때문이다. 전자기력을 매개하는 광자는 전기적으로 대전된 물체와만 상호 작용한다. 이러한 이유로 전자기력은 진공에서 어떤 간섭도 받지 않고 먼 거리까지 힘을 전달할 수 있다. 그래서 광자는 0이 아닌 힉스장의 존재에도 불구하고 질량이 없는 유일한 입자인 것이다.

이러한 상황은 아이크가 마주쳐야 했던 과속 차량 단속 구간과 매우 비슷하다. 속도가 느린 차는 과속 단속 장치를 무사히 통과한다. 천천히 달리는 자동차처럼 광자는 방해받지 않고 나아간다(이 비유는 다소 무리가 있기는 하다.).

물리학자들이 수년간 완벽하게 이해했다고 생각했던 입자인 광자가 약력과 전자기력을 하나로 결합한 더 복잡한 이론으로만 이해할 수 있는 기원을 갖는다는 것을 누가 감히 생각할 수 있었을까? 이 이론은 보통 '약전자기 이론'이라고 부르며, 이에 관련된 대칭성은 약전자기 대칭성이라고 부른다. 약전자기 이론과 힉스 메커니즘은 입자 물리학의 주요한 성과이다. 약전자기 이론은 약력 게이지 보손의 질량뿐만 아니라 광자까지 깔끔하게 한데 엮어 설명했다. 그리고 무엇보다 약전자기 이론은 쿼크와 경입자 질량의 기원이 무엇인지를 이해할 수 있게 해 주었다. 우리가 방금 만났던 다소 추상적인 생각들은 세계의 상당히 광범위한 특성을 멋지게 설명해 준다.

경고

힉스 메커니즘은 쿼크, 경입자, 약력 게이지 보손에 멋지게 질량을 부여한다. 그러면서도 고에너지 상태에 대해 터무니없는 예측은 만들어 내지 않는다. 그리고 더 나아가 그것은 광자가 어떻게 나왔는지를 설명해 준다. 그러나 물리학자들은 힉스 입자의 본질적인 특징 하나를 온전히 이해하지 못하고 있다.

입자들이 측정된 질량값을 갖기 위해서 약전자기 대칭성은 250기가전자볼트에서 깨져야만 한다. 실험에서 에너지가 250기가전자볼트 이상일 때, 입자들은 마치 질량이 없는 것처럼 보이며, 반면 250기가전자볼트 이하의 에너지에서는 입자들이 질량을 가진 것처럼 보여야 한다. 그러나 250기가전자볼트에서 약전자기 대칭성이 깨지는 것은, 오직 힉스 입자(힉스 보손이라고 부르기도 한다.)가 대략 그 정도 에너지에 해당하는 질량($E=mc^2$에 따라)을 가질 때뿐이다.[20] 힉스 입자의 질량이 그보다 클 때는 약력 이론은 제대로 작동하지 않는다. 만일 힉스 입자의 질량이 더 크면, 더 높은 에너지에서 대칭성이 깨지며, 약력 게이지 보손은 더 무거워진다. 이는 실험 결과와 모순된다.

그러나 12장에서 설명하겠지만, 가벼운 힉스 입자는 이론적으로 중요한 문제를 야기한다. 양자 역학을 고려해 계산하면 힉스 입자는 더 무거운데, 물리학자들은 왜 힉스 입자의 질량이 그처럼 작아야 하는지를 아직 이해하지 못하고 있다. 이 난제는 입자 물리학의 새로운 아이디어들과 나중에 다룰 몇몇 여분 차원 모형이 등장해야 할 중요한 동기가 된다.

힉스 입자의 본성이 정확히 무엇인지 그리고 힉스 입자가 왜 그처럼 가벼워야 하는지를 알지 못한다고 해도, 현재 우리가 알고 있는 질량 조건에 따르면 10년 내에 스위스의 CERN에서 대형 강입자 충돌기(LHC)가 돌아가기 시작하면 그 안에서 하나 혹은 그 이상의 중요하고도 새로운 입자가 발견될 것이다. 즉 약전자기 대칭성을 깨뜨리는 것이 무엇인지 알 수 없지만 대략 약력 규모 질량 정도를 갖는 입자가 나타나야만 한다. 그리고 우리는 LHC에서 그 입자가 발견될 것으로 기대한다. 이 엄청나게 중요한 발견은 물질의 근본 구조에 대한 우리의 지식을 한 단계 올려놓을 것이다. 그리고 그 발견은 또한 우리에게 힉스 입자를 설명하는 여러 이론 중 어느 것이 옳은 것인지를 밝혀 줄 것이다.

여러 이론을 구체적으로 알아보기에 앞서 순전히 자연의 단순성 때문에 제안된 표준 모형의 확장판을 살펴보겠다. 다음 장에서 가상 입자, 힘의 거리 의존성, 그리고 '대통일'이라는 매력적인 주제를 탐구해 보자.

기억해야 할 것

- 고에너지 상태의 입자에 대해 정확한 예측을 내놓기 위해서는 대칭성이 꼭 필요하다. 그러나 쿼크, 경입자, 약력 게이지 보손이 질량을 갖기 위해서 '약력 대칭성'은 반드시 깨져야 한다.
- 그럼에도 불구하고 잘못된 예측은 막아야 하기 때문에, 고에너지 상태에서 약력 대칭성은 보존되어야만 한다. 따라서 약력 대칭성은 저에너지 상태에서만 깨져야 한다.
- '자발적 대칭성 깨짐'은 모든 물리 법칙이 대칭성을 보존하지만 실제 물리계는 그렇지 않은 경우에 일어난다. 자발적으로 깨

진 대칭성은 고에너지 상태에서는 보존되지만 저에너지 상태에서는 깨진다. 약력 대칭성은 자발적으로 깨진다.

- 약력 대칭성이 자발적으로 깨지는 과정이 '힉스 메커니즘'이다. 힉스 메커니즘에서 자발적으로 약력 대칭성이 깨지려면, 250기가전자볼트(특수 상대성 이론은 $E=mc^2$에 따라 에너지와 질량을 동등하게 바라본다는 점을 기억하라.)의 약력 규모 질량에 해당하는 입자가 있어야만 한다.

11장

규모 조정과 대통일 : 서로 다른 길이와 에너지에서의 상호 작용 연결

언젠가 당신이 우리와 함께하기를.
그럼 세상은 하나가 되겠죠.
— 존 레넌

● 존 레넌(John Lennon)의 평화와 사랑을 노래한 「이매진(Imagine)」의 한 구절.──옮긴이

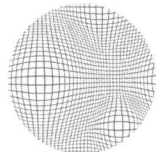

아테나는 종종 자신이 재미있는 이야기를 맨 마지막에 전해 듣는 사람이라고 느꼈다. 그녀는 아이크가 차를 산 지 한 달이 지나서야 오빠가 자동차 모험을 즐긴다는 이야기를 들었다. 그것도 직접 들은 것이 아니었다. 그 소식은 디터의 사촌에게 전해지고 다시 사촌형에게 그리고 사촌형의 친구를 통해 아테나에게 전해졌다.

아테나가 여러 사람을 거쳐서 간접적으로 전해 들은 아이크의 말은, "힘의 효과는 당신이 어디에 있는가에 달려 있다."라는 것이었다. 소문이 전달되면서 말이 바뀐 것을 알기 전까지 아테나는 아이크답지 않은 이 말이 무슨 뜻인지 알 수 없었다. 곰곰이 생각한 후, 그녀는 아이크가 원래 했던 말이 "포르셰의 성능은 모델에 달려 있다."가 분명하리라고 짐작했다.

우리는 아테나가 처음 전해 들은 이야기가 참이라는 것을 살펴보려고 한다. 입자의 질량이나 상호 작용 세기 같은 물리량들이 왜 입자의 에너지에 의존하는지, 어느 정도 떨어져 있는 입자들 사이에서 일어나는 물리 과정이 어떻게 떨어져 있는 거리가 다른 입자들 사이에서 일어나는 물리 과정과 연결될 수 있는지를 알아보는 것이 이 장의 주제이다. 이러한 에너지와 거리 의존성은 고전적인 힘의 거리 의존성과는 다른 것이다. 예를 들어 고전적으로는 전자기력은 중력과 마찬가지로 상호 작용하는 대상 간의 거리의 제곱에 비례하여 그 세기가 줄어든다(역제곱의 법칙). 하지만 양자 역학에서는 거리가 상호 작용 자체의 세기에 다른 방식으로 영향을 미친다. 그 결과 같은 전하와 상호 작용하고 있어도 서로 다른 거리(에너지)에 있는 입자들은 각기 다른 전하와 상호 작용하는 것처럼 보이게 되었다.

힘은 거리가 멀어짐에 따라 그 세기가 약해지거나 강해지는데, 그것을 결정하는 것이 바로 '가상 입자(virtual particle)'이다. 가상 입자는 양자 역학과 불확정성의 원리에 따라 잠깐 동안만 존재하는 입자들로, 게이지 보손과 상호 작용하며 힘의 세기를 바꾼다. 이 때문에 힘의 효과가 거리에 따라 변하게 된다. 아이크의 발언이 아테나의 친구들을 거쳐오는 동안 왜곡되는 것처럼 말이다.

양자장 이론은 힘의 거리 의존성과 에너지 의존성에 가상 입자가 미치는 효과를 어떻게 계산할지 알려 준다. 이 계산의 성취 중 하나는 왜 강력이 그토록 강한지를 알려 준다는 점이다. 또 다른 흥미로운 부산물 중 하나는 '대통일 이론'의 가능성이다. 대통일 이론은 저에너지 상태에서 양상이 매우 다른 중력을 제외한 세 가지의 힘(중력 제외)들이 고에너지 상태에서 하나의 힘으로 묶인다는 이론이다. 우리는 이 결론과 그 근저에 놓인 양자장 이론의 아이디어와 계산 과정을 이제부터 알아볼 것이다.

다음 몇 장에서는 에너지 규모가 바뀌는 것에 주의해야 한다. 대통일 에너지는 1000조 기가전자볼트이며, 중력이 강해지는 플랑크 에너지는 대략 그보다 1,000배가 더 높다. 현재 실험이 진행되는 약력 규모 에너지는 훨씬 더 낮아서 단지 수백에서 1,000기가전자볼트에 불과하다(약력 에너지, 수백~10^3GeV > 대통일 에너지, 10^{15}GeV > 플랑크 에너지, 10^{18}GeV—옮긴이). 약력 규모 에너지가 통일 에너지에 비해 얼마나 작은가는 구슬 크기와 지구와 태양 사이의 거리를 비교해 보면 쉽게 이해할 수 있다. 따라서 실험의 관점에서 보자면 무척이나 높은 에너지임에도 불구하고, 나는 약력 규모 에너지를 종종 낮은 에너지라고 부를 것이다.* 이는 약력 에너지가 대통일 에너지와 플랑크 에너지에 비해 훨씬 작기 때문이다.

줌 인, 줌 아웃

'유효장 이론(effective field theory)'은 1장에서 살펴본 유효 이론의 아이디어를 양자장 이론에 적용한 것이다. 유효장 이론은 당신이 측정하려는 에너지와 길이 규모에만 초점을 맞춘다. 특정한 에너지나 길이 규모에 '유효하게' 적용된 유효장 이론은 우리가 설명해야 하는 에너지나 거리에 대해 기술해 준다. 유효장 이론은 입자들이 특정한 (또는 그보다 낮은)에너지**를 가질 때에 나타나는 상호 작용과 힘만 다루며, 너무 높아 실현할 수 없는 에너지는 무시한다. 이 이론은 우리가 실현할 수 없는 높은 에너지 상태에서만 나타나는 입자들이나 물리 과정의 세부 사항에 대해서는 묻지 않는다.

유효장 이론의 한 가지 이점은 짧은 거리 안에서 어떤 상호 작용이 일어나는지 모르더라도, 우리가 관심을 가진 규모에서 중요해지는 양들을 연구할 수 있다는 점이다. (원칙적으로) 감지할 수 있는 양들만

---

* 이는 작은 것을 무조건 크다고 말하는 미국의 마케팅 언어 습관과는 반대다.
** 양자 역학과 상대성 이론은 에너지와 거리를 서로 교환 가능한 양으로 본다는 점을 떠올려 보자. 읽기 쉽도록 지금부터는 에너지로만 이야기하겠지만, 고에너지 물리 과정은 짧은 거리 범위의 물리 과정과 동일하다.

염두에 두어도 된다. 물감을 섞을 때, 물감의 세세한 분자 구조까지 알 필요는 없다. 하지만 색이나 질감처럼 눈에 보이는 성질은 알고 싶어 할 것이다. 그 정도의 정보만 있어도, 즉 물감의 미세 구조를 모르더라도, 속성에 따라 분류할 수 있고 또 어떻게 섞어야 캔버스 위에 원하는 색이 나올지 예측할 수 있다.

만일 물감의 화학적 조성을 안다면, 물리 법칙은 물감의 몇 가지 속성을 유추할 수 있게 해 줄 것이다. 그림을 그릴 때(유효 이론을 쓰는 경우)는 물감에 대한 세세한 정보가 필요하지 않지만, 물감을 만들 때(더 근본적인 이론에서 유효 이론의 변수를 유도할 경우)는 그러한 정보가 유용할 것이다.

마찬가지로 짧은 거리(고에너지) 이론을 모른다면, 관측 가능한 양을 끌어낼 수 없을 것이다. 그러나 짧은 거리 범위에서 세부 사항을 알면, 양자장 이론을 통해 각기 다른 에너지 상태에 다르게 적용되는 유효 이론을 서로 어떻게 연결시킬지를 정확하게 알 수 있을 것이다. 당신은 질량이나 상호 작용 세기 같은 어떤 유효 이론의 양을 다른 유효 이론을 통해 이끌어 낼 수 있다.

물리량들이 에너지나 거리에 어떻게 의존하는지를 계산하는 방법은 케네스 윌슨(Kenneth Wilson)에 의해 1974년에 개발되었으며, '재규격화군(renornmalization group)'이라는 재미난 이름이 붙여졌다. 대칭성과 더불어 물리학의 가장 강력한 도구로 꼽히는 두 가지는 바로 유효 이론과 재규격화군 이론이다. 이 두 이론은 모두 각기 서로 다른 거리나 에너지 규모에서 일어나는 물리 과정을 다룬다. 재규격화군에서 '군(group)'이라는 말은 기원이 수학적이지 않지만, 어쨌든 수학 용어이다.

하지만 재규격화는 그렇게 나쁜 명칭이 아니다. 재규격화는 관심을 가진 각 길이 규모에서 잠깐 멈춰 자신의 위치를 확인한다는 것을 암시하기 때문이다. 즉 당신이 관심을 가진 어떤 에너지에서 어떤 입자와 어떤 상호 작용이 중요해지는지를 판단해야 한다. 그다음 당신은 이론의 변수들에 새로운 규격, 즉 새로운 눈금을 적용해야 한다.

2장에서 고차원 이론을 저차원 언어로 해석할 수 있는 가능성을 논의했으며, 작게 말린 차원을 갖는 2차원을 마치 1차원인 것처럼 다루어 보았다. 재규격화군은 이와 유사한 아이디어를 사용한다. 차원을 둘둘 말 때, 우리는 여분 차원에서 일어나는 구체적인 사항들은 전부 무시했으며, 모든 것이 그보다 차원이 낮은 용어로 기술될 수 있다고 가정했다. 이 새로운 '규격화'를 통해 긴 거리에서 일어나는 일에만 초점을 맞추면서 4차원을 기술할 수 있었다.

우리는 이와 매우 비슷한 방식으로 짧은 거리 범위에 적용되는 이론들에서 긴 거리 범위에 적용되는 이론을 이끌어 낼 수 있다. 당신이 고려하는 최소 길이를 결정하고, 그보다 짧은 규모에서 일어나는 물리 현상을 '소거'하면 된다. 이 방법 중 하나는 당신이 세부 사항을 무시해도 될 작은 거리에서만 차이를 갖는 양들을 평균내는 것이다. 그레이 스케일(흰색에서 검은색까지의 명도를 10단계로 나눈 무채색 색표로 텔레비전, 사진, 인쇄에서 색을 판정하는 데 이용한다.—옮긴이)의 점으로 가득 찬 그리드(모눈 종이처럼 격자 무늬가 있는 판—옮긴이)가 있다고 해 보자. 그레이 스케일의 점들이 모여 회색의 농담 변화 효과를 나타낸다. 그런데 여기서 작은 점들이 만드는 농담 변화 정도의 평균을 구해 보면 이것이 그 점보다 큰 점이 만드는 농담 변화와 똑같다는 것을 발견할 수 있다. 해상도가 애매한 것을 볼 때 당신의 눈에서 자동으로 이루어지는 과정이 바로 이것이다.

만일 당신이 사물을 바라볼 때의 정확도 수준이 하나로 정해져 있다고 하자. 그 수준에서 측정한 값들로 유용한 계산을 할 때에는 그보다 작은 범위에서 일어나는 일은 알 필요가 없다. 가장 효율적인 방법은 당신의 측정 정확도와 일치하는 당신 이론의 '픽셀 크기'를 정해 주는 것이다. 이런 식으로 당신은 결코 만들어지지 않을 무거운 입자와 결코 일어나지 않을 짧은 거리 범위의 상호 작용을 무시할 수 있다. 대신 당신은 접근 가능한 에너지에서 만들어지는 중요한 입자들과 일어나는 상호 작용의 계산에 초점을 맞출 수 있다.

하지만 더 짧은 거리에 적용되는 더 정밀한 이론을 안다면, 분해능이 낮은 유효 이론의 여러 물리량을 계산해서 이를 이용할 수 있다. 그레이 스케일 점의 예와 마찬가지로, 높은 분해능의 유효 이론에서 정확도가 떨어지는 낮은 분해능의 유효 이론으로 옮겨 갈 때, 당신은 이론을 분석하기 위한 '픽셀 크기'를 조정한 것이다. 재규격화군 이론은 짧은 거리에서 이루어지는 상호 작용이, 긴 거리에서 이루어지는 상호 작용을 기반으로 해서 만들어진 이론의 입자들에 미치는 영향을 계산하는 방법을 알려 준다. 당신은 한 길이 규모에서 다른 길이 규모로 또는 한 에너지 규모에서 다른 에너지 규모로 물리 과정을 외삽할 수 있다.

가상 입자들

재규격화군 이론은 양자 역학적 과정과 '가상 입자들'의 효과를 고려하기 때문에 이러한 외삽을 계산할 수 있다. 양자 역학에서 말하는 가상 입자들은 실제 입자와 쌍을 이루는 유령 같은 기이한 입자이다. 가상 입자들은 불쑥 나타났다 불쑥 사라지며 아주 짧은 시간 동안만 존재한다. 가상 입자들은 실제 입자와 동일한 전하를 갖고 동일한 상호 작용을 하지만, 실제 입자의 에너지와는 다른 에너지를 갖는다. 예를 들어 무척 빨리 움직이는 입자는 분명 많은 양의 에너지를 가진다. 하지만 가상 입자는 엄청난 속도로 움직여도 에너지를 갖지 않을 수 있다. 사실 가상 입자들은 그에 상응하는 실제 입자가 전달하는 에너지와 다른 어떤 에너지라도 가질 수 있다. 만일 가상 입자가 실제 입자와 동일한 에너지를 가지면, 그것은 실제 입자이지 가상 입자가 아니다. 올바른 예측을 하기 위해서는 양자장 이론에 가상 입자라는 이상한 녀석을 포함시켜야만 한다.

그렇다면 말도 안 되는 이 입자가 어떻게 존재할 수 있을까? 불확정성 원리는 측정 불가능한 짧은 순간에 입자가 그처럼 이상한 에너지를 갖는 것을 허용해 준다. 불확정성 원리가 아니라면 그처럼 이상한 에너지를 갖는 가상 입자는 존재할 수 없다.

불확정성 원리에 따르면, 무한대에 가까운 정확도로 에너지(또는 질량)를 측정하려면 무한히 긴 시간이 필요하며, 입자의 수명이 길수록 에너지를 정확하게 측정할 수 있다. 하지만 입자의 수명이 짧으면 에너지 측정의 정확도가 떨어지게 되며, 오랫동안 살아 있는 실제 입자가 갖는 에너지 값과는 전혀 다른, 상궤에 어긋나는 값을 일시적으로 가질 수 있다. 사실 불확정성 원리 때문에 입자들은 자신이 할 수 있는 일을 가능한 한 다 하려고 하고, 가능한 한 오래 존재하려고 한다. 아무도 지켜보지 않는다면 가상 입자들은 언제든지 아무 양심의 가책 없이 자기 멋대로 움직인다(암스테르담의 물리학자는 심지어 가상 입자들을 '양심 없는 네덜란드 인(Dutch)'이라고 표현하기도 했다.).

어떤 의미에서 진공은 에너지 저장소이다. 가상 입자들은 진공으로부터 솟아 나와 잠시 동안 진공의 에너지 중 일부를 빌려 쓴다. 가상 입자들은 아주 짧은 순간에만 존재하며 그 후 빌린 에너지와 함께 진공 속으로 다시 사라진다. 빌린 에너지는 원래의 자리로 돌아가거나 약간 다른 위치에 있는 입자들로 옮겨 간다.

양자 역학은 진공을 매우 분주한 곳으로 바라본다. 비어 있음이라는 진공의 정의가 무색할 정도로, 안정적으로 지속되는 입자가 없어도 양자 효과는 쉼 없이 나타났다가 사라지는 가상 입자와 반입자로 부글거리는 진공의 바다를 만든다. 원칙적으로 모든 종류의 입자-반입자쌍이 생겨날 수 있다. 비록 그 순간이 너무 짧아서 직접 볼 수는 없지만 말이다. 순간적이라고 해도 우리는 가상 입자를 고려해야 한다. 왜냐하면 짧은 순간에도 불구하고 가상 입자들은 수명이 긴 입자들 사이의 상호 작용에 자신의 흔적을 남기기 때문이다.

가상 입자는 상호 작용 영역으로 들어왔다가 나가는 실제 물리 입자의 상호 작용에 영향을 준다. 이 때문에 가상 입자가 남긴 효과를 측정할 수 있다. 자신이 존재하는 찰나의 순간 동안 가상 입자는 실제 입자 사이를 움직여 갈 수 있다. 그 후 가상 입자는 진공에서 빌린 에너지를 진공에 되돌려 주고 사라진다. 그래서 가상 입자는 수명이 긴 안정적인 입자의 상호 작용에 영향을 주는 중개자처럼 행동한다.

예를 들어 상호 교환되면서 고전적인 전자기력을 발생시켰던 그림 47의 광자는 사실 가상 광자였다. 그것은 실제 광자와 같은 에너지를 갖지 않는다. 물론 가상 광자가 실제 광자의 에너지를 가져서도 안 된다. 가상 광자는 전자기력을 전달하고 실제 전하를 가진 입자들을 상호 작용하게 만들기에 충분할 정도의 시간 동안만 존재하면 된다.

가상 입자의 다른 예는 그림 59에 표시되어 있다. 이 경우 광자는 상호 작용 영역으로 들어가서 가상의 전자-양전자쌍으로 바뀌며, 이들은 다른 영역에서 진공으로 흡수된다. 입자들이 흡수되는 장소에

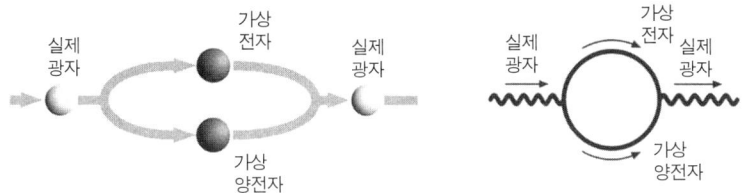

그림 59
실제 물리적 광자가 가상의 전자-양전자로 변화되었다가 다시 광자로 바뀐다. 오른쪽 그림은 왼쪽의 그림을 파인만 다이어그램으로 나타낸 것이다.

서 다른 광자가 진공으로부터 생겨난다. 이때 진공은 전자-양전자쌍에게 일시적으로 빌려 주었던 에너지를 되찾은 상태이다. 우리는 이제 이러한 상호 작용의 놀라운 결과물을 탐구할 것이다.

왜 상호 작용의 세기는 거리에 의존할까

힘의 세기는 입자들이 상호 작용하는 에너지와 거리에 의존하며, 가상 입자들이 여기에 일정한 역할을 한다. 예를 들어 전자기력의 세기는 두 전자가 멀어질수록 더 작아진다(양자 역학적 설명에서 힘의 감소는 전자기력의 고전적인 거리 의존성과는 다르다는 점을 기억하자.). 가상 입자의 효과와 힘의 거리 의존성의 결과는 실제적이다. 즉 이론적 예측은 실험과 매우 잘 맞는다.

힘이나 상호 작용의 세기 같은 유효 이론의 물리량은 입자가 갖는 에너지와 입자 사이의 거리에 따라 정해진다. 이것은 물리학자 조너선 플린(Jonathan Flynn)이 '무정부주의 원리(anarchic principle)'●라고 부른 양자 역학의 특징 때문이다. 무정부주의 원리는 입자들 사이에서

11장 규모 조정과 대통일

일어날 수 있는 모든 상호 작용은 다 일어난다는 양자 역학적 아이디어를 잘 보여 준다. 양자장 이론에서는 금지되지 않은 일이라면 무엇이든 일어난다.

어떤 입자들이 상호 작용하는 개별적인 과정들을 '경로(path)'라고 부른다. 경로 중에는 가상 입자가 있는 것도 있을 수 있고 없는 것도 있을 수도 있다. 가상 입자가 나타나는 경로를 '양자 기여(quantum contribution, 양자 보정이라고 하기도 한다.—옮긴이)'라고 한다. 양자 역학에서는 가능한 모든 경로가 상호 작용의 전체 세기에 기여한다. 예를 들면 실제 입자가 가상 입자로 바뀔 수 있고, 이 가상 입자들이 서로 상호 작용한 후, 다른 실제 입자로 되돌아갈 수 있다. 그 과정에서 원래 실제 입자가 다시 나타날 수도 있고 다른 실제 입자로 변화되어 나타날 수도 있다. 우리가 직접 관측할 수 있을 만큼 오래 존재하지는 않더라도, 가상 입자들은 실제 관측 가능한 입자가 상호 작용하는 방식에 영향을 주고 그 흔적을 남긴다.

가상 입자가 상호 작용하지 않도록 애쓰는 것은 친구에게 비밀을 털어놓으면서 그것이 다른 친구의 귀에 들어가지 않기를 바라는 것만큼 힘든 일이다. 여러분은 곧 몇몇 '가상'의 친구가 여러분의 믿음을 저버리고 다른 친구에게 그 이야기를 전달했음을 알게 될 것이다. 이미 여러분이 어떤 친구에게 비밀을 이야기했더라도, 가상의 친구들이 그 친구와 비밀에 대해 이야기하는 것은 여러분이 직접 이야기한 그 친구의 의견에 영향을 미칠 것이다. 사실 처음 여러분에게 직접 비밀을 전해 들은 친구의 의견은 그와 이야기했던 모든 사람들의

● 이는 머리 겔만의 용어 '전체주의 원리(totalitarian principle)'를 수정한 것이다. 하지만 나는 '무정부주의 원리'가 물리적 상황에 더 가깝다고 본다.

생각이 더해진 결과일 것이다.

실제 입자 사이의 직접적인 상호 작용뿐만 아니라, '간접적인 상호 작용'(가상 입자가 관련된 상호 작용)도 힘을 전달하는 역할을 한다. 여러분 친구의 의견이 그에게 이야기를 전한 다른 사람의 의견들에 영향을 받은 것임과 마찬가지로, 입자들 사이의 알짜 상호 작용, 즉 상호 작용 전체의 최종 결과는 가상 입자의 효과를 포함한 모든 가능한 효과들의 총합이다. 그리고 가상 입자의 효과가 거리에 의존하기 때문에 힘의 세기 또한 거리에 의존한다.

재규격화군 이론은 임의의 상호 작용에서 가상의 입자가 미치는 효과를 정확히 계산할 수 있게 해 준다. 가상의 매개 입자 효과 전부는 한꺼번에 더해지며, 그로 인해 게이지 보손의 상호 작용 세기가 증가할 수도 감소할 수도 있다.

상호 작용하는 입자들이 더 멀리 떨어져 있을 때, 간접적인 상호 작용은 더 중요한 역할을 한다. 거리가 더 멀어지는 것은 비밀을 더 많은 '가상' 친구에게 이야기하는 것과 비슷하다. 누가 당신을 배신할 것이라고 확신할 수는 없지만, 더 많은 친구에게 비밀을 털어놓을수록 누군가 믿음을 저버릴 확률은 높아진다. 가상 입자가 전체 상호 작용 세기에 영향을 줄 수 있는 경로가 있다면 언제든지 그런 일이 일어날 수 있다. 양자 역학은 이런 일을 보증한다. 가상 입자들이 힘에 영향을 미치는 정도는 힘이 전달되는 거리에 의존한다.

하지만 실제 재규격화군 계산은 훨씬 더 정교하다. 그 이유는 자기들끼리 이야기하는 친구들의 영향도 고려하기 때문이다. 가상 입자들의 기여에 대한 더 나은 비유는 거대한 관료 집단에서 메시지가 전달되는 경로일 것이다. 피라미드식 위계 구조의 정점에 있는 한 사람이 메시지를 내려 보내면, 이 메시지는 아래로 직접 전달될 것이다.

하지만 위계 구조에서 더 낮은 위치에 있는 사람은 메시지를 보낼 때 상사의 검토를 받아야 한다. 만일 그보다도 더 낮은 위치의 누군가가 메시지를 보낸다면, 그 메시지는 최종 목적지까지 가기도 전에 관료주의적 형식주의의 그물망 속에서 이리저리 떠다닐 것이다. 각 단계의 관료들이 회람하면서 검열하기 전에는 다음 단계로 넘어가지 않을 것이다. 그리고 마지막 최상층부에 도달한 다음에야 공포될 것이다. 상부에 도달한 메시지는 원래의 그것에서 변형되어 있을 것이다. 즉 원래의 메시지가 아니라 여러 층위의 관료에 의해 걸러진 메시지가 될 것이다.

양자 역학에서 진공은 광자가 마주치는 '관료 조직'이다. 관료 조직에서 상층부의 메시지는 직접적으로 소통되는 반면, 하층부의 메시지는 여러 단계를 거치게 된다. 가상 입자를 관료라고 가정하고 더 높은 지위의 관료는 더 높은 에너지의 가상 입자라고 하면, 각 상호 작용은 점점 에너지가 낮아지는 가상 입자들로부터 영향을 받는다. 관료 조직과 마찬가지로, 모든 단계(또는 거리)에서 경로가 확산될 수 있다. 일부 경로는 가상 입자가 강제하는 '관료적인' 우회로를 따라갈 것이며, 일부 경로는 가상 입자를 만나 점점 더 먼 거리를 이동하게 될 것이다. 광자와 가상 입자의 상호 작용은 짧은 거리(고에너지)에서는 더 적고, 먼 거리에서는 훨씬 더 많이 일어난다.

하지만 가상 입자와 관료 조직 사이에는 뚜렷한 차이가 있다. 관료 조직에서는 어떤 하나의 특정한 메시지가 취하는 경로는 (경로의 복잡성과는 상관없이) 하나뿐이다. 반면 양자 역학에서는 여러 가지 경로가 가능하다. 또한 상호 작용의 알짜 세기는 존재할 수 있는 모든 가능한 경로에서 나오는 효과들의 총합이다.

한 하전 입자에서 다른 하전 입자로 광자가 이동하는 경우를 생각

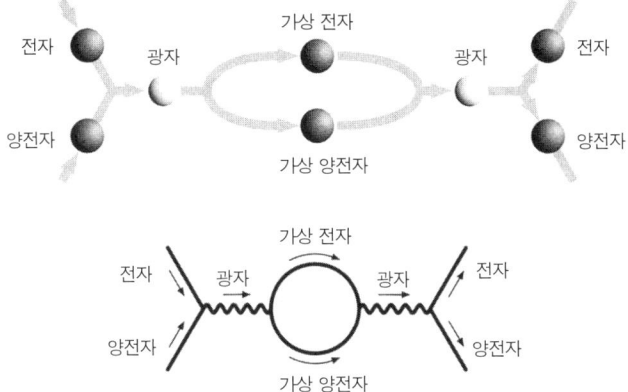

그림 60
가상 입자의 기여를 고려한 전자-양전자 산란. 왼쪽에서 오른쪽으로 반응이 진행된다. 전자와 양전자가 쌍소멸해 광자가 생성되고 이 광자가 다시 가상 전자-양전자쌍으로 나뉘고, 다시 쌍소멸해 광자를 생성한다. 그러고 나서 다시 광자는 전자와 양전자로 변환된다. 따라서 중간에 있는 가상 전자와 양전자는 전자기력의 세기에 영향을 미친다.

해 보자. 광자는 도중에 가상의 전자-양전자쌍으로 변환될 수 있다(그림 60). 양자 역학에 따르면 때로 그런 일이 일어난다. 그 결과 가상의 전자-양전자쌍은 광자가 매개하는 전자기력의 효과에 영향을 미친다.

그러나 일어날 수 있는 양자 역학적 과정은 이것만이 아니다. 가상 전자와 양전자의 쌍소멸로 방출된 광자가 다시 다른 가상 입자로 변환될 수 있으며, 마찬가지의 과정이 계속 일어날 수 있다. 광자를 교환하는 두 하전 입자 사이의 거리는, 이 광자가 진공 속의 입자와 얼마나 많은 상호 작용을 할지 그리고 상호 작용의 효과가 얼마나 클지를 결정한다. 전자기력의 세기는, 가능한 모든 관료적 우회로(가상 입자가 먼 거리 혹은 짧은 거리에서 영향을 미칠 양자 역학적 과정)를 고려했을 때 생기는, 광자가 지나갈 많은 경로들의 총합에 따라 결정된다. 광자가 만날 가상 입자의 수가 광자의 이동 거리에 따라 결정되기 때문에, 광자의 상호 작용 세기는 광자와 상호 작용할 하전 입자 사이의 거리에 따라 정해진다.

가능한 경로를 전부 고려해 계산하면, 전자를 거쳐 광자가 운반하는 메시지는 진공 속을 지나면서 약해진다는 것을 알 수 있다. 전자기적 상호 작용이 약해지는 것을 직관적으로 설명해 보자. 반대 전하끼리 잡아당기고 같은 전하끼리 밀어내기 때문에 가상 양전자가 가상 전자보다는 실제 전자에 더 가까운 곳에 있을 것이라고 생각할 수 있다. 따라서 가상 입자가 갖는 전하는 원래 전자가 갖는 전자기력의 효과를 약화시킨다. 다시 말해 양자 역학적 효과가 전기 전하를 '차단'하는 것이다. 전기 전하의 차단은 광자와 전자의 상호 작용 세기가 거리에 따라 감소함을 뜻한다.

먼 거리에서 실제 전기력은 짧은 거리에서의 고전적인 전기력보다 훨씬 약하게 보인다. 왜냐하면 짧은 거리 범위에서 전자기력을 전달하는 광자는 가상 입자와 엮이지 않는 경로를 지나는 경우가 훨씬 많기 때문이다. 먼 거리에서 전자기력을 매개하는 광자는, 전하를 차단해 그 세기를 약하게 하는 두꺼운 가상 입자의 구름을 통과해야 한다. 그에 반해 짧은 거리를 이동하는 광자는 두꺼운 가상 입자의 구름을 통과할 필요가 없다.

광자뿐만 아니라, 힘을 전달하는 모든 게이지 보손이 목적지까지 가는 도중에 가상 입자와 상호 작용한다. 입자와 반입자로 이루어진 가상 입자쌍은 자발적으로 진공에서 나타났다 진공으로 흡수되면서 상호 작용의 전체 세기에 영향을 준다. 이러한 가상 입자들은 힘을 전달하는 게이지 보손의 경로에 매복하고 있으면서 상호 작용의 알짜 세기를 변화시킨다. 계산에 따르면 약력의 세기는 전자기력과 마찬가지로 거리에 따라 감소한다.

그러나 가상 입자가 항상 상호 작용에 브레이크만 거는 것은 아니다. 놀랍게도 가상 입자들은 상호 작용을 종종 도와주기도 한다. 1970년대 초반, 네덜란드의 헤라르뒤스 토프트(Gerardus 'tHooft)뿐만 아니라 하버드 대학교 대학원생으로 이 문제를 제기한, 시드니 콜먼의 학생이었던 데이비드 폴리처(David Politzer) 그리고 그와 별도로 데이비드 그로스와 그의 제자인 프랭크 윌첵(Frank Wilczek)은 강력이 정확히 전기력과 반대로 행동한다는 계산을 해냈다. 먼 거리 범위에서 강력은 차단되어 그 세기가 약해지지 않고, 먼 거리 범위에서 그 이름처럼 더욱 강력해진다. 가상 입자가 실제로 글루온(강력을 전달하는 입자)의 상호 작용을 강화하는 것이다. 그로스, 폴리처, 윌첵은 강력에 대한 중요한 통찰을 제시한 공로로 2004년 노벨 물리학상을 받았다.

이 현상의 비밀을 푸는 실마리는 글루온 자체에서 찾을 수 있다. 글루온과 광자의 커다란 차이점 하나는 글루온이 서로 상호 작용한다는 점이다. 글루온은 상호 작용 영역에 진입하면 한 쌍의 가상 글루온으로 변환될 수 있다. 가상 글루온은 힘의 세기에 영향을 미친다. 이러한 가상 글루온은 다른 가상 입자와 마찬가지로 순간적으로만 존재한다. 하지만 가상 글루온의 효과는 거리가 멀어질수록 점점 더 커지고 그에 따라 강력의 세기도 실로 믿기 어려울 정도로 커진다. 계산 결과 가상 글루온은 입자 사이의 거리가 증가할수록 강력의 세기를 엄청나게 증가시킨다. 강력은 입자들이 가까이 있을 때보다 멀리 떨어져 있을 때 훨씬 더 강력하다.

전기 전하의 차단 현상과 비교하면, 거리에 따라 세기가 커지는 강력은 직관적으로 이해하기 힘들 것이다. 입자들이 멀어질수록 상호 작용이 강해지는 일이 어떻게 일어날 수 있을까? 대부분의 상호 작용은 거리가 멀어짐에 따라 감소한다. 이를 증명하려면 실제로 계산을 해 봐야 하지만, 그와 비슷한 행동을 보여 주는 예를 들어 설명해 보기로 하자.

한 사람이 관료 조직 속에서 메시지를 발신했다고 해 보자. 중간 관리자가 그 중요성을 제대로 이해하지 못하는 경우, 그는 일상적인 메모 수준의 내용을 극히 중요한 일로 확대 해석할 수 있다. 만일 중간 관리자가 메시지를 수정한다면, 그 메시지는 처음 발신자가 직접 전달했을 때보다 훨씬 더 큰 효과를 줄 수 있다.

트로이 전쟁을 예로 들어 가까운 거리의 힘보다 먼 거리의 힘이 훨씬 강한 경우를 한 번 더 생각해 보자. 『일리아드』에 따르면, 트로이 전쟁의 발단은 트로이의 왕자 파리스와 스파르타의 왕 메넬라오스의 아내인 헬레네가 사랑에 빠져 도망친 것이다. 파리스와 헬레네가 트로이로 도망치기 전에 메넬라오스와 파리스가 헬레네를 두고 일대일로 결투를 했다면, 그리스와 트로이 사이의 전쟁은 일대 서사시로 펼쳐지지 않고서 막을 내렸을지 모른다. 하지만 메넬라오스와 파리스가 멀리 떨어져 있게 되자, 두 사람은 여러 사람들과 관계를 맺게 되었고, 강력한 힘으로 그리스와 트로이 사이에 엄청나게 강한 상호 작용을 일으켰다.

놀랍기는 하지만, 거리가 멀수록 강한 상호 작용이 강해진다는 것은 강력의 매우 특별한 성질을 설명하기에 충분하다. 이 성질은 왜 강력이 쿼크들을 양성자와 중성자 상태로 묶어 두고, 제트 안에 잡아 둘 수 있을 만큼 강력한지를 설명해 준다. 강력이 거리가 멀어질수록 강해지기 때문에, 강력으로 상호 작용하는 입자들은 서로 멀어져 분리될 수 없다. 그래서 쿼크처럼 강한 상호 작용을 하는 기본 입자는 결코 고립된 상태로 존재하지 않는다.

멀리 떨어진 쿼크와 반쿼크 사이에는 어마어마한 양의 에너지가 쌓이기 때문에, 그 둘을 분리 상태로 유지하는 것보다 그 둘 사이에 실제 쿼크와 반쿼크를 추가로 만들어 내는 게 에너지 효율이 더 좋다. 따라서 쿼크와 반쿼크를 서로 떼어 놓으면 새로운 쿼크와 반쿼크가 진공에서 만들어질 것이다. 앞 차와의 간격이 차 하나 들어갈 거리가 되기도 전에 옆 차선에서 다른 차들이 끼어드는 보스턴의 도로처럼, 새로 생긴 쿼크와 반쿼크는 처음의 쿼크와 반쿼크 주위를 맴돌면서 쿼크나 반쿼크가 처음에 떨어져 있었던 거리 이상으로 멀어지지 못하게 한다. 다른 쿼크나 반쿼크가 항상 처음의 쿼크와 반쿼크 주위에 존재해 쿼크와 반쿼크 사이의 거리는 어느 거리 이상 멀어질 수 없다.

거리가 멀어짐에 따라 강력의 세기는 너무 커지기 때문에, 강한 상호 작용을 하는 입자는 서로 고립되어 있을 수 없다. 따라서 강력 전하를 띤 입자들은 언제나 다른 강력 전하를 띤 입자와 함께 있게 되고 따라서 강력은 중성인 채로 유지된다. 그 결과 우리는 결코 고립된 쿼크를 만날 수 없다. 우리는 그저 강력으로 강하게 결합된 강입자과 제트만 볼 수 있을 뿐이다.

대통일

앞에서는 바로 강력, 약력, 전기력이 떨어진 거리에 의존한다는 사실을 설명했다.[21] 1974년, 조자이와 글래쇼는 이 세 힘의 세기가 거리와 에너지에 따라 변화하는 것은, 이들이 고에너지 상태에서 하나의 힘으로 통일되어 있음을 반영하는 것이라는 엄청난 주장을 펼쳤다. 그들은 이를 '대통일 이론(Grand Unified Theory)', 줄여서 GUT라고 불렀다. 강력 대칭성이 세 가지 색의 쿼크를 교환 가능하게 하고(7장에서 언급했다.), 약력 대칭성은 다른 입자쌍을 바꾸는 반면, GUT 힘 대칭성은 쿼크와 경입자 같은 모든 유형의 표준 모형 입자가 서로 교환될 수 있도록 한다.[22]

조자이와 글래쇼의 대통일 이론에 따르면, 에너지와 온도가 극도로 높은 우주 진화의 초기에(이때의 온도는 켈빈 온도로 100도의 1조 배의 1조 배 이상이며, 에너지는 1GeV의 1조 배의 1,000배 이상이었다.) 이 세 힘의 세기는 서로 동일했고 중력을 제외한 세 힘은 하나의 '힘(The Force라고 표기했다.—옮긴이)'으로 융합되어 있었다.

우주가 진화하여 온도가 내려가면서 단일한 힘은 서로 다른 에너지 의존성을 갖는 3개의 서로 다른 힘, 즉 전자기력, 약력, 강력으로 나뉘었다. 세 힘이 하나의 힘에서 시작했다고 해도, 낮은 에너지 상태에서 가상 입자가 각각의 힘에 미치는 영향이 서로 다르기 때문에, 나중에는 서로 다른 상호 작용 세기를 갖게 되었다.

세 힘은 하나의 수정란에서 발생했지만 자란 뒤에는 완전히 달라진 일란성 세쌍둥이와 같다. 세쌍둥이 중 하나는 머리를 염색하고 뾰족 머리를 한 펑크록 가수가, 다른 하나는 상고머리 해병대가, 마지막은 기다란 꽁지머리를 한 예술가가 되었다고 생각해 보자. 그렇다고 해도 셋은 동일한 DNA를 가지며, 어렸을 때에는 셋을 분간할 수 없었다.

마찬가지로 초기 우주에서도 이 세 힘을 구별하기는 어려웠다. 하지만 이 세 힘은 자발적 대칭성 깨짐을 겪으면서 서로 분리되었다. 힉스 메커니즘이 약전자기 대칭성을 깨트리자 전자기력만 깨지지 않고 남은 것처럼, GUT 대칭성이 깨지자 현재 우리가 보고 있는 3개의 분리된 힘이 남게 되었다.

고에너지에서 상호 작용 세기가 같아지는 것은 대통일 이론의 전제 조건이다. 상호 작용 세기를 에너지 함수로 표현한 3개의 선이 모두 힘의 통일을 나타내는 한 점에서 교차해야 한다. 하지만 중력을 제외한 세 힘의 세기가 에너지에 따라 어떻게 변하는지 우리는 이미 알고 있다. 그리고 양자 역학에 따라 먼 거리는 낮은 에너지로, 가까운 거리는 높은 에너지로 바꿀 수 있기 때문에,* 앞의 결과는 에너지의 관점으로 해석할 수 있다. 낮은 에너지에서는 강력이 전자기력이나 약력보다 더 강하지만, 높은 에너지에서는 강력이 약해지는 대신 전자기력과 약력이 강해진다.

다시 말해서 중력을 제외한 세 힘의 세기는 고에너지에서 거의 유사한 값을 가지며 심지어 하나의 값으로 수렴한다. 이는 상호 작용 세기를 에너지의 함수로서 나타내는 3개의 선이 고에너지에서 서로 교차함을 의미한다.

2개의 선이 한 지점에서 만나는 것은 그렇게 흥분할 만한 결과가 아니다. 선들이 서로 가까이 접근하면 당연히 일어나는 일이다. 하지만 3개의 선이 한 점에서 만나는 것은 엄청난 우연이거나 훨씬 큰 의미를 담고 있는 지표이다. 만일 힘들이 서로 합쳐져 하나가 된다면, 그러한 단일한 상호 작용 세기는 고에너지 상태에서 오직 하나의 힘 유형이 있다는 지표가 된다. 바로 그때 대통일 이론이 적용된다.

아직까지도 추측의 영역에 머물러 있지만, 힘의 통일이 사실이라

• 불확정성 원리는 거리상의 불확정성을 운동량 불확정성의 역수와 연결한다는 점을 기억하라.

면, 이는 자연을 더욱 단순하게 기술하기 위한 커다란 도약이 될 것이다. 통일 원리를 찾는 것은 너무나 흥미진진한 일이어서 물리학자들은 세 힘이 하나로 합쳐질 수 있는지의 여부를 알기 위해서 고에너지 상태에서 세 힘의 세기를 연구했다. 1974년으로 돌아가 보면, 당시에는 중력을 제외한 세 힘의 상호 작용 세기를 고도로 정확하게 측정한 사람은 아무도 없었다. 하워드 조자이, 스티븐 와인버그, 헬렌 퀸(Helen Quinn, 당시 무보수 박사 후 연구원이었으나, 지금은 스탠퍼드 선형 가속기 연구소의 물리학자이자 2003년과 2004년에는 미국 물리학회(American Physical Society)의 회장이었다.)은 당시로는 유효했으나 완벽하지 않은 측정 결과를 이용해, 고에너지 상태에서 힘의 세기를 외삽하기 위한 재규격화군 계산을 했다. 이들은 중력을 제외한 세 힘의 세기를 나타내는 3개의 선이 정말로 한 점에서 만나는 것을 발견했다.

1974년에 발표된 대통일 이론에 관한 조자이-글래쇼의 유명한 논문은 이렇게 시작한다. "우리는 일련의 가정과 추론에서 시작하여 피할 수 없는 결론에 이르게 되었다. …… 기본 입자에 관한 모든 힘(강력, 약력, 전자기력)은 하나의 상호 작용 세기를 갖는 근본적으로 동일한 상호 작용의 서로 다른 표현이다. 우리의 가정이 틀릴지도 모르고 우리의 추론이 어리석은 것일지도 모른다. 하지만 우리 제안의 독특함과 단순함은 우리의 제안을 진지하게 숙고할 만한 것으로 만든다."• 이 말들은 겸손해 보이지는 않는다. 하지만 조자이와 글래쇼는 실제로는 자신들의 이론에서 나타나는 독특함과 단순함이 자신들의 이론이 자연을 정확하게 기술한다는 것의 충분한 증거라고는 생각하지

• Howard Georgi and S. L. Glashow, Unity of all elementary-particle forces", *Physical Review Letters*, vol. 32, 438~441쪽(1974).

않았다. 그들 또한 실험으로 확인하기를 원했다.

지금껏 직접 실험했던 에너지보다 10조 배나 큰 에너지에 표준 모형을 외삽하려면 엄청난 믿음이 필요했겠지만, 그들은 이 외삽이 검증 가능한 결과를 준다는 것을 알았다. 조자이와 글래쇼는 논문을 통해서 자신들의 대통일 이론이 "양성자 붕괴를 예측"한다고 설명하며, 그 예측을 확인해야만 한다고 주장했다.

조자이와 글래쇼의 대통일 이론은 양성자의 붕괴를 예측했다. 아주 오랜 시간이 걸리겠지만 언젠가 양성자는 붕괴할 것이다. 이는 표준 모형에서는 결코 일어나서는 안 되는 일이다. 쿼크와 경입자는 보통 그들이 경험하는 힘에 따라 구별된다. 하지만 대통일 이론에서 힘은 본질적으로 모두 동일하다. 그래서 업 쿼크가 약력에 의해 다운 쿼크로 변화할 수 있는 것처럼 통일된 힘을 통해 쿼크가 경입자로 변할 수 있다. 따라서 만일 대통일 이론이 옳다면, 우주에 존재하는 전체 쿼크의 수는 일정하지 않을 것이고, 쿼크가 경입자로 변할 수 있기 때문에 3개의 쿼크로 이루어진 양성자가 붕괴할 수 있을 것이다.

쿼크와 경입자를 이어 주는 대통일 이론에서는 양성자가 붕괴할 수 있기 때문에, 우리 주변의 모든 친숙한 물질은 궁극적으로 불안정하다고 본다. 그러나 양성자의 붕괴 속도는 매우 느려서 양성자의 수명은 우주의 나이를 넘어설 정도이다. 따라서 양성자 붕괴와 같은 극적인 신호를 감지할 수 있는 기회가 그다지 많지 않으며 그런 일은 거의 일어나지 않을 것이다.

양성자 붕괴의 증거를 찾기 위해서는 엄청난 수의 양성자를 모아 조사하는 실험을 매우 오랫동안 해야만 한다. 하나의 양성자가 붕괴하지 않는 것처럼 보이더라도, 양성자의 수가 많아지면 그중 하나가 붕괴하는 것을 관측할 가능성이 높아진다. 복권 당첨 확률이 낮기는 해도, 수백만 장의 복권을 산다면 당첨 확률이 꽤 높아지는 것처럼 말이다.

물리학자들은 이를 위해 대량의 양성자를 조사할 수 있는 실험을 설계했다. 미국 사우스다코타 주의 광산에서 이루어지는 어빈·미시간·브룩헤이번 실험이나, 일본 가미오카 광산의 지하 1킬로미터에 감지기와 거대한 물탱크를 설치해 놓은 슈퍼 카미오칸데(Super-Kamiokande) 실험 등이 그것이다. 양성자 붕괴를 찾아내기는 무척 어려운 일이지만, 조자이와 글래쇼의 대통일 이론이 맞다면 그에 관한 증거가 이미 발견되어야 했다. 그러나 원대한 야망에도 불구하고 아직 양성자 붕괴는 발견되지 않았다.

양성자 붕괴를 발견하지 못했다고 해서 대통일 이론을 버릴 필요는 없다. 사실 여러 힘을 더 정확하게 측정함으로써 우리는 지금 조자이와 글래쇼가 제출한 원래의 모형이 오류를 가지고 있으며, 확장된 표준 모형만이 힘을 통일할 수 있음을 알게 되었다. 그러나 표준 모형의 확장판에서 양성자의 수명은 더 길 것으로 예측된다. 결국 양성자 붕괴가 아직까지 발견되지 않은 것은 당연한 일이다.

오늘날 우리는 힘의 통일이 자연의 참된 모습인지, 또 만일 그렇다면 그 의미가 무엇인지 아직 정확히 알지 못하고 있다. 여러 계산에 따르면, 힘이 통일되는 모형은 몇 가지 있다. 초대칭성 모형들, 호라바-위튼의 여분 차원 모형, 라만 선드럼과 내가 제안한 비틀린 여분 차원 모형이 그 예이다. 여분 차원 모형들이 특히 흥미를 불러일으키는 이유는, 이것이 중력을 포함하는 네 가지 힘을 통일하는 진정한 통일을 실현하기 때문이다. 또한 이 모형들이 흥미로운 다른 한 가지 이유는, 원래의 통일 모형들이 대통일 규모의 질량을 가진 입자 외에는 약력 규모 질량보다 무거운 입자를 찾을 수 없다고 가정*한다는 것이다.

하지만 물리학자들은 힘의 통일에 매혹을 느끼면서도, 이론적인 장점에 대해 두 갈래 접근법으로, 즉 물리학에 상향식으로 접근할 것인가 아니면 하향식으로 접근할 것인가로 나뉘어 있다. 대통일 이론은 하향식 접근법이다. 조자이와 글래쇼는 1,000기가전자볼트와 1000조 기가전자볼트 사이의 에너지 규모에 질량을 가진 입자가 없다는 대담한 가정을 했으며, 이러한 가정에 기초하여 이론을 세웠다. 대통일 이론은 끈 이론과 함께 오늘날까지도 이어지고 있는 입자 물리학계 논쟁의 첫 시발점이었다. 끈 이론과 대통일 이론은 모두 다 물리 법칙을 측정된 에너지보다 최소 10조 배나 높은 에너지에 외삽하고 있다. 이후 조자이와 글래쇼는 끈 이론과 대통일 이론의 하향식 접근법에 대해 회의하기 시작했다. 이 두 물리학자는 자신의 방식을 뒤집고, 지금은 저에너지 물리학에 전념하고 있다.

대통일 이론에 매력적인 측면이 있다고 해도, 나는 이 연구가 자연에 대한 정확한 통찰을 줄 것인지는 확신하지 못한다. 우리가 알고 있는 에너지와 우리가 외삽하는 에너지 사이의 간극이 너무나 크기 때문에, 그 사이에서 일어날 수 있는 가능성들을 너무 많이 생각할 수 있다. 어떤 경우에도 양성자 붕괴(또는 다른 예측들)가 발견되기 전까지는(그런 일이 일어날지는 알 수 없다.) 고에너지 상태에서 정말로 힘이 통일될 것인지를 확실하게 말하기 어려울 것이다. 그때까지는, 이 이론은 여전히 위대하기는 해도 이론적인 추측의 영역에 머물러 있을 것이다.

● 이를 '사막 가정(desert hypothesis)'이라고 한다.

기억해야 할 것

- '가상 입자'는 실제 물리 입자와 동일한 전하를 갖지만 잘못된 것처럼 보이는 에너지를 갖는 입자이다.
- 가상 입자들은 아주 짧은 시간 동안만 존재한다. 가상 입자들은 '진공(vacuum, 아무런 입자도 없는 우주의 상태)'으로부터 일시적으로 에너지를 빌려 온다.
- '양자 기여'는 실제 입자가 가상 입자와 상호 작용하기 때문에 생긴다. 가상 입자는 나타나거나 사라짐으로써, 또 실제 입자 사이의 중개자 역할을 함으로써 실제 입자들의 상호 작용에 영향을 미친다.
- '무정부주의 원리'는 입자의 성질을 고려할 때 양자 기여를 항상 염두에 두어야 함을 의미한다.
- '대통일 이론'에서 중력이 아닌 세 힘은, 저에너지 상태에서는 구별되지만 고에너지 상태에서는 통일된 하나의 힘이 된다. 세 힘이 하나로 통일되려면 고에너지 상태에서 힘들의 세기가 같아져야 한다.

12장

계층성 문제 : 단 하나의 효과적인 통화 침투 이론

고속도로는 도박꾼을 위한 것이야, 네 감각을 더 잘 써 봐.
우연히 마주친 것들을 낚아채야 해.[※]
— 밥 딜런

● 밥 딜런(Bob Dylan)의 「이제 다 끝났어, 베이비 블루(It's All Over Now, Baby Blue)」의 한 구절.——옮긴이

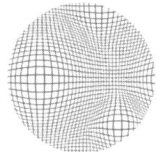

아이크는 새로 산 값비싼 포르셰를 가로등에 들이박아 불명예스러운 최후를 맞았다. 하지만 천국에 이른 그는 무척 행복했다. 온종일 게임을 할 수 있었기 때문이다. 그는 뼛속까지 도박꾼이었다.

어느 날 하느님이 아이크를 좀 이상한 게임에 초대해 아이크에게 16자리 숫자를 쓰게 했다. 그러면 자신은 이십면체 주사위를 굴리겠다고 했다. 보통의 육면체 주사위와 달리 0에서 9까지의 숫자가 두 번 씌어진 이십면체 주사위였다. 하느님은 주사위를 16번 굴려 얻은 숫자를 차례로 늘어놓아 16자리 숫자를 만들 것이라고 설명했다. 만약 아이크가 쓴 숫자와 하느님이 주사위로 얻은 숫자가 정확히 맞아 떨어지면 하느님이 이기고 만약 16개의 숫자 중 하나라도 다르다면 아이크가 승리하는 게임이었다.

하느님이 주사위를 굴렸다. 첫 번째 숫자가 4가 나왔다. 이 숫자는 아이크가 고른 4,715,031,495,526,312의 첫 번째 수와 일치했다. 이런 일은 10분의 1의 확률로 일어나는 것이기 때문에 아이크는 하느님이 굴린 주사위를 보고 깜짝 놀랐다. 하지만 그는 두 번째 또는 세 번째 숫자는 맞지 않을 것이라고 확신했다. 하느님이 연속해서 숫자 2개를 맞힐 확률은 100분의 1에 불과하기 때문이었다.

하느님은 두 번, 세 번 주사위를 굴렸다. 하느님은 7과 1을 얻었는데 이 역시 아이크가 고른 숫자와 일치했다. 주사위를 계속 굴린 하느님은 놀랍게도 16자리를 모두 정확히 맞혔다. 무작위로 이런 일이 벌어질 확률은 겨우 10,000,000,000,

000,000분의 1이다. 어떻게 하느님이 이길 수 있었을까?

아이크는 약간 화가 나서(천국에서는 화를 많이 낼 수도 없다!), 말도 안되는 일이 어떻게 일어났는지 물었다. 하느님은 지혜로 가득한 얼굴로 이렇게 대답했다. "나는 전지전능하기 때문에 승리할 수 있는 유일한 존재다. 너도 들어서 알겠지만, 나는 주사위 놀이를 좋아하지 않는다(아인슈타인이 양자 역학을 거부하면서 한 유명한 말이다.—옮긴이)."

그리고 이와 함께 '도박 금지'라는 말이 구름에 새겨졌다. 아이크는 격노했다(물론 약간만). 그는 게임에서 졌을 뿐만 아니라 게임할 수 있는 권리까지 잃어버렸다.

여러분은 지금까지 입자 물리학과 표준 모형을 구성하는 몇 가지 아름다운 이론들을 살펴보았다. 표준 모형은 무척이나 다양한 실험 결과들을 놀라울 정도로 잘 설명해 준다. 하지만 표준 모형은 심오한 수수께끼를 담고 있는 불안정한 기초 위에 위태롭게 서 있다. 이 난제의 해결은 물질의 기본 구조에 대한 새로운 통찰 없이는 불가능하다. 이 장에서는 입자 물리학자들이 '계층성 문제(hierarchy problem, '위계 문제'라고도 한다. — 옮긴이)'라고 부르는 골칫거리를 다룰 것이다.

계층성 문제는 표준 모형의 예측이 실험 결과와 일치하지 않는 것에 대한 문제가 아니다. 전자기력, 약력, 강력에서 질량과 전하는 놀라울 정도로 정확히 검증되었다. CERN, SLAC, 페르미 연구소의 가속기 실험들은 우리가 아는 입자의 붕괴 속도와 상호 작용에 대한 표준 모형의 예측이 정확함을 분명히 밝혀냈다. 또한 표준 모형에 존재하는 여러 힘의 세기에 어떤 모호함이 있는 것도 아니다. 세 힘의 관계는 사실 어떤 의미를 함축하고 있는 것처럼 보이며 이것이 바로 대통일 이론의 기반이기도 하다. 나아가 힉스 메커니즘은 진공이 어떻게 약전자기 대칭성을 깨며 쿼크와 경입자뿐만 아니라 W와 Z 게이지 보손에 질량을 주는지 완벽하게 설명한다.

하지만 무척 단란해 보이는 집안도 가까이 들여다보면 갈등이 있게 마련이다. 행복하고 유쾌하며 평화로운 모습에도 불구하고 그 안에는 파괴적인 잠재력을 지닌 가족의 비밀이 있을 수 있다. 표준 모형은 소문이 두려워 쉬쉬 감추고 있는 가족의 비밀과 흡사하다. 여러분이 전자기력의 세기, 약력의 세기, 게이지 보손의 질량이 실험치와 같다고 별 생각 없이 받아들인다면, 이 모든 것이 표준 모형의 예측과 잘 맞는 것처럼 보일 것이다. 하지만 매우 정확하게 측정된 질량 변수(mass parameter, 기본 입자들의 질량을 결정해 주는 약력 규모 질량)는 물리학자들이 대체로 생각하는 이론적인 예측값의 1경분의 1이다. 즉 10^{16}배 작다. 고에너지 이론으로부터 약력 규모 질량을 예측한 물리학자라면 누구나 이것이(따라서 모든 입자의 질량이) 완전히 틀렸다고 생각할 것이다. 이 질량값은 대체 어디서 튀어나온 것일까? 이 수수께끼, 즉 계층성 문제는 입자 물리학 이해를 가로막는 커다란 구멍처럼 보인다.

「서문」에서 나는 이 계층성 문제를, 중력은 왜 그렇게 약한가 하는 질문의 형태로 잠깐 다루었다. 하지만 여기에서는 힉스 입자의 질량, 혹은 약력 게이지 보손의 질량이 왜 그렇게 작은가 하는 질문으로 바꿔 이 문제를 다루려고 한다. 이 입자들의 질량이 측정된 것과 같은 값을 갖기 위해서 표준 모형은 일종의 속임수 같은 보정을 포함해야 한다. 신이 아이크와의 게임에서 16개의 수를 정확히 맞히는 것 같은 터무니없는 보정이 필요한 것이다. 수많은 성과에도 불구하고 표준 모형은 기본 입자의 질량에 관한 이런 식의 비양심적 속임수 없이는 정합성을 유지할 수 없다.

이 장에서는 이러한 계층성 문제를 설명하고 나를 비롯한 대부분의 입자 물리학자들이 왜 이 문제를 중요하게 생각하는지를 설명할 것이다. 계층성 문제를 좀 더 깊이 파고들면 그것이, 약전자기 대칭성을 깨뜨리는 것이 무엇이든 간에, 힉스장(10장 참고)이 2개인 것보다 더 흥미로운 현상임을 알 수 있다. 계층성 문제에 대한 답은 모두 새로운 물리 법칙을 포함하고 있다. 따라서 올바른 해답을 얻는다면 물리학자들은 더 근본적인 입자와 법칙으로 나아가게 될 것이다. 무엇이 힉스장의 역할을 해, 약전자기 대칭성을 깨뜨리는지를 밝히는 일로부터 의미심장한 새로운 물리학이 도래할 것이다. 내가 살아 있는 동안 새 물리학이 모습을 드러내리라는 것은 거의 확실하다. 또 새로운 물리 현상이 약 1테라전자볼트의 에너지에서 나타나리라는 것도 거의 분명하다. 실험으로 이를 확인할 날이 임박했으며, 아마 10년 이내에 실현될 것이다. 그에 따라 기본 물리 법칙에 대한 우리의 생각은 극적으로 바뀔 것이다.

계층성 문제는 물리 법칙을 초고에너지로 외삽하기에 앞서 저에너지 문제에 관심을 기울이는 것이 더 시급한 일임을 가르쳐 준다. 최근 30년 동안 입자 물리학의 이론가들은 약력 규모 에너지(약전자기 대칭성이 깨지는 상대적으로 낮은 에너지)를 예측하고 확보하는 이론적 구조를 탐구해 왔다. 나를 비롯한 물리학자들은 계층성 문제에는 답이 있으며 그 답이 표준 모형을 넘어서는 이론으로 나아가기 위한 최고의 실마리가 될 것이라고 생각한다. 내가 앞으로 설명할 이론들이 필요한 이유를 이해하려면 다소 전문적이지만 이 매우 중요한 문제를 어느 정도 알아 두어야 할 필요가 있다. 계층성 문제에 대한 답을 찾기 위해 우리는 이미 새로운 물리학 개념들(앞으로 다룰 것이다.)을 탐색하기 시작했다. 계층성 문제가 해결된다면 우리의 현재 생각이 바뀌리라는 것은 거의 확실하다.

계층성 문제의 가장 일반적인 경우를 다루기에 앞서, 계층성 문제가 처음으로 제기되었으며 비교적 이해하기 쉬운 형태로 그 문제가 존재하는 대통일 이론의 맥락에서 계층성 문제를 생각해 보자. 그 다음 더 확장된 맥락에서 계층성 문제를 생각해 볼 것이며, 왜 이 문제가 결국 중력의 미약함(알려진 다른 힘과 비교해 볼 때)과 연결되는지 살펴볼 것이다.

대통일 이론에서의 계층성 문제

키가 2미터인 친구의 집에 놀러 갔는데 그의 쌍둥이 형제의 키가 겨우 150센티미터라는 상황을 상상해 보자. 여러분은 꽤 놀랄 것이다. 친구와 쌍둥이 형제는 유전자가 비슷하니까 키도 비슷할 것이라고 기대하기가 쉽기 때문이다. 이번에는 훨씬 더 이상한 경우를 생각해 보자. 친구 집에 가서 만난 그의 형제의 키가 친구보다 10배 작거나 10배 크다고 하자. 아마 우리는 무척 기이하다고 생각할 것이다.

우리는 여러 입자의 성질이 모두 동일하다고 기대하지는 않는다. 하지만 특별한 이유가 없다면 비슷한 힘을 느끼는 입자는 그 성질도 어느 정도 비슷할 것이라고 추측한다. 예를 들어 같은 힘을 느끼는 입자들은 질량이 비슷하다고 예상하는 식이다. 가족 구성원의 키가 대략 비슷한 것처럼 입자 물리학자들은 타당한 과학적 논리에 따라 대통일 이론 같은 하나의 이론 안에 존재하는 입자들은 질량이 비슷하리라고 추측한다. 하지만 대통일 이론에서 입자들의 질량은 너무나도 다르다. 그 차이는 10배 정도가 아니라 10조 배나 된다.

대통일 이론에서 약전자기 대칭성을 깨는 힉스 입자는 약력 규모 정도의 '가벼운' 입자이다. 그런데 문제는 이 힉스 입자가 강한 상호 작용을 하는 다른 입자와 짝을 이룬다는 점이다. 이 강한 상호 작용을 하는 새로운 입자는 대통일 규모 정도의 질량을 갖는 엄청나게 무거운 입자여야 한다. 즉 대통일 힘 대칭성(GUT force symmetry)으로 연결된 두 입자의 질량차가 너무 크다는 점이 문제가 된다.

대통일 이론에서 대칭성으로 연관된 두 입자들은 서로 다르다고 해도 동시에 나타나야 한다. 이는 약력과 강력이 고에너지에서 서로 교환 가능하기 때문이다. 이것은 대통일 이론의 배경이 되는 생각이다. 즉 모든 힘은 궁극적으로 같아야 한다. 따라서 강력과 약력이 통일되면 힉스 입자를 포함해 약력으로 상호 작용하는 모든 입자들은 강력을 느끼는 입자와 짝을 이뤄야 할 뿐만 아니라, 원래의 힉스 입자가 하는 상호 작용과 비슷한 상호 작용을 해야 한다. 하지만 힉스 입자와 연관되는, 이 강력을 느끼는 새로운 입자는 커다란 문제점을 갖고 있다.

강력 전하를 띤 힉스 관련 입자는 쿼크나 경입자와 동시에 상호 작용하여 양성자 붕괴를 일으킬 수 있다. 이 입자가 존재할 경우, 대통일 이론의 예측보다 훨씬 빠른 속도로 양성자 붕괴가 일어날 것이다. 급속한 붕괴를 막으려면 강력 전하를 띤 힉스 관련 입자(이 입자가 2개의 쿼크와 2개의 경입자 사이에서 교환되는 것이 양성자 붕괴의 조건이다.)는 굉장히 무거워야 한다. 현재 우리가 알고 있는 양성자 수명의 한곗값을 고려한다면 강력 전하를 띤 힉스 입자의 짝이 되는 입자는, 자연에 존재한다면, 대통일 이론 규모 질량과 비슷한 값인 약 1000조 기가전자볼트의 질량을 가져야 한다. 만약 이러한 입자가 존재한다고 해도 그 정도로 무겁지 않다면, 당신이 이 문장을 마저 다 읽기도 전에 이 책은 물론이고 당신도 붕괴해 버릴 것이다.

하지만 우리는 약력 게이지 보손이 실험에서 측정한 정도의 질량을 가지려면, 약력 전하를 띤 힉스 입자의 질량이 250기가전자볼트 정도로 가벼워야 함을 앞에서 살펴보았다. 실험값의 제한으로 인해 힉스 입자의 질량은 강력 전하를 띤 힉스 관련 입자와는 굉장히 달라야 한다. 대통일 이론에서 약력 전하를 띤 힉스 입자와 매우 비슷한 상호 작용을 하는, 강력 전하를 띤 힉스 관련 입자의 질량은 약력 힉스 입자보다 훨씬 커야 한다. 그렇지 않다면 세계는 우리가 보는 것과 전혀 다를 것이다. 하나가 다른 하나의 100조 배에 이르는 두 입자의 엄청난 질량 차이는 설명하기가 매우 어렵다. 특히 약력 힉스 입자와 강력 전하를 띤 힉스 관련 입자가 통일장 이론에서 비슷한 상호 작용을 하기로 되어 있기 때문에 더욱 설명하기가 어렵다.

대부분의 통일장 이론에서 한 입자는 무겁게, 다른 입자는 가볍게 만드는 유일한 방법은 엄청나게 큰 보정 계수를 집어넣는 것이다. 대칭을 이루는 두 입자의 질량차를 이처럼 크게 만들어 주는 물리학 원리는 존재하지 않는다. 그렇다면 무척 조심스럽게 숫자를 골라내는 일만이 이를 가능하게 한다. 이 숫자를 13자리까지 정확하게 뽑아내야 한다. 그렇지 않으면 양성자가 붕괴하거나 약력 게이지 보손의 질량이 너무 커진다.

입자 물리학자들은 이 필수적인 조작을 '미세 조정(fine-tuning)'이라고 부른다. 미세 조정은 원하는 값을 정확히 얻을 수 있도록 변수들을 조절하는 것을 일컫는다. 'tuning'이라는 말이 쓰인 것은 이 과정이 마치 피아노를 조율하는 것과 비슷하기 때문이다. 하지만 여러분이 유효 자릿수 13자리까지 수백 헤르츠의 진동수를 정확하게 맞추려면 그 소리를 100억 초(1,000년) 동안 들어야만 한다. 13자리 정확도를 얻는다는 것은 이렇게나 힘들다.

미세 조정에 대한 다른 비유도 모두 부자연스러워 보일 것이다. 예를 들어 큰 회사에서 한 사람은 지출을 관리하고 다른 사람은 수입을 관리한다고 하자. 두 사람은 서로 의사 교환을 할 수 없지만, 연말에 수입과 지출의 차이를 1달러 이하로 맞추지 못하면 회사가 망한다고 해 보자. 물론 이건 말도 안 되는 예이다. 하지만 그것도 그럴 것이 정상적인 상황이라면 미세 조정에 의존할 필요가 없다. 그 누구도 자신의 운명(또는 회사의 운명)을 비정상적인 우연의 일치에 맡기고 싶지 않을 것이다. 가벼운 힉스 입자를 포함하는 대통일 이론들은 대부분 이런 미세 조정 문제를 안고 있다. 물리학적 예측이 변수에 그토록 민감하게 의존하는 이론은 모든 것을 다루는 '온전한 이야기(통일 이론 —옮긴이)'가 되기 어려워 보일 것이다.

하지만 가장 단순한 대통일 이론에서 힉스 입자의 질량이 충분히 작으려면 무리한 조작을 해야만 한다. 대통일 이론 모형은 다른 좋은 대안을 가지고 있는 것도 아니다. 이는 4차원 시공간에서 힘을 통일하려는 대다수 모형에서 나타나는 심각한 문제인데, 이 때문에 나를 비롯한 많은 물리학자들이 힘의 통일에 의문을 갖는다.

게다가 계층성 문제는 더욱 악화된다. 근거 설명은 하지 않고 그저 단순히 한 입자는 가볍고 다른 입자는 굉장히 무겁다고 가정해도, '양자 역학적 기여(quantum contribution)' 또는 간단히 '양자 기여' 문제에 부딪히게 된다. 이 양자 기여를 고전적인 질량에 더해야만 힉스 입자가 현실 세계에 갖기로 되어 있는 참된 물리적 질량을 구할 수 있다. 그리고 이 양자 기여는 보통 힉스 입자의 질량인 수백 기가전자볼트보다도 훨씬 더 크다.

다음 절에서 논의할 양자 기여는 가상 입자와 양자 역학에 기반하고 있고, 직관적인 것이 아닐 것이다. 고전적인 비유를 상상하면 안

된다. 앞으로의 논의는 순전히 양자 역학적인 상황에 대한 것이다.

힉스 입자 질량에 대한 양자 기여

앞 장에서 설명한 것처럼 입자는 빈 공간을 그냥 통과할 수 없다. 가상 입자들이 나타났다 사라지며 입자의 원래 경로에 영향을 미친다. 양자 역학에 따르면 우리는 항상 어떤 물리량이든 가능한 모든 경로에서 오는 효과를 더해야 한다.

이러한 가상 입자들 때문에 힘의 세기가 거리에 따라 달라진다. 우리는 이것을 앞에서 살펴보았는데, 이는 측정된 효과이기도 하고 그 측정값이 예측과도 아주 잘 맞는다. 이와 비슷한 양자 기여가 입자의 질량에도 영향을 미친다. 하지만 힘의 세기와 달리 힉스 입자의 질량의 경우에는 가상 입자의 효과가 너무 크게 나타나서 실험이 요구하는 값과 큰 차이를 보인다.

힉스 입자가 질량이 대통일 이론 규모 정도 되는 무거운 입자들과 상호 작용하기 때문에, 힉스 입자들이 취하는 경로들 중 일부는 무거운 가상 입자와 반입자를 토해내는 '진공(vacuum, 원서에는 vacuum이라고 되어 있지만 정확하게는 진공 거품(vacuum bubble)이라고 해야 옳다.—옮긴이)'을 필요로 한다. 그 경로를 지나는 동안 힉스 입자는 잠시 동안 이 입자들로 변하게 된다(그림 61). 진공에서 휙 생겨났다 휙 사라지는 무거운 입자들은 힉스 입자의 운동에 영향을 미친다. 이 입자들이 커다란 양자 기여를 저지른 범인들이다.

양자 역학에 따르면, 힉스 입자가 실제로 갖는 질량을 결정하려면 가상 입자가 없는 단순한 경로에 무거운 가상 입자들을 포함하는 경

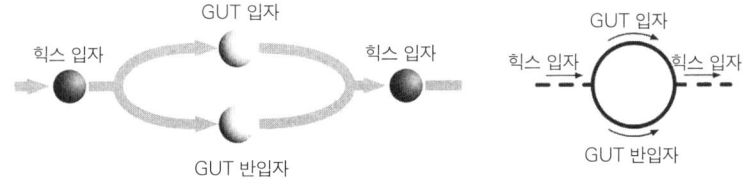

그림 61
대통일 이론에 존재하는 무거운 입자는 가상 입자로서 힉스 입자 질량에 양자 기여를 준다. 힉스 입자는 가상의 무거운 (GUT 규모 질량) 입자로 변환될 수 있는데 이 입자는 다시 힉스 입자로 변한다. 왼쪽 그림은 이 과정을 알기 쉽게 그린 것이고 오른쪽은 파인만 다이어그램으로 그린 것이다.

로를 더해야 한다. 문제는 무거운 가상 입자를 포함하는 경로들이, 힉스 입자의 질량을 애초 원한 값보다 10^{13}배나 큰 대통일 이론의 무거운 입자 질량만큼이나 크게 한다는 것이다. 가상의 무거운 입자들이 야기하는 이 엄청난 크기의 양자 기여들은 모두 힉스 입자의 고전적인 값에 더해져 눈에 보이는 실질적인 효과를 낳는다. 그러나 제대로 된 이론이 되려면, 약력 게이지 보손의 질량이 약 250기가전자볼트가 되어야 한다. 이것이 의미하는 바는 개개의 대통일 이론의 질량 효과가 10^{13}배만큼이나 크더라도 이 엄청난 크기의 값을 모두 더하면 이들 중 일부는 양수, 일부는 음수여서 최종적인 답은 대략 250기가전자볼트가 되어야 한다는 것이다. 무거운 가상 입자가 하나라도 힉스 입자와 상호 작용을 하게 되면 그야말로 큰 문제가 된다.

앞 장에서처럼 가상 입자를 관료 조직의 관료라고 생각해 보자. 여기에서 가상 입자는 미국 이민국(U. S. Immigration and Naturalization Service, INS) 직원이다. 그런데 이 직원은 현실 속의 INS 직원처럼 의심스러운 사람의 서류는 지연시키는 것이 아니라, 모든 서류를 꼼꼼하게 똑같이 처리한다. 어떤 서류는 빨리 통과시키고 다른 서류는 지연시키는 식으로 이중적으로 일하지 않는다고 해 보자. 이 경우 서류는 모두 동일한 방식으로 처리된다. 마찬가지로 힉스 메커니즘은, 가상 입자라는 '관료'가 무거운 입자는 무거운 대로, 힉스 입자를 포함하는 가벼운 입자는 가벼운 대로 남겨 두기를 요구한다. 하지만 가상 입자가 포함된 양자 경로는 모든 서류를 동등하게 꼼꼼히 검토하는 INS 직원처럼 모든 입자의 질량에 동등한 양자 기여를 준다. 그래서 힉스 입자를 비롯한 모든 입자들이 대통일 이론 규모 질량 정도로 무거워진다.

새로운 물리학을 도입하지 않고 힉스 입자의 커다란 질량 문제를 해결하는 유일한(그리고 매우 불만스러운) 방법은 힉스 입자의 고전적인 질량이 힉스 입자 질량에 미치는 커다란 양자 기여를 정확히 상쇄할 수 있는 값(따라서 음수가 된다.)을 갖는다고 가정하는 것이다. 이 이론에서 질량을 결정하는 변수들은 각각의 기여가 막대하더라도 그 기여를 모두 더하면 작은 값이 되어야 한다. 이것이 바로 앞 절에서 이야기한 미세 조정이다.

미세 조정이 이론적으로는 가능할지 몰라도, 실제 세계에서는 극히 일어나기 어려워 보인다. 이것은 단순히 변수를 조금 조정해서 질량값을 정확히 한다는 정도의 문제가 아니다. 이 미세 조정은 엄청난 억지를 요구할 뿐만 아니라, 무척 정확하기를 요구한다. 13자리에 모두 정확한 값을 주지 않으면 말도 안 되는 잘못된 결과를 내기 때문이다. 분명히 짚고 넘어가자. 터무니없는 이 억지는 빛의 속도 측정처럼 어떤 양을 정확히 측정하는 문제가 아니다. 일반적으로 정성적인 예측을 할 때에는 변수가 특정한 값을 갖기를 요구하지 않는다. 분명 측정값과 정확하게 일치하는 값은 하나뿐이지만, 이 변수가 조금 다른 값을 가진다고 세계가 그렇게 크게 바뀌지는 않을 것이다. 중력의 세기를 결정해 주는 뉴턴 중력 상수가 1퍼센트 정도 다른 값을 갖더라도, 크게 바뀌는 것은 없다.

반면 대통일 이론에서는 변수가 조금만 변해도 정성적이든 정량적이든 예측이 완전히 망가져 버린다. 약전자기 대칭성을 깨는 힉스 입자의 질량값이 낳는 물리 결과들은 특이할 정도로 변수에 민감하게 의존한다. 이 변수가 가질 수 있는 값은 얼마 되지 않는다. 만약 이 허용된 값 말고 다른 값을 갖는다면 그 변수가 어떤 값을 갖든 대통일 이론 규모 질량과 약력 규모 질량 사이의 계층성 문제는 사라지고, 그것 때문에 존재할 수 있는 우주의 구조나 생명체는 존재할 수 없는 것이 된다. 이 변수가 1퍼센트만 달라지면, 힉스 입자의 질량은 엄청나게 커진다. 약력 게이지 보손의 질량은 물론, 그밖의 다른 입자의 질량도 훨씬 커지고 그에 따라 표준 모형은 현실과 전혀 다른 것이 될 수밖에 없다.

입자 물리학에서 계층성 문제

앞에서는 대통일 이론에서의 계층성 문제라는 엄청난 미스터리를 이야기했다. 하지만 진짜 계층성 문제는 더 골치 아픈 것이다. 물리학자들에게 계층성 문제를 가장 먼저 경고한 것은 대통일 이론이지만, 가상 입자들은 대통일 이론 규모 질량을 갖는 입자가 없는 이론에서도 힉스 입자 질량에 엄청난 영향을 미친다. 표준 모형조차도 미심쩍다.

문제는 표준 모형에 중력 이론을 결합한 이론이 엄청나게 다른 두 질량 규모를 포함한다는 점이다. 하나는 약 250기가전자볼트의 에너지로, 약전자기 대칭성이 붕괴되는 약력 규모 에너지다. 입자가 이보다 낮은 에너지를 가질 경우, 약전자기 대칭성이 깨지면서 약력 게이지 보손과 기본 입자(쿼크와 경입자)들이 질량을 얻게 된다.

다른 에너지는 약력 규모 에너지보다 10^{16}배, 즉 1경 배나 더 높은 에너지인 10^{19}기가전자볼트 크기의 플랑크 에너지다. 플랑크 에너지는 중력의 상호 작용 세기를 결정한다. 뉴턴 법칙에 따르면 중력의 세기는 플랑크 에너지의 제곱에 반비례한다. 그리고 중력의 세기가 작기 때문에 플랑크 질량($E=mc^2$이라는 식에 의해 플랑크 질량 에너지와 연관된다.)은 엄청나게 큰 값을 갖는다. 엄청나게 큰 플랑크 질량은 굉장히 작은 중력과 등가이다.

플랑크 질량이 너무 큰 까닭에 중력의 세기는 미약해지고, 그에 따라 지금까지 대부분의 입자 물리학 계산에서 중력의 세기는 무시되었다. 하지만 입자 물리학자들이 답을 알고 싶어하는 질문이 바로 "왜 중력은 입자 물리학 계산에서 무시될 정도로 세기가 작은가?"이다. 계층성 문제를 달리 말해 보자. 왜 플랑크 질량은 그토록 거대한가? 또는 왜 플랑크 질량은 수백 기가전자볼트보다 작은 입자 물리학 규모 질량보다 1경 배나 큰가?

기초적인 비교를 위해 질량이 작은 두 입자(예를 들어 전자) 사이의 중력을 생각해 보자. 두 전자 사이의 중력(인력)은 두 전자 사이의 전기력(척력)보다 1조 배의 1조 배의 1조 배의 1억 배(10^{-44}배)나 작다. 두 힘의 세기가 비슷해지려면 전자의 질량이 지금보다 1조 배의 100억 배(10^{22}배)나 커져야 한다. 이는 관측 가능한 우주의 끝에서 끝까지 맨해튼 섬을 늘어놓을 수 있는 개수에 필적할 정도로 엄청나게 큰 숫자이다.

플랑크 질량은 전자의 질량보다 훨씬 크며 우리가 아는 다른 어떤 입자의 질량보다도 훨씬 크다. 그리고 이는 중력이 알려진 다른 힘들보다 엄청나게 약하다는 것을 의미한다. 하지만 왜 힘들의 세기 사이에 이렇게 커다란 격차가 존재해야 하는가? 바꿔 말해 왜 플랑크 질량은 우리가 아는 다른 입자들의 질량보다 훨씬 커야 하는가?

입자 물리학자들은 플랑크 질량이 약력 규모 질량의 1경 배나 된다는 것을 받아들이기 어렵다. 이러한 비율은 대폭발 이후의 시간을 분으로 환산한 것보다 훨씬 더 크다. 또 지구에서 태양까지 늘어놓는 데 필요한 구슬의 개수보다 1,000배 정도 크다. 이는 미국의 재정 적자를 1센트로 환산한 숫자보다 100배가량 크다! 왜 동일한 물리계를 기술하는 두 가지 질량이 그토록 달라야 하는 것일까?

입자 물리학자가 아니라면 이 숫자가 큰 것이 그토록 중요한 문제로 여겨지지 않을 것이다. 결국 우리는 그 차이 문제를 제대로 설명할 수 없고 두 질량은 합당한 이유 없이 큰 차이를 갖고 있다. 하지만 상황은 보이는 것보다 훨씬 더 나쁘다. 문제는 엄청난 질량 차이를 제대로 설명하지 못한다는 것만이 아니다. 다음 절에서 설명하겠지만, 양자장 이론에서는 힉스 입자와 상호 작용하는 입자는 모두 다 힉스 입자의 질량을 플랑크 질량, 즉 10^{19}기가전자볼트으로 키울 수 있는 가상 경로를 취할 수 있다.

사실 중력의 세기는 알지만 약력 게이지 보손 질량의 측정값을 모르는 정직한 입자 물리학자에게 양자장 이론을 써서 힉스 입자 질량을 계산해 보라고 하면, 그는 힉스 입자 질량, 더 나아가서는 약력 게이지 보손의 질량을 측정값보다 10^{16}배(1경 배)나 큰 값이라고 예언할 것이다. 즉 그는 플랑크 질량과 힉스 입자 질량(또는 힉스 입자 질량에 의해 결정되는 약력 규모 질량)의 비가 10^{16}이 아니라 거의 1이라고 말할 것이다! 그가 계산한 약력 규모 질량은 플랑크 질량에 가까운데, 이 질량을 가지는 입자는 실제로 존재한다고 해도 모두 블랙홀로 변하게 되어 우리가 알고 있는 입자 물리학은 존재하지 않게 된다. 우리의 정직한 물리학자는 약력 규모 질량이나 플랑크 질량을 연역해 낼 수는 없겠지만 양자장 이론을 써서 둘 사이의 비를 계산할 수 있다. 그러나 그것은 완전히 잘못된 결과일 뿐이다. 분명히 여기에는 엄청난 불일치가 있다. 다음 절에서 그 이유를 살펴보자.

가상의 에너지를 띤 입자들

양자장 이론 계산에 플랑크 질량이 들어가는 이유는 분명하지 않다. 지금껏 살펴본 것처럼 플랑크 질량은 중력의 세기를 결정한다. 뉴턴 법칙에 따르면 중력은 플랑크 질량의 역수에 비례하는데, 플랑크 질량이 크기 때문에 중력은 약할 수밖에 없다.

 질량이 약 250기가전자볼트인 입자에 미치는 중력 효과는 무시할 수 있을 정도로 작기 때문에, 입자 물리학 계산을 할 때에 일반적으로 중력을 무시한다. 여러분이 정말로 중력 효과를 넣고 싶다면 체계적으로 이를 계산에 추가할 수 있다. 하지만 그 계산은 지루함을 이겨 내면서 풀어야 할 정도로 가치 있는 일은 아니다. 그러나 새로운 시나리오에 따르면 고차원 중력은 강하고 무시할 수 없다(이것은 다음 장에서 설명할 것이다.). 하지만 전통적인 4차원 표준 모형에서 중력을 무시하는 것은 표준적이며 정당한 근거도 있다.

 하지만 플랑크 질량은 다른 역할도 한다. 그 질량은 믿을 만한 양자장 이론에서 가상 입자가 가질 수 있는 가장 큰 질량이다. 어떤 입자의 질량이 플랑크 질량보다 크면 그 계산은 믿을 수 없는 것이다. 즉 일반 상대성 이론은 믿을 수 없게 되고 끈 이론과 같은 더 복잡한 이론을 채택하지 않으면 안 된다.

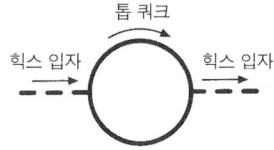

그림 62
가상의 톱 쿼크-반톱 쿼크가 힉스 입자 질량에 미치는 영향. 힉스 입자는 가상의 톱 쿼크와 반톱 쿼크로 전환될 수 있으며 이로 인해 힉스 입자 질량에 엄청난 효과를 줄 수 있다.

하지만 입자들(가상 입자를 포함하여)의 질량이 플랑크 질량 이하라면 일반적인 양자장 이론이 적용되며, 양자장 이론 계산들은 신뢰할 만한 것이 된다. 이는 계산에 포함된 가상 톱 쿼크(또는 다른 가상 입자)의 질량이 거의 플랑크 질량과 같다 해도 이 계산이 믿을 만한 것이라고 말해 준다.

계층성 문제는 질량이 무척 큰 가상 입자가 힉스 입자에 미치는 질량 효과가 거의 플랑크 질량만큼 크다는 것, 즉 힉스 입자의 질량이 우리가 원하는 값(올바른 약력 규모 질량 및 기본 입자의 질량을 만들어 주는 값)보다 1억 배의 1억 배(1경 배)나 큰 값을 갖는다는 문제이다.

그림 62처럼 힉스 입자가 가상의 톱 쿼크-반톱 쿼크 쌍으로 변환되는 경로를 생각해 보자. 그 경우 힉스 입자 질량에 미치는 이 경로의 영향이 지나치게 커지는 것을 알 수 있다. 사실 힉스 입자와 상호 작용하는 입자는 가상 입자로 나타날 수 있으며 이때 가상 입자의 질량*은 최대 플랑크 질량에 이를 수 있다. 가능한 모든 경로의 결과를 고려하면 힉스 입자의 질량에 엄청난 양자 기여가 더해진다. 하지만 힉스 입자는 훨씬 더 가벼워야만 한다.

• 가상 입자의 질량은 실제 물리적인 입자의 질량과 다르다는 점을 기억해야 한다.

입자 물리학의 현재 상태는 너무나 효과적인 통화 침투 이론처럼 보인다(부유층에 자금이 유입되면 그 돈이 자연스럽게 빈곤층에도 침투한다는 경제 이론. 적하 이론이라고도 한다.—옮긴이). 경제학에서 부(富)의 위계 구조는 아주 쉽게 만들어진다. 부의 위계 구조가 있는 현실에 통화 침투 이론을 적용해 봤지만, 가난한 사람들의 경제적 상황을 상류층만큼 개선하지 못한 것은 물론이고, 각자의 수준에서 단 한 치도 끌어올리지 못했다. 하지만 물리학에서 부는 너무나도 효과적으로 이동한다. 만약 어떤 입자의 질량이 크다면, 양자 기여 때문에 기본 입자들은 모두 그와 비슷한 정도의 큰 질량을 갖게 된다. 입자들은 결국에는 모두 질량 부자(富者)가 될 것이다. 하지만 우리는 실험을 통해 큰 질량(플랑크 질량)과 작은 질량(통상적인 기본 입자의 질량)이 우리 세계에 동시에 존재함을 알고 있다.

표준 모형을 확장하거나 수정하지 않는다면, 입자 물리학 이론은 고전적인 질량값에 믿기지 않는 숫자를 도입하지 않고서는 힉스 입자의 질량을 작게 만들 수 없다. 이 숫자는 믿기지 않을 정도로 크고 아마 음수여야만 앞에서 말한 양자 기여를 정확하게 상쇄할 것이다. 힉스 입자의 질량에 영향을 주는 기여를 모두 더한 것이 최종적으로는 최대 250기가전자볼트가 되어야만 한다.

이렇게 되려면, 앞에서 살펴본 대통일 이론에서처럼, 고전적 질량은 미세 조정된 변수가 되어야 한다. 미세 조정을 거친 변수는 굉장히 큰 값이지만, 힉스 입자의 최종 질량을 작게 하기 위해 섬세하게 골라낸 놀랍도록 정확한 값이어야 한다. 가상 입자의 양자 기여와 고전적인 기여 중 하나는 음수여야 하고 크기는 거의 비슷해야 한다. 그러한 양수와 음수는 10^{16} 정도의 무척 큰 수지만 서로 더하면 이보다 훨씬 작은 값을 가져야 한다. 이러한 미세 조정의 정확도는 유효 숫자 16자리에 이르며, 이는 당신이 연필을 뾰족한 심 끝으로 세우는 데 필요한 미세 조정에 비할 바가 아니다. 이는 마치 하느님이 아이크와 벌인 숫자 맞히기 게임에서 임의로 숫자를 골랐는데도 이긴 것과 비슷한 정도로 확률이 낮다.

입자 물리학자들은 미세 조정(표준 모형에서 가벼운 힉스 입자를 얻기 위해 도입한 조정 과정)을 포함하지 않는 모형을 선호한다. 우리가 비록 절망적으로 미세 조정을 하고는 있지만, 우리는 미세 조정을 혐오한다. 미세 조정은 분명 우리의 무지를 드러내는 부끄러운 표식이다. 때로 기적이 일어나지만, 그 기적이 간절히 원할 때 꼭 일어나지는 않는 법이다.

계층성 문제는 표준 모형이 맞닥뜨린 가장 긴급한 난제이다. 이를 긍정적으로 해석하면 계층성 문제 속의 무엇이 힉스 입자의 역할을 하고 있으며 약전자기 대칭성을 깨는지에 대한 단서를 감추고 있다고 볼 수 있다.

2개의 힉스장 이론을 대신하는 이론은 모두 다 낮은 약전자기 질량 규모를 자연스럽게 포함하거나 예측해야 한다. 만약 그렇지 않다면 그 이론은 고려할 가치가 없다. 수많은 이론이 우리가 보는 물리 현상과 일치한다. 하지만 이 이론들 중 계층성 문제를 다룰 때 미세 조정 없이 힉스 입자의 가벼움을 확실히 설명해 주는 이론은 극히 드물다. 힘의 통일이라는 아이디어는 매력적이지만, 어쩌면 실체가 없는 고에너지 물리학의 이론적 아이디어에 지나지 않을 수도 있다. 반면 계층성 문제의 해결은 상대적으로 낮은 에너지 현상을 좀 더 잘 이해하도록 만들어 주며, 우리가 어떤 형태로든 앞으로 나아가기 위해서는 반드시 해결해야만 하는 과제이다. 이 계층성 문제가 정말로 흥미로운 것은 이 문제의 해결 과정은 이제 실험 결과와 함께할 것이

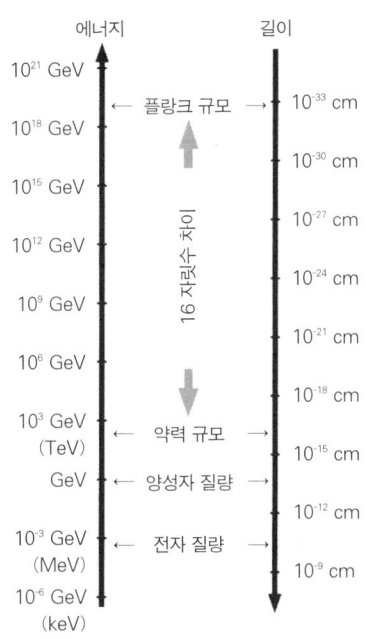

그림 63
계층성 문제는 '왜 플랑크 에너지가 약력 규모 에너지보다 그처럼 큰가?' 하는 물음이다.

기 때문이다. 실험 물리학자들이 곧 LHC에서 250~1,000기가전자볼트의 질량을 갖는 입자를 검출하여 관측 가능한 결과를 얻어낼 것이다. 새로운 입자들이 발견되지 않는다면 계층성 문제는 해결하기 어렵다. 계층성 문제를 해결하는 실험 결과물이 초대칭짝일지 또는 나중에 살펴볼 여분 차원에서 이동하는 입자일지는 곧 밝혀질 것이다.

기억해야 할 것

- 힉스 메커니즘이 입자에 질량을 주지만, 가장 단순한 힉스 메커니즘에서조차 터무니 없는 가정이 있어야만 한다. 가장 단순한 이론에서도 약력 게이지 보손의 질량과 쿼크의 질량은 실제 질량보다 1경 배(1억 배의 1억 배)나 크다. 계층성 문제는 이론값과 실젯값이 왜 다른가에 관한 문제이다.

- 계층성 문제는 작은 약력 규모 질량과 큰 플랑크 질량의 차이에서 생긴다(그림 63). 플랑크 질량은 중력에서 매우 중요하다. 플랑크 질량이 크기 때문에 중력이 약해진다. 따라서 계층성 문제를 달리 표현하면 '왜 중력은 그처럼 약한가? 왜 중력은 다른 힘보다 세기가 훨씬 작은가?'이다.

- 계층성 문제에 해답을 주는 이론은 실험적으로 검증 가능할 것이다. 이 이론들의 예측들은 약력 규모 에너지보다 높은 에너지를 만들어 내는 가속기가 내놓은 실험 결과들을 통해 검증할 수 있기 때문이다. LHC가 머지않아 이 에너지 영역을 탐사할 것이다.

13장
초대칭성 : 표준 모형을 넘어서는 도약

너는 내 운명,
나는 네 운명.
— 진 켈리

● 배우 진 켈리(Gene Kelly)가 영화 「사랑은 비를 타고(Singing in the Rain)」에서 한 대사. ─ 옮긴이

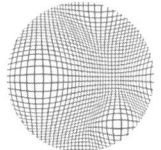

천국에 도착하자마자 이카루스는 오리엔테이션에 참석하여 그곳의 규칙을 안내받았다. 천국이라는 새로운 환경이 우익 종교 단체가 주장하는 가족의 가치라는 초석 위에 놓여 있음을 알고 무척 놀랐다. 천국에서는 세대(generation)의 분리와 결혼의 영속성을 근간으로 한 전통적인 가족 구조가 확립되어 있었다. 상류층의 사람(톱)은 하류층의 사람(보텀)과 결혼하고, 매력적인 사람(참)은 항상 괴짜(스트레인지)와 결혼하고, 업타운 소녀는 항상 다운타운의 능력 있는 녀석과 결혼해야 했다. 아이크를 비롯한 모든 이들이 이 규칙에 만족했다.

하지만 나중에 아이크는 천국의 사회 구조가 항상 안정적이지는 않다는 것을 알게 되었다. 처음에는 활동적인 위험 분자들이 사회의 위계 질서(계층성 문제)를 위협했다. 하지만 천국에서 대부분의 문제들은 별 무리 없이 해결되었다. 문제가 발생하면 하느님은 그곳에 따로 수호천사를 파견했다. 천사들은 자신이 보호하는 자들과 힘을 합쳐 영웅적으로 활약했다. 그들은 위계 질서를 위협하는 것과 맞서 싸웠고 아이크가 향유하는 사회 질서를 유지했다.

그렇기는 해도 천국이 완벽한 안전지대가 된 것은 아니었다. 천사들을 한 세대에 묶어 두는 규칙은 없었으므로 그들이야말로 자유인이었다. 천국의 위계 질서를 용맹스럽게 수호한 천사는 이제 천국의 가족 중심 가치를 위협하는 변덕쟁이가 되었다. 아이크는 간담이 서늘해졌다. 매력적인 곳이라고 선전된 천국이 실은 꽤나 어지러운 곳임을 알게 되었다.

물리학 용어에는 '초(超, super)'라는 말들이 참 많다. 초전도, 초저온, 초유체, 1993년 미국 의회가 중지시키지 않았다면 오늘날 가장 에너지가 높은 가속기였을 초전도 초대형 충돌기(Superconducting Super Collider, SSC) 등등. 그밖에도 나열할 것이 많다. 그러니 여러분은 물리학자들이 시공간 대칭성 자체가 더 큰 '초'대칭성을 이룬다는 것을 발견했을 때 얼마나 흥분했을지 쉽게 상상할 수 있다.

'초대칭성(supersymmetry)'의 발견은 참으로 놀라운 일이었다. 초대칭성 이론이 등장하기 전 물리학자들은 공간과 시간의 대칭성을 모두 안다고 생각했다. 시공간 대칭성은 익숙한 개념이다. 9장에서 보았듯이, 여러분이 어느 곳에 있는지(공간의 균등성—옮긴이), 여러분이 어느 쪽을 향하고 있는지(공간의 등방성—옮긴이), 지금이 몇 시인지(시간의 균등성—옮긴이) 물리 법칙만 가지고는 말할 수 없다. 예를 들면 당신이 던진 농구공의 궤도는 당신이 어느 쪽 코트에서 농구를 하는가와 무관하며 또한 농구 코트가 캘리포니아에 있는지 뉴욕에 있는지와도 무관하다.

1905년 상대성 이론이 탄생하자 시공간의 대칭 변환은 속도(속력과 운동 방향을 함께 고려한 양)를 바꾸는 대칭성까지 포함하도록 확장되었다. 하지만 물리학자들은 이것이 시공간 대칭 변환의 마지막 항목이라고 생각했다. 그 누구도 또 다른 시공간 대칭성이 발견되지 않은 채 남아 있다고 생각하지 않았다. 1967년 두 물리학자, 제프리 만둘라(Jeffrey Mandula)와 시드니 콜먼은 시공간과 관련된 대칭성은 더 이상 존재하지 않는다는 것을 증명함으로써 이 직관을 체계화했다. 하지만 그들은(그리고 모든 사람들은) 한 가지 가능성을 간과했다. 그 가능성은 상상을 초월하는 것이었기 때문이었다.

이 장에서는 '초대칭성'을 다룰 것이다. 초대칭성은 보손과 페르미온을 상호 교환하는 기묘한 대칭 변환과 관련된 것이다. 물리학자들은 현재 초대칭성을 포함한 이론을 만들어 낼 수 있다. 하지만 아직 주변 세계에서 초대칭성을 발견하지 못했기 때문에, 초대칭성이 자연에 존재한다는 것은 아직 가설에 불과하다. 어쨌든 물리학자들이 초대칭성이 자연에 존재할 수 있다고 보는 데에는 두 가지 이유가 있다.

첫 번째 이유가 다음 장에서 좀 더 자세히 살펴볼 초끈이다. 초대칭성에 기반한 초끈 이론은 표준 모형의 입자를 만들어 낼 가능성이 있는 단 하나의 끈 이론이다. 초대칭성을 포함하지 않는 끈 이론이 우리 우주를 기술하기는 어려울 것 같다.

두 번째 이유는 초대칭성 이론들이 계층성 문제를 풀 가능성이 있다는 것이다. 초대칭성이 약력 규모 질량과 플랑크 질량의 차이가 어마어마하게 큰 이유를 설명해 주지는 않지만, 계층성 문제를 유발하는 힉스 입자 질량에 미치는 막대한 양자 기여를 상쇄시켜 준다. 계층성 문제는 골치 아픈 난제인데, 이를 해결하려는 제안 중 이론적인 검증과 실험적인 검증을 모두 통과한 것은 아무것도 없다. 여분 차원 이론들이 그 해결 대안으로 떠오르기 전에는 초대칭성 이론이 유일한 해결책이었다.

초대칭성이 세계에 실제로 존재하는지 모르는 까닭에 현재 우리가 할 수 있는 일은 초대칭성을 설명하는 후보 이론과 그 이론이 내놓은 결과물을 꼼꼼히 살펴보는 것이다. 이를 통해 충분히 높은 에너지에서 실험을 하게 될 때, 표준 모형의 기초가 되는 물리학 이론이 정말로 무엇인지 밝힐 준비를 할 수 있다. 어떤 이론들이 있는지 같이 살펴보기로 하자.

페르미온과 보손, 있을 것 같지 않은 조합

초대칭 세계에서 우리가 아는 입자들은 모두 초대칭 변환에 의해 상호 교환될 수 있는 '초대칭짝(superpartner 또는 supersymmetric partner)'을 갖는다. 초대칭 변환을 통해 페르미온은 보손 짝으로, 보손은 페르미온 짝으로 변환될 수 있다. 양자 역학을 다룬 6장에서 페르미온과 보손은 스핀에 의해 서로 구별되는 두 종류의 입자임을 살펴보았다. 페르미온이 정숫값의 반에 해당하는 스핀(1/2, 3/2, ···—옮긴이)을 갖는 반면 보손은 정수 스핀(0, 1, 2, ···—옮긴이)을 갖는다. 정숫값의 스핀이 보통 물체가 공간 내에서 자전할 때 갖는 스핀이라면, 정숫값의 반인 스핀은 양자 역학에서만 볼 수 있다.

초대칭성 이론에서 페르미온은 모두 보손 짝으로 변환될 수 있고, 보손은 모두 페르미온 짝으로 변환될 수 있다. 입자들의 이러한 성질을 이론적으로 기술한 것이 초대칭성이다. 보손과 페르미온을 상호 교환하는 초대칭 변환을 하고 입자들의 행동을 규정하는 운동 방정식을 이리저리 만지고 나도, 방정식은 최종적으로 변하지 않는다. 복잡한 계산을 거쳐 초대칭 변환을 하고 난 방정식이 내놓는 예측이나 변환 전의 원래 방정식이 내놓는 변환이나 똑같은 것이다.

얼핏 보기에 초대칭성은 비논리적으로 보인다. 원래 대칭 변환을 했을 때 바뀌지 않는 것은 게다. 하지만 초대칭 변환은 분명히 서로 다른 입자인 페르미온과 보손을 바꾸어 놓는다.

대칭성이 그처럼 서로 다른 것을 서로 뒤섞으리라고는 생각지 않겠지만, 몇몇 물리학자 그룹이 그 가능성을 증명했다. 1970년대, 유럽과 러시아의 물리학자들*이 대칭 변환을 통해 보손과 페르미온을 상호 교환할 수 있으며, 그러한 교환 전후에 물리학 법칙이 동일하다는 점을 밝혀냈다.

초대칭성은 우리가 지금껏 생각해 온 대칭성과는 다소 다르다. 상호 교환되는 대상이 확연히 다르기 때문이다. 하지만 보손과 페르미온의 수가 같을 경우에는 이 초대칭성이 존재할 가능성이 있다. 비유를 들어 보자. 다양한 크기의 빨간색 구슬과 초록색 구슬이 같은 수만큼 있다고 상상해 보자. 두 사람이 게임을 한다고 치고, 당신은 빨간색 구슬을 친구는 초록색 구슬을 가진다고 해 보자. 두 종류의 구슬이 정확히 짝을 이루고 있다면, 어느 색을 선택하든 별다른 이점이 없다. 하지만 어떤 크기에서 빨간색 구슬과 초록색 구슬의 수가 다르다면 공평한 게임이 될 수 없다. 그 경우 어떤 색의 구슬을 선택하는가가 중요해지고, 만일 구슬의 색을 서로 바꾼다면 게임의 진행 자체가 달라질 수 있다. 대칭성이 존재하려면 빨간색 구슬과 초록색 구슬이 같은 수만큼 있어야 할 뿐만 아니라, 같은 크기의 빨간색 구슬과 초록색 구슬이 같은 수만큼 있어야 한다.

마찬가지로 보손과 페르미온이 정확히 짝을 이룰 때에만 초대칭성이 성립한다. 이때 보손과 페르미온 입자의 수는 같아야 한다. 또한 짝을 이루는 구슬의 크기가 같아야 하는 것처럼, 짝을 이룬 페르미온과 보손은 질량과 전하량이 같아야 하며 이들의 상호 작용은 동일한 변수로 기술되어야 한다. 즉 각 입자는 자신과 유사한 속성을 갖는 초대칭짝을 갖는다. 보손이 강한 상호 작용을 한다면 그 짝도 그래야 한다. 몇몇 입자 사이에 상호 작용이 일어난다면, 그 입자들의 초대칭짝 사이에서도 그 상호 작용이 일어나야 한다.

- 피에르 라몽, 율리우스 베스, 브루노 주미노, 세르조 페라라 그리고 기타 유럽의 연구자들. 또 이들과는 독립적으로 증명한 소련의 골판드, 릭트만, 볼코프, 아쿨로프.

물리학자들이 초대칭성 발견을 흥미롭게 받아들인 것은, 그것이 만약 존재한다면, 거의 한 세기 만에 발견되는 새로운 시공간 대칭성이기 때문이었다. 초대칭성에 '초(super)'라는 접두사가 붙는 이유가 바로 그것이다. 수학적인 설명은 하지 않겠지만, 초대칭성이 서로 다른 종류의 스핀을 갖는 입자를 상호 교환한다는 점을 알면 다음과 같은 관련성을 충분히 유도할 수 있다. 스핀이 서로 다르기 때문에 보손과 페르미온은 공간에서 회전할 때 서로 다르게 변환되며, 초대칭 변환은 이러한 차이를 보정하기 위해 시간과 공간을 필요로 한다.[23]

한 초대칭 변환이 실제 물리적 공간에서 어떻게 보일지 그려 보이기는 어렵다. 물리학자조차 수학적인 기술과 실험 결과로만 초대칭성을 이해할 뿐이다. 어쨌든 그 결과들은 무척 놀라운데 지금부터는 그에 대해 간단히 살펴보자.

초역사

원한다면 이 절을 건너뛰어도 좋다. 여기에서는 앞으로의 논의에 필수적인 중요 개념이 아니라 초대칭성이 발전해 온 역사를 다룬다. 하지만 초대칭성 발견의 역사는 그 자체로 흥미진진하다. 이 이야기는 좋은 아이디어는 유용하다는 것과 끈 이론과 모형 구축이 때로 생산적인 공생 관계를 이룬다는 점을 잘 보여 준다. 끈 이론은 초대칭성 연구의 계기였고, 중력을 포함한 초대칭성 이론인 초중력 이론을 연구함으로써 실제 세계를 설명할 가능성이 있는 끈 이론의 제1후보인 초끈 이론이 등장할 수 있었다.

프랑스 태생 물리학자 피에르 라몽은 1971년에 처음으로 초대칭성 이론을 제안했다. 그는 우리가 살고 있다고 생각하는(그렇게 생각해 온) 4차원이 아닌, 시간 차원 하나와 공간 차원 하나로 구성된 2차원에서 연구를 진행했다. 라몽의 목표는 끈 이론에 페르미온을 포함시키는 방법을 찾는 것이었다. 방법적인 문제 때문에 처음의 끈 이론은 보손만을 다루었는데, 우리 세계를 설명하기 위해서는 페르미온을 꼭 포함시켜야 했다.

라몽은 앙드레 느뵈, 존 슈바르츠와 함께 2차원 초대칭성을 포함하는 자신의 이론을 '페르미온 끈 이론(fermionic string theory)'으로 발전시켰다. 라몽의 이론은 서방 세계에 등장한 최초의 끈 이론이었다. (구)소련의 Y. A. 골판드(Y. A. Gol'fand)와 E. P. 릭트만(E. P. Likhtman)이 라몽과 동시에 초대칭성을 발견했지만 그들의 논문은 철의 장막에 가려 서방 세계에 알려지지 않았다.

당시에는 4차원 양자장 이론이 끈 이론보다 훨씬 확고한 지위를 갖고 있었기 때문에, 당연히 4차원 초대칭성이 가능한가 하는 물음이 제기되었다. 하지만 초대칭성이 시공간 구조와 복잡하게 얽혀 있기 때문에, 2차원을 4차원으로 일반화하는 일은 그리 만만치 않았다. 1973년 독일의 물리학자 율리우스 베스(Julius Wess)와 이탈리아 태생의 물리학자 브루노 주미노(Bruno Zumino)는 4차원 초대칭성 이론을 만들었다. (구)소련에서는 드미트리 볼코프(Dmitri Volkov)와 블라디미르 아쿨로프(Vladimir Akulov)가 독립적으로 다른 4차원 초대칭성 이론을 유도했지만 냉전으로 인해 아이디어를 교환하지는 못했다.

이 선구자들이 4차원 초대칭성 이론을 만들어 내자 많은 물리학자들이 관심을 갖게 되었다. 하지만 1973년의 베스-주미노 모형에는 표준 모형 입자가 모두 다 포함되지 않았다. 4차원 초대칭성 이론에 힘을 전달하는 게이지 보손을 포함시킬 방법을 아는 사람은 아무도 없었다. 이탈리아의 물리학자 세르조 페라라(Sergio Ferrara)와 주미노가 1974년 이 난제를 해결했다.

2002년에 케임브리지에서 열린 '끈 이론 회의(Strings 2002 confrerence)'에 참석한 후 런던으로 가는 열차에서 페라라에게 그때 이야기를 들었다. 페라라는 페르미온 차원(fermionic dimensions)을 추가하여 추상적으로 확장한 시공간인 '초공간(superspace)'이라는 형식이 없었다면 이 난제를 해결할 수 없었을 것이라고 말했다. 초공간은 극히 복잡한 개념이라 여기서 설명하지는 않겠다. 다만 보통의 공간 차원과는 완전히 다른 종류의 차원이 초대칭성 이론의 탄생에서 결정적인 역할을 했다는 점이 중요하다. 초공간이라는 매우 추상적인 이론적 도구는 지금도 초대칭성 이론의 계산을 간단히 처리하는 데 이용된다.

페라라-주미노 이론 덕분에 물리학자들은 초대칭성 이론에 전자기력과 약력, 강력을 포함시키는 방법을 알게 되었다. 하지만 그때까지 중력은 초대칭성 이론에서 제외된 채 있었다. 이때 남은 문제는 초대칭성 이론이 남은 하나의 힘을 포함할 수 있는가 하는 것이었다. 1976년 세 명의 물리학자, 페라라, 댄 프리드먼(Dan Freedman) 그리고 페터 반 뉘벤후이젠(Peter van Nieuwenhuizen)은 중력과 상대성 이론을 포함하는 복잡한 초대칭성 이론인 '초중력(supergravity)' 이론을 구축하고 이 문제를 해결했다.

여기에서 흥미로운 일은 초중력 이론이 구축되어 가는 동안, 끈 이론 또한 독립적인 발전을 거듭했다는 점이다. 끈 이론에서 핵심적인 발전 중 하나는 페르디난도 글로치(Ferdinando Gloizzi), 조엘 셰르크(Joel Scherk)와 데이비드 올리브(David Olive)가 느뵈와 슈바르츠, 라몽이 만든 페르미온 끈 이론을 이용해 안정적인 끈 이론을 발견한 것이었다. 페르미온 끈 이론은 이전의 이론에는 없으나 초중력 이론에만 존재하는 어떤 종류의 입자를 갖는다는 것이 밝혀졌다. 이 새로운 입자는 중력자(graviton)의 초대칭짝인 그래비티노(gravitino)와 동일한 성질을 가졌다고 추정되었는데, 나중에 이것이 바로 그레비티노였음이 밝혀졌다.

마침 그때쯤 초중력 이론이 발견된 덕분에 물리학자들은 두 이론에서 공통적으로 존재하는 요소인 이 입자를 연구한 결과, 곧 페르미온 끈 이론에 초대칭성이 존재함을 밝혀냈다. 이 결과 초끈 이론이 탄생했다.

끈 이론과 초끈 이론은 다음 장에서 살펴볼 것이다. 그에 앞서 초대칭성이 입자 물리학과 계층성 문제에 어떻게 적용되었는지를 살펴보고자 한다.

초대칭성을 포함한 표준 모형의 확장

초대칭성이 우리가 아는 입자들을 서로 맞대응시킨다면 무척이나 경제적이고 또한 훌륭할 것이다. 하지만 초대칭성이 성립하기 위해서는 표준 모형에 존재하는 페르미온과 보손의 수가 같아야 하는데 실제로는 그렇지 않다. 따라서 우리 우주에 초대칭성이 존재한다면 우리가 발견하지 못한 새로운 입자가 더 많아야 한다. 실험 물리학자들이 지금까지 발견한 입자보다 최소 두 배는 더 있어야 한다. 표준 모형의 모든 페르미온(세 가지 세대의 쿼크와 경입자)은 초대칭짝인 보손들이 있어야 한다. 그리고 힘을 매개하는 게이지 보손 또한 초대칭짝을 가져야만 한다.

초대칭 우주에서 쿼크와 경입자의 초대칭짝은 발견된 적이 없는 새로운 보손이다. 별난(하지만 체계적인) 작명법을 즐기는 물리학자들은 이 초대칭짝을 '스쿼크(squark)'와 '슬렙톤(slepton)'이라고 부른다. 페르미온의 초대칭짝은 이름 앞에 '에스(s)'가 붙는 것을 빼면 페르미온과 같다. 전자는 셀렉트론(selectron), 톱 쿼크는 스톱 쿼크(stop quark)를 초대칭짝으로 갖는다. 모든 페르미온은 그에 대응하는 스페르미온(sfermion), 즉 초대칭짝이 되는 보손을 가진다.

초대칭짝을 이루는 두 입자는 서로 밀접하게 연관된다. 페르미온과 초대칭짝을 이루는 보손은 페르미온과 서로 같은 질량과 전하를 가지며 상호 작용 역시 마찬가지다. 예를 들어 전자의 전하가 -1이면 셀렉트론의 전하도 -1이다. 중성미자가 약력으로 상호 작용한다면 스뉴트리노도 마찬가지다.

초대칭 우주에서는 보손도 초대칭짝을 갖는다. 표준 모형의 보손은 모두 힘을 매개하는 입자로 광자, 전기 전하를 띤 W 보손들, Z 보손, 글루온이 있으며 이들은 모두 스핀값이 1이다. 초대칭성의 명명법은 보손의 초대칭짝으로 새로 도입된 페르미온에 이노(-ino)라는 꼬리표를 달아 준다. 따라서 게이지 입자의 초대칭짝은 '게이지노(guagino)', 글루온 입자의 초대칭짝은 '글루이노(gluino)', 힉스 입자의 초대칭짝은 '힉시노(Higgsino)'가 된다. 초대칭짝을 이루는 보손과 마찬가지로, 초대칭짝을 이루는 이 페르미온들도 자신의 짝인 보손들과 같은 전하, 같은 상호 작용 그리고 초대칭성이 정확하다면 같은 질량을 갖는다(그림 64).

여러분은 초대칭짝이 아직 발견되지 않았는데도 마치 발견된 것처럼 진지하게 초대칭성의 가능성을 받아들이는 물리학자들의 모습에 놀랄지도 모른다. 때로 나도 몇몇 동료들이 이를 강하게 확신한다는 사실에 놀란다. 자연에서 아직 발견된 적은 없지만, 초대칭성이 존

입자	초대칭짝
경입자	슬렙톤
예 전자	셀렉트론
쿼크	스쿼크
예 톱 쿼크	스톱 쿼크
게이지 보손	게이지노
예 광자	포티노
W 보손	위노
Z 보손	지노
글루온	글루이노
중력자	그래비티노

그림 64
입자들과 이들의 초대칭짝들.

재하리라고 짐작하는 데에는 몇 가지 이유가 있다. 초대칭성 이론의 개척자 중 한 사람인 페라라는 런던으로 가는 기차에서 내게 많은 물리학자들의 생각을 들려 주었다. 그들은 이처럼 놀랍고 흥미로운 이론이 세계를 기술하는 물리학에서 아무 역할도 할 수 없다고 믿기 힘들다고 한다.

대칭성의 아름다움에 큰 무게를 두지 않는 물리학자들도 초대칭성을 통해 표준 모형을 확장할 수 있다는 이점 때문에 초대칭성의 존재를 믿는다. 그렇지 않은 이론과 달리 초대칭성을 포함하는 표준 모형은 가벼운 힉스 입자의 문제, 즉 계층성 문제를 일으키지 않기 때문이다.

초대칭성과 계층성 문제

표준 모형에서 계층성 문제는 힉스 입자가 왜 그처럼 가벼운가 하는 것이다. 가상 입자가 힉스 입자의 질량에 주는 큰 양자 기여에도 불구하고 어떻게 힉스 입자가 가벼울 수 있을까? 큰 양자 기여는 표준 모형이 조작에 가까운 엄청난 미세 조정을 거쳐야만 제대로 작동함을 의미한다.

초대칭성을 도입하여 표준 모형을 확장하면 커다란 이득이 있다. 입자와 그 초대칭짝 양쪽으로부터 양자 기여가 있다고 하면, 힉스 입자의 질량에 영향을 미치는 커다란 양자 기여가 초대칭성에 의해 상쇄되고, 그에 따라 힉스 입자의 질량이 그토록 작은 것을 터무니없는 것으로 만드는 원인이 제거된다. 초대칭성 이론에서 보손의 상호 작용과 페르미온의 상호 작용은 서로 연관되어 있다. 이러한 제약 때문에 초대칭성 이론에서는 입자의 질량에 대한 양자 기여가 문제를 일으키지 않는다.

초대칭성 이론에서는 표준 모형에 존재하는 가상 입자만이 힉스 입자의 질량에 영향을 미치지 않는다. 가상 입자의 초대칭짝도 힉스 입자의 질량에 영향을 미친다. 그리고 초대칭성의 놀라운 특성으로 인해 이 두 효과가 더해져서 항상 0이 된다. 가상 페르미온과 가상 보손이 만들어 내는 각각의 양자 기여는 매우 크지만, 더해지면 결국 정확히 상쇄된다. 페르미온의 양자 기여는 음수이기 때문에 보손의 양자 효과를 정확히 없애 준다.

그림 65는 이러한 상쇄 효과를 보여 준다. 왼쪽 다이어그램은 가상 톱 쿼크를, 오른쪽 다이어그램은 가상 스톱 쿼크의 작용을 보여 준다. 각 경우 힉스 입자의 질량에 큰 영향을 준다. 하지만 초대칭성 이론에서는 입자와 상호 작용은 서로 특별한 관계를 맺고 있기 때문에 톱 쿼크와 스톱 쿼크가 힉스 입자의 질량에 미치는 커다란 효과는 사라진다. 두 효과를 더하면 0이 되기 때문이다.

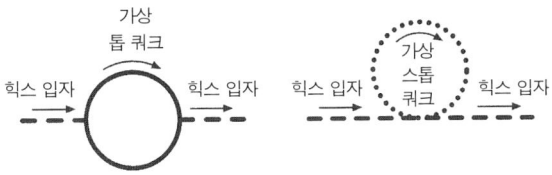

그림 65
초대칭성 이론에서 입자와 그 초대칭짝 모두 힉스 입자 질량에 양자 기여를 준다(여기서 왼쪽 다이어그램은 가상 톱 쿼크와 가상 반톱 쿼크를, 오른쪽 다이어그램은 가상 스톱 쿼크와 가상 반스톱 쿼크를 나타낸다.). 페르미온과 보손의 상호 작용이 다른 까닭에 두 다이어그램은 서로 다르게 보인다. 하지만 힉스 질량에 미치는 두 효과가 더해지면 서로 상쇄된다.

초대칭성을 고려하지 않는 이론에서는 말도 안 되는 엄청나게 큰 조작 과정을 통해 양자 기여를 축소하지 않으면, 힉스 입자의 질량에 미치는 거대한 양자 기여가 저에너지 상태의 약전자기 대칭성 깨짐을 망가뜨리고 만다. 하지만 초대칭성을 고려한 표준 모형에서는 앞의 다이어그램에서 본 것처럼 안정성을 흔드는 양자 효과가 최종적으로 상쇄된다. 힉스 입자의 고전적인 질량이 작다면 양자 기여를 포함한 진짜 힉스 입자의 질량도 분명 작을 것이다.

초대칭성은 표준 모형의 불안정한 기초를 유연하면서도 안정적으로 만드는 역할을 한다. 표준 모형에서 이루어지는 미세 조정을 심을 아래로 해서 연필을 세우는 일에 비유한다면, 초대칭성은 연필을 똑바로 서 있게 해 주는 철사와 같은 역할을 한다. 또는 계층성 문제를 이민국 직원이 월권 행위를 하면서 너무 많은 서류를 지연시키는 행위에 빗댄다면, 초대칭짝은 이민국 직원에게 제재를 가해 대부분의 서류를 통과시키도록 만드는 민권 변호사와 같다.

가상 입자가 유발하는 양자 기여가 그 초대칭짝이 유발하는 양자 기여에 의해 0이 되기 때문에, 초대칭성 이론에서는 가상 입자가 유발하는 양자 효과에도 불구하고 작은 입자가 배제되지 않는다. 초대칭성 이론에서는 가상 입자의 양자 기여를 고려해도 힉스 입자처럼 질량이 작은 입자들이 여전히 가벼운 채로 남아 있을 수 있다.

깨진 초대칭성

초대칭성은 분명, 가상 입자가 힉스 입자의 질량에 주는 양자 기여를 제거해 이 문제를 해결하는 힘이 있다. 그러나 앞에서 말했듯이 초대칭성에는 심각한 문제가 있다. 바로 우리 세계가 명백히 초대칭적이지 않다는 점이다. 어떻게 이럴 수 있을까? 만약 우리가 아는 입자들에 질량과 전하량이 같은 초대칭짝이 있다면 그것은 이미 발견되었어야 한다. 하지만 아직까지 포티노(photino, 광자의 초대칭짝)나 셀렉트론(전자의 초대칭짝)은 발견되지 않았다.

하지만 그렇다고 초대칭성이라는 아이디어를 포기해야 하는 것은 아니다. 자연에 초대칭성이 존재하지만 정확한 대칭성을 이루지 않는다고 생각하는 게 타당할 것이다. 약전자기 대칭성이 국소적인 것처럼 초대칭성도 깨져야만 한다.

이론적으로 입자와 그 초대칭짝의 질량이 달라서 초대칭성이 깨질 가능성이 있다. 즉 작은 초대칭 깨짐 효과(small supersymmetry-breaking effects, '작은'이라는 말 대신 '부드러운(soft)'이라는 표현을 쓰기도 한다.—옮긴이)이다. 입자와 그 초대칭짝의 질량 차이는 초대칭성이 깨진 정도에 따라 커진다. 초대칭성이 약간만 깨졌다면 그 차이가 작을 것이고, 초대칭성이 심각하게 깨졌다면 그 차이가 클 것이다. 사실 입자와 그 초대칭짝의 질량 차이는 바로 초대칭성이 얼마나 깨졌는지를 기술하는 한 방법이다.

거의 대부분의 초대칭성 깨짐 모형에서 입자보다는 그 초대칭짝이 더 무겁다. 이는 무척 다행스러운 일인데, 실험 결과에 부합하려면 표준 모형의 입자보다 그 입자의 초대칭짝이 더 무거워야 하기 때문이다. 이렇게 초대칭짝들이 무겁기 때문에 이들을 아직 발견하지 못했을 가능성이 있다. 질량이 더 큰 입자는 더 높은 에너지에서 만들어지기 때문에, 초대칭성이 존재한다고 해도 가속기가 그처럼 질량이 큰 초대칭짝을 만들 만큼 충분한 에너지에 도달하지 못했다고 볼 수 있다. 수백 기가전자볼트 정도의 에너지에서 실험이 이루어졌지만 아직 초대칭짝이 발견되지 않았다. 이로부터 초대칭짝이 존재한다면 그것은 최소한 수백 기가전자볼트 정도 이상의 질량을 가진다고 볼 수 있다.

초대칭짝이 고에너지 실험에서 검출되지 않기 위해 가져야만 하는 최소한의 질량값은, 초대칭짝의 전하량과 상호 작용 세기에 따라 결정된다. 상호 작용 세기가 강한 입자일수록 좀 더 쉽게 발견될 것이다. 따라서 관측되지 않으려면 강하게 상호 작용하는 입자들은 약하게 상호 작용하는 입자들보다 무거워야 한다. 현재 실험 수준에서 초대칭성 깨짐 모형들은, 만약 초대칭성이 존재하고 초대칭짝들이 존재한다면, 초대칭짝들이 최소한 수백 기가전자볼트 이상의 질량을 가져야만 한다고 보고 있다. 그래야만 이제껏 관측되지 않은 것을 설명할 수 있다는 것이다. 스쿼크처럼 강력을 통해 상호 작용해야 하는 초대칭짝은 다른 초대칭짝보다 훨씬 무거워서 최소한 수천 기가전자볼트 정도의 질량을 가져야 한다.

깨진 초대칭성과 힉스 입자의 질량

앞에서 보았듯이 초대칭성 이론에서 힉스 입자의 질량에 대한 양자 기여는 서로 상쇄되기 때문에 큰 문제가 되지 않는다. 하지만 실제 세계에 초대칭성이 있다면 깨진 상태로 존재해야 한다는 점도 앞 절에서 살펴보았다. 초대칭성이 깨어져 있는 모형에서 표준 모형의 입자와 그 초대칭짝의 질량이 서로 같지 않기 때문에 힉스 입자 질량에 대한 양자 기여는 초대칭성이 깨지지 않았을 때처럼 완벽하게 상쇄되지 않는다. 그래서 초대칭성이 깨지면 가상 입자가 만드는 양자 기여가 완전히 사라지지 않는다.

그렇지만 힉스 입자의 질량에 미치는 양자 기여가 그리 크지 않다면 표준 모형은 미세 조정 같은 조작을 하지 않아도 된다. 초대칭성이 깨졌다고 해도 그 효과가 작은 한, 표준 모형은 가벼운 힉스 입자를 가질 수 있다. 약간 깨진 초대칭성이라고 해도 가상의 에너지를 띤 입자가 만들어 내는 플랑크 규모 정도의 엄청난 양자 기여를 사라지게 할 만큼 충분히 강력하기 때문이다. 매우 작은 초대칭성 깨짐만 있어도 억지스러운 상쇄 조작은 더 이상 필요하지 않는다.

우리는 초대칭성 깨짐의 정도가, 그 깨짐으로 인한 표준 모형 입자와 그 초대칭짝의 질량 차이에 억지스러운 보정이 필요할 정도 너무 크지 않고 충분히 작기를 바란다. 초대칭성이 깨지면서 힉스 입자의 질량은 양자 기여(가상 입자와 그 초대칭짝에 의한 양자 기여가 정확히 상쇄되지 않아서 0이 아닌 값을 갖는다.)를 받는데, 그 양자 기여의 정도는 결코 가상 입자와 그 초대칭짝의 질량 차이를 넘어서지 않는다는 것이 밝혀졌다. 가상 입자와 그 초대칭짝 사이의 질량 차이는 약력 규모 질량 정도가 되어야만 한다. 그럴 경우 힉스 입자의 질량에 미치는 양자 기여 또한 약력 규모 정도가 되는데, 이는 힉스 입자의 질량으로는 딱 맞다.

표준 모형의 입자들이 가볍기 때문에, 입자와 그 초대칭짝 사이의 질량 차이는 초대칭짝의 질량과 거의 같다. 따라서 초대칭성이 계층성 문제를 해결한다면 초대칭짝의 질량은 약력 규모인 250기가전자볼트를 많이 넘어설 수 없다.

초대칭짝의 질량이 약력 규모와 비슷하다면, 힉스 입자 질량에 미치는 양자 기여는 그다지 크지 않다. 초대칭성이 없는 이론에서는 힉스 입자 질량에 미치는 양자 기여가 10^{16} 정도로 큰 까닭에 힉스 입자를 가볍게 만들기 위해 억지스러운 조작을 해야 했다. 반면 수백 기가전자볼트 정도의 질량차로 초대칭성이 깨진 세계에서는 힉스 입자의 질량에 대한 양자 효과 엄청나게 크지 않다.

수백 기가전자볼트 정도의 질량을 갖는 초대칭짝을 발견하려는 실험이 이미 진행되고 있다는 사실을 감안하면, 힉스 입자의 질량은 수백 기가전자볼트(힉스 입자의 질량에 막대한 양자 기여를 다시 주지 않기 위한 정도)보다 아주 크지 않아야 하며, 따라서 초대칭짝의 질량도 그와 비슷해야 한다. 즉 자연에 초대칭성이 존재하고 그에 따라 계층성 문제가 해결된다면 초대칭짝은 수백 기가전자볼트 정도의 질량을 가져야 한다. 이는 매우 흥미로운데, 가까운 시일 내에 입자 가속기에서 초대칭성의 실험적 증거를 찾을 날이 임박했음을 의미하기 때문이다. 현재 가장 높은 에너지의 가속기인 테바트론보다 약간만 에너지가 높아도 초대칭짝이 존재하는 에너지 영역을 충분히 탐색할 수 있다.

대형 강입자 충돌기(LHC)가 이 에너지 영역을 탐사할 것이다. 수천 기가전자볼트까지 탐색할 LHC에서 초대칭성이 발견되지 않는다면, 초대칭짝이 너무 무겁고 따라서 초대칭성 이론으로는 계층성 문제를 해결할 수 없다는 결론에 도달하게 된다. 그럴 경우 초대칭성 이론은 폐기될 것이다.

하지만 초대칭성이 계층성 문제를 해결할 열쇠를 쥐고 있다면, 임박한 실험은 엄청난 수확을 거둘 것이다. 현재의 초대칭성 이론에 따르면 1테라전자볼트(1,000기가전자볼트) 정도의 에너지 영역을 탐색하는 입자 가속기에서 힉스 입자는 물론이고 표준 모형 입자의 초대칭 짝이 다수 발견될 것이기 때문이다. 슬렙톤, 위노('wino'는 '와이노'라고 발음하면 뉴욕의 유흥가인 바워리 가를 헤메는 술꾼을 가리키기 때문에 '위노'라고 발음해야 한다.), 지노, 포티노는 물론이고 글루이노, 스쿼크도 보게 될 것이다. 이 새로운 입자들은 짝을 이루는 표준 모형의 입자와 같은 전하를 갖지만 더 무거울 것이다. 충분한 에너지에서 충돌 실험을 행한다면 이 입자들을 놓치기는 어려울 것이다. 만약 초대칭성이 존재한다면 우리는 그것을 곧 확인하게 될 것이다.

초대칭성의 증거 검토

아직 풀리지 않은 문제가 있다. 자연에 초대칭성이 존재할까? 글쎄, 아직 뭐라고 판단하기는 이르다. 추가적인 사실이 없다면 어떤 평가도 그저 추측일 뿐이다. 현재로서는 변호하는 입장과 기소하는 입장, 양측의 주장이 팽팽히 맞선다.

나는 앞에서 초대칭성의 존재를 믿는 두 가지 강력한 이유가 계층성 문제와 초끈이라고 설명했다. 초대칭성을 유리하게 만드는 세 번째 이유는 초대칭성을 포함한 표준 모형의 확장판이 자연의 힘을 통일할지도 모른다는 것이다. 11장에서 이야기한 것처럼 전자기력, 약력 그리고 강력의 상호 작용 세기는 에너지에 따라 달라진다. 조자이와 글래쇼가 처음으로 표준 모형의 힘들이 통일된다는 것을 보여 주었지만, 좀 더 측정한 결과 표준 모형에서 세 힘은 정확히 통일되지 않았다. 표준 모형에서 세 힘의 상호 작용 세기를 에너지 함수로 나타낸 것이 그림 66의 위쪽 그래프이다.

하지만 초대칭은 세 힘을 통해 상호 작용하는 입자들을 다수 도입했다. 초대칭짝들이 가상 입자로도 존재하므로, 새로운 입자들로 인해 힘들의 거리 의존성(또는 에너지 의존성)이 변하게 된다. 따라서 이런 추가적인 양자 기여들을 재규격화군 계산에 포함해야 하고, 이것은 에너지에 따른 전자기력, 약력, 강력의 상호 작용 세기에 영향을 미친다.

그림 66의 아래쪽 그래프는 가상 초대칭짝의 효과를 포함했을 때 세 힘들의 세기가 에너지에 따라 어떻게 달라지는지를 보여 준다. 놀랍게도 초대칭성이 있을 때 세 힘들은 이전보다 더욱 정확히 하나로 통일된다. 현재는 힘의 상호 작용 세기를 예전보다 훨씬 더 정확히 측정할 수 있기 때문에 이는 이전의 통일 시도보다 훨씬 중요하다. 우연히 세 직선이 한 점에서 만날 수 있다. 하지만 이를 초대칭성을 지지하는 증거로 받아들일 수도 있다.

초대칭성 이론의 또 다른 장점은 암흑 물질의 후보를 포함한다는 점이다. 암흑 물질은 우주에 널리 퍼져 있는 빛을 내지 않는 물질로 중력 효과에 의해 발견되었다. 우주의 에너지 중 약 4분의 1이 암흑 물질에 저장되어 있지만, 아직까지 우리는 암흑 물질이 무엇인지 모르고 있다.* 붕괴하지 않으면서 딱 적당한 질량과 상호 작용 세기를 갖는 초대칭성 입자가 있다면 바로 그것이 암흑 물질의 후보가 될 것이다. 실제로 초대칭성 입자 중 가장 가벼운 것은 붕괴하지 않으면서 암흑 물질을 구성하는 입자와 동일한 질량과 상호 작용 세기를 가지

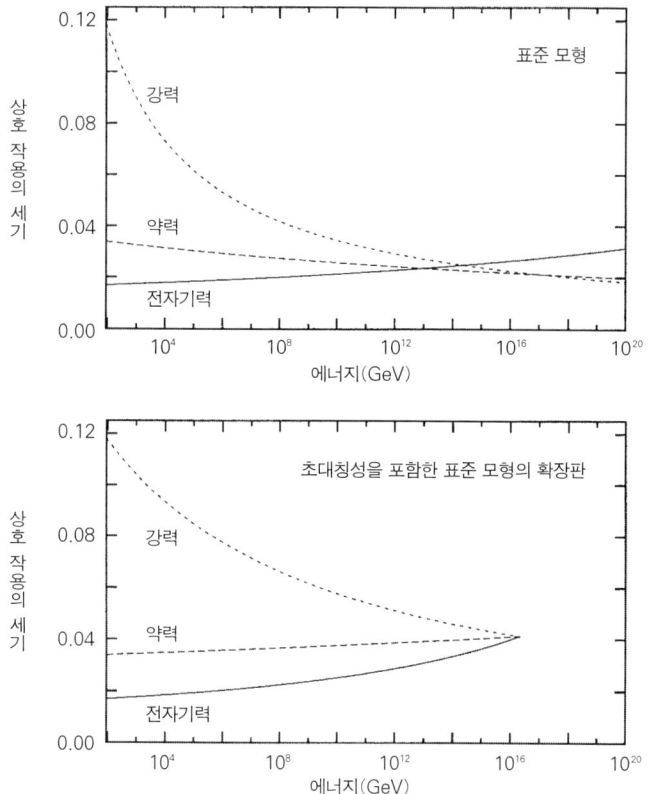

그림 66
위 그래프는 표준 모형의 전자기력, 약력 그리고 강력의 세기를 에너지의 함수로 나타낸 것이다. 곡선들은 서로 가까이 접근하지만 한 점에서 만나지는 않는다. 아래 그래프는 표준 모형에 초대칭성을 포함시켜 확장한 이론에서 세 힘의 상호 작용 세기를 에너지의 함수로 나타낸 것이다. 세 힘의 세기는 높은 에너지에서 똑같은 값을 갖는데 이는 세 힘이 정말로 한 힘으로 통일되는 것을 의미한다.

는 것 같다. 가장 가벼운 초대칭성 입자는 아마 광자의 초대칭짝인 포티노일 것이다. 또 나중에 볼 여분 차원 이론에서라면, 그것은 W 게이지 보손의 초대칭짝인 위노일 수도 있다.

하지만 초대칭성에도 반박의 여지는 있다. 초대칭성을 부정하는 가장 강력한 반론은 힉스 입자나 그 초대칭짝이 아직까지 발견되지 않았다는 점이다. 초대칭짝의 발견이 임박했다고는 하지만, 초대칭성이 계층성 문제를 풀 열쇠라면 초대칭짝이 아직까지 발견되지 않은 이유가 확실히 해명되어야 한다. 현재 실험은 수백 기가전자볼트 에너지 영역에 도달해 있다. 초대칭짝이 이보다 약간 무겁다고 해도, 꼭 그래야 할 이유는 없다. 사실 더 가벼운 초대칭짝이 계층성 문제를 더 잘 해결해 준다. 초대칭성이 계층성 문제를 해결한다면 왜 초대칭짝들이 진작에 발견되지 않은 것일까?

이론적인 면에서 보자면, 초대칭성이 깨지는 방식이 해명되어 있지 않기 때문에 초대칭성 이론은 완벽하다고 볼 수 없다. 초대칭성이 자발적으로 깨져야 한다는 것은 알지만, 표준 모형과 약력 대칭성의 경우처럼 아직 어떤 입자가 이 깨짐에 관여하는지 밝혀지지 않았다. 흥미로운 생각이 많이 나왔지만 만족스러운 4차원 이론은 아직 만들어지지 않았다.

모형 구축의 관점에서 처음 초대칭성을 배웠을 때, 나는 그것이 무척 쉽다고 오해했다. 초대칭성 이론에서는 양자 기여가 사라지기 때문에 질량들은 무작위적이고 서로 별 관련이 없는 것처럼 보여서 질량값의 차이가 나타나는 이유를 몰라도 별 문제가 없을 것 같았다. 모형 구축자가 보기에 초대칭성은 매우 실망스러운 이론이었다. 그때까지 모습을 드러내지 않은, 근본 이론에 대해 아무런 실마리도 주지 못하기 때문이었다. 게다가 초대칭성 이론은 모형 구축과 관련하

- 우주는 암흑 에너지(어떤 물질에 의해서도 전달되지 않는 에너지)를 포함하는데 이 암흑 에너지는 우주 전체 에너지의 70퍼센트를 차지한다. 초대칭성이 암흑 물질을 설명할 수 있을지는 모르지만, 이것은 다른 모든 이론도 마찬가지다. 암흑 에너지를 설명하지 못한다.

여 별반 흥미로운 도전을 담고 있지 않아서 매우 지루하기도 했다.

하지만 초대칭성 이론의 향 문제(flavor problem)를 공부하면서 초대칭성 이론이 결코 지루한 것이 아님을 알게 되었다. 사실 초대칭성 깨짐을 다루는 이론의 구체적 세부 요소들이 제대로 작동하게 만드는 일은 무척 어렵다. 향 문제는 다소 복잡한 부분이 있지만 그래도 중요한 문제이다. 간단한 초대칭성 깨짐을 다루는 이론에서도 향 문제는 주요한 장애물이다. 사실 초대칭성 깨짐을 다루는 새로운 이론들은 모두 이 문제에 초점을 맞추고 있다. 17장에서 살펴보겠지만, 여분 차원에서 일어나는 초대칭 깨짐이 향 문제를 해결하는 열쇠가 될 수도 있다.

표준 모형에서 전하는 같지만 질량이 다르며 세 가지 세대에 속하는 페르미온 입자들이 바로 향이다. 업 쿼크·참 쿼크·톱 쿼크가 하나의 향이고 전자·뮤온·타우가 또 다른 향이다. 표준 모형에서 입자들의 이러한 정체성은 바뀌지 않는다. 예를 들어 뮤온은 결코 전자와 직접 상호 작용하지 않으며, 약한 게이지 보손을 교환함으로써 간접적으로만 전자와 상호 작용한다. 뮤온은 전자로 붕괴할 수 있지만, 이 과정에서 뮤온형 중성미자와 반전자형 중성미자도 반드시 함께 생겨야 한다(그림 53). 이 중성미자들의 방출 없이 뮤온은 결코 전자로 직접 바뀌지 않는다.

경입자가 갖는 이러한 특성을 물리학에서는 '전자수 또는 뮤온수가 보존된다.'라고 표현한다. 우리는 전자와 전자형 중성미자에 양의 전자수를 주고 양전자와 반전자형 중성미자에 음의 전자수를 준다. 그리고 뮤온과 뮤온형 중성미자에 양의 뮤온수를 주고 반뮤온과 반뮤온형 중성미자에 음의 뮤온수를 준다. 뮤온수와 전자수가 보존된다면 뮤온은 결코 전자와 광자로 바뀔 수 없다. 왜냐하면 처음에는 뮤온수가 양수이고 전자수가 0이었는데, 만약 붕괴가 된다면, 나중에는 뮤온수가 0이고 전자수가 양수가 되기 때문이다. 실제로 이런 붕괴는 아무도 보지 못했다. 그래서 우리는 모든 상호 작용에서 전자수와 뮤온수가 보존된다고 말할 수 있다.

초대칭성 이론에서는 전자수와 뮤온수가 보존되기 때문에, 전자와 셀렉트론 또는 뮤온과 스뮤온은 약력을 통해 상호 작용해도, 전자가 직접 스뮤온과 상호 작용하는 일은 결코 없다. 어떤 이유인지는 모르지만, 뮤온이 전자와 광자로 붕괴하는 일을 볼 수 없듯이, 자연에서는 전자와 스뮤온의 상호 작용이나 뮤온과 셀렉트론의 상호 작용은 보기 어렵다.

문제는, 초대칭성이 완벽하게 보존하는 이론에서는 향이 변하는 상호 작용이 일어나지 않겠지만, 초대칭성이 깨진 이론에서는 뮤온수와 전자수가 반드시 보존되지 않을 수도 있다는 것이다. 깨진 초대칭성 이론에서는 초대칭성 상호 작용이 전자수와 뮤온수를 변화시킬 수 있는데, 이는 실험과 모순된다. 이는 보손인 무거운 초대칭짝이 대칭을 이루는 페르미온의 특성을 강하게 감지하지 않기 때문이다. 초대칭성 이론에서 갖게 되는 질량으로 인해 보손인 초대칭짝들은 모두 섞여 있을 수 있다. 예를 들어 스뮤온뿐만 아니라 셀렉트론도 뮤온과 짝을 이룰 수 있다. 하지만 셀렉트론과 뮤온이 짝짓는 붕괴는 우리가 아는 붕괴에서는 볼 수 없다. 뮤온수나 전자수를 바꾸는 상호 작용이 아직 발견되지 않았기 때문에, 제대로 자연을 기술하는 이론이라면 이러한 상호 작용은 일어나지 않거나 매우 약해야 한다.

쿼크 역시 비슷한 문제를 가지고 있다. 깨진 초대칭성 이론에서 쿼크 향은 보존되지 않을 것이고, 그렇다면 이 장 첫머리에서 아이크의 두려움을 불러일으킨 세대 간의 위험한 혼합이 일어나게 된다. 쿼크끼리 섞이는 현상이 자연에서 때로 일어나기는 해도, 깨진 초대칭성 이론의 예측보다는 훨씬 드물게 일어난다.

깨진 초대칭성 이론은 이렇게 향이 변하는 상호 작용이 왜 자주 일어나는지 설명해야 하는 엄청나게 어려운 문제를 안고 있다. 초대칭성 이론은 안타깝게도 향이 보존되는 것을 설명하지 못한다. 또한 그것은 전혀 가능해 보이지도 않는다. 그러나 초대칭성 이론이 자연을 기술하는 올바른 이론이라면 향 보존을 설명할 수 있어야 한다.

독자들은 이 문제가 어렵고 복잡해 보일 것이다. 그러나 물리학자들도 처음에는 그렇게 생각했고 또한 그 문제가 그렇게 중요한지 몰랐다는 사실을 알면 위안이 될 것이다. 단순화시켜서 말한다면, 이 향 문제에 대한 생각은 지역에 따라 달랐다. 유럽 물리학자들은 미국 물리학자들만큼 향 문제를 심각하게 고려하지 않았다. 이미 수년간 이 문제를 다른 측면에서 고민해 온 나를 비롯한 미국 물리학자들은 향 문제를 푸는 것이 매우 어렵다는 것을 알고 있었다. 하지만 많은 사람들은 이러한 무정부주의 원리적 문제(향 문제—옮긴이)에 담긴 의미를 무시했으며, 왜 우리가 그 문제를 심각하게 생각해야 하는지를 알지 못했다. 현재 시애틀의 핵 이론 연구소에 있는 훌륭한 물리학자(그는 대학원 과정에서 나의 첫 논문 공저자이기도 하다.) 데이비드 카플란은, 1994년 미시간 앤아버에서 열린 '국제 초대칭성 회의(International Supersymmetry Conference)'에 다녀온 후 내게 다음과 같이 토로했다. 그 회의에서 카플란은 향 문제를 풀기 위해 자신이 고안한 방법을 청중에게 설명했지만, 그것이 문제라고 생각하는 사람이 거의 없음을 알고 크게 좌절했다고 한다.

이제는 그때와는 상황이 많이 다르다. 지금은 대부분의 사람들이 향 문제의 심각성을 인식하고 있다. 입자의 정체성을 희생시키지 않고 초대칭짝에게 질량을 부여할 수 있는 깨진 초대칭성 이론을 찾기란 매우 어렵다. 향이 보존되는 깨진 초대칭성 이론을 구성하는 일은 초대칭성 이론이 계층성 문제를 풀기 위해 해결해야 할 중요하고도 결정적인 과제이다. 뮤온수와 전자수(그리고 쿼크수)가 보존되지 않는 것은 이론의 부차적인 문제처럼 보일 수 있겠지만, 실제로 깨진 초대칭성 이론에서는 마른 하늘에 날벼락과도 같은 일이다. 초대칭짝이 서로 전환하는 것을 막을 수는 없다. 대칭성은 그것을 막기에는 무력하기 때문이다(초대칭 전환이 계속 일어나면 뮤온수, 전자수 혹은 쿼크수가 계속 변하게 되어 눈에 보이는 물질이 모두 소멸하거나 별이 갑자기 생겨날 수도 있다.—옮긴이).

다시 한 번 우리의 주제로 돌아오자. 대칭성을 포함한 이론은 우아하다. 하지만 우리 세계를 설명해 주는 깨진 대칭성 이론 역시 우아하다. 초대칭성은 어떻게 그리고 왜 깨질까? 초대칭 붕괴를 설명해 주는 훌륭한 모형을 찾아야만 초대칭성을 이론적으로 제대로 이해할 수 있을 것이다.

이는 초대칭성이 확실히 틀렸다거나 계층성 문제 해결에 아무런 관련이 없다는 의미가 아니다. 그보다는 초대칭성 이론이 세계를 성공적으로 설명하기 위해서는 또 다른 요소가 필요하다는 점을 암시한다. 이 또 다른 요소가 바로 여분 차원임을 우리는 곧바로 살펴볼 것이다.

기억해야 할 것

- 초대칭성이 도입되면 입자는 두 배로 많아진다. 초대칭성이 있다면 모든 보손과 짝을 이루는 페르미온이 있어야 하며, 모든

페르미온과 짝을 이루는 보손이 있어야 한다.
- 양자 역학적 효과로 인해 질량이 작은 힉스 입자는 존재하기 힘들지만 힉스 입자가 무거우면 표준 모형이 붕괴된다. 여분 차원 이론이 등장하기까지 초대칭성은 이 문제를 다루는 유일한 방법이었다.
- 초대칭성은 왜 힉스 입자가 가벼운지 말해 주지 않지만, 가벼운 힉스 입자를 가정에 포함시키도록 만들어 계층성 문제를 해결한다.
- 표준 모형의 가상 입자와 이들의 초대칭짝이 힉스 입자 질량에 미치는 큰 양자 기여는 서로 상쇄되어 0이 된다. 따라서 초대칭성 이론에서는 가벼운 힉스 입자가 문제되지 않는다.
- 초대칭성으로 계층성 문제를 해결한다고 해도, 그 대칭성이 완전한 것은 아니다. 만약 초대칭성이 완전하다면 초대칭짝들은 표준 모형의 입자와 질량이 같을 것이고 벌써 실험으로 발견되었어야만 한다. 그러나 초대칭성은 아직 실험으로 검증되지 않았다.
- 만약 초대칭짝이 존재한다면 이들은 표준 모형의 입자보다 무거워야 한다. 현재의 고에너지 가속기로도 어느 정도까지의 질량을 가진 입자만 만들어 낼 수는 있다. 초대칭짝이 발견되지 않은 것은, 현재의 고에너지 가속기들이 초대칭짝을 생성할 만큼 충분히 높은 에너지에 도달하지 않았기 때문일 수 있다.
- 초대칭성이 깨지면 향이 변하는 상호 작용이 일어날 수 있다. 이 상호 작용은 쿼크나 경입자를 전하는 같지만 세대가 다른 쿼크나 경입자(즉 더 무겁거나 가벼운 쿼크와 경입자)로 바꾸어 준다. 이는 매우 보기 힘든 과정인데, 입자의 정체성을 바꾸는 이러한

상호 작용은 자연에서 거의 일어나지 않기 때문이다. 하지만 대부분의 깨진 초대칭성 이론은 이러한 상호 작용이 실험으로 확인된 것보다 더 자주 일어난다고 예측하고 있다.

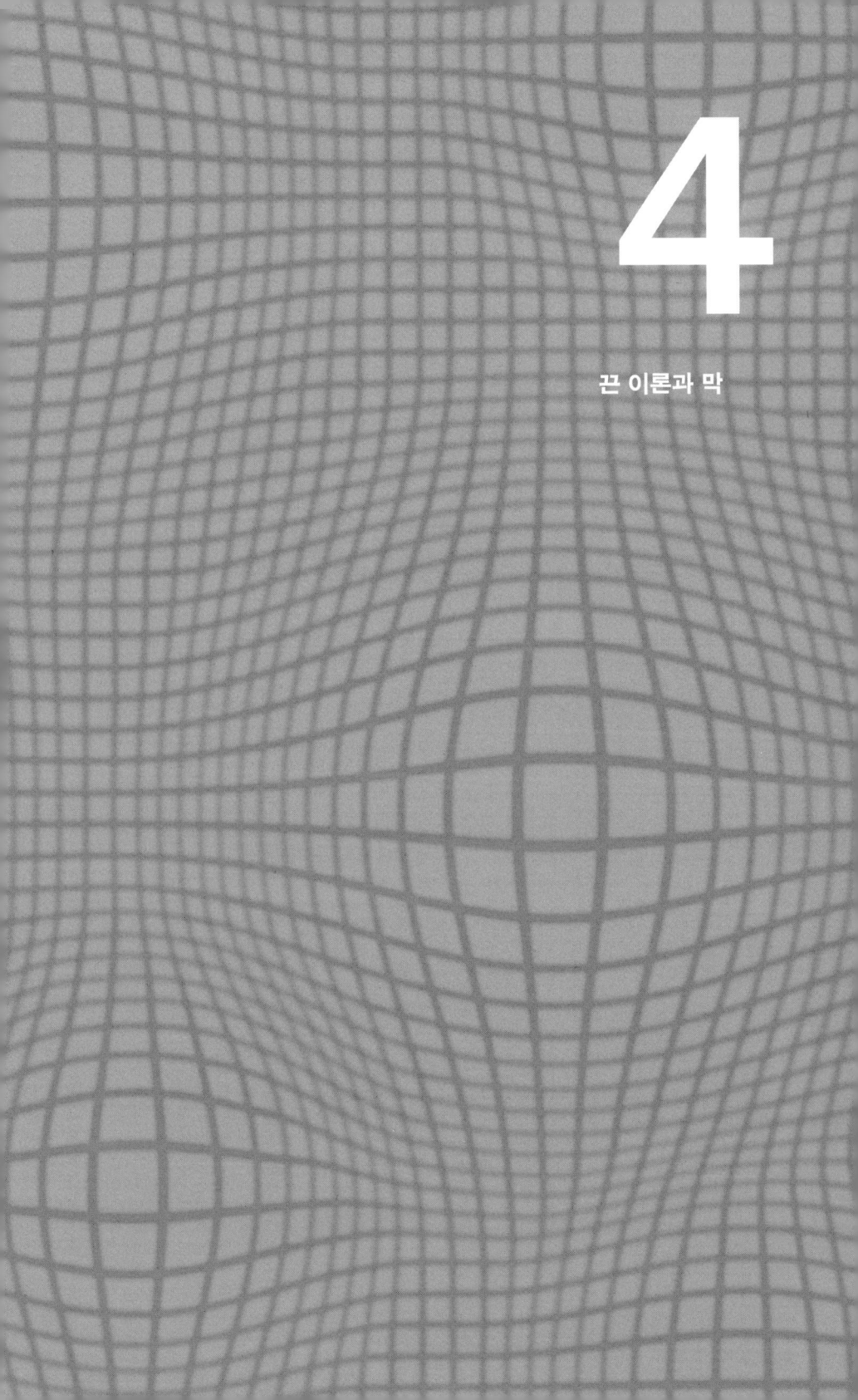

4

끈 이론과 막

14장
알레그로* : 끈을 위한 경로

나는 현(絃)으로 세상을 가졌지.**
— 프랭크 시나트라

- 빠르고 경쾌하게, 그러나 너무 빠르지 않게.
- 프랭크 시나트라(Frank Sinatra)의 노래 「나는 현으로 세상을 가졌지(I've got the World on an String)」의 첫 소절.──옮긴이

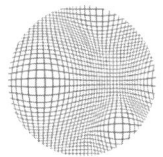

서기 3000년을 코 앞에 둔 어느 날, 이카루스 러시모어 42세(러시모어 집안의 후손——옮긴이)는 최근 스페이스넷에서 구입한 Alicxvr 장치 모형 6.3을 시험하고 있었다(스피드와 새로운 기계 장치에 대한 이카루스 3세의 관심을 물려받은 것이 분명하다.) Alicxvr는 아주 작은 사물에서 아주 큰 사물까지 모든 크기의 사물을 볼 수 있는 장치였다. 아이크는 Alicxvr를 구입한 자신의 친구들이 모두 우주 너머에 무엇이 있는지 들여다보기 위해, 수 메가파섹 정도로 거리를 설정해서 Alicxvr를 들여다보았을 것이라고 확신했다. 하지만 아이크는 "나는 극히 짧은 거리에서 벌어지는 일이 궁금해."라면서 친구들과 달리 굉장히 짧은 거리를 들여다보기로 마음먹었다.

하지만 아이크는 꽤나 성미가 급해서, Alicxvr에 딸려 온 길고 복잡한 사용 설명서를 읽지 않은 채 바로 스위치를 켰다. 그는 계기판의 최저 크기 표시 부분이 붉은색으로 되어 있는 것도 무시한 채 다이얼을 10^{-33}센티미터에 맞추고 '시작' 버튼을 눌렀다.

갑자기 격하게 흔들리고 사방이 가파른 절벽 같은 풍경이 나타나자 아이크는 '우주 멀미'와 공포에 시달렸다. 그 풍경은 끈으로 가득 차 있었다. 매끄럽고 밋밋한 익숙한 공간은 찾아볼 수 없었다. 대신 여기저기에서 공간이 빠르게 요동치고 있었다. 또 어떤 곳은 뾰족하게 튀어나왔고 또 어떤 곳은 표면에서 떨어져 나와 고리 모양을 이뤘다 싶더니 도로 표면에 합쳐지기도 했다. 아이크는 필사적으로 더듬어서 '멈춤' 버튼을 눌렀고 그의 감각은 정상을 되찾았다.

아이크는 정신을 차린 후 설명서를 집어들고 '경고 항목'을 펼쳤다. "Alicxvr 모형 6.3은 10^{-33}센티미터 이상에서만 작동합니다. 겨우 작년에야 물리학자들과 수학자들이 끈 이론의 예측 결과를 실제 세계에 적용했는데, 저희 회사는 그런 최신의 끈 이론은 아직 구현하지는 못했습니다."

아이크는 최근에 출시된 모형 7.0에만 최신 물리학 이론이 적용되었다는 것을 알고 매우 실망했다. 하지만 아이크는 최신의 끈 이론을 공부해 자신의 Alicxvr를 개조했고 다시는 우주 멀미를 하지 않게 되었다.

아인슈타인의 일반 상대성 이론은 기념비적인 것이었다. 물리학자들은 중력장을 더욱 깊이 이해하게 되었고 전례 없는 정확도로 중력의 영향을 계산할 수 있게 되었다. 물리학자들은 상대성 이론을 이용해 어떤 중력계든, 심지어 우주 전체에 대해서도 중력의 영향을 예측할 수 있게 되었다. 그러나 이 모든 성공에도 불구하고 일반 상대성 이론은 중력에 대한 최종 이론이 될 수 없었다. 일반 상대성 이론은 엄청나게 작은 거리에서는 맞지 않기 때문이다. 극소한 범위에 적용할 수 있는 새로운 패러다임의 중력 이론이 나와야 한다. 많은 물리학자들은 끈 이론이 그 역할을 할 것이라고 믿는다.

만일 끈 이론이 맞는다면, 그것은 일반 상대성 이론, 양자 역학 그리고 입자 물리학의 성공을 모두 포괄하면서도, 다른 이론이 다룰 수 없었던 길이 규모와 에너지 영역까지 물리학의 범주를 확장시켜 줄 것이다. 끈 이론은 제대로 된 고에너지 예측을 내놓을지, 또 미답의 거리 규모와 에너지 영역에서 정말로 쓸모가 있을지 판단할 수 있을 만큼 충분히 진척된 것이 아니다. 하지만 끈 이론에는 가망성이 있다고 믿을 만한 특징이 여럿 존재한다.

이제 우리는 끈 이론을 살펴보고 이 새로운 이론이 어떤 극적인 과정을 거쳐 발전되어 왔는지, 끈 이론의 퍼즐 조각들이 기적처럼 딱 들어맞았던 1984년의 '초끈 혁명(superstring revolution)'이 어떻게 진행되었는지 볼 것이다. 초끈 혁명을 계기로 수많은 물리학자들이 긴밀하게 결합된 연구 프로그램에 참여하게 되었고, 오늘날 많은 물리학자들이 이 성과에 큰 기대를 품게 되었다. 이 장과 다음 장에서는 끈 이론의 역사와 최근 발전 상황을 살펴볼 생각이다. 끈 이론이 내놓은 두드러진 성과와 유망한 면모가 드러날 것이다. 그에 덧붙여 우리 세계에 대한 예측을 내놓기 위해 끈 이론이 풀어야 할 중대한 문제점들도 짚어 볼 것이다.

불안한 출발

양자 역학과 일반 상대성 이론은 넓은 범위의 길이 규모에서 평화롭게 공존해 왔다. 두 이론 다 모든 길이 규모에 적용 가능해야 하지만, 이 두 이론은 일종의 양해하에 측정 가능한 범위 안에서 긴 길이 규모와 짧은 길이 규모를 나누어 지배하고 있다. 양자 역학과 일반 상대성 이론은 각자가 지배적이 되는 영역을 인정함으로써 평화롭게 영역을 분할하고 있다. 일반 상대성 이론은 별이나 은하 같은 무겁고 커다란 대상을 다룰 때 중요하다. 하지만 중력의 영향이 무척 작은 원자를 다룰 때에는 상대성 이론의 효과를 무시할 수 있다. 반면 원자 범위에서는 양자 역학이 훨씬 더 중요하다. 왜냐하면 원자에 대해서는 고전 역학과 달리 양자 역학의 예측이 실질적인 값을 갖기 때문이다.

그러나 양자 역학과 상대성 이론은 완벽하게 조화를 이루지는 못한다. 서로 다른 이 두 이론은 플랑크 길이라고 알려진 10^{-33}센티미터 정도의 작은 길이 규모에서는 결코 타협할 수 없기 때문이다. 뉴턴의 중력 법칙에 따르면 중력의 세기는 질량에 비례하고 거리의 제곱에 반비례한다. 중력은 원자 규모에서는 미약하지만, 그보다 훨씬 작은 규모에서는 어마어마하게 세진다. 중력은 무겁고 큰 물체뿐만 아니라 플랑크 규모 정도의 극소 영역에서도 중요해진다. 플랑크 규모라는 측정 불가능한 작은 영역에서는 양자 역학과 상대성 이론이 모두다 중요해지며, 두 이론이 내놓는 예측값은 양립할 수 없다. 양자 역학이든 상대성 이론이든 어느 쪽도 무시할 수 없는 이 영역에서, 두 이론의 계산 결과가 서로 충돌을 일으키므로 결국 예측 불가능한 상태가 된다.

상대성 이론은 시공간이 천천히 구부러지는 매끈한(곡률 변화가 심하지 않은—옮긴이) 중력장에서만 잘 들어맞는다. 한편 양자 역학에 따르면 플랑크 규모의 길이를 측정하거나 그에 영향을 미치는 것들은 엄청난 크기의 운동량 불확정성을 갖게 된다. 플랑크 규모 길이를 조사할 정도의 커다란 에너지를 가진 측정 도구는 막대한 에너지를 가진 가상 입자의 방출 같은 동역학적 현상을 일으켜서 상대성 이론적인 설명을 포기하게 만든다. 양자 역학에 따르면 플랑크 규모의 길이에서는 시공간이 천천히 변하는 것이 아니라, 아이크가 봤던 것처럼 시공간이 과격하게 요동치거나 갑자기 돌출하거나 고리 모양으로 변하기 때문이다. 상대성 이론은 이렇게 거친 공간에는 적용할 수 없다.

그렇다고 해서 양자 역학이 주된 역할을 하도록 상대성 이론이 물러설 수도 없다. 플랑크 길이에서는 중력의 영향이 막대해지기 때문이다. 입자 물리학이 다루는 에너지 영역에서 중력이 그다지 세지 않다고 해도, 플랑크 길이의 고에너지 영역에서는 중력이 엄청나게 세진다.* 중력은 정확히 플랑크 에너지(플랑크 길이를 연구하는 데 필요한 에너지)에서는 무시할 수 있는 미미한 힘이라는 오명을 벗게 된다. 플랑크 길이에서 중력은 더 이상 무시할 수 있는 힘이 아니다.

사실 플랑크 에너지에서는 중력이 만드는 장벽으로 인해 일반적인 양자 역학적 계산이 불가능해진다. 10^{-33}센티미터 정도를 측정할 정도의 충분한 에너지를 가진 것들은 블랙홀이 되어 그 안으로 들어오는 모든 것을 가두어 버린다. 오직 '중력 양자 이론(quantum theory of gravity)' 혹은 '양자 중력 이론(quantum gravity theory)'만이 블랙홀 안에서 일어나는 일을 설명해 줄 수 있다.

극소한 영역에서는 양자 역학과 상대성 이론 모두 더 근본적인 이론을 절실하게 요구한다. 이러한 모순을 고려한다면, 둘 이외의 다른 이론을 외부 중재자로 끌어들이는 것 외에는 다른 방도가 없다. 새로운 이론은 양자 역학과 상대성 이론에게 각 이론의 지배 영역에 대해서는 각자 지배권을 행사하도록 해 두고, 두 이론이 다루기 힘든 영역에서는 자신이 주도권을 행사해야 한다. 끈 이론은 이러한 새로운 이론의 유력한 후보이다.

양자 역학과 상대성 이론의 양립 불가능성은 중력자(양자 중력 이론에서 중력을 전달하는 입자)의 고에너지 상호 작용에 대해 전통적인 중력 이론이 적절한 예측을 하지 못하는 현상에서도 드러난다.

맥스웰의 전자기 이론이 고전적인 전자기장을 통해 하전 입자 사이의 전자기력을 설명한 것과 마찬가지로, 고전 중력 이론은 중력장

---

* 양자 역학의 관계식에 따르면 플랑크 길이가 아주 짧은 만큼 플랑크 에너지는 굉장히 높다는 것을 명심하라.

을 통해 질량을 가진 물체 사이의 중력을 설명한다. 그러나 전자기장의 양자 이론인 양자 전기 역학은 종래의 해석 대신 광자라는 입자의 상호 교환으로 전자기력을 새롭게 설명한다.* 광자에 대한 이론인 양자 전기 역학은 양자 역학적 효과를 포함한 고전 전자기 이론의 확장판이라고 볼 수 있다.

이와 비슷하게 양자 역학에 따르면 중력을 전달하는 입자도 있어야 한다. 이 입자가 바로 중력자이다. 양자 중력 이론에서는 두 물체 사이의 중력자 교환에서 뉴턴의 만유인력 법칙이 도출된다. 중력자를 직접 관찰하지는 못했지만, 물리학자들은 양자 역학이 이들의 존재를 필요로 하기 때문에 중력자가 있다고 믿는다.

나중에 중력자의 독특한 스핀이 중요한 역할을 할 것이다. 중력자가 속성상 시간과 공간에 연계되어 있는 힘인 중력을 매개하기 때문에 이들은 광자 같은 이미 알고 있는 힘 전달자와는 다른 스핀을 가진다. 여기서 이유를 밝히지는 않겠지만 중력자는 스핀 1을 갖는 다른 게이지 보손이나 스핀 1/2을 가진 쿼크나 경입자와 달리, 스핀 2를 갖고 질량이 없는 유일한 입자다. 중력자의 스핀이 2라는 사실은 여분 차원의 증거를 찾는 데 중요한 역할을 한다. 또한 곧 살펴보겠지만 중력자의 스핀은 끈 이론의 의미를 풀 열쇠가 되기도 한다.

그러나 양자장 이론으로는 중력을 완전하게 설명할 수 없다. 중력자의 상호 작용을 모든 에너지 영역에서 계산할 수 있는 양자장 이론은 없기 때문이다. 즉 플랑크 에너지 정도의 고에너지에서는 양자장 이론이 아예 성립되지 않는다. 이론적으로 에너지가 높아지면 저에너지에서는 중요하지 않은 여분의 중력자 상호 작용이 중요해진다.

* 실제로 교환되는 것은 광자가 아니라 가상 광자다.

그러나 양자장 이론의 논리로는 이 여분의 중력 상호 작용이 무엇인지 어떻게 해야 이것을 포함할 수 있는지 충분히 설명하지 못한다. 만약 저에너지에서는 중요하지 않은 이 여분의 중력자 상호 작용을 무시하고 양자장 이론으로 무척 높은 에너지를 가진 중력자의 행동을 예측한다고 하면 중력자의 상호 작용이 1보다 큰 확률로 일어날 것이라는 예측을 얻을 것이다. 이는 명백히 불가능한 일이다. 플랑크 에너지에서는, 또는 달리 말해 (양자 역학과 특수 상대성 이론을 따라) 플랑크 길이, 즉 10^{-33}센티미터에서는 중력자를 양자 역학적으로 결코 기술할 수 없다.

양성자보다 10^{19}배나 작은 플랑크 길이는 물리학자들이 관심을 쏟기에도 너무나 작은 양이다. 그러나 이 짧은 길이는 물리학의 근본 문제와 얽혀 있고, 이 문제는 더 포괄적인 이론을 개발하지 못한다면 다룰 수도 없다. 예를 들어 보자. 최근 우주론은 우주가 플랑크 길이만 한 작은 구에서 시작되었다고 생각한다. 하지만 우리는 '대폭발(Big Bang)'의 '폭발'이 무엇인지 전혀 모른다. 우리는 대폭발 이후 진행된 우주 진화에 대해서는 꽤 많이 알고 있지만 대폭발이 어떻게 시작되었는지는 모른다. 플랑크 길이보다 작은 영역으로 물리 법칙을 확장하는 일은 우주 진화의 최초 상태를 연구하는 데 한 줄기 빛을 던져 줄 것이다.

게다가 블랙홀 또한 풀리지 않는 여러 수수께끼를 안고 있다. 어떤 것도 탈출할 수 없고 어떤 반응도 되돌아오지 않는 영역인 블랙홀의 '지평선(horizon)'에서는 정확히 어떤 일이 벌어지는가, 상대성 이론이 더 이상 성립하지 않는 블랙홀의 중심인 '특이점(singularity)'에서는 정확히 어떤 일이 일어나는가 등은 무척 중요하지만 해결되지 않은 문제들이다. 또한 블랙홀에 빨려 들어간 물체의 정보가 어떻게 저장될지도 풀리지 않은 상태이다. 우리가 일상 생활에서 경험하는 중력과 달리 블랙홀 내부의 중력은 무척 강하다. 이는 일반적인 평평한 공간에서 플랑크 에너지 정도의 에너지를 갖는 물체들이 미치는 효과만큼 강력하다. 양자 역학과 상대성 이론 모두를 모순 없이 포함하는 하나의 이론, 즉 플랑크 길이인 10^{-33}센티미터에서 유용한 '양자 중력'의 이론을 찾기 전까지는 결코 블랙홀의 신비를 풀 수 없을 것이다. 블랙홀은 오직 중력의 양자 이론을 통해서만 풀 수 있는 문제, 즉 강력한 중력 효과에 대한 문제의 좋은 예이다. 이러한 문제를 해결해 줄 가장 유력한 후보 이론이 바로 끈 이론이다.

끈 다루기

끈 이론이 사물의 근본적인 속성을 바라보는 방식은 기존의 입자 물리학과 전혀 다르다. 끈 이론에서 모든 물질의 기초를 이루며 분할되지 않는 가장 기본적인 요소는 보이지 않는 '끈'이다. 끈은 진동하는 1차원의 에너지 고리(loop)나 에너지 조각(segment)이다. 바이올린 현과 달리 이 끈은 원자(쿼크로 구성된 핵자과 전자의 결합물)로 이루어져 있지 않다. 사실 정확히 그 반대이다. 즉 전자나 쿼크를 포함한 모든 것을 이루는 기본 요소가 진동하는 끈이다. 끈 이론에 따르면 고양이가 가지고 노는 털실을 구성하는 원자들은 궁극적으로는 진동하는 끈으로 이루어져 있다.

끈 이론의 기본 가정은 끈의 진동 방식(모드)으로부터 입자가 생긴다는 것이다. 모든 입자들은 각각 끈의 진동으로 볼 수 있으며, 진동의 특성에 따라 입자가 달라진다. 끈이 진동하는 방식이 다양하기 때

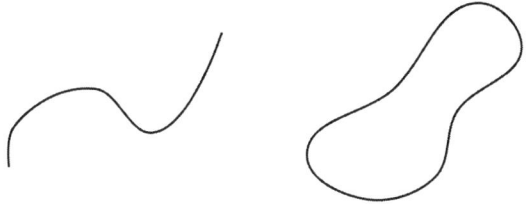

그림 67
열린 끈과 닫힌 끈.

문에 하나의 끈도 여러 유형의 입자를 만들어 낼 수 있다. 이론가들은 처음에는 한 가지 유형의 근본 끈이 있고 이로부터 우리가 아는 모든 입자가 나온다고 생각했다. 그러나 최근 몇 년 사이 끈에 대한 생각이 변화되었다. 현재 끈 이론 연구자들은 각각 다른 방식으로 진동하는 서로 독립적인 유형의 끈이 여럿 있다고 생각한다.

끈은 하나의 차원을 따라 뻗어 있다. 어느 순간 끈 위의 한 점을 나타내기 위해서는 숫자 하나만 있으면 되므로, 차원의 정의에 따라 끈은 (공간적으로) 1차원 물체이다. 그럼에도 불구하고 실제 우리가 만지는 끈처럼 이 끈도 감기거나 고리 형태를 띨 수 있다. 사실 두 종류의 끈이 있다. 하나는 끝 점이 2개 있는 '열린 끈(open string)'이고 다른 하나는 끝점이 없이 고리를 만드는 '닫힌 끈(closed string)'이다(그림 67).

끈이 실제로 어떤 입자를 만들어 내는가는 끈의 에너지가 얼마인지, 또 들뜬 상태의 끈이 갖는 진동 방식이 정확히 무엇인지에 달려 있다. 끈의 진동 방식은 바이올린 현의 공진과 비슷하다. 기본 단위의 진동이 조합되어 우리가 아는 모든 입자가 만들어지는 것이다. 음악에 비유하자면, 입자는 여러 음이 함께 어울려 내는 소리인 화음이고, 입자들의 상호 작용은 화음이 연결된 화성에 비유할 수 있다. 누군가

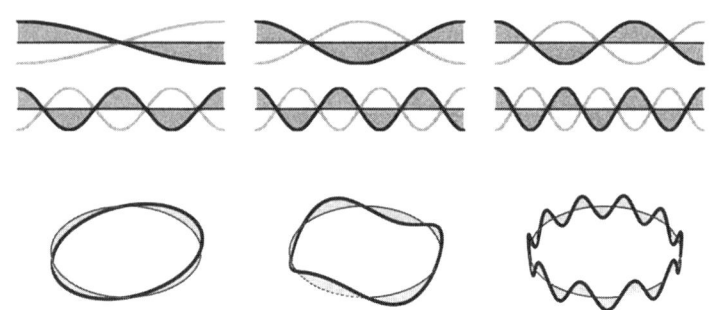

그림 68
몇몇 끈의 진동 방식들. 위는 열린 끈, 아래는 닫힌 끈.

활을 긋기 전까지는 바이올린 현이 소리를 내지 않는 것처럼 끈 이론의 끈도 항상 입자를 만드는 것은 아니다. 활이 바이올린의 현을 떨리게 하듯 에너지가 끈을 들뜨게 한다. 그리고 끈이 충분한 에너지를 갖게 되면, 끈은 각각 다른 유형의 입자를 만들 것이다.

열린 끈과 닫힌 끈 모두에서 끈의 길이 방향으로 정수회의 진동이 만들어지는 것이 공진 방식이다. 몇 가지 진동 방식을 그림 68에서 볼 수 있다. 이 진동 방식들에서 파동이 몇 차례 상하 진동을 하든 파동은 끈의 길이 범위 안에서 완결된다. 열린 끈의 경우, 파동이 끈 한쪽 끝에 도달하면 진행 방향을 바꾸는 식으로 왕복 운동을 하는 반면, 닫힌 끈에서는 파동이 끈을 따라 상하 운동을 하면서 빙글빙글 돈다. 정수회의 진동으로 완결되지 않는 파동은 만들어지지 않는다.

궁극적으로는 끈이 진동하는 방식에 따라 질량, 스핀 그리고 전하량과 같은 입자의 모든 성질들이 결정된다. 일반적으로는 스핀과 전하량이 같지만 질량이 다른 입자들이 많다. 가능한 진동 방식이 무한하기 때문에, 하나의 끈도 무거운 입자들을 무한히 많이 만들어 낼 수 있다. 우리가 알고 있는 비교적 가벼운 입자들은 가장 적은 진동을 하는 끈이다. 보통의 쿼크나 경입자 같은 우리가 잘 아는 가벼운 입자들은 진동이 없는 끈일지도 모른다. 하지만 에너지가 높은 끈은 여러 방식으로 진동할 수 있고, 에너지가 더 높은 진동 방식은 더 무거운 입자를 만들어 낸다.

그렇지만 진동이 많아질수록 더 많은 에너지가 필요하다. 끈이 더 많이 진동해서 생겨나는 추가적인 다른 입자들은 굉장히 무거운데, 이는 이 입자들을 만들어 내는 데 엄청난 에너지가 필요하다는 뜻이다. 그래서 끈 이론이 맞다 해도 끈 이론의 새로운 결과물을 감지할 가능성은 극히 희박하다. 따라서 우리는 관측 가능한 에너지 범위에서 무거운 입자가 새롭게 나타나리라고 기대하지 않는다. 다만 끈 이론과 입자 물리학이 관측 가능한 에너지에서는 같은 결과를 낼 것이라는 정도는 기대하고 있다. 하지만 최근의 여분 차원 연구가 옳다고 밝혀진다면 이러한 예측은 바뀌게 될 것이다. 여분 차원 모형에 대한 검토는 나중에 하고, 여기서는 일반적인 끈 이론을 살펴보기로 하자.

끈 이론의 기원

끈 이론은 미래의 아이크 42세 시대까지 살아남아 유구한 역사를 자랑할지도 모른다. 하지만 과학적인 측면만 보기 위해 이야기를 20세기와 21세기 초에만 한정시킬 것이다. 우리는 끈 이론을 양자 역학과 중력을 조화시킬 이론으로 보고 있다. 하지만 원래 끈 이론은 전혀 다른 목적으로 만들어졌다. 끈 이론은 1968년 강입자라는 강한 상호작용을 하는 입자들을 설명하기 위해 처음 등장했다. 7장에서 본 것처럼 강입자는 쿼크들이 강력에 의해 결합된 것으로 밝혀졌고 따라서 당시의 끈 이론은 강입자를 성공적으로 설명하지 못했다. 하지만 끈 이론은 살아남았다. 강입자가 아니라 중력에 대한 이론으로서 말이다.

강입자를 기술하는 데에는 실패했지만, 당시 강입자 끈 이론이 직면했던 몇 가지 문제를 살펴봄으로써, 끈 이론이 중력 이론으로서 가지는 장점을 짐작해 볼 수 있다. 놀랍게도 끈 이론이 강입자를 다루는 데 실패한 것이 오히려 양자 중력을 다루는 데는 성공할 수 있는 요소가 되었다. 아니 적어도 방해물이 되지는 않았다.

애초에 만들어진 끈 이론의 첫 번째 문제는 '타키온(tachyon)'을 포함한다는 것이었다. 처음에 사람들은 타키온을 빛의 속도보다 빠르게 움직이는 입자로 생각했다(타키온이라는 말은 빠르다는 뜻을 지니는 그리스어 tachos에서 따온 것이다.). 하지만 현재는 어떤 이론이 타키온을 포함하고 있다면, 그 이론의 안정성에 문제가 있다고 생각한다. 공상 과학 소설 팬들에게는 실망스럽겠지만 타키온은 자연에 존재하는 입자가 아니다. 당신이 생각한 이론이 타키온을 포함한다면, 당신은 자연 현상을 잘못 해석한 것이다. 타키온을 포함한 계는 타키온이 없는 더 낮은 에너지의 다른 계로 전이할 것이다. 타키온이 있는 계는 타키온이 물리적인 영향을 미칠 수 있을 만큼 충분히 지속되지 않는다. 타키온은 단지 잘못된 이론적 기술의 특징일 뿐이다. 물리적으로 실재하는 입자나 힘이 무엇인지 정하기 전에 먼저 타키온이 존재하지 않는 안정된 구조를 가진 이론적 기술을 찾아야 한다. 만약 이런 안정된 구조가 없다면, 그 이론은 불완전한 것이다.

따라서 타키온이 있는 끈 이론은 타당한 것 같지 않았다. 하지만 타키온을 없애기 위해 어떻게 해야 할지 아무도 알지 못했다. 게다가 타키온 이외의 다른 입자에 대한 끈 이론의 예측도 믿음직한 것이 아니었다. 당신은 이 정도면 강입자 끈 이론을 포기할 만한 충분한 이유가 된다고 생각할 것이다. 그렇지만 물리학자들은 타키온이 실재하는 게 아니라는 희망을 포기하지 않았다. 즉 그것이 이론을 형식화하기 위한 수학적 근사 과정에서 생겨난 문제일 수 있다고 생각했다. 하지만 그럴 가능성은 별로 없어 보였다.

그런데 라몽과 느뵈, 슈바르츠가 초대칭성을 포함한 끈 이론, 즉 초끈(superstring) 이론을 발견했다. 초기 끈 이론에 비해 초끈 이론의 가장 중요한 장점은 스핀 1/2 입자를 포함함으로써 전자나 쿼크 같은 표준 모형의 페르미온을 설명할 수 있는 길을 열었다는 점이었다. 초끈 이론의 또 다른 장점은 초기 끈 이론을 혼란에 빠트린 타키온이 사라진 것이었다. 그 결과 끈 이론의 발전을 위협적으로 가로막은 타키온 불안정성 문제를 벗어남으로써 초끈 이론의 앞날은 더욱 밝아졌다.

강입자 끈 이론의 두 번째 문제는 질량이 없고 스핀은 2인 입자를 포함한다는 것이었다. 이론가들은 계산에서 이 입자를 없앨 수 없었고, 그에 반해 실험 물리학자들은 이 성가신 입자를 발견한 적이 없었다. 질량이 없는 입자가 강입자처럼 강한 상호 작용을 한다면 실험으로 확인할 수 있어야 하므로, 강입자 끈 이론은 곤란한 지경에 처하게 되었다.

셔크와 슈바르츠는 이 상황을 반전시켰다. 그들은 강입자 끈 이론을 곤경에 빠트린 '나쁜' 스핀 2 입자가 실은 중력 끈 이론의 가능성을 열어 준다는 점을 증명함으로써, 끈 이론을 화려하게 부활시켰다. 그들에 의해 스핀 2 입자가 중력자일 가능성이 드러났다. 여기서 더 나아가 그들은 스핀 2 입자가 중력자와 똑같이 움직인다는 것을 증명했다. 중력자로 보이는 입자를 포함한 덕분에 끈 이론은 양자 중력을 다룰 유력한 후보 이론이 되었다. 물질의 기본 단위를 입자로 기술하는 방법으로는 모든 에너지에서 적용 가능한 모순 없는 중력 이론을 만드는 것이 불가능해 보였다. 하지만 끈으로 기술하는 방법을 통해서라면 그런 과업이 성취될 것처럼 보였다.

강입자 끈 이론은 틀렸지만 그것을 중력에 대해서 전용한 셔크와 슈바르츠가 옳았음을 보여 주는 또 다른 예가 있다. 7장에서 본 것처럼 스탠퍼드 선형 가속기 연구소(SLAC)의 프리드먼, 켄들 그리고 테일러는 전자가 원자핵과 굉장히 극적으로 산란을 일으키는 것을 보여 주었는데, 이는 원자핵 내부에 점처럼 생기고 딱딱한 물체, 즉 쿼크가 있음을 의미한다. 이 실험은 6장에서 본 러더퍼드의 산란 실험과 본질적으로 매우 비슷하다. 러더퍼드의 산란 실험이 딱딱한 원자핵을 밝혀냈다면, SLAC의 산란 실험은 원자핵 내부에 자리 잡은 것이 일정한 길이의 부드러운 끈이 아니라 점처럼 생긴 작은 쿼크임을 보여 주었다.

게다가 끈 이론의 예측은 SLAC의 실험 결과와 맞지 않았다. 끈은 단단하게 뭉쳐 있는 점상(點狀) 물체가 만들 수 있는 극적인 산란 현상을 일으킬 수 없다. 끈은 주어진 시간 동안 끈 전체가 아니라 일부만 상호 작용하기 때문에 산란을 일으킬 때 입자보다 더 부드러운 충돌을 보여 주어야 한다. 강입자 끈 이론은 조용하고 밋밋한 산란을 예측한 까닭에 막을 내려야 했다. 하지만 양자 중력의 관점에서 보면 이것은 굉장히 유망한 특징이었다.

입자 물리학으로 중력자를 다루는 경우 고에너지에서 중력자의 상호 작용이 너무 과도해진다는 문제가 생긴다. 제대로 된 이론이라면 고에너지를 띤 중력자가 그렇게 강하게 상호 작용해서는 안 된다. 끈 이론으로 중력을 설명하면 문제가 풀린다. 중력 끈 이론은 점처럼 생긴 입자가 아니라 길이를 가진 끈으로 중력자를 설명하기 때문에 고에너지를 띤 중력자의 상호 작용은 훨씬 더 부드러워진다. 끈은 쿼크 같은 입자가 보여 주는 것 같은 격렬한 산란을 보여 주지 않는다. 끈은 넓은 영역에 걸쳐 이루어지는 '두루뭉술한' 상호 작용을 한다.[24] 이런 특성으로 인해 끈 이론은 중력자의 비상식적인 상호 작용 비율 문제를 해결하고 고에너지 중력자의 상호 작용을 정확히 계산할 가능성을 갖는다. 끈의 부드러운 고에너지 충돌은 중력 끈 이론의 정확성을 암시해 주는 또 다른 지표이다.

요약하면 초끈 이론은 우리가 아는 모든 입자 유형, 즉 페르미온, 힘을 운반하는 게이지 보손, 중력자를 포함한다. 초끈 이론은 끈 이론과 달리 타키온을 포함하지 않는다. 나아가 초끈 이론은 고에너지 중력자에 대해서도 타당한 양자 역학적 설명을 내놓을 수 있다. 끈 이론은 우리가 아는 모든 힘을 기술할 수 있을 것으로 보인다. 끈 이론은 우리 세계를 기술해 줄 훌륭한 후보 이론이다.

초끈 혁명

초끈 이론은 대담하게도 양자 중력이라는 심오한 문제에 도전장을 냈다. 중력 끈 이론은 우리가 아는 것보다 훨씬 많은, 무한한 종류의 입자가 존재한다고 예측한다. 게다가 끈 이론의 계산은 극히 난해하다. 무한히 많은 새로운 입자에다가 풀기 어려울 정도의 난해한 수학이라니, 양자 중력 문제를 푸는 대가가 엄청나지 않은가! 1970년대에 끈 이론 연구자들은 단호한 의지의 소유자거나 다소 미친 사람이었다. 셔크와 슈바르츠는 이러한 위험한 길을 헤치고 나온 극히 드문 경우에 속한다.

　1980년 셔크의 갑작스러운 죽음 이후, 슈바르츠는 포기하지 않고 끈 이론을 계속 연구했다. 그는 그 시절 거의 유일하게 끈 이론으로 개종한 영국인 물리학자 마이클 그린(Michael Green)과 함께 초끈 이론을 제안했다. 그런데 초끈 이론은 시간 차원 1개와 공간 차원 9개가 있는 10차원 세계에서만 타당한 이론이었다. 차원의 수가 다른 세계에서는 끈의 진동 방식이 만들어지는 발생 확률이 음수가 되는 등 명백히 비합리적인 예측을 내놓았다. 10차원에서는 원치 않는 진동 방식이 모두 사라진다. 하지만 그밖의 차원에서 끈 이론은 문제를 안고 있었다.

　분명히 해 두자면, 끈 자체는 1차원 공간을 따라 뻗어 있으며 시간축을 따라 움직인다. 이는 처음으로 초대칭성을 발견한 라몽이 연구했던 2차원 시공간과 같은 것이다. 그러나 공간의 어떤 방향으로도 퍼져 있지 않지 않기 때문에 공간 차원이 0인 점상 물체가 3차원 공간 속에서 자유롭게 움직일 수 있는 것처럼, 공간 차원을 1개 갖는 끈은 1개 이상의 차원을 가진 공간 속에서 움직일 수 있다. 끈은 3차원, 4차원 또는 그 이상의 공간에서 움직일 수 있다. 그리고 계산에 따르면 초끈은 시간을 포함하여 10차원 시공간에서 움직인다.

　다루어야 할 차원이 많다는 것이 초끈 이론에서 처음 나타나는 일은 아니었다. 페르미온이나 초대칭성을 다루지 않은 초기의 끈 이론은 26차원, 즉 1개의 시간 차원과 25개의 공간 차원을 대상으로 했다. 하지만 초기 끈 이론은 타키온이라는 문제를 안고 있었다. 반면 초끈 이론은 그런 문제가 없었기 때문에 연구할 만한 충분한 가치가 있었다.

　그렇기는 해도 1984년까지 물리학자들은 대체로 끈 이론을 무시하는 편이었다. 그해 그린과 슈바르츠가 초끈의 놀라운 성질을 밝혀낸 후에야 초끈 이론은 물리학자들 사이에서 연구할 가치가 있는 이론으로 인정받았다. 검토할 다른 두 연구 결과와 함께 이 발견으로 인해 초끈 이론은 물리학의 주류가 되었다.

그린과 슈바르츠의 연구는 '이형성(異形性, anomaly)'으로 알려진 현상에 대한 것이었다. 이름에서 드러나듯 이형성이 처음 발견되자 커다란 놀라움을 불러일으켰다. 양자장 이론을 처음 연구한 물리학자들은 고전 이론의 대칭성이, 가상 입자가 주는 영향을 고려하기 위해 양자 역학적으로 확장된 이론에서도 보존되어야 한다고 당연하게 생각했다. 하지만 항상 그런 것은 아니다. 1969년 스티븐 애들러(Steven Adler)와 존 벨(John Bell) 그리고 로만 자키브(Roman Jackiw)는 고전 이론에서는 보존되는 대칭성이 가상 입자를 포함하는 양자 역학적 과정에서 종종 깨지는 것을 보여 주었다. 이러한 대칭성의 파괴를 이형성이라고 하며, 이형성을 갖는 이론을 '이형적인(anomalous)' 이론이라고 부른다.

이형성은 힘을 다루는 이론에서 극히 중요하다. 9장에서 보았듯이 여러 힘을 성공적으로 설명하기 위해서는 내부 대칭성이 필요하다. 또한 이 내부 대칭성은 정확하게 성립되어야만 하는데, 그렇지 않다면 게이지 보손에서 원치 않는 편극을 소거시킬 방법이 없어져 타당한 이론을 만드는 데 실패하게 된다. 따라서 힘과 관련된 내부 대칭성에는 이형성이 없어야 한다. 즉 대칭성 깨짐의 효과를 전부 더한 것이 0이 되어야 한다.

이것은 힘의 양자 이론의 강력한 제약 조건이 된다. 예를 들어, 이것은 표준 모형에 쿼크와 경입자가 존재해야 하는 이유를 가장 설득력 있게 설명해 주는 제약 조건이다. 가상 쿼크와 가상 경입자는 각각 이형적인 양자 기여를 통해 표준 모형의 대칭성을 깨뜨릴 수 있지만, 두 유형의 입자가 만드는 양자 기여를 모두 더하면 0이 된다. 이 놀라운 상쇄 덕분에 표준 모형이 안정된다. 다시 말해 표준 모형의 힘들이 타당한 것이 되기 위해서는 쿼크와 경입자가 반드시 있어야만 한다.

끈 이론도 결국 힘을 설명해야 하기 때문에, 이형성은 끈 이론에서도 문제가 된다. 1983년 루이스 알바레스고메(Luis Alvares-Gaume)와 에드워드 위튼(Edward Witten)은 이러한 이형성이 양자장 이론뿐만 아니라 끈 이론에서도 일어날 수 있음을 증명해 냈다. 이 발견으로 끈 이론 역시 흥미롭기는 하지만 지나치게 위대했던 아이디어들이 사라졌던 역사의 늪 속에 빠지는 것처럼 보였다. 끈 이론의 필요조건이라고 할 수 있는 대칭성을 보존할 수 있는 방법을 찾을 수 없을 것 같았다. 이형성 문제로 인해 끈 이론에 대한 의구심이 퍼져 나가고 있을 때, 그린과 슈바르츠가 끈 이론의 이형성을 피할 수 있는 조건을 찾아내고 끈 이론이 이를 만족시킬 수 있음을 보이자 커다란 파장이 일었다. 그들은 가능한 모든 이형성에 대해 양자 기여를 계산한 후, 특정 힘에 대해서는 이 이형성의 총합이 기적적으로 0이 됨을 보여 주었다.

그린과 슈바르츠의 결과가 그토록 놀라운 이유는, 끈 이론이 대칭성을 깨뜨림으로써 이형성을 만들 우려가 있는 양자 역학적 과정을 허용하기 때문이었다. 하지만 그들은 10차원 끈 이론에서는 이형성을 만들어 내는 양자 역학적 기여의 총합이 0이 된다는 점을 증명했다. 이는 끈 이론이 그간 필요로 했던 많은 상쇄 과정이 실제로 일어날 수 있으며, 더욱이 그것이 10차원(초끈 이론에서 매우 특별한 차원)에서 일어난다는 것을 의미했다. 두 사람의 발견은 많은 물리학자들로 하여금 이렇게 확신하게 할 만큼 충분히 기적적이었다. '이러한 일치는 결코 우연이 아니다!' 이제 이형성 제거는 10차원 초끈 이론을 받쳐 주는 강력한 논거가 되었다.

게다가 그린과 슈바르츠는 적절한 때에 그 일을 마쳤다. 당시 물리학자들은 초대칭성과 중력을 포함시켜 표준 모형을 확장하는 데 실패했기 때문에 뭔가 다른 이론을 고려할 준비가 된 상태였다. 그들은 표준 모형의 모든 힘과 입자를 재현할 수 있는 그린과 슈바르츠의 초대칭성 이론을 무시할 수 없었다. 끈 이론에 부수적으로 따라다니는 성가신 구조에도 불구하고, 초끈 이론은 더 경제적인 다른 이론이 실패한 곳에서 성공을 거두었기 때문이다.

끈 이론을 물리학의 규범 중 하나로 만들어 준 2개의 중요한 연구가 뒤따랐다. 하나는 프린스턴의 공동 연구자들인 데이비드 그로스와 제프 하비(Jeff Harvey), 에밀 마티넥(Emil Marnitec) 그리고 리안 롬(Ryan Rohm)이 1985년에 유도한 '잡종 끈(heterotic string)' 이론이다. 이 용어는 잡종 생물이 부모 세대보다 뛰어난 경우를 일컫는 '잡종 강세(heterosis, 식물학에서는 hybrid vigor라고 한다.)'에서 유래했다. 끈 이론에서는 진동 방식이 끈을 따라 시계 방향이나 반시계 방향으로 진행한다고 본다. '잡종(heterotic)'이라는 말은, 잡종 끈 이론이 끈을 따라 왼쪽으로 나아가는 파동과 오른쪽으로 나아가는 파동을 다르게 다룰 수 있으며, 그 결과 이전의 끈 이론이 다루지 못한 더 흥미로운 힘을 포함할 수 있음을 보여 준다.

잡종 끈의 발견으로 그린과 슈바르츠가 밝힌 이형성을 야기하지 않는 10차원 공간의 힘이 정말로 특별하다는 것이 더욱 확실해졌다. 그린과 슈바르츠는 끈 이론에 포함된 것으로 밝혀진 힘 말고도 이전에 발견할 수 없었던(이론적으로) 힘들의 집합을 끈 이론이 포함할 수 있음을 증명했다. 잡종 끈에서 나타나는 힘은 그린과 슈바르츠가 이형성을 낳지 않는다고 증명한 바로 그 새로운 힘이었다. 잡종 끈 이론 덕분에 이 추가적인 힘들(표준 모형의 힘을 포함한다.)은 참된 끈 이론이 가능할 수도 있음을 보여 주었을 뿐만 아니라 실제 현실에서 나타날 수 있는 힘이라는 것이 밝혀졌다. 끈 이론과 표준 모형을 연결지으려던 물리학자들에게 있어 잡종 끈 이론은 정말 중요한 돌파구였다.

끈 이론의 탁월함을 더욱 공고히 해 준 마지막 발견을 살펴보자. 이 발견은 초끈에 불가결한 여분 차원에 대한 것이었다. 이 발견은 초끈 이론이 내부적으로 모순이 없으며 표준 모형의 힘까지 포함한다는 것을 잘 보여 준다. 하지만 초끈 이론이 말하는 10차원이 잘못된 것이라면 문제가 달라진다. 초끈 이론은 10차원을 요구하지만 우리를 둘러싼 세계는 시간을 포함하여 4차원이다. 이 여분의 6차원을 어떻게든 해야 한다.

현재 물리학자들은 압축 차원, 즉 여분 차원이 압축되어 있다는 생각이 해답을 줄 것이라고 생각한다. 2장에서 설명했듯이 보이지 않는 작은 크기로 공간이 말려 있다는 것이다. 하지만 처음에는 여분 차원이 말려 있다고 설정하는 것은 좋은 끈 이론적 해결책으로 보이지는 않았다. 즉 차원이 말려 있다고 보는 이론들은 7장에서 살펴본 약력의 중요한 (놀라운) 성질을 설명해 주지 못한다는 문제를 안고 있었다. 약력이 왼손잡이 스핀 입자와 오른손잡이 스핀 입자를 다르게 취급한다는 점을 설명하지 못했다. 이는 단순히 기술적인 세부 문제가 아니었다. 표준 모형의 전체 구조가 왼손잡이 입자들만이 약력을 경험한다는 전제 위에 세워져 있기 때문이었다. 그렇지 않다면 표준 모형의 예측은 거의 대부분 맞지 않게 된다.

물론 10차원 끈 이론도 왼손잡이 입자와 오른손잡이 입자를 다르게 취급할 수 있다. 그러나 6개의 여분 차원이 말려 있다면 그렇게 하지 못한다. 6개의 차원이 말려 있다고 보는 4차원 유효 이론에서는 왼손잡이 입자와 오른손잡이 입자가 항상 일대일로 짝을 이루기 때문이다. 왼손잡이 페르미온에 작용하는 모든 힘은 오른손잡이 입자에도 똑같이 작용하고, 그 역도 성립한다. 만약 끈 이론이 이 막다른 골목에서 벗어나지 못한다면 폐기되어야만 했다.

1985년 필립 칸델라스(Philip Candelas)와 게리 호로비츠(Gary Horowitz), 앤디 스트로민저(Andy Strominger) 그리고 위튼은 여분 차원을 압축하는 방식이 중요하다는 것을 깨달았다. 그들은 '칼라비-야우 다양체(Calabi-Yau manifold)'라는 복잡한 압축 방식을 제안했다. 자세한 내용은 복잡해서 말하기 어렵지만, 기본적으로 칼라비-야우 다양체는 왼손잡이 입자와 오른손잡이 입자를 구분하고 반전 대칭성을 깨는 약력을 포함한 표준 모형의 입자와 힘을 재현하는 4차원 이론을 만들 수 있는 가능성을 가지고 있다. 나아가 여분 차원을 칼라비-야우 다양체 형태로 압축하는 과정은 초대칭성을 보존한다.* 칼라비-야우 다양체라는 돌파구 덕분에 초끈 이론은 살아남을 수 있었다.

많은 물리학과에서 초끈 이론이 입자 물리학의 지위를 대체했다. 초끈 혁명은 일종의 쿠데타 같았다. 초끈 이론이 양자 중력을 다루는 동시에 알려진 입자와 힘을 포함하기 때문에, 많은 물리학자들은 초끈 이론을 모든 것의 배후에 있는 궁극적인 이론으로 생각하기에 이르렀다. 실제로 1980년대에 끈 이론은 '만물 이론(Theory of Everything, TOE)'이라는 이름을 얻었다. 끈 이론은 대통일 이론(GUT)보다 훨씬 야심만만했다. 끈 이론은 물리학자들에게 대통일 이론에서의 에너지

• 사실 칼라비-야우 다양체에서 차원 압축은 표준 모형의 특성을 재현해 내는 데 딱 필요한 만큼의 초대칭성을 보존한다. 초대칭성이 너무 많이 남아 있으면 오른손잡이 입자와 왼손잡이 입자가 서로 다른 상호 작용을 할 수가 없다.

보다 훨씬 더 높은 에너지에서 중력을 포함한 모든 힘이 통일될 것이라는 희망을 주었다. 실험적으로 확증되지는 않았어도, 많은 물리학자들은 양자 역학과 중력을 조화시킬 가능성만으로도 끈 이론의 탁월함이 충분히 증명된다고 보았다.

낡은 체제의 끈질긴 지속

끈 이론이 옳다면, 그래서 세계가 궁극적으로 진동하는 끈으로 구성된 것이라면, 기존의 입자 물리학을 폐기해야 할까? 답은 단연코 '아니다.'이다. 끈 이론의 목적은 플랑크 길이보다 짧은 거리에서 양자 역학과 중력을 조화시키는 것이다. 그렇게 되면 진정 새로운 이론이 거기에서부터 등장할 것이다. 따라서 원래 끈 이론(여분 차원 모형을 바탕으로 한 변종 끈 이론 말고)은 플랑크 길이만 한 끈을 다룬다. 이는 종래의 끈 이론과 입자 물리학의 차이가 플랑크 길이 정도의 아주 짧은 거리 범위나 초고에너지인 플랑크 에너지 영역에서나 드러난다는 뜻이다. 이 길이가 너무 짧고, 이 에너지가 너무 높기 때문에 실험으로 측정할 수 있는 에너지 영역에서 끈 이론이 입자 물리학을 대신하지는 않을 것이다.

사실 플랑크 에너지보다 낮은 에너지 영역에서라면 입자 물리학도 잘 맞는다. 크기를 잴 수 없을 정도로 끈이 작다면, 끈은 입자와 다르지 않을 것이며 실험으로 그 차이를 발견할 수도 없다. 1차원 끈은 앞에서 설명한, 말려 있는 극소 여분 차원과 마찬가지로 눈으로 볼 수 없다. 10^{-33}센티미터 정도의 크기를 볼 수 있는 기구가 개발되지 않는 한, 끈은 너무 작아서 볼 수가 없다.

따라서 접근 가능한 에너지에서 끈 이론과 입자 물리학이 같아 보이는 것은 당연하다. 불확정성 원리에 따르면 높은 운동량을 갖는 고에너지 입자가 있어야만 작은 거리를 들여다볼 수 있다. 충분히 높은 에너지가 아니라면, 끈은 가늘고 긴 대상이 아니라 점처럼 보일 수밖에 없다.

원리적으로 끈의 가능한 진동 방식에 대응하는 새로운 입자들을 발견함으로써 끈 이론이 옳다는 증거를 찾을 수 있다. 하지만 이 전략의 문제점은 끈 이론에서 예측되는 새로운 입자 대부분이 10^{19}기가전자볼트라는 플랑크 질량 정도의 굉장히 큰 질량을 가진 무거운 입자라는 점이다. 실험적으로 측정되는 가장 무거운 입자의 질량이 200기가전자볼트라는 것과 비교해 보면 이 끈 이론 입자의 질량이 무척 크다는 점을 알 수 있다.

끈의 장력(tension, 끈을 늘리는 것에 저항하는 힘으로 끈이 얼마나 쉽게 진동할 수 있는지, 얼마나 무거운 입자를 만들지를 결정한다.)이 어마어마하게 크기 때문에 끈의 진동을 통해 추가로 생겨나는 새로운 입자의 질량은 클 수밖에 없다. 끈의 장력은 플랑크 에너지에 따라 정해진다. 이 장력이 없으면 초끈 이론은 중력자의 정확한 상호 작용 세기(따라서 중력의 정확한 상호 작용 세기)를 재현할 수 없다.[25] 끈의 장력이 클수록 진동을 만들기 위한 에너지가 커진다. 이는 팽팽한 활시위를 당기는 것이 느슨한 것을 당기는 것보다 어려운 것과 마찬가지다. 그리고 이 높은 에너지는 끈의 진동에 의해 생긴 여분의 입자들의 질량으로 전환된다. 이러한 플랑크 질량의 입자들은 너무나도 무거워서 현재(아마 미래에도) 어떤 입자 가속기로도 만들어 낼 수 없다.

따라서 끈 이론이 옳다고 해도 그 증거가 되는 무거운 새 입자를 발견하기는 어려워 보인다. 현재 실험 에너지는 끈 이론이 요구하는 에너지의 10^{16}분의 1에 불과하다. 우리가 앞으로 논의할 여분 차원 모형을 통한 가능성을 제외한다면, 새로운 입자들이 어마어마하게 무겁기 때문에 끈 이론의 실험적 증거를 발견할 확률은 매우 낮다.

대부분의 끈 이론은 길이가 아주 짧고 장력이 무척 센 끈을 제안하므로, 가속기로 실현 가능한 에너지 수준에서 끈 이론을 뒷받침할 증거를 찾을 수는 없을 것이다. 실험 결과를 예측하는 데 몰두해 있는 입자 물리학자들은, 끈 이론을 무시한 채, 지금껏 사용해 온 4차원 양자장 이론을 적용해서 아직까지 올바른 결과를 얻어내고 있다. 10^{-33} 센티미터보다 큰 크기 혹은 10^{19}기가전자볼트보다 낮은 에너지 영역에 한해서 이전에 입자 물리학의 저에너지 결과들에 대해 생각했던 것들은 아무것도 달라지지 않는다. 양성자의 크기가 10^{-13}센티미터이고 현재 가속기가 도달할 수 있는 최대 에너지가 1,000기가전자볼트라는 사실을 볼 때 입자 물리학의 예측은 꽤 훌륭한 수준으로 만족할 만하다.

하지만 저에너지 현상에 관심이 많은 입자 물리학자라고 해도 끈 이론에 관심을 가질 이유는 충분하다. 끈 이론은 막이나 여분 차원 같은 새로운 개념들을 소개했다. 이 수학적·물리학적 아이디어들은 그 전에 누구도 상상해 보지 못한 것들이었다. 비록 4차원에서지만, 끈 이론은 초대칭성이나 양자장 이론, 양자장 이론이 포함하는 힘들에 대한 이해를 개선했다. 물론 끈 이론이 중력을 양자 역학적으로 모순 없이 기술할 수 있다면 이것만으로도 대단한 성취일 것이다. 이런 장점들만으로도 실험 가능한 현상에 몰두해 있는 사람들도 끈 이론을 가치 있게 여기기 충분할 것이다. 끈을 관찰하는 것이 불가능에 가까울 만큼 매우 어렵지만, 끈 이론이 도입한 이론적인 아이디어들은 우리 세계와 연관되어 있을 것이다. 끈 이론의 생각 중 어떤 것이 우리 세계를 비춰 줄지 곧 살펴보기로 하자.

혁명의 여파

'초끈 혁명'이 정점에 이르렀던 1984년, 나는 하버드 대학교의 대학원생이었다. 당시 연구를 막 시작한 입자 물리학자들 앞에는 두 갈래의 길이 있었다. 프린스턴 대학교의 위튼과 그로스의 뒤를 이어 끈 이론을 파고들 수도 있었고, 하버드의 조자이와 글래쇼의 연구실에 들어가 실험 결과를 얻을 수 있는 입자 물리학자가 될 수도 있었다. 같은 문제에 관심을 둔 물리학자들이 그토록 명확하게 구분된다는 것을 믿기 어렵겠지만, 두 그룹의 연구 노선은 확연히 달랐다.

하버드 대학교는 여전히 입자 물리학에 열광하고 있었고 끈 이론은 대체로 관심 밖이었다. 입자 물리학과 우주론에도 풀리지 않은 문제가 있다. 그 문제들을 해결하기 전에 무시무시한 수학의 지뢰밭이 있는 위험한 끈 이론에 뛰어들 필요가 있을까? 측정 불가능한 영역까지 손을 대는 것이 물리학에서 용서가 될까? 하버드에는 더 전통적인 방법으로 입자 물리학의 표준 모형을 넘어서 보려는 똑똑한 여러 연구자들과 번뜩이는 수많은 아이디어가 있었다. 그곳의 물리학자들이 초끈 이론으로 배를 옮겨 타기에는 여러모로 동기가 부족했다.

반면 프린스턴의 물리학자들은 초끈 이론의 문제점이 조만간 모두 해결될 것이고 따라서 끈 이론이 미래의(그리고 현재의) 물리학이 되리라고 확신했다. 당시 초끈 이론은 초기 단계였다. 몇몇은 시간과 인력이 확보되기만 한다면(물론 그들이 일차적인 연구 인력이었다.) 결국 끈 이론에서 우리가 알고 있는 기존의 물리학을 유도해 낼 수 있다고 믿었다. 잡종 끈에 대한 1985년의 논문에서 그로스와 공동 연구자들은 "아직 할 일이 많이 남아 있지만, 잡종 끈 이론으로부터 기존 이론의 유도를 가로막는 '넘기 어려운' 장애물은 없을 것이다."라고 썼다.* 끈 이론은 '만물 이론(TOE)'가 될 것이었고 프린스턴은 이 도전의 선봉에 섰다. 그곳의 물리학자들은 끈 이론이 미래로 향한 길이라고 굳게 믿었고 끈을 다루지 않는 입자 물리학자들은 학과에서 사라질 것이라고 확신했다. 이 잘못된 예견을 프린스턴 물리학자들은 아직도 수정하지 않고 있다.

오늘날 우리는 끈 이론이 직면한 장애물이 "넘기 어려운" 것인지 아닌지 쉽게 답하지 못한다. 하지만 분명 장애물들이 있다. 상당수의 중요한 문제가 여전히 풀리지 않은 상태다. 끈 이론이 아직 풀지 못한 문제를 해결하려면 물리학자들과 수학자들이 지금까지 발전시켜 온 방법을 훌쩍 뛰어넘는 수학적 도구나 근본적으로 새로운 접근법이 필요하다.

조지프 폴친스키(Joseph Polchinski)는 널리 읽히고 있는 자신의 끈 이론 교과서에서 "끈 이론은 큰 틀에서는 실제 세계를 닮았다."라고 썼다.** 어떤 점에서는 정말 그렇다. 끈 이론은 표준 모형의 힘과 입자를 포함할 수 있으며 나머지 차원을 압축할 수 있다면 4차원 이론이 될 수도 있다. 하지만 끈 이론이 표준 모형을 포함할 여지가 있었음에도, 이상적인 표준 모형 후보를 찾으려는 시도는 20년이 지난 지금도 완료될 가망이 없어 보인다.

- D. Groos, J. Harvey, E. Martinec, and R. Rohm, "Heterotic string theory (I): The free heterotic string" *Nuclear Physics B*, vol. 256, 253~284쪽 (1985).
- ** Joseph Polchinski, *String Theory, Vol I: An Introduction to the Bosonic String* (Chambridge University Press, 1998).

물리학자들은 처음에 끈 이론을 통해 세계가 왜 그처럼 보이는지에 대한 최종적인 하나의 답을 얻으리라고 기대했다. 하지만 현재 끈 이론 진영에는 서로 다른 힘과 차원 그리고 서로 다른 입자들의 집합을 가진 여러 개의 모형이 존재한다. 우리가 찾고자 하는 것은 우리가 보는 우주와 일치하는 모형이며, 그 모형(힘, 차원, 입자의 집합)이 특별한 이유이다. 그러나 지금 우리는 끈 이론의 수많은 가능성 중에서 어떤 것을 선택해야 하는지 모르고 있다. 게다가 그중 어떤 것도 현실과 딱 들어맞는 것으로 보이지는 않는다.

예를 들어 칼라비-야우 공간 압축은 기본 입자들의 세대가 몇 개인지를 결정할 수 있다. 표준 모형의 세대의 수인 3은 단지 여러 가능한 수 중 하나일 뿐이다. 하지만 가능한 칼라비-야우 공간 압축이 하나만 있는 것은 아니다. 끈 이론 연구자들은 처음에는 칼라비-야우 공간 압축이 특정한 공간 형태를 선택해 유일한 물리학 이론을 줄 것이라고 희망했지만 곧 낙담했다. 스트로민저는 내게 칼라비-야우 공간 압축을 발견하고 그게 유일한 것이라고 생각했지만 일주일 만에 곧 동료인 게리 호로비츠(Gary Horowitz)가 여러 개의 다른 가능성을 발견한 적이 있다는 이야기를 들려주었다. 스트로민저는 나중에 야우에게 가능한 칼라비-야우 공간 압축이 수만 개나 있다는 것을 들었다. 현재는 칼라비-야우 공간 압축에 기반한 끈 이론들은 기본 입자의 세대를 수백 개씩 가지고 있는 것으로 밝혀졌다. 엄청나게 많은 칼라비-야우 공간 압축 중 어느 것이 맞는 것일까? 왜 그것이 맞을까? 끈 이론에는 말려 있는 차원이 있어야 하지만(그렇지 않다면 그 차원은 보여야 한다.), 끈 이론가들은 말려 있는 차원의 크기와 모양을 결정하는 원리를 여전히 밝히지 못했다.

게다가 끈 이론에는 끈을 따라 여러 번 진동함으로써 새롭게 생겨나는 무거운 입자들뿐만 아니라 질량이 작은 입자들(아직 발견되지 않은 새로운 입자들이다.)도 포함되어 있다. 만약 끈 이론의 예측에 따라 이 가벼운 입자가 존재한다면 실험을 통해 이들을 볼 수 있어야 한다. 대다수의 끈 이론 모형은 우리가 현재 관측하는 것보다 훨씬 더 많은 가벼운 입자와 힘이 저에너지 상태에서 존재한다고 본다. 그렇다면 왜 그 가벼운 입자는 보이지 않고 우리가 지금 보는 입자들만이 관측되는 것일까?

끈 이론으로 현실을 설명하는 것은 매우 복잡한 문제다. 물리학자들은 여전히 끈 이론이 유도해 낸 중력 및 입자들과 힘들을 어떻게 해야 현실 세계와 일치시킬 수 있는지 밝혀내지 못했다. 그러나 입자, 힘, 차원에 대한 이런 문제는 엄청나게 큰 우주의 에너지 밀도 문제에 비하면 아무것도 아니다. 우주의 에너지 밀도 문제는 마치 조그만 방에 커다란 코끼리를 가두어 놓은 것에 비유할 만하다.

입자가 없다고 해도 우주는 진공 에너지라는 에너지를 갖을 수 있다. 일반 상대성 이론은 이 에너지가 공간의 수축, 팽창이라는 물리적 효과를 낼 수 있다고 본다. 진공 에너지가 양수이면 우주의 팽창은 가속되고, 진공 에너지가 음수이면 우주를 붕괴로 이끈다. 진공 에너지는 아인슈타인이 1917년에 처음으로 제안했다. 그는 일반 상대성 이론 방정식의 정적인 해를 찾기 위해, 물질의 중력 효과를 상쇄시키는 진공 에너지가 있다는 제안을 했다. 1929년 에드윈 허블이 발견한 우주 팽창이나 다른 여러 이유들로 아인슈타인은 이런 생각을 포기했지만 우리 우주에 진공 에너지가 존재하지 않을 이론적인 이유는 존재하지 않는다.

천문학자들은 최근 우리 우주의 진공 에너지를 측정했는데(진공 에너지는 암흑 에너지 또는 우주 상수라고도 불린다.), 그 값이 작기는 해도 양수라고 한다. 천문학자들은 멀리 떨어진 초신성들이 멀어지는 속도가 빨라지는 것을 관측해서 그 사실을 알아냈다. 초신성이 가속하면서 멀어지지 않을 때 가져야 하는 원래 밝기보다 어둡게 보인다는 것을 확인한 것이다. 초신성과 대폭발 때 만들어진 광자의 흔적(우주 배경 복사)을 자세히 관측함으로써 우주 팽창이 가속된다는 사실을 알아냈다. 이는 진공 에너지가 작지만 양수라는 점을 뒷받침한다.

　우주 팽창의 관측은 무척 자극적인 일이다. 그러나 이 연구는 또한 중대한 문제를 야기했다. 측정된 우주 팽창 가속도는 매우 작다. 이것은 진공 에너지 값이 0은 아니지만 무척 작다는 것을 뜻한다. 이론상의 문제는 관측된 진공 에너지가 너무 작다는 점이다. 끈 이론 계산에 따르면 진공 에너지는 훨씬 더 커야 한다. 만약 진공 에너지가 그처럼 큰 값을 가지면 초신성 가속은 측정하기 어려운 것이 아니었을 것이다. 오히려 쉬웠을 것이다. 그러나 진공 에너지가 크면 다른 중요한 문제를 야기한다. 진공 에너지가 큰 음숫값을 갖는다면 우주가 오래전에 수축해서 사라졌을 것이고, 큰 양숫값을 갖는다면 우주가 너무 빨리 팽창해서 아무것도 남지 않았을 것이다

　끈 이론은 우주의 진공 에너지가 현재의 우주를 설명할 수 있을 만큼 작아야 하는 이유를 설명해야만 한다. 입자 물리학자들도 답이 없기는 마찬가지다. 하지만 끈 이론과 달리 입자 물리학자들은 양자 중력 이론을 목표로 삼지는 않는다. 입자 물리학자의 꿈은 끈 이론 연구자들의 야망보다는 소박하다. 진공 에너지를 설명하지 못하는 입자 물리학은 만족스럽지 못한 정도이지만, 잘못된 에너지 값을 내놓는 끈 이론은 살아남기 어렵다.

　왜 에너지 밀도가 터무니없이 작은가에 대한 의문은 전혀 풀리지 않았다. 맞는 설명은 있을 수 없다고 믿는 물리학자도 있을 정도이다.

끈 이론은 변수가 하나만 있는 유일한 이론(끈의 장력이라는 변수만 가지고 있다.)이지만 끈 이론가들은 여전히 우주의 양상을 설명하는 데 속수무책이다. 대다수 물리학 이론은 그 이론이 예측할 수 있는 물리적 구성 가운데 어떤 것이 타당한지 결정하는 물리학적 원리를 갖고 있다. 예를 들어 대부분의 계는 에너지가 가장 낮은 상황에서 안정된다는 원리가 그것이다. 하지만 끈 이론에는 이 기준을 적용하기 어렵다. 진공 에너지가 다른 물리 상황이 무한히 많이 있어 보이는 데다가, 그중 어떤 것이 더 나은지 알아낼 길이 없어 보이기 때문이다.

일부 초끈 이론 연구자들은 여러 끈 이론 중 1개의 맞는 이론을 찾으려는 시도를 더 이상 하지 않는다. 그들은 말려 있는 차원이 가질 수 있는 크기와 모양이 무엇인지 그리고 우주가 가질 수 있는 에너지가 다른 값을 가질 수는 없는지 살펴보고, 끈 이론은 우리 우주를 포함하여 엄청난 수의 있을 법한 우주들로 기술되는 풍경의 윤곽을 그릴 뿐이라는 결론을 내린다. 이런 끈 연구자들은 끈이 주는 진공 에너지 값이 오직 하나라고 생각하지 않는다. 그들은 우주에는 서로 다른 진공 에너지를 가진 채 서로 떨어져 있는 수많은 부분들이 있으며, 우리가 살고 있는 부분이 우연히 우리가 알고 있는 진공 에너지 값을 갖고 있는 것이라고 생각한다. 수많은 가능한 우주 중에서 은하나 별 같은 구조물이 형성될 수 있었던(실제로 형성되었던) 우주에서만 우리 인류가 탄생할 수 있었다는 것이다. 이 물리학자들은 현재보다 조금이라도 높은 진공 에너지를 갖는 우주는 모두 은하 같은 기타 우주 구조들을 만들 수 없고 따라서 우리가 존재할 수도 없기 때문에, 우리는 믿을 수 없을 만큼 비현실적인 확률로 현재의 진공 에너지를 갖게 된 우주에 살고 있다고 생각한다.

이러한 설명을 '인간 원리(anthropic principle, 인류 원리라고도 한다.—옮간이)'라고 부른다. 인간 원리는 우주의 모든 특성을 예측하려는 끈 이론의 원래 목적에서 한참 벗어나 있다. 이 원리를 좇으면 우리는 진공 에너지가 작은 것에 대해 설명할 필요가 없다. 각각 다른 진공 에너지 값을 갖는 우주들이 서로 격리되어 존재하고, 우리는 그중 구조가 생성될 수 있는 극히 드문 우주 중 하나에 살고 있을 뿐이니 말이다. 이 우주에서 에너지 값은 터무니없이 작고, 극히 예외적인 끈 이론만이 이 작은 값을 예측할 수 있다. 어쨌든 우리는 그처럼 작은 에너지를 갖는 우주에서만 존재할 수 있다. 앞으로 연구가 더 진행되면 인간 원리는 아마도 사라지거나 혹은 더 철저한 탐구를 통해 정당성을 획득할지도 모른다. 그러나 안타깝게도 그 원리를 검증하는 것은 (불가능하지는 않겠지만) 어려운 일이다. 인간 원리를 따르는 세계는 결코 흡족한 시나리오가 아니다.

어쨌든 끈 이론이 궁극적으로는 세계를 근본적으로 설명해 줄 수 있는 유일한 이론이라고는 해도, 현단계에서는 결코 세계의 특성을 구체적으로 예측해 내지 못하고 있다. 여기에서 또다시 우리는 대칭성을 갖는 아름다운 이론을 우리 우주의 물리적 현실과 어떻게 연결시켜야 하는가 하는 질문과 마주치게 된다. 가장 단순한 끈 이론의 형식화는 지나치게 대칭적이다. 다 달라야 하는 수많은 차원, 입자들, 힘들이 똑같은 발판 위에 서 있는 것처럼 보인다. 표준 모형 그리고 우리가 보는 세계를 끈 이론으로 설명하기 위해서는 이 대칭성이라는 거대한 질서가 무너져야 한다. 대칭성이 깨지고 나면, 어느 대칭성이 깨졌는지, 어느 입자가 무거워졌는지 그리고 어떤 차원이 구별되어 드러났는지에 따라 여러 형태를 띤 끈 이론 중 하나의 끈 이론이 분명하게 모습을 드러낼 것이다.

끈 이론은 디자인은 아름답지만 몸에는 잘 맞지 않는 옷처럼 보인다. 끈 이론의 현재 상태는 옷걸이에 옷을 걸어 두고서 훌륭한 바느질 솜씨와 섬세하게 직조된 무늬에 감탄할 수는 있지만(끈 이론은 정말 아름답다.), 몸에 맞게 조정하기 전에는 그 멋진 옷을 입을 수 없는 상황과 마찬가지이다. 끈 이론이 우리가 아는 세계와 잘 맞았으면 좋겠다. 하지만 모두에게 맞는 사이즈, 즉 프리사이즈는 사실 누구에게도 잘 맞지 않는다. 지금 우리는 끈 이론을 재단할 올바른 도구가 있는지조차 판단하기 어려운 지경이다.

끈 이론의 의미를 온전히 알지도 못하는 데다가, 앞으로 어떻게 될지조차 확실하지 않기 때문에, 어떤 물리학자들은 끈 이론을 극소 영역에서만 상대성 이론과 양자 역학의 모순을 해결해 주는 이론 정도로 단순하게 생각하기도 한다. 하지만 대부분의 끈 이론가들은 끈 이론이 우주의 특성을 정확히 기술해 주는 이론이나 최소한 그것에 근접한 것이라고 확신한다.

해결해야 할 과제가 많다는 것은 분명하다. 우리 세계를 설명하는 데 끈 이론이 확실하고도 결정적인 장점을 갖는다고 말하기는 아직 너무 이르다. 더욱 정교한 수학적인 도구가 나와 물리학자들이 끈 이론을 제대로 이해하게 되거나, 끈 이론을 우리 주위의 우주에 적용함으로써 얻은 물리학적인 통찰을 통해 결정적인 단서를 얻게 될지도 모른다. 끈 이론의 미해결 과제는 수학자들과 물리학자들이 지금까지 발전시킨 방법을 훨씬 뛰어넘는, 근본적으로 새로운 접근 방식을 요구한다.

그럼에도 불구하고 끈 이론은 주목할 만한 이론이다. 끈 이론은 이미 중력, 차원, 양자장 이론에 중요한 통찰을 던져 주었으며 양자 중력에 대한 여러 이론 중 가장 유력한 후보이다. 또한 끈 이론은 믿을 수 없을 만큼 아름다운 수학적인 발전을 이끌어냈다. 그러나 아직 부족하다. 끈 이론 연구자들은 끈 이론을 세계에 적용하겠다는 1980년대의 약속을 지키기 위해 노력해야 한다. 우리는 아직 끈 이론의 의미를 대부분 모르고 있다.

공정하게 말해 입자 물리학의 문제들도 곧바로 해결되지는 않을 것이다. 1980년대에 제기된 입자 물리학의 많은 문제들이 여전히 미궁에 빠져 있다. 기본 입자들의 질량이 왜 그처럼 서로 다른지, 계층성 문제에 대한 정확한 답은 무엇인지 등이 그것이다. 게다가 모형 구축자는 무수히 많은 가능성 중에서 어떤 이론이 표준 모형 너머의 세계를 정확히 설명하는지 밝혀 줄 실험적 단서를 그저 기다리는 중이다. 테라전자볼트 이상의 에너지를 탐사하기 전까지는 우리가 관심을 가진 이런 문제에 대한 답을 얻기가 어려워 보인다.

오늘날 끈 이론가와 입자 물리학 연구자들 모두는 1980년대보다 냉정한 시각으로 자신들의 이해 수준을 평가하고 있다. 우리는 난제에 도전하고 있으며 답을 구하는 데에는 많은 시간이 걸릴 것이다. 하지만 지금은 꽤 흥미로운 시기이며, 미해결 문제가 많음에도 불구하고(아마도 그렇기 때문에) 물리학의 미래를 낙관적으로 바라볼 충분한 이유가 있다. 현재 물리학자들은 입자 물리학과 끈 이론의 결과물들을 더 잘 이해하고 있으며, 열린 태도를 가진 물리학자들은 두 그룹의 성취를 모두 이용할 준비가 되어 있다. 이 중립 지대가 바로 나와 내 동료들과 몇몇 물리학자들이 선호하는 곳이자 앞으로 우리가 간단하게나마 살펴볼 흥미로운 결과들과 연결되는 지점이다.

기억해야 할 것들

- 광자가 전자기력을 전달하듯 중력자는 중력을 전달한다.
- 끈 이론에 따르면 세계의 근본 요소는 점 같은 입자가 아니라 길이를 가진 '끈'이다.
- 나중에 여분 차원 모형을 다룰 때에는 끈 이론을 직접 이용하지는 않을 것이다. 극소한 플랑크 길이(10^{-33}센티미터)보다 큰 영역에서는 입자 물리학으로 충분하다.
- 하지만 끈 이론은 새로운 개념과 분석 도구를 도입했다는 점에서 낮은 에너지 영역을 다루는 입자 물리학에서도 중요한 역할을 한다.

15장
조연에서 주연으로 가는 경로 : 막의 발전

세포막(membrane)도 맛이 갔어 뇌(brain)도 맛이 갔어.
— 사이프레스 힐

● 미국의 힙합 그룹 사이프레스 힐(Cypress Hill)의 「뇌가 맛이 갔어(Insane in the Brain)」에서.──옮긴이

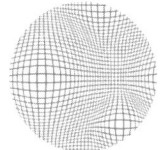

아이크 러시모어 42세는 극소한 플랑크 길이의 세계에 한 번 더 들어가기로 결심했다. 행복하게도 고성능으로 업그레이드한 그의 Alicxvr는 완벽하게 작동했고 그는 끈으로 가득 찬 10차원 우주에 안착했다. 새로운 환경을 탐험하려는 열망으로 가득 찬 아이크는 지베이(Gbay)에서 막 구입한 하이퍼드라이브 장치를 가동했다. 그는 끈들이 서로 충돌하고 얽히는 마법 같은 세계를 넋을 잃고 바라보았다.

아이크는 Alicxvr가 고장나면 어쩌나 하고 걱정하면서도 이 새로운 세계에 대해 좀 더 알고 싶어졌다. 그래서 그는 하이퍼드라이브 장치의 가동 레벨을 올렸다. 그러자 끈이 좀 더 빈번하게 충돌했다. 하지만 그가 가동 레벨을 한층 더 올리자, 전혀 알아볼 수 없는 새로운 환경과 맞닥뜨리게 되었다. 그곳은 아이크가 보기에 시공간이 제대로 있는지조차 말할 수 없는 상태였다. 하지만 그는 하이퍼드라이브 장치의 가동 레벨을 계속 올렸다. 그러자 너무나 이상하게도 시공간이 다시 제 모습을 드러냈다.[26]

그러나 그가 있는 시공간은 보통의 시공간과는 무척 다른 것이었다. 그곳은 아이크가 처음 도착한 10차원 초끈 우주가 아니라 입자와 막이 있는 11차원 우주였다. 그리고 기이하게도 이 새로운 우주에서는 상호 작용이 그다지 활발하지 않은 것 같았다. 조종 장치를 돌아본 아이크는 하이퍼드라이브 장치의 레버가 이상하게 낮은 레벨 상태로 돌아와 있음을 발견했다. 그는 당황하여 화를 내면서 레버를 다시 올려 가동 레벨을 올리려고 해 보았지만 레버는 원래 위치로 돌아왔다. 조종 장치를 점검하던 아이크는 또 레버가 낮은 위치에 내려가 있는 것을 발견하게 되었다.

아이크는 자신의 Alicxvr가 오작동을 한 것이 아닐까 생각했다. 하지만 최신 설명서를 꼼꼼히 읽어 본 후 그는 Alicxvr의 작동은 완벽했다고 결론 내렸다. 10차원 끈 이론을 가지고 하이퍼드라이브 장치를 높은 가동 레벨에서 작동시키는 것은 11차원 이론을 가지고 하이퍼드라이브 장치를 낮은 가동 레벨에서 작동시키는 것과 같기 때문이었다. 물론 그 역도 마찬가지이다.

설명서에는 하이퍼드라이브 장치가 매우 높거나 매우 낮지 않은 가동 레벨에서 작동할 때 어떤 일이 일어나는지에 대해서는 아무런 설명도 없었다. 그래서 아이크는 스페이서넷(spacer.net)에 들어가서 이 문제를 개선한 장치를 구입하기 위한 대기자 명단에 이름을 올렸다. 하지만 Alicxvr 설계자는 이 새로운 장치가 앞으로 1,000년 안에 만들어질 것이라는 말만 하고 있었다.

오늘날 물리학에서 '끈 이론'은 끈에 대한 이론이 아니다. 이론 물리학자인 마이클 더프(Michael Duff)는 "끈 이론은 예전에 끈 이론으로 알려졌던 이론"이라고 익살스럽게 표현했다. 끈 이론은 더 이상 단순히 1차원 공간을 따라 늘어나 있는 끈에 대한 이론만이 아니라 2차원, 3차원 또는 그 이상의 공간에 펼쳐져 있는 '막(brane)'에 대한 이론이기도 하다.[27] 막은 끈 이론이 포함할 수 있는 차원이라면 몇 차원으로든 확장될 수 있으며, 현재 초끈 이론에서 끈만큼이나 중요한 위치를 차지하고 있다. 예전에 이론 물리학자들은 막을 무시했었다. 끈의 상호 작용 세기가 작아 막의 상호 작용이 중요하지 않은 상황에서 끈 이론을 연구했기 때문이었다. 그러나 막은 끈 이론이라는 그림 맞추기 퍼즐을 완성시켜 주는 잃어버린 조각이었다.

이 장에서는 흥미로운 호기심거리로 다뤄지기는 했지만 제대로 취급받지 못한 막이 끈 이론의 중요한 배역을 맡게 되기까지의 과정을 기술할 것이다. 그리고 1990년대 중반 이후 막이 끈 이론의 여러 문제들을 어떻게 해결하는지를 보게 될 것이다. 막의 도움으로 물리학자들은 끈 자체에서는 생겨나는 게 불가능했던 끈 이론 내의 신기한 입자들의 기원을 이해할 수 있게 되었다. 한편 물리학자들이 막을 끈 이론에 포함시키자, 서로 다르지만 같은 물리 결과를 주는 '쌍대적인 이론(dual theory)'들이 발견되었다. 앞부분에서는, 이 장에서 다루게 될 10차원 끈 이론과 끈은 없고 막만 존재하는 11차원 초중력 이론이 같다는 '쌍대성(duality)'의 놀라운 예를 살펴볼 것이다.

또한 이 장에서 'M 이론(M-theory)'에 대해 이야기할 것인데, M 이론은 초끈 이론과 11차원 초중력 이론을 포함하는 11차원 이론이며, 그 존재는 막에 대한 통찰을 통해 유도되었다. 하지만 아무도 실제로 'M'이 의미하는 것이 무엇인지 알지 못하는데, 그 이유는 이 말을 처음 고안한 위튼이 일부러 의미를 모호하게 해 두었기 때문이다. 'M'이 '막(membrane)', '마법(magic)', '미스터리(mystery)'를 의미한다는 이야기들이 있다. 나는 M 이론을, 제안되었지만 완전히 이해하지 못하는 '잃어버린 이론(Missing theory)'이라고 부르겠다. M 이론에 여전히 많은 문제들이 미해결인 채 남아 있지만, 막 연구로 M 이론의 더 복잡하고 포괄적인 구조에 필요한 이론적인 연결 고리들이 밝혀졌다. 이것이 요즘 끈 이론 연구자들이 막을 연구하는 이유이다.

이 장은 1980년대에 시작된 끈 이론이 1990년대에 어떻게 발전했는지를 소개하면서 물리학의 최신 동향을 보여 줄 것이다. 이 장에 소개된 대부분의 내용은 막을 입자 물리학에 응용하는 데에는 중요하지 않은 것들이다. 게다가 나중에 살펴볼 '막 세계 가설(brane world conjecture)'도 이 장에서 기술할 현상들 어느 것과도 직접적으로 관계가 없다. 따라서 원하면 이 장을 건너뛰어도 좋다. 하지만 괜찮다면 끈 이론에서 막이 중요한 자리를 차지하게 된, 끈 이론의 놀라운 발전의 역사를 알 수 있는 기회를 놓치지 않기 바란다.

초창기의 막

3장에서 우리는 막이 공간 차원들 중 일부에서 펼쳐져 있을 수 있음을 보았다. 예를 들면 벌크는 더 많은 차원을 포함하고 있지만 막은 오직 3차원 공간에서만 펼쳐져 있을 수 있었다. 여분 차원이 막에서 끝날 수 있었다. 다른 말로 하면 막은 여분 차원의 경계가 될 수 있었다. 또한 우리는 막이 입자를 가질 수 있으며, 그 입자는 막이 펼쳐져 있는 공간 차원을 따라서만 움직일 수 있다는 것을 보았다. 다른 공간 차원이 더 있어도 막에 구속되어 있는 입자들은 막 위라는 제한된 영역에서만 움직일 것이며, 따라서 결코 여분 차원의 벌크 공간 전체를 돌아다닐 수는 없었다.

   이제 막이 단순한 장소만이 아님을 보게 될 것이다. 막 자체가 일종의 물체이다. 막(brane)은 막(membrane)과 같은 실체이다. 막은 떨리거나 움직일 수 있을 만큼 느슨한 상태일 수도 있고 움직이지 못할 정도로 팽팽하게 당겨져 있는 상태일 수도 있다. 또한 막은 전하를 띨 수 있기 때문에 힘을 통해 상호 작용할 수 있다. 게다가 막은 끈이나 다른 물체들이 어떻게 움직여야 하는지에 영향을 줄 수도 있다. 이 모든 성질들로부터 막은 끈 이론에 꼭 필요한 것임을 알 수 있다. 즉 모순 없는 끈 이론을 형식화하려면 반드시 막을 포함해야 한다.

   1989년 텍사스 대학교의 진 다이(Jin Dai)와 로브 레이(Rob Leigh) 그리고 조지프 폴친스키는 끈 이론 방정식에서 D 막이라고 하는 특별한 종류의 막을 수학적으로 발견했다. 한편 체코의 물리학자 페트르 호라바(Petr Hořava) 또한 독립적으로 이를 발견했다. 닫힌 끈이 폐곡선인 고리를 만드는 것과 달리 열린 끈은 자유로운 두 끝을 가지고 있다. 이 끝은 어딘가 있어야 하는데 끈 이론에서 열린 끈의 끝은 D 막 위에만 있을 수 있다('D'는 19세기 독일 수학자인 페터 디리클레(Peter Dirichlet)의 이름에서 따온 것이다.). 벌크는 막을 하나 이상 포함할 수 있기 때문에 모든 끈의 끝이 같은 막에 있을 필요는 없다. 하지만 폴친스키, 다이, 레이 그리고 호라바는 모든 끈의 끝점은 막 위에 있어야 하고 끈 이론이 이 막들이 가져야 하는 성질과 차원을 알려 준다는 것을 발견했다.

어떤 막들은 3차원을 따라 펼쳐져 있을 수 있지만 다른 것들은 4차원, 5차원 또는 그 이상의 차원을 따라 펼쳐져 있을 수 있다. 사실 끈 이론은 9차원까지 몇 차원에서나 펼쳐져 있을 수 있는 막을 포함하고 있다. 일반적으로 끈 이론에서 막에 이름을 붙일 때 그 막이 펼쳐져 있는 공간 차원의 수를 가져다 쓴다(결코 시공간의 수가 아니다.). 예를 들어 3 막은 3차원 공간(시공간으로는 4차원)에 펼쳐져 있는 막이다. 관찰 가능한 세계에 막이 미치는 영향들을 살펴본다고 한다면, 3 막이 가장 중요할 것이다. 그러나 이 장에서 살펴볼 막의 응용을 감안해 본다면 다른 차원을 가진 막 또한 중요한 역할을 한다는 것을 알게 될 것이다.

끈 이론에서는 여러 종류의 막들이 생겨난다. 막들은 몇 차원에 펼쳐져 있는가뿐만이 아니라 전하, 모양 그리고 곧 알게 될 '장력'이라는 중요한 성질에 따라 구별된다. 우리는 막이 실제 세계에 존재하는지 알지 못한다. 하지만 끈 이론에서 존재할지도 모른다고 하는 막이 어떤 종류인지는 알고 있다.

처음 발견되었을 때 막은 단지 호기심의 대상에 불과했다. 당시에는 그 누구도 상호 작용하거나 움직이는 막을 끈 이론에 포함시켜야 하는 이유를 알지 못했다. 끈 이론 연구자들이 처음 가정했던 것처럼, 끈이 약하게만 상호 작용한다면 D 막은 굉장히 팽팽해서 그저 제자리에 있기만 할 뿐, 끈의 움직임이나 상호 작용에 어떤 영향도 미치지 못했을 것이다. 그리고 막이 벌크의 끈과 반응하지 않는다면 막은 단지 이론을 번잡하게 하는 불필요한 존재에 지나지 않을 터였다. 막은 어떤 위치나 장소일 뿐이고 중국의 만리장성이 주위 사람들의 일상생활에 영향을 거의 미치지 않는 것처럼 막도 끈의 운동이나 상호 작용에 영향을 미치지 못할 것이라고 생각했다. 게다가 물리학자들은 막이 '모든 차원은 동등하다.'는 그들의 직관을 깬다는 이유로 막을 끈 이론과 현실을 연결하는 작업에 포함시키고 싶어 하지 않았다. 막은 막이 펼쳐져 있는 공간 차원과 그렇지 않은 공간 차원을 구별하는데, 알려진 물리 법칙은 모든 공간 차원을 동등하게 취급한다. 끈 이론만 이와 다를 이유가 없지 않은가!

우리는 또한 공간상의 어느 한 점에서의 물리학이 다른 점에서의 물리학과 동일하기를 기대한다. 하지만 막은 이런 대칭성마저도 깨 버린다. 막은 어떤 공간 차원을 따라서는 무한히 멀리 펼쳐져 있다고 해도 어떤 공간 차원에서는 한 점에 고정되어 있다. 막은 모든 공간으로 펼쳐져 있지 않다. 하지만 막의 위치가 고정되어 있는 방향에서는 막에서 1센티미터 떨어져 있는 것과 1미터 또는 1킬로미터 떨어져 있는 것은 동일하지 않다. 막에 향수를 뿌렸다고 상상해 보자. 당신은 틀림없이 당신이 막 근처에 있는지 또는 멀리 있는지 알 수 있을 것이다.

이런 이유들로 끈 이론 연구자들은 초기에 막을 무시했다. 그러나 막이 발견되고 약 5년이 지난 후 끈 이론 연구 그룹에서 막의 위상은 극적으로 향상되었다. 1995년 폴친스키는 막이 끈 이론에 반드시 필요하며 끈 이론의 최종적인 형식화에서 중요한 역할을 수행하는 동역학적인 물체임을 증명함으로써 끈 이론의 지위에 돌이킬 수 없는 변화를 가져왔다. 폴친스키는 초끈 이론에 어떤 종류의 D 막이 존재하는지를 설명했고, 이 막들이 전하(전자기력, 약력, 강력 전하)를 띠며,[28] 상호 작용한다는 것을 보여 주었다.

게다가 끈 이론에서 막은 일정한 크기의 장력을 갖고 있다. 막의 장력은 여러분이 북을 꼬집어 비틀거나 두드렸을 때 처음의 팽팽한 상태로 돌아가게 해 주는 북 표면의 장력과 유사하다. 막의 장력이 없다면 저항력도 없기 때문에 조금만 막을 건드려도 굉장한 영향을 막에 줄 수 있다. 반면 막의 장력이 무한히 크다면 막은 움직일 수 없는 정적인 물체이기 때문에 애당초 막에 어떤 영향도 미칠 수 없다. 막의 장력이 일정한 크기를 갖기 때문에 막은 힘 전하를 띤 다른 물체처럼 힘에 반응할 수 있으며 움직이거나 일렁일 수 있다.

막이 일정한 크기의 장력을 갖고 전하를 갖고 있다는 사실로부터 막이 어떤 장소가 아니라 물체임을 알 수 있다. 즉 막이 전하를 갖고 있다는 것은 막이 상호 작용한다는 것을 뜻하고, 막이 일정한 장력을 갖는다는 것은 막이 운동할 수 있다는 것을 뜻한다. 트램폴린이 외부 환경과 상호 작용하면서 그 표면이 꺼졌다 올라왔다 하는 것처럼 막은 움직이거나 상호 작용할 수 있다. 예를 들어 트램폴린과 막은 모두 변형될 수 있으며 트램폴린과 막 모두 주위 환경에 영향을 미칠 수 있다. 트램폴린은 사람과 공기를 밀어 올릴 수 있고, 막은 전하를 가진 물체와 중력장을 밀어 낼 수 있다.

막이 우주에 존재한다고 해도, 막은 태양이나 지구가 공간 대칭성을 깨는 것만큼만 시공간 대칭성을 깨뜨린다. 이것은 큰 문제가 되지 않는다. 태양이나 지구가 어떤 특정한 곳에 있다면 3차원 공간의 각 장소들은 동일할 수가 없다. 이 경우 우주의 상태가 가진 공간적 대칭성은 깨진다. 그러나 물리 법칙들이 가지고 있는 3차원 공간의 시공간 대칭성은 보존된다. 이 관점에서 본다면 막은 태양이나 지구와 비슷하다. 공간의 특정한 위치를 차지하고 있는 다른 물체들과 마찬가지로 막은 시공간 대칭성을 조금 깬다.

잠깐만 생각해 보면 이것이 그렇게 나쁜 일이 아님을 알 수 있다. 결국 끈 이론이 자연에 대한 진정한 이론이라면 모든 차원이 동일하게 만들어지지는 않았다고 기술해야 한다. 익숙한 3개의 공간 차원은 똑같아 보이겠지만 여분 차원은 다르게 보여야 한다. 그렇지 않다면 이 차원들이 '여분(extra)'이 될 수 없기 때문이다. 물리적인 우주라는 관점에서 시공간 대칭성 깨짐은 왜 여분의 차원이 다른 것인지 설명하는 데 도움을 줄 수 있다. 막은 아마도 우리가 경험하고 알고 있는 3개의 공간 차원과 끈 이론에서 나오는 여분 차원을 정확히 구분해 줄 것이다.

3개의 공간 차원을 가진 막에 대한 고찰과 이들이 실제 세계에 미칠지도 모르는 근본적인 영향에 대한 기술은 다음 장으로 미루고, 이 장 뒷부분에서는 왜 막이 1995년의 '제2차 초끈 혁명'을 일으킬 정도로 끈 이론에서 중요한지를 집중 설명할 것이다. 다음 절에서 어떻게 막이 과거 10년 동안 끈 이론의 최전선에 있어 왔는지 그리고 왜 여전히 최전선에 서 있다고 생각하는지에 대한 몇 가지 이유를 들 것이다.

성숙한 막과 잃어버린 입자들

폴친스키가 열심히 D 막을 연구하는 동안 샌타바버라 대학에 있던 그의 공동 연구자인 스트로민저는 아인슈타인 방정식의 흥미로운 해인 p 막에 대해 숙고하고 있었다. p 막은 일부 공간 방향으로는 무한히 펼쳐져 있지만, 나머지 다른 차원에서는 가까이 다가오는 물체를 잡아 가두면서 블랙홀처럼 행동한다. 반면 D 막은 열린 끈의 끝이 머무를 수 있는 표면이다.

스트로민저가 해 준 이야기에 따르면, 그는 폴친스키와 매일 점심을 먹으며 각자의 연구 진행 상황을 토론했다고 한다. 스트로민저는 p 막에 대해 이야기했고 폴친스키는 D 막에 대해 이야기했다. 이들 모두 막을 연구하고 있었지만 다른 물리학자들처럼 처음에는 p 막과 D 막은 서로 다르다고 생각했다. 그러던 어느 날 폴친스키는 마침내 이 둘이 서로 같다는 것을 깨달았다.

스트로민저의 연구에 따르면, p 막은 어떤 시공간에서 새로운 종류의 입자를 만들어 내기 때문에 끈 이론에서 매우 중요하다. 비직관적이고 놀라운 끈 이론의 전제들이 모두 사실이고 입자들이 끈의 진동 방식의 발현으로서 생성된다고 하더라도 끈의 진동만으로 모든 종류의 입자를 설명할 수는 없다. 스트로민저는 끈 이론과 관계없는 입자들이 여전히 존재할 수 있음을 보여 주었다.

막은 다양한 모양, 형태, 크기로 존재한다. 막을 끈의 끝이 존재할 수 있는 곳으로만 생각해 왔지만 막 자체는 주위 환경과 상호 작용할 수 있는 독립적인 물체이다. 스트로민저는 p 막이 굉장히 작게 말려 있는 공간을 감싸고 있는 상황을 생각했다. 그는 공간 영역을 꼭 감싼 p 막이 입자처럼 행동할 수 있음을 발견했다. 입자처럼 행동하는

p 막은 꽉 조여진 올가미와 비교할 수 있다. 막대나 황소 뿔에 걸고 꽉 당기면 올가미가 작아지는 것처럼 막은 공간의 조밀한 영역을 둘러쌀 수 있다. 그리고 공간이 굉장히 작아지면 그 둘레를 감싸고 있는 막도 따라서 작아진다.

우리에게 익숙한 거시적인 사물들처럼 이 작은 막도 질량을 가지고 있으며, 이 질량은 크기가 커지면 커진다. 즉 큰 것일수록 무겁고 작은 것일수록 가볍다. 아주 작은 공간 영역을 감싸고 있는 막 역시 아주 작기 때문에 무게는 엄청나게 작을 것이다. 스트로민저는 계산을 통해 막이 상상할 수 없을 정도로 작아 마치 질량이 없는 새로운 입자처럼 보이는 극단적인 경우도 가능하다는 것을 보여 주었다. 그의 결론은 매우 중요한 의미를 갖고 있었다. 모든 것이 끈으로부터 생겨난다는 끈 이론의 가장 기본적인 가정이 항상 옳은 것은 아니라는 것이었다. 막도 다양한 입자 스펙트럼의 원인이 될 수 있다는 것이었다.

1995년 폴친스키는 아주 작은 p 막에서 생겨난 이 새로운 입자들을 D 막으로도 설명할 수 있다는 놀라운 사실을 발견했다. 사실 D 막의 중요성을 일깨우는 논문에서 폴친스키는 D 막과 p 막이 실제로는 같은 것임을 보였다. 끈 이론의 예언과 일반 상대성 이론의 예언이 같아지는 에너지 수준에서 D 막이 p 막으로 변했던 것이다. 처음에는 깨닫지 못했지만 폴친스키와 스트로민저는 실제로는 동일한 대상을 연구했던 것이다. 이 결과가 의미하는 바는 D 막의 중요성을 더 이상 의심할 수 없다는 것이었다. D 막은 이전에 알려진 p 막만큼 중요하며, p 막이 끈 이론의 입자 스펙트럼을 구성하는 필수불가결한 요소였기 때문이다. 게다가 왜 p 막과 D 막이 동등한가를 이해하는 아름다운 방법이 존재한다. 이 방법은 '쌍대성'이라는 미묘하고 중요한 '개념'에 기반하고 있다.

성숙한 막과 쌍대성

쌍대성은 최근 10년간 입자 물리학과 초끈 이론에서 등장한 개념 중 가장 흥미로운 것 중 하나다. 쌍대성은 양자장 이론과 끈 이론의 최근 진전에서 중요한 역할을 해 왔으며 곧 살펴보겠지만 쌍대성은 특별히 막과 관련해 연구자들에게 중요한 의미를 갖고 있다.

두 이론이 실은 같은 이론이지만 서로 다르게 기술을 할 때 이 둘을 쌍대적 이론이라고 한다. 1992년 인도의 물리학자 아쇼크 센(Ashoke Sen)은 끈 이론에 쌍대성이 있다는 것을 최초로 발견한 사람들 중 하나이다. 센은 1977년에 클라우스 몬토넨(Claus Montonen)과 데이비드 올리브가 최초로 도입한 쌍대성이라는 개념을 이용해, 어떤 이론의 경우 입자와 끈이 상호 교환되어도 이론이 여전히 동일하다는 것을 보였다. 1990년대, 럿거스(Rutgers) 대학의 이스라엘 태생의 물리학자 나티 사이버그(Nati Seiberg)도 겉으로 보아서는 다른 힘을 갖는 서로 다른 초대칭 장 이론 사이에 놀라운 쌍대성이 있다는 것을 발견했다.

끈 이론에서 일반적으로 하는 계산을 조금 아는 것이 쌍대성의 중요성을 이해하는 데 도움이 될 것이다. 끈 이론 계산에서는 끈의 장력이 무척 중요하고 그밖에도 끈의 상호 작용 세기를 결정해 주는 '끈 결합 상수(string coupling)'를 고려해야 한다. 결합 상수가 작아서 끈들이 서로 스쳐 지나가고 말 것인가 아니면 결합 상수가 커서 끈들서로 얽혀 운명을 함께할 것인가? 우리가 끈 결합 상수를 안다면 그 특정한 값만 가지고도 끈 이론을 연구할 수 있다. 그러나 아직은 끈 결합 상수를 모르기 때문에 끈의 상호 작용 세기가 어떠한지도 모른다. 따라서 끈 이론도 제대로 이해할 수 없다. 만약 그 값을 알게 된다면 어떤 끈 이론이 제대로 작동하는 것인지 알 수 있을 것이다.

문제는 끈 이론의 초창기부터 강한 결합 상수를 가진 이론은 계산하기 어려웠다는 것이다. 1980년대에는 끈이 약하게 상호 작용하는 끈 이론만을 이해할 수 있었다(여기서 '약하다.'라는 형용사는 끈의 상호 작용 세기가 약하다는 것을 의미하지 약력과는 아무 관련이 없다.). 끈이 아주 강하게 상호 작용하면 계산하기 매우 어려워진다. 단단히 맨 매듭을 푸는 것보다 느슨하게 맨 것을 풀기가 더 쉽듯 약하게 상호 작용을 하는 이론이 강하게 상호 작용을 하는 이론보다 다루기가 더 쉽다. 끈이 아주 강하게 상호 작용할 때에는 계산이 너무 어려워서 풀기 어려울 정도로 난잡해진다. 물리학자들은 강하게 상호 작용하는 끈 이론을 계산하려고 여러 교묘한 방법들을 시도해 봤지만 실제 계산에 이용될 수 있을 만큼 유용한 방법은 발견하지 못했다.

사실 끈 이론뿐만 아니라 물리학의 모든 분야에서는 상호 작용이 약한 쪽이 이해하기가 쉽다. 이는 약한 상호 작용이 일종의 '섭동(perturbation)'이라면, 다시 말해 풀리기 쉬운 이론(대개 상호 작용이 없는 이론)을 조금 변형해서 쓸 수 있다면, '섭동 이론(Perturbation theory)'이라는 방법을 쓸 수 있기 때문이다. 섭동 이론을 이용하면 상호 작용을 하지 않는 이론에서 출발해 약하게 상호 작용하는 이론의 해답에 접근할 수 있다. 작은 섭동을 주고 결과를 계산하고, 그 결과에 다시 섭동을 주고 결과를 계산하는 것을 차근차근 반복해서 원하는 결과에 도달하는 것이다. 섭동 이론을 이용해 차근차근 계산을 해 나가면 원하는 수준의 정확도에 이르기까지(또는 지칠 때까지) 계산의 정확도를 단계적으로 높여 갈 수 있다.

  섭동 이론을 이용해 엄밀한 답을 낼 수 없는 이론의 근삿값을 구하는 것은 아마 페인트를 섞어 원하는 색을 얻는 것에 비유할 수 있을 것이다. 가장 아름다울 때의 지중해를 닮은, 초록색이 감도는 미묘한 파란색을 만드느라 고심하고 있다고 가정해 보자. 당신은 파란색을 가지고 시작해서, 초록색을 아주 조금씩 섞어 최종적으로는 원래 원했던 (것에 가까운) 색을 얻게 될 것이다. 페인트 혼합물에 섭동을 주면 단계적으로 당신이 바라던 색에 접근해 가기 때문에, 이상적인 색에 당신이 원하는 만큼 근접한 색을 만들어 낼 수 있다. 섭동 이론도 이와 비슷하다. 문제가 무엇이든 이미 해법을 아는 이론에서 시작해 한 단계 한 단계 조금씩 접근해 간다면 결국 올바른 답에 근사한 답을 얻을 수 있다.

  반면 강한 결합 상수를 가진 이론의 문제를 해결하려는 시도는 페인트를 마구 뿌려서 잭슨 폴록(Jackson Pollack)의 작품을 재현해 내려는 것과 유사하다. 매번 페인트를 쏟을 때마다 그림은 완전히 달라질 것이다. 여덟 번 페인트를 뿌렸을 때나 열두 번 뿌렸을 때나 원하는 그림과의 거리는 조금도 좁혀져 있지 않을 것이다. 사실 페인트를 뿌릴 때마다 그림이 너무 많이 변해서 매번 완전히 새롭게 시작하는 게 되고 말 것이기 때문에 이전에 했던 작업은 쓸모없는 것이 되고 만다.

  해법을 아는 이론에 강한 상호 작용으로 섭동을 일으켰을 경우 이와 유사한 이유로 섭동 이론은 쓸모가 없다. 폴록의 흩뿌린 그림을 재현하려는 헛된 시도처럼 강하게 상호 작용을 하는 이론에서 나오는 값을 단계적인 근사법으로 얻으려는 시도는 성공하지 못할 것이다. 섭동 이론은 상호 작용이 약할 경우에만 쓸모가 있는 방법이다.

  그러나 예외적인 경우도 있다. 섭동 이론이 그다지 유용하지 않더라도 강하게 상호 작용하는 이론의 정성적인 성질을 이해할 수 있는 경우가 있다. 예를 들어 계의 물리적인 기술의 세부 사항이 다소 다르더라도 전체적인 큰 틀은 약하게 상호 작용하는 것과 유사한 경우가 있을 수 있다. 그러나 더 많은 경우 강하게 상호 작용하는 이론에 대해 이야기하는 것은 불가능하다. 대체로 강하게 상호 작용을 하는 계의 정성적인 성질조차도 대부분 겉으로는 비슷해 보이는 약하게 상호 작용을 하는 계와는 완전히 다르다.

그래서 강하게 상호 작용하는 10차원 끈 이론에 대해 두 가지 다른 생각을 하게 된다. 하나는 아마 누구도 이 문제를 풀 수 있는 사람이 없다고 믿는 것이다. 결국 이에 대해서 말할 것이 아무것도 없다고 생각할 것이다. 다른 하나는 강하게 상호 작용하는 끈 이론은 최소한 큰 틀에서는 약한 결합 상수를 가지는 끈 이론과 비슷하다고 생각하는 것이다. 역설적인 것 같지만, 어떤 경우에는 이 두 생각들이 모두 다 잘못된 것일 수도 있다. IIA 끈 이론이라고 불리는 특별한 종류의 10차원 끈 이론의 경우, 강하게 상호 작용하는 끈은 약하게 상호 작용하는 끈과 전혀 유사하지 않다. 하지만 그럼에도 불구하고 IIA 끈 이론은 계산이 가능한 계이기 때문에 여전히 그 성질들에 대해 연구할 수 있다.

1995년 3월 서던 캘리포니아 대학교에서 열린 끈 이론 학회, '스트링 95(String '95)'에서 위튼은 청중을 깜짝 놀라게 하는 강연을 했다. 그는 낮은 에너지에서는 강한 결합 상수를 가지는 10차원 끈 이론이, 대부분의 사람이 이 이론과는 완전히 다르다고 생각했던 11차원의 초중력 이론(중력을 포함하는 11차원 초대칭성 이론)과 완벽히 동등하다는 것을 보여 주었다. 그리고 중요한 것은 10차원 끈 이론과 동등한 11차원 초중력 이론에서는 물체들이 약하게 상호 작용하기 때문에 섭동 이론을 제대로 적용할 수 있다는 것이었다.

역설적이게도 이것이 의미하는 바는 강하게 상호 작용하는 원래의 10차원 초끈 이론을 연구하는 데 섭동 이론을 쓸 수 있다는 뜻이었다. 섭동 이론은 강하게 상호 작용하는 끈 이론 자체에는 사용할 수 없지만 겉으로 보기에는 완전히 다른 이론인 약하게 상호 작용하는 11차원 초중력 이론에는 쓸 수 있다. 이전에 케임브리지 대학교의 폴 타운센드(Paul Townsend)도 발견한 이 놀라운 결과가 의미하는 것은, 두 이론의 겉모습은 다르지만 낮은 에너지에서는 10차원 초끈 이론과 11차원 초중력 이론이 실질적으로 동일한 이론이라는 것이었다. 물리학자들의 용어로 말하자면, 두 이론은 쌍대성을 갖는다.

쌍대성에 대해 다시 페인트 비유를 들어 설명해 보자. 원래 파란색 페인트에 초록색 페인트를 조금 섞어 '섭동'을 준다. 이를 적절히 표현하면 초록색이 조금 섞인 파란색 페인트가 될 것이다. 하지만 초록색 페인트를 많이 섞는 경우를 생각해 보자. 만약에 원래 파란색 페인트보다 초록색 페인트를 훨씬 더 많이 섞으면 그 결과물에 대한 적절한 '쌍대적'인 표현은 파란색 조금 섞인 초록색 페인트가 될 것이다. 이 혼합 상태에 대한 올바른 기술은 전적으로 섞은 페인트의 양에 달려 있다.

비슷하게 상호 작용이 약한 이론의 경우에는 한 가지 방법으로만 기술할 수 있다. 그러나 결합 상수가 충분히 커지면 원래 이론에 섭동 이론을 더 이상 적용할 수 없다. 그럼에도 불구하고 어떤 특별한 상황에서는 원래 이론이 슬쩍 바뀌어 섭동 이론을 적용해 기술할 수 있는 것이 된다. 이것이 쌍대적인 기술이다.

이건 마치 누군가가 여러분에게 다섯 가지 코스 요리를 준비하라고 음식 재료를 모두 내 준 경우와 비슷하다. 재료가 모두 있어도 어떻게 요리해야 할지 알 수 없다. 식사 준비를 위해서는 어떤 요리에는 어떤 재료를 써야 하는지, 어떤 향신료가 궁합이 맞는지, 다른 향신료와는 어떻게 어울리는지, 또 무엇을 언제 조리해야 하는지를 알아야 한다. 그러나 식재료를 조달하는 사람이 샐러드용, 수프용, 전채용, 주요리용, 후식용이라고 표시하고 정리해 준다면 누구라도 요리를 할 수 있다. 재료가 제대로 준비·정리되어 있다면 요리 만들기는 복잡한 문제에서 단순한 문제로 바뀐다.

끈 이론에서 쌍대성이 이와 비슷한 역할을 한다. 강하게 상호 작용하는 10차원 초끈 이론은 처음에는 전혀 다룰 수 없는 것처럼 보여도, 쌍대적인 기술이 자동적으로 모든 것을 섭동 이론을 적용할 수 있는 이론으로 바꿔 놓는다. 한쪽 이론에서 어려웠던 계산이 다른 쪽에서는 해 볼 만한 계산이 된다. 한쪽 이론에서 결합 상수가 너무 커서 섭동 이론을 다룰 수 없을 때라도 다른 이론에서는 섭동 계산을 할 수 있을 만큼 결합 상수가 충분히 작다. 그러나 우리는 아직 쌍대성을 완전히 이해하지는 못했다. 예를 들어 끈 이론의 결합 상수가 아주 작지도 아주 크지도 않은 경우에는 어떻게 계산해야 할지 아무도 모른다. 그렇다고 해도 어느 한쪽의 결합 상수가 아주 크거나 아주 작다면 (그리고 다른 쪽 이론이 그것에 대응해 아주 작거나 아주 크면) 계산이 가능하다.

강한 결합 상수를 갖는 10차원 초끈 이론과 약한 결합 상수를 갖는 11차원 초중력 이론의 쌍대성 덕분에, 강하게 상호 작용하는 초끈 이론에서 알고 싶은 것은 알아낼 수 있다. 그것이 무엇이든, 겉으로 봐서는 전혀 똑같아 보이지 않는 초중력 이론에서 계산을 하면 모두 알 수 있다. 강하게 상호 작용하는 10차원 초끈 이론의 계산 결과는 모두 약하게 상호 작용하는 11차원 초중력 이론에서 얻을 수 있으며 그 역도 참이다.

쌍대성이 이렇게 놀라운 효력을 발휘하는 것은 두 기술이 모두 대상 근처에서만 상호 작용이 일어나는 '국소적인 상호 작용'만 다루기 때문이다. 두 가지 기술 모두에 대응하는 사물이 존재한다면, 두 이론이 국소적인 상호 작용만 할 때 쌍대성은 정말 놀랍고 흥미로운 현상이다. 어쨌든 하나의 차원은 단순한 점들의 집합 이상이다. 차원은 사물을 가까이 있는지 멀리 떨어져 있는지에 따라 다르게 정리한다. 컴퓨터의 메모리에 담겨 있는 모든 기억 정보를 모조리 출력했다고 해 보자. 그것은 내가 알고 싶은 모든 것을 포함하고 있으며, 원래 컴퓨터 도큐멘트와 파일 형태로 정리되어 있던 정보 전체와 같은 것이라고 할 수 있을 것이다. 그러나 그 정보 더미는 정보들이 인접 정보와 연결되어 잘 정리되어 있지 않다면, 결코 내가 원하는 정보를 제대로 기술해 주는 것이라고 할 수 없다. 10차원 초끈 이론과 11차원 초중력 이론 모두에서 국소 상호 작용은 두 이론에 존재하는 차원들을 의미있고 유용하게 해 주며, 그 결과 이론 자체도 의미있고 유용하게 해 준다.

10차원 초끈 이론과 11차원 초중력 이론의 동등성은 케임브리지 대학교의 타운센드와 텍사스 A&M 대학교의 더프의 주장이 옳았음을 입증했다. 오랫동안 끈 이론 연구자들은 11차원 초중력에 대한 이들의 연구를 강하게 거부했다. 끈 이론 연구자들은 끈 이론이 미래의 물리학으로 확고히 부상하던 당시 타운센드와 더프가 쓸데없이 시간을 낭비하고 있다고 생각했다. 결국 위튼의 발표가 있고 나서야 끈 이론 연구자들은 11차원 초중력 이론이 흥미로울 뿐만 아니라 끈 이론과 동등하다는 점을 인정했다.

내가 쌍대성이라는 놀라운 결과에 얼마나 많은 관심이 쏟아졌는지 알 수 있었던 것은 런던에서 돌아오는 비행기 안에서였다. 한 승객(나중에 록 음악가라는 걸 알게 되었다.)이 내가 물리학 논문을 읽는 것을 보고는 내게 와서 우주가 10차원인지 11차원인지 물었다. 나는 조금 놀랐다. 나는 어떤 점에서 보자면 둘 다 맞는 거라고 대답해 주었다. 10차원과 11차원 이론이 동등하기 때문에 어느 쪽도 맞는 답이다. 편의상 끈 이론이 약하게 상호 작용을 하는, 즉 끈 이론이 약한 결합 상수를 갖도록 하는 차원의 수를 선택할 뿐이다.

그러나 표준 모형의 힘과 연관된 결합이라면 그 세기를 관측 가능한 것과 달리 끈의 결합 세기에 대해서는 알지 못한다. 섭동 이론을 직접 적용할 만큼 약할 수도 있고 그 쌍대적인 이론에 섭동 이론을 적용해야 할 만큼 강할 수도 있다. 끈의 결합 상수 값을 모른다면 쌍대적인 두 기술 중 어느 것이 우리 세계에 적용하는 끈 이론의 기술로서 더 단순한 것인지 알 수 없다.*

스트링 95에서는 쌍대성과 관련해서 놀라운 사실들이 더 발표되었다. 그때까지 대다수 끈 이론 연구자들은 5개의 서로 다른 끈 이론이 있으며 각각은 서로 다른 힘과 상호 작용을 포함한다고 생각해 왔다. 스트링 95에서 위튼은 (그리고 그보다 이전에 타운센드와 다른 영국 물리학자 크리스 헐(Chris Hull)은) 그중 두 유형의 초끈 이론 사이에 쌍대성이 있다는 것을 보여 주었다. 그리고 1995년과 1996년에 걸쳐 끈 이론 연구자들은 서로 다른 10차원 끈 이론들이 서로 쌍대적이며 게다가 이들은 11차원 초중력 이론과 쌍대적이라는 것을 발견해 냈다. 위튼

---

* 결합 상수가 아주 작거나 혹은 쌍대적인 기술에 섭동 이론을 적용할 수 있을 만큼 결합 상수가 아주 크다면 섭동 이론을 적용할 수 있다. 하지만 상호 작용 세기가 중간 정도인 경우에는 섭동 이론을 쓸 수 없다. 이러한 이유로 쌍대적인 기술이 있다고 해도 그 이론에 대한 완벽한 해를 얻을 수 없다.

의 발표는 진짜로 '쌍대성 혁명'을 일으킨 것이다. 막의 성질에서 얻어진 새로운 지식으로부터 분명히 다른 것처럼 보였던 5개의 초끈 이론들이 사실은 다르게 표현된 동일한 이론이라는 것을 알게 되었다.

서로 다른 끈 이론이 실제로는 같기 때문에 위튼은 11차원 초중력과, 상호 작용을 약하게 하든 그렇지 않든 다르게 표현된 5개의 끈 이론을 모두 포함하는 하나의 이론이 있어야 한다고 결론 내렸다. 그는 이를 'M 이론'이라고 불렀다. 이것이 이 장 시작 부분에서 말했던 바로 그 이론이다. 여러분은 M 이론에서 어떤 끈 이론이든 얻을 수 있다. 그러나 M 이론은 또한 우리가 현재 이해하는 영역 너머까지 포괄한다. M 이론은 더 체계적으로 통합된 초끈 이론이 될 가능성, 즉 끈 이론이 양자 중력 이론으로 거듭날 잠재력을 갖고 있다. 그러나 끈 이론 연구자들이 M 이론을 충분히 이해하여 이 목적을 이루려면 더 많은 조각과 파편이 필요하다. 이미 알려진 여러 초끈 이론들이 발굴 작업으로 얻은 파편이라면 M 이론은 이들을 맞춰서 얻을 수 있는 수수께끼에 싸인 귀한 유물이다. 누구도 M 이론을 형식화하는 최선의 방법을 알지 못한다. 그러나 끈 이론 연구자들은 현재 이것이 그들의 제1목표라고 생각한다.

쌍대성에 대해 좀 더 알아보기

이 절에서는 쌍대성 중에서 10차원 초끈 이론과 11차원 초중력 이론 사이의 쌍대성에 대해 좀 더 자세히 다룰 것이다. 이 부분은 건너 뛰고 다음 장으로 넘어가도 좋다. 하지만 이 책이 차원을 다루고 있고 쌍대성이 차원이 다른 두 이론의 동등함을 나타내므로 잠시 중심 주

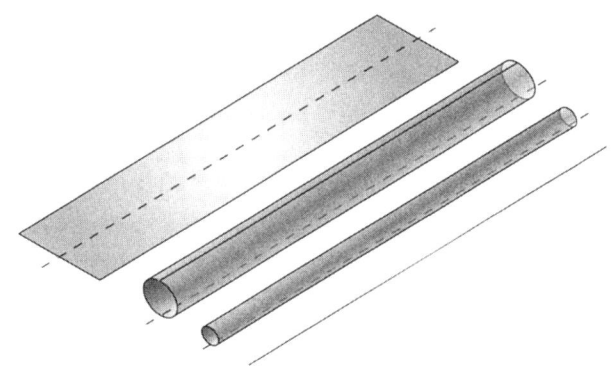

그림 69
11차원 초중력 이론에 포함되지 않은 끈을 막으로 해결하는 것을 보여 주는 그림. 2개의 공간 차원을 가진 막을 아주 가늘게 말면 끈처럼 된다.

제에서 벗어나 쌍대성을 좀 더 파고드는 것이 헛수고는 아닐 것이다.

쌍대성이 주목을 끄는 이유는 쌍대적인 두 이론 중 하나가 항상 강하게 상호 작용하는 대상을 다루기 때문이다. 만약 상호 작용이 강하다면 그 이론에서는 유도해 낼 수 있는 것이 거의 없다. 10차원 이론이 그와는 완전히 다른 11차원 이론으로 가장 잘 기술된다는 것이 기이해 보일지 모른다. 그러나 원래의 10차원 이론으로도 강하게 상호 작용하는 대상에 대해 설명을 할 수 없기 때문에 그다지 이상한 일도 아니다. 어쨌든 이미 베팅은 끝났다.

그렇지만 차원의 수가 다른 이론들 사이의 쌍대성에는 불가사의한 성질들이 많이 있다. 더욱이 대강 보아도 10차원 초끈 이론과 11차원 초중력 이론 사이의 쌍대성이라는 특별한 경우에는 근본적인 문제가 있다. 10차원 초끈 이론은 끈을 포함하지만 11차원 초중력 이론은 그렇지 않다는 것이다.

이 문제를 풀기 위해 물리학자들은 막을 이용했다. 11차원 초중력 이론에는 끈은 없지만 2 막이 포함되어 있다. 하지만 공간 차원 하나인 끈과 달리 2 막은 (예상하듯) 공간 차원을 2개를 갖는다. 자, 11차원 중 하나의 차원이 아주 작은 원처럼 말려 있다고 생각해 보자. 그러면 원형으로 말려 있는 차원을 감싸고 있는 2 막은 끈처럼 보일 것이다. 그림 69에서 보듯 말려 있는 2차원 막은 1차원처럼 보인다. 즉 원래는 11차원 이론이 끈을 포함하지 않더라도 한 차원이 말려 있다면 11차원 초중력 이론이 끈을 포함하고 있는 것처럼 된다.

사기처럼 보이겠지만 말려 있는 차원은 멀리서 그리고 낮은 에너지에서 보면 항상 원래 차원보다 낮아 보이고 그런 차원을 포함하고 있는 이론은 그 차원의 수가 하나 낮아 보인다고 앞서 설명했다. 그렇기 때문에 차원 하나가 말려 있는 11차원 이론이 10차원 이론처럼 보인다는 것은 결코 놀라운 일이 아니다. 만약 10차원 끈 이론과 11차원 초중력 이론이 동등하다는 것을 보여 주려면, 차원 하나가 말려 있는 11차원 이론을 연구하는 것으로 충분하지 않을까?

2장에서 보았듯이 멀리 떨어진 거리에서 혹은 낮은 에너지에서는 말려 있는 차원이 눈에 띄지 않는다는 점에서 이 문제의 실마리를 찾을 수 있다. 위튼은 스트링 95에서 논의를 좀 더 진행시켰다. 그는 차원이 하나 말려 있는 11차원 초중력 이론이 심지어 짧은 거리에서도 10차원 초끈 이론과 완전히 동등함을 보여 주어 10차원과 11차원 이론이 동등하다는 것을 증명했다. 차원 하나가 말려 있을 때, 당신이 충분히 가까이 다가가면 말려 있는 차원에서 서로 다른 위치에 있는 점들을 구분해 낼 수 있다. 위튼은 쌍대적인 이론에서 모든 것은 동등하다는 점을 증명했는데, 심지어 말려 있는 차원보다 더 작은 거리를 측정할 수 있을 정도로 에너지가 높은 입자의 경우에도 쌍대성이 성립함을 보였다.

말려 있는 차원이 하나 있는 11차원 초중력 이론에 존재하는 모든 것은 짧은 거리, 높은 에너지를 갖는 경우에도 10차원 초끈 이론에 그 짝이 있다. 게다가 차원 원형으로 말려 있는 크기에 관계없이 쌍대성이 여전히 성립한다. 이전에는 말려 있는 차원에 대해 이야기했을 때 작게 말려 있는 차원만 보이지 않는다고 이야기할 수 있었다.

그러나 어떻게 차원의 수가 서로 다른 두 이론이 같을 수 있을까? 어쨌거나 공간 차원의 수는 한 점의 위치를 정하기 위해 필요한 좌표의 수이다. 결국 두 이론 사이에 쌍대성이 성립하려면 10차원 초끈 이론에서 한 점을 기술하는 데 필요한 숫자가 더 있어야만 한다.

쌍대성의 문제는 초끈 이론에서는 9개의 공간 차원 운동량과 하나의 전하량으로, 11차원 초중력 이론에서는 10개의 공간 차원 운동량만으로 특정할 수 있는 새로운 종류의 입자를 도입함으로써 해결할 수 있다. 한 경우는 9차원, 다른 경우는 10차원을 다룬다고 하더라도 두 경우 모두 정해 줘야 할 숫자가 10개라는 것을 유념해야 한다. 즉 초끈 이론의 경우 9개의 운동량 성분과 하나의 전하량, 초중력 이론은 10개의 운동량 성분을 정해 주어야 한다.

전하를 갖지 않는 일반적인 끈에 대응하는 11차원의 짝은 존재하지 않는다. 11차원 이론의 시공간에 어떤 대상을 위치시키기 위해서는 숫자를 11개 알아야 할 필요가 있기 때문에 전하를 갖는 10차원 입자들만이 11차원 짝을 가질 수 있다. 한편 11차원 이론에서 입자로 존재하는 사물들의 10차원 짝은 막으로 밝혀졌다. 즉 D0 막이라고 불리는 전하를 띠고 있는 점상 막이 바로 그것이다. 10차원 초끈 이론과 11차원 초중력 이론이 쌍대적인 것은 초끈 이론에서 전하를 갖는 D0 막*에 대응하는 특정한 11차원 운동량을 갖는 입자가 존재하기 때문이다. 물론 그 역도 마찬가지다. 두 이론에서 10차원과 11차원의 물체들(상호 작용도)은 완벽하게 서로 대응된다.

전하라는 것이 특정한 방향의 운동량이라는 것과 꽤 다르게 보이더라도, 11차원 이론의 물체들이 모두 10차원 이론의 특정한 전하를 갖는 물체에 대응된다면(그리고 그 역도 성립한다면) 그 수를 운동량이라고 부르든 전하량이라고 부르든 여러분 마음이다. 차원의 수는 독립적인 운동량 성분의 수, 즉 물체가 움직일 수 있는 서로 다른 방향들의 수이다. 그러나 어떤 차원 성분의 운동량이 전하량으로 대체될 수 있다면 차원의 수는 잘 정의된 것이 아니게 된다. 차원의 수를 얼마로 하느냐 하는 선택은 끈 결합 상수의 값으로 결정하는 것이 가장 좋은 방법이다.

쌍대성의 이처럼 놀라운 특성과 더불어 막이 초끈 이론에 필수적이라는 해석이 처음 등장했다. 서로 다른 끈 이론을 대응시키려면 막이 있어야 한다. 하지만 물리학 이론의 응용에서 무척 중요한 막의 성질은 바로 막 위에 입자와 힘이 머물 수 있다는 점이다. 다음 장에서는 그 이유를 살펴볼 것이다.

기억해야 할 것들

- 끈 이론이라는 이름은 그릇된 표현이다. 끈 이론은 1차원을 넘어서는 막도 포함한다. D 막은 열린 끈(끈의 한쪽 끝이 다른 쪽 끝과 만나는 닫힌 끈이 아닌 끈)의 끝이 머무를 수 있는 막이다.
- 막은 최근 10년간 끈 이론의 발전에서 중요한 역할을 해 왔다.

- 실제로 이것은 D0 막의 속박 상태(bound state)를 말한다.

- 막은 겉으로 봐서는 서로 다른 끈 이론들이 사실은 등가라는 것을 보여 주는 쌍대성을 설명하는 데 중요한 요소다.
- 낮은 에너지에서 10차원 끈 이론은 11차원 초중력 이론(중력을 포함하는 초대칭성 이론)과 쌍대성을 이룬다. 10차원 이론의 막은 11차원 이론의 입자에 대응된다.
- 이 장에서 설명한 막의 성질은 이후에 별로 중요하지 않다. 그러나 여기에 나온 이야기들은 끈 이론 연구자들이 막에 대해 그토록 흥분했던 이유를 설명해 준다.

16장
떠들썩한 경로 : 막 세계

시간이 멈춘 곳에 온 것을 환영해.
아무도 떠나지 않지, 그래 아무도 떠나지 않을거야.*

— 메탈리카

● 미국의 헤비 메탈 밴드 메탈리카(Metallica)의 「웰컴 홈(새너토리엄)(Welcome Home (Saritarium))」의 첫 가사. ──옮긴이

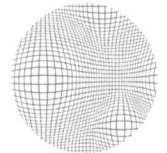

이카루스 3세는 점차 천국에 대해 환멸을 느끼기 시작했다. 천국은 자유롭고 관대한 곳이라고 기대했다. 하지만 천국에서는 도박은 금지되어 있었고 금연이었다. 그중에서 가장 답답한 제약은 천국이 천국막(Heavenbrane)에 속박되어 있어서 천국의 주민들이 5차원으로 나갈 수 없다는 것이었다.

천국막의 모든 거주자들은 5차원과 그밖의 다른 막에 대해 알고 있었다. 사실 사정을 아는 천국막 주민들은 그다지 멀지 않지만 천국막으로부터 격리되어 있는 감옥막(Jailbrane)에 틀어박혀 사는 고약한 사람들에 대해 속삭이고는 했다. 하지만 감옥막 주민들은 천국막의 주민들이 퍼뜨리는 중상모략을 전혀 들을 수 없었다. 그래서 벌크와 막들 사이에는 언제나 평화가 넘쳤다.

'쌍대성 혁명'의 관점에서 보면, 끈 이론으로 세계를 설명하려는 사람들은 막이라는 큰 선물을 받은 것처럼 보인다. 끈 이론의 서로 다른 형식화가 실제로 동일한 것이라면 물리학자들은 여러 이론 중 하나를 고를 수 있게 해 주는 자연의 규칙을 찾기 위해 고심하지 않아도 된다. 서로 다른 모양을 뽐내는 여러 끈 이론이 결국 같은 하나의 이론이라면 그중 하나를 특별 취급할 필요가 없다.

막이라는 개념 덕분에 끈 이론과 표준 모형 사이의 연결 고리를 찾는 일이 더 수월해졌다고 볼 수도 있지만, 그 일은 여전히 쉬운 일이 아니다. 막은 서로 다른 끈 이론의 개수를 줄이는 역할을 하는 쌍대성 개념을 정립하는 과정에서 결정적인 역할을 했지만, 동시에 표준 모형을 유도하는 방법의 수를 증가시키고 말았다. 이는 끈 이론가들이 처음에 고려하지 않았던 입자들과 힘들을 막이 포함할 수 있기 때문이다. 어떤 종류의 막이 있고, 그 막이 끈 이론의 고차원 공간에서 어디에 있는지 같은 물음에 대한 답이 다양하기 때문에 끈 이론에서 표준 모형을 구현하는 방법 역시, 다양하고 새로울 수밖에 없는 것이다. 이는 누구도 생각지 못했던 상황이다. 표준 모형의 여러 힘이 반드시 기본 끈 하나에서 나올 필요는 없다. 서로 다른 막으로 늘어나 있는 끈에서 만들어지는 새로운 힘들이 있을 수 있기 때문이다. 쌍대성을 통해 5개의 초끈 이론이 동등해졌지만, 끈 이론이 가질 수 있는 막 세계의 수는 엄청나게 많아졌다.

끈 이론에서 표준 모형을 유도하는 여러 방법 중 한 가지를 선택하는 일은 쌍대성 발견 이전과 다를 바 없이 여전히 어려워 보였다. 쌍대성에 도취했던 끈 이론가들은 냉정을 찾기 시작했다. 하지만 관측 가능한 물리학 영역에서 새로운 통찰을 찾고 있던 입자 물리학자들은 천국에 있는 것만 같았다. 막에 속박되어 있는 힘과 입자라는 새로운 개념을 가지고 입자 물리학을 처음부터 재고할 수 있는 기회가 왔다고 생각했다.

막은 힘과 입자를 잡아 두는 성질이 있다. 이 성질을 잘 이용하면 우리는 막과 관련해서 관측 가능한 결과를 이끌어 낼 수 있을지도 모른다. 막이 어떻게 힘과 입자를 잡아 두는지 대략적으로 살펴보는 일이 이 장의 목적이다. 여기서는 끈 이론의 막이 입자와 힘을 속박하는 이유에서 시작해서 막 세계의 기본 개념을 다룰 것이다. 끈 이론과 쌍대성에서 유도해 낸 최초의 막 세계도 검토해 볼 것이다. 이어지는 다음 장에서는 이 장에서 다룬 막 세계의 내용을 넘어서서 막 세계의 물리적 적용 가능성이라는 내가 가장 흥미롭게 여기는 부분을 살펴볼 것이다.

입자, 끈 그리고 막

더럼 대학교 출신의 일반 상대성 이론 연구자인 루스 그레고리(Ruth Gregory)의 표현처럼 끈 이론에서 막은 힘과 입자로 "가득 차 있다." 즉 어떤 막들은 그 위에 입자와 힘을 잡아 둔다. 집에서 기르는 고양이가 절대 집 밖으로 나가려는 모험을 하지 않듯이 막 위에 갇혀 있는 입자들은 절대 막을 벗어나지 않는다. 아니 그럴 수가 없다. 입자들은 막이 있어야만 존재하기 때문이다. 입자들은 오직 막의 공간 차원을 따라서만 움직일 수 있으며, 막이 차지하는 공간 차원 위에서만 상호 작용을 할 수 있다. 막에 사로잡힌 입자들의 관점에서 보자면 벌크를 돌아다니는 입자나 중력(막에 붙잡혀 있는 입자와 상호 작용할 수 있다.)이 없다면, 세계는 막의 차원만 가진 것으로 보일 것이다.

이제 끈 이론이 어떻게 입자와 힘을 막 위에 잡아 둘 수 있는지 알아보자. 4차원 이상의 우주 어딘가에 자리잡은 D 막 하나를 상상해 보자. 정의상 열린 끈의 양끝은 반드시 D 막 위에 있어야 한다. 따라서 D 막은 모든 열린 끈이 시작되고 끝나는 곳이다. 열린 끈의 양끝은 아무 곳에나 있지 않으며, 막 위에 있어야 한다. 선로가 기차 바퀴가 움직일 장소를 제한하는 것처럼 막은 열린 끈의 양끝이 놓일 장소를 제한하는 고정된 표면과 같다. 하지만 기차가 움직이듯 끈도 움직

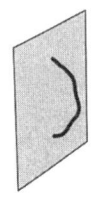 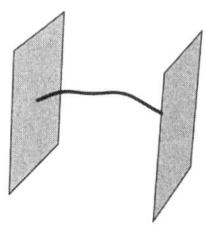

그림 70
시작과 끝이 하나의 막에 있는 끈은 게이지 보손이 될 수 있다. 시작과 끝이 서로 다른 막에 있는 끈은 그와는 다른 새로운 게이지 보손이 된다. 두 막이 서로 떨어져 있는 경우 시작과 끝이 다른 막에 있는 게이지 보손의 질량은 0이 아니다.

일 수 있다.

열린 끈의 진동 방식이 입자에 대응하므로, 양쪽 끝이 막 위에 있는 열린 끈의 진동 방식은 막에 속박된 입자에 대응한다. 이 입자들은 막의 차원을 따라서만 움직이고 상호 작용할 수 있다.

이처럼 막에 속박된 입자들 중에 힘을 전달하는 게이지 보손이 있다는 사실이 밝혀졌다. 이 입자가 게이지 보손과 동일한 스핀 값(1이다.)을 갖고 동일한 상호 작용을 하기 때문이다. 이처럼 막에 속박되어 게이지 보손은 마찬가지로 같은 막에 속박되어 있는 입자들에 작용을 한다. 이때 이 작용을 받는 입자는 항상 그 힘과 관련된 전하를 갖는다는 것이 계산을 통해 밝혀졌다. 사실 막에서 끝나는 끈의 끝점은 모두 대전된 입자처럼 움직인다. 막에 속박되어 있는 힘과 그 전하를 띤 입자가 존재한다는 것은, 초끈 이론의 D 막이 그에 속박된 힘과 입자로 '가득 차' 있음의 증거이다.

그런데 막이 하나가 아니라 여럿이라면 더 많은 힘들과 대전 입자들이 존재하게 된다. 예를 들어 막이 둘 있다고 해 보자. 그렇다면 각각의 막에 속박되어 있는 입자 외에도 양끝이 서로 다른 두 막에 각각 고정된 끈에서 만들어진 새로운 입자가 있을 수 있다(그림 70).

서로 떨어져 있는 두 막을 연결해 주는 끈이 있을 때, 거기서 유래한 입자는 질량을 갖는다. 이 경우 입자의 질량은 두 막의 거리가 멀수록 커진다. 이는 용수철을 양쪽에서 더 많이 잡아당길수록 용수철에 더 많은 에너지가 저장되는 것과 비슷하다. 마찬가지로 서로 떨어진 두 막 사이에 팽팽하게 당겨져 있는 끈에서 유래한 입자의 질량은, 가장 작은 것이라고 하더라도, 두 막 사이의 거리에 비례하여 증가한다.

하지만 용수철이 원래 모양으로 돌아오면 저장된 에너지는 사라지는 것처럼 두 막이 서로 떨어져 있지 않은 경우, 즉 같은 위치에 두 막이 있는 경우에는 두 막 모두에 접착되어 있는 끈도 가장 가벼운 것의 질량이 0인 입자를 만든다.

이제 두 막이 서로 같은 위치에 있어서 질량 없는 입자가 생긴다고 해 보자. 이 질량 없는 입자들 중에는 게이지 보손이 있을 수 있다. 이 입자는 동일한 막에 양끝이 붙어 있는 끈에서 생긴 게이지 보손이 아니라, 그와 다른 새로운 게이지 보손이다. 동일한 위치의 두 막에서 생겨나는 이 새로운 게이지 보손(질량이 없다.)은, 한쪽 막에만 있는 입자들 사이에서 힘을 전달할 수도 있고 두 막에 걸쳐 있는 입자들 사이에서 힘을 전달할 수도 있다. 게다가 다른 힘들과 마찬가지로 막 위의 힘은 대칭성을 갖는다. 이 경우 두 막을 서로 교환하는 대칭 변환이 가능하다(익살스러운 이고르(Igor)가 좋아할 만한 일이다(「프랑켄슈타인」을 보면 프랑켄슈타인 박사의 조수인 이고르가 괴물을 만드는 데 필요한 뇌를 잘못 가져오는 대목이 있다. 저자는 막의 영어 표현 brane이 뇌의 영어 표현 brain과 발음이 같다는 것을 이용해 언어 유희를 하고 있다.—옮긴이).[29]

물론 정확히 같은 위치에 있는 두 막을 서로 다르다고 하는 것 자체가 이상하게 들릴 수 있다. 그러나 이 생각은 옳다. 즉 두 막이 같은 위치에 있다면 이것을 한 장의 막으로 생각할 수 있다. 이 새로운 막은 끈 이론에 존재한다. 실제로는 두 막이 겹쳐져 있는 이 한 장의 막은 두 막이 각각 가진 성질을 모두 갖고 있다. 이 막에는 앞에서 설명한 모든 입자들이 다 포함되어 있다. 열린 끈의 양끝이 한쪽 막에만 있는 경우는 물론이고 각각 다른 막에 붙어 있는 경우의 입자까지 모두 존재한다.

이제 막이 여러 개 겹쳐 있다고 생각해 보자. 끈의 양끝이 붙어 있는 막이 여러 개이므로 무척 많은 종류의 열린 끈이 생겨난다(그림 71). 양끝이 서로 다른 막에 붙어 있는 열린 끈이나 동일한 막에 붙어 있는 끈 모두, 각 끈의 진동 방식에 따라 새로운 입자들을 생성한다. 여기에는 새로운 종류의 게이지 보손과 새로운 종류의 하전 입자가 포함된다. 또한 겹쳐 있는 여러 개의 막을 상호 교환하는 새로운 대칭성과 관련된 새로운 힘도 존재한다.

따라서 막에 힘과 입자가 '가득 차 있다는' 것은 사실이다. 막이 많다는 것은 가능성도 많아짐을 뜻한다. 나아가 막들이 겹쳐 있는 묶음이 여러 개 있고, 그 묶음들이 서로 떨어져 있는 경우를 생각하면

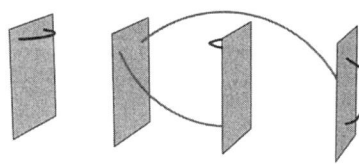 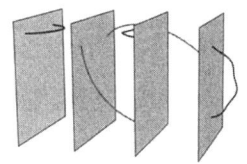

그림 71
시작과 끝이 동일한 막에 붙어 있는 끈이나 서로 다른 막에 붙어 있는 끈은 게이지 보손을 생성할 수 있다. 막들이 겹쳐 있는 경우, 각 끈의 끝점이 어느 막에서 시작하고 어느 막에서 끝나는지에 따라 각각 다른 게이지 보손이 생성된다.

상황이 더 복잡해질 수 있다. 서로 다른 위치에 있는 막에는 완전히 다른 힘과 입자가 존재한다. 같은 위치의 막 묶음에 있는 입자와 힘은 그와 다른 위치의 막 묶음 위에 있는 입자나 힘과는 전혀 다르다.

예를 들어 우리의 몸을 구성하는 입자와 전자기력이 하나의 막에만 있다면 우리는 전자기력을 느낄 수 있다. 반면 다른 막 위의 입자들은 전자기력을 감지하지 못하는 대신 우리가 결코 감지할 수 없는 새로운 종류의 힘을 경험할 것이다.

나중에 이러한 물리적 상황, 즉 분리된 막 위의 입자들은 서로 직접적인 상호 작용을 하지 않는다는 점이 중요해질 것이다. 상호 작용은 국소적이다. 즉 동일한 막 위의 입자들 사이에서만 상호 작용이 일어나며, 서로 떨어진 막 위의 입자들은 거리가 멀어서 직접 상호 작용하지 못한다.

고차원 공간 전체를 지칭하는 벌크는 여러 코트에서 여러 경기가 동시에 진행되는 커다란 테니스 경기장과 비슷하다. 어느 한 코트에 있는 공은 네트를 넘나들며 그 코트 안 어디에나 떨어질 수 있다. 하지만 각 경기는 서로 독립적으로 진행되며 한 코트의 공은 다른 코트로 넘어가지 않는다. 한 코트의 공이 그 안에서만 움직이며 코트 내의 선수들만이 그 공을 칠 수 있는 것처럼, 어떤 막 위에 속박되어 있는 게이지 보손이나 입자는 오로지 그 막 위에 있는 것들과만 상호 작용한다.

하지만 벌크를 가로질러 자유롭게 움직이는 힘과 입자가 있다면 서로 떨어진 막 위의 입자들도 상호 작용을 할 수 있다. 그런 벌크 입자들은 자유롭게 막에 들어가거나 막을 벗어날 수 있다. 이 입자들은 종종 막 위의 입자들과 상호 작용하기도 하고 또 더 높은 고차원 공간을 유유히 움직여 갈 수도 있다.

서로 떨어진 여러 개의 막과 그들 사이를 옮겨 다니며 상호 작용하는 벌크 입자가 있는 설정은 코치 한 명이 여러 코트에 선수를 내보내 놓고 경기장을 이동하며 선수들을 지도하는 것과 유사하다. 여기저기에서 벌어지는 시합들에 눈을 떼지 못하는 코치는 경기장 이곳 저곳을 오갈 것이다. 한 선수가 다른 경기장의 선수에게 전할 메시지가 있다면 코치에게 부탁하면 된다. 경기 중에 선수들은 직접 의사소통을 할 수는 없지만 경기장을 오가는 코치를 통해 정보를 나눌 수 있다. 마찬가지로 벌크 입자들은 한 막의 입자와 상호 작용한 후 다른 막의 입자와 상호 작용할 수 있다. 결국 다른 막 위에 각각 속박되어 있는 입자들이 간접적으로 소통할 수 있게 된다.

다음 절에서는 중력을 매개하는 중력자가 바로 그런 벌크 입자임을 살펴보겠다. 중력자는 고차원에서 운동하며 입자가 어느 곳에 있든지(막 위의 입자든 그렇지 않은 입자든) 모든 입자들과 상호 작용한다.

중력 : 매우 특별한 힘

다른 모든 힘과 달리 중력은 결코 하나의 막에 속박되지 않는다. 막에 사로잡힌 게이지 보손과 페르미온은 열린 끈의 산물이지만 중력을 전달하는 중력자는 닫힌 끈의 진동 방식에서 생겨난다. 끝점이 없는 닫힌 끈은 그 끝이 막에 붙잡히는 일이 없다.

닫힌 끈의 진동 방식에서 생겨난 입자들은 무제한의 여행 허가증을 갖고 있는 것처럼 모든 차원이 포함되어 있는 고차원의 벌크를 여행할 수 있다. 중력은 닫힌 끈 입자에 의해 전달된다는 점에서 다른 힘들과 구별된다. 게이지 보손이나 페르미온과 달리 중력자는 '반드시' 고차원 시공간에서 움직여야만 한다. 중력을 낮은 차원에 가둘 방법은 없다. 다음 장에서는 중력이 막 근처에서 국소화된다는 놀라운 사실을 살펴볼 것이다. 그렇기는 해도 중력은 결코 하나의 막에 속박될 수 없다.

요컨대, 막 세계에서는 대부분의 입자와 힘이 막에 속박되어 있지만, 중력은 결코 막에 속박되지 않는다. 중력의 참으로 멋진 특성이다. 표준 모형은 4차원 막으로 한정되겠지만, 막 세계는 얼마든지 더 높은 차원을 포함할 수 있다. 만약 막 세계가 있다면 막 위의 모든 것들은 여전히 중력을 통해 상호 작용하며, 고차원 공간 전체가 중력의 작용을 받을 것이다. 중력은 우리가 아는 다른 힘들과는 무척 다른 종류의 힘이다. 중력의 이러한 중요한 특성으로부터 다른 힘에 비해 중력의 세기가 현저히 작은 이유를 설명할 수 있다. 이에 대해 곧 살펴보기로 하자.

막 세계 모형

끈 이론에서 막이 차지하는 중요성이 드러나자 막은 곧 집중적인 연구 대상으로 부각되었다. 특히 물리학자들은 입자 물리학과 막의 관련성, 특히 우주를 이해하는 데에 막이 어떤 의미를 가질지 열정적으로 탐구했다. 지금 시점에서 보자면, 끈 이론은 우주에 막이 존재하는지 그렇지 않은지, 또 막이 있다면 얼마나 많은 막이 있을지에 대해 명쾌한 답을 주지 못한다. 우리가 아는 것이라고는 막은 끈 이론의 본질적인 요소이며 막이 없는 끈 이론은 불가능하다는 점뿐이다. 이제 우리는 실제 세계에 막이 존재할 수 있는가 하는 질문을 던져야만 한다. 그리고 이 세상에 정말로 막이 존재한다면 그 결과는 도대체 무엇일까 하는 질문도 말이다.

막이 존재한다고 하면 우주의 조성과 관련해 새로운 가능성이 열린다. 그중 몇몇은 우리가 관측하는 물질들의 물리적 성질과도 관련이 있다고 한다. 끈 이론 연구자인 아만다 피트(Amanda Peet)는 루스 그레고리의 (입자와 힘이—옮긴이) "가득 찬" 막이라는 표현을 들은 후 막은 "끈 이론에 기반한 모형 구축을 촉발시켰다."라고 말했다. 1995년 이후 막은 물리학 모형 구축의 새로운 도구가 되었다.

1990년 말까지 나를 비롯한 많은 물리학자들은 막의 존재 가능성을 앎의 지평선 안에 포함시켰다. 우리는 스스로에게 물었다. "우리가 알고 있는 모든 입자와 힘이 모든 차원을 따라 움직이지 못하고 저차원 막에 속박되어 그 안에서만 움직일 수 있는 고차원 우주가 있다고 한다면 어떻게 될까?"

막 시나리오는 시공간의 본질에 대해 여러 새로운 생각을 제안했다. 만약 표준 모형의 입자들이 막에 속박되어 있다면, 우리 또한 막에 속박되어 있을 것이다. 왜냐하면 우리와 우리를 둘러싼 우주의 물체들 모두 이 입자들로 구성되어 있기 때문이다. 하지만 모든 입자들이 같은 막에 있다고 할 수는 없다. 우리가 알지 못하는 상호 작용이나 힘을 경험하는 전혀 새로운 입자가 있을 수 있다. 우리가 관측하는 힘들과 입자들은 더 넓은 세계의 한 조각에 불과할지도 모른다. 코넬 대학교의 두 물리학자 헨리 타이(Henry Tye)와 주랍 카쿠샤제(Zurab Kakushadze)는 이러한 시나리오에 '막 세계(Brane World)'라는 이름을 붙였다. 헨리는 나에게 '막 세계'라는 표현을 사용한 것은 막을 포함한 우주가 가질 수 있는 다양한 모습을 특정한 가능성에 경도되지 않고 한 단어로 손쉽게 설명하기 위해서였다고 말했다.

가능한 막 세계의 숫자가 엄청나게 늘어난 탓에, 세계를 설명하는 단 하나의 이론을 찾으려 했던 끈 이론 연구자들은 좌절을 맛봐야 했다. 하지만 막 세계는 우리를 흥분시키는 주제이다. 이 시나리오는 우리가 사는 세계를 설명해 줄 가능성이 충분히 있으며 아마도 그중 하나가 참된 것으로 밝혀질 것이다. 또 4차원 이상에서는 입자 물리학의 규칙이 입자 물리학자의 애초 가정과 다소 달라지므로, 여분 차원 이론은 표준 모형의 몇몇 불가사의한 특징들을 다루기 위해 새로운 방법을 도입했다. 이러한 생각들이 아직 이론적인 것이기는 하지만, 입자 물리학의 문제들을 새롭게 설정하고 있는 막 세계는, 곧 가속기 실험을 통해 검증받게 될 것이다. 결국 막 세계를 우리 우주에 적용할 수 있을지의 여부를 결정하는 것은 주관적인 편견이 아니라 객관적인 실험인 것이다.

이제 우리는 이 새로운 막 세계 중 몇 가지를 검토해 볼 것이다. 이 막 세계가 어떻게 보일지, 또 막 세계 시나리오의 결론이 무엇인지 질문을 던질 것이다. 끈 이론에서 직접 유도된 막 세계뿐만 아니라, 입자 물리학에 새로운 생각을 도입하여 만든 막 세계 모형(model braneworlds)도 염두에 둘 것이다. 끈 이론의 의미를 제대로 이해하지 못한 상태이므로, 단지 특정 입자나 힘 또는 특정한 에너지 분포를 갖는 끈 이론 사례를 발견하지 못했다는 이유만으로 끈 이론의 모형을 제외하는 것은 섣부른 일이다. 막 세계는 끈 이론 탐구의 과녁으로 고려하는 것이 옳다. 사실 20장에서 다룰 비틀린 계층성 모형(warped hierarchy model)은 라만 선드럼과 내가 막 세계 모형의 가능성 중 하나로 소개한 직후, 끈 이론에서 유도된 모형이다.

이어지는 장들에서는 몇 가지 서로 다른 막 세계를 소개할 것이다. 각각에서 완전히 새로운 물리 현상의 세계가 펼쳐질 것이다. 첫째, 막 세계가 어떻게 무정부주의 원리를 벗어나는지 보여 준다. 둘째, 여분 차원이 우리가 처음 생각한 것보다 훨씬 클 수 있다는 것을 보여 준다. 셋째, 시공간이 극적으로 휜다면 사물들의 크기와 질량이 크게 달라질 수 있다는 것을 보여 준다. 특히 마지막 두 가지는 시공간이 휘어져 있다면 무한히 큰 여분 차원조차도 볼 수 없으며, 장소에 따라 시공간이 다른 차원을 가진 것으로 보일 수 있다는 제안을 한다.

이렇게 여러 가지 모형을 소개하는 것은 그 모형들이 모두 다 현실적 가능성을 갖고 있기 때문이다. 하지만 중요한 게 하나 있다. 이 모형들에는 최근까지 물리학계에서 절대 불가능하다고 생각되었던 특징이 포함되어 있다는 것이다. 나는 각 장 말미에 각 모형의 의미와 그것이 관습적인 생각과 어떻게 다른지를 요약해 놓았다. 먼저 이 요점을 읽고 각 모형의 전체적인 윤곽을 그린 다음 세부 사항으로 들어가면 그 모형의 중요성을 훨씬 더 잘 이해할 수 있을 것이다.

여러 종류의 막 세계를 탐험하기 전에 최초의 막 세계, 끈 이론에서 직접 유도해 낸 막 세계를 간단히 소개해 볼까 한다. 호라바와 위튼은 끈 이론의 쌍대성을 연구하는 중에 막 세계를 생각해 냈고 여기에 자신들의 이름 'HW'를 붙여 주었다. 이를 설명하는 까닭은 모형 그 자체도 흥미롭지만 이 모형이 곧 살펴볼 다른 막 세계를 암시하는 몇 가지 특성을 가지고 있기 때문이다.

호라바-위튼 이론

그림 72는 HW 막 세계(HW braneworld)를 그려 놓은 것이다. HW 막 세계는 2개의 평행한 막으로 가로막힌 11차원 세계이다. 10차원 공

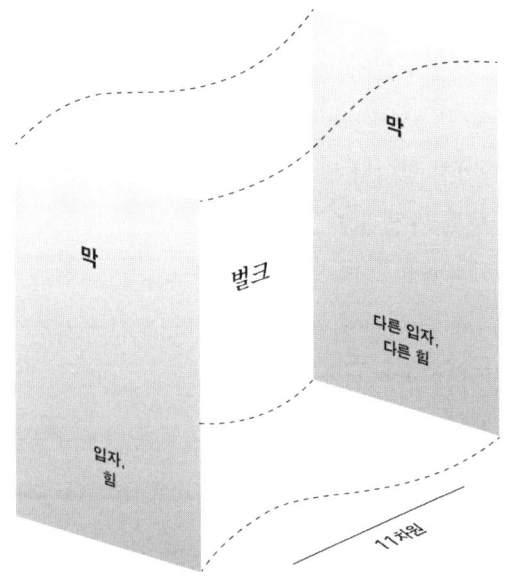

그림 72
호라바-위튼의 막 세계. 9개의 공간 차원을 갖는 2개의 막(2차원 막으로 간략하게 그림.)이 11차원 시공간(10차원 공간)을 사이에 두고 서로 떨어져 있다. 벌크는 모든 공간 차원, 즉 두 막의 9개의 공간 차원과 막 사이에 있는 나머지 1개의 차원을 모두 포함한다.

간의 벌크(11차원 시공간)를 9개의 공간 차원을 가진 2개의 막이 가두고 있다. 원조 막 세계 이론인 HW 우주에서 2개의 막은 각각 서로 다른 종류의 입자와 힘을 갖는다.

두 막에는 14장에서 소개한, 데이비드 그로스, 제프 하비, 에밀 마티넥, 라이언 롬이 발견한 잡종 끈과 유사한 힘이 존재한다. 이들이 밝힌 잡종 끈에서는 끈을 따라 왼쪽으로 나아가는 진동과 오른쪽으로 나아가는 진동이 서로 다른 상호 작용을 한다. HW 이론에서 여러 힘 중 절반은 한쪽 막에, 나머지 절반은 다른 쪽 막에 있어야만 한다. 각각의 막에는 입자와 힘이 충분하기 때문에, 어느 쪽에든 표준 모형의 모든 입자들(따라서 우리 인간)이 있을 수 있다. 호라바와 위튼은 표준 모형의 입자와 힘이 두 막 중 하나에 있다고 제한하고, 아직 현실에서 관측하지 못했지만 자신의 이론이 필요로 하는 다른 입자들과 중력은 나머지 막이나 막을 벗어난 11차원의 전체 벌크에서 자유롭게 움직인다고 가정했다.

사실 HW 막 세계 이론은 잡종 끈 이론과 같은 힘만 갖는 게 아니었다. 그 자체가 잡종 끈 이론이었다. 단 잡종 끈 이론은 강한 결합 상수를 갖고 있지만, 이는 쌍대성의 또 다른 예일 뿐이었다. 이 경우 2개의 막이 11번째 차원(10번째 공간 차원)의 경계를 이루고 있는 11차원 이론은 10차원 잡종 끈 이론과 쌍대성 관계에 놓인다. 다시 말해 잡종 끈의 상호 작용이 매우 강할 경우, 두 장의 9차원(공간) 경계 막을 갖는 11차원 이론으로 가장 잘 기술할 수 있다. 이는 앞 장에서 논의한 11차원 초중력 이론과 10차원 초끈 이론 사이의 쌍대성과 다르지 않다. 하지만 HW 막 세계에서는 열한 번째 차원이 작게 말려 있지 않으며 두 막 사이에 끼어 있다. 이 경우에도 상호 작용 세기에 차이가 있지만, 약하게 상호 작용을 하는 11차원 이론과 강하게 상호 작용을 하는 10차원 이론은 동등할 수 있다.

물론 표준 모형의 입자들이 한 쪽 막에 속박되어 있다 해도 HW 이론은 우리 주위에 보이는 것보다 더 많은 차원이 존재한다고 본다. 호라바-위튼 막 세계를 실제 세계에 대응시키려면 6개의 공간 차원을 눈에 띄지 않게 해야 한다. 호라바와 위튼은 이 6개의 차원이 아주 작은 칼라비-야우 다양체로 말려 있다고 가정했다.

6개의 차원이 말려 있다면 HW 우주는 4차원 경계 막(boundary brane)을 갖는 5차원 유효 이론이라고 생각할 수 있다. 2개의 경계 막을 갖는 5차원 우주는 많은 물리학자들이 연구한 흥미로운 주제이다. 버트 오브럿(Burt Ovrut)과 댄 월드람(Dan Waldram)은 HW 유효 이론을 다른 형태의 5차원 이론에 적용했으며 이에 대해서는 20장, 22장에서 살펴볼 것이다. 라만과 나는 그들 두 물리학자의 방법 중 몇 가지를 응용했다.

호라바-위튼 막 세계가 흥미를 끄는 이유는 그것이 표준 모형의 입자와 힘을 모두 가질 뿐만 아니라 대통일 이론의 모든 요소를 포함하기 때문이다. 즉 HW 모형에서 중력이 더 높은 차원에서 유래하기 때문에 고에너지에서 중력과 다른 힘의 세기를 통일할 수 있다.

HW 막 세계는 실제 세계를 다루는 물리학에서 막 세계가 중요한 세 가지 이유를 분명히 보여 준다. 첫째, 막 세계는 하나 이상의 막으로 구성된다. 이로부터 한쪽 막에 속박된 입자와 힘은 다른 막의 입자나 힘과는 약하게 상호 작용을 할 수밖에 없다. 두 막은 멀리 떨어져 있기 때문이다. 서로 다른 막에 있는 입자들이 소통할 수 있는 유일한 방법은 벌크 입자를 거치는 경우뿐이다. 이 성질은 다음 장에서 살펴볼 격리 모형에서 특히 중요하다.

둘째, 막 세계는 물리학에 새로운 길이 규모를 도입한다. 부가적인 차원의 크기 같은 이 새로운 규모는 힘의 통일이나 계층성 문제에서 중요한 역할을 할 가능성이 있다. 두 문제는 결국 하나의 이론에서 에너지와 질량 규모가 왜 그처럼 큰 차이를 보이는지, 또 양자 기여는 왜 그런 차이를 유발하는지와 관련되어 있다.

마지막으로 셋째, 막과 벌크가 에너지를 가질 수 있다는 점이다. 막이나 그보다 차원이 높은 벌크에는 입자가 있든 없든 에너지가 축적될 수 있다. 다른 에너지들이 그렇듯이 이 에너지는 벌크 시공간을 휘게 만든다. 공간에 퍼져 있는 에너지로 인해 시공간이 휜다는 것이 막 세계 이론에서 무척 중요하다는 점을 곧 살펴볼 것이다.

HW 막 세계는 분명 매력적이지만 문제도 많이 있다. 하지만 그것은 끈 이론으로 기존의 물리학을 재현하려 할 때 언제나 부딪치는 문제이다. 호라바-위튼 이론은 너무나 작은 차원을 포함하고 있어서 이를 실험적으로 검증하기는 곤란하다. 보이지 않는 많은 입자들은 너무 무거워서 측정되지 않을 것이고, 어쨌든 말려 있어야 하는 6개의 차원의 크기나 모양을 짐작하기조차 힘들다.

그러나 이 길을 따라 탐색하다 보면 언젠가 누군가가 우연히 자연을 올바르게 기술하는 참된 끈 이론을 찾을지도 모른다. 그럴 수도 있다. 하지만 이는 무척 큰 행운이 따라야 하는 일이다. 하지만 우리 앞에는 해결을 기다리는 입자 물리학의 문제들이 쌓여 있으며, 이 문제들을 제한된 몇 개의 차원을 따라 뻗어 있는 막이나 여분 차원을 가진 공간을 가지고 해결하는 것 역시 충분히 연구할 가치가 있는 일이다. 이것이 이 책의 나머지 부분에서 탐구할 내용이다.

기억해야 할 것

- 막 세계는 끈 이론의 틀 안에서 생각할 수 있는 가능성 중 하나이다. 이것은 끈 이론이 힘들과 입자들이 막 위에 잡혀 있을 수 있다고 생각하는 것이다.
- 중력은 다른 힘들과는 매우 다른 특징을 갖는다. 중력은 결코 막에 속박되지 않으며 항상 모든 차원으로 퍼져 나간다.
- 끈 이론이 우주를 기술하려면, 여러 개의 막을 포함해야 한다. 그래서 여러 개의 막을 포함하는 막 세계라는 개념이 도출된 것은 매운 자연스러운 일이다.

5

여분 차원의 물리학

17장

흩어진 경로 : 다중 우주와 격리

지금 당장 돌아서.
(왜냐하면) 너는 더 이상 환영받지 못하거든.*

— 글로리아 게이너

● 글로리아 게이너(Gloria Gaynor)의 노래 「살아남을 거야(I will survive)」의 한 소절. ─옮긴이

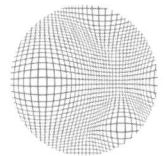

　천국 막에서의 명백한 금지 규정에도 불구하고, 결국 이카루스 3세는 다시 도박에 손을 댔다. 거듭되는 징계를 무시하고 도박을 한 아이크는 결국 천국 막에서 쫓겨나 5차원 방향으로 멀리 떨어진 감옥 막에 수감되었다. 아이크는 감옥 막에 격리되어 있는 상태에서도 별수를 다 짜내 옛 친구들과의 접촉을 시도했다. 하지만 두 막의 거리가 너무 멀어서 연락을 취할 수가 없었다. 그는 결국 벌크를 지나다니는 우편 배달부를 잡느라 기진맥진해졌다. 대부분의 우편 배달부는 아이크의 간청을 무시하고 지나쳐 버렸다. 극소수 멈춰선 이들이 천국 막으로 아이크의 소식을 전하러 떠났지만, 너무나 느리게 움직여서 좌절할 지경이었다.

　한편 천국 막에는 재앙이 닥쳐왔다. 그토록 용감하게 천국의 위계 질서를 수호하던 천사들이 주민들이 떠받드는 가족(family)의 가치를 내팽개치고 세대(generation) 간의 불안정성을 증폭시키고 있었다. 천국의 타락한 천사들은 이런저런 짝짓기가 모두 가능하다면서, 사람들에게 다른 세대의 미남미녀를 만나라고 부추겼다.

　사정을 들은 아이크는 아연실색했지만 자신이 질서를 바로잡기로 결심했다. 아이크는 천국 막과 교신하려면 느긋하고 신중해야 한다는 점을 깨달았으며, 현명하게도 그 방법으로 천국 막에 사는 무례한 천사들의 거대한 에고를 만족시켜 주었다. 아이크의 개입으로 천사들은 사회 기강을 무너뜨리는 일을 중단했다. 이카루스 3세는 여전히 감옥 막에서 형을 살아야 했지만, 가슴을 쓸어내린 천국 막의 주민들은 그를 도시 전설 속에서 영원히 칭송했다.

이 장에서는 '격리(sequestering)'를 다룰 것이다. 격리는 여분 차원이 입자 물리학에서 중요한 이유 중 한 가지이다. 격리되어 있는 입자들은 각각 다른 막에 물리적으로 분리되어 있다. 서로 다른 입자가 서로 다른 환경에 있다고 한다면, 어떤 입자와 다른 입자를 구별해 주는 특징은 '격리' 그 자체에서 기인한 것일지도 모른다. 또 격리는 모든 것이 서로 상호 작용한다는 무정부주의 원리가 항상 참이 아님을 설명해 줄지도 모른다. 입자들이 여분 차원 방향으로 서로 격리되어 있다면, 그들 사이에서는 상호 작용이 일어날 가능성이 아주 낮기 때문이다.

원칙적으로 3차원 공간에서 입자들은 서로 격리될 수 있다. 하지만 3차원 공간에서는 모든 방향과 모든 장소가 동일하기 때문에 기존의 물리 법칙에 따르면 모든 입자는 눈에 보이는 3차원 공간의 어느 장소에나 있을 수 있다. 따라서 3차원 공간에서는 입자들을 격리시킬 수 없다. 그러나 그 이상의 고차원 공간에서는 광자나 대전된 물체가 아무 곳에나 있을 수 없다. 여분 차원을 통해 입자를 떼어 놓을 수 있기 때문이다. 종류가 다른 입자들이 각각 다른 막, 즉 떨어진 공간 영역에 있을 수 있다. 여분 차원 우주에서는 모든 지점이 동일하지 않기 때문에, 서로 분리된 막에 서로 다른 종류의 입자를 가둬 놓는 식으로 여분 차원을 통해 입자를 서로 격리시킬 수 있다.

입자를 격리시키는 이론은 여러 문제들을 해결할지도 모른다. 이 장 첫머리의 아이크 이야기는 여분 차원에 대한 나의 첫 번째 공략, 즉 초대칭성 깨짐에 격리 개념을 적용하는 시도를 비유한 것이다.

4차원 초대칭성 깨짐 모형이 대부분 원치 않은 상호 작용을 야기함으로써 심각한 문제를 일으키는 반면, 격리된 초대칭성 깨짐 모형은 훨씬 나은 결과를 보여 주었다. 격리를 통해 입자들이 왜 서로 다른 질량을 갖는지 또 왜 여분 차원 모형에서는 양성자가 붕괴하지 않는지를 설명할 수 있다. 이 장에서는 격리와 이를 입자 물리학에 적용한 몇 가지 사례를 검토해 볼 것이다. 4차원 시공간에서 적용하는 초대칭성과 같은 아이디어들이 어떻게 여분 차원이 있을 때 더욱 빛을 발하는지 드러날 것이다.

여분 차원을 향한 나의 경로

물리학자들은 동료들과 만나 어떤 주제에 대해 토의하고 서로 자극 받을 수 있는 학회에서 행복을 느낀다. 하지만 한해에도 수없이 많은 입자 물리학 학회와 워크숍이 열리기 때문에 어디로 가야 할지 결정하는 일은 결코 쉽지 않다. 몇몇 대형 학회는 다른 학자들의 최근 연구나 결과물을 공유하는 자리이다. 2~3일 정도로 비교적 짧은 기간 열리는 작은 학회는 고도로 전문화된 분야에서 중요한 새로운 결과를 발표하는 자리가 되기도 한다. 좀 더 오래 열리는 워크숍은 물리학자들이 다른 연구자들과 공동 연구를 시작하거나 끝마치는 자리가 되기도 한다. 때로는 오래도록 기억에 남을 근사한 곳에서 학회가 열리기도 한다.

 옥스퍼드도 멋진 장소이지만, 1998년 7월 초 그곳에서 열린 초대칭성 학회는 앞의 설명 중 첫 번째에 딱 들어맞는 학회였다. 수년간 계층성 문제를 푸는 유일한 방법으로 주목받았던 초대칭성은 시간이

지나면서 물리학계의 주요 연구 분야로 발전하여 물리학자들은 매년 머리를 맞대고 초대칭성 연구의 최근 성과를 논의하고 있다.

하지만 그해 옥스퍼드 학회에서는 더 놀라운 이야기가 기다리고 있었다. 가장 관심을 모은 주제는 초대칭성이 아니라 새롭게 떠오른 여분 차원이었다. 연구자들을 가장 자극한 강연은 19장에서 다룰 커다란 여분 차원을 주제로 한 강연이었다. 다른 강연도 끈 이론에서 제안된 여분 차원의 운명이나 여분 차원이 실험을 통해 검증될 가능성에 대한 것이었다. 여분 차원에 관한 생각들이 얼마나 참신했는지는 시카고 대학교에서 온 제프 하비의 강연 제목에서 단적으로 드러난다. 하비와 몇몇 연사들은 나중에 그 강연을 농담 삼아 "환상의 섬(Fantasy Island)"이라고 부르고는 했다. 페르미 연구소의 이론 물리학자 조 릭켄은 심지어 작은 남자가 "저 막, 저 막(Da brane, Da brane)"이라고 말하면서 손가락으로 가리키는 슬라이드를 보여 주었다(1970년대 미국 텔레비전 드라마 「환상의 섬」에서 "da Plane, da Plane"이라고 외치며 방문자를 환영하는 난장이 타투(Tatoo)를 빗댄 이 유머는 이 드라마를 보지 않은 사람들은 이해하기 어려울 것이다.).

즐거운 추억도 있지만, 옥스퍼드 초대칭성 학회에서 돌아오는 길에 나는 여분 차원에 대해 그리고 입자 물리학의 문제들을 어떻게 여분 차원으로 풀 수 있을지에 대해 고심했다. 나는 당시 인기를 모았던 큰 여분 차원에 회의를 품었고 그것을 연구할 계획도 없었다. 하지만 막과 여분 차원이 새로운 모형을 설계하는 중요한 도구라는 점은 확신했으며, 이를 통해 4차원 설명으로 도저히 풀리지 않는 입자 물리학의 몇몇 현상들을 설명할 수 있으리라고 보았다.

나는 그해 남은 여름을 보스턴에서 보내기로 했다. 이는 그 당시 나에게는 좀 특별한 결정이었다. 여름에는 나를 비롯한 보스턴의 이론 물리학자들 대부분이 학회와 워크숍에 참석했기 때문이다. 하지만 나는 집에서 휴식을 취하면서 새로운 아이디어를 생각해 보기로 했다.

당시 보스턴 대학교에서 박사 후 연구원 과정에 있던 라만 선드럼 역시 보스턴에서 여름을 보내기로 결정했다. 선드럼은 학회에서 만난 적도 있고 서로의 연구실을 방문하기도 했으며, 짧은 기간이지만 하버드 대학교에서 박사 후 연구원으로 함께 일하기도 했다. 그는 이미 여분 차원에 대해 생각하고 있었기 때문에, 나는 여분 차원에 대한 궁금증이나 내 생각을 함께 토론해 보고 싶었다.

선드럼은 유별난 사람이었다. 물리학자들이 대체로 연구 경력 초기에 비교적 안전한 문제들, 즉 잘 풀릴 것 같아 누구나 관심을 보이는 문제들에 매달리는 것과 달리, 그는 극히 어렵거나 사람들의 관심 영역에서 벗어나 있더라도 자신이 가장 중요하게 여기는 문제에 집중했다. 특이한 연구 태도로 인해 뛰어난 재능에도 불구하고 정식 교원이 되지 못한 그는 세 번이나 박사 후 연구 과정을 거쳐야 했다. 어쨌든 당시 선드럼은 여분 차원과 막에 빠져 있었으며, 바야흐로 그의 관심사와 물리학계의 관심사가 일치하려 하고 있었다.

우리의 공동 연구는 MIT 학생 회관에 자리 잡은, 맛있는 아이스크림과 향이 좋은 커피를 파는 토스카니니 분점(아쉽게도 지금은 문을 닫았다.)에서 시작되었다. 토스카니니는 그곳에서만 맛볼 수 있는 감미로운 연구 자극제가 있었을 뿐만 아니라 어떤 방해도 없이 연구에 관해 토론할 수 있는 가장 이상적인 장소였다.

커피를 마시며 이야기를 나누던 초창기를 지나 여름이 깊어 갈수록 우리의 연구도 진전을 거듭했다. 8월이 되자 논의 사항을 자세히 적기 위해서는 더 큰 칠판이 필요하게 되었다. 내가 교수로 있던

그림 73
그림의 초대칭성 깨짐 모형에서는 2개의 막이 있다. 표준 모형의 입자들이 한쪽 막에 있고, 초대칭성을 깨는 입자들은 다른 막에 격리되어 있다. 두 막은 모두 3차원 공간을 가지며 5차원 시공간, 즉 네 번째 공간 차원을 사이에 두고 서로 분리되어 있다.

MIT의 개인 연구실 칠판이 너무 작아서 우리는 빈 강의실을 찾아 '무한 회랑(infinite corridor, MIT 본관에 있는 긴 복도)'을 서성이고는 했다.

특히 우리가 집중한 연구는 초대칭성 깨짐에 격리 개념을 적용하는 문제였다. 우리는 표준 모형에서 초대칭성 깨짐의 원인이 되는 입자들을 격리시킴으로써 이 입자와 표준 모형 입자 사이의 상호 작용을 막고자 했다(그림 73). 우리는 입자가 서로 다른 막에 분리되어 있는 이 모형을 당시 유행하던 '숨겨진 영역(hidden sector)'이 있는 초대칭성 깨짐 모형과 구별하고자 '격리(sequester)'라는 단어를 선택해 사용했다. 숨겨진 영역 모형에서는 이름과 달리 초대칭성을 깨는 입자들이 숨어 있지 않기 때문에, 표준 모형의 입자와 실제 세계에서는 허용되지 않는 방식으로만 약하게 상호 작용하게 된다.

연구 초기에는 내가 열정적이었고 라만이 회의적이었는데, 시간이 지나면서 태도가 바뀌었다. 하지만 열정적인 연구자와 회의적인 연구자가 함께하면서 연구 영역은 빠르게 확장되었고, 마침내 우리가 생각하는 물리학의 핵심에 닿았다. 때때로 몇몇 생각을 너무 빨리 포기하기도 했지만, 보통 둘 중 한 사람은 그 생각을 포기하지 않고 연구를 진전시켰다.

갈릴레이와 함께 근대 과학 방법의 창시자로 추앙받는 프랜시스 베이컨(Francis Bacon)은 정확한 결과를 얻는 데 꼭 필요한 회의주의를 견지하면서 연구하기가 힘들다는 토로를 한 적이 있다.* 어떤 아이디어가 틀릴 수도 있다고 의심하면서도, 진지하게 결론을 도출할 때까지 연구해 간다는 것은 얼마나 어려운 일인가? 시간이 충분하다면, 혼자서 연구를 하더라도 두 태도 사이에서 흔들리면서 최종적으로는 정확한 답을 얻어 낼 수 있다. 하지만 서로 다른 태도를 가진 두 사람이 있는 경우에는, 우리가 그랬듯이, 흥미롭지만 잘못된 아이디어를 포기하는 데에는 수 시간, 때로는 수 분밖에 걸리지 않는다.

그럼에도 불구하고, 초대칭성 이론에서 원치 않는 상호 작용을 막기 위해 격리에서 출발한 우리의 생각은 전망이 밝아 보였다. 4차원에서는 모든 것이 납득되게끔 기능하지 않았지만, 대신 여분 차원은 성공적인 모형이 되기 위한 필수 요소를 모두 가지고 있는 것 같았다. 하지만 라만과 내가 격리를 적용한 초대칭성 깨짐을 제대로 이해하고 그것이 옳다는 것을 밝혀 마침내 서로 눈을 마주치며 환호하기 위해서는 그해 여름이 끝나야만 했다.

* Francis Bcacon, *On Scientific Inquiry*.

자연스러움과 격리

격리가 중요한 까닭은 무정부주의 원리가 야기하는 문제를 차단해 주기 때문이다. 무정부주의 원리는 '일어날 수 있는 일은 모두 일어난다.'라는 4차원 양자장 이론의 불문율이다. 무정부주의 원리의 문제는, 이론으로 하여금 최종적으로 자연계에서는 볼 수 없는 상호 작용과 질량비를 예측하게 만든다는 것이다. 고전 이론(양자 역학을 고려하지 않은 이론)에서 일어나지 않는 상호 작용이라고 해도 가상 입자가 있다면 모종의 상호 작용이 발생한다. 그리고 그 상호 작용이 일어나면 또 다른 여러 상호 작용도 가능해진다.

비유를 들어 그 까닭을 설명해 보겠다. 여러분이 아테나에게 내일 눈이 온다고 말했다고 가정해 보자. 아테나가 그 말을 아이크에게 전하면, 그와 직접 대면하지 않았어도 여러분은 아이크의 다음 날 복장에 영향을 미칠 수 있다. 그는 당신이 보낸 가상의 충고를 받아들여 두꺼운 점퍼를 입고 집을 나설 것이다.

마찬가지로 한 입자가 가상 입자와 상호 작용하고 뒤이어 그 가상 입자가 세 번째 입자와 상호 작용할 수 있다. 그렇게 되면 최종적으로 첫 번째 입자가 세 번째 입자와 상호 작용한 것과 같다. 무정부주의 원리로부터, 고전 물리학의 세계에서는 일어나지 않는 상호 작용이라도 가상 입자를 통해 일어난다. 그리고 그 과정에서는 종종 원치 않는 상호 작용 과정이 일어날 가능성이 생겨난다.

입자 물리학의 많은 문제들이 무정부주의 원리에 뿌리를 두고 있다. 예를 들어 가상 입자의 영향으로 생기는 힉스 입자의 질량에 대한 양자 기여는 계층성 문제의 근본적인 원인이다. 힉스 입자가 어떤 경로를 취하든 무거운 가상 입자가 일시적으로 개입할 수 있으며, 이러한 개입이 힉스 입자를 무겁게 만드는 것이다.

무정부주의 원리가 야기하는 또 다른 문제를 11장에서 다루었다. 대부분의 초대칭성 깨짐 이론에서는 가상 입자가 실험을 통해 일어날 리가 없다고 밝혀진 상호 작용을 일으킨다. 이 상호 작용은 쿼크나 경입자의 정체성을 바꾼다. 이처럼 향이 변하는 상호 작용은 자연에서는 거의 일어나지 않는 과정이다. 제대로 된 이론을 만들기 위해서는 무정부주의 원리가 야기하는 모순된 상호 작용을 제거해야만 한다.

가상 입자가 반드시 바람직하지 않은 예측으로만 이끌지도 않는다. 물리량에 대한 고전적인 기여와 양자적인 기여 사이에 엄청난 상쇄가 이루어진다면 이러한 원치 않는 상호 작용을 예측하지 않아도 된다. 심지어 고전적 기여와 양자 역학적 기여가 각각 엄청나게 크다고 해도 둘을 합산했을 때의 결과가 타당한 것으로 예측되기도 한다. 하지만 이러한 우회로를 통해 문제를 푸는 방법들은 참된 해결의 대용품이거나 임시방편일 뿐이다. 우연히 딱 들어맞는 그러한 계산을 통해 원치 않는 상호 작용을 제거하는 것을 근본적인 설명이라고 생각하는 사람은 아무도 없다. 우연의 힘을 빌린 계산 과정은 문제점을 어떻게든 덮어 두고 이론을 진전시키기 위한 고육지책일 뿐이다.

물리학자들은 터무니없는 상호 작용이 자연스러운 방법으로 사라져야 한다고 믿는다. 일상생활에서 '자연스럽다.'라는 표현은 어떤 일이 인간의 개입 없이 자발적으로 일어나는 것을 뜻한다. 하지만 입자 물리학자들에게 '자연스럽다.'는 저절로 일어나는 일 그 이상이다. 즉 어떤 일이 일어나야 하는 것이라면, 의문의 여지가 없어야 한다는 뜻이다. 물리학자들은 오직 일어나야 한다고 기대했던 일이 일어났을 때만 '자연스럽다.'라고 말한다.

무정부주의 원리와 양자 기여가 야기하는 원치 않는 상호 작용으로 인해, 표준 모형의 기초가 되는 물리학 모형을 제대로 기능하는 것으로 수정하기 위해서는 몇 가지 새로운 개념이 필요하게 되었다. 대칭성이 그토록 중요한 까닭은 그것이 4차원 세계에서 불필요한 상호 작용을 차단해 주는 유일한 자연의 방법이기 때문이다. 대칭성은 원래 어떠한 상호 작용이 일어날 수 있는가를 결정하는 추가적인 규칙을 제공한다. 독자들은 비유를 통해 이를 이해할 수 있을 것이다.

6명이 식사를 하기 위해 식탁에 숟가락, 젓가락, 접시 등을 배열한다고 해 보자. 손님이 어디에 앉든 동일한 상차림을 받아야 한다는 규칙에 따라 배열을 한다면 대칭 변환이 가능해진다. 만약 이 대칭성이 없다면, 어떤 사람은 숟가락 2개만 있고 또 어떤 사람은 젓가락만 있거나 접시만 있게 된다. 하지만 대칭성이라는 제약이 있다면, 6명이 모두 같은 수의 숟가락, 젓가락, 접시를 갖게 된다.

마찬가지로 대칭성이 성립하면 가능한 상호 작용이 다 일어나지는 않게 된다. 만약 고전 이론의 상호 작용이 대칭성을 이룬다면, 양자 기여로 인해 수많은 입자들이 상호 작용을 한다고 해도 대칭성을 깨뜨리는 상호 작용은 일어나지 않을 것이다. 당신이 대칭성을 깨뜨리는 상호 작용에서 시작하지 않는다면, 가상 입자가 만드는 모든 상호 작용을 고려하더라도 그러한 대칭성 깨짐을 만나기는 어려울 것이다(14장에서 설명한 이형성이라는 드문 예를 제외한다면). 식탁에 과일 포크나 티스푼을 추가하더라도 대칭성이라는 규칙을 확실히 지키기만 하면, 당신이 차린 식탁에서는 어떤 손님이든 동일한 상차림을 마주하게 될 것이다. 마찬가지로 양자 기여가 발생해도 대칭성을 깨뜨리는 상호 작용은 일어나지 않는다. 만약 대칭성이 고전 이론에서 이미 깨진 상태만 아니라면, 입자가 대칭성을 깨뜨리는 상호 작용을 하는 경로를 취하지는 않을 것이다.

최근까지도 물리학자들은 무정부주의 원리를 피하는 유일한 길이 대칭성이라고 생각했다. 하지만 아이스크림을 흡족하게 먹고 난 어느 날, 라만과 나의 머릿속에는 떨어져 있는 막을 이용한 해결책이 떠올랐다. 일어나서는 안 되는 상호 작용이 일어나지 않는 자연스러운 이유를 대칭성을 통하지 않고도 제공할 수 있다는 점이 여분 차원을 설득력 있는 개념으로 만들어 주었다. 상호 작용하기를 원치 않는 입자들을 서로 격리시키면 원치 않는 상호 작용을 막을 수 있다. 격리된 다른 막에 있는 입자들은 보통 상호 작용을 할 수 없기 때문이다.

서로 다른 막에 있는 입자들은 강하게 상호 작용할 수 없다. 왜냐하면 상호 작용은 항상 국소적으로 일어나며 같은 곳에 있는 입자들만이 직접 상호 작용하기 때문이다. 격리된 입자들도 다른 막의 입자들과 상호 작용을 할 수는 있다. 하지만 그런 일이 일어나려면 막 사이를 옮겨 다니면서 상호 작용할 수 있는 다른 입자들의 도움이 꼭 필요하다. 중개자에게 도움을 요청하는 일 말고는 다른 수단이 없는 감옥 막의 아이크처럼, 다른 막의 입자들도 제한된 소통 수단을 가질 뿐이다. 그리고 설사 그처럼 간접적인 상호 작용이 일어난다고 해도 극히 드물게 일어날 뿐이다. 왜냐하면 벌크를 오가는 중개자, 특히 그것이 질량을 가진 입자일 경우에는 먼 거리를 움직일 수 없어 상호 작용이 극단적으로 약해지기 때문이다.

서로 다른 막에 격리된 입자들 사이에서 상호 작용이 차단되는 것은 폐쇄적인 국가에서 외국의 정보가 차단되는 것과 흡사하다. 외국인 기피 국가에서 국경과 미디어를 촘촘하게 감시하는 상황을 생각하면 된다. 그런 나라에서 다른 나라의 정보를 얻기 위해서는, 힘들게 입국한 외국인과 접촉하거나 몰래 들여온 책과 신문을 입수해야 한다.

분리되어 있는 막은 외국인 기피 국가와 비슷한 방식으로 무정부주의 원리를 막아 낸다. 그리고 이것을 통해 바람직하지 않은 상호작용을 자연스럽게 차단하는 데 필요한 도구가 두 배로 늘어난다. 격리의 또 다른 장점은 대칭성 깨짐의 효과로부터 입자들을 보호해 준다는 점이다. 충분히 멀리 떨어진 곳에서 대칭성이 깨진다고 한다면 격리되어 있는 막의 입자들은 그로부터 거의 영향을 받지 않는다. 전염병에 걸린 사람들을 잘 격리하면 질병의 확산을 막을 수 있는 것처럼, 대칭성 깨짐도 격리할 수 있으면 막을 수 있다. 앞의 비유를 들자면, 나라 밖에서 극적인 사건이 발생해도 폐쇄적인 나라 안으로 소식이 전해지지 않는다면 사건이 미치는 영향은 미미할 수밖에 없다. 국경을 철저히 봉쇄하기만 하면 외국인 기피 국가는 자기만의 방식대로 굴러갈 것이다.

격리와 초대칭성

1998년 여름, 라만과 나는 우리 우주처럼 깨진 초대칭성을 갖는 우주가 만들어지려면 자연에서 격리가 어떻게 작동해야 하는가 하는 문제로 고심했다. 우리 두 사람은 계층성 문제를 우아하게 해결해 주고 막대한 양자 기여로 인해 무거워진 힉스 입자의 질량을 0으로 만들어 주는 것이 초대칭성이라는 사실을 잘 알고 있었다. 하지만 13장에서 보았듯이, 자연에 초대칭성이 존재한다고 해도 깨진 채로 존재해야 한다. 그렇지 않으면 우리 우주의 입자들은 관측되는데 그 초대칭짝은 관측되지 않는 이유를 설명할 수가 없다.

아쉽게도 대칭성 깨짐을 다루는 대부분의 모형은 자연에서 찾아

보기 어려운 상호 작용을 예측하고 있어 옳은 이론이 되기 어려웠다. 선드럼과 나는 자연이 바람직하지 않은 상호 작용으로부터 자신을 방어하기 위해 사용하는 물리학 원리를 찾고 싶었다. 그것이 성공적인 이론을 만드는 길이었다.

우리는 막 세계라는 맥락에서 초대칭성 깨짐에 집중했다. 막 세계는 초대칭성을 보존할 수 있다. 하지만 4차원에서 그랬던 것처럼, 이론 어딘가에 초대칭성을 보존하지 않는 입자가 있다면 초대칭성이 자발적으로 깨질 가능성이 있다. 라만과 나는 초대칭성을 깨뜨리는 모든 입자를 표준 모형의 입자로부터 격리시키면 문제점이 훨씬 적은 모형을 구축할 수 있다는 것을 깨달았다.

따라서 우리는 표준 모형의 입자들을 한쪽 막에, 또 초대칭성을 깨뜨리는 입자들을 다른 쪽 막에 격리시켜 보기로 했다. 그러자 양자 역학이 만들어 내던 위험한 상호 작용이 사라졌다. 벌크를 오가는 중개 입자가 만들어 내는 초대칭성 깨짐 효과를 제외하면, 표준 모형 입자들의 상호 작용은 초대칭성이 깨지지 않았을 때와 유사한 결과를 보여 주었다. 우리 모형은 초대칭성을 정확히 보존하는 이론과 마찬가지로 원치 않는 상호 작용을 차단할 수 있었다. 이제 향을 바꾸는 상호 작용처럼 실험으로 확인하기 어려운 상호 작용은 일어나지 않게 되었다. 벌크 입자는 초대칭성이 깨진 막에 있는 입자 그리고 표준 모형이 성립하는 막에 있는 입자와 동시에 상호 작용하면서 어떤 상호 작용이 가능할지를 엄밀하게 결정해 주었다. 결과적으로 일어나서는 안 되는 상호 작용들이 사라졌다.

물론 초대칭성 깨짐의 효과는 조금이라도 표준 모형의 입자들에 전달되어야만 한다. 초대칭성 깨짐이 표준 모형 입자에 영향을 미치지 않는다면, 그 초대칭짝은 큰 질량을 가질 수 없기 때문이다. 초대칭짝의 질량이 정확히 얼마인지 모르더라도, 실험적 제약과 계층성을 지키는 초대칭짝의 역할을 고려한다면 질량이 대강 어느 정도여야 하는지를 추정해 볼 수 있다.

그러한 실험적 제약은 초대칭짝 질량 사이의 정성적인 관계를 알려 준다. 대략적으로 말해 모든 초대칭짝들은 서로 거의 비슷한 질량을 가지며 그 값은 약력 규모 질량인 250기가전자볼트 정도여야 한다. 우리는 초대칭짝의 질량이 이 범위 안에 있으면서 바람직하지 않은 상호 작용이 일어나지 않도록 해야 할 필요가 있었다. 초대칭성 깨짐이 격리되어 있는 모형을 옳은 것으로 만들려면 모든 조각들이 다 제자리를 찾아가야만 했다.

우리 모형의 성공 여부는 초대칭성 깨짐 효과를 표준 모형 입자에게 전달해, 초대칭짝들이 필요한 질량을 갖도록 해 주는 중개 입자를 발견할 수 있느냐에 달려 있었다. 이때 그 우편 배달부가 모순적인 상호 작용을 일으키지 않아야 한다는 조건도 충족시켜야 했다.

모든 곳의 입자와 상호 작용할 수 있는 벌크 입자인 중력자가 중개자 역할을 할 완벽한 후보로 보였다. 중력자는 양쪽 막, 즉 초대칭성이 깨진 막에 있는 입자들과도, 표준 모형 막에 있는 입자들과도 상호 작용한다. 나아가 우리는 중력자가 중력 법칙에 따라 상호 작용한다는 것도 알고 있었다. 우리는 중력자의 상호 작용이, 초대칭짝에게 질량을 부여하면서 쿼크나 경입자의 정체성을 혼란에 빠트리는 등의 불필요한 상호 작용(자연에서 일어나지 않는 상호 작용)은 유발하지 않는다는 것을 보일 수 있었다. 중개 입자로 중력자만큼 유력한 후보는 없다.

우리는 중력자를 중개 입자로 상정하고 초대칭짝의 질량을 계산해 보았다. 그러자 의외로 요소들은 단순하지만 그 계산은 상당히 미묘하다는 것을 깨달았다. 초대칭성을 깨뜨리는 에너지 규모에서 고전적 기여는 0이었고, 오직 양자 역학적 효과만이 초대칭성 붕괴를 전달했다. 이 점을 깨달은 우리는 중력자에 의한 초대칭 깨짐의 전달을 '이형성 중개(anomaly mediation)'라고 불렀다. 이렇게 이름 붙인 것은 14장에서 논의한 이형성처럼 이 양자 역학적 효과도 원래 보존되어야 하는 대칭성을 깨뜨리기 때문이었다. 우리는 초대칭짝 질량의 상대적 크기를 예측해 낼 수 있었다.

이 모든 문제들을 풀기 위해서는 며칠이 지나야 했다. 나는 하루에도 몇 번씩 희망과 절망 사이를 오갔다. 어떤 날은 저녁 식사에서 친구가 화들짝 놀란 적이 있는데, 전날부터 풀리지 않던 문제를 푸는 데 몰입한 나를 보았기 때문이다. 마침내 선드럼과 나는 중력이 초대칭성 깨짐을 전달한다고 가정하면, 격리된 초대칭성 깨짐 모형이 놀라우리만치 잘 작동한다는 사실을 발견해 냈다. 모든 초대칭짝들이 모두 제대로 된 질량값을 갖게 되었고 게이지노와 스쿼크의 질량도 우리가 원하던 범위 안의 값을 가졌다. 우리의 처음 기대만큼 모든 것이 다 단순하게 풀리지는 않았지만, 초대칭짝의 질량 사이의 중요한 관계들은 초대칭성 깨짐 이론에 문제를 일으키는 존재할 수 없는 상호 작용 없이도 제자리를 찾아갔다. 약간의 수정만 거치면 모든 것이 잘 돌아가게 되어 있었다.

이 모든 장점 중에서도 가장 훌륭한 것은 초대칭짝의 질량에 대한 예측값이 나옴으로써, 우리의 생각을 검증할 수 있다는 사실이었다. 격리된 초대칭성 깨짐 모형의 가장 중요한 특성은, 여분 차원의 크기가 10^{-31}센티미터로 극도로 작아서 플랑크 길이보다 고작해야 수백 배 큰 정도라고 해도, 가시적인 영향을 만들어 낼 수 있다는 점이었다. 이는 차원의 크기가 그보다 훨씬 커야 수정된 중력 법칙이나 새로운 무거운 입자를 통해 가시적인 결과가 드러날 수 있을 것이라는 기존의 생각과는 거리가 있었다.

여분 차원이 작다면 위의 결과들을 실험으로 확인하기 어려울 것이다. 하지만 중력자가 게이지노에게 초대칭성 깨짐을 전달하는 방식이 매우 특별하기 때문에, 우리는 중력자의 상호 작용과 초대칭성 이론에서 일어나는 상호 작용을 계산할 수 있었다. 격리된 초대칭성 깨짐 모형은 게이지 보손과 그 초대칭짝인 게이지노의 질량비를 알려 주며, 이들의 질량은 측정을 통해 확인할 수 있다.[30]

이것은 정말 가슴 설레는 일이었다. 만약 물리학자들이 초대칭짝을 발견한다면, 우리가 예측한 질량 사이의 관계가 맞는지 확인해 볼 수 있게 된다. 이러한 초대칭짝인 게이지노를 발견하려는 실험은 지금 테바트론(일리노이 주에 위치한 페르미 연구소의 양성자-반양성자 충돌기)에서 진행되고 있다. 행운이 따른다면, 수년 내에 결과가 나올 것이다.

라만과 나는 우리의 발견이 무척 흥미롭다는 점을 확신했다. 하지만 마지막으로 두 사람 모두 짚어 보고 싶은 문제가 있었다. 나는 우리의 흥미로운 제안이 사실이라면 지금껏 간과되었을 리가 없다고 생각하여 혹시 이론상 결함은 없는지 확인해 보고 싶었다. 라만도 우리 생각이 너무나 멋져서 사람들이 생각하지 못했을 리가 없었을 것이라고 생각했다. 하지만 그는 우리 이론을 확신했고 오히려 비슷한 생각을 담은 논문이 이미 발표되었는데, 우리가 그것을 못 본 것은 아닌지 우려했다.

그의 걱정이 틀린 것은 아니었다. 그해 여름 공동 연구를 진행했던 CERN의 지안 주디스(Gian Giudice), 메릴랜드 대학교의 마커스 루티(Markus Luty), 버클리 대학교의 무라야마 히토시(村山齊), 피사 대학교의 리카르도 라타지(Riccardo Rattazzi)도 우리와 비슷한 시기에 초대칭성 깨짐의 이형성 중개를 발견했던 것이다. 그들의 논문은 우리의 논문 발표일 바로 다음 날에 출판되었다. 나는 그들의 연구를 보고 무척 놀랐다. 나는 같은 여름날 두 그룹의 물리학자가 같은 길을 걸었다는 것이 믿기지 않았지만, 사람들의 관심이 비슷할 것이라는 라만의 예측은 틀리지 않았다. 결국 두 그룹이 모두 길을 찾아낸 것이었다. 그러나 나의 우려도 꼭 틀린 것은 아니었다. 우리와 같은 생각을 했기는 해도, 그들은 여분 차원 없이 연구를 진행했다. 그러나 여분 차원 없는 이형성 중개에 의한 질량 결정 문제는 그저 진기한 물리 현상을 살펴본 것에 지나지 않았다. 리카르도 라타지가 우리의 친구이기도 한 마시모 포라티에게 겸손하게 말했듯이, 라만과 나의 연구가 좀 더 훌륭한 것이었다. 그 까닭은 우리의 이형성 중개 모형이 더 정확해서가 아니라 모두가 관심을 가진 이유를 처음부터 갖고 있었다는 점에 있다! 그것이 바로 여분 차원이다. 여분 차원이 없으면 초대칭 깨짐을 격리시킬 수 없고, 이형적 중개에 의한 질량도 다른 더 큰 효과에 압도되어 버리기 때문이었다.

　다른 물리학자들도 격리된 초대칭성 깨짐 모형을 탐구하기 시작했다. 그들은 이 모형을 다른 생각들, 또는 이전의 생각과 결합시켜 실제 세계에 적용할 수 있는 더 성공적인 모형을 만들었다. 나아가 사람들은 격리 개념을 통해 알아낸 것을 4차원까지 확장시킬 길을 찾기도 했다.

　낱낱이 열거하기에는 너무나 많은 모형이 있지만, 내가 특별히 관심을 가진 두 가지만 언급하려고 한다. 첫 번째 생각은 선드럼과 마커스 루티가 공동으로 밝혀냈다. 그들은 비틀린 기하(warped geometry, 20장에서 설명할 것임.)에서 얻은 통찰을 통해 격리가 4차원에 미치는 영향을 해석해 냈다. 그로부터 그들은 새로운 종류의 4차원 대칭성 깨짐 모형을 발전시켰다.

또 하나의 흥미로운 모형은 '게이지노 중개(gaugino mediation)' 이론이다. 여기서는 중력자가 아니라 게이지 보손의 초대칭짝인 게이지노가 초대칭성 깨짐 효과를 전달한다. 그렇게 되려면 게이지 보손과 그 초대칭짝인 게이지노가 막에 갇혀 있어서는 안 되며 벌크를 자유롭게 운동할 수 있어야 한다. 선드럼은 내게 게이지노 전달이 우리가 앞서 생각했으나 간과해 버린 것이라고 말했다. 하지만 훌륭한 모형 구축자인 데이비드 카플란(David E. Kaplan), 그레이엄 크립스(Graham Kribs), 마르틴 슈말츠(Martin Schmaltz) 그리고 이들과는 별개로 자카리아 차코(Zacharia Chacko), 마커스 루티, 앤 넬슨(Ann Nelson), 에두아르도 폰톤(Eduardo Ponton)의 제안은 우리가 너무 성급했음을 지적해 준다. 그들은 게이지노 중개를 통해 격리된 초대칭성 깨짐 모형의 모든 이점을 버리지 않은 채 초대칭성 깨짐 질량이 전달되는 멋진 모형을 만들어 냈다.•

격리와 '빛나는' 질량

격리된 초대칭성 깨짐은 모형 구축을 위한 강력한 도구이다. 실제 세계는 서로 분리된 막을 포함할 수 있고, 이를 가정에 포함시킴으로써 물리학자는 더 많은 가능성을 탐색할 수 있게 되었다.

앞 절에서 향을 바꾸는 상호 작용을 초대칭성 이론으로 어떻게 해결할 수 있는지 살펴보았다. 하지만 모형 구축자를 괴롭히는 또 다른

• 이전에도 존 엘리스(John Ellis), 코스타스 코나스(Costas Kounnas), 드미트리 나노폴로스(Dmitri Nanopoulos)도 관련된 아이디어를 생각한 적이 있다.

문제는 애초에 향이 달랐던 여러 쿼크와 경입자가 왜 그처럼 다른 질량 값을 갖는가이다. 힉스 메커니즘은 입자들에게 질량을 주지만 향에 따라 각기 다른 값을 부여한다. 그렇게 되려면 힉스 입자가 어떤 식으로 역할을 하든, 향이 다른 입자들은 다른 상호 작용을 해야만 한다. 업, 참, 톱 쿼크와 같은 각 입자 유형에는 세 가지의 다른 향을 갖는 입자가 있다. 문제는 각 입자 유형이 정확히 같은 상호 작용을 해야 하는데, 향에 따라 질량이 서로 다르기 때문에 심각한 문제가 생긴다는 것이다. 이를 해명해야 하지만 입자 물리학의 표준 모형은 묵묵부답이다.

물리학자들은 이러한 질량 차이를 설명해 주는 모형을 만들 수는 있다. 하지만 거의 확실한 것은, 어떤 모형이라도 향을 변화시키는 원치 않는 상호 작용을 포함할 것이라는 점이다. 중요한 것은 이처럼 문제를 유발하는 상호 작용을 만들어 내지 않고서 안전하게 향을 구분하는 일이다.

니마 아르카니하메드(Nima Arkani-hamed)와 독일 태생의 물리학자 마르틴 슈말츠는 표준 모형 입자가 서로 다른 막에 격리되어 있다고 하면 질량 차이를 설명할 수 있다는 이론을 제안했다. 니마 아르카니하메드와 사바스 디모폴로스(Savas Dimopoulos)는 더욱 간단한 방법을 찾았다. 표준 모형 입자가 갇혀 있는 막이 하나 있으며, 이 막에서 일어나는 입자 사이의 상호 작용은 향을 모두 동일하게 본다는 가정이다. 하지만 모든 향을 동일하게 취급하는 이 향 대칭성 상호 작용만 가지고 있으면 모든 입자들이 정확히 같은 질량을 갖게 된다. 분명한 것은 무언가가 입자를 다르게 취급해야만 서로 다른 질량이 설명된다는 점이다.

니마와 디모폴로스는 향 대칭성 깨짐을 일으키는 입자들이 별도로 있고 이들이 다른 막에 격리되어 있다고 가정해 보았다. 격리된 초대칭성 깨짐처럼 향 대칭성 깨짐도 벌크 입자와의 상호 작용을 통해서만 표준 모형 입자에게 전달되었다. 만일 표준 모형 입자와 상호 작용하는 벌크 입자가 많이 있고, 그것들이 멀리 떨어져 있는 막들의 향 대칭성 깨짐을 전달한다고 하면, 표준 모형 입자가 향에 따라 전혀 다른 질량을 갖는 것을 설명할 수 있게 된다. 멀리 있는 막에서 전해져 온 대칭성 깨짐은 가까운 막에서 전해져 온 대칭성 깨짐보다는 작은 질량을 주게 되는 것이다. 니마와 디모폴로스는 이론에서 이 사실을 강조하기 위해 '빛나는(shining)'이라는 단어를 선택했다. 광원에서 멀어질수록 빛이 흐릿해지는 것처럼, 멀리 있는 막에서 일어난 대칭성 깨짐은 더 작은 영향을 미친다. 두 사람의 시나리오에서 향이 다른 쿼크와 경입자가 서로 다른 것은 그들 각각이 서로 다른 거리에 있는 막과 상호 작용하기 때문이다.

여분 차원과 격리는 입자 물리학의 문제를 풀어 나가는 참신하고 흥미로운 방법이다. 이 개념의 가치는 이것만이 아니다. 우리는 최근 우리 우주의 진화를 밝히는 우주론에서 격리가 중요한 역할을 할 수 있음을 보여 주었다. 격리된 입자들을 포함하는 우주(또는 다중 우주) 개념의 모든 이점이 다 드러난 것은 아니다. 새로운 생각들이 계속 등장할 것이다.

새로운 것

- 입자들은 각기 다른 막에 격리되어 있을 수 있다.
- 아주 작은 여분 차원이라고 해도 입자들의 관측 가능한 특성에

영향을 미칠 수 있다.
- 격리된 입자들에게는 무정부주의 원리가 항상 성립하지 않는다. 멀리 떨어진 입자들끼리 직접 상호 작용하지 않기 때문에 모든 상호 작용이 다 일어나지 않는다.
- 초대칭을 깨뜨리는 입자가 표준 모형의 입자로부터 격리되어 있는 모형에서는, 입자의 향을 바꾸는 상호 작용을 도입하지 않고서도 초대칭성이 부분적으로 깨질 수 있다.
- 격리된 초대칭성 깨짐은 검증 가능하다. 만약 고에너지 충돌기에서 게이지노가 생성된다면, 측정된 질량이 예측값과 일치하는지를 살펴보면 된다.
- 격리된 향 대칭성 깨짐은 입자들이 서로 다른 질량을 갖는 이유를 설명해 줄지도 모른다.

18장

비밀이 누설되는 경로 : 여분 차원의 지문

나는 계속 들여다봤지만
그것은 아직 일어나지 않았어.
나는 아직 받지 않았지.
나를 위한 최고의 기념품.
나는 너를 그리워하지.
하지만 아직 널 만나지 못했어.*

— 비욕

● 아이슬란드 가수 비욕(Björk)의 노래 「네가 그리워(I miss you)」의 가사. ─옮긴이

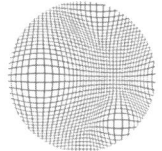

아테나는 자신이 아이크를 그리워한다는 사실을 인정해야만 했다. 아이크가 귀찮을 때도 있었지만, 그가 떠나자 아테나는 허전해졌다. 그래서인지 앞으로 찾아올 교환 학생인 K. 스퀘어와 보낼 시간들을 고대하게 되었다. 하지만 이웃들이 이미 곧 도착할 K. 스퀘어에 대해 편견을 갖고 있다는 것을 알게 되자 난감해졌다. K. 스퀘어가 같은 언어를 쓰고, 같은 식으로 행동한다는 것은 관계가 없었다. K. 스퀘어가 온다는 것만 가지고도 마을 사람들은 불안해했다. 당시 상황에서 K. 스퀘어의 등장은 그가 이방인이라는 이유만으로 사람들의 불안감을 자극할 것이 분명했다.

아테나가 이웃들에게 그처럼 걱정하는 이유를 묻자, 그들은 "그가 자신의 무거운 친척들을 불러들이면 어떡하지요? 친척들이 K. 스퀘어처럼 예절 바르지 않고 고향에서 살던 대로 살려고 하면 어떡하지요? 그리고 그들 모두가 이곳으로 온다면 그때는 무슨 일이 일어날까요?"라고 되물었다.

아테나가 입을 열자 의심 많은 이웃들은 더 긴장하고 말았다. 그녀가 K. 스퀘어와 그의 친척들은 모두 매우 불안정한 상태라서 오래 머물 수 없으며 K. 스퀘어의 가족이 온다면 아마도 그 모임은 거의 폭동을 일으키려는 데모대처럼 보일 것이라고 이웃들에게 말했기 때문이었다. 단어를 잘못 골랐다는 사실을 알아차린 아테나는 그들을 안심시켜야만 했다. 그녀는 활기차고 짧은 방문 기간 동안 이방인들은 이곳의 법칙을 따를 것이라고 말했다. 그제서야 이웃들은 마음을 놓았고 아테나와 함께 K. 스퀘어 일족을 환영하기 시작했다.

18장 비밀이 누설되는 경로

이 책 시작 부분에서 나는 여분 차원이 어떻게 감추어져 있는지 설명했다. 여분 차원이 말려 있거나 막으로 둘러싸여 있을 수 있고, 감지하기에는 너무 작을 수 있다. 하지만 여분 차원 우주가 자신을 완벽하게 감추고 있어서 4차원 세계에서 어떤 특성도 알아차릴 수 없다는 것이 정말 맞는 것일까? 그것은 받아들이기 어렵다. 압축된 차원이 너무 작아서 세계를 4차원이라고 믿을 수밖에 없다고 할지라도, 우리 세계가 정말로 고차원 세계라면 진짜로는 4차원 세계가 아님을 보여 주는 무언가 새로운 요소들을 포함하고 있어야만 하기 때문이다.

여분 차원이 있다면, 여분 차원의 지문이 분명 존재할 것이다. 여분 차원은 '칼루차-클라인 입자(KK 입자)'라는 흔적을 남긴다.* KK 입자는 여분 차원 우주를 이루는 또 다른 추가 요소이다. 이 입자는 고차원 세계가 4차원에 남긴 지문과 같다.

KK 입자가 존재하고 그 질량이 충분히 작다면 고에너지 충돌기에서 생성되어 실험적인 증거를 남길 것이 확실하다. 실험가들이야말로 여분 차원을 추적하는 탐정이다. 이들은 실험적인 단서를 모아 고차원 세계가 있다는 법의학적 증거로 삼을 것이다. 이 장에서는 칼루차-클라인 입자에 대해 그리고 이들이 고차원 세계에 존재한다고 믿어야 하는 이유에 대해 설명할 것이다.

● 아테나 이야기에서 나온 K. 스퀘어(K^2)가 바로 칼루차-클라인 입자이다. KK 입자는 칼루차-클라인 모드(Kaluza-Klein mode)라고도 부른다. 여기서 '모드(mode)'는 양자화된 운동량을 말한다.

칼루차-클라인 입자

벌크 입자가 고차원 공간을 돌아다닌다고 해도 우리는 4차원의 용어로 벌크 입자의 성질이나 상호 작용을 기술해야 한다. 우리가 여분 차원을 직접 볼 수 없기 때문에 모든 것은 4차원으로만 드러날 뿐이다. 2개의 공간 차원만 볼 수 있는 플랫랜드의 주민이 그곳을 지나가는 3차원 구를 2차원 원반으로 관측했듯이, 더 높은 차원에서 온 입자가 우리 세계를 지나간다고 해도 우리 눈에는 그저 3차원을 지나가는 것처럼 보일 뿐이다. 이렇게 여분 차원에서 태어났지만 그저 4차원 시공간*의 또 다른 입자로 보일 이 새로운 입자들을 칼루차-클라인 입자라고 한다. 우리가 KK 입자의 성질을 전부 다 측정하고 연구할 수 있다면, 고차원 공간에 대해 우리가 궁금해 하는 것들이 모두 밝혀질 것이다.

 칼루차-클라인 입자들은 4차원 세계에 나타난 고차원 입자들이다. 여러 공진 모드를 중첩시켜서 바이올린 현의 어떤 소리라도 만들어 낼 수 있듯이, 고차원 입자의 움직임은 적당한 KK 입자들을 통해 나타낼 수 있다. KK 입자들을 통해 고차원 입자와 이들이 움직이는 고차원 기하의 특징을 완벽하게 드러낼 수 있다.

 KK 입자를 통해 고차원 입자의 운동을 재현하려면 KK 입자가 여분 차원에서의 운동량을 갖고 있어야 한다. 고차원 공간을 이동하는 벌크 입자의 운동은 모두 KK 입자의 운동으로 치환해 4차원적으로 유효하게 기술할 수 있다. 물론 이 KK 입자로 고차원 입자를 제대로

• 차원은 보통 시공간을 함께 표시한다. 플랫랜드를 언급한 1장에서는 상대성 이론을 설명하기 전이라서 공간 차원만 나타냈다.

표현하기 위해서는 이 입자가 적절한 운동량과 상호 작용을 갖고 있어야 한다.[31] 고차원 우주에는 우리가 이미 알고 있는 입자들과 이들의 친족인 KK 입자가 함께 살고 있다. 그리고 KK 입자의 여분 차원 운동량은 말려 있는 공간의 구체적 성질에 따라 결정될 것이다.

그러나 KK 입자에 대한 4차원 기술에는 여분 차원에서의 위치나 운동량에 관한 정보가 포함되지 않는다. 따라서 4차원 관점에서 봤을 때 KK 입자의 여분 차원 운동량은 좀 다른 방식으로 드러나야 한다. 특수 상대성 이론의 운동량과 질량 관계 때문에 KK 입자의 여분 차원 운동량은 4차원 세계에서는 질량으로 드러난다. 따라서 KK 입자들은 질량을 통해 여분 차원을 드러낸다는 점을 제외하면 우리가 아는 입자들과 별반 다른 점이 없다.

KK 입자의 질량은 고차원의 기하 공간에 따라 정해진다. 하지만 이 입자는 우리가 아는 4차원 입자들과 같은 전하를 갖는다. 왜냐하면 우리가 아는 입자들이 고차원 시공간에서 유래한 것이라면, 고차원 입자들 또한 우리가 아는 입자와 똑같은 전하를 가질 것이기 때문이다. 고차원 입자의 움직임을 흉내 내는 KK 입자에서도 이 원리는 똑같이 성립한다. 따라서 우리가 아는 입자들 각각에 대응해 전하는 같지만 질량이 다른 KK 입자들이 많이 있어야 한다. 예를 들어 고차원 공간에서 움직이는 전자가 있다면 이와 동일한 음전하를 띠는 KK 짝이 있어야 한다. 그리고 고차원 공간에서 움직이는 것이 쿼크라면, 이와 동일하게 강력을 느끼는 KK 친족이 있어야 한다. KK짝은 우리가 아는 입자와 똑같은 전하를 갖지만 질량은 여분 차원에 따라 결정되는 값을 갖는다.

KK 입자의 질량 정하기

KK 입자의 기원과 질량을 이해하려면 앞에서 언급했던 작게 말려서 보이지 않는 차원에 대한 막연한 개념을 넘어서야 한다. 단순한 예로, 막이 없는 고차원 우주를 상상해 보자. 이 우주에서는 모든 입자들이 고차원 입자이고 공간상의 어느 방향으로나 자유롭게 움직일 수 있다. 이 경우에 입자들은 여분 차원 방향으로도 자유롭게 움직일 수 있다. 좀 더 구체적인 예를 생각해 보자. 이번에는 여분 차원이 하나만 있고 원형으로 말려 있다. 이러한 공간 속에서 기본 입자는 자유롭게 움직인다.

만약 우리가 고전적인 뉴턴 물리학이 '최종 이론'인 세계에서 살고 있다면, KK 입자의 여분 차원 운동량은 어떤 값이든 가질 수 있을 것이다. 따라서 KK 입자의 질량도 어떤 값이든 가질 수 있다. 하지만 우리는 양자 역학적인 세계에 살고 있으므로 여분 차원 운동량이 아무 값이나 가질 수는 없다. 바이올린에서 현의 공진 모드만이 바이올린 소리를 만들어 내는 것처럼, 양자 역학에서는 KK 입자가 운동하거나 고차원 입자와 상호 작용할 때에는 양자화된 여분 차원 운동량만이 의미 있는 값을 만들어 낸다. 또 바이올린 소리가 현의 길이에 좌우되는 것처럼 KK 입자의 양자화된 여분 차원 운동량은 여분 차원의 크기와 모양에 따라 결정된다.

4차원으로 보이는 우리 세계에서 KK 입자의 여분 차원 운동량은 독특한 패턴을 가진 KK 입자의 질량으로 나타나게 된다. 물리학자들이 KK 입자를 발견한다면 그 질량을 통해 여분 차원의 기하학적 성질을 추정할 수 있을 것이다. 예를 들어 원형으로 말려 있는 여분 차원이 하나뿐이라면, KK 입자의 질량으로부터 그 여분 차원의 크기를 알 수 있다.

차원 하나가 말려 있는 우주에서 KK 입자가 가질 수 있는 운동량(따라서 질량)을 찾는 과정은 바이올린의 공진 모드를 수학적으로 찾는 방법이나 보어가 원자 주위의 양자화된 전자 궤도를 찾는 방법과 매우 비슷하다. 양자 역학에서는 모든 입자를 파동으로 나타낼 수 있고, 따라서 원형의 여분 차원에서는 원둘레를 따라 정수배로 진동하는 파동만이 생겨날 수 있다. 그에 따라 가능한 파동이 결정되면 양자 역학을 통해 그 파동의 파장으로부터 운동량을 계산해 낼 수 있다. 그리고 이 여분 차원 운동량으로부터 KK 입자가 어떤 질량을 갖는지를 알 수 있다. 이것으로 우리는 알고자 했던 것들을 알게 된다.

전혀 진동하지 않는 상수파(constant wave)는 언제나 허용된다. 이 '파동'은 물결이 출렁이지 않는 고요한 연못의 수면이나 활을 대기 전의 바이올린 줄과 같다. 이러한 확률파는 여분 차원의 어디에서나 같은 값을 갖는다. 이처럼 일정한 값을 갖는 평평한 확률파에 해당하는 KK 입자는 여분 차원에서 특정한 위치를 다른 위치와 구별하지 못한다. 양자 역학에 따르면 이 KK 입자는 여분 차원 운동량을 갖지 않으며 특수 상대성 이론의 계산에 따라 부가적인 질량 또한 갖지 않는다.

따라서 가장 가벼운 KK 입자는 여분 차원에서 확률값이 상수인 파동에 해당하는 KK 입자이다. 이 입자가 저에너지에서 생겨날 수 있는 유일한 KK 입자이다. 이 KK 입자는 여분 차원에서 운동량이나 구조(모양—옮긴이)를 갖지 않기 때문에, 이 입자와 같은 질량과 전하를 갖는 여느 일반적인 4차원 입자와 구분되지 않는다. 낮은 에너지에서 고차원 입자는 작게 압축된 차원 주위에서 전혀 진동하지 않는다. 즉 저에너지에서는 우리 우주와 더 많은 차원을 갖는 우주를 구별해 주는 부가적인 입자인 KK 입자가 생길 수 없다. 따라서 저에너지 충돌 과정이나 가장 가벼운 KK 입자로부터는 여분 차원의 존재 여부를 알아낼 수 없으며 여분 차원의 크기나 모양에 대한 정보도 얻을 수 없다.

그렇지만 우주에 여분 차원이 있고 입자 가속기가 충분히 높은 에너지에 도달할 수 있다면, 좀 더 무거운 KK 입자를 만들 수 있다. 여분 차원 운동량이 0이 아닌 이 무거운 KK 입자들은 여분 차원에 대한 최초의 실질적인 증거가 될 수 있다. 우리의 예를 생각해 보면, 무거운 KK 입자들은 원형으로 말린 여분 차원 방향으로 형성된 구조를 가진 파동에 해당한다. 이 경우 KK 입자는 말려 있는 여분 차원의 길이 방향으로 정수배의 상하 진동을 하며 움직이는 파동들이다.

이 KK 입자 중 파동 함수의 파장이 가장 긴 것이 가장 가벼운 입자이다. 원형으로 말린 차원에서 파장이 가장 긴 파동은 원을 따라 움직이며 상하로 정확히 한 번 진동하는 파동이다. 그 경우 파장은 여분 차원의 둘레 길이에 따라 결정된다(파장과 여분 차원의 둘레 길이는 근사적으로 같다.). 그보다 긴 파장은 원을 따라 도는 파동이 다시 처음 위치로 왔을 때 끊어지므로 적합하지 않다. 상하로 한 번 진동하는 확률파에 해당하는 입자들은 여분 차원을 '기억'하는 가장 가벼운 KK 입자이다.

여분 차원 운동량이 0이 아닌 입자들 중 가장 가벼운 입자에 해당하는 파동의 파장이 여분 차원의 크기와 같다는 것은 타당하다. 결국 극소 규모의 특징과 상호 작용을 탐지할 수 있는 작은 입자로만 말린 차원을 감지할 수 있음을 직관적으로도 알 수 있다. 여분 차원의 크기보다 긴 파장으로 여분 차원을 조사하는 것은 원자의 위치를 긴 자로 측정하려는 것과 마찬가지다. 예를 들어 여분 차원을 특정 파장을 갖는 빛이나 입자로 탐지하기 위해서는 그 파장이 여분 차원의 크기보다 작아야 한다. 또 양자 역학에서는 확률파를 입자와 관련시키기 때문에, 탐지에 쓰이는 빛이나 입자의 파장은 입자의 성질로 바꿔 말할 수 있다. 오로지 충분히 작은 파장을 갖는 입자, 즉 (불확정성 원리에 따라) 충분히 큰 여분 차원 운동량과 질량을 갖는 입자만이 여분 차원을 감지할 수 있다.

0이 아닌 여분 차원 운동량을 갖는 가장 가벼운 KK 입자에는 또 다른 매력적인 성질이 있다. 여분 차원의 크기가 커질수록 이 KK 입자의 운동량(따라서 질량)이 작아진다는 점이다. 가벼운 입자일수록 쉽게 만들어지고 쉽게 발견된다. 따라서 규모가 더 큰 여분 차원이 존재한다면 그로부터 관측 가능한 결과물을 훨씬 더 수월하게 얻을 수 있다.

만약 여분 차원이 존재한다면, 가장 가벼운 KK 입자 말고도 다른 증거도 나올 것이다. 더 큰 운동량을 갖는 다른 입자들이 입자 가속기에 여분 차원의 지문을 더욱 뚜렷하게 남겨 놓을 수 있다. 이 입자들의 확률파는 원형으로 말린 차원을 따라 한 번 감아 돌 때 2회 이상 진동하는 것이다. 운동량이 n배인 KK 입자는 원형으로 말린 차원을 따라 한 번 돌 때 n회 진동하는 파동이므로 이 KK 입자들의 질량은 가장 가벼운 KK 입자 질량의 정수배의 값을 갖는다. 그리고 KK 입자의 운동량이 클수록 가속기에 남는 여분 차원의 지문도 더욱 뚜렷해진다. 그림 74는 여분 차원의 크기가 작아질수록 그에 비례하여 커지는 KK 입자의 질량과, 그 질량을 갖는 KK 입자에 대응하는 파동을 개략적으로 그린 것이다.

점점 더 무거워지는 KK 입자들은 여러 세대로 구성된 이민 가족과 닮았다. 미국에서 태어난 가장 젊은 세대는 모국이라는 뿌리를 잊

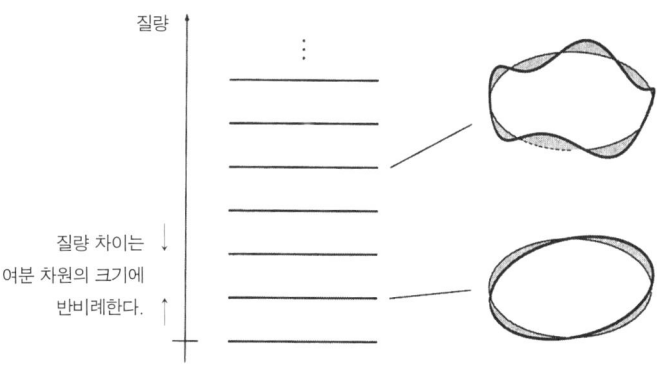

그림 74
정수회 진동하며 여분 차원을 따라 한 바퀴 도는 파동에 대응하는 KK 입자. 더 많이 진동하는 파동은 더 무거운 입자에 해당한다.

지 않았어도 완벽한 영어를 구사하고 미국 문화에 온전히 동화되어 있다. 하지만 그들의 부모 세대는 자식 세대와는 달리 서툰 억양으로 말하고 때로 전에 살던 나라의 격언을 쓰기도 한다. 조부모 세대의 억양은 훨씬 더 서툴 것이고 고향의 옛이야기를 하며 옷차림새도 그다지 바뀌지 않았을 것이다. 달리 말해 이들 이민 초기 세대로 인해 단조로운 사회가 좀 더 다채로운 문화적 차원을 갖게 되었다고 말할 수 있다.

이와 비슷하게 가장 가벼운 KK 입자는 4차원 입자들과 구별하기가 쉽지 않다. 더 무거운 '나이 많은 친척들'이나 되어야 여분 차원의 증거를 제공해 줄 것이다. 가장 가벼운 KK 입자는 4차원 입자처럼 보이지만 결국 충분히 높은 에너지로 더 무거운 '연장자'를 생성한다면 가장 가벼운 KK 입자의 내력이 더 분명해질 것이다.

실험 물리학자들이 이미 알려진 입자와 비슷한 전하를 갖고 그 질량은 서로 비슷한 무거운 입자들을 새로 발견해 낸다면 이는 여분 차원에 대한 강력한 증거가 될 것이다. 만약 전하는 같지만 질량 차이가 일정한 여러 입자들을 발견했다면 이는 단순하게 말려 있는 하나의 여분 차원을 발견했음을 의미한다.

하지만 좀 더 복잡한 기하 공간을 갖는 여분 차원은 훨씬 복잡한 질량 패턴을 가질 것이다. 충분히 많은 수의 KK 입자가 발견된다면, KK 입자는 여분 차원의 존재를 드러내는 것을 넘어서 여분 차원의 크기와 모양도 밝혀 줄 것이다. 숨겨진 차원이 어떤 기하 공간을 갖든지 결국 그에 따라 KK 입자의 질량이 정해진다. 따라서 어떤 경우든 KK 입자와 그 질량을 통해 여분 차원의 성질을 꽤 많이 알아낼 수 있다.

실험적인 제약

최근까지 대부분의 끈 이론 연구자들은 여분 차원의 크기가 엄청나게 작은 플랑크 길이를 넘어서지 않는다고 가정했다. 이는 플랑크 에너지에서는 중력이 강해져 끈 이론 같은 양자 중력 이론(끈 이론은 아직 양자 중력 이론의 후보일 뿐이다.)이 중요해지기 때문이다. 하지만 플랑크 길이는 실험적으로 연구하기에는 너무 작은 규모이다. 양자 역학과 특수 상대성 이론에 따르자면 엄청나게 작은 플랑크 길이는 현재 입자 가속기가 도달할 수 있는 질량보다 10^{16}배나 큰 플랑크 질량(또는 플랑크 에너지)에 대응한다. 플랑크 질량 정도의 질량을 가진 KK 입자는 실험으로 확인하기에는 지나치게 무겁다.

하지만 플랑크 길이보다 큰 여분 차원과 플랑크 질량보다 가벼운 질량을 가진 KK 입자가 존재할 수 있다. 여분 차원 크기에 대해 실험으로 알 수 있는 것은 무엇일까? 이론적 편견 없이 실험으로 알 수 있는 것은 도대체 무엇일까?

우주가 4차원 이상이고 막이 없는 세계라면 전자처럼 우리가 이미 아는 입자들은 모두 KK짝을 가져야 한다.[32] 이 KK짝들은 알려진 입자들과 전하는 똑같지만 여분 차원 운동량을 가질 것이다. 전자의 KK짝은 음전하를 띠며 전자보다 더 무거울 것이다. 원형으로 말린 여분 차원이 있다면, 가장 가벼운 KK 입자의 질량은 여분 차원 크기의 역수에 비례하는 만큼 전자의 질량보다 커질 것이다. 즉 여분 차원이 커질수록 KK짝의 질량은 작아진다. 여분 차원이 클수록 더 가벼운 KK 입자가 만들어진다. 따라서 KK 입자가 아직 실험으로 확인되지는 않았지만, KK 입자 질량의 하한값은 말려 있는 여분 차원 크기의 상한값을 결정한다.

지금까지 1,000기가전자볼트 정도까지 작동하는 가속기에서 이처럼 대전된 입자의 증거는 발견되지 않았다. KK 입자는 여분 차원의 흔적이기 때문에 아직 KK 입자를 보지 못했다는 것은 여분 차원이 그리 크지 않음을 의미한다. 현재 실험적 제약을 감안한다면 여분 차원은 10^{-17}센티미터보다 클 수 없다.● 이것은 우리가 직접 볼 수 있는 그 어떤 것보다도 훨씬 작은 크기이다.

이러한 여분 차원 크기의 상한값은 약력 규모 길이의 10분의 1 정도이다. 하지만 10^{-17}센티미터가 작다고 해도 10^{-33}센티미터인 플랑크 길이에 비하면 10^{16}배나 큰 값이다. 따라서 여분 차원이 플랑크 길이보다 훨씬 크다고 해도 여전히 관측되지 않을 수 있는 것이다. 여분

● 여기에서는 막이 없다고 가정하고 있음을 기억하자. 다음 장에서 이 상한값은 바뀔 것이다.

차원의 크기가 플랑크 길이가 아니라 약력 규모 길이 정도일 것이라고 가장 먼저 생각한 이는 그리스 물리학자 이그나티우스 안토니아디스(Ignatius Antoniadis)이다. 그는 가속기의 에너지가 조금만 더 높아져도 새로운 물리 현상이 발견될 것이라고 보았다. 계층성 문제에 따르면 그 에너지에서 약력 규모 에너지와 약력 규모 질량을 갖는 입자가 생성되기 때문에 어떤 일이든 관측되어야만 한다.

하지만 앞의 여분 차원 크기의 상한값이 항상 적용되는 것은 아니다. KK 입자들은 여분 차원의 흔적이기는 하지만 약삭빨라서 발견하기가 어려울 수도 있다. 최근 KK 입자가 꽤 알려지면서 그것이 어떤 모습을 하고 있을지도 대략적으로 알게 되었다. 다음 장에서는 막을 도입하면 10^{-17}센티미터보다 큰 여분 차원이 어떻게 가능한지, 더 가벼운 KK 입자를 만들어 낼 만큼 여분 차원이 크더라도 어떻게 이 KK 입자들이 발견되지 않고 있는지 살펴볼 것이다. 놀라우리만치 큰 여분 차원(당신은 분명 이러한 차원이 뚜렷한 가시적인 영향을 미쳐야 한다고 생각할 것이다.)을 갖는 모형에서도 여분 차원은 여전히 보이지 않을 수 있으며, 그럼에도 불구하고 그러한 모형은 표준 모형 입자들의 난해한 성질을 설명하는 데 기여할 수 있다. 그리고 22장에서는 무한한 크기의 여분 차원이 가벼운 KK 입자를 무한정 만들어 내면서도 여전히 관측의 실마리를 주지 않는다는 더 놀라운 내용을 다루고자 한다.

새로운 것

- 칼루차-클라인 모드(KK 입자)는 여분 차원 운동량을 갖는 입자이다. 이들은 우리가 사는 4차원 세계로 침입한 고차원 입자이다.

- KK 입자는 우리가 아는 입자들과 같은 전하를 갖지만 더 무거운 입자처럼 보인다.
- KK 입자의 질량과 상호 작용은 고차원 이론에 따라 정해진다. 따라서 KK 입자는 4차원 이상의 고차원 시공간의 성질을 반영한다.
- 우리가 모든 KK 입자를 발견하고 그 성질을 파악한다면 고차원의 모양과 크기를 알게 될 것이다.
- 현재 실험적 제약 조건을 감안할 때 모든 입자가 고차원 공간을 자유롭게 움직일 수 있다고 한다면 여분 차원의 크기는 10^{-17}센티미터보다 작아야 한다.

19장
거대한 경로 : 커다란 여분 차원

그것이 떨어질 때 나는 1밀리미터조차도 볼 수가 없어.
— 에미넴

● 미국의 랩 가수 에미넴(Eminem)의 「할리우드여 안녕(Say Goodbye Hollywood)」에서.
　──옮긴이

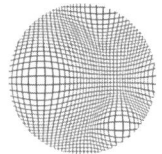

K. 스퀘어의 짧은 체재가 끝나자 아테나는 동네 인터넷 카페에 가 오랜 시간을 보냈다. 그녀는 비밀스러워 보이는 몇 개의 웹사이트를 발견하고 가슴이 두근거렸다. 그중에서도 가장 흥미를 끄는 곳은 xxx.socloseandyetsofar.al.(사이트 이름은 '이렇게 가까운데 이렇게 멀다니.' 라는 뜻이다.—옮긴이)이었다. 아테나는 무언가를 암시하는 듯한 이 사이트가 최근의 AOB(America on Brane)와 스페이스타임 워너(Spacetime Warner) 멀티미디어사의 합병에서 만들어진 것은 아닌지 의심했다(2000년 1월에 있었던 AOL(America on Line)과 타임 워너사(Time Warner)의 합병을 빗댄 것이다.—옮긴이). 하지만 시간이 없어 이를 조사하지 못하고 집으로 돌아가야만 했다.

집에 도착한 아테나는 컴퓨터로 달려가서 인터넷 카페에서 접속했던 그 색다른 웹페이지를 다시 한 번 찾아보았다. 하지만 당황스럽게도 사이버내니(CyberNanny, 인터넷 필터링 소프트웨어—옮긴이)가 규제가 걸려 있는 차원 강화 사이트에 접속하는 것을 차단했다.● 하지만 아테나는 닉네임인 멘토(Mentor)를 이용하여 정체를 숨겨 사이버 검열을 피했고 결국 비밀스러운 그 홈페이지에 접속하는 데 성공했다.

아테나는 마음속으로 K. 스퀘어가 보낸 메시지가 웹페이지에 숨겨져 있으면 좋겠다고 기대했다. 하지만 그녀에게 이 사이트는 도통 알아보기가 힘들었고 그저

● 물리학자들은 논문을 써서 xxx로 시작하는 사이트에 보낸다. http://xxx.lanl.gov/을 검색해 보라. 인터넷 필터링 프로그램은 때때로 이 사이트들도 차단한다.

몇 개의 의미 있는 단서를 가까스로 얻는 정도에 그쳤다. 그녀는 좀 더 조사해 보기로 했으며 이 수수께끼들을 완전히 해명할 때까지 그 합병이 오래 유지되기를 바랐다.

1998년 옥스퍼드에서 열린 초대칭성 학회에서 스탠퍼드 대학교의 물리학자 사바스 디모폴로스는 흥미로운 발표를 했다. 그는 니마 아르카니하메드와 기아 드발리(Gia Dvali)와 함께 연구한 결과를 발표했다. 다채로운 이름만큼이나 이 세 사람은 개성적이고 생각 또한 남달랐다. 디모폴로스는 열정적으로 연구에 몰두했다. 그와 같이 일한 사람들은 그의 열정이 늘 전염성을 띤다고 전해 주었다. 그는 여분 차원에 몰두한 나머지 언젠가 동료에게, 탐험을 기다리는 새로운 생각들은, 자신을 누군가 손을 대기 전에 사탕을 전부 먹어 치우고 싶어 하는 사탕가게 앞의 어린아이처럼 만든다고 말했다고 한다. 이전 (구)소련의 그루지야에서 온 물리학자 드발리는 물리학 연구는 물론이고 취미로 하는 등산에서도 대담한 모험을 즐겼다. 언젠가 그는 폭풍우가 몰아치는 코카서스의 산꼭대기에서 먹을 것도 없이 이틀이나 버틴 적도 있었다. 이란계 물리학자 아르카니하메드는 활기차고 정력적인 연구자로 자신의 의견을 생생하고 분명하게 표현하는 사람이다. 현재 하버드 대학교에서 나와 함께 연구를 하는 아르카니하메드는 종종 복도를 서성대다 지나가던 사람을 붙잡고 흥분된 어조로 자신의 최근 연구를 설명하는데, 이것은 다른 이들로 하여금 확신을 갖고 그의 연구에 동참하게 만든다.

재미나게도 디모폴로스가 초대칭성 학회에서 발표한 내용은 초대칭성이 아니라 여분 차원에 대한 것이었고 이는 초대칭성에 관한 관심을 여분 차원으로 이끌었다. 그는 초대칭성보다는 여분 차원이 표준 모형의 기초가 되는 물리학 이론이 될 가능성이 있다고 설명했다. 그의 제안이 맞다면 실험 물리학자들은 머지않아 약력 규모 에너지에서 초대칭성이 아니라 여분 차원의 증거를 발견하게 될 것이다.

이 장에서는 커다란 여분 차원이 어떻게 중력의 미약함을 설명해주는지에 대한 아르카니하메드, 디모폴로스, 드발리*의 생각을 설명할 것이다. 요약하자면 커다란 여분 차원의 존재는 그것이 없을 경우에 비해 중력의 세기를 훨씬 약하게 만든다는 내용이다. 여분 차원이 그렇게 큰 이유를 설명하지 못하기 때문에 그들의 모형은 계층성 문제를 확실히 해결하지는 못했다. 하지만 ADD 이론이 마주하고 있는 문제는 계층성 문제에 비하면 다루기 쉬울 것으로 기대되고 있다.

그밖에도 이와 연관된 ADD의 다른 물음도 살펴볼 것이다. 예를 들어 표준 모형 입자들이 하나의 막에 속박되어 벌크를 자유롭게 이동할 수 없는 경우 실험 결과와 모순되지 않으려면, 여분 차원의 크기는 얼마여야 할까? 이 질문에 그들은 뜻밖의 답을 내놓았다. 논문을 쓸 당시 그들은 여분 차원이 1밀리미터 정도라고 보았다.

거의 1밀리미터나 되는 커다란 차원들

17장에서 언급한 격리 모형과 마찬가지로 ADD 모형은 표준 모형 입자가 막에 속박되어 있다고 본다. 하지만 두 모형의 지향점이 다른 만큼 이론들의 다른 특징들도 전혀 다르다. 격리 모형이 두 장의 막으로 막혀 있는 여분 차원을 1개 갖는 반면 ADD 모형은 하나 이상

* 이 세 사람을 ADD로 축약해 부르겠다.

의 말려 있는 여분 차원을 갖는다. ADD 모형의 세부 사항에 따라 공간은 2개, 3개 또는 그 이상의 말려 있는 차원을 갖는다. 게다가 ADD 모형에서는 표준 모형 입자들이 속박된 막이 하나 있지만 이것이 여분 차원 공간의 경계를 이루지 않는다. 그림 75에서 보듯 막이 말려 있는 여분 차원 안에 놓여 있는 것이다.[33]

ADD가 이 모형으로 풀고 싶었던 것은 표준 모형의 입자가 모두 막에 속박되어 있고 고차원 벌크에 존재하는 힘이 중력뿐이라면, 숨겨진 여분 차원이 어느 정도까지 커질 수 있는가 하는 문제였다. 대부분의 물리학자들은 그들이 찾아낸 답에 놀라움을 금치 못했다. 그들이 생각한 말려 있는 여분 차원의 크기는 앞 장에서 언급한 1센티미터의 1조분의 1의 10만분의 1이 아니라, 바로 1밀리미터였던 것이다(지금 정확한 크기를 언급하는 것은 약간 문제가 있다. 그 점에 대해서는 이 장에서 더

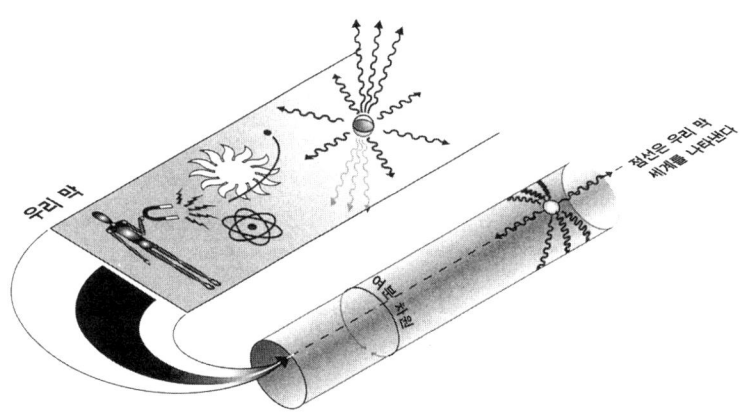

그림 75
ADD 막 세계에 대한 개략적인 그림. 여분 차원은 말려 있고 크기가 크다. 우리는 막(원통 안의 축을 따라 그려진 점선)에서 살 뿐이다. 따라서 이 모형에서 여분 차원을 감지하는 것은 오로지 중력뿐이다.

설명할 텐데, 워싱턴 대학교의 물리학자들이 밀리미터 크기의 여분 차원을 찾고 있지만 아직 발견하지 못했기 때문이다. 현재 이들은 여분 차원이 1밀리미터의 10분의 1보다 작아야 하며 그렇지 않을 경우 모형을 포기해야 한다고 본다. 그렇지만 10분의 1밀리미터도 여전히 놀라울 정도로 큰 크기이다.).

여러분은 여분 차원의 크기가 1밀리미터 정도라면(또는 그 크기의 10분의 1이라고 해도) 우리가 이미 그것에 대해 알고 있어야 한다고 생각할 것이다. 왜냐하면 1밀리미터 정도의 사물도 보지 못하는 사람이라면 안경을 써야 하기 때문이다. 하지만 입자 물리학의 규모에서 1밀리미터는 어마어마하게 큰 크기이다.

어떻게 여분 차원이 1밀리미터(또는 그 10분의 1)나 될 수 있는지 이해하기 위해 길이 규모를 한 번 더 복습해 보자. 실험 가능한 범위보다 엄청나게 작은 플랑크 길이는 10^{-33}센티미터이다. 현재 실험이 이뤄지고 있는 테라전자볼트 규모는 10^{-17}센티미터이다. ADD 모형이 제안하는 여분 차원의 크기는 이와 비교하면 무척이나 거대하다. 만약 막이 없는 세계라면 밀리미터 크기의 여분 차원은 말도 안 되는 이야기이기 때문에 버려야만 한다.

하지만 막이 있는 세계라면 훨씬 더 큰 여분 차원도 가능해진다. 막은 쿼크, 경입자, 게이지 보손 같은 입자를 가두어 놓기 때문에 전체 공간 차원을 경험할 수 있는 것은 '오직' 중력뿐이다. 중력을 제외한 모든 것을 막에 가둔 ADD 시나리오에서 중력 이외의 모든 것은 여분 차원이 존재한다고 하더라도(심지어 여분 차원이 크다고 해도) 그렇지 않을 때와 똑같아 보일 것이다.

예를 들어 보자. 여분 차원이 존재하는 우주라고 해도 여러분은 모든 현상을 4차원으로 볼 것이다. ADD 모형에서 당신의 눈이 감지하는 광자는 막에 고정되어 있다. 따라서 보이는 모든 것은 3차원 공간에 있는 것처럼 보여야 한다. 만약 광자가 막에 속박되어 있다면 아무리 고배율의 안경을 써도 결코 여분 차원에 대한 단서를 직접 볼 수 없다.

사실 ADD 모형에서 말하는 밀리미터 규모의 차원을 감지하려면 아주 예민한 중력 감지기가 필요하다. 전자기력으로 매개되는 상호 작용이나 전자-양전자의 쌍생성 그리고 강력을 통해 이뤄지는 핵자들의 결합 등과 같은 일반적인 입자 물리학적 상호 작용은 모두 4차원 막 위에서 일어나며 이것들은 4차원만 존재하는 우주에서 나타나는 상호 작용과 완벽하게 동일하다.

대전된 KK 입자도 여기에서는 문제가 되지 않는다. 앞 장에서는 입자들이 다 벌크에 있을 경우에는 여분 차원이 크다면 이미 표준 모형 입자의 KK짝이 발견되었어야 하기 때문이다. 여분 차원은 그리 클 수 없다고 설명했다. 하지만 전자를 비롯한 표준 모형 입자들이 모두 막에 속박되어 있는 ADD 시나리오에서는 여분 차원이 더 커질 수 있다. 이 경우 고차원 벌크로 나가지 못하는 표준 모형 입자들은 여분 차원 운동량을 갖지 않으며 따라서 막에 고정된 표준 모형 입자들은 KK짝을 갖지 않는다. KK짝이 없기 때문에 앞 장에서 고려했던 KK 입자로 인한 제약 조건은 적용되지 않는다.

사실 ADD 모형에서 KK짝을 갖는 입자는 고차원 벌크를 이동한다고 알려진 중력자뿐이다. 하지만 중력자의 KK짝은 표준 모형 입자의 KK짝보다 상호 작용 세기가 훨씬 약하다. 표준 모형 입자의 KK짝이 전자기력, 약력 그리고 강력을 통해 상호 작용을 하는 반면, 중력자의 KK짝은 중력으로만 상호 작용하기 때문에 중력자 정도로 약하게 상호 작용한다. 결국 중력자의 KK짝을 만들거나 이를 발견하는 일은 표준 모형 입자의 KK짝을 발견하는 것보다 훨씬 어려운 일이다. 약하게 상호 작용하는 중력자도 발견되지 않은 마당에 중력자의 KK짝을 만나는 것은 결코 쉽지 않은 일이 분명하다.

ADD는 여분 차원의 크기에 대한 제약 조건이 단지 중력뿐이라면 표준 모형 입자들을 막에 속박시킨 그들의 시나리오에서는 여분 차원의 크기가 앞 장에서 제시한 값보다 훨씬 커질 수 있다는 것을 발견했다. 이는 중력이 매우 약해서 실험적인 연구가 극히 어렵기 때문이다. 가까이 있는 가벼운 입자 사이의 중력은 너무 약하기 때문에 다른 힘의 효과에 쉽게 압도되고 만다.

예를 들어 전자 사이의 중력은 전자기력의 10^{43}분의 1이다. 지구에서 중력이 중요해 보이는 이유는 지구의 알짜 전하량이 0이기 때문이다. 작은 규모에서는 알짜 전하량은 물론이고 전하가 어떻게 분포되어 있는가도 중요해진다. 작은 물체 사이에서 중력을 측정하기 위해서는, 다른 힘으로 인한 아주 작은 효과도 모두 차단해야만 한다. 태양 주위를 도는 행성들, 지구 주위를 도는 달 그리고 우주 진화는 그 자체로 커다란 규모에서 중력이 어떻게 작용하는지를 보여 준다. 하지만 작은 규모에서는 중력을 측정하기가 매우 어려우며 다른 힘들에 비해 중력에 대해 아는 것이 턱없이 부족하다. 따라서 만약 중력이 벌크에서 작용하는 유일한 힘이라면, 여분 차원이 커다랗다는 놀라운 예측은 실험 결과와 모순을 일으키지 않는다. 입자들이 막에 속박되어 있는 경우 여분 차원은 관측하기가 쉽지 않기 때문이다.

ADD가 논문을 쓴 1996년에 뉴턴의 역제곱 법칙은 1밀리미터까지만 검증되어 있었다. 이는 다시 말해 여분 차원이 1밀리미터에 가까운 크기를 갖는다고 해도 그에 대한 증거를 누구도 볼 수 없음을 뜻한다. ADD는 논문에서 "우리는 M_{Pl}(플랑크 에너지)을 기본적인 에너지 규모(중력 상호 작용이 강해지는 에너지 규모)라고 본다. 그러나 이것은 플랑크 길이인 10^{-33}센티미터부터 그보다 33자릿수나 큰 규모까지 중력이 수정되지 않는다는 가정에 근거하고 있다."라고 단언한다. 다시 말해 논문*이 씌어진 1998년에도 1밀리미터보다 짧은 거리에서 실험으로 중력에 대해 알아내는 것은 불가능했다는 것이다. 1밀리미터도 안 되는 거리에서는 중력 법칙이 달라질 수도 있었다. 아직 확실히 밝혀지지는 않았지만 물체가 아주 가까이 다가갈수록 중력의 세기가 훨씬 더 빨리 증가할 수도 있다는 이야기이다. 하지만 실제로 그런지는 누구도 알 수 없었다.

커다란 차원과 계층성 문제

여분 차원이 커다랄 수도 있다는 것을 발견한 것은 중요하다. 하지만 ADD는 단순히 추상적인 가능성을 찾기 위해 커다란 여분 차원을 연구하지는 않았다. 그들의 실제 관심사는 입자 물리학, 그중에서도 특히 계층성 문제였다.

12장에서 설명한 대로, 계층성 문제는 입자 물리학에 대응하는 약력 규모 질량과 중력에 대응하는 플랑크 질량 사이의 커다란 차이에 대한 것이다. 최근까지도 입자 물리학자들이 관심을 두는 주된 물음은 가상 입자가 만드는 커다란 양자 기여(플랑크 질량 정도의 기여를 하기도 한다.**)로 인해 힉스 입자가 무거워지는데도 불구하고 왜 약력 규모

* Nima Arkani-Hamed, Savas Dimopoulos, Gia Dvali, "The hierarchy problem and new dimensions at a millimeter," *Physics letters* B, vol. 429, 263~272쪽(1998).
** 플랑크 길이는 작지만 플랑크 질량과 플랑크 에너지는 크다는 점을 명심하라.

질량이 그처럼 작아야 하는가이다. 물리학자들이 여분 차원을 고려하기 전까지 계층성 문제를 해결하려는 시도는 모두 표준 모형을 보강하려는 데에서 출발했다. 이를 통해 약력 규모 질량이 플랑크 질량보다 그처럼 작아야만 하는 이유를 설명해 주는, 입자 물리학을 포괄하는 더 근본적인 이론을 찾는 것이 그들의 바람이었다.

하지만 계층성 문제는 두 숫자 사이의 커다란 차이에 대한 것이다. 왜 플랑크 규모와 약력 규모는 그처럼 다른 값을 갖는가가 풀어야 할 수수께끼다. 계층성 문제는 달리 풀어쓸 수 있다. 왜 약력 규모 질량은 작은데 플랑크 질량은 그토록 큰가? 또는 기본 입자 사이의 중력은 왜 그처럼 약한가? 이렇게 바꾸어 보면 계층성 문제는 입자 물리학의 문제라기보다는 중력이 그동안 물리학자들의 생각했던 것과 다른 것이지 않을까 하는 물음에 닿게 된다.

따라서 ADD는 표준 모형을 확장해서 계층성 문제를 풀려는 시도는 틀렸다고 주장했다. 그들은 여분 차원의 크기가 충분히 크면 계층성 문제를 해결할 수 있음을 알아냈다. 그들은 중력의 세기를 결정하는 기본적인 질량 규모는 플랑크 질량이 아니라 1테라전자볼트 정도의 훨씬 더 작은 질량 규모라고 주장했다.

하지만 이제 ADD는 왜 중력이 그 정도로 약해야 하는가 하는 질문에 답을 해야 했다. 원래 플랑크 질량이 그처럼 큰 까닭은 중력이 약하기 때문이다(중력의 세기는 플랑크 질량에 반비례한다.). 중력의 기본적인 질량 규모가 훨씬 더 작아지면 결국 중력 상호 작용은 엄청나게 강해진다.

이는 극복할 수 없는 문제는 아니었다. ADD는 중력은 4차원 이상의 고차원에서 강해진다고 보았다. 하지만 커다란 여분 차원이 중력을 약화시켜서, 고차원 공간에서는 중력이 강해도 저차원 유효 이론에서는 중력이 약해질 수 있다고 설명했다. 이들의 도식에 따르면 중력이 미약하게 보이는 까닭은 바로 커다란 여분 차원 공간에 중력이 퍼져 있기 때문이다. 반면 전자기력, 강력, 약력은 막에 속박되어 있어서 벌크로 퍼져 나가지 않기 때문에 중력처럼 약해지지 않는다. 커다란 여분 차원과 막은 중력이 다른 힘에 비해 미약한 이유를 합리적으로 설명해 줄 수 있다.

아르카니하메드는 자신들의 연구가 전환된 시점은 바로 높은 차원 중력과 낮은 차원 중력의 세기 사이의 정확한 관계를 이해한 때였다고 내게 말한 적이 있다. 두 중력 사이의 관계는 새로운 내용이 아니었다. 예를 들어 끈 이론 연구자들은 항상 이를 이용해 4차원 중력을 10차원 중력과 연결시켰다. 그리고 16장에서 간단히 설명했듯이, 호라바와 위튼은 10차원과 11차원 중력의 세기 사이의 관계를 이용하여 중력과 다른 힘의 통일 가능성을 발견해 냈다. 즉 한 차원 높은 11차원을 도입해서 고차원 중력 규모, 즉 끈 규모가 대통일 이론 규모 정도로 낮아질 수 있다. 하지만 ADD 이전에는 그 누구도 고차원 중력을 약화시킬 정도로 여분 차원이 크다면, 계층성 문제가 해결될 정도로 중력이 강해질 수 있다는 점을 알아차리지 못했다. ADD는 한동안 여분 차원을 검토한 후 고차원 중력과 저차원 중력을 어떻게 연결시킬지 연구하여 그런 특별한 결론에 도달하게 되었다.

고차원 중력과 저차원 중력 연결하기

말려 있는 여분 차원의 크기보다 커다란 거리를 탐색할 경우 여분 차원을 알아차리기는 어렵다. 이는 2장에서 살펴본 내용이다. 하지만 눈으로 볼 수 없다고 해서 여분 차원의 물리 효과가 없는 것은 아니다. 여분 차원은 눈으로 볼 수 없어도 우리가 측정하는 값들에 영향을 미친다. 17장의 내용이 바로 그 예이다. 즉 격리된 초대칭성 깨짐 모형에서는 떨어져 있는 다른 막에서 초대칭성 깨짐이 일어나면 중력자가 이를 초대칭짝을 이루는 표준 모형 입자에 전달해 준다. 이때 초대칭짝의 질량에는 초대칭성 깨짐이 여분 차원에서 일어났다는 것과 이것이 중력을 통해 전달되었다는 것이 반영되게 된다.

이제 여분 차원이 우리의 측정값에 영향을 미치는 또 다른 예를 살펴보자. 압축된 차원의 크기에 따라 4차원 중력(우리가 측정할 수 있는 양)의 세기와 이의 기원이 되는 고차원 중력의 세기 사이의 관계가 결정된다. 다시 말해 중력이 여분 차원으로 흩어져 나간다면, 말려 있는 여분 차원의 부피가 클수록 중력의 세기는 약해진다.

왜 그런지를 보기 위해서 2장에서 예로 들었던 3차원 호스 우주를 다시 떠올려 보자(그림 23). 막으로 둘러싸인 3차원 벌크 공간을 빗댄 이 우주에서 작은 구멍을 통해 물이 호스로 유입되면 처음에서는 3차원 전체로 물이 퍼져 나가게 된다. 하지만 물이 호스 벽에 가서 닿으면 물은 호스의 길이 방향으로만 흐르게 된다. 여분 차원보다 큰 거리에서 중력 법칙을 측정해 보면 호스 우주는 1차원으로만 보일 것이다.

하지만 물이 호스의 길이 방향으로만 흐르더라도 수압은 호스의 단면적에 따라 달라진다. 호스가 굵어지는 경우를 상상해 보라. 구멍으로 들어온 물이 더 넓게 퍼지기 때문에 호스의 수압은 더 약해진다.

수압이 중력선을 나타내는 것이라면 구멍으로 유입된 물은 질량을 가진 물체에서 뻗어 나가는 중력장의 역선을 뜻한다. 질량이 있는 물체에서 나온 역선은 호스로 유입된 물처럼 처음에는 3차원으로 모두 뻗어 나간다. 하지만 역선이 우주의 벽(막)에 도달하면 방향을 바꾸어 막을 따라가는 하나의 긴 차원으로만 뻗어 나가게 된다. 호스의 예에서 물이 나오는 구멍이 넓을수록 수압이 약해지듯이, 호스 우주에서도 여분 차원이 넓어질수록 낮은 차원에서 중력장 역선이 약해진다. 즉 여분 차원이 넓어지면 유효 저차원 우주에서는 중력장의 세기가 약해진다.

말려 있는 차원의 수가 임의로 주어져도 앞의 내용은 마찬가지다. 여분 차원의 부피가 커질수록 중력은 더 희박해지고 세기도 더 약해진다. 이것은 방금 생각해 본 호스의 예를 고차원의 호스에 적용해 보면 알 수 있다. 고차원 호스에서 중력선은 처음에는 말려 있는 여분 차원을 포함하는 모든 방향으로 퍼져 나간다. 이윽고 역선이 말린 차원의 경계에 도달하면 그때부터는 무한히 뻗은 낮은 차원 공간으로만 퍼져 나가게 된다. 역선이 여분 차원으로 뻗어 나가기 때문에 저차원 공간에서는 역선의 밀도가 낮아지며 따라서 저차원에서 본 중력의 세기는 약해질 것이다.[34]

다시 계층성 문제로

여분 차원에서 중력이 희박해지기 때문에 압축된 여분 차원 공간이 커지면 낮은 차원의 중력은 약해진다. ADD는 여분 차원으로 중력이 충분히 넓게 퍼지면 현재 관측되는 것처럼 4차원 중력이 약할 수 있다는 것을 발견했다.

그들의 설명을 따라가 보자. ADD는 고차원 이론에서 중력이 10^{19}기가전자볼트나 되는 플랑크 질량이 아니라 그것의 10^{16}분의 1인 1

테라전자볼트 정도의 에너지에 의해 결정된다고 가정했다. 그들이 1테라전자볼트를 선택한 것은 계층성 문제를 풀기 위해서였다. 즉 1테라전자볼트 정도의 에너지에서 중력이 강해지면 입자 물리학의 계층성 문제가 해결된다. 입자 물리학과 중력 모두 테라전자볼트 규모로 설명할 수 있다. 그렇게 되면 1테라전자볼트 정도로 가벼운 질량을 갖는 힉스 입자는 그들의 모형에서 문제될 것이 없다.

ADD의 가정에 따르면 약 1테라전자볼트의 에너지에서 고차원의 중력은 다른 힘들과 비슷할 정도로 세진다. 기존의 사실과 합치하는 이론이 되려면 ADD는 왜 4차원 중력이 약한지 설명해야 했다. 그래서 추가된 요소가 여분 차원이 엄청나게 크다는 가정이었다. 궁극적으로는 여분 차원이 큰 이유를 해명해야 한다. 하지만 그들의 가정에 따라 말려 있는 차원이 거대한 부피를 감싸고 있다고 보면, 앞 절에서 말한 논리에 따라 4차원 중력의 세기는 미약할 수밖에 없다. 우리 세계의 중력이 그토록 미약한 까닭은 거대한 여분 차원 때문이다. 4차원에서 측정한 플랑크 질량이 큰 이유, 즉 중력의 세기가 미약해진 까닭은 오로지 중력이 여분 차원에서 흩어졌기 때문이다.

여분 차원은 얼마나 커야 할까? 답은 여분 차원이 몇 개인가에 달려 있다. ADD는 아직 여분 차원의 개수가 실험으로 결정되지 않았기 때문에 여러 가능성을 고려했다. 여기서 우리는 오직 커다란 여분 차원에만 관심을 두고 있다. 여러분과 주변의 끈 이론 연구자들이 공간 차원의 수가 9나 10이라고 생각한다고 해도, 커다란 여분 차원의 개수는 여러 가지 다른 가능성을 가질 수 있으며, 그밖의 차원은 무시할 만큼 작다고 보면 된다.

ADD의 주장에 따르면 차원의 크기는 차원이 몇 개인가에 따라 달라진다. 차원의 부피가 차원의 개수에 따라 달라지기 때문이다. 모든 차원이 동일한 크기라면 고차원 영역은 저차원 영역보다 더 큰 부피를 감싸게 되고 따라서 중력은 그만큼 분산된다. 저차원 물체가 고차원 물체 안에 쏙 들어갈 수 있다는 것을 생각하면 이를 쉽게 이해할 수 있다. 또는 2장의 스프링클러 비유를 떠올려 보면, 긴 호스(1차원)에서 물이 나오는 경우가 그 길이를 반지름으로 하는 원(2차원)으로 물이 분사되는 경우보다 식물 하나가 받는 물의 양이 많은 것과 같다. 물이 더 높은 차원으로 분사되면 그만큼 더 많이 흩어진다.

만약 커다란 여분 차원이 하나뿐이라면 ADD의 제안을 만족시키기 위해서는 그 차원이 무척 커야 한다. 4차원 중력을 미약하게 만들기 위해서는 여분 차원의 길이가 지구에서 태양까지의 거리만큼 커야 한다. 하지만 이는 말이 되지 않는다. 여분 차원이 그처럼 크다면 우리가 측정 가능한 거리에서 우주가 5차원으로 보여야 하기 때문이다. 이 정도 거리에서는 뉴턴의 중력 법칙이 잘 들어맞기 때문에, 이렇게 큰 거리에서 중력 법칙의 수정을 요구하는 1개의 커다란 여분 차원은 배제해야 한다.

하지만 여분 차원이 2개 있다고 가정하면, 그 크기는 받아들일 정도가 된다. 이 경우 중력을 약하게 만들기 위해서는 각 차원의 크기가 대략 1밀리미터 정도면 충분하다. 이것이 바로 ADD가 밀리미터 규모에 그토록 집착한 이유이다. 밀리미터 규모는 실험으로 조사할 만했을 뿐만 아니라 여분 차원이 2개가 되었을 때 계층성 문제에도 적절한 답을 주기 때문이었다. 밀리미터 크기의 두 여분 차원으로 중력이 흩어지면 4차원 중력은 우리가 아는 대로 미약한 크기를 갖게 된다. 물론 전에 언급한 대로 1밀리미터도 여전히 큰 값이지만, 이 크기에서 중력을 측정하는 것이 여러분의 생각만큼 아주 불가능한 것도 아니다. ADD 시나리오에 고무된 사람들은 밀리미터 크기로 말려 있는 여분 차원을 찾고자 노력하고 있다.

여분 차원이 2개를 넘어서면 아주 작은 거리에서만 중력 법칙이 수정된다. 셋 이상의 여분 차원에서는 그 크기가 앞의 경우보다 작더라도 중력이 충분히 분산되어 중력의 세기가 약해질 수 있다. 예를 들어 여분 차원이 6개이면 그 크기는 겨우 10^{-13}센티미터, 즉 1센티미터의 10조분의 1이면 된다.

그처럼 작은 차원이라도 운이 좋으면 머지않아 증거가 발견될 것이다. 물론 그 증거는, 다음 절에서 다룰 직접적인 중력 측정보다는 나중에 살펴볼 입자 가속기 실험을 통해 발견될 것이다.

커다란 여분 차원 찾기

짧은 거리에서 중력이 달라지는 것을 어떻게 찾을 수 있을까? 무엇을 찾아야 하는 것일까? 말려 있는 여분 차원이 있다면 그보다 짧은 거리에서 중력이 3차원 이상의 공간으로 퍼지기 때문에 중력은 거리가 멀어짐에 따라 뉴턴의 예측보다 더 급격하게 약해져야 한다. 여분 차원의 크기보다 짧은 거리에 떨어져 있는 사물들에는 고차원 중력 법칙을 적용해야 한다. 말려 있는 원형 차원을 돌 수 있을 정도로 크기가 작은 벌레라면 여분 차원을 경험할 수 있다. 즉 벌레는 여분 차원을 따라 움직일 수 있고 벌레 주위의 모든 차원을 따라 중력이 퍼져 나가게 된다. 만약 이 벌레처럼 민감한 누군가라면 짧은 거리의 중력을 감지할 수 있을 것이고 따라서 여분 차원에 대한 가시적인 증거를 얻을 수 있다.

말려 있는 차원이나 그보다 작은 거리에서 중력을 측정하고, 그 세기가 물체 사이의 거리에 따라 어떻게 변화하는지를 연구함으로써 중력에 대한 실험적인 연구를 진행하고, 여분 차원에 대한 증거를 찾을 수 있다. 하지만 극히 가까운 거리에서 중력을 측정하는 실험은 무척 어렵다. 중력이 너무 약해 전자기력과 같은 다른 힘에 쉽게 가려지기 때문이다. 앞에서 말했듯이 ADD 모형이 제안될 당시 뉴턴 중력 법칙의 어긋남을 알아보는 실험을 통해 최소 1밀리미터까지는 뉴턴 법칙을 적용할 수 있음이 밝혀져 있었다. 이 연구가 좀 더 진전됐더라면 누군가 ADD가 제안했던 커다란 여분 차원을 발견하는 행운을 얻었을 것이다. 그러나 우리의 실험 역량은 그에 미치지 못했다.

대신 실험 물리학자들은 새로운 시도를 했다. ADD의 아이디어에 자극받은 워싱턴 대학교의 두 교수인 에릭 아델버거(Eric Adelberger)와 블래인 헤켈(Blayne Heckel)은 매우 짧은 거리에서 뉴턴 법칙의 어긋남을 찾기 위해 멋진 실험을 설계했다. 다른 이들도 짧은 거리에서 중력을 연구했지만 이들의 실험이 ADD 모형에 대한 가장 엄격한 검증으로 보였다.

이들이 워싱턴 대학교 물리학과 지하에 만든 기구가 바로 외트-워시(Eöt-Wash) 실험 장치이다. 이는 중력을 연구한 유명한 헝가리 물리학자 롤란드 외트뵈시(Roránd Eötvös)를 기린 것이다. 그림 76은 외트-워시 실험을 개략적으로 그린 것이다. 실험 장치는 살짝 떨어진 2개의 끌개 원반(attractor disk)과 그 위에 올려져 있는 고리 부분으로 이루어져 있다. 2개의 원반과 고리에는 구멍이 뚫려 있고 뉴턴 법칙이 맞다면 고리가 돌아가지 않도록 배치되어 있다. 하지만 여분 차원이 있어서 두 디스크 사이의 중력이 뉴턴 법칙과 어긋나면 고리가 돌아가게 된다.

결국 이 실험에서 고리는 한 번도 돌지 않았다. 아델버거와 헤켈은

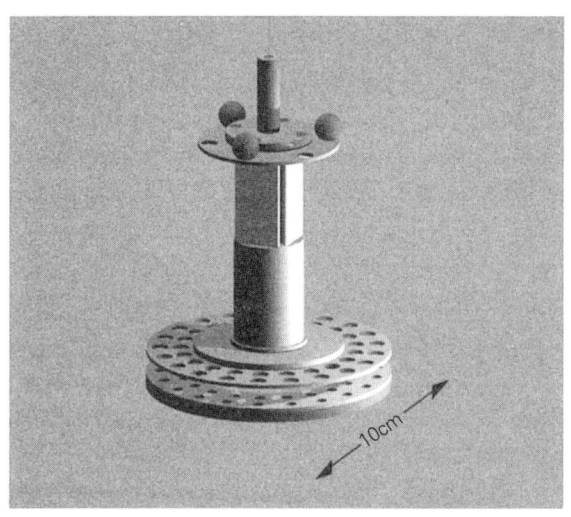

그림 76
외트-워시 실험 장치. 고리가 두 원반 위에 놓여 있다. 고리와 원반에 있는 구멍은 뉴턴의 역제곱 법칙이 맞다면 고리가 돌아가지 않도록 해 준다. 장치 윗부분의 세 구는 보정을 위한 것이다.

이를 토대로 자신들이 실험한 거리에서 여분 차원(또는 다른) 효과가 중력 법칙을 수정하지 않는다고 결론 내렸다. 그들은 이전 실험보다 더 짧은 거리에서 중력을 측정했고 뉴턴의 법칙이 약 10분의 1밀리미터까지 적용되는 것을 확인했다. 이 실험으로 표준 모형 입자가 막에 속박되어 있다고 해도 여분 차원은 ADD의 제안처럼 밀리미터 정도 크기가 될 수 없음이 밝혀졌다. 여분 차원은 최소한 그 10분의 1 크기로 줄어들게 되었다.

여기서 우리는 밀리미터 크기의 차원이 천문 관측과도 맞지 않는 다는 점에 주목해야 한다. 양자 역학의 불확정성 원리에서는 1밀리미터는 약 10^{-3} 전자볼트 정도의 에너지에, 10분의 1밀리미터는 10^{-2} 전자볼트 정도의 에너지에 해당한다. 어느 쪽이든 전자를 만드는 데 필요한 에너지에 비하면 엄청나게 작은 양이다.

이렇게 질량이 작은 입자들은 초신성이나 태양과 같은 천체에서 발견될 수 있다. 너무나 가벼운 이 입자들은 아마 뜨거운 초신성에서 만들어질 것이라고 여겨진다. 초신성이 얼마나 빨리 식는지도 알고 있고 그 냉각 메커니즘(중성미자 방출로 인한 것이다.)도 알고 있기 때문에 대량의 저질량 물체가 방출되는 게 아님은 알고 있다. 다른 방식으로 에너지가 빠져나가면 냉각 속도는 더욱 빨라질 것이다. 특히 중력자가 너무 많은 에너지를 가지고 달아나서는 안 된다. 이를 토대로 물리학자들은 지상 실험과 별도의 방법으로 여분 차원은 100분의 1밀리미터보다 작아야 한다는 결론을 도출했다.

밀리미터 규모에서 중력이 수정된다는 가정이 이런 식으로 멋지게 폐기되었음에도 불구하고, 제안되어 있는 여분 차원 모형들이 모두 실험적으로 검증되지 않았다는 것을 기억해야 한다. 밀리미터 규모에서 중력 법칙이 수정된다고 한 것은 여분 차원이 2개 있다고 한 모형뿐이다. 커다란 여분 차원을 2개보다 많이 갖는 모형이 계층성 문제를 해결해 주거나, 다음 장에서 고려할 모형 중 하나가 우리 세계를 설명해 준다면, 뉴턴 법칙의 어긋남은 그보다 훨씬 작은 거리에서 발생할 것이다.

10분의 1밀리미터보다 가까이 있는 두 물체 사이의 중력에 대해서는 확실히 알고 있는 것이 없다. 이를 확인해 본 사람은 아무도 없다. 따라서 여분 차원의 크기가 10분의 1밀리미터 정도인지 아닌지 확실히 말할 수 없으며, 어쩌면 그처럼 작지 않을 수도 있다. 1밀리미터까지는 아니어도 비교적 큰 여분 차원은 여전히 상상해 볼 수 있다. 그런 모형을 검증하려면 다음 절의 주제인 충돌기 실험을 기다려야 한다.

충돌기로 커다란 여분 차원 찾기

고에너지 입자 충돌형 가속기(충돌기)는 여분 차원에서 만들어진 KK 입자를 찾아내기에 적합하다. 이는 여분 차원이 둘보다 많은 경우에도 마찬가지다. 커다란 여분 차원을 가정하는 ADD 모형에서 중력자의 KK짝은 믿기 어려울 정도로 가벼운 입자이다. ADD의 가정을 실제로 적용해 보면, KK짝의 질량이 충분히 작은 까닭에 여분 차원의 수가 많아져도 가속기에서 KK짝을 만들어 내는 데 전혀 무리가 없다. 따라서 여분 차원이 1밀리미터보다 작다고 해도, 지금이나 앞으로 가동될 가속기에서 분명 그 증거가 드러날 것이다. 현재의 가속기도 그처럼 가벼운 입자를 만들어 내고도 남을 만큼 충분한 에너지를 가지고 있다. 사실 에너지 하나만 고려한다면 KK 입자는 이미 충분히 만들어졌을 터이다.

입자가 발견되지 않은 데에는 그럴 만한 이유가 있다. 중력자의 KK짝이 중력자만큼이나 약하게 상호 작용을 하기 때문이다. 현재까지 중력자는 그것을 측정할 수 있을 정도로 만들어지거나 발견된 적이 없을 정도로 약하게 상호 작용한다. 따라서 각각의 중력자와 KK짝을 이루는 입자 또한 쉽게 발견할 수 없는 것이다.

하지만 여분 차원에서 발생하는 KK짝을 발견할 가능성은 사실 앞의 비관적인 전망보다는 높다. 왜냐하면 만약 ADD 모형이 맞을 경우 중력자의 KK짝 중 특히 가벼운 입자들이 아주 많기 때문에 이것들이 전체적으로 검출 가능한 실험적인 증거를 남길 것이기 때문이다. 커다란 여분 차원 시나리오가 합당하다면 개개의 KK 입자가 생성되는 비율이 낮더라도 전체적으로는 가벼운 KK 입자가 많이 만들어지기 때문에, 측정하기에 충분한 양이 된다. 예를 들어 여분 차원이

2개라면, 1테라전자볼트 정도의 가속기에서 만들어 낼 가벼운 KK 입자의 수는 10^{23}개나 된다. 이 입자들 중 특정한 1개가 만들어질 확률은 무척 희박하지만 이 입자들 중 하나를 검출할 확률은 무척 높다.

비유를 들어 설명해 보자. 누군가 작은 목소리로 무언가 속삭인다고 하자. 한 번 들어서는 알아차리지 못하지만 50명의 사람이 똑같이 속삭이면 나중에는 무슨 내용인지 알 수 있게 된다. 마찬가지로 KK 입자가 현재의 가속기에서 생성될 수 있을 정도로 충분히 가볍다고 하더라도 상호 작용이 너무 미약해 개별 입자를 감지하지 못할 수 있다. 하지만 충분히 높은 에너지에서 가속기가 작동하여 이 입자들이 많이 만들어지면 KK 입자들은 검출 가능한 신호를 남길 것이다.

ADD의 아이디어가 맞다면 테라전자볼트 규모의 에너지에서 가동될 대형 강입자 충돌기(LHC)에서는 KK 입자가 검출 가능할 정도로 생성될 것이다. 이것은 우연의 일치처럼 보인다. 즉 KK 입자의 질량이나 KK 입자의 상호 작용 세기를 결정해 주는 질량(M_{Pl})은 모두 테라전자볼트 규모가 아닌데 왜 테라전자볼트 에너지가 KK 입자의 생성에 결정적인 역할을 할까? 답은 1테라전자볼트 정도의 에너지가 고차원 중력의 세기를 결정해 주고 고차원 중력은 궁극적으로 가속기에서 무엇이 생성될 것인가를 결정해 주기 때문이다. 중력자의 수많은 KK짝의 상호 작용이 모두 고차원 중력자 하나가 하는 상호 작용과 동등하며, 높은 차원의 중력자들은 1테라전자볼트에서 강하게 상호 작용하기 때문에, 1테라전자볼트에서 모든 KK짝들의 효과의 총합이 중요해지는 것이다.

실험 물리학자들은 이미 페르미 연구소의 테바트론에서 KK짝을 찾고 있다. 테바트론이 LHC만큼 에너지가 높지 않더라도 KK짝을 찾는 데에는 무리가 없다. 하지만 LHC가 이 일에 훨씬 적합하고

ADD의 KK 입자가 존재한다면 그것을 찾을 확률도 훨씬 높다.

이 KK짝들은 어떤 모습일까? 중력자의 KK짝을 생성하는 충돌은 에너지가 사라지는 것처럼 보인다는 것만 제외하면 일반적인 가속기 충돌 실험과 흡사하게 보일 것이다. LHC에서 양성자가 2개 충돌할 때 표준 모형 입자와 중력자의 KK짝이 생성될 것이다. 이때 표준 모형 입자는 예를 들어 글루온일 수 있다. 양성자들이 충돌해 가상 글루온이 만들어지고 이 가상 글루온이 실제 글루온과 중력자의 KK짝으로 변하는 것이다.

그렇지만 각각의 KK 입자는 상호 작용이 너무 약해서 검출될 수 없다. 앞에서 살펴봤듯이 중력자의 KK짝은 매우 약하게 상호 작용하며 검출된다면 그것은 수가 많을 때뿐이다. 하지만 검출기는 글루온, 정확히 말해 글루온을 둘러싸는 제트(jet, 7장을 보라.)를 기록하기 때문에 중력자의 KK짝이 직접 검출되지 않더라도 중력자의 KK짝을 생성하는 사건은 기록될 수 있다. 이 사건이 여분 차원에서 기원한 것

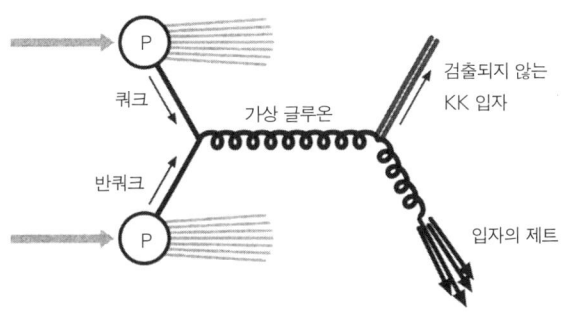

그림 77
ADD 모형에서 KK 입자의 생성. 양성자 2개가 충돌하고 쿼크와 반쿼크가 쌍소멸해 가상 글루온이 생성된다. 가상 글루온은 검출되지 않는 KK 입자와 검출 가능한 제트로 변한다. 회색선은 양성자들이 충돌할 때 항상 방출되는 다른 입자들을 나타낸다.

인지 확인하는 데에 중요한 것은 보이지 않는 KK짝이 여분 차원으로 에너지를 운반해서 에너지가 사라지는 것처럼 보이는가의 여부이다. 제트를 분석하여 그곳에서 방출된 글루온의 에너지가 충돌 전의 글루온 에너지보다 작다면 실험 물리학자들은 중력자의 KK짝이 생성되었다고 판단할 것이다(그림 77). 이것은 7장에서 본 대로 파울리가 중성미자의 존재를 추측한 것과 유사한 방식이다.

여기에서 알 수 있는 것은 실제로 어떤 입자가 생겨 이것이 에너지를 가지고 갔다는 것뿐이기 때문에 상호 작용이 약해서 검출되지 않은 입자가 KK 입자인지 아니면 다른 종류의 입자인지를 확실히 알 방도는 없다. 하지만 실험 물리학자들은 충돌 시의 손실 에너지를 자세히 연구하여(예를 들어 입자의 생성 비율이 에너지에 어떻게 의존하는지 등을 조사하여) 생성된 입자가 KK 입자인지 아닌지를 판단할 수 있다는 기대를 갖고 있다.

여분 차원의 존재를 알려 줄 입자들 중 가장 가볍다는 면에서 KK 입자는 4차원 세계에서 가장 쉽게 잡을 수 있는 여분 차원의 침입자일 것이다. 하지만 행운이 따른다면 KK 입자 말고도 훨씬 독특한 입자나 ADD 모형이 예측하는 다른 신호를 감지할 수 있다. ADD 이론이 옳다면 보통의 4차원 중력 이론에서 예측하는 값보다 훨씬 낮은 에너지인 1테라전자볼트에서 고차원 중력이 강해지게 된다. 이는 1테라전자볼트에서 블랙홀이 생겨날 수 있음을 의미한다. 이러한 고차원 블랙홀을 좀 더 깊이 탐구한다면 고전적인 중력과 양자 중력 및 우주의 생김새를 더욱 깊이 이해할 수 있을 것으로 보인다. ADD 이론에서 분기점 역할을 하는 에너지가 충분히 낮다면 블랙홀 생성은 그리 먼 일이 아니다. LHC 실험에서 블랙홀이 생성될지 모른다.

가속기에서 생성될 고차원 블랙홀은 외계에 있는 블랙홀보다 크기가 훨씬 작아야 한다. 아주 작은 여분 차원의 크기 정도일 것이다. 블랙홀에 대한 걱정은 하지 않아도 좋다. 이 블랙홀은 작은 데다가 수명이 짧아서 실험자는 물론이고 지구에도 전혀 위협적이지 않다. 고차원 블랙홀은 위험 상황을 일으키기도 전에 사라질 것이다. 원래 블랙홀은 영원히 존재하지 않는다. 즉 '호킹 복사(Hawking radiation)'를 통해 빛을 방출하면서 블랙홀은 서서히 사라진다. 그리고 조그만 커피 방울 하나가 컵에 가득 담긴 커피보다 훨씬 빨리 증발하는 것처럼 작은 블랙홀은 큰 블랙홀보다 빨리 증발한다. 따라서 가속기에서 생성될 작은 블랙홀은 순식간에 사라지게 된다. 하지만 생성된 고차원 블랙홀이 버티는 시간이 무척 짧기는 해도 검출기에 가시적인 증거를 남기기에는 충분하다. 이 블랙홀들은 보통의 입자 붕괴보다 훨씬 많은 입자를 만들어 내며 모든 방향으로 입자를 방출하기 때문에 다른 충돌 신호와 확연히 구별될 것이다.

게다가 ADD 이론이 옳다면 새롭게 발견되는 특이한 발견물 목록에는 블랙홀과 중력자의 KK짝만 오르지는 않을 것이다. ADD와 끈 이론이 모두 맞다면 가속기에서, 약 1테라전자볼트의 무척 낮은 에너지이기는 해도, 끈이 생성되어야 한다. 한 번 더 말해 두지만 이는 ADD 모형의 기본 중력 규모가 한참 낮아서 고차원 중력이 1테라전자볼트에서 강력해지면 양자 중력이 관측 가능한 효과를 남기기 때문이다.

ADD 이론에서 끈의 질량은 접근이 불가능할 정도로 에너지가 높은 플랑크 질량에 비하면 무겁지 않다. 음악적인 비유를 들자면 ADD 모형의 끈은 원래의 높은 음조에 훨씬 못 미치는 낮은 음을 낸다. 저음을 내는 ADD 끈의 질량은 1테라전자볼트를 훌쩍 넘지는 않을 것이고 운이 좋다면 LHC에서 생성될 정도로 가벼울 것이다. 따라서 에너지가 충분하다면 가속기에서는 ADD 모형의 가벼운 끈뿐만 아니라 긴 끈을 여럿 포함하는 '끈 공(string ball)' 같은 새로운 물체도 생성될 수 있다.

그러나 끈과 블랙홀을 발견할 가능성에도 불구하고 LHC의 에너지는 그것을 만들어 내기에 충분히 높지 않으며 다만 그에 근접하는 정도임을 기억해야 한다. ADD 모형의 옳고 그름은 물론이고 ADD 끈과 블랙홀의 검출 가능성은 고차원 중력의 에너지 규모의 정확한 값에 달려 있다.

부산물

ADD 모형은 매력적이다. 누가 감히 그처럼 큰 여분 차원을 생각했겠는가? 계층성 문제라는 초미의 관심사(최소한 입자 물리학자에게는 그렇다.)에 여분 차원이 그토록 얽혀 있으리라고 누가 생각했겠는가? 그렇지만 엄밀하게 말하자면 ADD 이론이 계층성 문제를 제대로 '해결'하지는 않았다. ADD의 제안은 여분 차원이 충분히 큰지 아닌지로 계층성 문제를 치환했을 뿐이다. 이것이 ADD 시나리오에 남겨진 커다란 숙제이다. 아직 확정되지 않은 새로운 물리 법칙을 도입하지 않는 한 여분 차원이 그렇게 비정상적으로 크기는 어렵다. 최소한 기존 이론을 어느 정도 고수한다면, ADD 모형이 요구하는 크고 평평한 공간을 유지하기 위해서는 초대칭성이 필수적이다. 결과적으로 여분 차원이 확고하게 자리를 잡기 위해서는 초대칭성이 필요하다. ADD 이론의 강점이 초대칭성이 필수적이지 않다는 데 있음을 떠올려 보면 이는 다소 실망스러운 일이다.

ADD 이론의 다른 약점은 우주론에 있다. 이 모형이 우주 진화에 대해 그동안 밝혀진 사실과 부합하려면 이론에 포함된 몇몇 숫자를 매우 세심하게 골라야 한다. 게다가 벌크가 에너지를 거의 갖지 않아야 한다. 만약 벌크가 에너지를 갖으면 ADD 이론이 예측하는 우주 진화의 시나리오가 관측과 일치하지 않는다. 그런 바람이 성사될 수도 있겠지만, 계층성 문제를 해결해야 한다면 그러한 미세 조정을 해서는 안 된다.

그럼에도 많은 물리학자들은 열린 자세로 여분 차원을 진지하게 받아들였고 이를 찾고자 여러 방법을 고안했다. 특히 실험 물리학자들의 열광은 대단했다. 페르미 연구소의 입자 물리학자 조 릭켄은 언젠가 내게 커다란 여분 차원에 대한 실험가들의 열광을 이렇게 표현했다. "그들은 '표준 모형을 넘어서는' 이론은 언제나 괴짜 취급을 했지. 초대칭성이 더 괴짜일까 아니면 커다란 여분 차원이 더 괴짜일까? 그게 무슨 문제겠어? 그래도 여분 차원이 좀 더 나은 것 같아." 실험 물리학자들은 새로운 무언가에 목말라 했고 여분 차원은 초대칭성을 대신할 새로운 관심거리로 부상했다.

이론 물리학 쪽에서는 좀 더 복잡한 반응이 나왔다. 한쪽에서는 커다란 여분 차원이 너무 기이하다고 말했다. 여분 차원이 그처럼 커야 하는 이유는 어디에도 없었지만 그러지 말아야 할 이유도 찾지 못했다. 사실 커다란 여분 차원에 대한 첫 논문 발표를 앞두고, 저자 중 한 사람인 드발리는 스탠퍼드 대학교에서 강연을 했다. 자신들의 주장이 급진적이라고 본 저자들은 어떤 반응이 나올지 몰라 전전긍긍했다. 그러나 별다른 심각한 반대가 없었다. 그는 그제서야 마음을 놓았다고 한다. 그러면서도 그들은 커다란 여분 차원이라는 낯설고 충격적인 주장 앞에서 청중이 마음의 평정을 잃지는 않았는지 궁금해 했다. 그 논문을 인터넷(아마 arXiv.org 사이트를 말하고 있을 것이다. arXiv.org사이트는 1991년 이후 현재까지 출간된 물리학, 수학, 비선형 과학 분야의 논문이 데이터베이스로 구축되어 있다.—옮긴이)에 게재했을 때도 비슷한 경험을 했다고 공동 저자인 아르카니하메드는 내게 말했다. 그는 반응이 봇물처럼 터질 거라 예상했지만 논문에 대한 반박 글은 겨우 둘뿐이었다고 했다. 아마 이탈리아 물리학자인 리카르도 라타지와 내가 논문의 잠재적인 문제를 논평한 게 끝이었던 것 같다. 게다가 이 두 글도 사실 따로 보냈다고 할 수 없었다. 논문 발표 당시 라타지와 나는 둘 다 CERN을 방문 중이었고 그에 대해 의견을 나누었기 때문이다.

ADD 이론이 학계에서 어느 정도 받아들여지자, 물리학자들은 실제 세계에서 어떤 결과가 나올지, 중력 시험, 가속기 검출, 천문 관측, 우주론에서의 함의와 같은 세부적인 탐구에 착수했다. 관심 분야나 연구 성향에 따라 다양한 반응이 나오기 시작했다.

표준 모형의 세부를 연구하는 물리학자들은 새로운 가능성을 보여 주는 흥미로운 아이디어를 흔쾌히 받아들였다. 놀랍게도 수년간 물리학의 확고한 주제였던 초대칭성을 고수하려는 몇몇 모형 구축자들이 더 냉담한 입장을 취했다. 분명 표준 모형을 과감히 수정하는 일은 만만치 않은 일이다. 어떠한 모형이든 이미 실험으로 검증된 표준 모형의 특성을 담아야 할 것이고, 표준 모형을 수정한 이론이라면 검증이라는 혹독한 시련을 거쳐야만 했다. 게다가 고에너지에서 모든 힘이 같은 세기를 갖도록, 결합 상수를 통일시켜 주는 초대칭성의 찬란한 빛도 포기해야 했다. 하지만 초대칭성에 얽매이지 않는 젊은 이론가들은 새로운 열정을 품었다. 여분 차원은 아직 경쟁자로 북적이지 않는 참신한 주제였고 새로운 도전과 열린 물음을 제기했다.

끈 이론 연구자들의 반응도 마찬가지로 여럿으로 나뉘었다. 연구를 시작하며 디모폴로스는 여분 차원이 끈 이론과 입자 물리학을 좀 더 가깝게 만들 것으로 예상했다. 그리고 끈 이론 연구자들은 대체로 커다란 여분 차원을 끈 이론과는 무관하지만 재밌는 아이디어라고 보고 관심을 보이는 정도에 머물렀다. 그들에게는 이론이 중요한 관심사였는데, 이론적으로 ADD의 제안처럼 커다란 여분 차원이 어떻게 가능한지를 납득하기는 무척 어려운 일이었다.

나는 여분 차원이 있다고 해도* ADD의 제안만큼 크기는 어렵다고 본다. 이론적인 근거(여분 차원이 그 정도로 크기는 어렵다.)와 실험적인 근거(우주론을 적용하기가 무척 힘들다.)로 볼 때, 커다란 여분 차원은 승산 없는 도박으로 보인다. 심지어 주창자인 아르카니하메드도 이에 대해 의심을 품고 있다. 하지만 ADD의 제안은 매우 중요한 이론적인 아이디어이다. 그들의 논문은 그동안 소홀하게 다루었던 중력과 우주의 모양을 새롭게 조명했고 새로운 생각을 자극했으며, 옳건 그르건, 물리학자들의 사고에 중대한 충격을 주었다. 커다란 여분 차원 모형로부터 여분 차원에 대한 새로운 제안과 실험적 검증을 위한 여러 생각들이 쏟아져 나왔다. LHC의 실험에서 반박할 수 없는 결과들이 나오면 이론적인 편견은 무의미해질 것이다. ADD의 커다란 여분 차원이 정말로 있을지 누가 알겠는가?

새로운 것들

● 표준 모형 입자가 하나의 막 위에 속박되어 있다면 여분 차원은

* 여분 차원이 평평할 경우에 대해서는 22장을 참고하라.

물리학자들이 이전에 생각했던 것보다 훨씬 더 클 수 있다. 여분 차원의 크기는 10분의 1밀리미터 정도일 수도 있다.
- 여분 차원의 크기는 중력이 전자기력, 약력, 강력보다 훨씬 약한 이유를 설명할 수 있을 정도로 커질 수 있다.
- 커다란 여분 차원이 계층성 문제를 해결한다면 고차원 중력은 약 1테라전자볼트에서 강해질 것이다.
- 고차원의 중력이 1테라전자볼트에서 강해진다면 LHC에서는 측정 가능한 빈도로 KK 입자가 생성될 것이다. 충돌 실험에서 KK 입자들은 에너지를 갖고 달아나기 때문에, 에너지가 사라진 충돌 사건이 KK 입자가 나타났다는 흔적이 될 것이다.

20장

비틀린 경로 : 계층성 문제에 대한 해답

당신에게는 너무나도 작은 것,
나에게는 무척 크지요.
내가 마지막으로 할 일은
당신에게 그것을 보여 주는 일이지요.[●]
— 수잔 베가

● 미국의 싱어송라이터 수잔 베가(Suzanne Vega)의 「주머니 속의 바위(The Rock in This Pocket)」에서—옮긴이

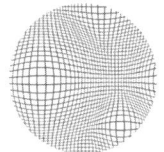

아테나는 깜짝 놀라 잠에서 깼다. 그녀는 매번 꾸는 똑같은 꿈을 꾸었는데, 그 꿈은 언제나처럼 토끼굴로 들어가면서 시작되었다. 그리고 토끼는 "다음 정류장은 둘상한 나라입니다."라고 안내했다. 아테나는 그의 말을 무시하고 다른 선택을 기다렸다.

3차원 공간에 도착하자 토끼는 "당신이 이 세계에 사는 것이 맞다면, 정확히 집에 도착했습니다."라고 안내했다. 그러나 엘리베이터 문은 열리지 않았다. 아테나는 자신이 3차원에 살고 있으며 집에 돌아가고 싶다고 간청했지만, 토끼는 문을 열어 주려고 하지 않았다.

다음 정류장에서는 모두 똑같이 생긴 6차원 주민들이 비집고 들어오려고 했다. 하지만 토끼는 그들의 비대한 몸집을 흘깃 보고 나서 맞지 않다면서 얼른 문을 닫아 버렸다. 토끼가 몸집을 줄여 버리겠다고 위협하자 주민들은 서둘러 나갔다.*

이상한 여행은 계속되었다. 엘리베이터가 멈추자 토끼는 "비틀린 기하(Warped Geometry), 5차원 세계입니다."라고 말했다.** 그는 친절한 태도로 아테나를 내보내면서 이렇게 덧붙였다. "유령의 집에 있는 거울방으로 들어가세요. 집으로 갈 수 있을 겁니다." 토끼가 5차원이라고 말했기 때문에, 아테나는 너무 이상하다고

* 18장에서 여분 차원이 균질하고, 거대하고, 평평할 수도 있다고 설명했다. 토끼는 이 생각에 회의적이다.
** 시간 차원까지 염두에 두었다.

생각했다. 하지만 어쩔 수 없이 문 밖으로 나간 그녀는 토끼의 종잡을 수 없는 말이 사실이기를 바랄 뿐이었다.

언어를 배울 때 우리는 특별히 필요하거나 관심 있는 말을 더 잘 기억하게 된다. 예를 들면 이탈리아에서 자전거 여행을 할 때 나는 acqua di rubinetto(수돗물), acqua minerale(생수), acqua (minerale) gassata(탄산수), acqua (minerale) naturale(무탄산수) 등과 같이 물을 달라고 해야 할 때 써야 하는 표현을 여러 개 배웠다. 이와 마찬가지로 새로운 물리 시나리오를 연구할 때, 물리학자들은 자신만의 견해와 의문 때문에 어떤 계의 특징을 좀 더 주의해서 보거나 이미 알고 있는 것들과의 차이를 발견하게 된다. 우리는 같은 말을 듣거나 같은 상황을 보더라도 각각 다르게 받아들일 수 있다. 주의 깊게 들으라는 말은 타당하다.

선드럼과 나는 각자 수년간 계층성 문제를 생각해 왔다. 하지만 계층성 문제를 새롭고 더 나은 방식으로 해결하려고 공동 연구를 시작한 것은 아니었다. 우리의 공동 연구 주제는 17장에서 이야기한 격리된 초대칭성 깨짐 모형이었다. 그 일을 하고 있었을 때 우리는 우연히 두 장의 막으로 끝이 막혀 있는 시공간의 비틀린 기하(곧 보겠지만 일종의 휜 기하이다.)를 발견했다. 선드럼과 나는 입자 물리학과 중력의 미약함에 관심이 있었기 때문에, 비틀린 시공간 기하의 잠재력을 즉시 알아챌 수 있었다. 만약 입자 물리학의 표준 모형이 이 시공간 속에 있는 것이라면 계층성 문제가 풀릴 터였다. 나는 우리가 이 특별한 아인슈타인 방정식의 해를 처음으로 연구하는 것인지 확신하지 못했다. 하지만 우리는 분명히 이 기하가 가진 놀라운 의미를 처음으로 인식한 사람들이다.

다음 장들에서는 이것을 포함해 휜 시공간의 다른 놀라운 가능성과 이 결과들이 어떻게 우리의 예상을 벗어나는지를 살펴볼 것이다. 이 장에서는 비틀린 5차원 세계에 초점을 맞출 것이다. 이것은 입자 물리학의 질량들이 왜 그렇게 넓은 범위에 걸쳐 분포하는지 설명하는 데 도움을 줄 것이다. 4차원 양자장 이론은 입자의 질량이 거의 비슷할 것이라고 예상하지만, 비틀린 고차원 기하는 그렇지 않다. 비틀린 기하가 제공하는 틀에서는 서로 아주 다른 다양한 질량이 자연스럽게 등장하며 양자 역학적인 효과들도 제어된다.

이 장에서 기술하는 특별한 기하에서 평평한 두 장의 경계 막이 있어 공간이 아주 강하게 휘어 있다. 이로 인해 커다란 여분 차원이나 커다란 숫자를 억지로 집어넣을 필요 없이 입자 물리학의 계층성 문제가 자연스럽게 해결된다. 이 시나리오에서 한 막은 강한 중력을 경험하지만 다른 막은 그렇지 않다. 시공간이 다섯 번째 차원을 따라 급격하게 휘어지기 때문에 그 영향으로 두 막 사이의 거리와 관련된 작은 숫자가 중력의 상대적인 세기에 대응하는 엄청난 숫자(약 10^{15})로 바뀐다.

우선 다섯 번째 차원의 어느 특정한 점에서 중력자의 상호 작용을 결정하는 중력자의 확률 함수를 이용해, 두 번째 막 위에서 중력이 얼마나 약한가를 설명할 것이다. 동시에 중력자의 상호 작용 세기만이 아니라 비틀린 기하 자체를 이용해 중력이 얼마나 약한가를 설명할 것이다. 비틀린 기하에서는 크기, 질량 심지어 시간조차 다섯 번째 차원에서의 위치에 따라 달라진다는 놀라운 결과를 보게 될 것이다. 막이 2개 존재하는 상황에서 공간과 시간이 비틀리는 것은 블랙홀의 사건의 지평선 근처에서 시간이 비틀리는 것과 비슷하다. 하지만 비틀린 막 세계의 경우에는 시간은 늘어나고 기하는 팽창하며, 두 막 중 한 막 위에서 입자는 작은 질량을 갖게 된다. 이 때문에 계층성 문제는 자동으로 풀리게 된다.

비틀린 기하와 계층성 문제의 관련성을 이야기한 다음, 이 이론이 금후의 실험에 미칠 독특한 영향을 고찰하고 이 장을 마무리할 것이다. 이 이론의 가장 흥미로운 점 중 하나는 앞 장에서 이야기한 커다란 여분 차원에서처럼 이 이론이 옳다면 곧 입자 가속기에서 이 이론이 예측하는 효과를 볼 수 있으리라는 것이다. 사실 그 실험 결과는 앞에서 이야기한 사라진 에너지 같은 신호보다 훨씬 극적일 것이다. 우리 모형에 따르면, 고차원 공간에서 찾아온 중력자의 KK짝들은 관측하고 구별할 수 있는 입자인 동시에 붕괴해서 우리가 4차원 막에서 잘 알고 있는 입자들로 바뀌게 된다.

비틀린 기하와 그 놀라운 의미

이 장에서 생각할 기하는 그림 78에서 보는 것처럼 막을 두 장 포함하고 있으며 이 막들은 다섯 번째 차원의 경계를 이룬다. 이 설정은 17장에서 본 2개의 막 사이에 다섯 번째 차원이 뻗어 있는 상황과 비슷하다. 하지만 사실 이 둘은 완전히 다른 이론이다. 입자와 에너지 분포가 다르고, 초대칭성이 있고 없고 또한 다르다. 그럼에도 불구하고 17장에서 다룬 것처럼 우리는 약전자기 대칭성 깨짐과 관계 있는 힉스 입자를 포함한 표준 모형 입자들이 두 막 중 하나에 전부 속박되어 있다고 가정할 것이다.

또한 17장과 마찬가지로 이 설정에서 다섯 번째 차원에 존재하는 유일한 힘은 중력뿐이라고 가정할 것이다. 따라서 중력을 제외하면 각각의 막은 일반적으로 알고 있는 4차원 우주와 동일하게 보일 것이다. 막에 속박되어 있는 게이지 보손과 입자는 마치 다섯 번째 차원이 존재하지 않는 것처럼 힘을 전달하고 상호 작용할 것이다. 표준 모형 입자들은 평평한 막 위의 세 공간 차원을 따라서만 움직일 것이며, 따라서 힘들도 막 위에 펼쳐져 있는 평평한 3차원 표면 위로만 퍼져 나갈 것이다.[35]

하지만 중력은 막 위에 속박되어 있지 않고 5차원 벌크 전체에 걸쳐 존재한다. 다섯 번째 공간 중 어디에 있더라도 중력을 느낄 수 있다. 하지만 이 말이 모든 공간에서 중력의 세기가 같다는 말은 아니다. 막 위에 있는 에너지와 5차원 벌크의 에너지가 시공간을 휘고 따

그림 78
두 장의 막을 갖는 5차원 기하. 우주는 5개의 시공간 차원을 갖고 있지만 표준 모형은 4차원 막 위에서 존재한다. 다시 말해 이 설정에서 시공간 차원의 총 개수는 5개이고 공간 차원의 수는 4개이다. 4개의 공간 차원 중 3개는 막 위를 따라, 나머지 하나는 막 사이에 펼쳐져 있다.

라서 위치에 따라 중력장에는 엄청난 차이가 생기게 된다.

앞 장에서 살펴본 커다란 여분 차원 이론은 막 위에 입자와 힘을 모두 속박시킬 수 있다는 장점이 있지만 막 자체가 갖는 에너지를 무시한다는 단점이 있다. 아인슈타인의 일반 상대성 이론의 핵심 요소는 에너지가 중력장을 만든다는 것이다. 따라서 막이 에너지를 가지면 막이 시간과 공간을 휘기 때문에 선드럼과 나는 ADD의 가정이 항상 옳은 것인지 확신하지 못했다. 우리가 연구하려고 했던 여분 차원이 하나뿐인 우주에서 막과 벌크의 에너지를 무시할 수 있는지는 명확하지 않았다. 막의 중력 효과가 빨리 사라지지 않기 때문에 막에서 멀리 떨어져 있어도 시공간이 휜다고 예상할 수 있었다.

선드럼과 나는 두 장의 에너지를 띤 막이 여분 차원 공간의 경계를 이루는 경우, 시공간이 어떻게 휘는지 알고 싶었다. 우리는 벌크와 막 모두에 에너지가 있다고 가정하고, 막이 두 장 존재하는 이 상황에서 아인슈타인의 중력 방정식을 풀었다. 우리는 이 에너지가 정말 중요하다는 것을 발견했다. 계산 결과, 시공간은 극적으로 휘어 있었다.

특별한 경우에는 휜 공간을 그리기가 쉽다. 예를 들어 구의 표면은 위치를 아는 데 위도와 경도만 있으면 되는 2차원이지만 분명히 휜 공간이다. 하지만 대부분의 휜 공간들은 3차원 공간에서 쉽게 표현되지 않기 때문에 그리기가 훨씬 어렵다. 특히 지금 살펴볼 비틀린 공간이 그러한 예이다. 비틀린 공간은 '반(反)드 지터 공간(anti de Sitter Space)'이라는 시공간의 일부분이다. 반드 지터 공간은 공보다는 프링글스 감자칩과 비슷하게 생긴, 곡률이 음수인 공간이다.

반드 지터 공간이라는 이름은 현재는 '드 지터 공간'이라고 불리는 곡률이 양인 공간을 연구한 네덜란드의 수학자이자 우주론자인 빌렘 드 지터(Willem de Sitter)의 이름을 딴 것이다. 이 이름이 지금 당장 필요하지는 않지만, 나중에 우리 이론과 끈 이론 연구자들이 연구하고 있는 반드 지터 공간 이론을 관련지을 때 다시 언급하게 될 것이다.

휜 5차원 시공간이라는 흥미로운 대상을 곧 살펴보겠지만, 우선 잠시 동안 다섯 번째 차원의 끝에 있는 2개의 막에 초점을 맞춰 보자. 경계에 있는 이 두 막은 완벽하게 평평하다. 어느 막이든 그 위에 있으면 여러분은 무한히 뻗은 3개의 공간 차원이 존재하는 3+1차원(공간 차원 3과, 시간 차원 1) 세계*에 서 있게 될 것이며, 이 공간은 특이한 중력 효과가 존재하지 않는 평평한 시공간처럼 보일 것이다.

게다가 이 휜 시공간에는 특수한 성질이 있다. 다섯 번째 차원이 뻗어 나가는 방향을 따라 공간을 얇게 저몄을 때 나오는 단면 중 하나(양쪽 끝에 있는 막이 아니라)에 여러분이 속박되어 있다고 한다면 여러분 눈에는 그 단면이 완전하게 평평하게 보일 것이다. 즉 막은 다섯 번째 차원의 끝에만 존재하지만, 여러분이 다섯 번째 공간 좌표상의 한 점에 고정되었을 때 보게 되는 3+1차원 표면의 기하는 경계에 존재하는 커다랗고 평평한 막과 똑같이 평평하게 보일 것이다. 경계에 있는 막을 식빵의 양쪽 끝이라고 생각하면, 다섯 번째 차원 임의의 한 점 위에 있는 평평하고 평행한 4차원 영역은 식빵의 끝면과 평행하도록 평평하게 자른 조각으로 생각하면 될 것이다.

하지만 우리가 생각하는 5차원 시공간은 휘어 있다. 이것은 4차원의 평평한 시공간 슬라이스들이 다섯 번째 차원 방향을 따라 붙어 있는 것이라고 생각하면 된다. 내가 캘리포니아 주립 대학교 샌

• 공간 차원과 시간 차원을 확실하게 구분하고 싶을 때에는 이렇게 '4차원' 대신 '3+1차원'이라는 표현을 쓸 것이다.

타바버라 캠퍼스에 있는 카블리 이론 물리학 연구소에서 이 기하 공간에 대한 강의를 처음 했을 때 이곳의 끈 이론 연구자인 톰 뱅크스는 선드럼과 내가 발견한 5차원 기하를 전문적인 용어로 '비틀려 있다(warped)'고 말한다고 알려 주었다. 휜 시공간을 흔히들 비틀려 있다고 하기는 하지만, 전문적인 용어로 '비틀려 있다.'라는 표현은 각 슬라이스는 평평하지만,• 그 슬라이스들이 '비틀림 계수(warp factor)'를 가지고 결합되어 있는 기하를 가리킨다. 비틀림 계수는 다섯 번째 공간에 있는 각 점에서 위치, 시간, 질량, 에너지의 전체적인 규모를 바꿔 주는 함수이다. 비틀린 기하의 이 흥미로운 성질은 까다롭기 때문에, 다음 절에서 더 설명할 것이다. 곧 보게 될 중력자의 확률 함수와 상호 작용에도 이 비틀림 계수가 반영되어 있다.

평평한 슬라이스로 만들 수 있는 휜 공간을 그린 것이 그림 79이다. 이 그림은 안이 채워진 깔때기이다. 우리가 깔때기를 커다란 네모 식칼을 써서 평평한 조각으로 얇게 잘라도 깔때기 표면은 구부러져 있다는 것은 바뀌지 않는다. 깔때기의 예는 우리가 생각하고 있는 휜

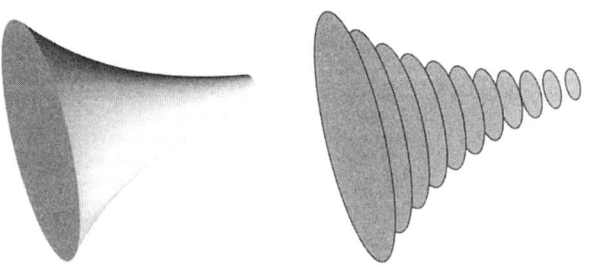

그림 79
속이 채워진 깔때기는 평평한 조각들을 붙여서 만들 수 있다.

5차원 시공간과 어떤 점에서는 비슷하다. 하지만 깔때기의 경우에는 그 표면만 휘어 있는 반면, 비틀린 시공간에서는 모든 시점이 곡률을 가지고 있기 때문에 이 비유가 완벽한 것은 아니다. 이 곡률이 공간 척도와 시간이 흐르는 속도를 수정하기 때문에, 다섯 번째 공간의 각 점은 서로 달라진다.[36]

비틀린 시공간의 곡률을 설명하는 더 단순한 방법은 중력자의 확률 함수를 이용하는 것이다. 중력자는 중력을 전달하는 입자인데, 중력자의 확률 함수를 통해 공간 안에 고정된 한 점에서 중력자를 발견할 가능성을 알 수 있다. 이 확률 함수는 중력의 세기를 반영하는데, 확률 함수의 값이 크면 그 점에서 중력자의 상호 작용이 강하다는 것, 따라서 중력이 세다는 것을 의미한다.

평평한 시공간에서 중력자를 발견할 확률은 어디에서나 같다. 따라서 평평한 시공간에서 중력자의 확률 함수는 상수 함수이다. 그러나 우리가 고려하고 있는 비틀린 기하처럼 휜 시공간에서 확률 함수는 더 이상 상수가 아니다. 곡률은 중력의 모양에 대해 말해 준다. 시공간이 휘어 있다면 중력자의 확률 함수의 값은 시공간의 위치에 따라 다른 값을 가진다.

비틀린 기하에서 5차원 공간 좌표를 따라 자른 시공간 조각은 완벽하게 평평하기 때문에, 이 조각 위에 있는 3개의 공간 차원 방향으로는 중력자의 확률 함수가 변하지 않는다. 중력자의 확률 함수는 다섯 번째 차원을 따라서만 변한다.** 즉 중력자의 확률 함수는 다섯

• 실제로 각 슬라이스는 모두 같은 기하를 갖는다. 이 경우에 슬라이스는 모두 평평하다.
•• 다섯 번째 차원은 시공간의 다섯 번째 차원이고 가설상의 네 번째 공간 차원임을 기억하라.

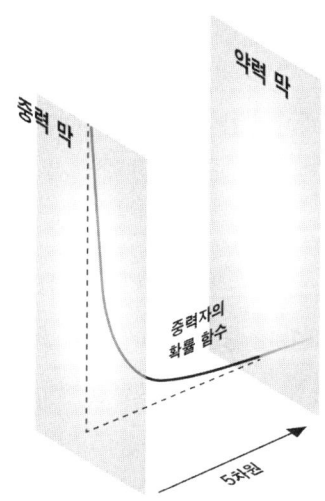

그림 80
중력자의 확률 함수는 중력 막에서 약력 막으로 이동하는 동안 급격하게 감소한다.

번째 차원상의 위치에 따라 다른 값을 갖지만, 두 점의 위치가 다르더라도 다섯 번째 차원상의 위치만 같다면 확률 함수는 같은 값을 가질 것이다. 즉 중력자의 확률 함수는 오직 다섯 번째 차원의 위치에 따라서만 변한다. 그럼에도 불구하고 중력자의 확률 함수는 비틀린 시공간의 곡률을 완벽하게 기술한다. 게다가 확률 함수는 하나의 좌표, 즉 다섯 번째 차원의 좌표에 따라서만 변하기 때문에 그리기도 간단하다.

다섯 번째 차원을 따라 변하는 중력자의 확률 함수는 그림 80에 그려져 있다. 확률 함수는 중력 막이라고 부르는 첫 번째 막에서 출발해 약력 막이라고 부르는 두 번째 막에 도착하는 동안 지수 함수적으로 급격하게 감소한다. 중력 막이 양의 에너지를 갖는 반면 약력 막은 음의 에너지를 갖는다. 그리고 이 에너지 할당 방식 때문에 중력자의 확률 함수는 중력 막 근처에서 훨씬 큰 값을 갖는다.

확률 함수가 급격하게 감소하기 때문에 상호 교환을 통해 중력 현상을 일으키는 입자인 중력자는 약력 막 근처에서 발견될 확률이 아주 낮아진다. 따라서 약력 막에서 중력자의 상호 작용은 굉장히 억압된다.

중력의 세기는 다섯 번째 차원에서의 위치에 따라 엄청나게 크게 변하기 때문에 비틀린 5차원 세계의 양쪽 끝에 있는 중력 막과 약력 막에서 작용하는 중력의 세기는 완전히 다르다. 중력은 중력이 국소적으로 몰려 있는 첫 번째 막에서는 강하지만 표준 모형이 존재하는 두 번째 막에서는 약하다. 중력자의 확률 함수가 두 번째 막에서는 무시할 수 있을 만큼 작기 때문에, 두 번째 막에 속박되어 있는 표준 모형 입자들과 중력자의 상호 작용은 굉장히 약하다.

이 때문에 비틀린 시공간에서는 측정된 질량들과 플랑크 질량 사이에 계층성이 실제로 생기게 된다. 중력은 어디에나 있지만 약력 막에 있는 입자보다 중력 막에 있는 입자들과 훨씬 강하게 상호 작용한다. 약력 막에서는 중력자가 적어 약력 막의 입자들과 약하게 상호 작용한다. 약력 막에서 중력자의 확률 함수는 굉장히 작다. 이 시나리오가 세계를 올바르게 기술하는 것이라면 우리 세계에서 중력이 약한 것은 중력자의 확률 함수가 작기 때문이다.

이 모형에서는 약력 막에서 중력이 약하기 위해 두 막이 멀리 떨어져 있을 필요가 없다. 중력자의 확률 함수가 엄청나게 집중되어 있는 중력 막에서 멀어지면 중력은 급격하게 감소하기 때문에 약력 막에서 중력은 엄청나게 약해질 것이다. 중력자의 확률 함수가 급격하게 감소하기 때문에 중력은 우리가 살고 있는 약력 막에서 엄청나게 약해지는 것이다. 두 막이 굉장히 가까이 있더라도 중력의 세기는 비틀림이 없다고 했을 때 예상한 것보다 10^{15}배나 작아질 수 있다. 막이 아주 멀리 떨어져 있을 필요가 없다는 점 때문에 이 모형은 커다란 여분 차원 모형보다 훨씬 실제적일 가능성이 높다. 커다란 여분 차원 모형은 계층성 문제를 해결할 수는 있지만, 결국에는 여분 차원의 크기라는 여전히 해결되지 않는 커다란 숫자를 남기고 만다. 하지만 우리가 방금 생각한 이론에서 약력 막 위의 중력은 약력 막이 중력 막에서 약간만 떨어져 있더라도 다른 힘들보다 자릿수가 달라질 정도로 약해진다.

비틀린 기하에서 두 막 사이의 거리는 플랑크 길이보다 조금 길기만 하면 된다. 커다란 차원 시나리오가 거대한 여분 차원의 크기라는 엄청나게 큰 숫자를 필요로 하는 반면, 비틀린 기하는 계층성 문제를 해결하기 위해 부자연스럽게 큰 숫자를 필요로 하지 않는다. 지수 함수가 자동으로 작은 수를 큰 수(지수 함수)로 바꾸고, 반대로 엄청나게 작게(지수 함수의 역수) 바꿀 수 있기 때문이다. 중력의 세기는 약력 막에서 더 작다. 이 세기는 두 막 사이 거리에 따라 급격하게 감소한다.●
중력자와 게이지 보손의 질량비가 대략 10^{16} 정도이기 때문에 약력 막이 16칸●● 정도 떨어져 있다면, 플랑크 질량(이 질량이 크기 때문에 중력이 약한 것이다.)과 힉스 입자 질량, 즉 플랑크 질량과 게이지 보손의 질량비가 그렇게나 큰 값을 갖게 된다. 즉 두 막 사이의 거리가 여러분이 생각했던 가장 단순한 경우보다 겨우 16배 크기만 해도 충분히 계층성 문제를 해결할 수 있다는 것이다. 16배라는 숫자가 큰 것처럼

● 거리의 측정 단위는 막 에너지에 따라 결정되고 이 에너지는 플랑크 질량에 따라 결정된다.
●● 이 숫자의 단위는 곡률이다. 곡률은 막과 벌크 에너지에 의해 결정된다.

보이지만 우리가 설명하고자 하는 숫자인 10^{16}에 비하면 엄청나게 작은 것이다.

수년간 입자 물리학자들은 계층성을 지수(指數)적으로 설명할 수 있기를 바랐다. 즉 입자 물리학자들은 이전에 설명할 수 없었던 커다란 숫자를 지수 함수의 자연스러운 귀결로서 해석하고 싶어 했다. 이제 선드럼과 나는 여분 차원 개념을 가지고 입자 물리학이 자동으로 지수 함수적 질량 계층성을 포함할 수 있는 방법을 찾아냈다. 중력의 상호 작용은 중력자의 확률 함수가 최댓값을 갖는 중력 막에서보다 우리가 사는 막인 약력 막에서 훨씬 약하다. 우리가 사는 막에서 중력은 비틀린 기하에 의해 약화되므로 표준 모형이 약력 막에 속박되어 있다고 한다면 계층성 문제는 해결될 것이다. 이것이 계층성 문제에 대한 해답이었다. 이 해답은 갑자기 우리 앞에 떨어진 것이다.

비틀린 기하의 대단히 새로운 성질을 이해하는 다른 방법은 중력이 어떻게 약화되는가를 고찰하는 것이다. 19장에서 우리는 ADD 시나리오에서 중력이 약해지는 것을 질량이 있는 물체에서 방사되는 중력선으로 설명했다. 이 중력선은 커다란 공간으로 퍼지기 때문에 분산된다. 그렇다면 중력선이 분산되는 것을 중력자의 확률 함수 결과로 생각할 수 있을 것이다. 중력자의 확률 함수는 중력이 공간에 어떻게 퍼져 있는가를 기술하는 것임을 기억하자. 커다란 여분 차원 시나리오에서 중력은 여분 차원에서의 위치에 관계없이 같기 때문에 이 경우 중력자의 확률 함수는 항상 일정한 값을 갖는다. 이렇게 중력자 확률 함수가 상수 함수라는 것은 중력을 전달하는 입자인 중력자가 여분 차원이 둘러싸고 있는 영역 전체에 골고루 퍼져 있음을 뜻한다. 이렇게 확률 함수가 상수일 경우, 즉 확률값이 여분 차원 공간 전체에서 고르게 분포되어 있는 경우, 4차원에 미치는 중력의 영향은 엄청나게 작아진다.

지금 우리가 생각하고 있는 비틀린 5차원 시공간에는 흥미로운 만곡이 있다. 중력 막과 약력 막이라는 두 경계 사이에 있는 다섯 번째 공간 차원에서 중력자의 확률 함수는 더 이상 위치에 관계없이 일정한 값을 갖지 않는다. 중력자의 분포는 막과 벌크에 있는 에너지 때문에 자동적으로 불평등해진다. 따라서 중력자의 확률 함수는 변한다. 즉 어떤 곳에서는 값이 크고 다른 곳에서는 작다. 그리고 이 때문에 우리가 사는 세계에서 중력은 약해진다. 약력 막에서 중력자의 확

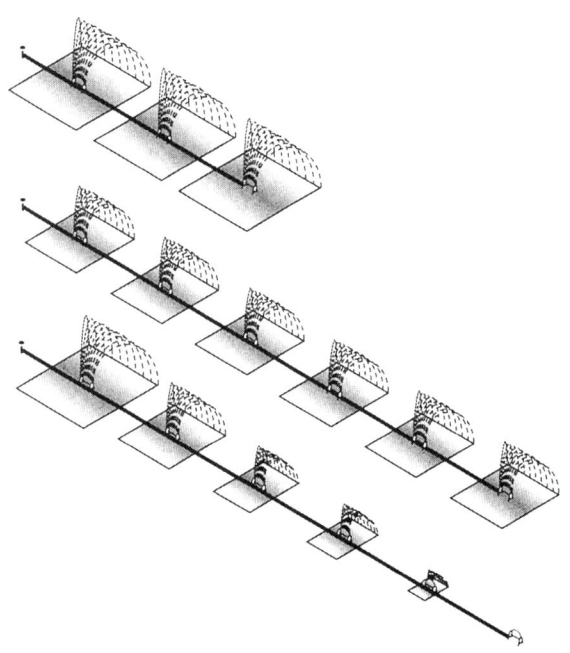

그림 81
서로 다른 3개의 스프링클러. 첫 번째와 두 번째를 비교해 보면 일정 지역에 뿌려지는 물의 양은 길이가 긴 스프링클러가 짧은 것보다 적다. 세 번째 스프링클러는 처음 정원에는 물의 절반을 뿌리고, 그 다음에는 4분의 1을 뿌리는 식으로 고르지 않게 뿌린다. 이 경우 처음 정원에 뿌린 물의 양은 스프링클러의 길이에 관계없이 항상 공급된 물의 절반이 된다.

률 함수가 작기 때문에 약력 막에서 중력은 아주 약해지는 것이다.

여기서 잠시, 거리에 따라 중력 세기가 작아지는 것을 설명하기 위해 이전에 사용한 스프링클러 비유로 돌아가 보자. 스프링클러가 물을 뿌려야 하는 범위가 넓어질수록(그림 81의 윗부분에 그려져 있다.) 물줄기 세기는 약해진다. 커다란 여분 차원이 있다면 중력은 굉장히 큰 영역으로 뻗어 나가기 때문에 중력 세기는 매우 약해진다. 따라서 중력은 4차원 유효 이론에서 약하게 나타난다.

반면 비틀린 기하는 모든 방향으로 똑같이 물을 뿌리는 스프링클러가 아니라 중력 막 주위 영역에 더 많은 물을 뿌리는 스프링클러(그림 81에서 세 번째)와 닮았다. 이 불평등한 스프링클러 때문에 우대받는 정원에서 멀리 떨어진 곳에 뿌려지는 물의 양은 항상 첫 번째 정원에 뿌리는 물의 양보다 적을 것이다. 그리고 우대받지 못하는 영역에 뿌리는 물의 양이 가장 우대받는 영역의 물의 양에 비해 지수 함수적으로 급격하게 감소하면 이 두 영역이 그리 멀리 떨어져 있지 않아도 두 지역에 뿌려지는 수량의 차는 굉장히 커질 것이다. '비틀린' 스프링클러에서 뿜어져 나오는 물줄기는 모든 영역에 똑같이 물을 주었을 때보다 훨씬 '약해진다.'

결론적으로 표준 모형 입자들이 약력 막에 살고 있다면 중력은 자연스레 다른 힘들에 비해 약해지고 이에 따라 왜 중력은 다른 힘들보다 약한가 하는 입자 물리학의 계층성 문제가 풀리게 된다. 약력 막이 중력 막에서 상대적으로 가까이 떨어져 있을 때에도(끈 이론에서 선호하는 플랑크 길이의 10배 정도다.) 약한 중력은 약력 막에서 중력자의 확률 함수가 작다는 사실에서 자연스럽게 얻어진다.

비틀린 공간에서 커짐과 줄어듦

확률 함수의 지수 함수적 감소로 계층성 문제를 설명하려는 시도는 비틀린 시공간을 이해하는 데 매우 적절하다. 중력이 약한 것을 직관적으로 설명하면 중력자가 약력 막에서 잘 발견되지 않는다는 것이다. 여러분은 지금부터 내가 하려는 설명을 뛰어넘고 다음 절로 넘어가도 좋지만, 비틀린 시공간의 흥미로운 성질을 다소 꼼꼼히 살펴보려면 이 절을 읽는 것이 좋다.

이제부터 우리는 약력 막에서 중력이 약한 이유를 중력 막에서 멀어져 약력 막에 가까이 갈수록 사물이 커지고 가벼워지는 것의 결과로서 설명할 수 있음을 보게 될 것이다. (다음 장의 이야기에서 그녀가 하게 되듯) 아테나가 중력 막에서 약력 막으로 움직인다면 그녀는 중력 막에서 멀어질수록 그녀의 그림자가 커지는 것을 보게 될 것이다. 그리고 그림자의 크기는 10^{16}배 정도나 될 만큼 엄청나게 커질 것이다.

우리는 또한 이 기하에서 무거운 입자들과 가벼운 입자들이 평화롭게 공존하는 것을 보게 될 것이다. 플랑크 질량을 갖는 입자가 두 막 중 어느 한쪽에 존재하고 있지만, 다른 쪽 막에는 약력 규모 질량을 갖는 입자만 존재한다. 따라서 더 이상 계층성 문제는 존재하지 않는다.

이것이 어떻게 벌어지는 현상인지 이해하기 위해 이 책을 읽지 않은 다른 대다수의 사람들처럼 여러분도 결국 볼 수 없는 다섯 번째 차원을 완전히 무시한다고 가정해 보자. 여러분은 여러분이 4차원 속에서 살고 있다는 믿음은 의심하지 않은 채 흔히 보는 4차원 중력자에 의해 매개되는 4차원 중력만 알고 있을 것이다. 여러분이 보고 있는 4차원 유효 이론에서 중력은 하나만 존재하며 따라서 한 종류

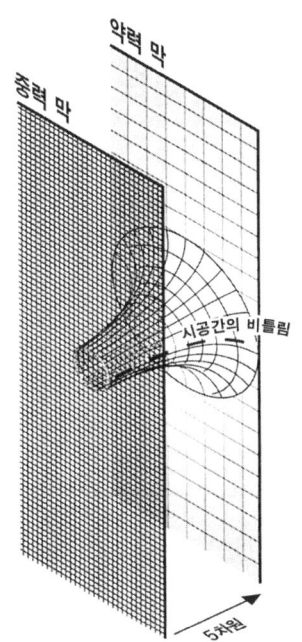

그림 82
중력 막에서 약력 막으로 갈수록 크기는 커지고 질량과 에너지는 감소한다.

의 중력자만이 존재한다. 모든 입자들이 이 한 종류의 4차원 중력자와만 상호 작용을 할 것이다. 하지만 이 4차원 중력자에는 본래 고차원 이론에 기술되어 있는 이 입자들의 위치 정보가 전혀 포함되어 있지 않다.

이 때문에 사물이 다섯 번째 차원 어디에 있는가에 상관없이 중력자는 모두 동일하게 상호 작용하는 것처럼 보인다. 즉 여러분은 그 물체가 다섯 번째 차원에 있다는 것은 물론이고 심지어 다섯 번째 차원이 있는지조차도 모르게 된다. 중력자의 상호 작용 세기를 결정하는 뉴턴의 중력 상수는 모든 4차원 중력의 상호 작용 세기를 결정하는 유일한 양이 될 것이다. 하지만 바로 앞서 살펴봤듯이 당신이 중력 막에서 약력 막으로 이동함에 따라 중력 상호 작용이 약해진다는 것을 보았다. 그렇다면 중력의 세기는 어떻게 물체의 다섯 번째 차원에서의 위치 정보를 포함하게 되는가?

이 모순을 해결하는 방법은 중력은 질량에 비례하며, 다섯 번째 차원에서 위치가 다르면 질량도 다를 수 있다는 사실에서 찾을 수 있다. 다섯 번째 차원을 따라 연속해 있는 각 슬라이스에서 중력자의 상호 작용이 약해지는 것을 재현하는 유일한 방법은 각 4차원 슬라이스에서 질량이 다르게 측정되기만 하면 된다.

비틀린 시공간의 놀라운 성질 중 하나는 중력 막에서 약력 막으로 이동하면 에너지와 운동량이 작아진다는 점이다. 에너지와 운동량이 감소하면 길이와 시간은 (양자 역학과 상대성 이론에 따라) 팽창해야 한다 (그림 82). 여기서 기술하는 기하에서 길이, 시간, 질량 그리고 에너지는 모두 위치에 의존한다. 4차원에서의 길이와 질량에는 원래 이 대상이 존재하는 5차원에서의 위치에 의존하는 값이 반영되어 있다. 물리 현상에서는 4차원만 보이지만, 길이를 재는 자나 질량을 측정하는 눈금은 원래 이론을 고려했던 5차원 위치에 의존한다. 중력 막이나 약력 막에 사는 사람들은 모두 4차원 물리 현상을 보지만 서로 다른 길이를 재고 서로 다른 질량을 생각할 것이다.

5차원 이론의 중력 막에서 멀리 떨어진 입자들의 질량에서 발생하는 중력은 4차원 유효 이론에서는 약해진다. 이것은 질량 자체가 작아지기 때문이다. 이것은 다섯 번째 차원의 각 점에서 질량과 에너지가 중력자의 확률 함수 크기에 비례하는 값으로 '규모 수정(rescaling)' 되기 때문이다. 그리고 에너지 규모 수정의 기준이 되는 비틀림 계수는 중력 막에서 멀어질수록 작아진다. 사실 비틀림 계수의 그래프는 중력자의 확률 함수 모양과 정확히 같다. 따라서 질량과 에너지는 다섯 번째 차원의 각 점에서 다르게 감소하며 비틀림 계수가 그 정도를 결정한다.

규모 수정은 임의적인 것처럼 보이지만 그렇지 않다. 규모 수정은 어려운 문제이기 때문에 먼저 비유를 들어 설명해 보자. 기차가 100킬로미터를 가는 데 걸리는 소요 시간을 단위로 해 시간을 계측했다고 해 보자. 이 시간 단위를 TT(train time, 기차 시간)라고 하겠다. 이것은 시간을 확정하는 것이 기차가 천천히 이동 중인가, 빠르게 이동 중인가, 어디에서 여행하고 있는가에 의존한다는 것을 제외하면 시간을 재는 좋은 단위이다. 예를 들어 2시간 동안 상영되는 영화가 있다고 해 보자. 미국 기차가 100킬로미터를 가는 데 1시간이 걸린다면 미국의 기차 승객은 영화 상영 시간 동안 200킬로미터를 달리게 된다. 따라서 이 영화는 2TT 동안 상영되었다고 말할 수 있을 것이다. 반면 미국의 기차보다 3배 정도 빠른 프랑스 고속 열차 테제베(TGV)를 타고 있는 프랑스 승객은 영화 상영 시간이 6TT가 된다. 왜냐하면 영화가 끝날 때까지 600킬로미터를 이동하기 때문이다. 프랑스 승객이 타고 있는 열차는 20분 동안 100킬로미터를 달리는 반면 미국 열차는 같은 거리를 1시간 동안 달려야 하기 때문에, 미국인들과 프랑스 인들이 시간 단위를 공유해 영화가 상영되는 TT 길이를 맞추려면 TT를 규모 수정할 필요가 있다. 프랑스 시간을 미국 시간으로 변환하려면 프랑스 TT를 3분의 1로 줄여야 한다.

마찬가지로 중력자의 상호 작용이 약력 막에서 중력 막에서의 상호 작용보다 훨씬 약해진 것을 고려하려면 에너지 측정에 사용되는 규모 단위를 수정해야 한다. 약력 막에서의 규모 수정은 1조의 1만 배(10^{16})나 되는 엄청난 크기이다. 즉 중력 막에서는 기본 입자들의 질량이 모두 플랑크 질량인 M_{Pl}인 반면, 약력 막에서는 10^{16} 분의 1 정도인 1,000기가전자볼트가 된다. 약력 막에 살고 있는 새로운 입자들의 질량은 이보다 좀 더 커서 3,000기가전자볼트나 5,000기가전자볼트 정도 되지만, 질량이 모두 엄청나게 규모 수정되었기 때문에 그보다 훨씬 큰 값을 가질 수 없다.

계층성 문제는 모든 질량이 가장 큰 질량값 근처로 커질 때 발생한다. 그 질량이 플랑크 질량이라면 모든 질량은 플랑크 질량 정도 크기일 것으로 예상된다. 하지만 애초에 중력 막에 있는 입자들이 모두 플랑크 질량을 갖는다고 해도 규모 수정 때문에 약력 막에서 입자들의 질량은 자릿수가 16개 정도 줄어든 테라전자볼트 정도가 된다.※ 따라서 힉스 입자의 질량은 전혀 문제가 되지 않는다. 중력이 약하더라도 힉스 입자의 질량은 1테라전자볼트 정도(플랑크 질량보다 1경 배 작은 질량)가 될 것이다. 이 해석의 핵심인 규모 수정이 계층성 문제를 해결하는 것이다.

같은 논리로 끈을 포함해 약력 막에 새롭게 도입되는 물체들은 모두 질량이 1테라전자볼트 정도여야 한다. 즉 이 모형은 극적인 (곧 관측이 가능한—옮긴이) 실험 결과를 가져올 수 있다. 약력 막에서 끈에 대응해 새로 추가된 입자들은 중력 막에 있는 입자보다 훨씬 가벼울 것이다. 그리고 4차원 세계에서도 가벼울 것이다. 약력 막은 여분 차원을 발견한다는 의미에서 멋진 시나리오이다. 이 아이디어가 맞다면 여분 차원에서 유래한 질량이 작은 입자들은 곧 발견될 것이다.

※ 물리학 문헌에서는 일반적으로 플랑크 막과 테라전자볼트 막 또는 약력 막이라는 말을 많이 사용한다. 중력 막은 다음 장에서 막 마을(Branesville, 또는 브레인스빌)이라고 부를 것이다. 약력 막이라는 이름은 이 막에 있는 대부분의 입자들이 약력 규모 질량 정도의 질량을 갖는다는 사실에서 붙인 이름이다.

질량이 테라전자볼트인 입자들이 약력 막에 엄청나게 많이 있기 때문이다.

약력 막에 있는 모든 입자들은 플랑크 질량보다 10^{16}배 정도 가벼울 것이다. 양자 역학에 따르면 질량이 작다는 것은 길이가 길다는 것을 의미한다. 아테나의 그림자는 그녀가 중력 막에서 약력 막으로 움직이면 커질 것이다. 즉 약력 막에 있는 끈의 길이는 10^{-33}센티미터가 아니게 된다. 대신 약력 막에 있는 끈들은 길이도 10^{16}배 늘어난 10^{-17}센티미터여야 한다.

지금껏 특정한 비틀림 계수를 가지고 막이 2개 있는 시나리오에만 초점을 맞춰 왔지만, 우리가 고려했던 성질은 이 특수한 예 이외에 보편적으로 적용된다. 여분 차원이 있다면 그것은 질량 규모가 여러 개 존재한다고 생각할 수 있는 이유가 된다. 질량은 모두 비슷비슷해야 한다는 입자 물리학의 직관은 깨지고, 질량 범위가 넓은 것은 '당연한' 일이 된다. 서로 다른 위치에 있는 입자는 자연스럽게 다른 질량을 갖기 때문이다. 이 입자들의 그림자도 여러분의 움직임에 따라 변한다. 그 결과 우리가 사는 4차원 세계에 크기와 질량은 다양한 값을 갖게 되고 이것을 우리가 측정하는 것이다.

추가적인 발전

비틀린 기하로 계층성 문제를 설명하는 우리 논문이 발표되었던 1999년, 대부분의 입자 물리학자들은 이 논문이 커다란 여분 차원과는 완전히 다른 새로운 이론이라는 것을 알아차리지 못했다. 릭켄은 나에게 "반응이 더뎠다. 처음에는 아니었지만 결국 사람들은 모두 이 논문(그리고 22장에서 이야기할 다른 논문)이 획기적이고 새로우며 포괄적이라는 것을 이해했다. 그리고 이 논문이 완전히 새로운 아이디어의 각축장을 열었다는 것을 알게 되었다."라고 이야기해 주었다.

논문이 나오고 몇 달 동안 나는 '커다란 여분 차원'에 대해 내가 한 일을 강연해 달라는 요청을 받았다. 나는 우리 이론의 아름다움은 차원들이 '크지 않다.'는 것에 있음을 계속해서 이야기해야 했다. 실제로 캘리포니아 공과 대학의 입자 물리학자 마크 와이즈(이름처럼 지혜로운 사람)는 실험 물리학자들이 중대한 결과를 발표하는 '경입자-광자 컨퍼런스 2001'이라는 커다란 입자 물리학 학회의 마지막 강연이었던 내 강연의 제목을 보고 웃었다. 학회 주최자들이 내 강연에 내가 한 연구를 제외한(!), 여분 차원에 대한 연구를 총망라하는 제목을 붙였던 것이다.

와이즈와 당시 그의 학생이었던 월터 골드버거(Walter Godlberger)는 비틀린 기하 시나리오의 장점을 가장 먼저 이해한 사람이었다. 하지만 그들은 선드럼과 내가 한 일에 잠재적인 결함이 있다는 것도 알아차렸다. 우리는 막 동역학에 의해 막이 자연스럽게 알맞은 거리를 유지한다고 가정했다. 하지만 우리는 두 막 사이의 거리가 어떻게 주어지는가는 명시하지 않았다. 이것은 지엽적인 문제가 아니었다. 우리 이론이 계층성 문제에 대한 해답이기 위해서는 두 막이 작지만 일정 거리만큼 떨어져 있으면서 안정되어 있어야 했다. 그러나 그 시점에 벌써, 자연스럽게 작아지는 숫자가 거리 자체가 아니라 거리의 지수 함수 역수(우리는 이것이 아주 작기를 바랐다.)일 가능성이 있었다. 그렇게 되면 약력 규모 질량과 플랑크 질량 사이에서 예측된 계층성은 이 숫자의 지수 함수 역수가 아닌 (그보다 훨씬 큰) 바로 그 숫자가 될 터였다. 그렇게 되면 우리 모형은 해답으로서 기능하지 못하게 된다.

골드버거와 와이즈는 선드럼과 나의 이론에 숨겨져 있던 문제를 해결하는 중요한 연구를 했다. 그들은 두 막 사이의 거리가 그렇게 크지 않은 숫자이며 거리의 지수 함수의 역수는 우리 이론이 작동하는 데 필요한 것과 정확히 일치하는 아주 작은 값이라는 것을 보여 주었다.

그들의 아이디어는 매우 우아했는데 당시 사람들이 생각했던 것보다 훨씬 더 보편적인 타당성을 가지고 있다는 것이 밝혀졌다. 공교롭게도 안정화 모형들은 모두 그들의 모형과 매우 유사하다. 골드버거와 와이즈는 중력자 이외에 5차원 벌크에 질량이 있는 입자가 있다고 가정했다. 그들은 이 입자가 스프링처럼 작용한다고 가정했다. 일반적으로 스프링에는 평형 상태 길이가 있는데 그보다 길거나 짧으면 스프링을 움직이게 하는 에너지가 축적된다. 골드버거와 와이즈는 입자와 그에 대응하는 장을 도입했다. 이 장과 막은 평형 상태를 이루어서, 우리 이론이 계층성 문제를 해결하기 위해 필요로 하는 바로 그 길이만큼 막이 떨어져 있게 된다.

그들의 이론은 막을 멀리 떨어뜨리는 효과와 막을 가까이 붙이는 효과, 즉 서로 상반되는 효과에 의존한다. 그 결과가 안정적인 타협점이다. 서로 길항하는 두 효과가 합쳐져서 자연스럽게 두 막이 적당히 떨어져 있는 2 막 모형이 나오게 된다.

골드버거-와이즈 논문은 두 장의 막을 가진 비틀린 기하 시나리오가 정말로 계층성 문제에 대한 해결책이라는 점을 분명히 보여 주었다. 그리고 막 사이의 거리가 고정될 수 있다는 사실은 다른 이유로 중요하다. 만약 막 사이의 거리가 정해지지 않는다면, 우주의 온도와 에너지가 변함에 따라 막은 점점 가까워지거나 점점 멀어질 것이다. 만약 막 사이의 거리가 변할 수 있다면, 또는 5차원 우주의 다른 면들이 다른 속도로 팽창할 수 있다면 우주는 4차원에서 생각했던 것과 다른 식으로 진화할 것이다. 천체 물리학자들이 최근 우주 진화에 따른 팽창 속도를 검증했기 때문에, 우리는 최근 우주가 마치 4차원 우주인 것처럼 팽창했다는 것을 알고 있다.

골드버거-와이즈 안정화 메커니즘 덕분에 비틀린 5차원 우주는 우주론의 관측 결과에 부합하는 것이 되었다. 두 막이 서로에 대해 안정화되어 있다면, 우주는 실제로는 5차원이지만 마치 4차원인 것처럼 진화한다. 다섯 번째 차원이 있더라도 안정화 작용이 다섯 번째 차원의 각 지점이 똑같은 방식으로 진화하게끔 강제하기 때문에 우주는 마치 4차원인 것처럼 행동한다. 골드버거-와이즈 안정화가 (우주 진화에서—옮긴이) 상대적으로 일찍 일어나기 때문에 비틀린 우주는 진화하는 동안 대부분 4차원처럼 보이게 된다.

안정화와 우주론이 이해되자 계층성 문제의 해답인 비틀린 기하는 본격적으로 연구되기 시작했다(랜들과 선드럼의 1999년 논문 두 편은 모두 다 불과 10년도 안 된 사이에 3,300~3,600회 인용될 정도로 이론 물리학자들의 관심을 끌었다.—옮긴이). 비틀린 기하에 대한 흥미로운 연구들이 쏟아졌다. 그중 하나는 힘의 통일이다. 중력을 포함하는 모든 힘이 고에너지에서 통일되는 장소는 우리가 생각하는 비틀린 기하일지도 모른다.

비틀린 기하와 힘의 통일

13장에서는 초대칭성 이론의 가장 큰 공헌이 초대칭성을 이용해 성공적으로 힘을 통일한 것임을 설명했다. 그런데 계층성 문제를 해결하는 여분 차원 이론이 등장해 잠재적으로 중요한 이 발견이 묻힌 것처럼 보인다. 양성자 붕괴와 같은 결정적인 실험 증거를 아직 발견하지 못했기 때문에 힘의 통일이 옳은 것인지 아직 확실하지 않다. 따라서 힘의 통일을 포기한다는 것이 그리 큰 손해는 아닐 수 있다. 그렇지만 한 점에서 세 선(에너지 규모에 따라 변하는 각 힘의 상호 작용 세기를 나타낸 선을 말한다.—옮긴이)이 만난다는 것은 흥미로운 일이며 무언가 의미 있는 것의 전조일 수도 있다. 아직 힘의 통일의 확고한 증거가 나온 것은 아니지만 너무 서둘러 포기해서도 안 된다.

현재 바르셀로나 대학교에 있는 스페인 물리학자 알렉스 포마롤(Alex Pomarol)은 힘의 통일이 비틀린 기하에서도 일어날 수 있음을 발견했다. 하지만 그가 설정한 상황은 우리가 한 것과 다소 다르다. 즉 그는 전자기력, 약력, 강력이 막에 고정된 것이 아니라 5차원 벌크에 있다고 가정했다. 글루온, W 보손, Z 보손 그리고 광자 같은 표준 모형의 게이지 보손이 3+1차원 막에 속박되어 있지 않은 것이다.

끈 이론에 따르면 게이지 보손은 고차원 막에 속박되거나 중력처럼 벌크에 존재할 수 있다. 항상 닫힌 끈에서만 생기는 중력자와 달리 게이지 보손과 대전된 페르미온은 모형에 따라 열린 끈에 대응하거나 닫힌 끈에 대응할 수 있다. 그리고 이들이 열린 끈에서 생겼는가 아니면 닫힌 끈에서 생겼는가에 따라 게이지 보손과 페르미온은 막에 속박되거나 벌크에서 자유로이 움직이게 된다.

커다란 여분 차원 시나리오에서 중력이 아닌 힘들이 벌크에 있으면 이들은 세기가 너무 약해서 실험 결과와 일치하지 않는다. 벌크 힘은 엄청나게 넓은 벌크 공간 전체로 퍼져 나가야 하기 때문에, 이 힘은 중력처럼 희박해지고 굉장히 약해질 것이다. 하지만 실제로 측정한 힘의 세기가 이 가정에서 예측한 것보다 훨씬 크기 때문에 이 이론은 받아들일 수 없다.

하지만 여분 차원이 크지 않은 비틀린 기하 시나리오에서는 5차원 벌크에 중력 이외의 힘들이 존재해도 아무 문제가 없다. 여분 차원의 크기와 달리 공간의 비틀림은 이 힘들의 세기를 약하게 하지 않으며, 게다가 비틀린 기하 시나리오에서 여분 차원의 크기는 작은 편이기 때문이다. 즉 비틀린 기하 시나리오가 세계를 기술하는 올바른 이론이라면 네 가지 힘 모두가 벌크 곳곳에서 작용하고 있을 수 있다. 이 경우, 막에 있는 입자들뿐만 아니라 벌크를 지나는 입자들도 중력은 물론이거니와 전자기력, 약력, 강력을 모두 경험하게 된다.

비틀린 기하 시나리오에서 게이지 보손이 벌크에 있다면 이들의 에너지는 1테라전자볼트보다 클 수 있다. 벌크를 움직이는 게이지 보손은 모든 범위의 에너지를 경험하게 된다. 더 이상 약력 막에 속박되어 있지 않은 게이지 보손들은 벌크 어디라도 움직일 수 있으며 플랑크

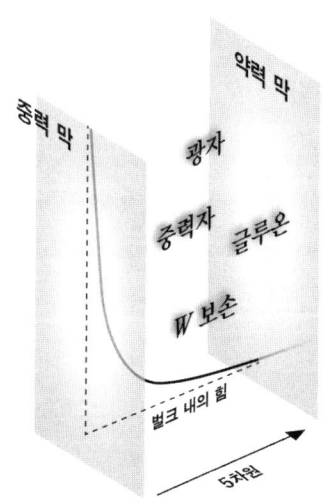

그림 83
중력 이외의 힘이 벌크에 있을 경우, 힘은 높은 에너지에서 통일될 수 있다.

에너지만큼 큰 에너지도 가질 수 있다. 약력 막에 있을 때만 에너지가 1테라전자볼트보다 작다. 모든 힘이 벌크에 있고 높은 에너지에서 작용할 수 있다면, 당연히 힘을 통일하는 것이 가능할 것이다. 여분 차원 이론에서도 힘이 높은 에너지에서 통일될 수 있다는 것은 매우 흥미로운 점이다. 포마롤은 실제로 여분 차원 이론에서도 마치 정말 4차원 이론에서처럼 힘의 통일이 일어난다는 매우 재미있는 결과는 발견했다.

하지만 여기서 끝이 아니다. 힘의 통일과 비틀린 계층성 메커니즘은 결합될 수 있다. 포마롤은 힘이 통일된다는 것을 보였지만, 계층성 문제를 초대칭성이 해결한다고 가정했다. 하지만 비틀린 기하 시나리오에서 계층성 문제를 해결하는 데 필요한 것은 약력 막에 힉스 입자가 속박되어 있다는 조건뿐이다. 이때 힉스 입자는 약력 규모 질량과 거의 같은 100기가전자볼트와 1테라전자볼트 사이의 질량을 가지게 될 것이다. 이 비틀린 기하 시나리오에서 힉스 입자가 아닌 게이지 보손이 약력 막에 속박되어 있어야 할 필요는 없다.

비틀린 기하 시나리오에서 계층성 문제를 해결하기 위해 필요한 것은 힉스 입자의 질량이 낮으면 된다는 사실뿐이다. 왜냐하면 힉스 장이 일으키는 자발적인 대칭성 깨짐이 모든 입자에게 질량을 부여하기 때문이다. 게이지 보손과 페르미온은 약력 대칭성이 깨지지 않는다면 질량을 갖지 않는다. 힉스 입자가 약력 규모 질량 정도의 질량을 갖는 한 약력 게이지 보손의 질량은 적절한 값을 가질 것이다. 계층성 문제의 해답이 비틀린 중력 안에 있다고 주장하려면 힉스 입자가 약력 막에 있기만 하면 된다.

이상이 의미하는 바는 쿼크, 경입자 그리고 게이지 보손은 벌크에 있더라도 힉스 입자만 약력 막에 있다면(그림 83), 계층성 문제와 힘의 통일 두 가지 모두 해결할 수 있다는 것이다. 약력 규모는 보존될 것이고 크기는 1테라전자볼트가 될 것이다. 하지만 힘의 통일은 여전히 GUT 규모라는 아주 높은 에너지에서 일어날 것이다. 나의 예전 학생인 매튜 슈바르츠(Matthew Schwartz)와 나는 초대칭성 이론만이 힘의 통일과 양립 가능한 것이 아니라 비틀린 여분 차원 이론 역시 힘의 통일과 양립할 수 있음을 보였다.

실험의 의미

약력 막에서 자연스러운 에너지 규모는 1테라전자볼트이다. 비틀린 기하 시나리오가 우리가 사는 세계를 바르게 기술하는 것으로 밝혀진다면, 스위스에 있는 CERN의 대형 강입자 충돌기(LHC)에서 관측될 실험 결과는 엄청날 것이다. KK 입자, 반드 지터 공간의 5차원 블랙홀 그리고 테라전자볼트 질량을 가진 끈들이 비틀린 5차원 시공간의 흔적이 될 것이다.

비틀린 시공간의 KK 입자들은 실험에서 검출하기 가장 쉬운 존재일 것이다. 항상 그렇듯 KK 입자는 여분 차원 운동량을 갖는 입자이다. 하지만 이 모형에서 공간은 평평한 것이 아니라 휘어 있기 때문에, KK 입자의 질량에는 비틀린 기하의 특성을 반영되어 있을 것이다.

벌크를 지나는 입자라고 확실하게 알고 있는 것은 4차원 중력자뿐이므로 4차원 중력자의 KK짝에 대해서 생각해 보자. 평평한 공간에서와 마찬가지로 중력자의 KK짝 중 가장 가벼운 것은 다섯 번째 차원에서 운동량을 전혀 갖지 않는 것이다. 이 입자는 원래 4차원에서 생겨난 입자들과 구별되지 않는다. 4차원처럼 보이는 세계에서 중력을 전달하는 것도 중력자이고 이 장에서 확률 함수를 자세히 다룬 입자도 중력자이다. 다른 KK 입자들이 더 없다면 중력은 진짜 4차원 세계에서 작동하는 것과 똑같은 방식으로 작동할 것이다. 이 시나리오에서 우주는 비밀스럽게 5차원이지만, 4차원 중력자처럼 행동하는 입자가 이 사실을 감춘다. 무거운 KK 입자가 없다면 아테나의 세계는 그녀에게 4차원처럼 보일 것이다.

무거운 KK 입자들만이 5차원 이론의 비밀을 이야기해 줄 수 있다. 하지만 이 입자들은 충분히 가벼워야만 생성될 수 있다. 이 이론에서 KK 입자의 질량을 계산하는 것은 다소 복잡하다. 특이한 기하의 속성 때문에 KK 입자 질량은 평평한 공간의 말린 차원에서처럼 차원 크기에 반비례하지 않기 때문이다. 오히려 이 이론에서 KK 입자의 질량이 여분 차원 크기에 반비례한다고 하면 문제가 생긴다. 이 이론에서 KK 입자의 질량이 여분 차원의 크기에 반비례한다고 하면 그 질량이 플랑크 질량이 되어 버리기 때문이다. 약력 막에는 1테라전자볼트보다 무거운 것은 존재할 수 없다. 이곳에서 플랑크 질량을 갖는 입자는 그것이 무엇이든 절대로 발견할 수 없다.

1테라전자볼트가 약력 막에 대응하는 질량이기 때문에 비틀린 시공간을 고려해 제대로 계산하면 KK 입자의 질량이 거의 1테라전자볼트 정도 된다는 것은 그리 놀라운 일이 아니다. 가장 가벼운 KK 입자와 그 다음으로 가벼운 KK 입자의 질량 차이는 우리가 가정했던 것처럼 다섯 번째 차원 끝에 약력 막이 있다면 1테라전자볼트 정도가 될 것이다. KK 입자는 (확률 함수가 이곳에서 최대가 되기 때문에) 약력 막에 쌓여 있으며 모두 약력 막 입자들의 성질을 띠고 있다.

즉 중력자의 KK짝 중에는 질량이 1테라전자볼트인 것, 2테라전자볼트인 것, 3테라전자볼트인 것, ……이 있게 된다. 그리고 LHC가 도달할 수 있는 최대 에너지에 따라 이중 하나 또는 그 이상이 발견

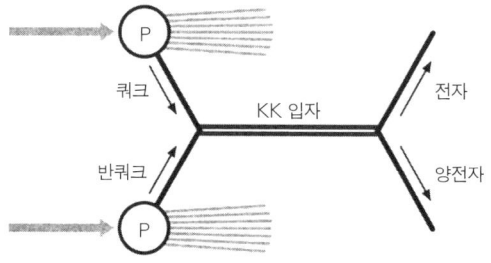

그림 84
양성자 2개가 충돌하고 쿼크 하나와 반쿼크 하나가 소멸해 중력자의 KK짝을 하나 만든다. KK 입자는 이후 전자나 양전자처럼 관측 가능한 입자로 붕괴한다. 회색 선은 양성자에서 방출되는 입자들의 흐름을 나타낸 것이다.

될 것이다. 커다란 여분 차원 시나리오의 KK짝들과 달리 이 KK짝들은 중력보다 훨씬 더 강하게 상호 작용한다.

이 KK짝들은 4차원 중력자처럼 약하게 상호 작용하지 않으며, 그 세기가 4차원 중력자보다 자릿수가 16개나 많을 정도로 강하게 상호 작용한다. 우리 이론에서 중력자의 KK짝들은 매우 강하게 상호 작용하기 때문에 가속기에서 생성된 KK짝들은 모두 가시적인 흔적을 남기지 않고 에너지만 가진 채 사라지지는 않을 것이다. 대신 KK짝들은 검출기 내부에서 아마도 자신을 생성시킨 KK 입자를 재구성하는 데 쓰이는 뮤온이나 전자 같은 검출 가능한 입자들로 붕괴할 것이다 (그림 84).

모든 붕괴의 산물을 연구하고 이들이 기원한 것들의 성질을 추론하는 게 새로운 입자를 발견하는 전형적인 방식이다. 여러분이 발견한 것이 이미 알고 있는 것과 다르다면, 이것은 새로운 것이어야 한다. KK 입자들이 검출기에서 붕괴한다면 여분 차원이 보내는 신호는 매우 명백해진다. 우리 모형은 에너지 손실의 원인을 분명하게 밝혀 주지 못해 다른 가능성과 어떤 차이가 있는지 말해 주지 못하는 모형이 아니다. 우리 모형에서 재구성된 KK 입자의 질량과 스핀은 새로운 입자의 특성에 대해 많은 것을 이야기해 줄 수 있는 엄청나게 중요한 단서가 된다. KK 입자들의 스핀값(스핀 2)은 새로운 입자가 중력과 모종의 관계가 있음을 말해 주는 가상의 꼬리표가 될 것이다. 1테라전자볼트 정도의 질량을 갖는 스핀 2 입자는 비틀린 여분 차원에 대한 굉장히 강력한 증거가 될 것이다. 다른 모형에서는 이렇게 무거운 스핀 2 입자가 생성되지 않으며 설령 그렇다 하더라도 그 모형에는 구별되는 다른 특징들이 있다.

운이 좋다면 실험에서 중력자의 KK짝 외에 훨씬 더 다양한 KK 입자들을 만들 수 있을지도 모른다. 표준 모형 입자 대부분이 벌크에 머무르는 이론에서 우리는 대전된 쿼크나 경입자 혹은 게이지 보손의 KK짝을 볼 수 있을지 모른다. 이 KK 입자들은 무겁고 대전되어 있다. 그리고 궁극적으로 이 입자들은 고차원 세계에 대해 훨씬 더 많은 정보를 줄 수 있다.* 사실 모형 구축자인 차바 차키(Csaba Csaki), 크리스토프 그로장(Christope Grojean), 루이지 필로(Luigi Pilo), 존 터닝(John Terning)은 여분 차원을 가진 비틀린 시공간에서 표준 모형 입자가 벌크에 존재할 경우, 약전기력 대칭성이 힉스 입자 없이도 깨질 수 있음을 보여 주었다. 아울러 이들은 실험 물리학자들이 이후 이것을 가능하게 하는 하전 입자들을 발견하게 되면 이 모형이 우리가 사는 세계와 일치하는 것인지 알 수 있을 것임을 보여 주었다.

• 카우스터브 아가시(Kaustubh Agashe), 로베르토 콘티노(Roberto Contino), 마이클 메이(Michael J. May), 알렉스 포마롤, 라만 선드럼 등이 그런 모형에 대해 자세히 연구했다.

훨씬 더 기묘한 가능성

지금까지 나는 여분 차원의 기묘한 성질에 대해 이야기해 왔다. 하지만 가장 특이한 가능성은 이제부터다. 우리는 간략하게, 비틀린 여분 차원이 실제로 무한하게 늘어날 수 있으며 그러면서도 여전히 보이지 않는다는 것을 살펴볼 것이다. 이것은 평평한 차원과는 아주 다른 특징이다. 여분 차원이 평평하다면 관측 결과와 일치하기 위해 항상 유한한 크기를 가져야 한다.

이 결과는 정말로 놀라운 것이다. 이 무한한 여분 차원이라는 주제는 22장에서도 다룰 것이지만 거기에서 우리는 계층성 문제보다는 시공간의 기하에 초점을 맞출 것이다. 그래서 여기에서는 어떻게 여분 차원이 무한할 때에도 계층성 문제를 풀 수 있는지 간략하게 살펴보도록 하자.

이제까지 중력 막과 약력 막 같은 막이 2개 있어 다섯 번째 차원의 경계를 이루는 경우만 생각해 왔다. 하지만 약력 막은 세계의 끝일 필요가 없다(즉 약력 막은 다섯 번째 차원의 경계가 될 필요가 없다.). 힉스 입자가 무한한 크기를 갖는 여분 차원 한가운데에 있는 두 번째 막에 속박되어 있는 모형 역시 계층성 문제를 해결할 수 있다. 이 경우에도 중력자의 확률 함수는 약력 막에서 굉장히 작아질 수 있고, 따라서 중력도 약해진다. 이런 식으로 약력 막이 여분 차원의 경계였을 때와 마찬가지로 계층성 문제가 해결된다. 무한히 큰 비틀린 차원이 있는 모형에서 중력자의 확률 함수는 약력 막을 지나서도 계속되겠지만, 그것은 계층성 문제를 해결하는 데에는 영향을 미치지 않을 것이다. 중요한 것은 약력 막에서 중력자의 확률 함수가 작은 값을 갖는다는 것뿐이기 때문이다.

하지만 차원이 무한하기 때문에 KK 입자들의 질량과 상호 작용은 앞의 모형들과 다를 것이고 따라서 이 모형의 실험 결과도 달라질 것이다. 조 릭켄과 내가 아스펜 물리학 연구소(멋진 곳이다. 이곳에 가 보면 왜 물리학자들이 하이킹을 좋아하는지 알게 될 것이다.)에서 처음으로 이 가능성을 발견했을 때, 우리는 이 아이디어가 실제로 작동할 것인지 확신하지 못했다. 만약 약력 막이 다섯 번째 차원의 끝에 있는 것이 아니라면 KK 입자들이 모두 무겁지는 않을 것이었다(1테라전자볼트의 질량을 갖지 않을 것이다.). 게다가 일부 KK 입자들은 질량이 매우 가벼울 터였다. 만약 이 입자들이 검출 가능한 것인데도 실험에서 아직 발견되지 않았다면, 이 모형은 포기해야 했다.

하지만 우리 모형은 살아남았다. 웅장한 산악 풍경에 둘러싸인 의자에 앉아 나는 KK 입자들의 상호 작용을 계산했다(릭켄도 동일한 계산을 했지만 릭켄은 아스펜 연구소에 있는 사무실 안에서 일을 했던 것으로 기억한다.). 우리는 KK 입자의 상호 작용이 미래의 실험에서는 흥미를 일으킬 정도로 크지만, 이미 발견되었을 정도로 크지는 않다는 결과를 얻었다.

미래에 LHC는 이 모형의 KK 입자를 생성할 수 있을 것이며, 또 그래야만 한다. 이 입자들은 유한한 크기를 갖는 여분 차원이 비틀린 모형에서 얻은 입자들과 다르게 보일 것이다. 검출기 내부에서 붕괴하는 친절한 KK 입자들 대신, 무한한 여분 차원을 갖는 이 모형의 KK 입자들은 여분 차원으로 사라질 것이다(이것은 차원이 클 경우 KK 입자가 보이는 행동과 유사하다.). 따라서 계층성 문제를 해결하는 무한히 큰 비틀린 여분 차원과 약력 막이 존재한다고 해도 실험에서는 에너지 손실 현상만 볼 수 있을 것이다. 그래도 충분히 높은 에너지에서 일어난 에너지 손실은 그곳에서 무언가 새로운 것이 생성되었음을 가르쳐 주는 신호가 될 것이다.

블랙홀, 끈 그리고 다른 놀라운 것들

LHC가 작동하게 되면 KK 입자 외에 여분 차원에 대한 중요한 신호가 나타날 것이다. 5차원 중력 효과는 일상적인 에너지에서 굉장히 작은 역할을 하더라도, 가속기에서 높은 에너지의 입자가 생성될 때에는 중요한 역할을 할 것이다. 사실 에너지가 1테라전자볼트 정도 되면 5차원 중력 효과는 아주 커져, 우리가 살고 있는(실험이 행해지는) 약력 막에서 작은 확률 함수 값을 갖고 약하게 상호 작용하는 4차원 중력자의 상호 작용을 압도하게 된다.

5차원 중력의 강한 세기를 고려한다면 5차원 끈뿐만 아니라 5차원 블랙홀이 생성되어도 이상하지 않다. 게다가 에너지가 1테라전자볼트 정도에 이르면, 약력 막 위나 근처에 있는 입자들은 모두 다른 모든 입자들과 강하게 상호 작용하게 된다. 이는 중력 효과와 추가된 KK 입자들의 효과가 1테라전자볼트에서 강해지고 이들이 모든 입자들을 다른 모든 입자들과 강하게 상호 작용하도록 하기 때문이다. 알려진 입자들과 중력 사이의 이런 강한 상호 작용은 4차원 시나리오에서는 일어나지 않는다. 이 현상들은 분명히 새로운 무언가에 의해 벌어지는 것들이다. 커다란 여분 차원처럼 새로운 사물들을 볼 수 있을 만큼 충분히 높은 에너지를 만들 수 있을지 아직 알지 못한다. 하지만 1테라전자볼트보다 그리 높지 않은 에너지에서, 상호 작용이 강해진다면 실험 물리학자들은 이를 결코 놓치지 않을 것이다.

마지막으로

계층성 문제에 대한 해답과 1테라전자볼트 에너지에서의 실험 결과 사이의 연결 관계는 튼튼하지만 우리가 관측하게 될 것들의 세세한 면면은 모형에 따라 다르다. 서로 다른 모형은 각각 다른 실험 결과를 예측한다. 이는 매우 좋은 일이다. 모형들이 각각 다른 특징을 가지고 있다는 것은, LHC가 완공되고 가동되었을 때 이 모형들 중 어느 것이 우리 세계에 적용되는지 판단할 수 있는 가능성이 높아졌음을 뜻하기 때문이다.

새로운 것

- 벌크와 막의 에너지 때문에 벌크와 막 자체가 완벽하게 평평하더라도 시공간은 극적으로 휠 수 있다.
- 이 장에서 본 모형은 약력 막과 중력 막이라는 2개의 막을 가지고 있는데 이들은 유한한 크기를 갖는 다섯 번째 차원의 경계를 이룬다. 벌크에 존재하는 에너지와 막에 존재하는 에너지가 시공간을 비튼다.
- 여분 차원을 하나 도입하는 것만으로 계층성 문제를 해결하는 완전히 새로운 방법이 열린다. 이 모형에서 다섯 번째 차원은 크지는 않지만 심하게 비틀려 있다. 중력의 세기는 물체가 다섯 번째 차원 어디에 있는가에 강하게 의존한다. 중력은 중력 막에서 강하고 우리가 있는 약력 막에서는 약하다.
- 자신이 4차원에 있다고 생각하는 관측자가 보기에, 다섯 번째

차원상의 위치가 서로 다른 물체들은 크기와 질량이 다르다. 중력 막에 속박되어 있는 물체들은 굉장히 무거워야 한다(플랑크 질량 정도). 반면에 약력 막에 속박되어 있는 물체들은 훨씬 더 작은 1테라전자볼트 정도의 질량을 갖는다.

- 힉스 입자들이 약력 막에 구속되어 있다면(게이지 보손은 별개) 모든 힘이 통일되고 계층성 문제 또한 해결될 수 있다.
- 중력자의 칼루차-클라인 짝들은 검출기 내에서 표준 모형 입자로 붕괴하는 매우 특이한 사건을 일으킬 것이다.
- 표준 모형 입자가 벌크에 있는 모형은 다른 KK 입자들이 생성되어 관측될 것이라고 예측한다.

21장
앨리스에 붙이는 비틀린 주석*

앨리스에게 물어봐.
그녀의 키는 지금 3미터.**
— 제퍼슨 에어플레인

● 이 장의 제목은 마틴 가드너의 재미난 책 『주석 달린 앨리스(*Annotated Alice*)』(우리나라에서는 『Alice — 이상한 나라의 앨리스. 거울 나라의 앨리스』(북폴리오, 2005)로 번역되었다. ─옮긴이)에서 따왔다. 이 책에서 마틴 가드너는 루이스 캐롤이 쓴 『이상한 나라의 앨리스』와 『거울 나라의 앨리스』에 나오는 말놀이, 수학 수수께끼와 인용 출전 등에 대해 주석을 달았다.)
●● 미국의 록 밴드 제퍼슨 에어플레인(Jefferson Airplane)의 대표곡 「흰토끼(White Rabbit)」의 가사 중 한 구절. ─옮긴이

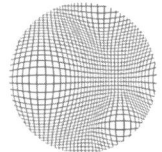

아테나는 꿈나라의 엘리베이터에서 나와 비틀린 5차원 세계로 들어갔다. 하지만 놀랍게도 그녀의 눈앞에는 공간 차원이 3개만 있었다. 공간 차원이 4개인 세계로 데려간다고 하더니, 토끼가 나를 놀린 것일까? 평범해 보이는 곳으로 여행오다니 웃기는 일이야!•

낯선 곳에 도착해 어리둥절한 그녀를 누군가 정중하게 맞아 주었다. "영예로운 수도, 막 마을(Branesville)••에 오신 것을 환영합니다. 당신께 이곳을 안내해 드려도 좋겠습니까?" 혼란스럽고 피곤했던 아테나는 무심코 이렇게 말했다. "막 마을은 그다지 특별해 보이지 않는군요. 시장님조차도 무척 평범해 보여요." 하지만 그녀는 이렇게 명확하게 말할 수 있는지 확신하지 못했다. 왜냐하면 아직 시장의 모습을 제대로 보지 못했기 때문다.

시장은 그의 수석 고문인 뚱뚱한 체셔 고양이를 대동하고 있었다. 고양이의 일은 도시에서 일어나는 모든 일을 감시하는 것이었다. 그는 사람들이 눈치 채지 못하게 감시할 수 있었기 때문에 그 일을 무척 쉽게 했다. 특히 커다란 몸집을 숨기고

• 막은 크고 평평한 3차원 공간이다. 오로지 중력만이 부가적인 차원과 접촉할 수 있다. 5차원 공간은 시간 차원 하나와 4차원 공간을 갖는다. 반면 막은 3차원 공간이다. 앞으로도 시간을 네 번째 차원으로 부가적인 공간 차원을 다섯 번째 차원으로 부를 것이다.

•• 막 마을은 중력 막이다.

있다가 갑자기 사람 앞에 나타나 사람들을 놀래고는 했다. 고양이는 자신이 '벌크'로 사라질 수 있는 능력의 소유자라고 떠벌리기를 좋아했지만, 그 의미를 이해하는 사람은 아무도 없었다.●

고양이는 아테나 옆에 나타나 순찰 가는데 함께 가지 않겠느냐고 물었다. 그는 아테나에게 벌크가 더 안락하다고 알려 주었다. 그 말을 듣자 신이 난 아테나는 그녀가 가장 좋아하는 삼촌 역시 무척이나 뚱뚱하다고 말했다. 고양이는 그 말을 곧이곧대로 믿는 것 같지는 않았지만 어쨌든 그녀와 함께 순찰을 돌기로 했다. 고양이가 건네준 버터 크림 케이크를 그녀는 맛있게 먹었다. 그리고 이내 그들은 사라져 버렸다.

아테나는 그녀가 먹은 버터 크림 케이크의 정체가 무엇이었는지 궁금해졌다. 이제 그녀는 5차원 세계의 4차원 슬라이스에 있으며, 몸은 4차원 단면보다 결코 두껍지 않아 보였다. 그녀는 이렇게 말했다. "나는 종이 인형 같아! 종이 인형 돌리(Dolly)가 3차원 세계에서 2차원을 차지한다면, 나는 4차원 공간에서 3차원을 차지하나 봐."

고양이는 지혜로운 표정으로 씩 웃으며 지금의 아테나가 처한 상황에 대해 이렇게 설명했다. "당신은 이제 내가 벌크라고 부르는 것이 뭔지 알게 된 거죠. 당신은 여전히 막 마을 안에 있지만, 곧 이곳을 떠나게 될 거예요(그리고 커질 거예요.). 막 마을은 5차원 우주에 속해 있지만 다섯 번째 차원이 무척 조심스럽게 비틀려 있는 바람에 막 마을 주민들은 그 존재를 전혀 알지 못하고 있답니다. 그들은 막 마을이 5차원 나라의 경계라는 걸 모르지요. 당신 또한 이곳에 도착했을 때 세상에는 단지 3차원만 있다고 잘못 판단했지요. 막에서 풀려난 새로운 아테나는 이제 다섯 번째 차원으로 자유롭게 움직일 수 있답니다. 5차원 우주의 또 다른 경계 마을인 약력 막으로 안내할까요?"

● 이 뚱보 고양이는 막 마을의 다른 주민과 달리 막에 속박되어 있지 않다.

그림 85
약력 막에서 중력 막으로 벌크를 따라 이동하게 되면 앨리스는 점점 더 커진다.

　5차원 여행은 무척 신기했다. 막 마을을 떠난 후, 아테나는 자신이 또다른 차원을 따라 움직이고 있으며, 무척이나 거대해졌음을 느꼈다(그림 85).●● 눈치 빠른 고양이는 아테나의 얼굴이 혼란스러운 것을 보자, 안심시키기 위해 한마디 했다. "약력 막은 가까워요. 곧 도착할 겁니다.●●● 그곳은 멋진 곳이죠. 하지만 당신이 만난 막 마을 주민처럼, 약력 막 주민도 공간 차원이 4개라는 말을 들으면 비웃을 겁니다. 그래도 놀라지 마세요. 벌크를 들여다볼 수 있는 당신과 같은 사람은 막 마을에 있을 때보다 더 큰 그림자를 보게 될 거예요. 그림자는 처음보다 1억 배의 1억

●● 약력 막 근처에서는 모든 것이 더 커지고 더 가벼워진다. 아테나가 중력 막에서 떨어져 약력 막에 가까이 갈수록 막 마을에 드리워진 그녀의 그림자는 더 커진다.
●●● 계층성 문제를 풀려면 다섯 번째 차원은 그리 크지 않아야 한다.

배는 더 클 거예요. 그밖에는 거의 모든 것들이 당신을 비롯한 그곳의 모든 사람들에게 완벽하게 정상적으로 보일 겁니다."

그런데 약력 막에 도착한 아테나는 이곳에서 무언가 다른 일이 일어나고 있음을 알아차렸다. 4차원 중력자가 슬그머니 여행자들에 따라 붙었으며, 그 녀석은 아테나의 어깨를 부드럽게 두드리고 있었다. 어찌나 살포시 두드렸던지 그녀는 겨우 알아차렸다.●

하지만 중력자가 불평불만을 지루하게 늘어놓기 시작하자 아테나 그에게 관심을 가지 않을 수가 없었다. "강고한 위계 구조만 아니면 약력 막은 정말 흥분되는 곳이겠죠. 약력 막에 있는 강력, 약력, 전자기력 연합군 때문에 저는 아주 약한 힘만 가질 수 있답니다."

중력자는 약력 막 외의 모든 곳에서 자신은 무시할 수 없는 존재라고 말했다. 특히 막 마을에서는 다른 힘들과 함께 막강한 지배자 역할을 했다면서 애처롭게 투덜거렸다.●● 중력자는 중력이 가장 억압받는 약력 막을 제일 싫어했다.●●● 중력자는 약력 막의 지배자들로부터 권력을 빼앗으려는 그의 계획에 아테나를 참여시키려 했다.

아테나는 이곳을 즉시 떠나는 것이 좋겠다고 생각하고 주변을 둘러보며 토끼굴을 찾아 보았지만 찾을 수가 없었다. 그러나 그녀는 주변을 서성이는 흰 토끼를 발견했다. 그녀는 이 흰 토끼가 수완 좋은 안내자일 거라고 굳게 확신했다. 하지만 약력 막 토끼는 멍청하고 둔하게 느릿느릿 걸어 다녔다. 그의 시간은 느리게 흘러가

● 약력 막에서는 중력자의 확률 함수가 매우 작기 때문에 중력이 미약할 수밖에 없다.
●● 중력 막에서 중력은 다른 힘에 비해 약하지 않다.
●●● 중력자는 약력 막에서 중력이 전자기력, 약력, 강력보다 훨씬 약하다고 불평하고 있다. 중력은 중력 막에 가까이 갈수록 더 강력해지며 다른 힘의 세기와 비슷해진다.
●●●● 약력 막에서 사물들은 더 커지고, 시간은 더 느리게 간다. 토끼의 게으름은 시간의 규모 수정으로 설명할 수 있다.

고 있었으며, 그는 자신이 얼마나 행복한지 말하고 또 말했다.❖❖❖❖ 그녀는 이 토끼가 약력 막 밖으로는 어디에도 가지 않을 것임을 확신하고 자신을 안내해 줄 좀 더 의욕적인 토끼를 찾았고 집으로 돌아갈 수 있었다. 그 후, 아테나는 그곳의 물리적인 의미를 이해하고 나자 그 꿈을 충분히 즐길 수 있었다. 비록 그녀는 두 번 다시 크림 케이크를 먹지는 않았지만 말이다.

22장
심원한 경로 : 무한한 여분 차원

또 다른 차원으로부터,
관음증적인 관심을 갖고,
한 번 더 타임 워프(Time Warp)를 합시다.[8]
— 바네사

● 영화 「록키 호러 픽쳐 쇼(The Rocky Horror Picture Show)」의 등장 인물인 바네사(Vanessa)의 대사.―옮긴이

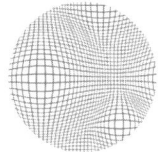

아테나는 깜짝 놀라 잠에서 깨었다. 토끼 구멍으로 내려가는 꿈을 또 꾸었기 때문이다. 하지만 이번에는 토끼에게 비틀린 5차원 세계로 곧바로 데려다 달라고 부탁했다.

아테나는 막 마을에(또는 그렇다고 생각한 곳에) 도착했다. 곧 고양이가 나타났다. 그녀는 지난번처럼 버터 크림 케이크를 먹고 약력 막으로 즐거운 여행을 떠나고 싶다고 고양이에게 말했다. 하지만 고양이는 이 우주에는 약력 막 같은 것은 없다고 말했고, 그녀는 실망할 수밖에 없었다.●

아테나는 고양이의 말이 믿기지 않았고, 더 먼 곳에 다른 막이 분명 있으리라고 생각했다. 비틀린 기하에서 멀리 떨어진 막일수록 중력이 아주 많이 약해진다고 배운 그녀는 다른 막이 아마도 '온화한 막(Meekbrane)'일 거라고 생각하고 고양이에게 그곳으로 갈 수 있는지 물어보았다.

하지만 그녀는 한 번 더 실망해야 했다. 고양이가 이렇게 대답했기 때문이다. "그런 곳은 없어요. 당신이 지금 있는 이 막 말고 다른 막은 없어요." 아테나는 "점점 더 이상하군."이라고 중얼거렸다. 막이 하나뿐인 이곳은 분명 전에 방문했던 공간과는 다른 곳이었다. 하지만 그녀는 포기할 생각이 없었다. 그녀는 상냥한 목소

● 앞 장과 마찬가지로 이 장의 기하 역시 비틀려 있다. 하지만 이 장에서는 오직 하나의 막, 즉 중력 막만 있다. 이 장에서는 다섯 번째 차원이 무한하더라도 비틀린 시공간에는 아무런 지장도 주지 않는 까닭을 설명하려고 한다.

리로 물었다. "다른 막이 없다는 것을 내 눈으로 확인해도 될까요?"

고양이는 그건 하지 말라고 강하게 말했다. 그러면서 이렇게 경고했다. "이 막에 있는 게 4차원 중력이라고 해서 벌크에 있는 것도 반드시 4차원 중력이라고 할 수는 없답니다. 전에 난 그곳에서 내 웃음만 빼고 모든 것을 잃을 뻔했어요."

아테나는 수많은 모험을 했지만 조심성 있는 소녀였다. 그녀는 고양이의 경고를 새겨들었다. 하지만 때때로 고양이의 말이 무슨 뜻인지 궁금했다. 이 막 밖에는 무엇이 있을까? 어떻게 하면 그것을 알아낼 수 있을까?

휜 시공간은 놀라운 성질을 갖고 있다. 우리는 20장에서 이 성질 중 일부를 살펴보았는데, 여기에서는 질량과 크기 그리고 중력의 세기가 위치에 따라 달라진다. 이 장에서는 실제로는 5차원이지만 4차원처럼 보일 수 있다는 것과 같은 휜 시공간의 더욱 독특한 특성을 다룰 것이다. 비틀린 시공간 기하 구조를 좀 더 자세히 살펴본 선드럼과 나는 무한한 크기를 갖는 여분 차원조차도 때때로 보이지 않을 수 있음을 알고는 무척 놀랐다.

이 장에서 살펴볼 시공간 기하 구조는 20장에서 기술한 것과 거의 같다. 하지만 앞에서 이야기한 대로 이 기하는 20장의 기하와 다른 점이 하나 있다. 그것은 막이 하나만 존재한다는 것이다. 이는 다섯 번째 공간이 무한한 크기를 갖는다는 것을 의미한다(그림 86).

이것은 엄청난 차이다. 테오도어 칼루차가 1919년 공간의 여분 차원이라는 개념을 도입한 이래로 1세기의 4분의 3이나 되는 시간 동안 물리학자들은 여분 차원이 말려 있거나 막으로 막혀 있어서 유한한 크기를 가질 경우에만 이를 받아들일 수 있다고 믿어 왔다. 무한한 크기의 여분 차원에서는 이 차원을 따라 무한히 먼 곳까지 퍼져 나가는 중력이 모든 거리 영역, 심지어는 우리가 이미 알고 있는 거

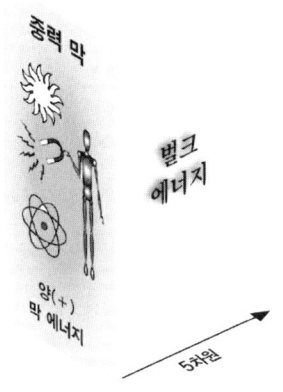

그림 86
막이 하나뿐인 무한한 크기의 비틀린 시공간. 5차원 우주에 4차원 막이 하나만 존재한다. 표준 모형은 이 막 위에 존재한다.

리 영역에서조차 맞지 않는 것처럼 보이기 때문에 무한한 크기의 여분 차원은 존재하지 않는다고 가정할 수 있었다. 무한한 크기의 5차원은 우리 주위에 있는 모든 것을 불안정하게 만드는 것으로 보이는데, 심지어 뉴턴 역학에 의해 결합되어 있는 태양계마저도 불안정하게 만들 것으로 생각된다.

이 장에서는 왜 이 설명이 항상 옳지 않은지 살펴볼 것이다. 우리는 여분 차원이 감춰져 있는 새로운 이유를 살펴볼 것이다. 이것은 선드럼과 내가 1999년에 발견한 것이다. 시공간이 심하게 비틀린 경우, 중력장이 막 근처의 아주 작은 영역에 극도로 밀집되어 있을 수가 있다. 이러한 중력 밀집의 결과 차원이 지나치게 무한히 확장된다고 해도 상관없어진다. 중력은 여분 차원으로 소실되지 않고 막 근처의 작은 영역에 몰려 있게 된다.

이 시나리오에서 중력자, 즉 중력을 전달하는 입자는 아테나 이야기에서 등장한 막, 앞으로는 중력 막이라고 부를 막 근처에 '국소화(localized)' 되어 있다. 아테나는 꿈에서 중력 막이 시공간의 성질을 급격하게 변화시켜 실제로는 5차원 공간이지만 4차원 공간처럼 보이는 비틀린 5차원 우주로 간 것이다. 놀라운 것은 3개의 평평하고 무한한 차원은 우리가 사는 세계의 물리 현상을 만들어 내는 반면, 비틀린 다섯 번째 차원은 무한히 큰데도 관측되지 않을 수 있다는 것이다.

국소화된 중력자

내가 이 책에서 막을 처음 소개했을 때, 나는 먼 곳을 여행하고 싶지 않아 멀리 떠나지 않는 것과 진정한 의미로 억류되어 있어 떠나지 못하는 것을 구분했다. 후자의 경우 어떤 사람 혹은 어떤 사물은 속박되어 있는 곳에서 다른 곳으로 이동하지 못한다. 아마 당신은 그린란드에 가 본 적이 없을 것이다. 그러나 당신이 만약 그곳에 가고 싶다면 가는 것을 막는 법은 어디에도 없다. 다만 단지 가는 방법이 너무 어려워서 가지 못하는 곳들이 있다. 그곳으로의 여행이 허가가 났더라도 그리고 지금 살고 있는 곳에서 그리 멀리 떨어져 있지 않은 곳이어도 우리는 여전히 그곳에 가지 않을 수 있다.

아니면 다리가 부러진 사람을 상상해 보자. 원칙적으로 그는 자신이 원하기만 한다면 집을 벗어날 수 있다. 하지만 그를 가두어 두는 자물쇠나 빗장이 없어도 그를 집 밖보다는 집 안에서 발견하기 쉬울 것이다.

이와 유사하게 국소화된 중력자는 무한한 다섯 번째 차원으로 뻗어 나가는 데 아무런 제약이 없다. 하지만 중력자는 막 근처에 굉장히 많이 몰려 있고 막에서 멀리 떨어진 곳에서는 존재할 확률이 굉장히 낮다. 일반 상대성 이론에 따르면 중력자를 포함한 모든 물체들은 중력의 영향을 받는다. 중력자는 전혀 손상받지는 않지만 마치 중력으로 인해 막에 끌려가는 것처럼 행동하기 때문에 막 근처에서 떨어지지 않는다. 그리고 중력자는 제한된 영역 밖으로는 거의 움직이지 않기 때문에 여분 차원은 이 이론을 배제해야 하는 효과를 일으키지 않고 무한한 크기를 가질 수 있다.

선드럼과 나는 공간의 여분 차원이 하나뿐인 5차원 시공간에 있는 중력을 집중 연구했다. 우리는 5차원 시공간에서 중력을 작은 영역에 묶어 두는 국소화 메커니즘에 초점을 맞추었다. 만약 우주가 10차원 또는 그 이상의 차원을 가지고 있다면, 중력의 국소화와 차원을 마는 것의 적절한 조합이 나머지 차원들을 보이지 않게 한다고 할 수 있다. 여분의 숨겨진 차원은 내가 기술하려는 국소화 현상에 영향을 미치지 않기 때문에 이들을 무시하고 우리 논의에 중요한 5개 차원에만 초점을 맞출 것이다.

우리 모형에서는 다섯 번째 차원의 한쪽 끝에 1개의 막이 있다. 이는 20장에서 내가 기술했던 2개의 막과 마찬가지로 반사성이 뛰어나다. 막에 충돌한 물체는 단순히 다시 튕겨지기 때문에 이 막에 충돌해도 에너지 손실은 없다. 우리가 지금 고려하고 있는 모형은 막을 하나만 가지고 있기 때문에 표준 모형 입자들은 그 막에 속박되어 있다고 가정할 것이다. 앞 장에서는 표준 모형 입자들이 이 모형에서는 존재하지 않는 약력 막에 존재한다고 가정했지만 이 모형에는 약력 막이 존재하지 않는다. 이 차이에 주의를 기울여야 한다. 표준 모형 입자들의 위치는 시공간의 기하 구조에서는 중요하지 않지만 입자 물리학에서는 당연히 중요한 의미를 갖는다.

이 장의 주제는 막이 하나 있는 이론이지만, 선드럼과 내가 다섯 번째 차원이 무한한 크기를 갖을지도 모른다고 생각한 최초의 계기는 막이 2개 존재하는 비틀린 기하의 독특한 특징이었다. 우리는 처음에 두 번째 막이 두 가지 기능을 담당한다고 가정했다. 하나는 표준 모형 입자를 속박하는 것이었고, 다른 하나는 다섯 번째 차원을 유한하게 만든다는 것이었다. 평평한 여분 차원의 경우처럼 다섯 번째 차원이 유한하면 충분히 먼 거리에서는 중력이 4차원 시공간의 중력처럼 보였다.

하지만 놀랍게도 두 번째 막의 두 번째 기능(다섯 번째 차원을 유한하게 한다는 기능)은 그리 중요한 것이 아니며, 두 번째 막이 없어도 5차원 중력이 진짜 4차원 우주의 중력처럼 보이지 않을까 하는 의문이 제기되었다. 4차원 중력자의 상호 작용은 5차원의 크기와는 사실상 독립적이었던 것이다. 계산을 해 보니, 중력은 두 번째 막이 처음 상정했던 곳에 있거나 중력 막에서 두 배 멀리 떨어져 있거나 첫 번째 막에서 벌크 방향으로 10배가량 떨어져 있더라도 똑같은 세기를 갖고 있었다. 사실 우리 모형에서 두 번째 막을 무한히 멀리 두어도, 다시 말해 두 번째 막을 없애 버려도 중력은 똑같았다. 두 번째 막과 유한한 크기의 차원이 4차원 중력을 재현하는 데 필수적이라면 이런 결과는 나올 수가 없었다.

이것이 계기가 되어 우리는 두 번째 막이 필요하다는 직관이 평평한 차원에 기반하고 있으며, 비틀린 시공간에는 두 번째 막이 필수적이지 않다는 것을 깨달았다. 평평한 여분 차원이 있는 경우 4차원 중력을 재현하는 데 두 번째 막은 반드시 필요하다. 우리는 이러한 사실을 20장에서 살펴본 스프링클러 비유를 통해 알 수 있다. 평평한 여분 차원은 길고 곧게 뻗은 스프링클러로 영역 전체에 골고루 물을 뿌리는 경우에 해당한다(그림 81 참조).* 스프링클러가 길수록 각 정원에 뿌려지는 물의 양은 줄어든다. 이 논리를 무한히 긴 스프링클러로 확장하면 물이 너무 분산되어 실질적으로는 정원 내의 유한한 면적에 물이 전혀 뿌려지지 않은 것처럼 보일 것이다.

이와 유사하게 중력이 무한하고 균일한 차원에 퍼져 있다면 중력은 여분 차원을 따라 희박해져서 중력이 없는 것처럼 보일 정도로 약해질 것이다. 무한한 여분 차원을 이런 식으로 아주 단순하게 상상하면 이렇게 중력이 아예 없어져 버리기 때문에, 중력이 4차원 중력처럼 작용하려면 무언가 약간의 요소가 기하 공간에 추가되어야 한다. 그 추가 요소가 바로 비틀린 시공간이다.

이것이 어떻게 가능한지를 보기 위해, 다시 한 번 스프링클러 비유를 사용해서 앞에서 사용한 논리의 오류를 짚어 보자. 무한히 긴 스프링클러를 가지고 있다고 생각해 보자. 하지만 여러분은 물을 균일하게 뿌리고 싶지 않다. 여러분은 여러분 정원에는 물을 많이 뿌리고 다른 사람 정원에는 적게 뿌리게끔 스프링클러를 조절할 수도 있다. 그 구체적인 방법 중 하나는 절반의 물을 여러분 정원에 먼저 뿌리고 나머지 절반은 다른 사람들의 정원들에 뿌리는 것이다. 이 경우 멀리 떨어져 있는 정원들은 제대로 물을 공급받지 못하지만 여러분의 정원에 필요한 물은 확실히 공급된다. 스프링클러가 물을 굉장히 먼 곳까지 전달해도 여러분 정원은 항상 전체 공급량 절반의 물을 공급받는다. 물을 불균등하게 분배하기 때문에 여러분은 필요한 물을 전부

---

* 앞에서 예로 들었던 원형의 스프링클러 대신 직선형의 스프링클러를 생각하는데 이는 직선형이 비틀린 시공간 시나리오에 더 쉽게 적용할 수 있기 때문이다.

얻을 수 있을 것이다. 스프링클러의 길이가 무한하든 말든 당신은 아무런 상관이 없다.

마찬가지로 우리의 비틀린 기하에서 중력자의 확률 함수는 다섯 번째 차원이 무한히 크더라도 항상 중력 막 근처에서 굉장히 큰 값을 갖는다. 앞 장에서처럼 중력자의 확률 함수는 중력 막에서 최댓값을 가지며(그림 87), 중력자가 중력 막에서 다섯 번째 차원 공간으로 멀어질수록 급격하게 감소한다. 이 이론에서 중력자의 확률 함수는 엄청나게 멀리까지 정의되지만, 이 값은 중력 막 근처에서 확률 함수가 갖는 큰 값에 비하면 중요하지 않다.

이렇게 급격하게 감소하는 확률 함수의 의미는 다음과 같다. 중력 막에서 멀리 떨어진 곳에서 중력자를 발견할 가능성이 너무나 낮기 때문에 일반적으로 다섯 번째 차원에서 멀리 떨어져 있는 영역은 무시할 수 있다는 것이다. 원리적으로는 중력자가 다섯 번째 차원을 따

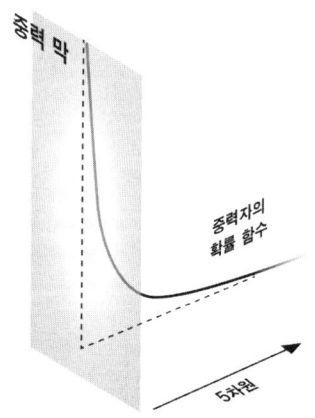

그림 87
막이 하나 존재하는 무한히 큰 비틀린 시공간에서 중력자의 확률 함수.

라서 어느 곳에든 있을 수 있지만 확률 함수의 지수 함수적 감소 때문에 중력자는 거의 중력 막 근처에 몰려 있게 된다. 이런 상황은 두 번째 막이 중력자를 제한된 영역에 가두어 두는 상황과 거의 같지만 완전히 같지는 않다.

중력 막 근처에서 중력자가 발견될 확률이 높고 그에 따라 중력장이 집중되는 것은 연못의 게걸스러운 오리들을 연못가에서 가장 많이 볼 수 있는 것과 비슷하다. 일반적으로 오리들은 연못 전체에 균일하게 분포해 있는 게 아니라, 새를 좋아하는 사람들이 던져 주는 빵부스러기 근처에 모여 있다(그림 88). 그래서 연못의 크기는 오리의 분포에 중요한 영향을 미치지 않는다. 이와 비슷하게 비틀린 시공간에서 중력이 중력자를 중력 막 근처로 끌어당기므로 다섯 번째 차원의 크기는 중요하지 않다.

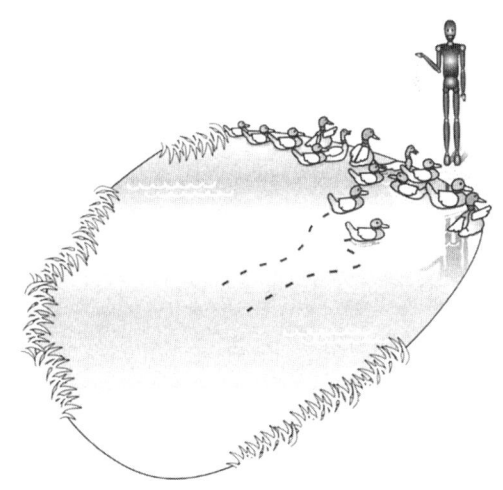

그림 88
오리들이 연못가에 몰려 있다면 연못가에 있는 오리만 세어도 연못에 있는 오리 전체의 수를 대략적으로 알 수 있다.

또 한편 중력 막에 있는 물체를 둘러싸고 있는 중력장을 생각해 봐도 왜 다섯 번째 차원이 중력에 많은 영향을 미치지 않는지 알 수 있다. 우리는 평평한 공간 차원에서 물체에서 나온 역선들이 모든 방향으로 균등하게 퍼져나가는 것을 보았다. 그리고 유한한 크기의 여분 차원이 있을 경우, 역선들이 경계에 닿을 때까지는 모든 방향으로 뻗어 나가고 경계 주위에서는 휘어지는 것을 살펴보았다. 그래서 여분 차원의 크기보다 멀리 퍼져나간 중력장의 역선은 더 낮은 차원 세계인 3차원의 무한한 차원을 따라 뻗어 나간다.

반면 비틀린 차원 시나리오에서 장의 역선은 모든 방향에서 똑같이 분포하지 않는다. 장의 역선들은 중력 막 위에서만 (막 위의) 모든 방향으로 균등하게 퍼질 뿐이다. 막에 수직한 방향으로는 거의 뻗어 나가지 않는다(그림 89). 중력장선들이 '주로' 중력 막을 따라 뻗어 나가기 때문에 중력장은 4차원에 존재하는 물체에서 뻗어 나온 장과 거의 똑같아 보인다. 중력이 다섯 번째 차원으로 뻗어 나간 것이 너무 작은 경우(플랑크 길이 10^{-33}센티미터보다 그리 크지 않다.)에는 그것을 무시할 수 있다. 여분 차원이 무한하더라도 막에 머물러 있는 물체의 중력장에는 그리 큰 영향을 미치지 않는다.

이제 선드럼과 내가 초기에 직면했던 '왜 다섯 번째 차원의 크기는 중력의 세기에 중요치 않은가?'라는 문제를 어떻게 해결했는지 알 수 있을 것이다. 앞에서 이야기한 스프링클러 비유로 돌아가 감소하는 중력자의 확률 함수에서 구한 중력의 분포와 닮은 비율로 물을 뿌린다고 가정해 보자. 공급되는 물 절반을 여러분의 정원에 뿌리고, 그 나머지의 절반은 바로 옆 정원에 하는 식으로 반복해 나가면 어떤 정원에 뿌려지는 물의 양은 바로 앞 정원에 뿌려진 물의 절반이 될 것이다. 다섯 번째 공간 차원에 두 번째 막이 존재하는 상황과 유사하게 하려면, 다섯 번째 차원에 있는 두 번째 막이 다섯 번째 차원의 어느 점 이상으로는 중력자의 확률 함수를 없앤 것과 마찬가지로 어느 정원부터는 물을 뿌리지 않는다고 가정하면 된다. 그리고 무한히 큰 다섯 번째 차원과 비슷하게 하려면, 물의 공급이 스프링클러를 따라 무한히 길게 이뤄지고 있다고 가정하면 된다.

다섯 번째 차원의 크기가 막 근처에서의 중력 세기에 영향을 주지 않는다는 것을 보이려면, 처음 서너 개의 정원에 공급되는 물의 양은 다섯 번째 정원이나 10번째 정원에서 급수를 중지하든 않든 거의 똑같다는 것을 보이면 된다. 스프링클러가 처음 다섯 번째 정원에서 끝이 나면 어떤 일이 벌어질지 생각해 보자. 여섯 번째 정원과 그 다음 정원에 공급되는 물의 양은 굉장히 적기 때문에 스프링클러가 처음 몇몇 정원에 공급한 물의 총량과 총 수량은 무한히 긴 스프링클러가 공급하는 물의 총량은 겨우 몇 퍼센트만 다를 것이다. 그리고 여러분이 일곱 번째 정원 이후에서 스프링클러의 작동을 중지시킨다면, 그 차이는 더욱 줄어들 것이다. 처음 몇몇 정원에서 대부분의 물이 소비된다는 것을 생각해 보면, 전체 수량의 일부분만 공급받는 멀리 떨어져 있는 정원의 수량은 처음 몇몇 정원이 공급받는 수량에 비하면 무시할 만큼 작은 양이다.*

다음 장에서 오리 비유를 다시 사용할 것이므로, 앞의 내용을 누군가가 빵부스러기를 뿌려놓은 연못가에 모여드는 오리를 세는 비유로

---

* 이 비유의 현실적 사례가 콜로라도 강이다. 콜로라도 강에서는 댐과 관개 시설에 의해 미국 남서부로 대부분 수량이 흘러가 하류인 멕시코에 이르면 수량이 얼마 되지 않는다. 캘리포니아 만 근처에(아마 중력 막에서 멀리 떨어진 곳에 다른 막을 놓는 것과 비슷하게) 댐을 지어도 라스베이거스에 공급되는 수량에는 영향을 주지 않을 것이다.

다시 설명해 보자. 만약 여러분이 여러분 주위에 있는 오리를 먼저 세고, 다음에는 좀 더 멀리 있는 오리를 센다고 해 보자. 이것은 거의 쓸데없는 짓이다. 왜냐하면 연못가에서 조금만 멀어지면 오리들이 거의 없을 것이기 때문이다. 여러분이 연못가에 집중되어 있는 오리의 수를 센 시점에 이미 대부분의 오리를 센 셈이 된다(그림 88).

중력자의 확률 함수가 두 번째 막 너머에서는 아주 작기 때문에 두 번째 막의 위치는 4차원 중력자의 상호 작용 세기에 별 차이를 주지 못한다. 달리 말하면 중력장이 중력 막 근처에 국소화되어 있는 이론에 따르면 다섯 번째 차원의 크기는 4차원 중력의 겉보기 세기에 영향을 주지 않는다.[37] 두 번째 막이 없고 다섯 번째 차원의 크기가 무한이더라도 중력은 여전히 4차원으로만 보인다.

선드럼과 나는 우리가 생각한 이 시나리오를 '국소화된 중력(localized gravity)'이라고 명명했는데 이는 중력자의 확률 함수가 막 근처에서 국소화되기 때문이었다. 엄밀히 말하면 다섯 번째 차원이 무한하기 때문에 중력은 다섯 번째 차원으로 스며들지 않았다고 할 수는 없다. 그러나 실제로는 막에서 멀리 떨어진 곳에서는 중력자 발견 확률이 낮기 때문에 그런 일이 벌어지지 않았다고 여길 수 있는 것이다. 우주가 어느 한곳에서 뚝 끊어지는 것이 아니지만, 모든 것들은 중력 막 근처에 밀집되어 있다. 중력 막에서 멀리 벗어나는 게 거의 없기 때문에 멀리 막이 있다고 해도 중력 막에 있는 물리적인 현상에 거의 영향을 미치지 않는다. 중력 막 위나 근처에서 생성된 것들은 국소화된 영역을 벗어나지 않는다.

때로는 물리학자들은 이 국소화된 중력 모형을 RS2라고 부른다. RS는 랜들과 선드럼, 우리 두 사람의 머리글자이며 뒤의 2는 비틀린 기하 공간에 대해 우리가 쓴 두 번째 논문이라는 것을 뜻한다. 하지

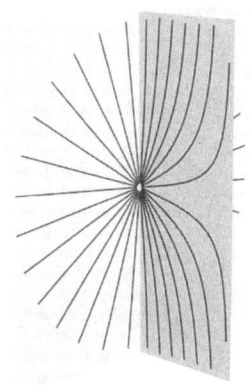

그림 89
비틀린 기하 시나리오에서 장의 역선들은 막 위에서는 모든 방향으로 균등하게 분포한다. 하지만 막에서 벗어난 장의 역선들은 막 쪽으로 다시 휘어 막과 평행을 이룬다. 이렇게 되면 다섯 번째 차원이 유한한 상황과 마찬가지가 된다. 무한한 차원이 있더라도 중력장은 막 근처에 국소화되어 있고 장의 역선들은 4개의 (시공간) 차원만 있는 것처럼 뻗어 나간다.

만 자주 이 모형이 막이 2개라는 내용을 담고 있다는 오해를 사고는 한다. 계층성 문제에 대한 해답을 주는 막이 2개 있는 시나리오는 RS1이다(우리가 논문 쓰는 순서를 반대로 했더라면 덜 혼란스러웠을 텐데 말이다.). 이 장에서 이야기한 시나리오는 RS1과 달리 계층성 문제와 관련된 것은 아니지만 20장 끝 부분에서 간단히 언급했던 것처럼 두 번째 막을 도입해서 계층성 문제를 풀 수 있다. 하지만 계층성 문제를 해결할 수 있는 두 번째 막이 공간에 존재하든 그렇지 않든, 국소화된 중력 시나리오는 여분 차원이 압축되어야 한다는 오래된 가정을 부정한다. 이것은 이론적으로 중요한 의미를 갖는 급진적인 가능성을 가진 시나리오이다.

중력자의 칼루차-클라인 짝

앞 절에서는 중력자의 확률 함수가 중력 막에 집중적으로 분포되어 있는 것에 대해 논의했다. 내가 이야기했던 입자는 거의 막을 따라서만 움직이며 다섯 번째 차원으로 새어 나갈 확률이 거의 없기 때문에 4차원 중력자와 똑같은 역할을 한다. 중력자 관점에서 보면 다섯 번째 차원은 무한히 뻗어 있는 것이 아니라 그 크기가 10^{-33}센티미터 정도인 것처럼 보인다(벌크와 막에 있는 에너지가 이 공간의 곡률을 결정하고 이 곡률에 따라 공간의 크기가 달라진다.).

선드럼과 나는 우리의 발견에 흥분했지만, 우리가 그 문제를 완전히 해결했다고는 확신하지 못했다. 국소화된 중력자만 가지고 중력이 마치 4차원에서 움직이는 것 같은 4차원 유효 이론을 만들 수 있을까? 그러나 이 모형에는 잠재적으로 중력자의 칼루차-클라인 짝도 중력에 영향을 미칠 수 있으며 따라서 중력을 심각하게 수정할 수 있다는 문제점이 있었다.

이 문제를 그렇게 심각하게 여겼던 것은 일반적으로 여분 차원의 크기가 커질수록 가장 가벼운 KK 입자의 질량은 작아지기 때문이었다. 무한한 차원이 존재하는 우리 이론에서 이것이 의미하는 것은 가장 가벼운 KK 입자가 무한정 가벼워질 수 있다는 것이었다. 그리고 KK 입자들의 질량 차이도 여분 차원의 크기에 따라 감소하기 때문에, 유한한 에너지 범위 안에서도 매우 가벼운 중력자의 KK짝이 무한정, 다양하게 생성될 수 있었다. 이런 KK 입자들은 잠재적으로 중력 법칙에 영향을 미쳐 이를 변질시킬 수 있었다. 각 KK 입자가 아주 약하게 상호 작용을 하더라도 너무 많으면 중력은 4차원 중력과 매우 다르게 보이기 때문에 이 문제는 특히 문제가 되었다.

그중에서도 KK 입자가 엄청나게 가벼워 생성되기 쉽다는 것이 가장 큰 문제였다. 가속기가 이미 이들을 생성하기에 충분한 에너지로 작동하고 있었기 때문이다. 화학 반응 같은 일상적인 물리 과정에서조차도 중력자의 KK짝을 만들기에 충분한 에너지가 만들어진다. KK 입자가 5차원 벌크에 에너지를 너무 많이 전달한다면 이 이론은 배제되어야만 했다.

다행히도 이들 중 어느 것도 문제가 되지 않았다. KK 입자의 확률 함수를 계산했을 때 우리는 중력자의 KK짝이 중력 막 위나 그 근처에서 굉장히 약하게 상호 작용한다는 것을 발견했다. 중력자의 KK짝이 그 수는 많지만 모두 너무 약하게 상호 작용을 하기 때문에, 이들이 많이 생성되는 것이나 어딘가에서 중력 법칙의 형태를 바꾸는 것 따위는 걱정하지 않아도 되었다. 문제가 있다면 이 이론이 너무나 4차원 중력을 똑같이 재현해서, 실험적으로 실제 4차원 세계와 구분할 수 있는 방법을 전혀 알 수 없다는 것이었다! 중력자의 KK짝은 관측 가능한 대상들에 미미한 영향밖에 주지 않았기 때문에 우리는 평평한 4차원 우주와 평평한 4차원에 비틀린 다섯 번째 차원을 추가한 5차원 우주를 어떻게 구분해야 할지 알지 못했다.

중력자 KK짝의 확률 함수 모양에서 이들의 상호 작용이 약한 이유를 알 수 있다. 중력자의 경우와 마찬가지로 확률 함수는 어떤 입자가 다섯 번째 차원에 있는 어느 한 점에서 발견될 확률을 나타낸다. 선드럼과 나는 표준적인 과정을 따라 비틀린 기하에서 중력자의 KK짝에 대한 질량과 확률 함수를 계산했다. 이 과정에는 양자 역학 문제를 푸는 것이 포함되어 있었다.

다섯 번째 차원이 평평한 경우, 이 양자 역학적 문제는 말린 차원을 끊기지 않고 한 바퀴 도는 파동을 찾아 적절한 에너지를 양자화하는 것이었다(이것은 6장에서 소개한 것이기도 하다.).* 우리가 생각한 다섯 번째 차원이 무한히 큰 비틀린 기하의 경우, 양자 역학적 문제는 좀 복잡했다. 그것은 시공간을 휘는 막과 벌크에서의 에너지를 고려해야 했기 때문이다. 하지만 표준적인 과정을 통해 모형을 우리가 설정해 놓은 상황에 맞게 수정할 수 있었다. 그것을 적용해 얻은 결과는 정말 흥미로운 것이었다.

우리가 발견한 첫 번째 KK 입자는 다섯 번째 차원 운동량을 갖지 않는 것이었다. 이 입자의 확률 함수는 중력 막 위에 극도로 밀집해 있었고 이 막에서 멀어지면서 급격하게 감소했다. 이 확률 함수 형태는 익히 봤던 것이었다. 즉 이것은 우리가 이미 발견한 4차원 중력자의 확률 함수와 같은 형태였다. 질량이 없는 이 KK 모드는 뉴턴의 4차원 중력 법칙의 중력을 전달하는 4차원 중력자였다.

하지만 다른 KK 입자들은 이것과 매우 달랐다. 다른 KK 입자들 중 어느 것도 중력 막 근처에서 발견될 것 같아 보이지는 않았다. 대신 0과 플랑크 질량 사이의 질량을 갖는 KK 입자들이 존재하며 이 입자들 각각의 확률 함수는 5차원 위의 서로 다른 위치에서 최댓값을 갖는다.

사실 최댓값을 갖는 위치가 서로 다른 것에 대해서는 흥미로운 해석이 존재한다. 20장에서 본 것처럼 비틀린 시공간의 경우, 모든 입자들이 동일한 4차원 유효 이론을 바탕으로 해서, 중력과 동일한 방식으로 상호 작용할 수 있도록, 거리, 시간 그리고 운동량을 모두 5차원 공간에서의 위치에 따라 다르게 규모 수정한다. 이렇게 하면 막에

---

* 말려 있는 공간도 수학적으로는 '평평'하다. 이는 말려 있는 차원을 펴면 평평한 차원으로 다룰 수 있기 때문이다. 그러나 이러한 방법은 구에는 쓸 수 없다.

서 멀어지는 물체의 에너지는 이동하면서 급격히 감소한다. 그 때문에 약력 막에서 입자들이 1테라전자볼트 정도의 에너지를 가지게 된다. 다섯 번째 차원을 따라 여행하는 아테나의 그림자는 그녀가 중력 막에서 약력 막으로 이동함에 따라 더 커지고 아테나는 더 가벼워졌다.

같은 방식으로 다섯 번째 차원의 각 점을 특정한 질량에 연관지을 수 있다. 각 점에서의 질량은 그 점에서의 규모 수정을 통해 플랑크 질량과 연관된다. 그리고 어떤 특정한 점에서 중력자 확률 함수가 최댓값을 갖는 KK 입자는 이런 식으로 플랑크 질량을 규모 수정한 값에 근사한 질량을 가진다. 여러분이 다섯 번째 차원 안으로 여행한다면 여러분은 연속적으로 가벼워지는 KK 입자들을 보게 되는데, 이들의 확률 함수는 그 입자가 발견된 바로 그 점에서 최댓값을 갖는다.

사실 KK 입자 스펙트럼은 차별이 굉장히 심한 사회라고 말할 수 있다. 무거운 KK 입자들은 규모 수정된 에너지가 너무 낮아서 이들을 생성할 수 없는 공간 영역에서는 내쫓긴다. 그리고 가벼운 KK 입자들은 에너지가 굉장히 많은 입자를 포함하는 공간 영역에서는 거의 발견되지 않는다. KK 입자들은 질량이 있다면 가능한 약력 막에서 멀리 떨어진 곳에 밀집한다. KK 입자들의 그러한 자리 잡기는 흘러내리지 않는 범위에서 가능한 한 헐렁하게 옷을 입는 십대들의 행태와 비슷하다. 다행히도 KK 입자들의 위치를 결정하는 물리 법칙은 훨씬 더 복잡한 십대들의 패션 법칙보다 이해하기 쉽다.

가벼운 KK 입자 확률 함수의 성질 중 가장 중요한 것은 이들이 중력 막에서는 굉장히 작다는 점이다. 즉 중력 막 위나 근처에서 가벼운 KK 입자를 발견할 확률이 매우 낮다는 뜻이다. 가벼운 KK 입자들은 가능한 중력 막에서 멀리 떨어져 있으려 하기 때문에 가벼운 입자들(확률 함수가 중력 막에서 최대가 되는 예외적인 중력자는 제외하고)은 중력 막에서는 거의 생성되지 않을 것이다. 게다가 가벼운 KK 입자들은 중력 막에서 멀리 떨어져 있어서 막에 속박되어 있는 입자들과 상호 작용하지 않기 때문에 중력 법칙을 심하게 수정하지 않는다.

이 모든 것을 고려해 선드럼과 나는 우리가 제대로 기능하는 이론을 발견했다고 판단했다. 중력자가 중력 막에 국소화되어 있기 때문에 중력은 4차원처럼 보이는 것이었다. 중력자의 KK짝은 많이 존재하지만 이들은 중력 막에서 약하게 상호 작용하기 때문에 가시적인 효과를 낳지 않았다. 그리고 무한히 큰 다섯 번째 차원의 존재에도 불구하고 중력을 포함하는 모든 물리 법칙과 과정은 4차원 세계에서 예측되는 것들과 일치하는 것처럼 보였다. 이런 식으로 심하게 비틀린 공간에서는 무한히 큰 여분 차원이 가능했다.

앞에서 말한 대로 실험의 관점에서 보면 이 모형은 만족스러운 것이 아니다. 이 5차원 모형은 놀라울 정도로 4차원을 똑같이 재현하기 때문에 둘 사이의 차이를 구분하는 것이 굉장히 어렵다. 따라서 입자 실험 물리학자들은 분명히 고생할 것이다.

하지만 물리학자들은 이 두 세계를 구별해 줄지 모르는 천체 물리학적인 특성과 우주 물리학적인 특성들을 탐구하기 시작했다. 많은 물리학자들*이 비틀린 시공간의 블랙홀 같은 문제들을 생각해 왔고, 계속해서 우리가 실제 살고 있는 우주가 어떤 모형을 따르는지 결정하는 데 이용할 수 있는 다른 성질들을 조사하고 있다.

* 여기에는 후안 가르시아벨리도(Juan Garcia-Bellido), 앤드루 챔블린(Andrew Chamblin), 로베르토 엠파란(Roberto Emparan), 루스 그레고리(Ruth Gregory), 스티븐 호킹, 게리 호로비츠, 니만자 칼로퍼(Nemanja Kaloper), 로버 마이어, 하비 리얼(Harvey S. Reall), 신카이 히사아키(眞貝壽明), 시로미즈 데쓰야(白水徹也), 토비 와이즈먼(Toby Wiseman)이 포함된다.

아직 국소화는 우리 세계에 여분 차원이 있는지 없는지를 설명해 주는 새롭고 흥미로운 이론적인 가능성에 지나지 않는다. 나는 이것이 우리 세계의 진정한 모습인지 아닌지를 최종적으로 결정해 줄 수 있는 미래의 성과를 간절히 바라고 있다.

새로운 것

- 시공간이 비틀리는 방식에 따라 차원은 무한히 크면서도 보이지 않을 수 있다.
- 중력은 유한한 영역에 엄밀하게 속박되어 있지 않다고 하더라도 국소화될 수 있다.
- 중력이 국소화되어 있는 경우 질량이 없는 KK 입자가 국소화된 중력자다. 이 KK 입자는 중력 막 가까이에 집중적으로 분포해 있다.
- 다른 KK 입자들은 모두 중력 막에서 멀리 떨어져 밀집해 있다. 이들의 확률 함수 형태와 그 최댓값 위치는 이 입자들의 질량에 따라 결정된다.

23장

반사적이고 팽창적인 경로

언제일지 모르지만 그녀와 나는
우리는 그곳에 갈 거야.
우리가 정말 가고 싶었던 그곳에.*
— 브루스 스프링스턴

● 미국 가수 브루스 스프링스틴(Bruce Sprinsteen)의 노래 「본 투 런(Born to Run)」의 가사.
　──옮긴이

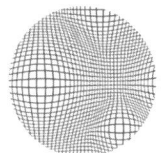

아이크 42세는 이번에는 큰 세계에 가 보기로 했다. 그는 메가파섹(3.26광년) 단위에 이르는 Alicxvr의 최고 설정을 시험해 보고 싶었다. 그러면 은하 너머, 알려진 우주 너머 그리고 그 누구도 보지 못했던 먼 곳을 탐험할 수 있을 터였다.

아이크는 Alicxvr로 90억 광년, 120억 광년, 심지어 130억 광년 거리까지 가 보았고 그때마다 스릴을 느꼈다. 하지만 130억 광년에서 더 멀리 가려 하자마자 그의 흥미진진한 여행은 갑자기 끝나 버렸다. 그의 기계의 신호 강도가 가파르게 떨어지기 시작한 것이다. 그가 150억 광년을 시도하자 탐험은 완전히 실패했다. 어떤 정보도 받을 수 없었다. 대신 이런 소리가 들렸다. "메시지 5B73 : 고객님께서 도달하려는 지평선은 불러올 수 없는 영역입니다. 도움이 필요하시면 장거리를 담당하는 지역 기사에게 문의하세요."

아이크는 자신의 귀가 믿기지 않았다. 31세기였는데도 지평선 서비스는 여전히 제한된 범위에서만 가능했다. 아이크가 담당 기사와의 연결을 시도하자, 녹음된 목소리가 들렸다. "막에서 잠시 기다려 주십시오. 당신의 요청은 접수된 순서에 따라 처리될 것입니다." 아이크가 보기에 기사가 답을 해 줄 것 같지는 않았으며 기다리지 않는 것이 현명해 보였다.

앞 장에서 설명했던 것처럼 시공간이 비틀려 있으면 여분 차원은 해방되어 무한히 뻗어 나갈 수 있음에도 불구하고 보이지 않을 수 있다. 하지만 무한한 여분 차원이 이 물리학 이야기의 끝이 아니다. 오히려 더 기묘한 일이 많이 있다. 이 장에서는 어떻게 4차원 중력(공간 차원이 3개이고 시간 차원이 1인 중력)이 정말로 국소화된 현상일 수 있는지, 즉 어떻게 먼 곳에서는 중력이 굉장히 다르게 보이는지를 설명할 것이다. 그리고 또 우주가 실제로는 5차원이더라도 4차원처럼 보일 수 있다는 것뿐만 아니라, 우리가 5차원 우주 안에 있는, 4차원 중력을 갖는 격리된 주머니 속에서 살고 있을지도 모른다는 것을 보게 될 것이다.

앞으로 살펴볼 모형은 무척 놀라운 가능성들을 보여 줄 것이다. 이 모형에서 공간의 서로 다른 영역들은 서로 다른 차원을 가진 것처럼 보일 것이다. 물리학자 안드레아스 카츠와 나는 국소화된 중력의 골치 아픈 특징들을 연구하는 과정에서 시공간이 이런 특성을 갖는 모형을 발견했다. 우리의 시나리오에서 내린 새롭고 파격적인 결론은, 우리가 여분 차원을 보지 못하는 것이 이제껏 생각했던 것보다 훨씬 더 우리가 살고 있는 환경 자체의 탓일 수도 있다는 점이다. 우리는 4차원 수챗구멍에 살고 있고 우연히도 그곳의 공간 차원이 3개였던 것뿐일 수도 있다.

회상들

선드럼과 내가 함께 일하던 시절의 이메일을 살펴보면, 나는 우리가 어떻게 그런 어려움 속에서 일을 끝마치게 되었는지 놀라울 뿐이다. 우리가 처음 여분 차원에 대한 연구를 시작했을 때 나는 MIT를 떠나

프린스턴에서 교수직을 맡기 위해 이사를 해야 하던 참이었고, 그 다음해에 샌타바버라 대학교에서 시작될 6개월짜리 워크숍을 계획해야 했다. 여러 해 동안 박사 후 연구원이었던 선드럼은 정식 교원 자리를 얻기 위해 강연 준비와 취직 활동을 하느라 바빴다. 선드럼 같은 훌륭한 연구자가 그런 일에 시간을 보내야만 하는 것이 믿기 어려웠다. 나와 동료들은 다른 일을 찾으려고 하는 그에게 그의 일이 결국은 빛을 볼 것이며 물리학을 포기해서는 안 된다고 설득해야 했다. 선드럼은 분명히 물리학을 계속할 수밖에 없었다. 그는 교수가 될 만한 자격이 충분했지만 쉽게 취직하지는 못했다.

그 당시의 이메일은 이런 혼란을 잘 보여 주고 있다. 이메일에는 흥미로운 물리학 주제들과 프린스턴에서 머무는 곳을 정하는 일, 추천서 의뢰, 강연 일정에 대한 조정 요구와 샌타바버라 학회 조직에 대한 이야기들이 번갈아 나타난다. 물론 우리가 한 일에 대해 다른 물리학자들과 주고받은 편지들도 조금은 있다. 하지만 많지는 않다. RS2 논문이 수천 번이나 인용되고 널리 받아들여지고 있지만 이 논문에 대한 처음의 평가는 엇갈렸다. 많은 물리학자들이 우리 논문을 이해하고 믿기까지에는 다소 시간이 걸렸다. 한 동료는 내게, 처음에는 누군가 다른 사람이 이 논문의 오류를 찾아내 우리 논문에 더 이상 주의를 기울일 필요가 없게 되기를 기다렸다고 이야기해 주었다. 프린스턴에서 선드럼이 한 강연에 대한 반응은 아무리 좋게 표현해도 미온적이라고 할 수 있을 정도에 불과했다.

강연을 들었던 사람들조차도 우리의 연구 결과를 제대로 믿었던 것은 아니었다. 끈 이론가인 스트로민저도 처음에는 우리가 했던 말들을 믿지 않았다고 웃으며 이야기하고는 한다. 다행히도 그는 우리의 이야기를 듣고 논의하는 것이 불가능할 정도로 회의적이지는 않았다.

물리학계에는 처음부터 우리가 하는 일을 올바르게 이해하고 믿었던 몇 사람이 있었다. 스티븐 호킹이 그중 한 사람이라는 것 그리고 그가 자신의 열정을 다른 물리학자 청중들과 나누는 데 머뭇거리지 않았다는 점은 우리에게 행운이었다. 호킹이 하버드 대학교에서 강연을 하면서 우리 논문을 비중있게 다루었다는 이야기를 선드럼이 내게 전했을 때, 그가 무척 흥분했었음을 나는 아직 기억한다.

몇몇 다른 사람들도 이와 관련된 아이디어로 연구를 했다. 하지만 다음해 가을, 우리가 논문을 쓴 지 몇 개월 후 논문이 정식으로 출판되었을 때에야(그리고 우리가 이에 대한 이야기를 하기 시작한 지 수개월이나 지난 뒤에야), 이론 물리학자들이 대거 관심을 보이기 시작했다. 이스라엘에서 온 시카고 대학교의 물리학자 데이비드 구타소프(David Kutasov), 미네소타 대학교의 러시아 태생 입자 물리학자 미샤 시프만(Misha Shifman)과 나는 캘리포니아 주립 대학교 샌타바버라 캠퍼스에 있는 카블리 입자 물리학 연구소에서 1999년 가을 6개월에 걸친 워크숍을 조직했는데, 이는 좋은 기회가 되었다. 이 워크숍의 원래 목표는 끈 이론 연구자들과 모형 구축자들을 불러 모아 친목을 도모하고 초대칭성과 강하게 상호 작용하는 게이지 이론과 같은 각자의 관심사를 결합해 공동 작업으로 무언가 성과를 내 보는 것이었다. 우리는 워크숍을 아주 오래전부터 기획했기 때문에 막과 여분 차원 같은 개념의 워크숍 준비 논의에 전혀 등장하지 않았다. 끈 이론 연구자들과 모형 구축자들 사이의 긍정적인 시너지 효과를 기대할 뿐이었고, 학회를 조직할 당시에는 여분 차원에 대해 다루게 될 거라고는 생각하지 않았다.

하지만 시기적으로 운이 좋았다. 워크숍은 여분 차원에 대한 우리의 아이디어를 풍성히 해 줄 훌륭한 기회를 제공해 주었다. 모형 구축자들과 끈 이론 연구자들 그리고 일반 상대성 이론 연구자들이 서로의 전문 지식을 공유하는 기회가 되었다. 흥미로운 토론들이 많이 이루어졌으며 비틀린 기하는 주요 화제 중 하나였다. 결국에는 모형 구축자들과 끈 이론 연구자들은 비틀린 5차원 기하를 진지하게 다루기 시작했다. 사실 초끈 연구자와 모형 구축자 사이의 구분은 이들이 팀을 이루어 비틀린 기하나 다른 아이디어들 같은 공동 주제들을 연구하면서 희미해졌다.

이후 많은 물리학자들이 비틀린 기하의 다양한 측면들을 연구하기 시작했다. 이러한 연구는 모형 전체의 연관 관계를 확립해 주었고, 불명확했던 부분을 명확한 것으로 만들어 국소화된 중력이라는 개념을 한층 더 흥미로운 주제로 탈바꿈시켰다. 원래는 끈 이론 연구자들이 RS1(2개의 막이 있는 비틀린 기하)을 그저 하나의 모형으로 치부했지만, 일단 RS1을 연구하기 시작한 후 그들은 RS1 시나리오를 끈 이론에서 구현할 수 있음을 발견했다. 블랙홀, 시간의 진화, 이에 관련된 기하 그리고 끈 이론과 입자 물리학의 아이디어를 연결하는 문제와 함께 연구할 만한 가치가 있는 문제임을 깨달은 것이다. 국소화된 중력은 이제 여러 관점에서 연구되고 있으며 새로운 아이디어들이 계속해서 나오고 있다.

우리 이론이 받아들여지고 더 이상 잘못된 것으로 생각되지 않게 된 후, 일부 물리학자들은 우리 이론이 전혀 새로운 것이 아니라고 주장하며 극단적으로 다른 방향으로 이야기를 확장했다. 한 끈 이론 연구자는 심지어 칼루차-클라인 모드의 효과에 대한 끈 이론적 계산을 증거라고 들먹거리면서, 우리 이론이 끈 이론 연구자들이 이미 연구했던 끈 이론의 일종이라고까지 주장하기도 했다. 이것은 새로운 이론이 받아들여지려면, 처음에는 이 이론이 틀렸고, 그 다음에는 자명하며, 마지막으로 누군가가 다른 사람이 먼저 했다는 이야기를 듣는 세 가지 단계를 거친다는 과학계의 농담 같은 속설을 재확인해 주었다. 하지만 이 논쟁은 끈 이론 계산이 그들이 생각했던 것보다 훨씬 어렵고, 끈 이론의 답이 실제로는 틀렸다는 확실한 증거를 확인하자 연기처럼 사라졌다.

실제로 끈 이론과 겹치는 부분이 우리 모형 안에 있다는 사실을 우리 모두 매우 흥미로워했으며, 그것에서 중요하고 새로운 통찰을 이끌어 냈다. 국소화된 중력과 당시에 가장 중요했던 끈 이론의 발견 사이에 중요한 공통점이 있는 것으로 밝혀졌다. 우리 연구와 끈 이론 연구자들의 연구는 모두 비틀린 기하를 포함하고 있다는 공통점을 갖고 있었던 것이다. 아마도 우리 연구가 직접적으로 끈 이론 모형을 거스르지 않았기 때문일지도 모르지만 끈 이론 연구자들이 우리 연구의 중요성을 모형 구축자들보다 더 일찍 알아차리고 받아들였던 것 같다. 처음에는 우연처럼 보였지만 이내 우리가 올바른 길에 있음을 보여 주는 암시일지도 모른다고 여기게 되었다. 그리고 다행스럽게도 선드럼은 이후 어려움 없이 직장을 구할 수 있었다(그는 현재 존스 홉킨스 대학교의 교수로 있다.).

그래도 몇몇 회의적인 문제들이 남았다. 정확히 선드럼과 내가 생각한 모형은 몇 가지 흥미로운 문제를 제기했고 누구도 올바른 해답을 제시하지 못했다. 국소화는 굉장히 멀리 떨어진 시공간의 형태에 의존하는가? 사람들은 선드럼과 내가 제안한 형태의 기하의 예를 예를 초중력 이론에서 찾으려고 했다. 그러자 국소화된 막에서 멀리 떨어진 중력의 형태는 방해물처럼 보였다. 하지만 그 조건이 필수적인가? 우리가 해결하고 싶었던 또 다른 문제는 '시공간은 어느 곳에서

나 4차원처럼 보여야만 하는가?'였다. 국소화된 중력은 전체 5차원 우주를 마치 4차원 중력의 작용을 받는 것처럼 행동하게 한다. 이것은 항상 일어나야 하는 것인가? 또는 어떤 영역에서는 4차원처럼 보이고 다른 영역에서는 다르게 보이지 않을까? 그리고 중력 막이 완벽하게 평평하지 않다면 어떤 일이 벌어지는가? 국소화는 다른 기하를 갖는 막에서도 똑같이 작용하는가? 카츠와 내가 연구한 '국소적으로 국소화된 중력(locally localized gravity)'이 이 문제들 중 일부에 대답할 수 있을 터였다.

국소적으로 국소화된 중력

공간 차원은 몇 개일까? 우리는 정말 확실히 알고 있을까? 여러분은 여분 차원은 존재하지 않는다고 단언하는 게 지나친 일이라는 것에 동의할 것이다. 공간에는 3개의 차원이 있다는 것을 알고 있지만 아직 발견하지 못한 차원들이 더 있을 수 있다.

여러분은 이제 여분 차원이 작게 말려 있거나 시공간이 휘어 있거나 중력이 작은 영역에 몰려 있어서 차원이 무한히 커도 보이지 않을 수 있음을 알고 있다. 차원들이 압축되어 있든 아니면 국소화되어 있든 여러분이 어디에 있든 시공간은 어느 곳에서나 4차원으로 보인다.

이것은 국소화된 중력 시나리오에서는 다소 덜 분명해 보인다. 이 시나리오에서 중력의 확률 함수는 다섯 번째 차원을 따라 이동하면 할수록 점점 더 작아진다. 이 경우, 여러분이 막 근처에 있을 때 중력은 마치 4차원으로 작용하는 것처럼 보인다. 하지만 여러분이 막 근처가 아닌 다른 곳에 있다면 어떻게 될까?

여러분이 다섯 번째 차원 어디에 있든 4차원 중력의 영향은 피할 수 없다는 RS2 모형의 결론이 답이다. 중력자의 확률 함수가 중력 막에서 가장 큰 값을 갖지만, 물체들은 다른 물체들과 어느 곳에서든 중력자를 교환하고 상호 작용을 하기 때문에 모든 물체들은 위치에 관계없이 4차원 중력을 경험한다. 중력은 모든 곳에서 4차원처럼 보이는데, 이는 중력자의 확률 함수가 실제로 0이 되지 않고 무한히 계속되기 때문이다. 국소화된 중력 시나리오에서 막에서 멀리 떨어진 물체들은 엄청나게 약한 중력 상호 작용을 하지만, 약한 중력이라고 해도 4차원 중력처럼 행동한다는 것에는 변함이 없다. 따라서 뉴턴의 역제곱 법칙은 여러분이 다섯 번째 차원 어디에 있든 수정없이 성립한다.

중력 막에서 아무리 멀리 떨어진 곳에서도 중력자의 확률 함수가 결코 0이 되지 않는다는 사실은 20장에서 이야기했던 계층성 문제 해결에서 필수적인 역할을 했다. 중력 막에서 멀리 떨어진 벌크 내에 위치한 약력 막은 중력을 아무리 약하게 느끼더라도 4차원처럼 보이는 중력을 경험한다. 스프링클러 비유를 다시 사용한다면 멀리 떨어진 정원에도 많지는 않지만 항상 물이 뿌려진다.

하지만 좀 더 생각해 보고 우리가 공간 차원들에 대해 정말로 무엇을 확실히 알고 있는지 자문해 보자. 우리는 공간이 어디서나 3차원처럼 보이는지의 여부는 알지 못한다. 다만 우리 근처 공간이 3차원처럼 보인다는 것만 알고 있을 뿐이다. 공간은 우리가 '볼 수 있는' 거리 안에서는 차원이 3개인 것처럼 보인다. 그리고 시공간은 4차원처럼 보인다. 하지만 공간은 우리가 관측할 수 없는 곳까지 뻗어 있을지도 모른다.

어쨌든 광속은 유한하며 우리 우주는 겨우 유한한 시간 동안만 존재해 왔다. 따라서 우리는 우주 탄생 이래 빛이 겨우 도달할 수 있었던 거리 안에 있는 우리 주변의 일부 영역만을 알 수 있다. 무한히 멀리 떨어진 곳은 우리가 아는 범위 밖이다. 우리가 아는 범위를 규정하는 것이 바로 '지평선(horizon)'이라는 개념이다. 이것은 우리가 입수할 수 있는 정보와 그렇지 않은 정보 사이를 나누는 경계선이다.

우리는 지평선 너머는 알지 못한다. 그곳의 공간이 우리 근처의 공간과 같을 것이라는 보증은 어디에도 없다. 우리가 우주를 더 멀리 보고 우주의 모든 곳이 우리가 보는 것과 똑같을 필요가 없다는 것을 깨달으면서 '코페르니쿠스적 혁명'은 반복해서 갱신되고 수정된다. 물리 법칙이 모든 곳에서 똑같다 하더라도 물리 법칙이 작용하는 무대가 모두 같아야 하는 것은 아니다. 가까이 있는 막들이 우리 근방에서 보여 주는 중력 법칙과 다른 곳에서 관찰되는 중력 법칙은 다를 수 있다.

어떻게 우리는 우리 시계(視界) 밖에 있는 우주의 차원을 안다고 주장할 수 있을까? 그 우주가 4차원보다 높은 차원(5차원일 수도 있고 10차원일 수도, 아니 그 이상일 수도 있다.)을 보여 주어도 아무런 모순이 없을 것이다. 모든 곳이(심지어 관측 가능하지 않은 영역도) 우리가 보는 시공간과 비슷하게 구성되었다고 가정하기보다 핵심적인 것만 생각해 보면, 우리는 무엇이 정말 근본적인 것인지 무엇이 궁극적으로 합리적이고 받아들일 만한 것인지 알 수 있다.

우리가 아는 것은 우리가 경험하는 공간이 4차원으로 보인다는 것뿐이다. 우주의 다른 영역도 모두 4차원이라고 가정하는 것은 도가 지나친 일일 것이다. 왜 우리에게서 굉장히 멀리 떨어져 있는 우주, 우리와 전혀 상호 작용하지 않을지도 모르는 우주, 또는 엄청나게 약한 중력 신호만 주고받을지 모르는 우주가, 우리가 보는 것과 같은 중력과 공간의 형태를 가져야만 하는가? 다른 유형의 중력을 가지지 않을까?

이 놀라운 일은 가능하다. 우리의 막 세계에서는 3+1차원을 경험할 수 있지만 다른 영역에서는 그렇지 않다. 놀랍게도 2000년에 안드레아스 카츠와 나는 막 위와 근처에서는 4차원처럼 보이지만 막에서 떨어져 있는 다른 대부분의 공간에서는 고차원으로 보이는 이론을 생각했다. 그림 90은 이 아이디어를 그림으로 나타낸 것이다.

우리는 이 시나리오에 '국소적으로 국소화된 중력'이라는 이름을 붙였는데, 국소화가 생성해 낸 중력자는 국소적인 영역에서만 4차원 중력 작용을 전달하고, 공간의 다른 영역은 4차원처럼 보이지 않기 때문이었다. 4차원 세계는 중력 '섬'에만 존재한다.* 여러분이 보는 차원의 수는 여러분이 5차원 벌크 어디에 있는지에 따라 달라진다.

국소적인 국소화를 이해하기 위해 연못에 있는 오리의 예로 돌아가 보자. 연못 크기는 중요하지 않다고 내가 말했을 때 여러분 중에는 동의하지 않은 사람도 있었으리라. 연못이 정말로 크면 연못 반대편에 있는 오리는 여러분이 있는 쪽의 오리와 한데 모이지 않을 것이다. 사실 여러분이 굉장히 멀리 떨어져 있는 오리에 영향을 미칠 수 있다는 게 오히려 더 이상한 일이다. 멀리 떨어져 있는 오리는 여러분이 던지는 빵 조각을 알아차리지 못하고 연못 저편에서 그냥 헤엄치고 있을 것이다.

국소적으로 국소화된 중력에 깔려 있는 기본 생각은 이와 아주 유사하다. 막에 중력을 국소화하는 일은 멀리 떨어져 있는 공간에서 벌어지고 있는 일에 의존하지 않는다. 나와 선드럼이 연구했던 모형에

* 이 모형은 또 우리 성을 따서 'KR'로도 불린다.

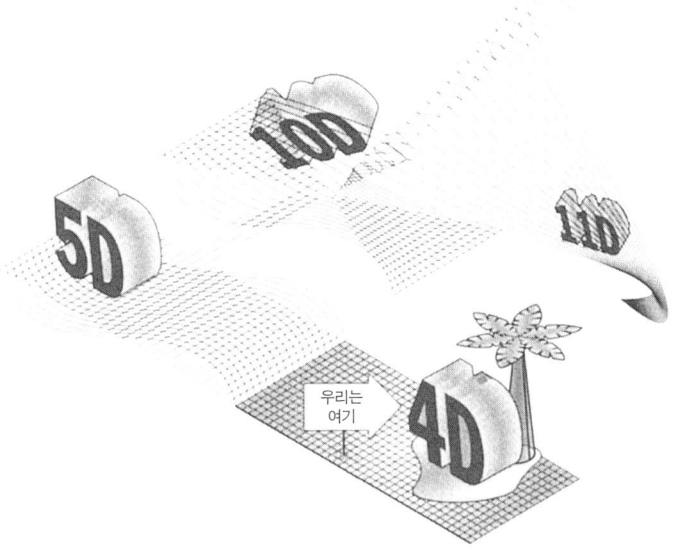

그림 90
우리는 고차원 공간에 있는 4차원 수챗구멍에 살고 있는지 모른다.

서는 중력자의 확률 함수가 지수 함수적으로 감소하지만, 결코 0이 되지 않는다. 따라서 모든 곳에서 4차원 중력을 경험할 수 있었다. 그렇다고 해서 멀리 떨어진 곳에서의 중력 작용이 막 근처에 4차원 중력이 존재하는가를 결정하는 데 중요한 요소가 되지는 않았다.

이것이 국소적으로 국소화된 중력의 요점이다. 중력자는 국소화될 수 있으며 막에서 멀리 떨어져 있는 중력에 영향을 미치지 않고 4차원 중력을 생성할 수 있다. 4차원 중력은 공간의 어느 특정 지역에만 관련되어 있는 완벽하게 국소화된 현상일 것이다.

역설적이게도, 훌륭한 물리학자이자 매우 멋진 남성인 안드레아스 카츠는 선드럼과 나의 논문을 반박하기 위해 나의 전 MIT 동료 중 한 사람과 연구 프로젝트를 하는 동안, 처음으로 국소화된 중력이 가능하다는 것을 보여 주는 모형에 대해 생각하기 시작했다(다행히도 그들의 공동 연구는 우리 연구가 옳다는 것을 멋지게 증명해 주었다.). 프로젝트를 진행하는 중에 카츠는 선드럼과 내가 만든 모형과 거의 유사한, 하지만 매우 색다른 특징을 가진 모형을 만들었다. 카츠가 프린스턴을 방문했을 때, 그는 내게 와서 그 모형에 대해 이야기했다. 함께 대화를 나눈 결과, 우리는 이 모형에 충격적인 의미가 담겨 있음을 알게 되었다. 먼저 카츠와 나는 이메일을 주고받거나 서로의 연구소에 방문하는 식으로 공동 연구를 했는데, 내가 보스턴에 돌아오고 나서는 좀 더 쉽게 만날 수 있었다. 그리고 우리가 발견한 것은 굉장히 놀라운 것이었다.

이 모형은 5차원의 비틀린 공간에 막이 하나 있다는 점에서 나와 선드럼이 연구했던 모형과 매우 유사했다. 하지만 이 모형의 다른 점은 막이 완벽하게 평평하지는 않다는 것이었다. 이는 막이 굉장히 작은 양의 음숫값의 진공 에너지를 갖기 때문이었다. 우리가 본 대로 일반 상대성 이론에서는 에너지의 상대량뿐만 아니라 에너지의 총량도 중요하다. 에너지의 총량은 시공간이 얼마나 휘어져 있는가를 결정한다. 예를 들어 5차원 시공간에 있는 일정한 음숫값의 에너지는 지난 몇몇 장에서 언급했던 것처럼 비틀린 시공간을 만든다. 하지만 그 경우 막 자체는 평평했다. 그러나 이 모형에서는 막에 있는 음의 에너지가 막 자체를 약간 휘게 만든다.

막에 있는 음의 에너지 때문에 이론은 훨씬 더 흥미진진해진다. 하지만 사실 음의 에너지 그 자체에는 관심이 없었다. 우리가 막에 살고 있다면, 관측 결과들과 일치하기 위해서는 우리 막이 약간이지만 양의 에너지를 가져야 하기 때문이었다. 카츠와 이 모형을 연구하기로 결정한 것은 이것이 차원의 개수와 관련해 중요한 의미를 갖고 있기 때문이었다.

　우리가 발견한 것을 이해하기 위해 잠시 막이 2개 있는 상황으로 돌아가 보자. 그리고 이 상황을 이해하고 난 다음에는 두 번째 막을 제거할 것이다. 두 번째 막이 충분히 멀리 있다면 우리는 각각 막 근처에 국소화되어 있는 '서로 다른' 두 중력자를 보게 된다. 서로 다른 중력자들의 확률 함수들은 각각의 막 근처에서 최댓값을 가지며 그 막에서 멀어지면 급격하고 빠르게 감소한다.

　두 중력자 중 어느 것도 전체 공간에 퍼져 있는 4차원 중력을 만들지 못한다. 이들 각각은 자신이 국소화된 막의 근처 영역에서만 4차원 중력을 형성한다. 한쪽 막에서 작용하는 중력과 다른 막에서 작용하는 중력은 서로 다르다. 심지어 세기도 다르다. 그리고 한 막에 있는 사물들은 다른 막에 있는 사물들과 중력을 통해 서로 상호 작용하지 않는다.

　이렇게 막이 서로 멀리 떨어져 있는 상황은 여러분에게서 멀리 떨어진 반대편 연못가에서 누군가가 오리에게 모이를 주는 상황과 비교할 수 있다. 이 오리들은 서로 다른 종류일 수 있다. 즉 여러분 주위에 모여든 오리는 청둥오리인 반면, 연못 반대편에서 다른 사람 주변에 모인 오리는 고니류일 수 있다. 이 경우 서로 연못 반대편에 모여든 두 오리 무리는 두 막 주위에 국소화된 두 중력자의 확률 함수에 대한 적절한 비유일 수 있다.

　4차원 중력자처럼 보이는 서로 다른 두 종류의 입자가 존재한다는 것은 굉장히 놀라운 일이었다. 일반 상대성 이론에 따르면 중력 이론은 하나밖에 없다. 그리고 우리 모형에서도 실제로 5차원 중력을 기술하는 이론은 하나뿐이었다. 그렇지만 동시에 이 모형에는 서로 멀리 떨어진 5차원 국소 영역에서 각각 마치 4차원처럼 작용하는 중력을 전달하는, 서로 다른 입자가 있어야 했다. 공간의 다른 두 영역들은 모두 4차원 중력을 갖고 있는 것처럼 보이지만, 각각의 영역에서 4차원 중력을 매개하는 중력자는 다른 것이었다.

하지만 놀랄 일이 하나 더 있었다. 일반 상대성 이론에 따르면 중력자는 질량을 갖지 않는다. 그리고 광자와 마찬가지로 중력자는 빛의 속도로 이동한다. 하지만 카츠와 나는 두 중력자들 중 하나는 0이 아닌 질량을 가지며 따라서 빛의 속도로 이동하지 않는다는 것을 발견했다. 이것은 대단히 놀라운 일일 뿐만 아니라 문제를 야기하는 것이기도 했다. 모든 물리학 문헌에는 질량을 갖는 중력자는 항상 관찰 결과와 합치하는 중력을 만들지 못한다고 적혀 있다. 사실 10장에서 무거운 게이지 보손에 대해 설명했던 것처럼, 질량을 갖는 중력자는 질량이 없는 중력자보다 여분의 편극을 더 갖게 된다. 그리고 여러 가지로 측정된 중력 작용을 비교한 뒤 물리학자들은 다른 여분의 중력 편극은 발견되지 않았다고 결론지었다. 이것이 한동안 카츠와 나를 괴롭힌 문제였다.

하지만 이 모형은 상식의 의표를 찌르는 것이었다. 이 모형이 발견되고 나서, 뉴욕 대학교의 물리학자 마시모 포라티와 옥스퍼드 대학교의 이언 코간(Ian Kogan), 스타프로스 모소폴로스(Stavros Mousopoulos) 그리고 안토니오스 파파조글로우(Antonios Papazouglou)가 어떤 경우에는 중력자가 실제로 질량을 가질 수 있으며, 중력자가 실제로 질량을 갖더라도 여전히 중력에 대한 올바른 예측을 내놓을 수 있음을 확인했다. 그들은 그 이론의 전문적인 요소들을 분석해, 중력자가 질량을 갖는 경우, 왜 이 모형이 관측되는 올바른 중력 작용과 일치하지 않는가를 설명하는 논리에 결함이 있음을 발견했다.

게다가 이 모형은 더욱 기묘한 합의를 갖고 있었다. 두 번째 막을 없애 버렸을 때 무슨 일이 벌어지는지 생각해 보자. 그렇게 되면 여분 차원이 무한히 큼에도 불구하고 물리 법칙은 여전히 남아 있는 막인 중력 막 위에서 4차원처럼 보일 것이다. 중력 막 부근 중력은 사실상 RS2 모형의 중력과 동일하다. 중력 막에 있는 사물들의 관점에서 보면 중력은 한 종류의 중력자로 매개되며 4차원 중력처럼 보인다.

하지만 이 모형과 RS2 모형 사이에는 중대한 차이점이 있다. 중력 막에 있는 음의 에너지 때문에 이 모형은 RS2 모형과 다른데, 이 모형에서 중력 막 근처에 국소화된 중력자는 공간 전체에 퍼져 있는 중력의 특성을 결정하지는 못한다. 중력자는 공간상 모든 곳에 있는 입자와 상호 작용하는 것이 아니라 오직 중력 막 위와 근처에서만 4차원 중력 법칙을 만든다. 중력 막에서 멀리 떨어진 곳에서는 더 이상 중력은 4차원 중력처럼 보이지 않는다![38]

이것은 앞에서 말한, 중력은 4차원 이상인 벌크 어디에서나 존재해야 한다는 이야기와 모순이 되는 것처럼 보일 것이다. 잘못된 말은 아니다. 5차원 중력은 벌크 전체에 존재한다. 하지만 항상 물리 현상을 4차원적으로 해석할 수 있었던, 지금껏 살펴본 다른 여분 차원 이론들과 달리 이 이론은 오직 중력 막 위나 근처에 있는 입자들만 4차원으로 보인다고 여긴다. 뉴턴의 중력 법칙은 중력 막 위나 그 근처에서만 적용된다. 그 밖의 다른 모든 곳에서 중력은 5차원 중력이다.

이런 상황에서 4차원 중력은 완벽하게 중력 막 근처에서만 경험되는 국소 현상이다. 여러분이 중력의 작용을 보고 추론하는 차원성(차원 개수)은 여러분이 다섯 번째 차원 어느 곳에 있는가에 따라 달라진다. 이 모형이 맞다면 우리가 4차원 중력을 경험하기 위해서는 중력 막 위에 존재해야 한다. 우리가 살고 있는 중력 막은 4차원 중력의 수챗구멍, 4차원 중력의 섬이다.

물론 우리는 여전히 국소적으로 국소화된 중력이 실제 세계에 적용되는지 정확히 알지 못한다. 우리는 심지어 여분 차원이 존재하는지, 존재한다면 어떤 형태일지도 알지 못한다. 하지만 끈 이론이 맞다면, 여분 차원은 존재한다. 그리고 그렇다면 여분 차원은 압축화나 국소화(또는 국소적인 국소화) 때문에 또는 이 둘의 조합 때문에 보이지 않을 것이다. 많은 끈 이론 연구자들은 여전히 압축화가 답이라고 믿고 있지만 끈 이론에서 유도된 중력에는 문제가 너무 많기 때문에 누구도 압축화가 답이라고 확신하지 못한다. 나는 새로운 대안으로서 국소화를 제안했다. 중력이 국소화된다면 물리 법칙은 마치 말려 있는 차원을 포함하고 있는 이론처럼 차원들이 그곳에 존재하지 않는 것처럼 작용할 것이다. 따라서 국소화된 중력은 우리에게 모형 구축의 도구를 제공해 주며, 실험과 일치하는 끈 이론의 구체적 사례를 발견할 가능성을 높여 준다.

내가 국소적으로 국소화된 중력이 마음에 든 것은 그것이 명백하게 증명할 수 있는 대상에만 집중하기 때문이었다. 이것은 우리가 검증할 수 있는 한에서만 우주가 4차원이라고 말하며 우주 전체가 4차원이라고는 말하지 않는다. 우리가 보는 공간의 차원의 수가 3인 것은 그저 우연히 우리가 그런 곳에 살게 되었기 때문일 수 있다. 이 아이디어는 좀 더 확실하게 조사되어야 한다. 하지만 공간의 다른 영역들이 다른 수의 차원을 가진다는 게 불가능한 건 아니다. 우리가 한계를 넘어 더 짧은 거리를 조사하게 되고 그때까지 보지 못했던 새로운 것을 볼 때마다 새로운 물리학이 등장했다. 아마 커다란 길이 규모에서도 비슷한 일이 일어날 것이다. 우리가 막에 살고 있다면 그 너머에 뭐가 있는지 어떻게 안단 말인가?

새로운 것

- 국소화된 중력은 국소적인 현상이다. 멀리 떨어져 있는 시공간 영역에서 무슨 일이 일어나든 영향을 받지 않는다.
- 국소화된 중력자가 공간 전체에 퍼져 있지 않기 때문에, 중력은 세계의 다른 영역이 다른 차원을 갖는 것처럼 행동한다.
- 우리는 세계가 4차원으로 보이는 공간의 고립된 주머니 안에서 살고 있는 것인지 모른다.

6

차원 여행을 마치며

24장
여분 차원 : 당신은 안에 있는가, 밖에 있는가?

하지만 난 아직 찾고자 하는 것을 찾지 못했어.
— U2

● U2의 「내가 무얼 찾는지 아직도 발견하지 못했어(I Still Haven't Found What I'm Looking For)」에서. —옮긴이

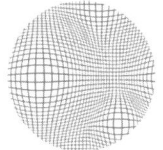

　일상한 나라, 막, 5차원에 대한 아테나의 꿈은 몇 세대를 거쳐 전승되었다. 아테나의 꿈 이야기를 전해 들은 아이크 42세는 그 이야기가 어떤 진실을 담고 있는지 알아보고 싶었다. 그는 Alicxvr를 타고 매우 작은 규모로 가 보았다. 끈이 보일 정도는 아니었지만 5차원이 있는지를 알기에는 충분한 규모였다. Alicxvr는 아이크를 5차원 세계로 보내서 그의 궁금증에 답했다.

　하지만 아이크의 궁금증이 흡족하게 풀리지는 않았다. 그는 앞서 하이퍼드라이브를 다뤘을 때 일어났던 이상한 일들을 생각해 냈다. 그래서 그는 다시 하이퍼드라이브의 레버를 올렸다. 그러자 또다시 모든 것이 극적으로 변화되었다. 아이크에게는 익숙하게 보던 물체는 단 하나도 없었다. 그가 말할 수 있는 것은 오로지 하나뿐이었다. 다섯 번째 차원이 사라져 버린 것이다.

　아이크는 어리둥절해졌다. 그래서 '차원'에 대한 정보를 얻기 위해 스페이스넷을 검색해 보았다. 넘쳐나는 스팸으로 가득 찬 수많은 사이트를 넘나들면서 마이크는 곧 자신의 검색 방식을 개선해야 함을 깨달았다. 여전히 결정적인 정보를 찾지는 못했지만, 그는 가까운 시일 내에 차원의 근본적인 기원이 무엇인지 알기는 어렵다는 것을 알았다. 그래서 그는 대신에 시간 여행으로 관심을 돌리기로 마음먹었다.

　물리학은 놀라운 시대로 접어들었다. 공상 과학 소설에서나 볼 수 있던 생각들이 이제는 우리 이론 영역에 그리고 심지어 실험 영역에까지 들어오고 있다. 여분 차원에 대한 새로운 이론적 발견들이 현재 입자 물리학자들, 천체 물리학자들 그리고 우주론 연구자들의 세계관을 비가역적으로 바꿔 왔다. 새로운 발견의 엄청난 수와 놀라운 기세로 볼 때 우리는 미래에 놓여 있는 신비로운 가능성들 중에서 겨우 겉만 맛본 것 같다. 각종 아이디어들은 이제 제 스스로 걷기 시작했다.

그럼에도 불구하고 수많은 질문들이 아직 완전히 해결되지 않았으며 우리가 앞으로 가야 할 길은 훨씬 더 멀리까지 뻗어 있다. 입자 물리학자들은 여전히 우리가 특별한 힘들만 보는 이유가 무엇인지 그리고 더 많은 힘들이 과연 존재하는지 알고 싶어 한다. 알려진 입자들의 성질과 질량의 기원은 무엇인가? 우리는 끈 이론이 맞는지 또한 알고 싶어 한다. 그리고 끈 이론이 맞다면 끈 이론은 어떻게 우리 세계와 연결되어 있는 것일까?

우주에 대한 최근 관측 결과들은 우리가 풀어야 할 새로운 수수께끼들을 던져 준다. 우주에 있는 물질과 에너지 대부분을 구성하는 것은 무엇인가? 우주 진화 초기에 폭발적인 팽창은 존재했는가? 그렇다면 무엇 때문에 일어난 것인가? 그리고 누구나 알고 싶어 하는 질문, 대폭발이 시작되었을 때 우주는 어떤 모습을 하고 있었을까?

현재 우리는 중력이 서로 다른 길이 규모에서 다르게 행동할 수 있다는 것을 알고 있다. 매우 짧은 거리에서는 끈 이론과 같은 양자화된 중력만이 중력을 기술할 것이다. 더 큰 규모에서는 일반 상대성 이론이 놀랍도록 잘 적용되고 있지만, 최근 엄청나게 큰 규모에서 우주에 대한 관측이 진행됨에 따라 우주 팽창을 가속하는 것은 무엇인가와 같은 우주론적인 난제가 제기되었다. 그리고 더 큰 규모로 가게 되면 우주론적인 지평선에 도달하게 된다. 그 너머에 대해 우리는 아무것도 모른다.

여분 차원 이론의 흥미로운 면들 중 하나는 각각 다른 규모에서 자연스럽게 다른 결론을 갖는다는 것이다. 이 이론들에서 중력은, 말려 있는 차원보다 짧은 거리, 즉 곡률이 너무 작아서 영향을 미칠 수 없는 작은 규모에서 보이는 행동과, 차원이 보이지 않거나 비틀림이 중요해지는 커다란 규모에서 다른 행동을 보인다. 이로써 우리는 여분 차원이 결과적으로 우주론에서 발견되는 수수께끼 같은 성질들을 해결해 줄지도 모른다는 믿음을 갖게 된다. 우리가 다차원 세계에 살고 있다고 믿는다면, 분명히 여분 차원의 우주론적인 함의들을 무시할 수 없을 것이다. 이에 대한 연구가 벌써 일부 행해졌지만 나는 훨씬 더 많은 흥미로운 결과들이 우리를 기다리고 있다고 확신한다.

물리학은 이제 어디로 갈까? 헤아릴 수 없을 만큼 너무 많은 가능성들이 있다. 하지만 여기에서는 그중에서 이론적으로 중요하고 놀라운 일이 아직 남았다고 이야기해 주는 몇몇 흥미로운 관측 결과들을(아마 언젠가 곧 보게 될 해답에 더욱 가까이 다가갈 수 있게 해 줄 가능성들을) 이야기하려고 한다. 수많은 수수께끼들은 모두 하나의 질문으로 집약된다. 약간 놀랄지도 모르지만 그 질문이란 바로 이것이다.

그렇다면 차원이란 무엇인가?

차원에 대해 설명하면서 어떻게 이토록 늦게 차원이란 무엇이냐는 질문을 할 수 있단 말인가? 나는 이미 이 책의 상당 부분을 차원의 의미와 여분 차원 가설의 가능한 결과들에 대해 이야기하는 데 썼다. 그러나 우리가 차원이라는 것을 어떻게 이해하고 있는지를 설명해 온 지금이야말로 차원이 무엇이냐 하는 질문으로 돌아갈 때가 아닌가 싶다.

차원의 수가 진짜로 의미하는 것은 무엇인가? 우리는 차원의 수(차원성)를 공간상 점의 위치를 표시하고 싶을 때 필요한 양들의 수라고 정의했다. 하지만 나는 또한 15장과 16장에서 10차원 이론들은 때로 11차원 이론들과 동일한 결과를 갖는다는 예를 보여 주었다.

이런 쌍대성은 우리의 차원 개념이 그리 확고하지는 않다는 것을 의미한다. 이것은 이 개념의 정의가 일반적인 전문 용어와 달리 융통성을 가지고 있기 때문이다. 한 이론에 대해 두 가지의 쌍대적인 기술이 있다는 것은 하나의 형식화가 꼭 현상을 가장 잘 기술할 수 있는 것은 아님을 말해 준다. 예를 들어 끈의 결합 세기에 따라 현상에 대한 최선의 기술이 갖는 형식화와 차원의 수가 달라질 수 있다. 이렇게 어떤 하나의 이론을 최선의 기술이라고 할 수 없기 때문에 차원의 수 문제 역시 간단히 대답할 수 있는 것이 아니다. 차원의 의미가 모호하다는 것과 강하게 상호 작용하는 이론에서 여분 차원이 분명히 등장한다는 것은 지난 10년간 이론 물리학에서 이루어진 발견에서 가장 중요한 것들이다. 이제 우리가 믿고 싶어 하는 것보다 차원 개념이 모호하다는 것을 보여 주는, 최근의 흥미로운 이론적 발견 몇 가지를 소개하려고 한다.

I. 비틀린 기하와 쌍대성

20장과 22장에서는 선드럼과 내가 생각한 비틀린 시공간의 기하에서 도출된 결론 일부를 설명했다. 이 기하에서 물체의 질량과 크기는 다섯 번째 차원에서의 위치에 의존하며 중력은 막 근처에 국소화되어 있다. 하지만 이 비틀린 기하에는 전문 용어로 반드 지터 공간이라는 놀라운 특징이 있다. 아직 이야기하지 않았지만, 이것이 차원성에 대한 더 많은 의문을 이끌어 낸다.

반드 지터 공간의 놀라운 특징은 쌍대적인 4차원 이론이 존재한다는 것이다. 이론적으로 따져 보면 5차원 반드 지터 공간에서 일어나는 모든 일은 특별한 성질을 갖는 굉장히 강한 힘이 존재하는 쌍대적인 4차원 이론 틀로 기술할 수 있다. 이 놀라운 쌍대성에 따르면, 5차원 이론의 모든 것들은 4차원 이론에 유사물을 갖고 있다. 그 역도 마찬가지이다.

수학적인 논리에 따르면 반드 지터 공간의 5차원 이론이 4차원 이론과 동등하더라도 우리가 항상 4차원 쌍대 이론에 포함되어 있는 입자들을 정확히 알 수 있는 것은 아니다. 이러한 상황에서 현재 프린스턴 고등 연구소에 있는 아르헨티나 태생의 끈 이론 연구자인 후안 말다세나(Juan Maldacena)가 1997년 끈 이론에 존재하는 이와 유사한 쌍대성의 정확한 예를 유도했다. 이는 끈 이론 연구자들을 격앙시켰다. 그는 D 막이 엄청나게 많이 겹쳐 있고, 끈들이 그 위에서 강하게 상호 작용하는 상황을 설정했다. 이러한 경우, 끈 이론을 4차원 양자장 이론으로, 또는 10차원 중 5개 차원이 말려 있고 나머지 5개 차원이 반드 지터 공간에 있는 10차원 중력 이론으로 기술할 수 있음을 발견했다.

어떻게 4차원 이론과 5차원(또는 10차원) 이론이 동일한 물리적 의미를 가질 수 있을까? 예를 들어 다섯 번째 공간에서 움직이는 물체에 무엇을 대응시킬 수 있을까? 답은 "다섯 번째 공간에서 움직이는 물체는 쌍대적인 4차원 이론에서 커졌다가 줄어드는 물체처럼 보인다."이다. 이것은 중력 막에 드리워진 아테나의 그림자와 유사하다. 아테나가 다섯 번째 공간을 따라 중력 막에서 멀어지면 그 그림자는 커진다. 게다가 다섯 번째 공간에서 서로 지나쳐 가는 물체들은 4차원에서 커졌다가 줄어들며 서로 겹치는 물체에 해당한다.

막을 도입하면 쌍대성의 결과들은 더욱 이상해진다. 예를 들어 중력은 있지만 막은 존재하지 않는 5차원 반드 지터 공간은 중력이 없는 4차원 이론과 동등하다. 하지만 선드럼과 내가 한 것처럼 5차원 이론에 막을 도입하면, 이와 동등한 4차원 이론은 갑작스럽게 중력을 포함하게 된다.

이러한 쌍대성이 있다고 한다면, 비틀린 기하가 고차원 이론이라고 한 나는 거짓말을 한 것일까? 그건 분명 아니다. 쌍대성은 이상하긴 하지만 내가 여러분에게 이야기했던 것을 정말로 바꾸지는 않는다. 누군가가 정확히 쌍대적인 4차원 이론을 발견한다 하더라도 이 이론은 연구하기 굉장히 어려울 것이다. 이 이론은 엄청난 수의 입자와, 섭동 이론(15장 참고)이 적용되지 않는 엄청나게 강한 상호 작용이 포함되어 있을 것이다.

입자들이 강하게 상호 작용하는 이론들은 대부분 약하게 상호 작용하는 쌍대적인 이론 없이는 기술할 수 없다. 그리고 이 경우 다루기 쉬운 이론이 5차원 이론이다. 오직 5차원 이론만이 계산할 수 있을 정도로 간단하게 형식화할 수 있기 때문에 이론은 5차원으로 기술하는 것이 합리적이다. 5차원 이론이 더 다루기 쉽더라도 쌍대성은 여전히 내게 '차원'이 정말로 의미하는 것이 무엇인지에 대한 궁금증을 불러일으킨다. 우리는 차원의 수가 사물의 위치를 정하기 위해 필요한 양의 수라고 알고 있다. 하지만 어떤 양을 세야 하는 걸까? 당신은 그것이 무엇인지 정말로 알고 있다고 확신하는가?

II. T 쌍대성

차원의 의미에 대해 묻는 또 다른 이유는 겉으로 보아서는 서로 다른 기하 사이에 존재하는 동등성 때문이다. 이것을 T 쌍대성(T-Duality)이라고 한다. 끈 이론 연구자들은 앞에서 이야기했던 쌍대성 중 일부를 발견하기 훨씬 전에 이 T 쌍대성을 발견했다. T 쌍대성은 말린 작은 차원이 존재하는 공간과 말린 거대한 차원이 존재하는 다른 공간을 교환할 수 있게 해 주는 쌍대성이다.[39] 이상하게 보이겠지만, 끈 이론에서 굉장히 작게 말린 차원과 굉장히 크게 말린 차원은 모두 동일한 물리학적 결과를 준다.

말려 있는 차원을 가진 초끈 이론에 T 쌍대성이 적용되는 것은 둥글게 압축되어 있는 시공간에 두 종류의 닫힌 끈이 있어, 작게 말린 차원이 있는 공간과 크게 말린 차원이 있는 공간을 교환할 때 이 두 종류의 닫힌 끈이 순간적으로 상호 교환되기 때문이다. 첫 번째 종류의 닫힌 끈은 18장에서 본 칼루차-클라인 입자와 비슷하게 둥그렇게 닫힌 차원을 따라 한 바퀴 돌면서 위아래로 진동한다. 다른 종류의 닫힌 끈은 말려 있는 차원을 감고 있다. 이 끈은 말린 차원을 한 차례나 두 차례 또는 여러 차례 감을 수 있다. 그리고 T 쌍대성을 적용하면, 즉 차원이 작게 말린 공간을 큰 것으로 바꾸면 이 두 종류의 끈이 서로 바뀐다.

사실 T 쌍대성은 막이 존재해야 한다는 생각의 첫 번째 근거였다. 막이 없다면 열린 끈은 쌍대적인 이론에서 그에 해당하는 유사물을 갖지 못하기 때문이었다. 하지만 T 쌍대성이 적용되고 작게 말린 차원이 커다랗게 말린 차원에서와 같은 물리 결과를 주는 게 사실이라면 다시 한 번 '차원'이라는 우리의 개념은 부적절한 것이 될 것이다.

왜냐하면 여러분이 어떤 말린 차원의 반지름을 무한히 크게 한다고 생각하면 그 차원에 대해 T 쌍대성을 갖는 말린 차원은 크기가 0이 된다. 원 자체가 사라지는 것이다. 즉 한 이론에 무한히 큰 차원이 있다고 하면 그 이론에 대해 T 쌍대적인 이론은 차원이 하나 낮은(크기가 0인 원을 차원으로 볼 수는 없기 때문에) 이론이 된다. 따라서 T 쌍대성은 2개의 서로 다른 공간이 차원의 수가 다른 커다란 크기의 차원을 가지면서도 물리적으로 동일한 결과를 줄 수 있다는 것을 보여 준다. 다시 한 번 차원의 의미는 모호해진다.

III. 거울 대칭성

T 쌍대성은 차원 하나가 둥글게 원으로 말려 있을 때 적용된다. 하지만 T 쌍대성보다 훨씬 이상한 '거울 대칭성(mirror symmetry)'이라는 것이 있다. 이 대칭성은 종종 끈 이론의 6개 차원이 칼라비-야우 공간으로 말려 있을 때 적용된다. 거울 대칭성은 6개의 차원이 매우 다른 두 종류의 칼라비-야우 다양체로 말릴 수 있지만, 그 결과 유도되는 4차원 장거리 이론이 똑같다는 것을 뜻한다. 주어진 칼라비-야우 다양체의 거울 대칭된 다양체는 처음 것과 완전히 다르게 보일 수 있다. 즉 모양과 크기, 휘어짐, 심지어 구멍 개수들도 다를 수 있다.* 주어진 칼라비-야우 다양체에 거울 대칭인 다양체가 존재하면 6개 차원이 2개의 칼라비-야우 다양체 중 어느 하나로 말려 있어도 각각의

---

* 다양체는 구멍의 수가 다를 수 있는데 예를 들어 구는 구멍이 없는 반면 도넛처럼 생긴 토러스는 구멍이 하나다.

결과로 나오는 물리학 이론은 동일할 것이다. 이처럼 거울 대칭성을 가진 다양체도 2개의 완전히 다른 기하가 동일한 예측을 하게 만든다. 여기에서도 시공간의 신기한 성질들을 엿볼 수 있다.

IV. 행렬 이론

끈을 연구하는 도구 중 하나인 행렬 이론(matrix theory)은 차원에 대한 더 많은 신비한 실마리를 제공한다. 겉으로 봐서 행렬 이론은 10차원에서 움직이는 점처럼 보이는 막인 D0 막의 움직임과 이들의 상호 작용을 기술하는 양자 역학 이론처럼 보인다. 행렬 이론은 분명 중력을 포함하지 않지만, D0 막들은 중력자처럼 행동한다. 따라서 행렬 이론에는 겉으로 보아서는 중력자가 존재하지 않지만 결국에는 중력 상호 작용이 포함되어 있다.

게다가 D0 막의 이론인 행렬 이론은 10차원이 아니라 11차원의 초중력을 모방한다. 즉 행렬 모형은 마치 원래 이론이 기술하는 것보다 차원이 하나 더 많은 초중력을 포함하는 것처럼 보인다. 이런 시사적(示唆的) 특성 때문에 (다른 수학적인 증거와 함께) 끈 이론 연구자들은 M 이론과 행렬 이론이 동등한 것으로 믿게 되었다. M 이론은 행렬 이론과 마찬가지로 11차원 초중력을 포함한다.

행렬 이론의 독특한 한 가지 성질은 D0 막들이 서로 가까이 있을 때, 이들이 정확히 어디 있는지 알 수 없다는 점이다(이것은 위튼이 발견했다.). 행렬 이론의 창시자들인 톰 뱅크스(Tom Banks), 윌리 피셔(Willy Fischler)와 스티브 셴커(Stephen H. Shenker), 그리고 레너드 서스킨드(Leonard Susskind)가 논문에서 이야기한 대로, "따라서 짧은 거리에서는 통상적인 위치를 사용해 배치 공간(configuration space)을 표현하는 방법이 존재하지 않는다."• 즉 D0 막을 정확히 정의하려다 보면 D0 막의 위치는 더 이상 수학적으로 의미 있는 양이 아니게 된다.

 이런 이상한 성질들이 행렬 이론을 연구하는 것을 굉장히 감질나는 것으로 만들지만, 현재 시점에서 계산에 이용하기 위해 행렬 이론을 쓴다는 것은 굉장히 어려운 일이다. 강하게 상호 작용하는 사물을 포함하는 거의 모든 다른 이론들처럼 실제로 무슨 일이 벌어지고 있는가를 이해하는 데 도움을 줄 만한 중요한 문제들을 해결하는 방법을 아무도 발견하지 못했기 때문이다. 그렇다고 하더라도 행렬 이론에서 여분 차원이 출현하고 D0 막들이 서로 가까이 붙었을 때 차원이 사라지기 때문에 행렬 이론은 차원이 실제로 무엇을 의미하는지 따져 보는 또 다른 이유가 된다.

무엇을 생각해야 할까?

이렇게 물리학자들은 서로 다른 수의 차원을 갖는 이론들 사이에 존재하는 신비한 등가성을 수학적으로 설명했지만, 여전히 전체적인 큰 그림은 놓치고 있다. 확실히 이런 쌍대성이 적용되고 있다고 했을 때, 그것에서 시간과 공간의 특성에 대해 무엇을 알 수 있을까? 게다가 차원이 (엄청나게 작은 플랑크 길이 규모와 비교해) 아주 크지도 아주 작지도 않을 때, 이를 가장 잘 기술해 주는 이론이 무엇인지 아무도 알지

• T. Banks, W. Fishler, S. H. Shenker, L. Susskind, "M theory as a matrix model : a conjecture," *Physical Review* D, vol. 55, 5112~5128쪽(1997).

못한다. 아마 뭔가 아주 작은 것을 기술하려고 할 때 시공간에 대한 우리의 개념은 깨지게 될 것이다.

시공간을 기술하는 우리의 방법이 플랑크 길이 규모에서 부적절하다는 믿음을 갖게 되는 가장 강한 이유 중 하나는 이론으로도 이렇게 짧은 길이에서 일어나는 일을 확인할 방법이 없다는 것이다. 양자역학을 통해 짧은 길이 규모를 연구하는 데에 에너지가 많이 든다는 것을 알고 있다. 여러분이 10^{-33}센티미터의 플랑크 길이 정도 되는 작은 영역에 엄청난 에너지를 주입한다면 블랙홀이 생겨날 것이다. 그렇다면 여러분은 그 안에서 무슨 일이 일어나는지 알 길이 없게 된다. 모든 정보는 블랙홀의 사상의 지평선 안으로 빨려 들어가기 때문이다.

게다가 여러분이 그 작은 영역에 에너지를 더 많이 채워 넣으려 해도 성공하지 못할 것이다. 플랑크 길이 규모 안으로 에너지를 많이 넣으려면, 그 영역을 팽창시키지 않고서는 더 이상 에너지를 넣을 수 없기 때문이다. 즉 에너지를 추가하면 블랙홀이 커지기 때문이다. 따라서 에너지를 추가하는 것은 플랑크 길이를 연구할 수 있는 작은 탐침을 만드는 게 아니라 오히려 측정 영역을 훨씬 더 크게 만들어 원래 작았던 영역을 더 이상 연구할 수 없게 만들고 마는 것이다. 이는 마치 박물관에 있는 섬세한 유물을 고출력 레이저로 연구하려는 것과 비슷하다. 레이저는 유물을 태워 버리고 말 것이다. 물리학 사고실험에서조차도, 여러분은 플랑크 길이 규모보다 작은 영역을 결코 볼 수 없다. 우리가 아는 물리 법칙들은 여러분이 그 영역에 도달하기 전에 깨지고 말 것이다. 플랑크 규모 근처에서 기존의 시공간 개념은 거의 확실히 적용되지 않는다.

이 괴상한 사실은 더 근본적인 설명이 필요하다는 외침이다. 지난

10년간 있었던 복잡스러운 발견에서 얻은 가장 중요한 교훈은 시간과 공간은 더욱 근본적인 방법으로 기술해야 한다는 것이다. 위튼이 간결하게 "시간과 공간은 종말을 맞은 것 같다."라고 문제를 요약했다. 많은 선도적인 끈 이론 연구자들도 이에 동의한다. 네이션 사이버그(Nathan Seiberg)는 "나는 시간과 공간이 환영이라고 확신한다."라고 말했으며, 데이비드 그로스는 "공간 그리고 아마도 시간조차도 구성 요소를 가질 것이 분명하다. 시간과 공간은 지금과 매우 다른 이론에서 창발된 성질이라고 해도 이상하지 않을 것이다."라고 생각한다.*
불행하게도 아직까지 아무도 시공간에 대한 더 근본적인 기술이 어떤 성질을 지녀야 하는지 알아내지 못했다. 하지만 시간과 공간의 근본적인 성질에 대한 더 깊은 이해라는 문제가 앞으로 수년간 물리학자들이 도전해야 할 가장 크고 흥미로운 문제 중 하나로 남아 있을 것은 분명하다.

* 인용문들은 다음 기사를 참조했다. K. C. Cole, "Time, space obsolete in new view of universe," *Los Angeles Times* (November 16, 1999).

25장
결론 : 그러나 여행은 끝나지 않았다

우리가 아는 한 여기가 세상 끝이야(그리고 괜찮은 느낌이 들어.).
— REM

● REM의 「우리가 아는 한 여기가 세상 끝이야(It's the end of the world as we know it)」에서.
　――옮긴이

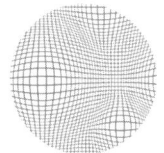

　이카루스 러시모어 42세는 타임머신을 타고 과거를 방문하여 이카루스 3세에게 포르셰를 계속 운전하면 재앙이 닥칠 것이라고 경고했다. 미래에서 온 아이크 42세를 보고 깜짝 놀란 아이크 3세는 그의 경고를 받아들였다. 그는 포르셰를 피아트(Fiat)로 바꾸고 충만하고 만족스러운, 더 느린 삶을 살았다.

　아테나는 오빠를 다시 만나게 되어 너무나 만족스러웠으며 디터도 친구가 돌아와 행복했다. 아이크가 어딘가를 간 적이 없는 것 같아 어리둥절하기는 했지만 말이다. 아테나와 디터는 아이크가 그들에게 들려준 시간 여행 이야기가 완전히 허구라는 것을 알고 있었다. 꿈에서조차, 고양이는 시간을 휠 수 없으며, 토끼는 결코 여분 시간 차원에서 멈출 수 없고, 양자 탐정은 그처럼 이상한 시간의 행태를 심사숙고하기를 거절했다. 하지만 아테나와 디터는 해피엔딩을 선호했다. 그래서 그들은 불신감을 잠시 접어 두고 아이크의 환상적인 이야기를 그대로 들었다.

　지난 몇 년간 물리학에서 놀라운 발전이 이루어졌음에도 불구하고 아직도 우리는 중력을 이용하거나 공간을 가로질러 사물을 이동시키는 방법을 알지 못한다. 여분 차원에서 부동산 투자를 하기에는 너무 이른 것 같다.[40] 그리고 시간축을 따라 왔다 갔다 할 수 있는 세계를 우리가 사는 세계와 연결하는 법을 모르기 때문에 현재 타임 머신을 만들 수 있는 사람은 없으며, 그런 일이 곧 일어날 것으로 보이지 않는다(물론 과거에도).

하지만 이런 생각들이 공상 과학의 영역에 남아 있다고 하더라도 우리가 살고 있는 세계는 충분히 경이롭고 신비롭다. 우리 목표는 우주를 구성하는 조각들이 어떻게 서로 들어맞는지, 어떻게 이들이 현재 상태로 진화해 왔는지를 배우는 것이다. 우리가 지금껏 설명하지 못한 관계들은 무엇인가? 이전 장에서 내가 제기한 의문들에 대한 답은 무엇인가?

우리는 아직 물질의 근원을 가장 근본적인 수준에서 이해하지 못하고 있다. 그러나 이 책을 읽은 여러분은 우리가 실험적으로 연구할 수 있는 길이 규모에서는 물질의 근본적인 성질의 몇 가지 측면들을 이해하고 있다는 확신을 갖게 되었기를 바란다. 그리고 시공간의 구성 요소들은 모르지만, 플랑크 길이보다 큰 길이 규모에서는 이들의 성질을 이해하고 있다. 그런 길이 규모에서 우리는 우리가 이해하는 물리학 원리를 적용할 수 있으며 내가 기술한 결과들을 유도할 수 있다. 우리는 여분 차원들과 막의 예기치 못한 수많은 성질들과 맞닥뜨려 왔으며 이런 성질들은 우리 우주가 품고 있는 수수께끼들을 해결하는 데 중요한 역할을 할 것이다. 여분 차원들은 우리의 눈과 상상력을 열어 놀랍고 새로운 가능성에 도달하게 해 주었다. 우리는 여분 차원의 형태가 무수히 많고 그 크기가 무한히 클 수도 작을 수도 있음을 알고 있다. 비틀린 여분 차원일 수도 있고 커다란 여분 차원일 수도 있다. 이들은 벌크에 입자를 포함하고 있을 수도 있고 막에 속박된 입자들만 갖고 있을 수도 있다. 우주는 우리가 상상했던 그 무엇보다 크고 풍성하며 엄청난 다양성을 품고 있을 것이다.

이 아이디어들 중에 현실 세계를 기술하는 것이 있다고 한다면 과연 어떤 것일까? 우리는 현실 세계가 우리에게 대답해 주기를 기다려야 할 것이다. 흥미로운 것은 아마 그렇게 되리라는 것이다. 내가 기술했던 여분 차원 모형들 중 일부에서 볼 수 있는 가장 흥미로운 성질은 이들이 실험적으로 검증 가능하다는 점이다. 이 놀라운 사실의 중요성을 과도하게라도 강조해야겠다. 즉 우리가 생각하기에 불가능하거나 볼 수 없는 새로운 성질을 갖는 여분 차원 모형들이 우리가 볼 수 있는 결과를 가질 수 있다는 것이 얼마나 놀랍고도 중요한 일인지 아무리 강조해도 부족하다. 그리고 이런 결과로부터 여분 차원 존재를 도출할 수 있다. 그렇다면 우주에 대한 우리의 관점은 돌이킬 수 없을 정도로 바뀔 것이다.

천체 물리학이나 우주론이 여분 차원을 갖는 시공간을 검증할지도 모른다. 물리학자들은 여분 차원 세계에서 블랙홀에 대한 상세한 이론을 발전시키고 있으며, 이 블랙홀들이 4차원 블랙홀들과 유사한 성질을 갖지만 미세한 차이가 있다는 것을 발견했다. 여분 차원에 있는 블랙홀은 독특한 특징을 갖고 있어 4차원 블랙홀과 구별된다.

우주론적인 관측들 또한 궁극적으로는 시공간의 구조에 대해 많은 것을 이야기해 줄 것이다. 오늘날의 관측은 수십억 년 전에 우주가 어땠는지를 볼 수 있을 정도로 정교하다. 이론의 예측과 일치하는 관측 결과가 많이 나왔지만, 해결해야 할 중요한 질문들이 아직 많이 남아 있다. 우리가 고차원 우주에서 살고 있다면, 우주의 초기 모습은 현재 예상하는 것과 많이 달랐을 것이다. 그리고 이런 차이들 중 일부는 관측된 난해한 우주의 성질들을 설명하는 데 도움이 될 것이다. 물리학자들은 현재 우주론에서 여분 차원이 어떤 의미를 가질지 연구하고 있다. 아마 우리는 다른 막들에 감춰져 있는 암흑 물질이나 숨겨진 여분 차원 물체에 축적된 우주 에너지에 대해 알게 될 것이다.

하지만 한 가지는 확실하다. 앞으로 5년 내에 CERN에 있는 대형 강입자 충돌기(LHC)가 가동될 것이며, 이를 통해 이제껏 보지 못했던 물리 영역을 보게 되리라는 점 말이다. 내 동료들과 나는 그때를 고대하고 있다. LHC는 분명 어떤 성과를 낼 것이다. 물리학에 표준 모형을 넘어서는 새로운 직관을 가져다줄 수 있는 성질을 가진 입자가 LHC 실험에서 분명히 발견될 것이다. 흥미로운 점은 아직까지도 이 새로운 입자들이 무엇이 될지 누구도 모른다는 것이다.

내가 물리학을 연구하는 동안 새롭게 발견된 입자는 이론적으로 따져 보았을 때 존재하는 것이 확실시되는 입자들뿐이었다. 이 발견의 중요성을 폄하하려는 것은 아니지만(이 발견들은 인상적인 성과였다.) 완전히 새로운 알려지지 않은 입자는 훨씬 더 흥미로울 것이다. LHC가 가동되기 전에는 어느 연구에 전력해야 할지 어떤 주제에 집중해야 할지 아무도 확신하지 못할 것이다. LHC의 결과들은 우리의 세계관을 바꿀 것이다.

LHC는 존재할 것으로 예측되는 새로운 종류의 입자를 생성하기에 충분한 에너지를 만들 수 있다. 이러한 입자들은 초대칭짝이거나 4차원 모형들이 예측하는 다른 입자로 밝혀질 수 있다. 하지만 이들은 또한 칼루차-클라인 입자들(여분 차원을 가로지르는 입자들)일 수 있다. 우리가 이 KK 입자를 볼 수 있는지의 여부, 그리고 언제 볼 수 있는지는 순전히 우리가 사는 우주의 크기와 모양에 의존한다. 우리는 다차원 세계에 살고 있는가? 그리고 이 우주의 크기와 모양은 KK 입자들을 가시적으로 만들 것인가?

계층성 문제를 해결하는 모형이라면 반드시 우리가 관측할 수 있는 약력 규모에서 자신이 옳다는 것을 증명할 수 있는 예측 결과를 내놓아야 한다. 비틀린 기하도 계층성 문제를 해결하는 모형들 중 하나이며 그것은 멋진 예측을 내놓고 있다. 이 이론이 맞다면 우리는 KK 입자들을 보게 될 것이며, KK 입자가 남겨 둔 단서에서 그 성질을 보게 될 것이다. 하지만 다른 여분 차원 모형들이 우리 세계를 기술한다면, 에너지는 여분 차원 속으로 사라지게 되고, 궁극적으로는 에너지의 균형이 깨진(4차원에서 에너지 보존 법칙이 깨진─옮긴이) 결과를 통해 여분 차원들을 보게 될 것이다.

우리는 분명히 답을 모두 알지 못한다. 하지만 우주의 성질이 곧 밝혀질 것이다. 천체 물리학의 관측은 이전에 알았던 것보다 더 먼 곳의, 더 먼 과거의, 그리고 더 자세한 우주를 탐사할 것이다. LHC에서의 발견들은 이제껏 측정된 어떤 물리 작용보다 더 작은 길이 규모에서 일어나는 현상들을 통해 물질의 성질에 대해 이야기해 줄 것이다. 고에너지에서 우주의 진실이 분출해 나올 것이다.

우리 우주의 비밀들이 서서히 밝혀지기 시작할 것이다. 나는 그 즐거운 순간을 참고 기다릴 수 없다.

리사 랜들 인터뷰
과학은 세계를 흥미진진한 곳으로 만들 것이다!

● 이 인터뷰는 저자 리사 랜들이 「한국어판 서문」 대신으로 옮긴이와 (주)사이언스북스 편집부의 질문에 친절하게 답해 준 것이다. 이 짧은 인터뷰는 20세기 초반 현대 물리학 혁명기 이후 100여 년 만에 새로운 도약을 준비하고 있는 이론 물리학계에서 눈부신 활약을 하고 있는 여성 물리학자의 세계관, 과학관, 미래관을 엿볼 수 있는 즐거움을 독자들에게 선사할 것이다. ─편집부

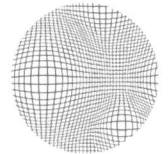

1. 당신의 연구 분야는 무엇인가? 그리고 여분 차원의 개념은 아직 생소한 개념인데 여분 차원에 대한 당신의 연구를 간단히 설명해 달라.

　나는 물질을 이루는 기본 입자를 연구하는 입자 물리학과 우주의 진화를 다루는 우주론을 연구해 왔다. 이 연구들은 우리가 사는 세상이 어떤 물질들로 이루어져 있는지, 그 기본 특성들은 무엇인지를 이해하기 위한 것이다. 무엇이 이 세계를 구성하고 있으며, 왜 그 물질들은 특정한 질량을 가지고 있는지, 그 상호 작용들은 어떻게 이루어지는지, 기본 입자의 상호 작용에서 생긴 힘의 정체는 무엇인지 같은 질문에 대한 해답을 찾는 과정이 나를 여분 차원과 같은 새로운 영역으로 이끌었다.

2. 당신의 연구 경력에서 가장 중요한 경험을 한 것은 언제, 어디에서인가? 그렇게 생각하는 이유도 설명해 달라.

　항상 받는 질문이기는 하지만 상당히 답하기 곤란한 질문이기도 하다. 왜냐하면 나의 연구 경력에서 흥미로운 경험을 한 순간은 헤아릴 수 없을 만큼 많기 때문이고, 내가 그것을 하나하나 따로 기억하고 있지 못하기 때문이다. 사실 가장 인상 깊었던 순간은 항상 그것이 흥미롭다는 것을 깨닫지 못할 때에 찾아온다는 문제를 갖고 있다. 하지만 무엇인가를 퍼뜩 깨닫고 모든 것이 딱 들어맞는 순간이 찾아올 때가 있다. 그 순간 나는 엄청난 만족감을 느낀다.

그래도 나 자신이 다른 사람들을 자극하고 흥분시킬 만한 발견을 했다는 것을 알아차릴 때가 있다. 나는 이러한 순간들을 입자 물리학의 난해하고 기술적인 문제들을 단순한 것으로 바꿔 해결했을 때나 여분 차원을 설명한 이 책을 쓰려고 이것저것 아이디어를 짜낼 때 경험했다. 그리고 이것을, 우리 눈에 보이지 않는 여분 차원과 중력이 다른 세 가지 힘(전자기력, 약력, 강력)에 비해 아주 약한 원인 사이에 어떤 연관성이 있음을 발견했을 때, 나의 연구 동료인 라만 선드럼과 함께 경험하기도 했다.

3. 당신은 지금 물리학을 하고 있다. 당신이 물리학, 그중에서 특히 입자 물리학을 선택한 이유는 무엇인가?

나는 어릴 때부터 수학을 좋아했다. 그리고 문제를 푸는 것과 수학 게임을 하는 것을 즐겼고, 우주에 대한 호기심으로 가득했다. 입자 물리학은 나의 모든 바람을 만족시키는 것처럼 보였다. 게다가 폭 넓고 다양한 문제를 해결할 수 있는 일을 할 수 있을 것이라고 생각되었다. 나는 끊임없이 새로운 것을 배우는 것을 좋아하기 때문에 내가 일하는 연구 분야는 내게 큰 만족감을 느낄 수 있게 해 주었다.

4. 당신은 이론 입자 물리학자로서 활동하고 있다. 입자 물리학의 현재적 중요성과 한계는 무엇이라고 생각하는가?

우주에 대해 이해하려고 노력하는 것은 도전할 만한 가치가 있는 일이라고 생각한다. 이 세상이 무엇으로 이루어져 있는지 같은 문제를 어떻게 해결할지, 그리고 이 문제를 해결함으로써 어떤 성과를 거둘지 인류는 관심을 가지고 주목하고 있다. 물리학자들은 원자의 구성 요소가 무엇인지, 그 구성 요소들이 어떻게 상호 작용하며 어떤 힘을 만들어 내는지, 그리고 우주가 수십억 년을 거쳐 어떻게 진화해 왔는지 탐구해 왔다. 사람마다 중요하고 가치 있다고 여기는 것은 다 다르겠지만, 대부분의 사람들은 입자 물리학자들이 하는 일이 놀라운 일이라고 생각하고 있는 것은 사실이다.

물론 입자 물리학도 한계가 있다. 입자 물리학의 목표는 현상을 가장 단순한 형태로 이해하는 것이다. 그것은 바로 가장 기본적인 구성 요소가 무엇인지를 이해하고, 그것들의 상호 작용을 이해하는 것이다. 입자 물리학자들은 이러한 구성 요소들의 관계 속에서 창발되는 (생명 현상 같은) 복잡한 현상들에 관심을 가지지 않는다는 한계를 가지고 있다.

다른 한계도 있다. 그것은 실천적인 것이다. 입자 물리학의 실험들은 아주 비용이 많이 들고 아주 놀라운 공학적 발전을 필요로 한다. 그것은 입자 물리학 실험들이 고에너지와 아주 짧은 거리에서 일어나는 일을 연구하고 이해하려고 하기 때문이다. 물론 우리가 그러한 현상들을 많은 돈과 시간과 인적 자원의 투자 없이 이해하게 된다면 아주 좋을 것이다. 그렇지만 바로 이러한 특성이 입자 물리학을 도전할 만한 것으로 만들고 더 흥미로운 것으로 만드는 것이다.

5. 올해 LHC가 가동한다. 당신이 생각할 때 LHC에서 가장 먼저 검증되어야 할 것 세 가지를 든다면 무엇인가? 각각 어떤 의미를 가지고 있는지 소개해 주면 좋겠다.

첫 번째 과제는 입자들이 질량을 어떻게 얻는지를 알아내는 것이다. 그 결과에 따라 힉스 메커니즘이 옳은지 그른지 알 수 있을 것이다. 힉스 메커니즘은, 표면적으로 질량을 가진 물체들은 할 수 없다고 알려진 상호 작용을 통해 입자들이 질량을 가지게 된다고 설명한다. 궁극적으로 힉스 메커니즘은 문제가 있는 상호 작용을 상정할 필요 없이 입자들이 질량을 가지게 된 이유를 모순 없이 설명해 주는 이론을 제공한다. 입자 물리학자들은 힉스 메커니즘이라고 불리는 어떤 작용이 존재한다고 믿지만, 그것을 뒷받침해 줄 실제 입자들은 아직 발견하지 못하고 있다. 힉스 메커니즘의 증명과 입자들에게 질량을 부여해 주는 힉스 영역에 대한 연구는 LHC가 해결해야 할 첫 번째 주요 과제이다.

LHC의 두 번째 과제는 힉스 입자의 질량이 어느 정도일지 그 규모를 정립하는 것이다. 왜 힉스 입자의 질량이 양자 역학과 특수 상대성 이론에 근거해서 예측한 것보다 그토록 작은지 해명해야 한다. 이 이론들의 법칙들에 따르면 힉스 입자의 질량은 우리가 지금 알고 있는 것보다 16자릿수나 더 커야 한다. 왜 힉스 입자의 질량은 이론적 예측보다 훨씬 작은 것인가? 이와 연관된 질문이 바로 입자 물리학의 계층성 문제이다. 중력은 왜 우리가 알고 있는 네 가지 기본 힘들 중에서 가장 약한 것일까? LHC는 입자 물리학의 오랜 난제인 이 문제를 푸는 데 도움을 줄 것이다. 그 해답은 아마도 시공간 대칭성을 확장한 개념이나 여분의 공간 차원에 대한 새로운 아이디어들과 연관이 있을 것이다.

세 번째 과제는 두 번째 과제의 대답과 연관되어 있다. 우리는 초대칭성이 우리 세계에 존재하는지, 아닌지 알게 될 것이다. 초대칭성이 진짜로 존재한다면 우리가 알고 있는 입자들과 전하는 같지만 더 무거운 짝들을 LHC가 발견해야 한다. 그리고 여분 차원이 눈에 보이지는 않지만 실제로 있고, 그 때문에 중력이 약해진다는 것을 발견할지도 모른다. 그것은 중력이 우리 우주가 포함되어 있는 막에 국소적으로 밀집되어 있다는 것을 입증할 것이다.

6. 당신은 세계 과학계의 최전선에서 활동하고 있다. 우리는 당신이 100여 년 전 힐베르트가 수학의 핵심 문제 23개를 제시했던 것처럼, 새천년 물리학에서 가장 중요한 문제가 무엇인지 제시할 수 있는 입장이라고 생각한다. 당신이 생각하는 새천년 물리학의 문제를 제시해 달라.

내가 생각하는 가장 중요한 문제들을 하나로 요약하면 그것은, 우리가 가지고 있는(혹은 앞으로 가지게 될) 과학적 도구가 앞으로도 계속 제 기능을 할 것이냐는 것이다. 만약 그렇다고 한다면 우리는 우리의 과학을 통해 물리 세계와 관련된 모든 문제들을 해결할 수 있을 것이다.

물리학이라는 분야에 한정해서 이야기한다면 몇 가지 미해결 난제들을 언급할 수 있을 것이다. 가장 먼저 이야기할 것은 이것이다. 왜 우주의 에너지는 그 대부분이 암흑 에너지의 형태로 축적되어 있는 것일까? 이 에너지는 입자와 관계되어 있는 것이 아니고 우주 자체의 성질인 것 같기는 하지만, 그 정체는 물론 행태도 정확하게 알지 못하고 있다. 그리고 왜 그 에너지는 우리가 대략적으로 예측하는 것보다 그렇게나 낮은 것일까? 이것은 우리가 가지고 있는 물리학의 가장 근본적인 문제이기도 하다.

또 이런 문제도 예로 들 수 있을 것이다. 양자 역학과 중력 이론을 모순 없이 결합하는 이론은 무엇인가? 또 왜 기본 입자들은 우리가 측정한 것과 같은 질량을 가지고, 입자 물리학의 최대 난제인 계층성 문제의 해답은 무엇인가?

7. 이번에는 전문 분야에서 벗어나 과학관에 대해 물어 보자. 당신은 과학자는 어떤 정체성, 비전을 가지고 있다고 생각하는가?

사실 이 질문의 의미가 정확하게 무엇인지 알 수 없지만, 다양한 과학자들이 존재한다고 생각한다. 몇몇은 수학적일 것이고, 몇몇은 더 시각적이며, 작고 세세한 분야에 관심을 가질 것이다. 그리고 또 어떤 이들은 거대한 문제들에 깊이 파고들 것이다. 가장 바람직한 과학자의 모습은 이 모든 가치들을 자신의 연구 분야에 바쳐 하나로 통합하는 사람일 것이다.

8. 당신은 많은 과학자와 교류할 것이다. 그런 경험에 비춰 봤을 때 과학자 공동체의 특징이 있는가?

과학자들은 일반 사람들보다 더 논리적이고 집중적이다. 그들은 더 진지하며, 아마 대중 문화에 대한 관심은 다른 사람들보다는 적다. 하지만 그들은 재미있는 사람들이고, 정신과 행동이 젊은 이들이며, 세계에 대한 호기심으로 가득한 사람들이다.

9. 과거 SSC가 과학 외적 요인에 의해 좌절된 적이 있다. 당시 '거대 과학'을 둘러싼 논쟁은 소위 '과학 전쟁'의 불똥이 되기도 했는데, 당신은 '거대 과학'이라는 것에 대해 어떻게 생각하는가? 그리고 과학과 과학 이외의 지식 분과의 관계에 대해 어떻게 생각하는가?

SSC 프로젝트가 의회에서 취소된 것은 매우 안타까운 일이었다. 그들은 우리가 어떤 것을 잃을지 전혀 알지 못하고 있었다. SSC는 LHC의 2배 이상의 에너지를 낼 수 있는 장치였다. 그 계획이 실행되었더라면 우리는 좀 더 쉽게 근본적인 문제들을 해결할 수 있었을 것이다. 그것은 세계를 이해할 수 있는 무척 좋은 기회가 되었을 것이며, 동시에 그것은 미국 과학이 세계에 어떤 공헌을 할 수 있는지 보여 주는 기회가 되었을 것이다.

내가 과학과 과학 밖의 사람들의 관계가 중요하다고 생각하는 이유 중 하나는, 과학의 발전이, 그것이 순수 지식이라고 하더라도, 모든 사람들에게 이익을 가져다준다는 것이다. 나는 우리 과학자들에게 사람들이 과학을 더 잘 이해할 수 있도록 도와주어야 하는 책임이 있다고 생각한다. 결과적으로 그것은 국가의 행동, 그리고 정책에 영향을 미칠 것이다.

나아가 과학의 발전을 고무하는 것은 교육과 궁극적으로는 국가를 발전시키는 데 커다란 이익을 준다. 물론, 과학 외의 다른 학문들도 다 중요하다.

10. 과학은, 특히 입자 물리학은 '환원주의' 라는 비판을 많이 받고는 한다. 당신이 재직하고 있는 하버드 대학교의 유명한 생물학자 에드워드 윌슨은 자신의 저술인 『통섭』에서 환원주의를 강하게 옹호한 적이 있다. 당신은 이 '통섭' 에 관해 할 이야기는 없는가? 자연 과학과 인문학의 통합을 꿈꾸는 통섭에 관해 어떻게 생각하는가?

환원주의는 과학의 방법 중 하나이다. 그리고 그것은 매우 성공적이었다. 특히 이 책에서 소개하고 있는 입자 물리학의 표준 모형(최근에 등장한 전도유망한 아이디어들을 바탕으로 확장된 표준 모형)은 믿을 수 없을 정도로 멋지게 물질의 근본 요소와 그것들의 상호 작용을 설명하고 있으며, 실험적으로도 아주 정밀하게 옳은 것으로 입증되어 왔다. 그러나 그것이 환원주의 그 자체가 모든 질문의 해답임을 보증해 주는 것은 아니다. 그러나 만물의 구성 요소가 무엇인지를 알고 시작하는 것은 그 구성 요소들에서 창발하는 현상을 이해하는 데 커다란 도움을 줄 것은 틀림없다.

나는 에드워드 윌슨이 '통섭'을 통해 과학적 문제들이 인문학과 사회 과학에 의해 해결된다고 주장한 것도 아니고, 그 반대로 인문학과 사회 과학의 문제들이 자연 과학으로 모두 해결된다고 주장한 것도 아니라고 생각한다. 그 대신 하나의 분과 안에서는 결코 해결할 수 없는 문제들이 있다고 주장한 것이라고 생각한다. 그의 주장은 당연히 참이다. 나는 이 책에서 과학적 사고를 설명하기 위한 방편으로 문화적 요소들을 인용했다. 그 과정에서 과학적 지식만큼이나 방대한 문화적 지식들을 찾아보는 것은 내게 큰 즐거움을 주었다. 그렇다고 해서 우리가 하나의 해답을 찾으려고 하는 것이나 환원주의자처럼 생각하는 것에 어떤 문제가 있는 것은 아니다.

11. SSC의 실패에서 알 수 있듯이 과학 연구 기금을 모으는 것은 정말 어려운 일이다. 우리가 듣기로 조지 W. 부시 대통령이 집권한 이후 미국의 과학 연구 기금이 10퍼센트 감소했다고 들었다. 당신은 미국 내의 이런 상황에 대하여 어떻게 생각하는가?

과학 예산은 항상 불안정하다. 최근 우리는 미국 정부의 과학 예산 지원 정책을 불안한 눈으로 지켜보고 있다. 새로운 정부가 어떤 정책을 취하게 될지 알지 못하지만, 기본적인 우려를 하고 있다. 한번 승인된 연구 프로젝트가 취소되는 것을 보고 우리는 이제 모든 프로젝트들이 어느 순간, 갑자기 취소될 수 있음을 알게 되었고, 미국에서 그 어떤 프로젝트도 안정적이지 않음을 알게 되었다. 불행히도 이러한 사실은 중요한 연구 프로젝트에서 미국 과학자들과 함께 일할 국제적 파트너들의 불신을 불러일으켰다. 미국의 과학 공동체는 연구 기금을 확보하는 일이 과학 그 자체를 위하는 데뿐만이 아니라 미국의 과학 경쟁력을 유지하는 데에도 아주 중요하다고 생각하고 있으며, 정부에 강하게 주장하고 있다. 하지만 현재의 미국 정부는 이러한 메시지에 귀를 기울이지 않고 있다.

12. 현재 세계의 기초 과학 분야에서 미국이 하는 역할은 정말로 크다. 당신은 과학자로서 미국이 지금 해야 하고, 앞으로 취해야 할 바람직한 입장이 무엇이라고 생각하는가?

 과학은 국경을 초월하는 것이라고 생각한다. 하지만 교육 체계나 국가적 특수성 혹은 사람들의 가치관에 따라 과학계가 해야 할 바나 취해야 하는 입장이 달라질 수밖에 없다고 생각한다. 가치관 교육과 독립 정신, 창의적인 생각의 결합이 과학에 대한 건전한 투자 상황을 조성했고, 그것이 미국을 세계 과학의 리더로 만들었다. 그것은 또한 미국을 외국 과학도들에게 매력적인 공간으로 만들었다. 그리고 그 외국인들은 미국에 들어와서 미국과 세계의 과학계를 재배치하고 발전시켰다.

 이제 미국의 과학계는 세계 과학의 핵심이 아닌 것 같다. 사실 나는 이미 CERN이 이 질문에 대답해야 할 정도로, 세계 과학계에서 중요한 역할을 하고 있다고 생각한다. 이 가속기 연구소는 다음 10년 동안 세계 입자 물리학계의 중심이 될 것이다.

 미국이 더 이상 세계 과학계의 중심적인 역할을 하지 못하게 되었다는 것은 부끄러운 일이다. 풍요로운 지식과 그러한 지식을 만들기 위한 국가적·사회적인 헌신이 미국을 여기까지 이끌어 왔다. 우리는 그것을 기억해야 한다. 물론 LHC는 입자 물리학이 제기하는 문제들을 모조리 해결하지는 못할 것이다. 우리는 미국이 수년 내에 이론과 실험 양 분야에서 중요한 역할을 하게 되기를 바라고 있다.

13. 파스퇴르는 "과학에는 국경이 없지만, 과학자에는 조국이 있다."라고 이야기했다. 당신은 그 말을 어떻게 받아들이고 있는가?

바로 앞 질문에 대한 대답으로 이 질문에 대해 충분한 답을 했다고 생각한다. 과학이 짧은 기간에도 불구하고 명확한 모습을 갖추게 된 것은 사람들의 사고 덕분이었다. 사고 방법 혹은 방식에 따라 각각 다른 성취를 거두어 왔다. 예를 들어 어떤 곳은 좀 더 창의적이었고, 또 어떤 곳은 권위주의적이었지만, 사람들은 그들이 처한 환경을 반영하여 과학을 만들어 왔다. 그 과학들은 모두 다 흥미로운 것이었다. 현대 사회에서 과학자들은 국경을 넘어 과학을 발전시키고 있다. 과학자들은 학회와 학술 회의로 수많은 여행을 하고 있으며, 인터넷은 과학자들이 어디에 있든 즉시 연결해 서로 논의할 수 있는 환경을 만들어 주었다.

14. 당신은 과학자가 그를 둘러싸고 있는 전체 사회에 대해 어떤 책임을 가지고 있다고 생각하는가?

나는 과학자들이 다른 사람들보다 더 많은 혹은 더 적은 사회적 책임을 느껴야 하는 이유를 알지 못한다. 그것은 개인의 결정에 달려 있다고 생각한다. 하지만 사람들은 좀 더 나은 세상을 만들기 위해 자신만의 특별한 지식 혹은 재능을 나누어야 한다고 생각한다. 과학 분야에서 일하는 사람들은 확실히 책임 있는 행동을 해야 할 의무가 있다고 생각한다.

15. 오늘날 과학자로 산다는 것이 어떤 특별한 의미가 있다고 생각하는가?

이 질문에 확실하게 답할 수는 없지만, 나는 과학자로 산다는 것은 세계의 진실과 세계에 대한 통찰을 얻을 수 있는 길이라고 생각한다. 그것은 세계를 더 흥미로운 것으로 만들 것이다.

16. 당신은 성공한 과학자이지만, 그에 앞서 드물게 성공한 여성 과학자이기도 하다. 당신이 여성이라는 사실이 연구나 연구 외적인 방향에 영향을 미쳤는가? 현재 연구하고 있는 여성 물리학자의 수가 남성에 비해 적은 이유는 무엇이라고 생각하는가?

나는 내가 여성이라는 사실이 나의 연구에 특별한 영향을 끼친다고 생각하지 않는다. 오히려 여성이라는 사실이 나를 좀 더 대담하게 만들고, 경계를 넘어 새로운 연구 영역으로 들어가는 준비를 하도록 만드는 것 같다. 하지만 그것은 나라는 개인의 특성이기도 할 것이다.

물론 나도 자신을 여성으로서 규정하는 것이 연구 환경과 새로운 도전에 영향을 미친다고 생각한다. 나는 왜 여성 연구자보다 남성 연구자가 많은지 같은 질문의 답을 알지 못한다. 그것은 아마도 여성으로서 태어나고 살아온 과정의 관성 때문일지도 모르겠다. 사람들은 자신들과 비슷한 사람들이 있는 곳에서 훈련을 받고 경력을 쌓으려는 경향이 있기 때문이다.

17. 어떤 사람은 과학의 대중화를 대중의 과학화라고 주장한다. 당신은 어떤 것이 더 중요하다고 생각하는가? 그리고 당신은 이 책을 쓸 때 어떤 것에 초점을 맞췄는가?

나는 과학 지식을 알고 싶어 하는 사람들이 과학 지식에 더 용이하게 접근할 수 있어야 한다고 생각하며, 그런 상황을 만드는 것이 무척 중요하다고 여긴다. 현대 과학은 고도로 발전되어 있고, 상당히 어려운 것은 사실이다. 그러나 과학자들이 자신의 연구 성과에 대해 대중과 소통하고자 노력한다면 그것을 대중에게 이해시킬 수 있다고 생각한다. 바로 그것이 내가 이 책을 쓴 동기이기도 한다.

나는 '대중의 과학화'라는 말의 정확한 의미에 대해 분명하게 알지 못한다. 그러나 그것이 대중의 과학적 소양을 일반적으로 발전시키는 것이라고 받아들인다. 나는 사회 일반이 더 많은 지식을 가지게 될수록 더 많은 이득을 얻을 수 있다고 여긴다. 그리고 과학 지식은 현대 사회에서 어떤 결정을 할 때 결정적인 도움을 주고 있다. 더 나아가 과학적 훈련은 사람들에게 세계에 대해 고민할 때 유용한 도구와 방법을 제공할 것이다. 만약 '대중의 과학화'가 이것을 의미한다면 그것만으로도 충분히 중요한 것이다.

18. 당신은 종교가 있는가? 과학이 발전했지만 인류는 아직 종교적 영향력에서 완전히 벗어나지 못하고 있다. 당신은 과학과 종교의 관계에 대해 어떤 생각을 가지고 있는가?

나는 유대 인으로 태어났다. 그러나 우리 가족은 종교적이지 않았다. 과학과 종교는 뚜렷하게 다른 관할 구역을 가지고 있으며, 나는 그 둘이 이런 식으로 각자의 길을 따라 따로 가는 것이 낫다고 생각한다. 물론 종교적인 사람들 중 어떤 사람들은 자신의 종교를 가지고 세상에 개입하려 하고, 그들의 신학적 교리를 과학과 싸우는 데 사용하기도 한다. 그러나 과학과 종교 사이에서는 싸움이 벌어지지 않을 것이다. 왜냐하면 종교는 과학이 해답을 얻으려고 노력하지 않을 질문들 사이에서 전선을 펼치려 하기 때문이다. 예를 들어 어떤 일이 왜 일어나는가 하는 질문이나 도덕적이고 인간적인 이슈들에 대한 질문들 말이다.

19. 당신의 현재 학문 분야와 세계관, 과학관에 대한 이야기를 들었다. 이제는 미래에 대해 이야기해 보자. 우선, 학문적 후배들에게 어떤 과학 분야 또는 물리학 분야를 추천하고 싶은가?

이런 문제는 예측하기 아주 힘든 것이다. 왜냐하면 이 질문은 단순하게 연구 분야나 영역에 대한 것만이 아니라 그 분야나 영역이 그 사람의 재능과 어울리겠냐 하는 것도 포함하고 있기 때문이다. 앞으로 가장 중요해질 분야는 아마도 우리 뇌에 대해 더 잘 이해하고자 하는 뇌과학 분야일 것이다. 여기에서 시작하는 것도 나쁘지 않을 것이다. 그리고 우리가 아직 이해하지 못하고 있는 신체의 복잡한 되먹임 메커니즘에 대해 이해해야 한다. 그렇지만 물리학 분야 역시 놀라운 성과가 약속되어 있다. LHC의 실험 데이터를 가지고 우리는 물질의 근본 구조에 대한 이해에서 경이로운 도약을 이룰 것이다. 중력과 양자 중력에 대한 이해에서 엄청난 돌파구가 열릴 것이고, 우리 분야, 즉 입자 물리학 분야는 드라마틱하게 발전할 것이다. 물론 다른 물리학 분야도 흥미진진하고 자극적인 발전을 이룰 것이다. 그러나 당장 어디에서 어떤 돌파구가 열릴지 아직은 알지 못한다.

20. 젊은 과학도들이 가져야 할 최고의 덕목은 무엇이라고 생각하는가?

나는 그들이 세계와 다른 사람들에 대한 호기심을 가져야 한다고 생각한다. 그리고 정직성이 중요할 것이다. 그리고 진실과 공평함을 추구하는 데 있어 헌신성을 가져야 할 것이다.

21. 10년 뒤, 당신은 당신 자신과 과학의 미래를 어떻게 생각하는가? 당신은 행복할 것 같은가 혹은 과학의 미래에 대해 낙관하는가?

아주 좋은 질문이다. 나는 본질적으로 신중한 인간이다. 그래도 나는 앞으로 다음 10년 동안 내가 무엇을 배우게 될지 그려 보고는 한다. LHC는 앞으로 10년 동안 꽤 많은 것을 우리에게 알려줄 것이다. 그렇게 되면 기본 입자들에게 질량을 주는 것이 무엇인지, 그리고 왜 그것들이 그렇게나 가벼운지, 그리고 공간의 여분 차원이 존재한다면 왜 그렇게 생겼는지 이해할 수 있게 될 것이다. 그렇다면 행복해지지 않을까?

22. 당신은 한국을 방문할 예정이 있는가? 한국에서는 올해 초대칭성 학회인 수지 08(SUSY 08)이 열린다.

방문하고는 싶지만 최근에 여행을 너무 많이 해 아직 결정하지 못했다. 시간에 여유가 있다면 좋을 텐데 말이다.

용어 해설

가로 편극(transverse polarization) 진행 방향에 수직한 파동의 진동.

가상 입자(virtual particle) 양자 역학에서만 허용되는 과정 중간에 잠깐 존재했다 사라지는 입자. 가상 입자는 이에 대응하는 실제 입자와 동일한 전하를 갖지만 에너지는 같은 값을 갖지 않는다.

강력(strong force) 알려져 있는 네 가지 힘 중 하나. 양성자나 중성자 안에 있는 쿼크들을 묶어 주는 힘이다.

강입자(hadron) 쿼크 그리고(혹은) 글루온이 강력으로 결합된 입자. '하드론'이라고 한다.

게이지노(gaugino) 힘을 매개하는 게이지 보손의 초대칭짝.

게이지노 중개(gaugino mediation) 게이지노에 의한 초대칭성 깨짐의 전달.

게이지 보손(gauge boson) 기본 힘을 전달하는 입자.

격리(sequestering) 여분 차원에서 서로 다른 기본 입자들이 물리적으로 분리되어 있는 것.

결합 상수(coupling constant) 상호 작용 세기를 정해 주는 수.

경입자(lepton) 강력을 느끼지 못하는 페르미온.

계량(metric) 물리적 거리와 각도를 결정하는 측정 규모의 기준이 되는 물리량. '메트릭'이라고도 한다.

계층성 문제(hierarchy problem) 왜 중력이 약한가 하는 문제. 다른 말로 중력의 세기를 결정하는 플랑크 질량이 약력과 관련된 약력 규모 질량보다 10^{16}배나 큰 이유가 무엇인지 묻는 문제. '위계 문제'라고도 한다.

고유 스핀(intrinsic spin) 마치 자전하는 것 같은 입자의 행동을 특정해 주는 수. 정수나 반정수의 값을 가진다. '스핀'이라고도 한다.

고전 물리학(classical physics) 양자 역학과 상대성 이론을 고려하지 않는 물리 법칙의 집합.

고전 양자 이론(old quantum theory) 양자화의 법칙을 체계적으로 정립하지 못하고 양자 상태의 시간에 따른 변화를 기술하지는 못했지만 양자화의 법칙들을 처음 제안한 양자 역학의 이전 단계 이론.

곡률(curvature) 물체, 공간 혹은 시공간의 휘어짐이나 구부러짐을 기술하는 물리량.

관성 좌표계(inertial frame of reference) 정지계 같은 고정된 기준 좌표계에 대해 일정한 속도로 움직이는 기준 좌표계. '관성계.'

광자(photon) 전자기력을 매개하는 기본 입자. 빛의 양자.

구조(structure) 물질의 얼개.

국소적으로 국소화된 중력(locally localized gravity) 4차원 중력은 4차원 중력자처럼 작용하는 입자의 확률 함수가 밀집된 공간에서만 감지할 수 있다는 이론.

국소적인 상호 작용(local interaction) 인접하거나 같은 위치에 있는 입자들 사이의 상호 작용.

국소화된 중력(localized gravity) 공간의 특정 영역에 중력장이 밀집되어 있는 상태. 중력이 여분 차원으로 흩어지지 않기 때문에 저차원처럼 보인다.

그래비티노(gravitino) 중력자의 초대칭짝.

글루온(gluon) 강력을 매개하는 기본 입자. '접착자'라고도 한다.

기가전자볼트(GeV, gigaelectronvolt) 10^9전자볼트에 해당하는 에너지 단위.

기준 좌표계(frame of reference) 공간이나 시공간에서 사건을 기술할 때 관측자의 관점. 혹은 일련의 좌표들. 줄여서 '기준계'라고 한다.

끈(string) 1차원(공간)으로 뻗어 있는 물체. 끈의 진동에서 기본 입자들이 생겨난다.

끈 결합(string coupling) 끈끼리의 상호 작용 세기를 결정해 주는 물리량. '끈 결합 상수'라고도 한다.

끈 이론(string theory) 끈이 우주를 구성하는 기본 요소라고 가정하는 이론. 양자 역학과 일반 상대성 이론을 모순 없이 결합하는 이론일지도 모른다는 평가를 받고 있다.

내부 대칭성(internal symmetry) 입자들의 기하학적인 위치를 바꾸지 않고 내부 성질 혹은 입자의 표식만을 바꿔 주는 변환에 대해 물리 법칙이 변하지 않는 대칭성.

뉴턴의 중력 법칙(Newton's gravitational force law) 질량이 있는 두 물체 사이의 중력 세기는 이들의 질량에 비례하며 거리 제곱에 반비례한다는 고전적인 중력 법칙.

뉴턴의 중력 상수(Newton's gravitational constant) 뉴턴의 중력 법칙에서 중력의 세기를 결정하는 계수. 플랑크 질량의 제곱에 반비례한다.

다운 쿼크(down quark) 양성자와 중성자를 구성하는 쿼크 중 하나. '아래 쿼크'라고도 한다.

다중 우주(multiverse) 상호 작용을 하지 않거나 굉장히 약하게 상호작용하는 영역들을 포함하는 가상적 우주.

닫힌 끈(closed string) 고리를 이뤄 끝이 존재하지 않는 끈.

대칭 변환(symmetry transformation) 물리계의 특성이나 움직임이 변하지 않도록 물리계를 조작하는 것. 대칭성에 의해 서로 연관되어 있는 배치를 서로 교환하는 것.

대칭성(symmetry) 어떤 물리 작용을 가했는데도 그 효과가 감지되지 않는 물체나 물리 법칙의 성질.

대통일 이론(GUT, Grand Unification Theory) 중력을 제외한 세 힘이 높은 에너지에서 하나의 힘으로 통일되는 이론.

대형 강입자 충돌기(LHC, Large Hadron Collider) 7테라전자볼트의 에너지를 가진 양성자 빔을 충돌시켜 질량이 수 테라전자볼트에 이르는 입자를 생성하는 고에너지 충돌형 가속기.

드 지터 공간(de Sitter space) 일정한 양숫값의 곡률을 갖는 공간.

등가 원리(equivalence principle) 일정한 가속도와 중력을 구분할 수 없다는 원리.

D 막(D-brane) 끈 이론에서 열린 끈의 끝이 붙어 있는 막.

막(brane) 에너지를 가지며 입자와 힘을 속박할 수 있는, 고차원 공간에 존재하는 막 형태의 물체.

막 세계(braneworld) 물질과 힘이 막에 속박된 물리적 구성 상태.

막의 차원성(dimensionality of a brane) 막에 구속된 입자들이 이동할 수 있는 차원의 수.

모형(model) 후보 이론.

무정부주의 원리(anarchic principle) 대칭성이 금지하지 않는 상호 작용은 모두 일어날 수 있다는 원리.

뮤온(muon) 전자와 같은 종류의 입자이지만 전자보다 수명이 짧고 무거운 기본 입자. '뮤 입자'라고도 한다.

미세 조정(fine-tuning) 변수를 매우 특정한(게다가 비현실적인) 값에 맞추는 보정.

반 드 지터 공간(anti de Sitter space) 일정한 음의 곡률을 갖는 시공간.

반입자(anti particle) 우리가 보는 입자와 질량은 같으나 전하량이 반대인 입자.

벌크(bulk) 고차원 공간 전체.

베타 붕괴(beta decay) 중성자가 양성자, 전자, 중성미자로 붕괴하는 방사성 붕괴.

병진 불변성(translation invariance) 물리 법칙이 공간상의 위치에 영향을 받지 않는 것.

보손(boson) 1, 2 같은 정수 스핀을 갖는 입자(양자 역학에서 나타나는 두 종류의 입자들 중 하나. 나머지 하나는 페르미온.). 광자, 힉스 입자가 보손의 예이다.

보텀 쿼크(bottom quark) 다운 쿼크와 스트레인지 쿼크에 대응하는 수명이 짧고 무거운 쿼크. '바닥 쿼크'라고도 한다.

분자(molecule) 전자를 공유하는 둘 혹은 그 이상의 원자들이 서로 결합되어 있는 상태.

불확정성 원리(uncertainty principle) 양자 역학의 기본 원리로 (위치와 운동량 같은) 특정 물리량들의 쌍을 동시 측정할 때 정확도가 제한된다는 원리.

블랙홀(black hole) 굉장히 밀도가 높아 어떤 것도 그 주변의 중력장 밖으로 빠져 나갈 수 없는 물체.

비틀림 계수(warp factor) 좌표에 따라서 메트릭 전체의 규모를 바꿔 주는 계수.

비틀린 시공간 기하(warped spacetime geometry) 특정 방향으로만 위치에 따라 규모가 변하는 것을 제외하고는 위치에만 따라 변하는 척도를 제외하고는 평평한(좀더 일반적으로 말하면 그 방향의 각 단면이 동일한 모양을 갖는다고 말한다.) 시공간과는 다르지 않은 시공간.

사고 실험(thought experiment) 상상으로 하는 물리 실험. 이를 통해 어떤 물리적인 가정들에서 어떤 결과가 나올지 추산할 수 있다.

사막 가정(desert hypothesis) 통일 에너지보다 낮은 에너지에서는 표준 모형의 입자들 외에 어떤 입자도 생성될 수 없다는 가정.

사영(projection) 높은 차원의 물체를 낮은 차원으로 나타내는 특정한 방법. '투영'이라고도 한다.

상대성 이론(relativity) 시공간에 대한 아인슈타인의 두 이론을 묶어 부르는 이름. 특수 상대성 이론은 시간과 공간을 하나로 묶어 주며, 일반 상대성 이론은 중력을 시공간의 곡률로 설명한다.

CERN 핵 연구를 위한 유럽 연합 기구의 약자로 스위스에 있는 고에너지 가속기 연구 시설. 현재 LHC 건설 중이다. 영어식으로는 '선', 프랑스 어식으로는 '세른'이라고 읽는다.

섭동(perturbation) 알려져 있는 이론에 가한 작은 수정. 혹은 작은 수정을 가하는 것.

섭동 이론(perturbation theory) 고려하고 있는 이론이 풀이가 가능한 이론(일반적으로 상호 작용을 하지 않는)과의 차이가 작은 크기의 변수(상호 작용 세기 같은)로 표현될 때, 섭동 이론을 쓰면, 즉 이 작은 변수를 일정한 규칙에 따라 전개하면 풀이가 가능한 이론에 고려 중인 이론을 외삽할 수 있다. 결과는 대응하는 변수(일반적으로 결합 상수이다.)의 멱 전개로 표현된다.

세대(generation) 전체 입자(전하를 띠고 좌우로 회전하는 경입자, 업 타입의 쿼크, 다운 타입의 쿼크, 왼쪽으로 회전하는 중성미자)를 모두 아우르는 그룹. 전부

세 가지 세대가 있다.

세로 편극(longitudinal polarization) 운동 방향으로 하는 진동.

셀렉트론(selectron) 전자의 초대칭짝. '초전자'라고도 한다.

속도(velocity) 운동 상태의 속력과 방향을 동시에 나타내는 물리량.

손대칭성(chirality) 스핀을 갖는 입자가 진행 방향에 왼쪽 혹은 오른쪽으로 회전하는지를 나타내는 성질.

손잡이성(handedness) 왼쪽 혹은 오른쪽으로의 스핀 방향.

스쿼크(squark) 쿼크의 초대칭짝. '초쿼크'라고도 한다.

스트레인지 쿼크(strange quark) 다운 쿼크와 같은 종류의 입자이지만 그보다 수명이 짧고 다운 쿼크에 대응하는 질량이 큰 쿼크. '야릇 쿼크'라고도 한다.

스펙트럼(spectrum) 모든 진동수에 걸쳐 발산되는 에너지의 분포 상태를 나타내는 함수.

스펙트럼 선(spectral lines) 이온화되지 않은 원자들이 빛을 내거나 흡수하는 것을 나타내는 불연속적인 진동수.

스핀(spin) 고유 스핀 참고.

슬렙톤(slepton) 경입자의 초대칭짝. '초경입자'라고도 한다.

시공간(spacetime) 시간과 공간을 하나로 묶은 개념. 물리 과정이 일어나는 영역을 수학적으로 형식화한 것.

심층 비탄성 산란(deep inelastic scattering) 전자와 양성자, 중성자의 산란에 의해 쿼크의 존재가 밝혀진 실험.

쌍대성 이론(dual theories) 겉으로는 완전히 다르지만 하나의 이론을 기술하는 2개의 동등한 이론.

아인슈타인 방정식(Einstein's equations) 일반 상대성 이론 방정식. 물질과 에너지의 분포를 알면 이 방정식으로 계량(따라서 중력장)을 계산할 수 있다.

알파 입자(alpha particle) 2개의 양성자와 2개의 중성자로 이루어진 헬륨 원자핵.

암흑 물질(dark matter) 빛을 내지 않는 물질. 우주 에너지의 25퍼센트를 차지한다.

암흑 에너지(dark energy) 우주 에너지의 70퍼센트를 차지하는 우주의 진공 에너지. 물질에 의한 것은 아니다.

압축 공간(compact space) 크기가 유한한 공간.

압축화(compactified) 유한한 크기로 말려 있는 공간을 압축화된 공간이라고 한다.

약력(weak force) 알려져 있는 네 가지 힘 중 하나. 중성자가 양성자로 변하는 베타 붕괴를 일으키는 힘이다.

약력 게이지 보손(weak gauge boson) 약력을 전달하는 기본 입자. W^+, W^-, Z 세 종류가 있다.

약력 규모 길이(weak scale length) 10^{-16}센티미터의 길이. 1경분의 1센티미터. (양자 역학과 특수 상대론을 통해) 약력 에너지에 대응하는 길이. 약력이 미치는 범위, 다시 말해 약력을 통해 입자들이 서로 영향을 미칠 수 있는 최대 거리.

약력 규모 에너지(weak scale energy) 약력 대칭성이 자발적으로 깨지는 단계의 에너지. 약력 규모 에너지가 기본 입자들의 질량을 결정한다.

약력 규모 질량(weak scale mass) 광속을 통해(특수 상대성 이론을 통해) 약력 규모 에너지(250GeV)에 대응하는 질량. 일반적인 질량 단위로 표현하면 10^{-21}그램이다.

약전자기 이론(electroweak theory) 전자기력과 약력을 모두 기술하는 이론. 입자 물리학의 표준 모형에서 중요한 요소이다. '전약 이론'이라고도 한다.

양성자(proton) 2개의 업 쿼크와 1개의 다운 쿼크가 결합된, 원자핵을 구성하는 요소.

양자(quantum) 측정 가능한 물리량의 불연속적이고 분할 불가능한 최소 단위. 그 양의 최소 단위.

양자 기여(quantum contribution) 가상 입자가 물리 과정에 주는 영향 또는 효과. '양자 보정'이라고도 한다.

양자 색역학(QCD, quantum chromodynamics) 강력에 대한 양자 장론. '양자 색소 동역학'이라고도 한다.

양자 역학(quantum mechanics) 모든 물질은 관련된 파동 함수를 갖는 불연속적인 기본 입자들로 구성되었다는 가정에 근거한 이론.

양자장 이론(quantum field theory) 입자 물리학 연구에 사용되는 이론. 이를 이용하면 입자들이 상호 작용하거나 생성 혹은 붕괴하는 물리 과정의 확률을 계산할 수 있다. 줄여서 '양자장론'이라고 한다.

양자 전기 역학(QED, quantum electrodynamics) 전자기력의 양자장론.

양자 중력 이론(qunatum gravity) 양자 역학과 일반 상대론을 모두 포함하는 중력 이론.

양전자(positron) 양의 전하를 띠는 전자의 반입자. '포지트론'이라고도 한다.

업 쿼크(up quark) 양성자와 중성자를 구성하는 쿼크 중 하나. '위 쿼크'라고도 한다.

에테르(aether) 보이지는 않지만 있을 것으로 추측된 전자기파의 매질. 현재는 없는 물질로 밝혀졌다.

M 이론(M-theory) 알려져 있는 10차원 끈 이론 전부와 11차원 초중

력 이론을 통합함으로써 모든 것을 포괄하는 가상의 통일 이론.

역제곱 법칙(inverse square law) 힘의 세기가 물체 사이의 거리 제곱에 비례해 감소한다는 법칙. 고전적인 중력장과 전기장은 역제곱 법칙을 따른다.

열린 끈(open string) 양끝이 존재하는 끈.

외부 입자(external particles) 상호 작용 영역에 들어가고 나갈 수 있는 실제 물리 입자.

우주 상수(cosmological constant) 물질에서 기원하지 않은, 일정한 배경 에너지의 밀도.

우주론(cosmology) 우주의 진화를 연구하는 과학.

운동 에너지(kinetic energy) 물체가 움직여서 생겨나는 에너지.

원격 작용(action at a distance) 사물이 멀리 떨어져 있는 다른 사물에 즉각적으로 영향을 미치는 것. 가상적인 작용이다.

원자(atom) 양의 전하를 갖는 원자핵과 그 주위를 도는 전자로 구성된, 물질을 구성하는 요소.

위치 에너지(potential energy) 운동 에너지로 변환 가능한 축적된 에너지. '퍼텐셜'이라고도 한다.

유효 이론(effective theory) 이론이 적용되는 에너지나 거리 규모에서 원칙적으로 측정 가능한 입자와 힘을 기술하는 이론.

유효 장 이론(effective field theory) 어떤 특정한 에너지 범위에서 정의된 양자장론. 적용되는 에너지에 부합하는 입자와 힘을 기술한다.

이론(theory) 규칙과 방정식을 수반하는 일련의 구성 요소들과, 원리들의 한정적인 집합. 각각의 구성 요소들이 어떻게 상호 작용하는지 예측한다.

이온(ion) 전기를 띠는 원자핵과 전자의 결합 상태. 원자가 전자를 너무 적게 갖고 있거나 너무 많이 갖고 있는 상태.

이형성 없는 이론(anomaly-free theory) 양자 기여를 고려해도 고전 이론의 대칭성이 보존되는 이론.

이형성(anomaly) 물리적 상호 작용에 영향을 주는 양자 기여로 인해 대칭성이 깨지는 현상. 하지만 양자 기여를 고려하지 않는 고전 이론에서는 볼 수 없다.

이형적 중개(anomaly mediation) 양자 효과로 인한 초대칭성 깨짐을 전달하는 것.

인간 원리(anthropic principle) 가능한 수많은 우주 중에서 현재의 우주 구조를 형성할 수 있는 단 한 곳에 우리가 산다고 보는 원리. '인류 원리', '인류학적 원리'라고도 한다.

일반 상대성 이론(general relativity) 임의의 좌표계에서 에너지와 물질에 의해 형성된 중력장을 기술하는 이론. 일반 상대성 이론은 중력장을 시공간의 곡률로 본다.

입자 가속기(particle accelerator) 입자들을 고에너지로 가속시키는 고에너지 물리학 장치.

입자 물리학(particle physics) 물질을 구성하는 기본 입자들에 대해 연구하는 학문.

입자 충돌형 가속기(particle collider) 입자들을 충돌시켜 엄청난 에너지를 만들어내는 고에너지 가속기. 줄여서 '충돌기'라고 한다.

자발적 대칭성 깨짐(spontaneously broken symmetry) 대칭성이 물리 법칙에 의해서는 보존되나 계의 실제 물리 상태에 의해 깨지는 현상.

자외선 파탄(ultraviolet catastrophe) 고전적인 흑체 이론이 예측한 것으로, 높은 진동수에서 무한의 에너지가 방사되는 현상.

잡종 끈 이론(heterotic string theory) 시계 방향으로 진행하는 진동 모드와 반시계 방향으로 진행하는 진동 모드가 서로 다른 끈 이론.

장력(tension) 잡아 늘이려는 것에 대한 끈의 저항력을 나타내는 물리량. 끈이 얼마나 쉽게 진동할지 얼마나 쉽게 무거운 입자들을 만들어 낼지 결정해 준다.

장(field) 공간의 각 점에서 특정한 값을 갖는 물리량. 예를 들면 고전적인 전기장이나 양자장 등이 그것이다.

재규격화군(renomalization group) 서로 다른 에너지나 거리에 적용되는 양들을 이어 주는 계산 방법.

적색 이동(redshift) 파동을 발산하는 물체가 멀어지거나(도플러 적색 이동) 강한 중력장에 의해 속도가 느려질 때 (중력에 의한 적색 이동) 파동의 진동수가 낮아지는 현상. '적색 편이'라고도 한다.

전자(eletron) 음의 전하를 띤 아주 가벼운 입자.

전자기력(electromagnetism) 알려져 있는 네 가지 힘 중 하나. 전자기력은 전기력과 자기력을 아울러 이르는 말.

전자 볼트(eV, electronvolt) 전자 하나가 1볼트의 전위차에 저항하면서 움직이는 데 필요한 에너지.

제트(jet) 에너지가 큰 쿼크나 글루온을 감싸며 특정 방향으로 운동하는, 강한 상호 작용을 하고 있는 에너지가 큰 입자들의 모임.

족(family) 세대(generation) 참조.

준결정(quasicrystal) 결정 구조가 더 높은 차원에서 유도된 고체 물질.

중개(mediate) 중간 매개 입자를 통해 입자들이 서로 영향을 주고받는 것.

중개 입자(intermediate (internal) particles) 가상의 입자로 이 입자들의 교환에 의해 다른 입자들 사이의 상호 작용이 매개된다.

중력 렌즈 효과(gravitational lensing) 빛이 질량이 큰 물체 주위를 지나갈 때 그 경로가 휘어 여러 개의 상을 맺는 현상.

중력자(graviton) 중력을 전달·매개하는 입자.

중성 물체(neutral object) 힘의 작용을 받지 않는 물질. 중성 물체의 알짜 전하량은 0이다.

중성미자(neutrino) 약력을 통해서만 상호 작용하는 기본 입자. '뉴트리노'라고도 한다.

중성자(neutron) 2개의 다운 쿼크와 1개의 업 쿼크가 결합한 기본 입자로 원자핵의 구성 요소이다. '뉴트론'이라고도 한다.

지평선(horizon) 어떤 것도 그 너머로 탈출할 수 없는 영역의 경계.

진공(vacuum) 입자가 존재하지 않으며 에너지가 가능한 한 가장 낮은 우주의 상태.

진공 에너지(vacuum energy) 입자가 존재하지 않는 상태인 진공이 갖는 에너지. '우주 상수'라고도 한다.

차원(dimension) 시간과 공간의 독립적인 방향.

차원성(dimensionality) 한 점의 위치를 특정하는 데 필요한 수의 개수.

참 쿼크(charm quark) 업 쿼크와 같은 종류의 입자이지만 그것보다 수명이 짧고 질량이 큰 쿼크. '맵시 쿼크'라고도 한다.

초공간(superspace) 우리가 알고 있는 4차원 공간뿐만 아니라 이론적인 페르미온 공간까지 포함하는 추상 공간.

초끈 이론(superstring theory) 초대칭성을 포함하며 타키온이 없는 끈 이론. 중력과 게이지 보손뿐만 아니라 페르미온도 포함하고 있다.

초대칭성(supersymmetry) 한 쌍의 보손과 페르미온이 상호 교환되는 대칭성.

초대칭짝(superpartner (of a particle)) 초대칭성에 의해 대응이 되는 입자. 원래 입자가 보손이라면 이 입자의 초대칭짝은 페르미온이다.

역도 마찬가지다.

초정다면체(hypercube) 3차원보다 높은 차원에서 일반화된 정다면체.

초중력 이론(supergravity) 중력을 포함하는 초대칭성 이론.

측지선(geodesic) 공간에서 두 점을 잇는 최단 경로. 시공간에서 자유 낙하하는(어떤 힘도 작용하지 않는때) 관측자가 지나는 경로.

칼라비-야우 다양체(Calabi-Yau manifold) 끈 이론에서 중요한 역할을 하는 6차원 압축 공간. 특별한 수학적인 성질에 의해 정의된다.

칼루차-클라인 모드(Kaluza-Klein (KK) mode) 고차원에 기원을 두는 4차원 입자들. KK 모드들은 여분 차원 운동량에 의해 구별된다.

콤프턴 산란(Compton scattering) 전자에서 광자가 산란하는 현상. 전자에게 준 에너지만큼 광자의 에너지가 감소해 진동수가 감소한다.

쿼크(quark) 강력의 작용을 받는 페르미온.

타우(tau) 수명이 짧은 기본 입자로 전자나 뮤온과 전하량은 같으나 이들보다 질량이 크다.

타키온(tachyon) 이론의 불안정성을 보여 주는 입자로 겉으로 보아서는 질량 제곱이 음의 값을 갖는다.

테라전자볼트(TeV, teraelectronvolt) 에너지의 단위로 10^{12}전자볼트에 해당한다.

테바트론(Tevatron) 페르미 연구소에서 현재 가동 중인 고에너지 가속기. 테라전자볼트 단위의 에너지를 가진 양성자 빔과 테라전자볼트 단위의 에너지를 가진 반양성자들을 충돌시킨다.

톱 쿼크(top quark) 업 쿼크와 같은 종류의 입자이지만 수명이 더 짧은 쿼크. 알려져 있는 쿼크 중 가장 무겁다. '꼭대기 쿼크'라고도 한다.

특수 상대성 이론(special relativity) 관성 좌표계에서의 운동을 기술하는 이론.

특이점(singularity) 물리량이 무한히 발산하기 때문에 사물을 수학적으로 기술하는 것이 불가능해지는 영역.

T 쌍대성(T-duality) 작은 크기의 말려 있는 차원을 포함하는 우주의 물리 현상과 말려 있으나 크기(원래 반지름의 역수)가 큰 차원을 포함하는 우주의 물리 현상이 동등하다는 것.

파동 함수(wavefunction) 양자 역학의 함수로 이 함수에 대응하는 물체가 공간의 어느 점에 있을 상대적인 (다른 점에 비해) 확률을 나타내는 함수(정확하게는 이 함수의 절댓값을 제곱한 것이 확률을 나타낸다.—옮긴이).

파동 함수의 붕괴(collapse of the wavefunction) 정확한 측정을 하고 나면 양자 상태가 하나로 정해져 측정값이 하나로 고정되는 현상. '파동 함수의 수축'이라는 표현도 같은 현상을 가리킨다.

파울리 배타 원리(Pauli exclusion principle) 동일한 페르미온 2개가 같은 위치에 있을 수 없다는 원리.

파인만 다이어그램(Feynman diagram) 입자 물리학에서 허용되는 상호 작용을 알기 쉽게 나타낸 그림.

페르미 상호 작용(Fermi interaction) 질량이 있으며 약한 상호 작용을 매개하는 게이지 보손 하나를 교환하여 일어나는 상호 작용.

페르미 연구소(Fermilab) 미국 일리노이 주에 있는 가속기 연구소. 테바트론이 있다.

페르미온(fermion) 반정수(1/2, 3/2) 스핀을 갖는 입자. 양자 역학에 등장하는 두 종류의 입자 중 하나. 다른 하나는 보손이다. 쿼크와 전자가 페르미온의 예이다.

편극(polarization) 파동의 진동 방향. 전자기파의 일종인 빛의 경우에는 '편광'이라고 한다.

포티노(photino) 광자의 초대칭짝. '초광자'라고도 한다.

표준 모형(Standard Model) 알려져 있는 모든 입자와, 중력을 제외한 힘들 그리고 이들 사이의 상호 작용을 기술하는 유효 이론.

플랑크 (규모) 길이(Planck scale length) 중력이 강해져 중력을 계산할 때 양자 기여를 반드시 고려해야 하는 길이.

플랑크 상수(Planck's constant) 에너지를 진동수에, 운동량을 파장에 대응시켜주는 양자 역학적 물리량.

플랑크 (규모) 에너지(Planck scale energy) 중력이 강해져 양자 기여를 고려해야 하는 에너지.

p 막(p-brane) 특정 공간 방향으로는 무한히 뻗어 있지만 다른 차원에서는 블랙홀처럼 가까이 접근하는 물체들을 흡수하는, 공간에 대한 아인슈타인 방정식의 해 중 하나.

하부 구조(substructure) 물질을 구성하는 근본적인 구성 요소.

핵(nucleus) 원자 중심부에 있는 딱딱하고 밀도가 높은 물체. '원자핵'이라고도 한다.

핵자(nucleon) 양성자나 중성자를 아울러 가리키는 용어.

행렬 이론(matrix theory) 끈 이론과 동등할지도 모른다는 10차원 양자 역학 이론.

향 대칭성(flavor symmetry) 특정한 입자군에서 향이 다른 입자들을 호환할 수 있게 해 주는 대칭성.

향(flavor) 여러 종류의 쿼크와 렙톤을 구분해 주는 표식.

향 문제(flavor problem(of supersymmetry)) 가상의 스쿼크나 슬렙톤 때문에 향을 바꾸는 물리 과정이 지나치게 많이 발생한다고 예측되는 문제. 초대칭성 깨짐을 포함한 대부분 모형에서 이 문제가 발생한다.

호라바-위튼 이론(Horava-Witten theory) 강하게 결합된 잡종 끈을 상정하는 끈 이론. 잡종 끈을 포함한 두 장의 막 사이에 11번째 차원의 있는 끈 이론과 쌍대적인 관계에 있다.

확률 함수(probability function)　특정 위치에서 입자를 발견할 수 있는 확률을 결정해 주는 파동 함수의 절댓값을 제곱한 함수.

회전 불변성(rotational invariance)　실험 결과가 특정 방향에 의존하지 않는 것.

흑체 복사(blackbody radiation)　흑체에 의한 복사.

흑체(blackbody)　열과 에너지를 모두 흡수하며, 온도에 의해서만 결정되는 형태로 에너지를 복사하는 이상적인 물체.

힉스 메커니즘(Higgs mechanism)　게이지 보손과 다른 기본 입자들이 질량을 가질 수 있게 해 주는 자발적인 약전기력 대칭성 깨짐.

힉스장(Higgs field)　힉스 메커니즘에 등장하는 장. 약전기력 대칭성 깨짐의 원인이다.

수학 노트

1. 이 주석은 진짜 수학적 주석은 아니다. 그렇지만 '토요일 밤의 아기'는 3차원적인 존재이다.

그림 M1
토요일 밤의 아기.

2. 공간에서 계량은 $ds^2 = a_x dx^2 + a_y dy^2 + a_z dz^2$의 형태를 띠는데 여기서 x, y, z는 3차원 공간 좌표이며 a_x, a_y, a_z는 숫자 혹은 x, y, z의 함수 일수 있다. 계량은 길이와 거리 그리고 두 선 사이의 각도를 결정해 준다. 예를 들어 원점에서 (x, y, z)를 가리키는 벡터의 길이는

$\sqrt{a_x x^2 + a_y y^2 + a_z z^2}$ 가 된다. 만약에 $a_x = a_y = a_z = 1$이면 그 공간은 평평하다. 이럴 경우 거리나 길이는 우리가 잘 아는 익숙한 방법으로 측정한다. 예를 들어 원점에서 (x, y, z)를 가리키는 벡터의 길이는 $\sqrt{x^2 + y^2 + z^2}$가 된다. 좀 더 복잡한 형태의 계량은 $dxdy$ 같은 좌표가 혼합되는 교차항들을 포함한다. 이럴 경우 계량은 반드시 2개의 첨자를 갖는 텐서로 기술되어야 하는데, 이것을 통해 $dx_i dx_j$ 꼴의 계량에서 각 항의 계수인 a_{ij}를 알 수 있다. 나중에 상대성 이론을 논의할 때 계량에 dt^2 항이나 $dtdx_i$ 같은 항들도 포함되기도 한다.

3. 초구는 $x_1^2 + x_2^2 + \cdots + x_n^2 = r^2$으로 정의된다. 이때 x_i는 i번째 좌표(i번째 차원에서의 위치)를 뜻하며 r는 초구의 반지름이다. 만약에 초구가 n번째 차원에서 어떤 일정한 위치를 지날 때, 초구의 단면 $x_n = d$는 $x_1^2 + \cdots + x_{n-1}^2 = r^2 - d^2$으로 기술될 수 있다. 이 방정식은 반지름이 $\sqrt{r^2 - d^2}$이며 원래의 초구보다 차원이 하나 낮은 초구의 방정식이다. 예를 들어 n이 3이고 구가 플랫랜드를 가로지른다면, 플랫랜드 주민들은 원을 보게 된다(만약 이들이 수학적으로는 부등식으로 표현되는 원과 원의 내부를 본다면 원반을 봤다고 할 것이다.).

4. 끈 이론에서 고차원을 감출 수 잇는 다양체가 칼라비-야우 다양체 하나만은 아니다. G2 홀로노미 다양체(G2 holonomy manifold) 같은 다양체를 이용하면 이론적으로 받아들일 수 있는 다른 모형을 만들 수 있다.

5. 끈 이론에서 때로 '막(brane)'이라는 용어를 고차원 공간과 같은 수의 차원을 가지며 공간 전체를 메우고 있는 막을 지칭하는 것으로 사용하기도 한다. 하지만 여기서는 고차원 공간 전체보다는 차원이 낮은 막만 설명할 것이다.

6. $x_1, \cdots, x_j$ 차원에 뻗어 있는 막은 $n-j$ 방정식에 의해 $x_{j+1} = c_{j+1}, x_{j+2}$

$= c_{j+2} = \cdots, x_n = c_n$의 형태로 기술되는데, 여기서 x_i는 좌표이며 n은 공간 차원의 수, c_i는 막의 위치를 기술하는 고정된 상수이다. 주어진 좌표계에서 더 복잡한 형태로 휘어 있는 막은 그 표면을 기술하는 좀 더 복잡한 방정식으로 기술된다.

7. 뉴턴의 중력을 방정식으로 나타내면 Gm_1m_2/r^2이 되는데 G는 뉴턴의 중력 상수, m_1, m_2는 상호 인력이 작용하고 있는 두 물체의 질량, r는 이 둘 사이의 거리다.

8. 뉴턴의 중력 이론은 유클리드 기하학을 따른다. 유클리드 기하학에서 (x, y, z) 좌표를 가리키는 벡터의 길이 $x^2 + y^2 + z^2$는 좌표계에 의존하지 않는다. 즉 각각 좌표는 변하더라도 점 사이의 거리는 변하지 않게 좌표계를 회전시키는 것이 가능하다. 특수 상대성 이론은 여기에 시간을 추가한다. 즉 $x^2 + y^2 + z^2 - c^2t^2$ 값이 여러분이 선택하는 관성계에 무관하게 보존된다. 이 보존량은 시간과 공간 모두를 포함하는데, 시간은 c^2t^2 항 앞에 붙는 − 부호 때문에 다르게 취급되는 것을 주목하자. 또 이 값이 관성계에 무관하려면 기준계의 변환에는 시간과 공간 좌표가 섞여 있어야 한다는 것을 주목하자. 어떤 기준계가 다른 계에 대해 x 방향으로 상대 속도 v로 움직이고 있다면 (t, x, y, z)에서 (t', x', y', z')로의 좌표 변환은 다음과 같을 것이다. $x' = \gamma x - c\beta\gamma t$, $t' = \gamma t - \beta\gamma x/c$, $y' = y$, $z' = z$이다. 여기서 $\beta = v/c$, c는 빛의 속도 그리고 $\gamma = 1/\sqrt{1-\beta^2}$이다.

9. 아인슈타인 방정식으로 알고 있는 질량과 에너지 분포에서 계량 $g_{\mu\nu}$을 유도할 수 있다. 방정식은 다음과 같다. $R_{\mu\nu} - 1/2 g_{\mu\nu}R = 8\pi GT_{\mu\nu}/c^4$. 여기서 $R_{\mu\nu}$은 리치 곡률 텐서이며 이 값은 계량 $g_{\mu\nu}$과 연관되어 있다. $T_{\mu\nu}$은 응력 에너지 텐서로 질량과 에너지 분포를 기술한다. G는 뉴턴의 중력 상수이고 c는 광속이다. 예를 들어 질량 밀

도 ρ의 물질이 정지 상태에 있다고 하면 $T_{00} = \rho$가 되고 텐서의 다른 요소들은 모두 0이 된다.

10. 온도 T인 흑체에서 방출되는 단위 진동수당 에너지는 진동수 f에 의존하며 식은 다음과 같다. $f^3/(e^{hf/kT} - 1)$ 여기서 $k = 1.3807 \times 10^{-16}$ ergK^{-1}이다. K^{-1}은 볼츠만 상수로 온도를 에너지로 바꿔주는 상수이다. 낮은 진동수에서는 에너지가 진동수에 비례해서 증가하는 것을 주목하자. 하지만 양자 에너지 hf가 kT에 비해 커지게 되는 진동수에서 스펙트럼은 급격하게 감소한다. 즉 높은 진동수에서 흑체 복사 에너지는 지수 함수적으로 감소하는 것이다.

11. 파동 함수는 사실 복소수 함수이다. 이것이 양자 역학이 여러 이상한 성질을 갖게 되는 원인이다. 두 복소수 함수를 더한 뒤 제곱하면 일반적으로 두 복소수 함수 각각을 제곱한 뒤 더한 것과 다른 값을 갖는다. 이 때문에 간섭 현상이 생겨난다. 예를 들어 이중 슬릿 실험에서 스크린에 기록되는 확률은 전자의 가능한 두 경로를 기술하는 파동의 간섭으로 인해 생긴 결과이다.

12. 좀 더 정확히 이것은 플랑크 상수와 두 양의 교환자(commutator)의 절댓값을 곱한 것을 2로 나눈 값이다(양자 역학적으로 교환자는 [,]로 쓰며 $[x, y] = xy - yx$ 의 의미를 갖는다.— 옮긴이).

13. 특수 상대성 이론에 따르면 정지 질량이 m_0인 정지 상태 물체의 에너지는 $E = m_0c^2$이다. 일반적으로 속도 $v(\beta = v/c, \gamma = 1/\sqrt{1-\beta^2})$로 움직이는 물체는 $E = \gamma m_0c^2$의 에너지를 갖게 된다. 정지 질량은 (기준계와 무관하다는 의미에서) 관성 질량이라고 부르기도 한다. 이는 특수 상대성 이론의 변환 법칙에 따라 $E^2 - p^2c^2 = m_0c^4$이라는 양이 모든 기준계에서 동일한 값을 갖기 때문이다. 질량 m_0인 물체를 만들어 내려면 최소 m_0c^2의 에너지가 필요하다는 것에 주목하자. 그리고

어떤 물체가 에너지(실제로는 에너지/c^2)와 비교해 낮은 질량을 갖고 있다면 에너지와 운동량은 근사적으로 $E = pc$라는 식으로 연관지어진다. 이것 때문에 높은 에너지에서 에너지와 운동량을 대략적으로 상호 교환할 수 있는 것이다.

14. 맥스웰 방정식을 국제 표준 단위계(c. g. s unit)로 나타내면 다음과 같다.

$$\nabla \cdot \mathbf{E} = 4\pi\rho$$
$$\nabla \times \mathbf{E} = -\frac{1}{c}\frac{\partial \mathbf{B}}{\partial t}$$
$$\nabla \cdot \mathbf{B} = 0$$
$$\nabla \times \mathbf{B} = \frac{4\pi}{c}\mathbf{J} + \frac{1}{c}\frac{\partial \mathbf{E}}{\partial t},$$

여기서 **E**는 전기장, **B**는 자기장, ρ는 전하, **J**는 전류이다. 이 방정식들은 1차 미분 방정식으로, 이들 중 두 식을 결합하면 전기장이나 자기장 하나만 포함하는 2차 미분 방정식을 얻을 수 있다. 이 방정식은 파동 방정식 형태를 가지며 따라서 사인파를 그 해로 갖는다.

15. 실제로 특수 상대성 이론의 근저에 깔려 있는 원리에 따르면, 시간축 방향으로 진동하는 네 번째 편극을 갖는 게 가능하다. 하지만 이것은 존재하지 않으며, 세 번째 세로 편극을 없애 주는 내부 대칭성이 시간축 편극도 제거한다. 이 장이나 다음 장의 논의에서 이것은 아무런 역할을 하지 않으므로 더 이상 이야기하지는 않을 것이다.

16. 대칭성은 실제로 더 복잡한 것이다. 그것이 어떤 힘에 관련된 것이든 대칭성은 복소수로 표현된 장을 상호 회전시킨다. 이 대칭성

은 단순히 장들을 상호 교환하는 게 아니라 어떤 장을 다른 장들의 선형 결합으로 변환한다. 전자기력은 하나의 복소수 장을 회전시키지만 약력은 2개의 복소수 장을, 강력은 3개의 복소수 장을 회전시킨다.

17. 힉스 메커니즘 모형이 제 기능을 하려면, 힉스장 중 최소한 하나가 0이 아닌 값을 가져야 한다. 그러기 위해서는 최소한 1개의 힉스장이 0이 아닌 값을 가질 때, 에너지가 최솟값을 가지면 된다. 이것이 가능한 경우 중 하나가 그림 M2에 표현되어 있다. 소위 멕시코 인 모자 위치 에너지를 나타낸 이 그림은 2개의 힉스장이 가질 수 있는 값들의 모든 조합에 대해 계가 가질 수 있는 에너지를 그린 것으로, 아래 두 축은 두 힉스장들의 절댓값이며 3차원 표면의 높이는 각각 상황에서의 에너지를 의미한다. 이 특별한 위치 에너지는 $\lambda(|H_1|^2 + |H_2|^2 - v^2)^2$으로 표현된다. 여기에서 λ는 위치 에너지가 위로 얼마나 휘어져 있는지를 정해 주며, v는 위치 에너지가

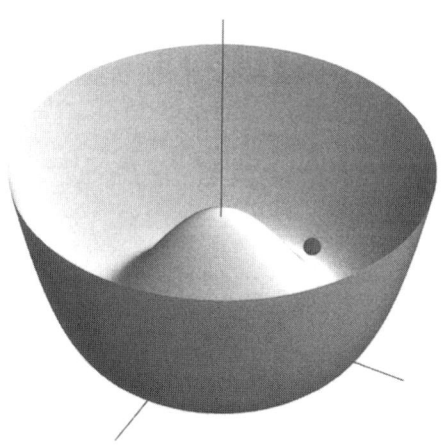

그림 M2
힉스장에서의 멕시코 인 모자 위치 에너지.

최소일 때 $|H_1|^2 + |H_2|^2$가 갖는 값을 정해 준다. 이 위치 에너지의 핵심적 특징은 두 힉스장이 모두 0일 때 위치 에너지가 극댓값을 갖는다는 점이다. 따라서 에너지를 고려할 때 힉스장이 동시에 0이 될 수 없다는 것을 알 수 있다. 대신 힉스장들은 원점 주위를 감싸고 있는 원형 웅덩이의 바닥에 있는 값을 가질 것이다.

18. 약력 대칭성을 기술하는 더 정확한 방법은 장들을 상호 교환한다고 하는 것이 아니라 장들을 회전시킨다고 말하는 것이다.

19. 이것은 대칭성 깨짐을 지나치게 단순화시킨 것이다. x와 y 모두 0이 아니면, 예를 들어 x, y가 모두 5라면, 회전 대칭은 $x = 0, y = 0$에서 $x = 5, y = 5$라는 특정한 방향이 선택되었기 때문에 깨진 것이다. 비슷한 '회전' 대칭은 힉스장 1과 힉스장 2에 적용할 수 있지만 나는 이 대칭성을 간략화해서 이 대칭성을 상호 교환 대칭성이라고 기술했다. 제대로 기술하자면 $x = 5, y = 5$라는 점이 자동적으로 회전 대칭성을 깨듯, 힉스장이 둘 다 같은 값을 갖더라도 약한 상호 작용의 대칭성은 깨질 것이다.

20. 이 모형은 처음에는 복소수의 값을 가진 2개의 힉스장을 가지고 있었지만, 결국에는 힉스 입자 하나만 남는다. 이는 다른 3개의 (실수인) 장들이 각각 편극을 2개 가진 질량이 없는 3개의 입자들을 편극을 3개 가진 질량을 가진 입자들로 바꿔 주는 데 필요한 3개의 장이 되기 때문이다. 힉스장 중 3개는 3개의 무거운 약력 게이지 보손(W 보손 2개와 Z 보손 1개)의 세 번째 편극이 된다. 남아 있는 네 번째 힉스장은 실제 물리적으로 관측될 힉스 입자를 생성할 것이다. 이 모형이 맞다면, LHC는 힉스 입자를 만들어 낼 것이다.

21. 여러 힘들 각각의 세기는 숫자 계수(수계수)에 의해 결정된다. 재규격화군 계산에 따르면 이 값들은 에너지에 따라 로그 함수적으

로 변한다.

22. 약력 대칭성이 장 2개를 섞고 강력 대칭성이 장 3개를 섞는 반면, 조자이-글래쇼의 대통일 이론 대칭성, 즉 GUT 대칭성은 5개의 장을 섞는다. 대통일 이론의 힘에 관계하는 대칭 변환 중 일부는 약력 대칭성과 강력 대칭성의 대칭 변환에 대응한다. 힘들이 하나로 통일되는 것은 단일한 대칭군에 표준 모형에 존재하는 모든 종류의 대칭 변환이 포함되기 때문이다.

23. 초대칭 변환 2개를 연달아 하되 순서를 바꿔 한 다음 그 차를 구하면, 시간과 공간에 대한 이러한 관계성이 가장 현저해진다. 이 경우 페르미온은 페르미온으로 보손은 보손으로 남아 있지만 계는 이동해 있다. 이 변환의 최종 결과는 정확히 일반적인 시공간 대칭 변환과 동일하다. 어떤 시공간 대칭 변환 1개와 초대칭 변환 2개의 교환자(두 연산을 서로 다른 순서로 행하고 그 결과들을 뺐을 때 나오는 차.—옮긴이)가 정확하게 같은 작용을 한다는 것은 초대칭 변환이 시간과 공간에 작용해 물체들을 이동시키는 대칭성과 연관되어 있음을 분명히 보여 준다.

24. 입자의 궤적은 입자의 위치를 시간의 함수로 기술한 세계선

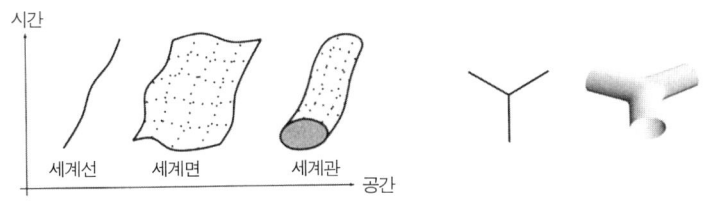

그림 M3
왼쪽, 입자의 세계선, 열린 끈의 세계면, 닫힌 끈의 세계관. 오른쪽, 세 입자의 상호 작용과 끈 3개의 상호 작용

(worldline)이다. 끈의 궤적은 끈 전체가 시간에 따라 움직일 때 위치를 기술한 면과 같다. 세계면(worldsheet)은 열린 끈의 움직임을 나타내지만 세계관(worldtube)은 닫힌 끈의 움직임을 표현한다. 그림 M3은 시간에 따른 끈의 움직임과 '부드러운' 상호 작용을 나타낸 것이다.

25. 끈의 장력은 플랑크 에너지에서 예상하는 것처럼 항상 높지는 않다. 장력은 끈이 얼마나 강하게 상호 작용하는가에 의존한다. 조릭켄 등의 연구자들이 끈의 장력이 아주 작은 경우를 연구했다. 그 경우 끈 이론에서 생길 새로운 입자들의 질량은 아주 작았다.

26. 실제로 이 장에서 살펴볼 쌍대성에 따르면 결합 상수가 강할 경우 끈 이론의 상태를 연구하는 도구나 수단 자체도 그 특성이 바뀔 수 있다. 따라서 아이크가 실제로 끈 세계의 일부라면, 그 역시 변하게 될 것이다.

27. 막은 0차원으로 펼쳐져 있을 수 있는데 이 경우 D0 막이라고 불리는 새로운 종류의 입자가 되고, 1차원일 경우 D1 막이라는 새로운 종류의 끈이 된다.

28. 막들은 일반적인 전하(전자기력 전하, 약력 전하, 강력 전하)로 상호 작용하지 않는다. 막들은 고차원적으로 일반화된 전하로 상호 작용을 한다.

29. 실제로 대칭성을 이용하여 하나의 막을 다른 막으로 회전시킬 수 있다. 하지만 그에 대한 자세한 설명은 이 책의 범주를 벗어나는 일이다(그리고 이것은 아마도 이고르의 머리를 돌아버리게 만들지도 모른다.).

30. 일반적으로 게이지노의 질량은 1 : 3 : 30이라는 비율을 이룬다. 1은 포티노이고 3은 위노(지노는 위노보다 약간 가볍거나 무거울 것이다.), 30이 가장 무거운 글루이노이다. 격리 모형에서 이 비율은 1 : 2 :

8인데, 이 경우 위노가 가장 가볍고, 포티노가 그 다음, 글루이노가 가장 무겁다.

31. 칼루차-클라인 모드의 파동 함수는 고차원 파동 함수의 일반화된 푸리에 전개에서 나타나는 모드이다.

32. 여기에는 시공간 기하에 특이점이 없어야 한다는 가정이 포함되어 있다. 즉 시공간의 크기가 0으로 수축하는 장소가 없어야 한다는 것이다.

33. D. 크레마데스(D. Cremades), S. 프랑코(S. Franco), L. 일바네스(L. Ilbanez), F. 마르케사노(F. Marchesano), R. 라바단(R. Rabadan)과 A. 우랑가(A. Uranga)는 흥미로운 대안을 제시했다. 그들의 아이디어는 입자들이 개개의 막에 속박되어 있는 것이 아니라 여러 막의 교점에 속박되어 있다는 것이다. 서로 격리되어 있는 평행한 막에서처럼 막 사이를 연결하는 끈들은 일반적으로 무거울 것이다. 가볍거나 질량이 없는 입자들은 길이가 0인 끈들에서 만들어지는데 이 끈들은 막들이 교차하는 영역에 속박되어 있다.

34. 우리는 또한 이를 좀 더 수학적인 논지를 써서 다소 다르게 보일 수 있다. 말린 차원이 있을 경우 질량이 있는 물체에서 나오는 역선들은 짧은 거리에서는 고차원 이론의 중력 법칙에 따라 행동할 것이고 먼 거리에서는 4차원 중력 법칙을 따라 움직일 것이다. 두 힘의 법칙을 조화시키고 한 법칙에서 다른 법칙으로 부드럽게 전환시키는 유일한 방법은, 여분 차원 크기에 해당하는 거리에서는 말린 공간의 여분 차원 부피 때문에 세기가 감소된 것을 제외하면 역선이 마치 4차원만 존재하는 것처럼 뻗어나가는 점에 주목하는 것이다. 여분 차원 크기 이상에서 중력은 여분 차원 부피 이상 뻗어나간 것에 의한 세기 감소를 제외하면 4차원에서처럼 행동한다.

뉴턴의 중력 법칙에 따르면 공간 차원이 3개일 때 힘은 $1/M_{Pl}^2 \times 1/r^2$에 비례한다. 여분 차원이 n개면 중력은 $1/M^{n+2} \times 1/r^{n+2}$에 비례하게 되는데, M_{Pl}이 4차원 중력 세기를 결정한 것처럼 M은 고차원 중력의 세기를 결정한다. 고차원 중력 법칙은 역선이 표면이 $n+2$차원을 갖는 초구의 표면에서 퍼져 나가기 때문에(구의 2차원 표면에 의해 규정되는 3차원 공간에서의 힘의 법칙에 비해) 거리 r에 따라 더 빠르게 변화한다. 하지만 여분 차원 부피가 유한하고 n개의 여분 차원이 R이라는 크기를 가질 때, r가 R보다 크면 역선은 여분 차원을 따라 퍼져 나가지 않게 되고, 힘의 법칙은 $1/M^{n+2} \times 1/R^n \times 1/r^2$에 비례하는 것이 된다. 만약에 $M_{Pl}^2 = M^{n+2}R^2$이라고 하면 앞의 식은 3차원 공간에서의 힘의 법칙이 된다. R^n이 고차원 공간의 부피이므로 중력의 세기가 부피에 따라 감소하는 것을 알 수 있다. 다른 말로 (플랑크 에너지가 커지면 중력의 세기가 약해지므로) 여분 차원의 부피가 커지면 플랑크 에너지가 커진다는 것을 알 수 있다.

35. 공간 차원이 3개 있는 평평한 시공간의 계량은 $ds^2 = dx^2 + dy^2 + dz^2 - c^2dt^2$이다. 계수가 시간이나 공간의 함수가 아니므로, 이 시공간에서 얻은 측정값들은 여러분이 어디에 있는지 어느 방향을 보고 있는지에 무관하다. 즉 시공은 완전하게 평평하다. 이러한 시공간에서는 시간 좌표(시간 좌표에서 항상 나오는 - 부호까지 포함해서 보면)뿐만 아니라 3차원 공간 좌표 모두 동등하게 취급된다. 즉 계량의 계수들은 시간과 공간의 위치에 완전히 무관하다.

36. 비틀린 기하에서 계량은 $ds^2 = e^{k|r|}(dx^2 + dy^2 + dz^2 - c^2dt^2) + dr^2$이며 r는 다섯 번째 공간의 좌표이다. 이는 다섯 번째 공간상의 임의의 점에서 시공간이 완벽하게 평평하다는 의미이다. 하지만 r에 의존하는 전체적인 항을 보면 물체가 다섯 번째 차원에서 어디에

있는가에 따라 그 크기가 변한다. 계수는 |r|가 증가함에 따라 급격하게 감소한다. 이것이 바로 비틀림 계수이다. 중력자의 확률 함수가 지수 함수적으로 감소하는 것도 이 때문이다. 그리고 이것이 단일한 4차원 유효 이론을 세우려면 에너지와 크기의 규모 수정을 해야 하는 이유이기도 하다.

37. 공간이 평평하지 않은 경우, 4차원 플랑크 질량 M_{Pl}을 계산할 때 들어가는 여분 차원의 부피는 공간이 평평했을 때처럼 단순히 $M_{Pl}^3 R$로 주어지지 않는다. 대신 M_{Pl} 값은 곡률에 따라 달라진다. 계량이 $ds^2 = e^{-k|r|}(dx^2 + dy^2 + dz^2 - c^2 dt^2) + dr^2$이라면(여기서 r는 다섯 번째 차원 좌표) 대략 $M_{Pl}^2 = M^3/k$이다. 즉 공간의 크기 R가 거의 중요하지 않게 된다. 이러한 사실은 여분 차원의 크기가 아니라 공간의 곡률이 여분 차원에서 역선이 어떻게 퍼져 나가는지를 결정해 주며, 따라서 4차원 중력의 세기도 결정해 준다는 뜻이다. 사실 R에 대한 의존성이 조금은 있다. 플랑크 질량의 정확한 값은 $M_{Pl}^2 = M^3/k(1-e^{-kR})$로 주어지는데, 다만 kR가 클 경우 지수항은 거의 중요하지 않기 때문에 무시할 수 있다.

38. 안드레아스 카츠와 내가 제안한 국소적으로 국소화된 중력 모형에서 비틀림 계수는, 이전에 우리가 보았던 비틀린 기하에서와 마찬가지로 감소하는 지수 함수와 그와 달리 증가하는 지수 함수의 합이다. 이 값은 $\cosh(kc - k|r|)$에 비례하는데 k는 벌크 에너지에 비례하고 c는 막 에너지에 비례한다. 앞에서 살펴본 국소화된 중력에서 비틀림 계수와 마찬가지로 국소적으로 국소화된 중력에서 비틀림 계수는 막에서 멀어지면 급격하게 감소한다. 하지만 이전 경우와 달리 국소적으로 국소화된 중력 모형에서 비틀림 계수는 어느 점에서 방향을 바꿔 지수 함수적으로 증가한다. 4차원 중력

은 막과 이 '전환점' 사이의 영역에 국소화되어 있다. 그 이상 거리에서 4차원 중력은 더 이상 적용되지 않는다.

39. T 쌍대성이 적용되는 경우, 압축 차원의 반지름 r가 그 역수인 $1/r$로 바뀐다(이 반지름은 끈의 길이를 단위로 해서 잰 것이다.).

40. 물리학자 차바 차키, 조슈아 어를리치(Joshua Erlich), 크리스토프 그로장(Christophe Grojean)은 다섯 번째 차원을 따라 시간 좌표와 공간 좌표의 규모 수정이 다르게 이루어진, '비대칭적으로 비틀린' 시공간에서 빛의 속도과 중력의 속도가 다를 수 있다(중력의 속도가 더 빠를 것이다.)는 흥미로운 발견을 했다.

옮긴이 후기 1
물리학의 세계와 일상 세계를 연결하는 중력자 랜들

이 우주 어딘가에는 이상한 세계가 있다. 그곳에서는 엄청나게 작은 공간으로 여행을 할 수도 있고, 천사들이 자유 계약으로 천국을 지키고 있다. 때로는 하느님과 주사위 놀이를 하기도 한다. 이런 세계가 환상 소설이나 공상 과학 영화에 나오면 우리는 그런 세계를 즐기기는 하지만 존재하지 않은 공상의 산물로 치부하고 만다. 하지만 입자 물리학을 연구하는 이론 물리학자 리사 랜들은 우리가 살고 있는 세계도 그 어떤 판타지 세계에 못지않게 이상하다고 이야기한다.

우주의 탄생과 진화 그리고 종말의 운명을 결정할 중력은 다른 힘들에 비해 한도 없이 약하고, 가로·세로·높이·시간 말고 6개 또는 7개의 차원이 우주 어딘가에 감춰져 있을지도 모르고, 춤추는 끈들이 세상 만물을 만들어 내는 세계가 바로 우리가 알고, 살고 있는 세계이기 때문이다.

이상한 것들을 만들어 내기 좋아하는 물리학자들은 세계가 10차원으로 이뤄져 있으며 초끈이라는 끈 형태의 물체가 근본 물질이라고 이야기한다. 현실의 실험 결과에 기반해 물리 현상을 기술하는 모형 구축자들조차도 세상은 어쩌면 5차원 혹은 6차원일지도 모른다고 이야기한다. 과연 이 기상천외한 이야기들이 맞을까?

하지만 누구도 상상치 못했던 '시간 지연'이나 죽은 것도 산 것도 아닌 '슈뢰딩거의 고양이'가 사실로 밝혀진 것처럼 언젠가 우리가 살고 있는 세상에 대한 물리학자들의 노력이 구체적인 결실을 맺게 될 것이다.

고등학교 시절 전미 수학 경시 대회 우승과 같이 뛰어난 재능을 보였지만 학자로서 뚜렷한 실적을 내지 못하고 있었던 랜들은 1999년 선드럼과 함께 물리학계가 놀랄 만한 모형을 제안했다. 우리가 사는 세상은 시간 1차원, 공간 3차원으로 이루어진 4차원이 아니라 끝이 평평한 4차원으로 막혀진 5차원이며 다섯 번째 차원이 엄청나게 비틀려 있어 우리는 그것을 보지 못한다는 것이었다. 당시 대학원생이었던 나는 물리학의 가장 큰 난제 중 하나가 해결되었다며 흥분과 놀라움을 감추지 못하던 실험실 선배들의 모습을 기억하고 있다. 후에 리사 랜들의 이론 역시 하나의 모형일 뿐이며, 실제 현상을 설명하기 위해서는 무수히 많은, 소설 같은 가능성들을 검증해야 한다는 것을 깨닫고 끈 이론 연구로 돌아섰다. 하지만 이 모형이 검증 가능한 범위에서 계층성 문제라는 난제를 설명했다는 점을 생각한다면 물리학계에서 중요한 역할을 하고 있다는 것은 틀림없다.

한편, 복잡한 수식을 통해서만이 이해할 수 있는 현대 물리학의 성과와 일상생활을 살아가는 우리들의 세계는 마치 중력 막과 약력 막의 입자들이 각자의 막에만 붙어 있어 서로를 잘 인식하지 못하는 것처럼 현대 물리학자들과 일반 독자들도 서로 상호 작용하지 못하고 있다. 평소 접할 기회도 없을뿐더러 내용을 제대로 이해하기 위해서는 최소한 석사 학위가 필요한 것이 현실이기 때문이다.

하지만 랜들은 이 책에서 연못가에 몰려드는 오리나 식빵을 자르는 일화같이 우리가 일상생활에서 마주치는 일들의 비유를 통해 물리학계와 일상생활에 존재하는 또 다른 계층성 문제를 해결하고 있다. 그리고 그 검증은 거대한 입자 가속기가 아니라 독자 여러분의 손에 달려 있다. 뚱보 체셔 고양이가 건네준 케이크를 먹고 5차원 세계를 경험한 아테나처럼, 랜들이 건네준 이 책을 통해 현대 물리학의 세계를 즐겁게 여행하시기를 바란다.

    마지막으로, 어려운 환경 속에서도 묵묵히 우주의 진리를 밝히기 위해 매진하는 물리학자 선후배 여러분의 건승을 기원한다.

2008년 봄

김연중

옮긴이 후기 2
눈에 보이는 것이 전부가 아니다!

> 우리는 달려간다 이상한 나라로
> 니나가 잡혀 있는 마왕의 소굴로
> 어른들은 모르는 4차원 세계
> 날쌔고 용감한 폴이 여기 있다
>
> ——「이상한 나라의 폴」

아이들은 빈 공간으로 숨어 들어가기를 즐긴다. 물론 숨어 있는 차원도 아이들의 눈을 빛나게 만들 것이다. 내 어린 시절에도 『이상한 나라의 앨리스』의 토끼 굴은 물론이고 만화 영화 「이상한 나라의 폴」의 "어른들은 모르는 4차원 세계"로 아이들을 몰고 다녔다. 이 책은 '차원'에 대한 이야기이고 눈에 띄지 않고 숨겨져 있는 '이상한 차원'에 관한 이야기이다. 가까이 있지만 보이지 않고 그쪽으로 걸어갈 수도 없는 '여분 차원'에 대한 이야기가 이론 물리학자인 리사 랜들에 의해 화려한 물리학의 언어로 펼쳐진다.

천문학을 공부하면서 우리가 사는 우주가 시간적으로도 공간적으로도 광대하다는 사실을 알고 가슴이 벅차서 큰 숨을 내쉰 적이 있다. 우리가 사는 지구는 자전하고 공전한다. 또 태양계 자체도 은하를 여행하고 있으며 그조차도 어디론가 움직이고 있다. 그러나 우리 인류의 거주지인 지구가 어마어마하게 큰 우주의 한 부분을 소리보다 훨씬 빠른 속도로 달린다는 사실은 여전히 믿기지 않는다.

세계의 광대함과 우리의 미미함 사이에서 느끼는 아찔한 현기증은 과학이 가져다준 선물이다. 과학은 인간의 상상력을 제한하고 가두는 것이 아니라 새로운 사고와 시각을 열어 주는 것이다. 아이들이 좋아하는 우주나 고생물의 이야기뿐만 아니라 물리학의 세계도 마찬가지의 감동을 선사할 수 있다. 다만 물리학의 언어가 우리의 일상 언어와 다른 까닭에 쉽게 접근하기 어려울 따름이다.

물리학을 공부하는 사람으로서 또 학교에서 물리학을 가르치는 사람으로서 나는 이 책에서 내가 알고 있다고 생각한 것들을 새롭게 느꼈고 또 처음 만나는 놀라운 사실들을 접할 수 있었다. 3차원 공간이 전부가 아니라는 사실이 구체적으로 다가왔다. 세계는 10차원이거나 11차원일 수도 있고 5차원에 펼쳐져 있을 수도 있다. 내 코끝에 다른 차원이 펼쳐져 있다니! 리사 랜들은 전깃줄, 샤워커튼과 퍼즐판, 식빵을 예로 들어 3차원에 사로잡힌 우리의 시각을 1차원, 2차원으로 또 5차원, 10차원으로 넓혀 준다. 나아가 책의 말미에서는 차원이란 무엇인가, 시간과 공간이 무엇인가 하는 물음으로 우리를 이끌어간다. 아인슈타인이 상대성 이론을 발표한 지 100년이 훌쩍 넘은 지금 물리학이 새롭게 제기하는 질문이 바로 '시간과 공간이 무엇인가?'이다.

이 책은 또한 상대성 이론과 양자 역학이라는 20세기 초반에 거둔 물리학의 성과를 요약하고 그로부터 지난 세기 입자 물리학의 성과를 함께 더듬어 가는 책이다. 세세한 내용 설명에 치우치기보다는 '여분 차원'으로 나아가기 위해 빠른 속도로 전체를 훑어 나간다. 또 표준 모형을 포함하는 현대 입자 물리학의 성과를 나열하는 데 그치지 않고 표준 모형이 부딪친 한계와 이를 뛰어넘는 새로운 시도들을 소개하고 있다. 바로 끈 이론과 다양한 입자 물리학의 이론 모형들이다. 물리학의 새로운 모형을 직접 구축하는 현장 연구자답게 바로 이 부분을 가장 생동감 있게 썼다. 사실 그 내용을 수학적으로 이해하는 것은 나를 비롯한 대부분의 일반인에게 무리한 과제일 것이다. 하지만 각 이론 모형의 전체 그림과 뜻하는 바를 간략히 훑어봄으로써 물리학의 현재를 다른 어떤 책보다 생생하게 느낄 수 있다.

특히 몇 해 전 브라이언 그린의 『엘러건트 유니버스』의 발간으로 사람들로부터 주목을 끌었던 '끈 이론'은 물론이고 국내에 많이 소개되지 않은 '모형 구축' 진영의 활약을 엿볼 수 있다. 랜들은 모형 구축 진영에서 출발해 끈 이론의 도구들——여분 차원, 막——을 모형 구축에 도입한 연구자이다. 흥미롭게도 『엘러건트 유니버스』의 저자인 브라이언 그린과 리사 랜들은 고등학교 동기라고 한다. 이 책에 자세히 나오듯이 랜들은 동료 연구자인 라만 선드럼과 1999년 공동으로 발표한 랜들-선드럼 모형에 관한 논문 이후 물리학계의 대표적인 연구자로 부상했다. 특히 랜들이 일반인을 위해 쓴 이 책은 출간되자마자 전 세계에서 널리 호평을 받았다.

이 책은 독립적인 각 악장으로 구성된 클래식 음악과 비슷한 구조로 이루어져 있다. 순서대로 읽어서 전체가 주는 감흥을 얻을 수도 있고, 각 장에 좀 더 집중해서 이론 물리학의 세부 구성 요소가 주는 재미를 느낄 수도 있다. 1부는 차원 여행을 위한 기본 개념의 소개, 2부는 20세기 초반 물리학을 대표하는 상대성 이론과 양자 역학, 3부는 현재 과학자 세계에서 어느 정도 합의를 거친 입자 물리학, 4부는 물리학계에서 여전히 논란 중인 끈 이론, 5부는 정말로 새로운 제안들인 여분 차원에 대한 여러 이론적 모형으로 나뉘어 있다. 잔잔한 서곡에서 시작하여 우렁찬 협주를 거쳐 화려한 솔로 연주로 마무리되는 느낌이다.

랜들의 바람은 자신이 현재 연구하고 있는 주제인 5부로 차근차근 독자들을 안내하는 것이지만 성미 급한 독자들을 위해서 "건너뛰어도 좋다."라는 친절한 안내가 곳곳에 등장하며, 각 장의 말미에는 이후 독서를 위한 요점이 정리되어 있다. 현재까지의 물리학을 모두 다 알아야 자신의 이론을 알 수 있다는 오만이나 협박이 아니라, 이 흥미로운 물리학의 세계에 한 발씩 내딛어 보지 않겠는가 하는 유혹인 셈이다.

개인적으로는 5부도 흥미진진했지만 일반 독자를 물리학의 세계로 안내하는 1부의 설명이 무척 인상 깊었다. 각자의 관심사나 이해 정도에 따라 펼쳐 볼 수 있고 또 찾아볼 수 있는 책, 깊이가 있으면서도 유용한 책이다. 그리고 찬찬히 다시 읽으면서 책의 짜임새 있는 서술 구조를 음미하는 것도 놓칠 수 없는 재미이다. 또 과학자들의 생생한 모습도 감칠맛 나는 양념 역할을 한다. 랜들과 선드럼이 학생회관 구석의 카페에서 커피를 마시며 어떤 대화를 나누었고, 어떻게 이론을 이끌어냈는지, 프랑스 테제베 직원의 파업과 물리학 실험이 어떻게 관련되어 있는지, 이론을 이끌어낸 과학자들에게서 저자가 어떤 에피소드를 재미있어 했는지 엿볼 수 있다.

나는 책의 저자처럼 여성이다. 예전과 비교하면 여성의 지위는 몰라보게 향상되었다. 학창 시절 선생님들은 "여자가 그렇게 앉으면 안 된다. 여자가 그렇게 말하면 안 된다."라는 이야기를 귀에 못이 박히도록 말씀하셨다. 지금은 많이 바뀌었다. 학급의 남녀 학생이 번갈아 가면서 1번을 차지한다. 그렇다고 해도 과학, 특히 물리학의 세계는 퀴리 부인을 제외한다면 여성 과학자의 역할이 그다지 크지 않다. 그러나 이 책은 좀 다르다. 곳곳에서 과학자와 등장인물이 여성으로 지칭된다. 상대성 이론을 설명하기 위한 배 이야기에서 선장은 여성이다. 만약 어떤 과학자가 이러저러 했다고 나온다면 그 과학자는 그녀라는 여성을 지칭하는 대명사 she로 서술된다. 옮긴이의 기대를 뛰어넘는 she와 her의 등장은 즐거운 충격이었다. 또 각 장의 첫머리에 등장하는 짤막한 이야기에서도 오빠인 아이크가 아니라 여동생인 아테나가 차원의 비밀을 풀어 가는 주인공으로 등장한다. 랜들은 아테나와 더불어 미래의 과학도에게(남자는 물론이고 여자 과학도에게도!) 같이 연구하는 동료가 되자고 손짓한다. 또 이론가들만의 물리학이 아니라 대중들과 함께 놀랍고 새로운 물리학의 성과를 같이 나누자고 제안한다. 열정적인 탐험가이자 친절한 안내자인 랜들의 책을 번역하는 것은 어렵기도 했지만 보람찬 일이었다.

교양 과학책이라는 소개에 선뜻 번역을 시작했으나 막상 책을 본 순간 혼자 힘으로는 도저히 번역해 낼 수 없음을 직감했다. 수고로운 번역을 함께한 김연중 박사가 없었다면 혼자만의 힘으로 이 책을 번역해 내놓은 것은 아마 불가능했을 것이다. 최선을 다해 노력했으나 곳곳에 오역이 숨어 있을 것이다. 현명한 독자들의 날카로운 지적을 달게 받겠다. 책이 나오도록 애써 주신 (주)사이언스북스 편집부에도 감사드린다.

2008년 3월

이민재

인용 출처

저자와 출판사는 노래 가사와 사진, 그림을 이 책에 수록하는 것에 대해 동의해 주신 분들께 감사를 드립니다. 인용된 모든 저작물들은 원저작권자와의 협의를 통해 수록되었습니다. 혹시 실수나 누락을 발견하신다면 연락해 주시기 바랍니다. 인용 출처는 다음과 같습니다.

"As Time Goes By," written by Herman Hupfeld. Used by permission of Carlin Music Publishing Canada, Inc. on behalf of Redwood Music Ltd. "The Rock in This Pocket," words and music by Suzanne Vega. Copyright ⓒ 1992 WB Music Corp. and Waifersongs Ltd. All rights administered by WB Music Corp. All rights reserved. Used by permission. Warner Brothers Publications U. S. Inc., Miami, Florida 33014. "Once in a Lifetime," by David Byrne, Chris Frantz, Jerry Jarrison, Tina Weymouth, and Brian Eno. Copyright ⓒ 1981 Index Music, Inc., Bleu-Disque Music Co., and E. G. Music Ltd. All rights on behalf of Index Music, Inc. and Bleu Disque Music Co., Inc. administered by WB Music Corp. All rights reserved. Used by permission. Warner Brothers Publications U. S. Inc., Miami, Florida 33014. "It's the End of the World as We Know It (and I Feel Fine)," by William T. Berry, Peter L. Buck, Michael E. Mills, and John M. Stipe. Copyright ⓒ 1989 Night Garden Music. All rights on behalf of Might Garden Music administered by Warner-Tamerlane Publishing Corp. All rights reserved. Used by permission. Warner Brothers Publications U. S. Inc., Miami, Florida 33014. "Chain of Fools," by Donald Covay. Copyright ⓒ 1967 (renewed) Pronot Music, Inc. and Fourteenth Hour Music, Inc. All rights administered by Warner-Tamerlane Publishing Corp. All rights reserved. Used by permission.Warner Brothers Publications U. S. Inc., Miami, Florida 33014. "I've Got the World On a String," by Harold Arlen and Ted Koehler. Used by permission of Carlin Music Publishing Canada, Inc. on behalf of Redwood Music Ltd. "Das Modell," by

Kraftwerk. Copyright © 1978 Kling Klang Musik GmbH, Edition Positive Songs. All rights on behalf of Kling Klang Musik GmbH administered by Sony/ATV Music Publishing, 8 Music Square West, Nashville, TN 37203. All rights reserved. Used by permission. "Suite: Judy Blue Eyes," by Stephen Stills. Copyright © 1970 Gold Hill Musics Inc. All rights administered by Sony/ATV Music Publishing 8 Music Square West, Nashville, TN 37203. All rights reserved. Used by permission. "I Miss You," by Björk and Simon Bernstein Copyright © 1995 Sony/ATV Music Publishing UK Ltd, Polygram Publishing, Famous Music Corporation and Björk Gudmundsdottir Publishing. All rights administered by Sony/ATV Music Publishing. 8 Music Square West, Nashville, TN 37203 All rights for Famous Music Corporation and Björk Gudmundsdottir Publishing in the United States and Canada Administered by Famous Music Corporation International. Copyright secured All rights reserved. "Come Together," by Lennon/McCartney. Copyright 1969 (renewed) Sony/ATV Tunes LLC. All rights administered by Sony/ATV Music Publishing, 8 Music Square West, Nashville, TN 37203. All rights reserved. Used by permission. "Go Your Own Way" by Lindsey Buckingham. Copyright © 1976, Now Sounds Music. "I Will Survive," by Frederick J. Perren, Dino Fekaris. Copyright © 1978 by Universal-Polygram International Publishers Inc., on behalf of itself and Perren-Vibes Music, Inc./ASCAP. Used by permission. International copyrights secured. All rights reserved. "Don't You (Forget about Me)," by Steve W. Schiff and Keith Forsey. Copyright © 1985 Songs of Universal Inc., on behalf of USI B Global Music Publishers/Universal Music Corp. on behalf of USI A Music Publishers/BMI/ASCAP. Used by permission. International copyrights secured. All rights reserved. "White Rabbit," by Grace Slick. Copyright © 1966, 1994 by Irving Music, Inc./BMI. Used by permission. International copyrights secured. All rights reserved. "Insane in the Brain," by Larry E. Muggerud, Louis M. Freeze, and Senen Reyes. Copyright © 1987 by Universal Music Corp. on behalf of Soul Assassins Music/ASCAP. Used by permission. International copyright secured. All rights reserved. "I Still Haven't Found What I'm Looking For," by Paul Hewson, Dave Evans, Adam Clayton and Larry Mullen. Copyright © 1987 by Universal-Polygram International Publishing Inc., on behalf of Universal Music Publishing International B. V./ASCAP. Used by permission. International copyright secured. All rights reserved. "Like a Rolling Stone," by Bob Dylan. Copyright © 1965 byWarner Bros. Inc. Copyright renewed 1993 by Special Rider Music. All rights reserved. International copyright secured. Reprinted by permission. "Born to Run," by Bruce

Springsteen. Copyright ⓒ 1975 Bruce Springsteen. All rights reserved. Reprinted by permission. "No Way Out," by Peter Wolf and Ina Wolf. Copyrightⓒ1984. Jobete Music Co. Inc./Petwolf Music/Stone Diamond Music Corp./Kikiko Music, USA. Reproduced by permission of Jobete Music Co Inc./EMI Music Publishing Ltd, LondonWC2H 0QY. "Welcome Home (Sanitarium)," by James Hetfield, Lars Ulrich and Kirk Hammett. Copyright ⓒ 1986 Creeping Death (ASCAP). International copyright secured. All rights reserved. "Imagine," by John Lennon Copyright ⓒ 1971, 1999 Lenono Music. "Say Goodbye Hollywood," by Michael Elizondo, Marshall Mathers and Louis Resto. Copyright ⓒ 2002 Elvis Mambo Music, Blotter Music, Music of Windswept, Restaurant's World Music, Eight Mile Style Music. All rights for Elvis Mambo Music and Blotter Music administered by Music of Windswept. All rights for Eight Mile Style Music administered by Ensign Music Corporation. International copyright secured. All rights reserved. "Stuck on You," by Aaron Schroeder and J. Leslie McFarland. Copyright ⓒ 1960 by Gladys Music, Inc. Copyright renewed and assigned to Gladys Music and Rachel's Own Music. All rights for Gladys Music administered by Cherry Lane Music Publishing Company Inc. and Chrysalis Music. All rights for Rachel's Own Music administered by A. Schroeder International LLC. International copyright secured. All rights reserved. Portrait of Dora Maar, by Pablo Picasso, copyright ⓒ 2004 the Estate of Pablo Picasso/Artists Rights Society (ARS), New York. Crucifixion (Corpus Hypercubus), by Salvador Dali, copyright ⓒ 2004 the Estate of Salvador Dali, Gala-Salvador Dali Foundation/ Artists Rights Society (ARS), New York. Top quark image (280쪽) courtesy of Fermilab. Eöt-Wash apparatus (553쪽) courtesy University of Washington Eöt-Wash Group. Large Hadron Collider aerial image (282쪽) courtesy of CERN. "You Were Meant for Me," from Singin' in the Rain and The Broadway Melody, written by Arthur Freed and Nancio Herb Brown ⓒ2004 Estate of Pablo Picasso /Artists Rights Society (ARS), New York

찾아보기

ㄱ

가모브, 조지 33~34, 129
가브리엘스, 게리 249
가상 보손 394
가상 입자 336, 340, 343~346, 358, 369~370, 394~396, 504
가상 페르미온 394
가속도 159
가시광선 212
가우스, 카를 프리드리히 169, 172
간접적인 상호 작용 345
강력 262
강력 전하 366~367
강입자 263~265, 425
강입자 끈 이론 425~427
개별 광자 212
갤리슨, 피터 150
거울 대칭성 664
건포도 푸딩 모형 200

게이지 보손 243, 252, 299, 301, 304~305, 317~318, 348, 391, 481, 571, 591
게이지노 512
겔만, 머리 263, 270
격리 498, 502, 514
경계 조건 88
경로 22, 344, 348
경입자(렙톤) 254, 268, 316, 324, 391, 404
계량 44~45
계층성 문제 362, 364, 385, 393, 545, 586~587, 598, 625
고에너지 입자 충돌기 275, 287
고유 스핀 225, 227, 254
고전 양자론 190~191, 199, 205
고전 전자기 이론 201
골드버거, 월터 588~589
골드버거-와이즈 안정화 589~590
공간 42

공간 대칭성 297
공간 반전 대칭성 깨짐 253~255
공간 차원의 개수 641
「공주와 완두콩」 235~237
관성계 152
광양자 196
광양자 가설 196
광자 33, 164, 197, 213, 225, 300, 302, 329, 343, 347, 402
광전 효과 196
광학 241
국소화된 중력 624, 630~631, 636, 641~642
국소적으로 국소화된 중력 641, 644
국소화된 중력자 616
규모 수정 584
그래비티노 391
그레고리, 루스 479
그레이 스케일 339
그로스만, 마르셀 173
그린, 마이클 430
그린, 브라이언 72
글래쇼, 셸던 118, 351~352, 354~355
글루온 349, 392
글루이노 392, 400
기본 입자 101, 127, 131, 155~156
기준계 149, 157, 172
끈 결합 상수 461, 468
  강한 결합 상수 466
  약한 결합 상수 466
끈 공 560

끈 이론 27, 43, 86, 114, 117~120, 122, 137, 416, 425~426, 435, 437, 442~445, 452, 462, 638
끈의 진동 422, 424~425, 481

ㄴ

내부 대칭성 296, 302~304, 316, 318
《네이처》 258
《뉴욕 타임스》 134
뉴턴, 아이작 59, 146~147, 175
  뉴턴 물리학 525
  뉴턴 역학 156
  뉴턴 중력 상수 147
  뉴턴 중력 이론 179
  운동 법칙 156
  원격 작용 179

ㄷ

다윈, 찰스 251
  『종의 기원』 251
다중 우주 103~104
다차원 공간 39, 45
달, 로알드 45
  윙카베이터 45~46
  윙카, 윌리 45~46
  『찰리와 초콜릿 공장』 45

달리, 살바도르 57
「십자가에 못 박힌 예수」 56
대칭 변환 293, 305
대칭성 368~389
　대칭성 깨짐 310
　자발적 대칭성 깨짐 312
대통일 이론(GUT) 35, 354, 356~357, 365, 372, 377, 435
대통일 힘 대칭성 366
대폭발 421
대형 강입자 충돌기(LHC) 31, 223, 281, 284, 320, 331, 379, 399, 555~559, 594~595, 599~601, 674
더프, 마이클 452
도노무라 아키라 211
도모나가 신이치로 243
둘상한 나라 66~67
드 지터 공간 572
드브로이, 루이 205~6
등가 원리 157, 159, 164, 166
등가속도 166
등속도 152
디랙 247
D 막 455~456, 459~460, 473, 479, 661
디모폴로스, 사바스 515, 538
D0 막 665~666

ㄹ

라몽, 피에르 388
라이히, 스티브 134
런던, 프리츠 299
레닌, 블라디미르 237
　『유물론과 경험 비판론』 237
레브카, 글렌 164
렌, 크리스토퍼 147
로런스, 앨비언 124~125
로바체프스키, 이바노비치 169
로이드, 샘 99 /15
　퍼즐 99
리만, 게오르크 프리드리히 베른하르트 172

ㅁ

막 27, 88, 91, 93~97, 100, 106, 454, 478
　막 마을 586
　막 세계 29~30, 101~103, 105~106, 137, 485~487, 489, 491, 509
　막 세계 가설 453
　막 세계 모형 487
　막의 상호 작용 457
만물 이론 435
맥스웰, 제임스 클러크 33, 241
　전자기 이론 242
메를리, 피에르조르조 211

멘델레예프, 드미트리 33
모델 121
모형 121, 123
모형 구축 30, 114, 121~123, 125, 403, 638
무정부주의 원리 498
물리 법칙 120, 138
물리학자의 이론 115
뮤온 132, 156, 268~269, 404~405
미세 조정 367~368, 371, 378, 394~395
미시롤리, 잔프랑코 211
민코프스키, 헤르만 172

ㅂ

바이올린의 예 118, 424, 526
바일, 헤르만 299
반 드 지터 공간 572, 661
반사 경계 조건 97
반양성자 279
벌크 95, 97~98, 100~101, 105, 483, 489, 491, 510, 542, 580, 589, 591
　벌크 에너지 571
　벌크 입자 484
베르메르, 얀 220
베스, 율리우스 389
베스-주미노 모형 389
베이컨, 프랜시스 503
베타 붕괴 256~257, 259

병진 대칭성 295
병진 불변성 314
보른, 막스 205
보손 224, 278, 284, 286, 387, 391~392
보스, 사트옌드라 나드 225
보스-아인슈타인 응축물 227, 227
보어, 닐스 189, 202~203, 205
보여이, 야노스 170
부소, 라파엘 162
분해능 61, 70, 340
불확정성 원리 315, 336, 341, 437
비유클리드 기하학 171
비틀린 계층성 모형 487
비틀린 기하 23, 568~569, 575, 578, 581, 590~593, 618, 660~661
비틀린 시공간 575, 577, 582, 584, 630
비틀린 차원 622
비틀림 계수 574
빛의 경로 165
빛의 양자화 195
빵 껍질의 예 97

ㅅ

사영 26 52~53, 55, 57
4차원 43, 46, 523~524
살람, 압두스 252
3 막 455

3차원 23, 26, 29, 38, 40, 42, 46~50, 58, 67, 79, 92~93, 170, 172
3차원 구멍 23
3차원 세계의 아기 22
상대성 이론 136
상향식 접근법 116
샘의 스포츠 관람 성향 40
선드럼, 라만 28, 501, 508, 513, 615, 617, 636, 640, 645, 615~616
섭동 이론 462~463
세로 편극 317
셀렉트론 392, 396, 405
슈뢰딩거, 에어빈 187, 207
슈바르츠실트, 카를 117, 180
슈윙거, 줄리언 243
스뮤온 405
스탠퍼드 선형 가속기 연구소(SLAC) 286, 428
스토니, 조지 33
스트로민저 637
스펙트럼 194, 204
 스펙트럼 선 199, 205
스프링클러의 예 80~83, 619, 622~623, 642
스핀 225, 259, 386, 420, 597
슬렙톤 392, 400
시간 지연 155
시간 차원 24
시공간 21, 28~29, 176~177
 시공간 대칭성 384
11차원 초중력 이론 467, 471

10차원 초끈 이론 465, 467, 470
쌍대성 460, 466~470, 472~473, 660, 662, 666
 쌍대성 혁명 477

ㅇ

아르카니하메드, 니마 515, 563
RS1 625, 639
RS2(국소화된 중력 모형) 624, 637, 649
아리스토텔레스 115
IIA 끈 이론 464
아인슈타인, 알베르트 33, 45, 69, 112, 117, 145, 148, 150~152, 172~173, 187, 196~198, 275, 416
 불변 이론 149
 상대성 이론 149~150
 아인슈타인 방정식 177~179
 아인슈타인 십자가 167
 아인슈타인 중력장 방정식 177
 중력 이론 149, 167
알파 입자 200
암흑 물질 32, 105, 401
암흑 물체 165
암흑 에너지 32, 105
압축 차원 84~85
애들러, 스티븐 431

애벗, 에드윈 46~47, 49
『플랫랜드 이야기』 46, 93
플랫랜드 46~47, 49, 93
야우 싱퉁 78
약력 250, 254
　약력 게이지 보손 255, 261, 285, 291, 316, 322, 327, 363, 370
　약력 규모 길이 223
　약력 규모 에너지 337
　약력 규모 질량 222~223, 373~374
　약력 대칭성 314
　약력 막 571, 580~581, 587, 608
　약력 전하 253, 322
약전자기 이론 326
양성자 32, 129, 131, 279, 421
　양성자 붕괴 355~357, 366
양의 곡률 170, 179
양자 기여 344, 368, 544
양자 색역학(QCD) 263
양자 역학 27, 68, 118, 133, 136, 186~190, 211, 215, 219, 225, 237, 300, 342, 417~420, 436, 525
양자 이론 431
양자 전기 역학(QED) 243~244, 315
양자 중력 이론 70, 419
양자 효과 189, 399
양자장 245
양자장 이론 247~247, 311, 315, 336, 375~376, 421, 446
양자화 190
양자화 가설 202~204

에너지 규모 336, 340
에딩턴, 아서 165
ADD 모형 552, 560
ADD 이론 539~546, 553, 561~563, 572
에테르 150
M 이론 453, 469, 665
여분 차원 38, 44, 91, 425, 524, 541~543, 591
여분 차원 운동량 526~528
여분 차원의 개수 549~551
역선 83, 548
역제곱 법칙 83, 147, 543
영, 토마스 209~210
　간섭 무늬 210
　이중 슬릿 실험 209~210
와이즈, 마크 588~589
와인버그, 스티븐 130, 252
외르스테드, 한스 크리스티안 238
외트뵈시, 롤란드 552
외트-외시 실험 장치 552
욘손, 클라우스 209
우드, 다리엔 280
우주 배경 복사 194~195, 443
우주의 진화 178
원격 작용 240
원자 129, 199
　원자가 개념 33
　원자의 기본 구조 236
위노 400

위성 위치 확인 장치(GPS) 143, 145, 181
위튼, 에드워드 432, 471
윌슨, 케네스 338
윌첵, 프랭크 349
유럽 핵물리학 연구소(CERN) 31, 223, 281~284, 287, 331
유클리드 168~169
유효 이론 59~61, 75, 340, 434
유효장 이론 337
음의 곡률 171, 179
음전하 129
이형성 431
  이형성 제거 432
  이형성 중개 511
인간 원리 444
일반 상대성 이론 59, 68, 101, 118, 157, 163, 174, 176, 178, 416~418, 479, 648
일상한 나라 65
입자 물리학 27, 107, 113, 115, 118, 128, 136, 416
입자-반입자쌍 248

ㅈ

자외선 파탄 191, 193
자유 낙하 159~162, 175
자유 낙하하는 엘리베이터 160~161
잡종 끈 433, 440
장 238
장 이론 240
재규격화군 338~340, 345
적색 이동 163
전자 34, 129
  전자 궤도 202~203
전자기 이론 242
전자기력 131
전자-양전자쌍 342
제트 267
조자이, 하워드 118, 351~352, 354~357
주기율표 33
주미노, 브루노 389
준결정 25~26, 57
중력 28, 30, 68, 82~83, 101 131, 133, 159, 484, 543, 545~546, 551
중력 가속도 146
중력 렌즈 효과 165~166
중력 막 571, 580, 621, 642
중력 법칙 79~80, 146, 148, 158~159, 552
중력 양자 이론 419
중력 이론 145
중력선 548
중력자 261, 420, 484, 510, 585, 589, 597, 62, 648
중력자의 확률 함수 576~577, 610, 627
중력장 83
중성미자 34, 256~257

중성자 32, 129, 255
중세 모자이크화 55
중심력 147
중입자 248
지터, 빌렘 드 572
지평선 421, 643
질량 변수 363

ㅊ

차원 38~39, 120
차원의 경계 86
채드윅, 제임스 201
초구 48
초끈 이론 385, 427, 429, 435
초끈 혁명 416, 439, 458
초대칭성 384, 388, 390~391, 394~395, 398, 400~401, 408, 435, 570
　초대칭성 깨짐 498, 502~503, 509, 511, 514
　초대칭성 깨짐 효과 396
　초대칭성 이론 590
　초대칭짝 386, 391~392, 399
초신성 554
초정다면체 48~49
초정육면체 49, 57
초중력 390
충돌기 287
측지선 174

ㅋ

카블리 이론 물리학 연구소 92
「카사블랑카」 111~112
　「시간의 흐름에 따라」 112~113
　　발리, 루디 112
　　허펠드, 루디 112
카츠, 안드레아스 636, 644, 646, 648
칸딘스키, 바실리 187
칼라비, 에우제니오 78
칼라비-야우 공간 664
칼라비-야우 다양체 77~78, 435, 490, 664
칼루차, 테오도르 69, 614
칼루차-클라인 모드(KK 모드) 31, 228
칼루차-클라인 우주 74
칼루차-클라인 입자(KK 입자) 522~532, 555~558, 595, 599, 626~629, 663, 674
칼루차-클라인짝(KK짝) 542, 555~558, 570, 596~597, 626~627
캐번디시 연구소 201
케플러, 요하네스 147
켈빈 경(윌리엄 톰슨) 144
코페르니쿠스, 니콜라우스 29
콜먼, 시드니 188, 384
콤프턴 산란 197~198
쿼크 130, 254, 263~266, 316, 351, 391, 405, 425
　강력 130
　다운 쿼크 130, 268

반쿼크 351
보텀 쿼크 278
색-중성 조합 265
스톱 쿼크 394
스쿼크 392, 400
업 쿼크 130, 268~269, 404
참 쿼크 404
톱 쿼크 277~278, 392, 404
「피네건의 경야」 263~264
클라인, 오스카르 69~70

ㅌ

타키온 426
토프트, 헤라르뒤스 349
톰슨, 윌리엄 251
톰슨, 조지프 존 199
통일 이론 115
트로이 전쟁의 예 350
특수 상대성 이론 149, 152~153, 155~156, 176, 222, 247, 262, 278, 302
특이점 421
T 쌍대성 663~664

ㅍ

파동 300~301
파동 함수 206~207, 527
파동 함수의 붕괴 216
파동-입자 이동성 209, 211
파운드, 로버트 164
파울리, 볼프강 257~258
　배타 원리 226, 257
파이프의 예 95~97
파인만, 리처드 243
　파인만 다이어그램 244
패러데이, 마이클 239
　전자기장 239, 241
페르미 상호 작용 260
페르미 연구소 223, 277, 561
　테바트론 277~278, 399
　페르미 연구소 충돌 탐지기(CDF) 278~281
페르미, 엔리코 226, 258
페르미온 224~225, 227, 386~387, 391~392, 591
페르미온 끈 이론 389
펜로즈 타일링 25
편광 299
편극 299, 301
평행 우주 22, 105
포치, 줄리오 211
포티노 396, 400, 402
폴리처, 데이비드 349
폴친스키, 조지프 440, 457
표준 모형 26~27, 121, 123, 131~133, 137, 237, 269, 281, 285, 291, 363, 372, 477~478, 577, 581
풀밭의 호스 71~75, 96, 547

플라톤 115
플랑크 규모 224, 418, 436
플랑크 길이 70, 229, 418, 436, 530
플랑크 상수 191, 215, 219
플랑크 에너지 224, 422, 543
플랑크 질량 373, 375, 530, 578, 629
플랑크, 막스 33, 181, 187, 191~195
플린, 조너선 343
   무정부주의 원리 343
p 막 92, 459~460
피카소, 파블로 55~57
   「도라 마르의 초상」 56

홀로그래피 58
홀턴, 제럴드 181
확률 함수 208
확률파 228
회전 대칭성 295, 326, 314
훅, 로버트 147
흑체 191, 193
힉스 메커니즘 262, 292, 299, 310~311, 319, 321~322, 325, 327, 352
힉스 입자(힉스 보손) 330, 363, 365, 369, 371, 376, 403, 505
힉스, 피터 310
힉스장 320~322, 325, 364
힉시노 392

ㅎ

하비, 윌리엄 128
하이젠베르크, 베르너 189, 213~214
   불확정성 원리 213~220, 222
하전 입자 245
하향식 접근법 116
핵자 34, 129
핼리, 에드먼드 147
행렬 이론 665
향 대칭성 297~298
향 문제 404, 406
호라바-위튼 이론 488
호라바-위튼 막 세계 488, 490, 492
호스의 예 80~86
호킹, 스티븐 29
   호킹 복사 559

옮긴이 김연중

한국 과학 기술원(KAIST) 물리학과를 졸업하고 동 대학원에서 입자 물리학으로 석사 학위를, 초끈 이론으로 박사 학위를 받았다. Plane-wave 기하 공간에서 IIA라는 끈 이론의 D막 성질을 연구했다. 하이닉스 반도체 연구원으로 근무했으며 예술과 철학에 많은 관심을 갖고 있다.

옮긴이 이민재

서울 대학교 사범 대학 물리교육과를 졸업하고 동 대학원 서양화과에서 미술 이론 석사 과정을 수료했다. 현재 서울 미성 중학교 과학 교사로 근무 중이다. 공역서로 『현대미술의 이해』가 있다. 현대 미술, 근대 여성성의 형성, 진화 미학, 교육의 위기 등에 관심을 갖고 있으며, 깊이 있는 번역가가 되기 위해 노력 중이다.

사이언스 클래식 11

숨겨진 우주

1판 1쇄 펴냄 2008년 3월 24일
1판 14쇄 펴냄 2023년 12월 31일

지은이 리사 랜들
옮긴이 김연중·이민재
펴낸이 박상준
펴낸곳 (주)사이언스북스

출판등록 1997. 3. 24.(제16-1444호)
(06027) 서울특별시 강남구 도산대로1길 62
대표전화 515-2000, 팩시밀리 515-2007
편집부 517-4263, 팩시밀리 514-2329
www.sciencebooks.co.kr

한국어판 © (주)사이언스북스, 2008. Printed in Seoul, Korea.
ISBN 978-89-8371-214-1 03420